資料庫管理系統

段文平、羅勇夫 編著

全華圖書股份有限公司

作者序

不論是私人企業或公部門，每天開門運作就會產生資料。有些資料需要保存留底，供人查驗，有些資料需要更進一步地分析以產生新的訊息，而作爲產品設計或行銷的利器。這些資料需要有很好的工具去儲存，因而發展出資料庫管理系統。以電腦處理資料的資料庫管理系統可以追溯到1960年代中期。我們身處在資訊科技極速發展的時代，但是相對於很多資訊科技，資料庫相關理論的發展就顯得較爲緩慢了。例如1970年代關聯式資料庫技術就發展出來了，但是目前大多數企業還是使用這一類型的資料庫系統。資料庫理論發展慢一點，但管理資料庫的工具卻進步很快。

企業對資料的需求從未間斷過，對資料庫系統相關人才的需求也一直穩定地成長，培育這些人才也成爲大專校院資訊相關系所的重點之一，因此也需要書籍作爲授課的教材。作者們從不同的角度撰寫各種資料庫相關書籍，以適合不同讀者的需求。有談論資料庫理論的、有爲了教授資料庫管理系統操作的，也有討論資料庫設計等等的書籍。

筆者在技職大專院校教授資料庫相關課程多年，特別是資料庫管理系統，從早期的dBase到晚近的Microsoft SQL Server多有涉獵。因爲在技職體系任教，所採用的教材多教授實務性資料庫管理系統的操作與維護，包括建立資料庫、資料表、簡單的SQL語法等。坊間的相關書籍對資料庫設計著墨不多，以致於學生只會建立資料庫，但對資料庫是如何設計的，沒有一個完整的概念，也興起筆者撰寫本書的興趣。

本書分爲兩個主要部分，前半部分講述資料庫設計，後半部則說明資料庫管理系統的操作。讓學生在操作資料庫系統之前能先認識資料庫設計的各個階段，了解資料庫是如何設計出來的，接下來在利用資料庫管理系統實作先前設計的資料庫。這樣讓學生在操作資料庫管理系統時，能知道資料庫的來龍去脈，也不會有見樹不見林之缺憾。學生不僅要會資料庫管理系統的操作，想從事更高階的資料庫設計與分析的工作時，有了資料庫設計的基本知識，對他們是有幫助的。

由於本書寫作時間相當倉促，復以資料庫相關理論汗牛充棟，而筆者的知識有限，書中內容誤漏所在多有，還望閱讀本書的先進們能不吝指正，讓筆者有更多成長，而本書更符合讀者的期望。

中國科技大學

段文平、羅勇夫

目錄

CHAPTER 01 資料庫管理系統簡介

CHAPTER 02 資料庫系統架構與資料模型

CHAPTER 03 概念資料庫設計－使用實體關聯模型

CHAPTER 04 進階實體關聯模型

CHAPTER 05 邏輯資料庫設計－使用關聯式模型

CHAPTER 06 正規化

CHAPTER 07 實體資料庫設計

CHAPTER 08 SQL Server的管理平台－SQL Server Management Studio

CHAPTER 09 Transact-SQL概論

CHAPTER 10 管理資料庫與資料庫檔案

CHAPTER 11 資料表的維護

CHAPTER 12 資料的查詢

CHAPTER 13 資料的新增、刪除與修改

CHAPTER 01

資料庫管理系統簡介

學習目標 閱讀完後，你應該能夠：

- 瞭解資料、資訊、知識等名詞的意義與差異
- 區別資料庫、資料庫管理系統、資料庫系統等名詞的不同
- 知道常見的資料庫管理系統及其供應商
- 簡單描述資料庫管理系統的進化歷史

企業營運過程中會產生很多資料，有些資料，例如客戶資料，是很有價值的。但在經年累月之後，資料越來越多，因此有必要將資料整理、儲存起來。為了讓處理資料的過程更有效率，逐漸地發展出資料庫管理系統。資料庫儲存資料和資訊，資料和資訊這兩個名詞的意義一樣嗎？還是有差異？另外，資料庫、資料庫管理系統和資料庫系統等三個名詞都包含「資料庫」三個字，也因為如此，經常讓人困惑。本章前半部分就在說明並釐清這些名詞的差異，有助於我們更進一步地理解資料庫的相關知識。我們在本章後半段，簡單地描述資料庫管理系統的進化史，也介紹資料庫管理系統的供應商，這些背景知識可能引發我們對資料庫管理系統專業知識的興趣。

我們身處在資訊科技極速發展的時代。1990年代距我們不遠，當時網際網路（Internet）如初生待茁壯的嬰兒一樣，但其成長又如此快速，十數年間巨大到影響我們各層面的生活。過去我們會到實體商店購書，現在則利用電子商務，24小時內到貨，快速便捷；過去買東西怕買貴了，現在購物前會先上網詢價。消費者消費習性改變，自然也影響企業營運的模式。網路世界充塞著各種資料和資訊，我們一上網很容易地就迷失或沈溺在這個電子化的世界中。

對企業而言，利用資訊科技，企業可以收集到比傳統方式更多的資料，很多企業利用資料庫管理系統幫忙收集或處理這些資料。爲了增加這些資料對企業的效益，資料被轉換爲資訊，又轉換爲知識。這些名詞總是讓人疑惑，有必要釐清。另外，資料庫管理系統在企業內扮演了重要角色，知道其來龍去脈，將有助於我們深入學習這門學科。因此，本章從說明資料、資訊和知識等名詞的意涵開始；再釐清與資料庫有關的重要名詞，如：資料庫、資料庫管理系統與資料庫系統間的關係等，並描述資料庫管理系統的演進，讓讀者概略性地瞭解資料庫相關知識。

1-1 資料、資訊與知識的區別

企業營運時會產生資料，而被企業收集與儲存。例如：顧客至大賣場購物時，他們所買商品的名稱、數量及金額，連同顧客基本資料等，會透過收銀員操作的**銷售點系統**（Point Of Sale Systems, POS），傳遞至企業資訊系統而加以處理。顧客與企業進行交易時所產生的資料，對企業而言是有價值的資源，進一步地整理及分析這些資料，企業可以從中得知何類顧客偏好何種產品，以研擬出適當的行銷策略，促進企業獲利。

然而，由於交易所衍生的資料量經常相當龐大，爲了避免資料遺失，有必要對這些資料進行有效率的管理。**資料資源管理**（data resource management）即是運用資訊技術與相關工具，如：資料庫管理系統、資料倉儲等，管理組織的資料資源，以符合企業的資訊需求。因爲資料是有價值的，管理資料便成爲企業的重要活動之一。資料資源管理的對象是資料，但是何謂「資料」？

1-1-1 資料

資料（data）是用來表示某些「事實」（fact）的符號或語言，常見的形式有數字、文字、圖形、影像或聲音等。在我們生活周遭有很多現象，也發生很多事件，這些現象或事件就是事實；而事實存有訊息，例如：企業的商品與採購、學校學生和課程等都是事實。我們可以把事實存有的訊息在未經計算的情況下記錄下來，這些記錄下來的資料就是**原始資料**（raw data）。資料可以來自於企業內部的作業，如：員工每週工作時數、請假時數等；也可以來自於與外部顧客或供應商的互動或交易，如：顧客姓名、購買的商品及金額等等。圖1.1為企業與顧客交易後所產生的表單，是一種原始資料。

爾企業股份有限公司

第 1頁

出貨單

出貨單號碼: 9403-018　　出貨日期: 94/03/21
客戶: 賓業有限公司(A011)　　傳真: (02)2369-47
地址: [115]台北市羅斯福路　　電話: (02)2368-78　-90690

項次	貨號	品名/規格:	數量	單位	單價	折數	合計金額	備註
01	D12	進銷存電腦管理系統/	1.0	套	2500.0		2500	
02	A01	色帶/Epson 1170C	5.0	ps	120.0	80	480	
03	A02	報表紙/3P中1刀(白色)	1.0	箱	800.0		800	
04	D17	家庭收支電腦管理系統/	1.0	套	380.0		380	
05	A03	1.44M 磁碟片/12片裝	3.0	bx	191.0		573	
06	C01	CD-RW/80 min	50.0	片	6.5		325	
07	C02	DVD-RW/2X	50.0	片	7.0		350	
08	B01	噴墨印表紙/photo專用紙AA級	1.0	ps	200.0		200	

送貨地點: 同上　　數量合計: 112.0　　金額合計: 5,608
發票號碼: AA55168582　　備註:　　營業稅: 280
含稅金額合計: 5,888

出貨方式: ☐送達 ☐自取 ☐貨運 ☐郵寄　主管　倉管　送貨　製單　客戶簽收:

● 圖1.1　顧客與企業交易所產生的表單資料

很多人想盡辦法要把周遭的訊息記錄下來，因此發明了不同種類的感應器（sensor）。例如：用以量測溫度變化的溫度計，以及收集顧客購物資料的POS，都算是感應器。這些感應器收集的資料都是未經處理的「**第一手資料**（primary data）」，也是原始資料。換言之，我們可以利用某些裝置將事實轉換為文數字或影音等符號。例如：利用機械電子裝置，將事實轉換為電壓、距離、數量或金額，或其他物理量。在電腦科學中，這些事實可以被轉換為更容易移動與處理的形式，如0與1的組合等。當然，收集資料的裝置不僅限於電腦，收集地震資料的地震儀、人類的五官，如眼、耳、鼻、舌、身等，都擔負著資料收集的任務。人類可以利用大腦，不必憑藉著設備，也可以處理資料，只是在本書的情境下，大部分是使用電腦來處理資料。

電腦資料處理（computer data processing）就是運用電腦收集資料外，還更進一步地對這些資料進行分類、儲存、分析等過程。資料經由資料處理的過程，可以衍生出資訊與知識。

1-1-2 資訊

「資訊」一詞廣爲運用在日常生活與學術研究，各領域對資訊所下的定義也不盡相同。在圖書資訊學領域，資訊指的是資料或文件（document）；在管理領域，資訊指經過整理而有助於決策的資料；在通訊工程領域，資訊是傳輸於通道（channel）上的訊號（signal）；在經濟領域，資訊是資源；對傳播學而言，資訊是訊息（message），是媒體（media）。資訊之所以有那麼多面向，其實與資訊使用的情境與環境有關，在不同環境與情境下，對資訊就有不同的看法與解釋。

在資訊科技領域中，**資訊**（information）是經過處理的資料。資料在進一步地經過處理後，可以轉換爲資訊。資訊可以和原始資料有相同的形式，也可以轉換爲不同於原始資料的形式。例如：將數字資料轉換爲圖表資訊等。

爲什麼要轉換資料爲資訊呢？主要是爲了解答現實生活中所發生的問題，因此，資訊是針對提問或查詢所得到的解答。例如：研究人員想要知道地震發生的地點，爲了得到解答，他們必須將地震儀所記錄的地震速度與頻率等資料處理後，才能得到地震地點的資訊。又如：教務處想知道誰是全校總成績第一名的資訊，他們就必須處理學生每一科目的成績資料。

資料和資訊是有差異的。例如：表1.1是王大明本學期各科目的成績，表中的數值是王大明根據自己各類考試的結果記錄下來的，因爲沒有經過處理，所以都是資料。已經快接近期末了，王大明很想要all pass，因此預先計算出各科目期末考應該考幾分。計算結果顯示，王大明資訊概論的期末成績至少要有40分才能及格，英文要79分、微積分要28分、會計學要44分才能及格。爲了及格，這些期末考試應得的成績就是一種資訊，是爲了解答現實生活中所發生的問題而得到的資訊。

王大明更進一步地想：該如何才能讓期末成績達到前面計算的分數？這就涉及王大明的知識了！因爲每個人的知識不同，就會採取不同的方法。或許有人想從讀書方法著手：微積分期末成績只要28分就能及格，這人就維持微積分原來的讀書方法；英文要拿到79分才能及格，可能表示以前英文的讀書方法不適合，要改變讀書方法。但是王大明想要依據期末分數的高低安排各科每天的讀書時間（如果每天讀240分鐘），因此資訊概論每天要讀50分鐘、英文100分鐘、微積分35分鐘，以及會計學55分鐘。在這個例子中，不僅提到資訊，也提到知識了。下一節將針對知識做更進一步地說明。

另外，王大明成績的原始資料是以文數字呈現，這些資料經過運算所得到的學期成績資訊，也可以保留原來文數字的形式，當然也可以用其他形式呈現。例如：我們以圖1.2來呈現學期成績運算的結果，到底採用哪種形式來表示資訊會有比較好的效果？就非本書討論的範圍了。但是就關聯式資料庫來說，大部分還是以文數字爲主。

表1.1　王大明本學期各課程的成績

	資訊概論		英文		微積分		會計學	
	成績	百分比	成績	百分比	成績	百分比	成績	百分比
平時成績	78	40	45	30	84	20	66	30
期中成績	56	30	50	30	80	40	76	30
期末成績	40	30	79	40	28	40	44	40
分配百分比	21%		41%		15%		23%	
分配時間	50		100		35		55	

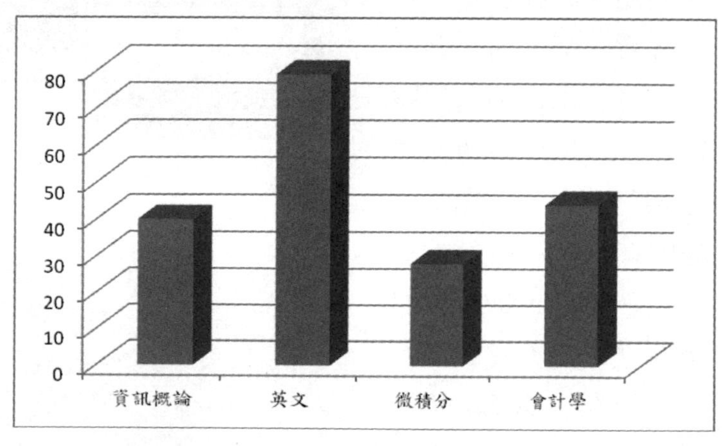

● 圖1.2　以圖表形式所呈現出的資訊

1-1-3 知識

在資訊科技的情境下，知識、資料與資訊是不同的。進一步地處理資訊或資料可以形成知識。我們經常使用電腦將資料轉換爲資訊，但是使用電腦將資訊轉爲知識比較困難，通常我們會透過大腦將資料或資訊轉爲知識。人類將資料或資訊轉換爲知識是一個複雜的認知過程，其中包括察覺、學習、溝通、聯想及推論等步驟。**知識**（knowledge）意指對某一特定主題有深刻的理解，並且可化爲行動。知識是一種流動的綜合體，其中含有被型塑出來的經驗、價值、情境資訊與洞察力。知識之所以是流動的，在於它可以演化。本質上，知識是動態的，知識可以隨時間依據經驗而演化，或創造出新的知識。但是，如果知識無法隨著環境的改變而更新，那今天的知識在明天會成爲無知。

有別於資訊，知識的另一種特性是「可行動化」（actionable），知識能轉化爲一連串的實際作爲。例如：我們可以視地圖爲資料，如圖1.3(a)，地圖是表達眞實世界地點相對方位的一種形式，地點間的相對方位是實體，抽象化後變成地圖，故可視地圖爲資料，它指出從一地到另一地的明確方向。而高速公路即時路況報導，由於前方施工，導致交通阻塞，此一訊息可視爲資訊，如圖1.3(b)。駕駛人運用過去經驗和即時路況報導的資訊，判斷是否改道行駛，以避開交通擁塞路段，如圖1.3(c)所示，此時的經驗就是知識。從此例得知，即時路況報導的資訊只有在運用的人有知識的情境下才有用，只有在有知識時才可以運用資訊，化爲行動。知識中存有很強的經驗與思考的成分。

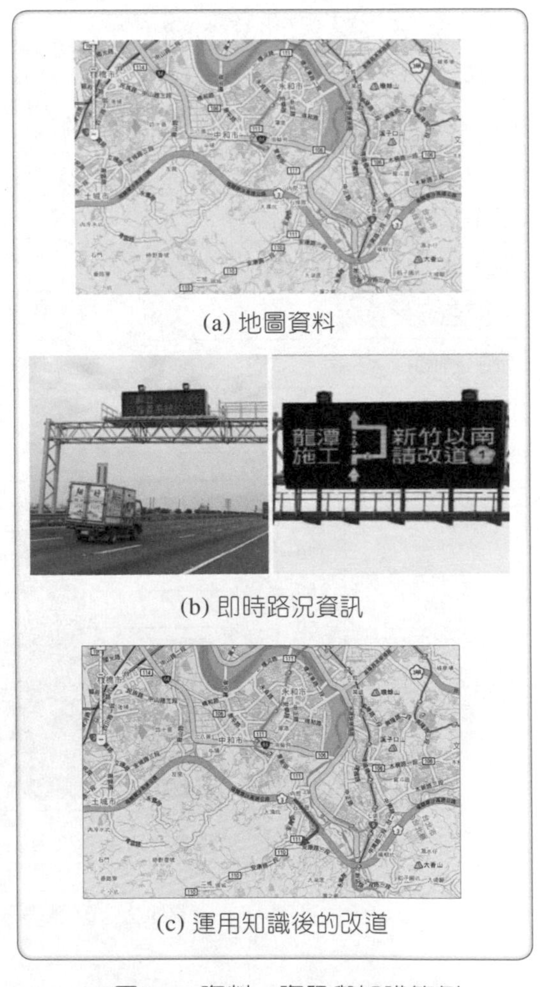

(a) 地圖資料

(b) 即時路況資訊

(c) 運用知識後的改道

● 圖1.3　資料、資訊與知識範例

和資訊比較，知識是與情境或脈絡（context）相關的，而且知識可以用來解決問題；資訊則否。知識能讓人採取行動。例如：在相同情境或脈絡下，擁有同一資訊的兩人，由於不同的經驗、訓練或觀點等，不一定會有同等解決問題的能力。也由於知識能用來解決問題，所以比資料或資訊更有價值。

「資料」係企業所觀察或搜集，而以符號呈現之事實，呈現時並無脈絡、無特別意義。「資訊」爲資料處理後所得的訊息以傳達意念。「知識」是經過分析處理後的綜合體，含有經驗、價值、情境資訊與洞察力。三者的關係如圖1.4所示。

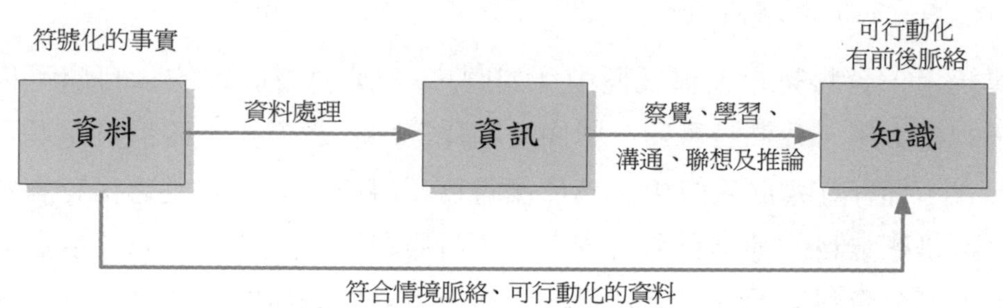

● 圖1.4　資料、資訊與知識的關係

1-2 資料庫、資料庫管理系統與資料庫系統

正如資料、資訊與知識之間有著令人難解的關係一樣；資料庫、資料庫管理系統與資料庫系統也是必須釐清的。

1-2-1 資料庫

很多人在日常生活中會接觸到資料庫。圖書館就是一種傳統的資料庫，裡面的藏書分門別類地被存放在書架上，讀者必須透過檢索才能在浩瀚書海中找到想要閱讀的書籍。我們也經常使用電腦將檔案存放在硬碟中，並利用作業系統中的檔案總管功能管理這些檔案，這也是另一種形式的資料庫，當我們使用檔案總管時，就成爲此一資料庫的管理員。

什麼是資料庫？在資訊科技中，**資料庫**（database）是一群邏輯相關的（logically-related）資料的集合。這些資料被組織在一起，讓它們能容易地被存取、管理和更新。資料庫中的資料或紀錄是有結構或有邏輯地儲存在電腦系統中。

資料庫儲存的是擁有明確定義、已知欄位的**結構化資料**（structured data），資料庫中有另一種稱為**詮釋資料**（Matadata）的資料來描述其所儲存的資料的意義，對於有相同特性的群體，我們使用相同的metadata來說明這一群體。資料庫中的資料是邏輯相關的，我們不僅可以描述個別群體的特性，還可以說明不同群體間的邏輯關係。

傳統上，資料是存在檔案櫃中（如圖1.5）；而電腦內的資料庫可稱為數位化後的檔案櫃。我們將書籍、影像及圖片等內容數位化，轉換為電腦可以處理的形式，儲存在電腦系統中。為什麼需要資料庫？因為我們想保存資料。當然，並不是毫無目的地儲存所有資料，資料庫的目的在協助組織達成所設定的目標；大部分資料庫儲存日常交易的資料，也為了維持組織日常的運作。從資料庫技術發展至今，出現多種形式的資料庫，其中包括早期出現的**平坦檔**（flat file）資料庫，還有關聯式資料庫，以及物件導向式資料庫等等。

● 圖1.5　傳統的檔案櫃

平坦檔（如圖1.6），是一種普通文字（plain text）檔，通常檔案內一行就是一筆紀錄；紀錄裡面的欄位是以逗號或其他符號隔開，其中沒有設定格式的符號（如粗體字、字型等）。以資料庫專有術語來說，一個平坦檔就是一個資料表（table）。此種檔案之所以稱為平坦，是因為它的結構是二維的（two dimensional），由紀錄與欄位形成。平坦檔資料庫（flat file database）是由多個普通文字檔所組成的資料庫，但普通文字檔間沒有關聯，必須透過程式指令才能將相關的普通文字檔關聯起來。

目前最常見的關聯式資料庫（relational database）能讓兩個資料表的資料透過鍵值欄位關聯起來，資料庫是有結構的，資料間是有關聯的；而平坦檔資料庫的檔案間沒有關聯，所以有人認為由多個平坦檔組成的檔案系統（file system）不是資料庫。無論如何，檔案系統的目的還是在存取資料，從此寬鬆的角度看，檔案系統應該還是一個資料庫。

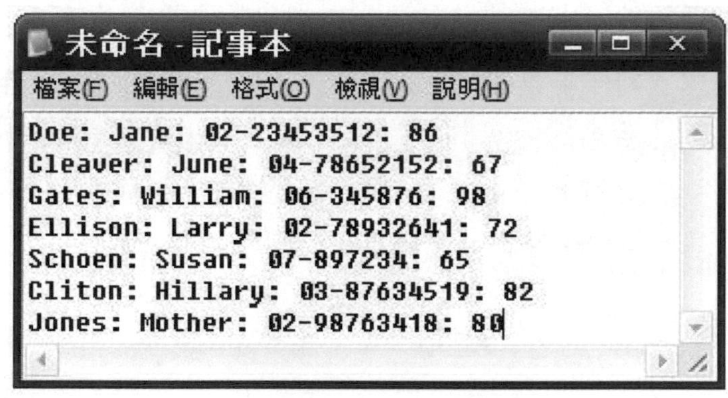

●圖1.6　平坦檔範例

1-2-2 資料階層

當深入檢視資料庫是如何組成時，就涉及資料庫的構成元素—資料階層。**資料階層**（data hierarchy）在抽象化地以階層的概念來說明電腦系統內的資料是如何有系統地被組織或儲存的方式。**抽象化**（abstraction）是使用較少的資訊量來描述某一種可以觀察到的現象，並將其一般化的過程，其目的在以簡單、易理解的描述來解釋一件事實。例如：我們在描述鬱金香時，直接說鬱金香是一朵花，而省略了一些鬱金香的細節，花就是鬱金香抽象化的結果。以資料階層來說，抽象化地解釋資料階層並未涉及資料在電腦系統內眞正的儲存方式，抽象化是以讀者容易想像或理解的方法來說明這一個字詞。

在檔案系統中，資料階層分為下列幾個層次：位元、位元組、欄位、紀錄與檔案。檔案系統是由一群相關的檔案（file）所組成，具有不同名稱的檔案被儲存在電腦系統中，我們可以撰寫程式來存取檔案內的資料。

檔案的下一個階層是紀錄（record），一筆紀錄包含多個數值或變數，這些數值或變數又稱爲「欄位」（fields）。在資料庫的專門術語中，一筆紀錄代表一個實體（entity），而紀錄中的每一個數值都是實體的屬性（attribute）值。

欄位的下一個階層就是位元組（byte），一個欄位由多個位元組所組成，一個位元組又稱爲字元（character）。

最後，一個位元組是由多個0或1的位元所組成。美國資訊交換標準碼（American Standard Code for Information Interchange, ASCII）編碼系統就定義一個常用的字元爲8個位元所組成，位元是電腦內資料的最小表示方式。

例如：在學生資料庫中有學生成績、學生獎懲資料和學生基本資料等3個檔案。其中，學生基本資料檔內有許多紀錄，每一筆紀錄代表某一位同學的基本資料，其中包含學號、姓名和電話等3個相關的欄位或屬性，這3個欄位的集合就代表一個學生基本資料的實體，也代表一位同學，其資料階層如圖1.7所示。

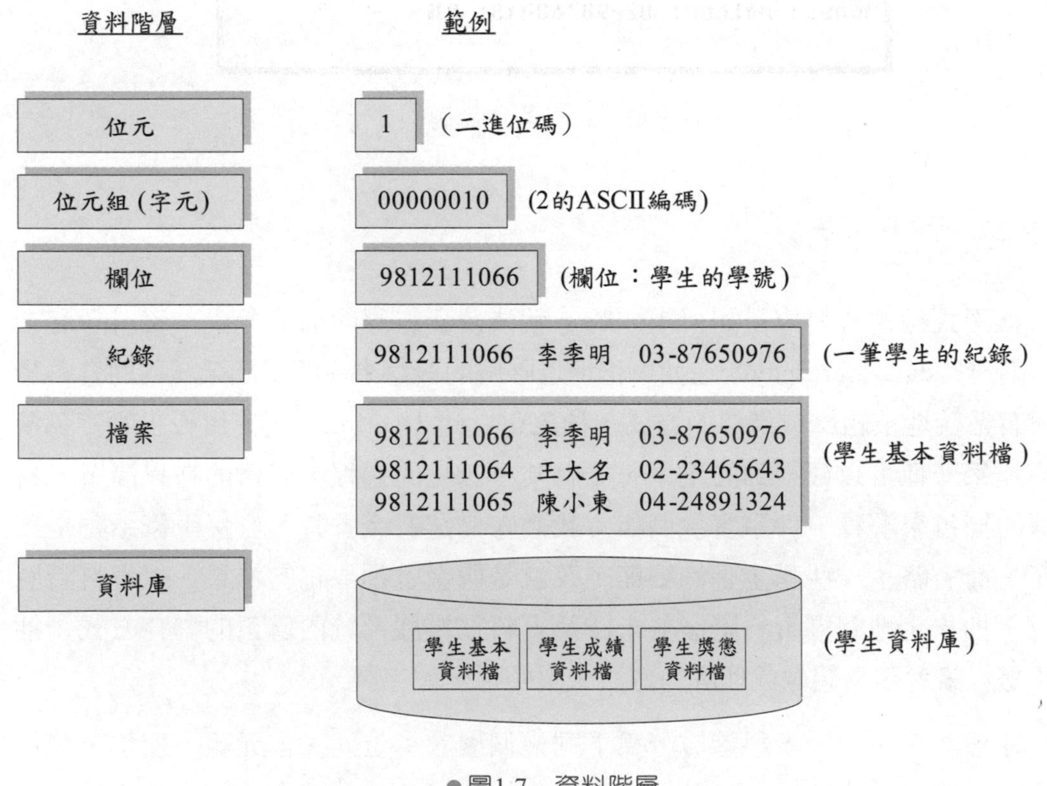

●圖1.7 資料階層

檔案系統的資料階層可分爲位元、位元組、欄位、紀錄與檔案，但是目前常用的關聯式資料庫的資料階層與檔案系統有些微的不同。以微軟的SQL Server資料庫管理系統所管理的資料庫檔案類型來說，主要爲資料檔與交易紀錄檔兩類，資料檔用來儲存資料庫的資料；交易紀錄檔則用來儲存該資料庫的交易日誌資料。其中，資料檔內是以資料表的形式儲存資料，資料檔包含多個資料表；每一個資料表內又有許多紀錄。正如檔案系統一樣，紀錄之下的層次分別爲欄位、字元、位元組和位元。換言之，關聯式資料庫的資料階層比檔案系統多了一個資料表階層。

1-2-3 資料庫管理系統

資料庫管理系統（DataBase Management System, DBMS）是一系列由程式語言所撰寫的軟體應用（software applications），用來建立與維護資料庫，協助將資料儲存於資料庫內，並且更新和擷取資料庫內的資料，這些軟體應用共同組合成資料庫管理系統。資料庫管理系統是一種通用的（general-purpose）軟體系統，讓使用者透過電腦完成簡單的作業，其主要目的在協助使用者或者讓**應用程式**（application program）有效率和方便地管理資料庫。應用程式是一種電腦程式，藉由應用程式與資料庫管理系統，我們得以和資料庫互動。資料庫與資料庫管理系統是兩個不同的概念，不能混爲一談。簡言之，資料庫是存放資料的地方，而且需要被管理；管理資料庫的軟體就是資料庫管理系統。

資料庫管理系統有哪些功能呢？包括：1. 讓使用者存取和管理資料庫；2. 是建構資料處理應用系統，如會計資訊系統或庫存系統等，的基本元件；3. 協助資料庫管理師執行業務等等。

爲了有條理地說明資料庫管理系統的功能，我們必須先簡介SQL。**SQL**（Structured Query Language）是一種資料庫電腦語言，用以管理關聯式資料庫管理系統中的資料，中文稱爲「結構化查詢語言」，其中又區分爲資料定義語言、資料操作語言與資料控制語言等三類語言（如圖1.8），從結構化查詢語言可以知道資料庫管理系統的基本功能。資料庫管理系統的基本功能有：

1. **資料定義語言**（Data Definition Language, DDL）：管理如資料庫、資料表和索引等各類型資料庫物件的結構。如建立、刪除和修改各物件的結構，這些結構有物件名稱、資料表內欄位的資料型態，以及資料和資料間的限制條件等等。

2. **資料操作語言**（Data Manipulation Language, DML）：針對資料表內的資料進行基本操作，包括新增、刪除、更新和查詢等。
3. **資料控制語言**（Data Control Language, DCL）：其功能在資料庫系統使用者的權限管理，能授予一位或多位使用者針對某一物件進行一系列操作的權限，或解除其權限。

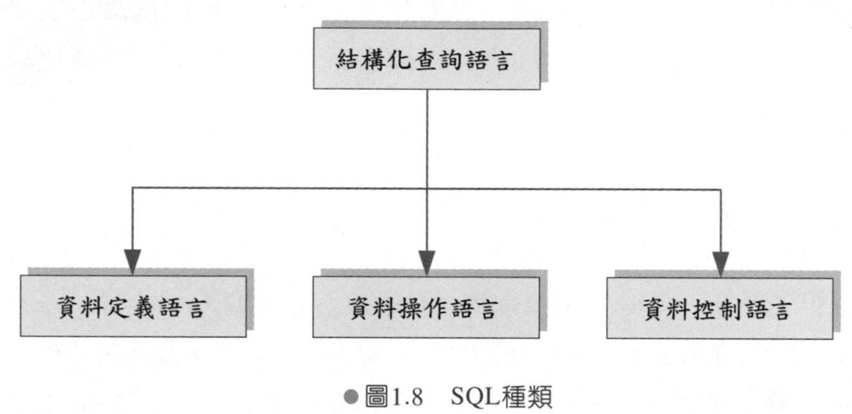

●圖1.8　SQL種類

除了上述基本功能外，資料庫管理系統還有交易管理、並行控制與資料庫的備份和復原等進階功能。

4. 交易管理：單一使用者使用資料庫系統時，一次存取動作通常包含一系列讀取（read）和寫入（write），稱為交易（transaction）。資料庫管理系統應確保交易的進行，如果交易途中發生錯誤，則應可以回復到交易進行前的狀態。
5. 並行控制：當多人使用資料庫系統而同時存取資料庫中相同的資料時，有可能破壞資料的一致性，資料庫管理系統提供並行控制的機制以避免此一衝突發生。
6. 備份和復原：當資料庫發生毀壞性事件，例如：硬碟毀損或天災人禍等狀況時，若資料庫管理系統不能事先對資料庫進行備份，將因此對企業造成重大損失。因此，資料庫管理系統提供資料庫備份和回復功能，以期在狀況發生時，能恢復資料庫系統的正常運作。

1-2-4 資料庫管理系統之分類及常見的資料庫管理系統

資料庫管理系統有多種分類方式，本節將依據使用人數、資料庫分散程度和資料模型等三類加以區分。如圖1.9所示。

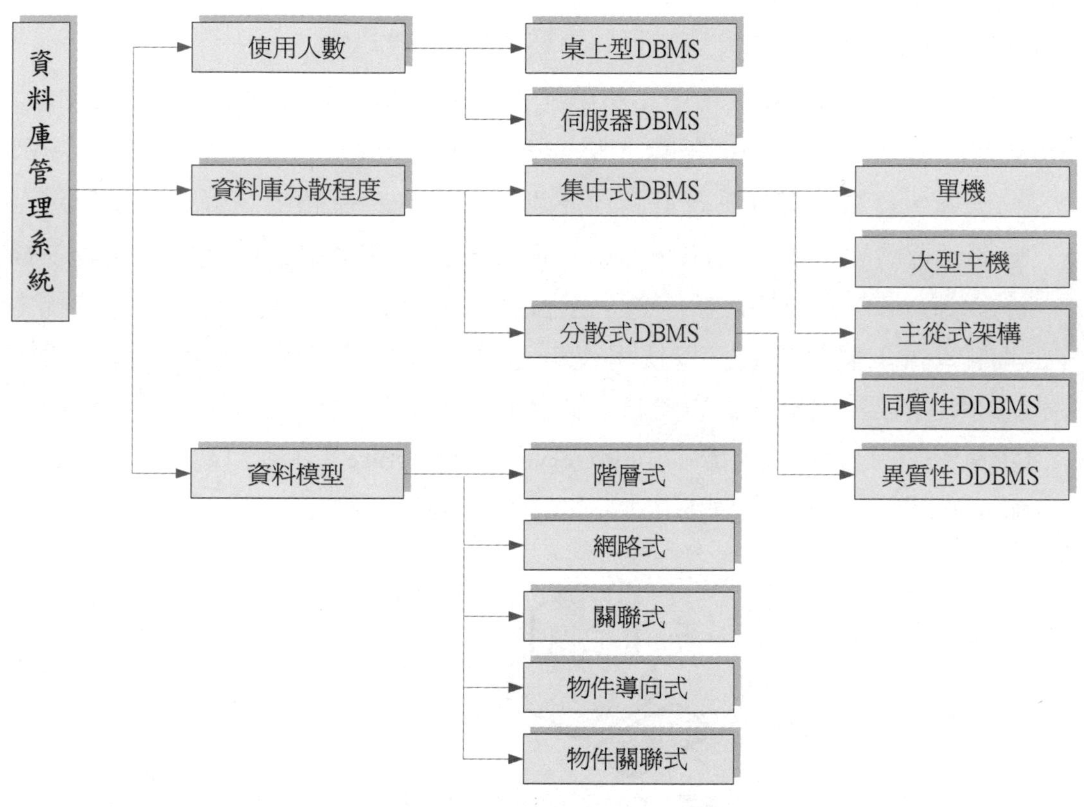

●圖1.9　資料庫管理系統分類

以使用人數區分

若以使用資料庫管理系統的人數來區分，可分爲桌上型（desktop）與伺服器型（server）資料庫管理系統。無論是桌上型或伺服器型的資料庫管理系統都可以讓多人使用，但是此處是以同時使用的人數作爲分類的標準。桌上型資料庫管理系統支援單一使用者，同一時間限制一位使用者存取資料庫，例如Microsoft的Access、多半使用於Apple Macintosh的FileMaker、IBM的Lotus Approach等均屬於桌上型資料庫管理系統。第二種是多人使用的伺服器型資料庫管理系統，如Oracle、Microsoft SQL Server及IBM DB2等都屬此類資料庫管理系統。

以資料庫分散程度區分

以資料庫分散情形來區分，可以將資料庫管理系統分為集中式與分散式資料庫管理系統兩類。資料庫分散程度意指資料庫是存放在單一地點或是多個地點，當資料庫只存放於一個地點時，稱為集中式資料庫管理系統；若資料庫被存放在多個地點，就稱為分散式資料庫管理系統。

1. 集中式資料庫管理系統：所謂**集中式資料庫管理系統**（centralized DBMS）又有三種形式：第一種為單人集中式DBMS，最典型的代表如Microsoft Access，資料庫管理系統與資料庫均位於同一台電腦中，單人能使用這台電腦存取資料（如圖1.10）。第二種形式為多人集中式DBMS，大型主機（mainframe）屬於此類，通常這台大型主機會在分時多工的作業系統中運作，讓多個使用者可以使用沒有運算能力的終端機，透過大型主機的DBMS存取其內資料庫的資料（如圖1.11）。第三種也歸類為多人集中式DBMS，它是主從式架構（client/server architecture），客戶端電腦使用應用程式，透過位於伺服器的DBMS存取資料庫內的資料（如圖1.12）。

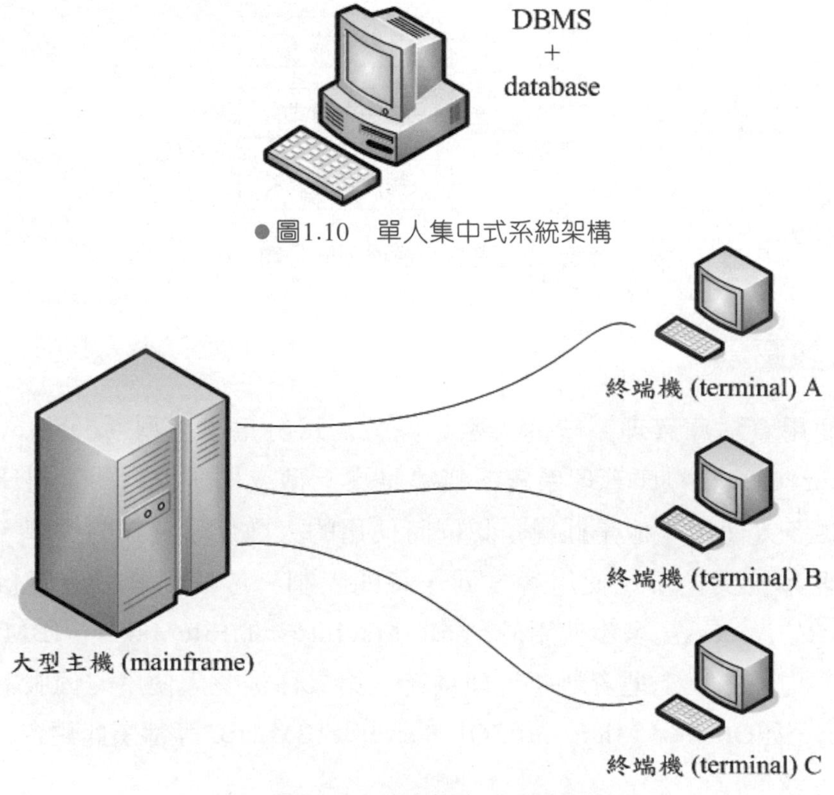

●圖1.10　單人集中式系統架構

●圖1.11　多人集中式系統架構

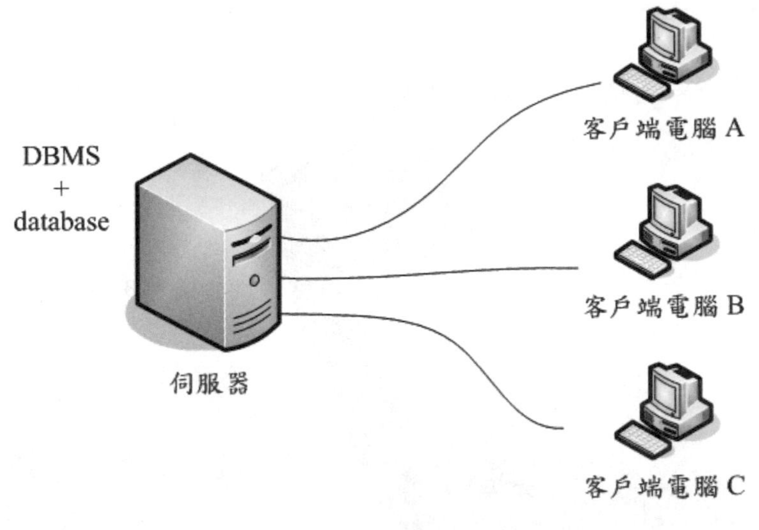

●圖1.12　主從式架構

2. 分散式資料庫管理系統：**分散式資料庫管理系統**（distributed database management system, DDBMS）是能讓人管理分散式資料庫的一種軟體系統。**分散式資料庫**是多個透過電腦網路連結，而且邏輯相關的資料庫。一個應用能藉由分散式資料庫管理系統同時存取或修改多個資料庫內的資料，就好像這些資料是放在同一個資料庫一樣（如圖1.13）。在分散式資料庫的資料必須是相關的而受分散式資料庫管理系統的管理。分散式資料庫的檔案不僅單獨地儲存在不同節點，邏輯上，所有的檔案是相關的，資料庫管理系統對這些分散的資料會進行週期性的同步處理，以確保資料前後的一致性。

分散式DBMS能透過網路設備存取其他主機上DBMS的資源，又可分爲同質分散式資料庫管理系統與異質分散式資料庫管理系統。**同質的DDBMS**（homogeneous DDBMS）意指在每一個資料檔的所在地點都使用相同的資料庫管理系統。**異質的DDBMS**（heterogeneous DDBMS）則是在網路上各個資料儲存地點可能使用不同的資料庫管理系統管理資料。例如：甲地點採用SQL Server，乙地點使用Oracle的資料庫管理系統，其他地點還有採用IBM DB2管理的資料庫。由於異質DDBMS必須讓資料在不同的資料庫管理系統間存取，因此比同質DDBMS還複雜。

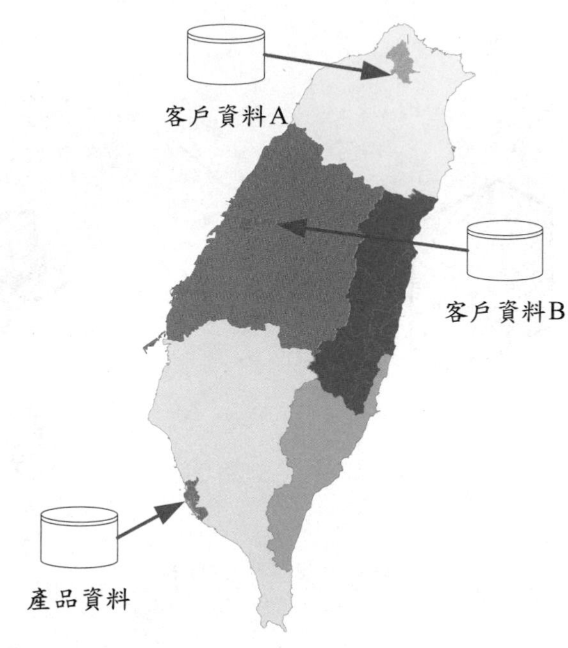

●圖1.11　多人集中式系統架構

以資料模型區分

常見的資料庫管理系統所使用的資料模型有：

1. 階層式資料庫管理系統（hierarchical DBMS）
2. 網路式資料庫管理系統（network DBMS）
3. 關聯式資料庫管理系統（relational DBMS）
4. 物件導向式資料庫管理系統（object-oriented DBMS）
5. 物件關聯式資料庫管理系統（object relational DBMS）

常見的資料庫管理系統

目前最常見的資料庫管理系統之資料模型多爲關聯式資料庫。依據國際數據資訊（International Data Corporation, IDC）針對關聯式資料庫管理系統的報告[1]：2007年市佔率前5名的公司分別爲Oracle、IBM、Microsoft、Sybase和Teradata（如表1.2所示），MySQL市佔率爲0.2%，排名第13。

---

1. IDC, Worldwide Relational Database Management Systems 2007 Vendor Shares, 下載自 http://www.microsoft.com/downloads/details.aspx?FamilyID=C6920F99-8A64-4049-9798-F5B33EBBFF72&displaylang=en, 檔名：Worldwide Relational Database Management Systems 2007 Vendor Shares.pdf, 下載時間：98/9/27。

表1.2　資料庫管理系統廠商市佔率

公司名稱	營收(百萬美元)	市佔率(%)	營收成長率(%)
Oracle	8,336	44.3	13.3
IBM	3,953	21.0	13.3
Microsoft	3,479	18.5	11.3
Sybase	658	3.5	11.3
Teradata	630	3.3	12.9

1. Oracle：甲骨文公司成立於1977年，最初的公司名稱爲Software Development Laboratories，1982年更名爲Oracle Corporation，一直沿用至今。Oracle於1979年就推出屬於關聯式的資料庫管理系統，稱爲Oracle V2；2008年推出其目前最新的版本Oracle Database 11g，其所使用的資料庫語言稱爲PL/SQL。2007年的市佔率爲44.3%，爲同類產品的第一名。
2. DB2：IBM擁有一系列資料庫管理系統，其中DB2爲其主力產品，IBM在2001年併購Informix後，導入Informix的技術，使得DB2成爲物件關聯式資料庫管理系統，也是最早使用結構化查詢語言（SQL）的資料庫管理系統。
3. SQL Server：微軟公司成立於1976年。1988年，Microsoft和Sybase共同推出適用於OS/2平台的SQL Server。在與Sybase分道揚鑣後，Microsoft於1995年推出Windows NT平台的SQL Server v6.0。至2009年爲止，則發展到SQL Server 2008。SQL Server所使用的資料庫語言稱爲Transaction-SQL，簡稱T-SQL。
4. MySQL：一個屬於開放源碼（open source code）的關聯式資料庫管理系統，開發者爲瑞典的MySQL AB公司，現爲昇陽電腦公司（Sun Microsystems）的子公司。MySQL在依據GNU通用公共授權證（GNU General Public License）的條款之下，可以自由使用。目前有部分網站或企業使用MySQL，如Google及Facebook等。
5. Microsoft Access：是微軟針對個人所開發的關聯式資料庫管理系統，其原始的構想在讓終端使用者能「存取（access）」包括Excel、Outlook和SQL Server等各種的資料來源，具有良好的使用者介面和軟體開發工具，不僅讓專業程式設計師，甚至於普通使用者都能開發應用軟體。

1-2-5 資料庫系統

資料庫管理系統和資料庫系統兩個名詞的意義經常被混淆爲同一件事，而互爲引用。事實上，這兩個名詞指稱的是不同的兩個概念。資料庫系統（database system）包括軟體、硬體、資料和使用者等四大部分。硬體有個人電腦、伺服器、網路設備等；軟體主要包括應用軟體與資料庫管理系統；而資料通常存放於資料庫中。僅就資料庫、資料庫管理系統與資料庫系統三者的關係而言：資料庫系統的範圍最大，包含資料庫與資料庫管理系統；資料庫管理系統是用來存取資料庫的。

事實上，如果資訊系統擁有資料庫和資料庫管理系統的，通常就是資料庫系統。日常生活中，資料庫系統的範例俯拾皆是，例如：行銷與銷售系統、財務與會計資訊系統、庫存管理系統及電子商務系統等等，都是資料庫系統。

1-3 資料庫管理系統的演進

電腦是一種利用一系列指令（instruction）來處理資料的機器。以機械運作的計算器在人類的歷史中由來已久，可以回溯到紀元前150年左右。要到西元1940年中期，第一台電子式的計算機—電腦，才被開發出來。1946年，由美國陸軍提供經費的賓州大學電子工程學院製造出第一台通用型的電腦—ENIAC (Electronic Numerical Integrator And Computer)，至此，機械式的計算機終於走入歷史。

資料庫管理系統屬於資料處理技術。文字的發明或造紙技術可歸類爲廣義的資料處理技術，但這裡所談的資料處理技術係以電腦爲主要工具。電腦資料處理是一個使用電腦程式來收集、分析資料，並將之轉換爲有用資訊的過程。資料庫管理系統主要功能在建立資料庫，將資料儲存於資料庫內，並且協助更新和擷取資料庫內的資料，這類資料處理技術處理的對象是資料；若要將資料庫內的資料更進一步地轉換爲資訊，就必須使用其他資料處理的技術，開發出更多元化的應用系統，如**決策支援系統**（Decision Support Systems, DSS）或**管理資訊系統**（Management Information Systems, MIS）等，這些系統均可歸類爲不同型態的資料庫系統。本節試圖以資料庫的觀點說明資料庫管理系統的演進過程。

1-3-1 打孔卡片時期

打孔卡片（punch card），如圖1.13所示，是一張硬紙片，以在預先定義的位置上打洞或不打洞來儲存數位資訊。在1960年代前，電腦還以打孔卡片為主要的媒介儲存資料和電腦程式。但是，在磁帶機於1951年被電腦使用後，逐漸取代打孔卡片成為電腦主要的儲存媒介，而打孔卡片也演化為以鉛筆劃記的卡片，目前此類卡片仍被使用，特別是應用在需電腦閱卷考試的答案卷上。

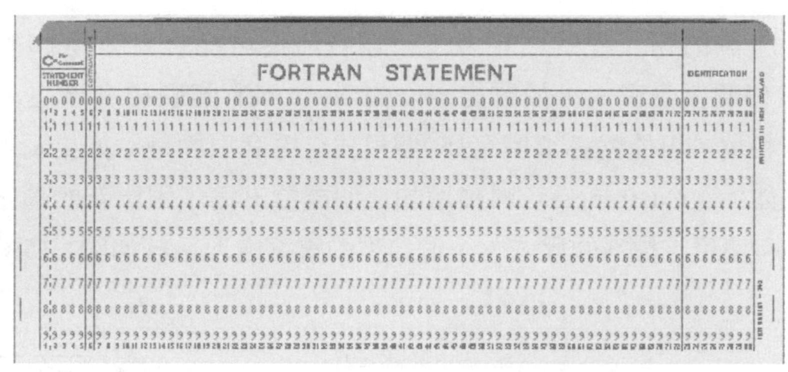

●圖1.13 打孔卡片

1-3-2 檔案處理系統

1960年代，很多企業使用檔案系統把資料儲存在電腦內，形成一個個平坦檔檔案，再以**檔案處理系統**（file processing system）存取平坦檔內的資料。在資料庫管理系統發展初期，組織通常使用檔案處理系統存取檔案內的資料。

在檔案處理系統被使用前，企業以人工方式將一個個傳統的檔案夾置於檔案櫃內。例如：企業中的檔案櫃可能包含客戶資料（Customers），每一個資料夾中的資料只會描述特定客戶的基本資料與購買的產品，當企業管理者需要獲取某些資訊時，就必須分析這些檔案夾、產生報表，供管理者參考。隨著組織持續成長，產生愈來愈多的資料，需要更大的空間擺放日漸增加的檔案櫃，決策分析更為複雜。幸好，此時檔案處理系統技術被開發出來，企業請**資料處理專員**（data processing specialist）將紙本的客戶資料轉為電腦檔案結構，並撰寫管理那些結構中資料的軟體與多個產生報表的應用程式。後來，公司又建立了銷售（Sales）資料檔案，記錄每日銷售狀況；資料處理專員也為Sales檔案撰寫了管理軟體與報表應用程式。當資料檔越多，就要設計越多的軟體與程式，而對報表的需求更是倍數成長。每個資料檔案，如Customers，都必須有自己的檔案管理系統，其中又包含各種功能的程式，例如：

- 建立檔案結構
- 新增資料到檔案中
- 刪除資料
- 修改檔案中的資料
- 列印功能

而針對查詢的報表程式則更多，一個資料檔可能會有多達10個報表的需求，因而有10個報表程式。換言之，一個Customers資料檔會產生多達15個程式；10個資料檔，可能就必須撰寫150個程式。更麻煩的是：如果資料檔的結構改變了，例如：在Customers資料檔增加一個欄位，爲了因應新的檔案結構，就必須修改所有使用該檔案的程式。一個典型的檔案處理系統如圖1.15所示。

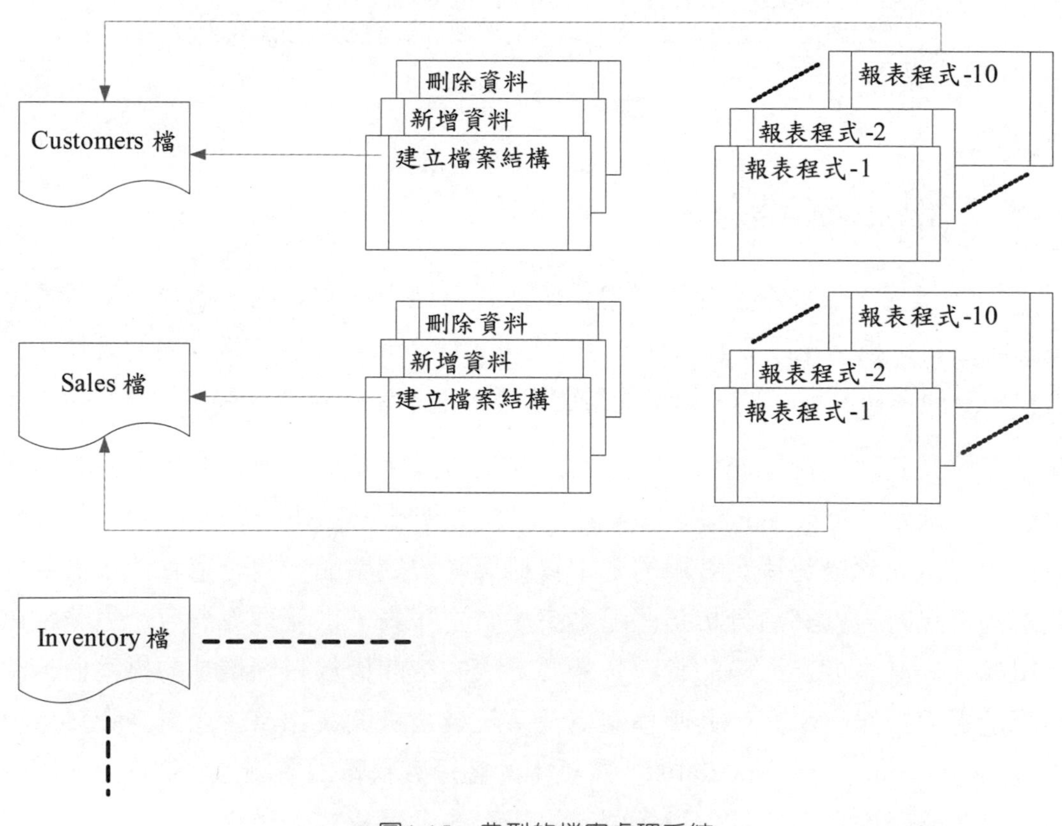

圖1.15　典型的檔案處理系統

當時，爲了存取檔案系統內的資料常使用第三代語言（third-Generation Language, 3GL），例如COBOL（Common Business-Oriented Language）、BASIC（Beginner’s All-purpose Symbolic Instruction Code）及FORTRAN等。使用這些語言撰寫程式時，程式設計師必須知道資料在檔案中是如何被儲存的（即檔案結構），而且儲存在什麼路徑。當資料檔越來越多時，存取路徑也變得越來越難管理，也使得程式更形複雜。另外，欲設計程式以利用密碼或權限設定，限制使用者對資料的存取是很困難的，因此經常被忽略，使得資料的安全和保全的能力受到限制。也因爲資料檔案儲存在不同的地點或路徑，甚至於同一種資料存放在不同檔案，經過了多次資料修改動作後，經常導致同一種資料在不同檔案中有不同值，這種資料不一致的現象，經常發生在檔案系統內。

檔案處理系統的缺點

檔案處理系統之缺點如下。嚴格來說，由於檔案處理系統有這些缺點，它還不能稱爲是資料庫管理系統：

1. **程式與結構相依、資料相依**：如前所述，檔案系統中任何一個檔案的結構改變了，例如增加或刪除資料檔的欄位，則所有使用到這個檔案的程式都必須修改。換言之，修改檔案結構（structure），就必須修改程式。資料的存取是依賴於檔案結構，故檔案處理系統是結構相依的（structural dependence）。

   檔案處理系統也和資料相依（data dependence）。我們現在不增加或刪除欄位，資料檔欄位的數量不變，但是改變了某一欄位的資料型態，此時涉及此資料檔的程式也必須修改。例如，學生成績資料檔中有一個欄位登錄同學的國文分數，資料型態是整數，如果把國文成績欄位改爲小數點一位，則程式也要跟著修改。每個程式內一定有一些程式行，指定新的欄位規格，我們不僅要告訴電腦我們要把資料型態改爲小數（做什麼），還要告訴電腦如何存取不同規格的欄位（怎麼做）。

2. **資料重複與不一致**：當相同欄位儲存在多個不同的地點或檔案中，就產生資料重複。這些重複的資料又稱爲資料冗餘（data redundancy）。當一筆紀錄中代表相同欄位的資料在不同資料檔中有不同的值，就造成資料不一致（data inconsistency）。例如：Customers資料檔中有一個欄位代表某一位客戶的電話；而在Sales資料檔中也有一個欄位是這個客戶的聯絡電話，此時就產生資料重複。有一天，這位客戶更換電話號碼，因而修改Customers資料檔電話欄位的值，但是忘了同時修改Sales中的相對應的聯絡電話號碼，此時電話資料就不一致了。有時因為資料輸入的錯誤，相同資料輸入不同值，也會造成資料不一致的現象。

3. **資料查詢困難**：例如：銷售經理想知道哪些客戶居住在台北地區，因而要求資料處理部門列出清單，也由於系統設計者沒有預期到此一狀況，所以找不到應用程式能立刻處理此一需求，但是卻有現成程式能列出所有客戶的詳細資料，包括地址。此時銷售經理有兩項選擇：一個是列出所有客戶資料，並以人工萃取出台北地區的客戶；或者請程式設計師撰寫符合需求的程式。這兩種方式難度都很高。幾天過後，銷售經理又想知道哪些住在台北地區的客戶採購金額超過$100,000元，又要花很多時間才能解決問題。之所以困難的原因在：傳統的檔案處理系統無法以方便和有效率的方法存取所需的資料。

4. **資料完整性問題**：儲存在資料庫的資料有時需符合某些一致的限制條件（consistency constraints），以維護資料的完整性（data integrity）。例如：學生的學期成績必須限制在0分和100分之間，不能是負數，也不能大於100。通常程式設計師在系統開發初期，會把這些限制條件寫在應用程式的程式碼中，避免資料的值超過限制。但是，在檔案處理系統中，很難把新的限制條件完整地寫進原有的程式內，特別是當限制條件必須加諸於不同檔案中的多個欄位。

5. **同時存取異常**：為了快速回應使用者需求，並且考量系統整體效能。目前的系統容許多個使用者同時存取資料。但是過去的檔案處理系統在多人同時使用系統的情況下，容易發生同時存取（concurrent-access）異常的現象。如圖1.16所示，一個銀行帳戶存有$1,000元，在幾乎同時，有客戶A和客戶B從此一帳戶分別提款$100元及$200元，因為幾乎同時，所以他們都讀到帳戶尚有$1,000元，當客戶A完成提款，寫入帳戶的餘額是$900元；當客戶B提款後，寫入的餘額是$800元，這也是最後的餘額。但事實上，最後正確的餘額應該是$700元。為了防止同時存取異常，資料庫系統應該能提供一個監督同時存取的機制，但是在檔案處理系統中，資料可能被多個程式存取，而這些程式事先是沒有相互協調的。

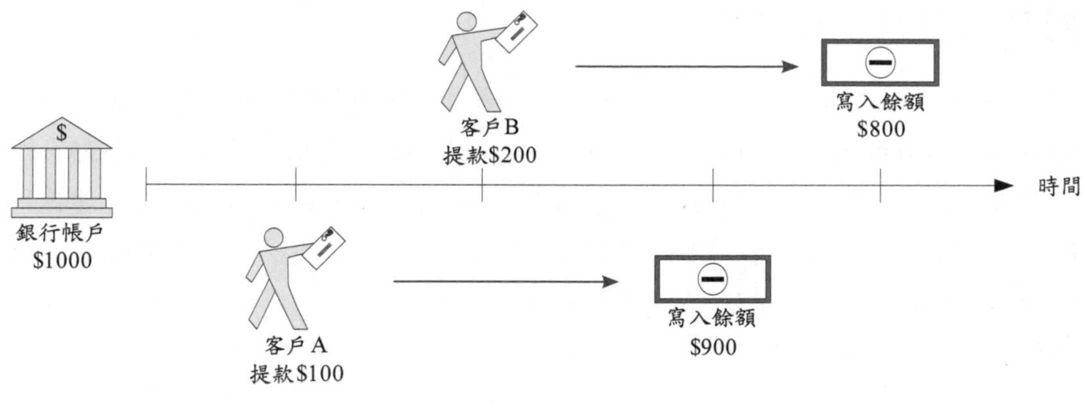

●圖1.16　同時存取的異常現象

6. **安全問題**：資料庫系統應該能限制使用者存取資料的行爲，不是每一位使用者都能存取所有資料。例如：公司人事部門的薪資資料是不能開放給庫存部門的人瀏覽的。完整的資料庫管理系統應該能夠提供至少兩方面的安全控管：一是決定誰可以進入系統存取資料；另一方面能決定進入系統的使用者可以存取哪些資料，而不是讓進入系統的人都能存取任何資料。

1-3-3 資料庫管理系統

在檔案處理系統之後是資料庫管理系統。資料庫管理系統經常是以資料模型（data model）來區分，最早被開發的是網路式和階層式資料庫管理系統。

網路與階層式資料庫管理系統

1960年代是資料庫管理系統的萌芽期。1960年代中期，已經有商業用途的資料庫管理系統，其中較有名的是由Charles Bachman爲奇異電器（General Electric, GE）所設計的IDS（Integrated Data Store）。IDS屬於**網路式資料庫管理系統**（network DBMS）。1966年，IBM、Rockwell和Caterpillar等三家公司爲了登月的阿波羅計畫（Apollo program）設計IMS（Information Management System），並於1968年開始使用。IMS屬於**階層式資料庫管理系統**（hierarchical DBMS）。由於IBM的發展和市場影響力，IMS在1970年代和1980年代早期成了全球主要的主機型階層式資料庫管理系統，至今仍然有很多人持續地使用IMS。

關聯式資料庫管理系統

1970年在IBM工作的Edgar Codd發表了一篇與資料庫相關，名為「A Relational Model of Data for Large Shared Data Banks」的重要論文，這篇論文提出關聯式資料模型（relational data model），為後來的關聯式資料庫奠立理論基礎，啓發更多學者投入資料管理的研究與開發。Codd修改網路或階層式模型以樹狀連結紀錄的結構，將資料分割為一系列二維表格，並以鍵值欄位將這些表格關聯在一起，使得資料查詢更有效率。

跟隨著Codd的創新理論，有兩個重要的關聯式資料庫管理系統的計畫開始進行，影響了未來資料庫管理系統的發展。第一個重要的計畫是1973年由IBM提供經費的System R研究。此一計畫的重大貢獻在：為了存取System R的資料，研究團隊發展出結構化英文查詢語言（Structured English Query Language，SEQUEL），之後更名為結構化查詢語言（SQL）。經過多年的發展，SQL成為目前關聯式資料庫查詢語言的標準。在一連串現場測試SQL的實用性後，IBM以System R為原型，開發出多個商業用途的資料庫管理系統，其中包括於1983年上市，且為目前IBM資料庫管理系統的主力商品—DB2。第二個是幾乎與System R同時開始的美國加州大學柏克萊分校的研究計畫Ingres，很多當時參與Ingres計畫的人認知到資料庫系統的商業價值，紛紛成立公司，開發出多個著名的資料庫管理系統，包括Sybase和Informix，再由Sybase衍生出Microsoft SQL Server。

目前知名的資料庫管理系統中，Oracle是獨立發展的。雖然Oracle參考了IBM System R的相關文獻，但是卻先於IBM，在1978年推出第一個版本，並在目前市場中打敗IBM，成為資料庫管理系統軟體最大的供應商。另外，衍生自Ingres的PostgreSQL成為物件關聯式資料庫的產品之一。

物件導向式資料庫管理系統

網路、階層和關聯式等資料庫管理系統適合於企業資料庫應用，但是在某些更複雜、更新的應用上有其缺點。例如：工程設計與製造資料庫、地理資訊系統和多媒體等等。這些新的應用需要能存取圖像或大量的文本資料、複雜的物件結構，還要能忍受更長的交易時間，也因此產生了非標準化應用操作的需求。為了滿足這些需求，物件導向資料庫（object-oriented databases）應運而生，此類資料庫主要特性在讓設計者能定義複雜物件的結構，而且針對這些物件進行各種操作。另一個建立物件導向資料庫的原因是：很多人開始使用物件導向程式語言，如C++、Smalltalk或Java來開發應用軟體，而傳統的資料庫卻很難和這些使用物件導向程式語言所撰寫的軟體緊密地結合。

物件導向式資料庫管理系統（object-oriented database management system）之研究起始於1970年代中期，大多在處理圖形結構的物件。著名的研究計畫包括惠普（Hewlett-Packard, HP）的IRIS、貝爾實驗室（Bell Labs）的ODE，以及MCC（Microelectronics and Computer Corporation）的ORION等等。其中，ORION計畫發表了許多論文，再由Won Kim集結成冊，由MIT Press出版。早期的商業化產品有1986年的Gemstone，直到1990年代中期，有更多產品進入市場，包括Objectivity/DB、O2和JADE等等。

物件關聯式資料庫管理系統

物件關聯式資料庫管理系統（object-relational database management system）的研究起始於1990年初期。這些研究在關聯式資料庫上加入物件、類別與繼承等概念，其中最著名的是加州柏克萊分校的Postgres計畫。此計畫引領出兩個產品—Illustra和PostgreSQL，分別出現在1990年中期和1997年。很多早期的物件關聯式資料庫概念已經融入SQL在1999年的版本。因此，只要資料庫管理系統軟體遵守SQL:1999在物件關聯方面的要求，就可以稱爲物件關聯式資料庫管理系統。目前市佔率較高的軟體，如IBM的DB2、Oracle和Microsoft SQL Server都宣稱支援這些科技，因而它們也被歸類爲物件關聯式資料庫管理系統。

1-3-4 資料庫管理系統的現在與未來

資料庫管理系統的演進歷程不僅與資料處理技術有關，也與電腦軟硬體和Internet的發展有著密不可分的關係。1990年代World Wide Web（WWW）興起，加上瀏覽器與相關發展工具（如Java與Microsoft Active/X等）的功能越來越強，使得資料庫系統的架構漸漸朝向客戶端、Web伺服器，與資料庫伺服器等三個層次的「三層式架構」（three-tier architecture）發展。

2000年代，主要的資料庫管理系統都強調其網路賦能（Web-enabled）的特性，意指其產品支援XML（Extensible Markup Language）與HTTP等Internet標準。此一特性讓資料庫管理系統能藉由網頁，使用與網路相同的通訊協定傳遞資料。資料庫管理系統支援XML，意謂著在發送端與接收端傳遞資料時，不再需要第三方提供轉譯資料的工具，而能直接使用所接收到的資料。

資料倉儲（data warehouse）與線上分析處理（On-Line Analytical Processing, OLAP）更是近幾年來資料庫管理系統發展的重點。雖然傳統的資料庫能接受查詢，並以報表工具提供資訊，但是由於缺乏資料儲存的彈性，無法迅速、即時地提供相關決策資訊。爲此，主流的資料庫管理系統開始提出資料倉儲與線上分析處理的解決方案。資料倉儲是一種能適當地組合及管理不同資料來源的技術；而透過OLAP，使用者可以很快地檢視及了解資料倉儲內的資料，並可依據不同的主題和角度操作並分析資料，使這些資料更能回答企業所關心的問題，提供決策輔助。

未來是很難預測的，隨著環境變化的速度越來越快，影響因子也更爲複雜。資料庫管理系統的發展也是如此，希望其功能可以反應環境的快速變化，也因此，資料庫管理系統發展趨勢之一是即時資料庫（real-time database）。即時資料庫是一個系統，能處理狀態隨時變化的工作負載，此與傳統資料庫大部分存取不受時間影響的**長存資料**（persistent data）不同。例如：股票市場是動態的，具有變動迅速的特性，資料庫要能追蹤現有不穩定的值，並以足夠快的速度反應出結果，而付諸行動。即時資料庫可以應用在會計、多媒體、程序控制、科學資料分析和訂位系統等各個領域。

結語

從資料庫管理系統的進化史來看，資料庫管理系統的版本不斷更新，代表著企業對資料庫管理系統功能的需求更爲殷切，不僅大型企業早已利用資料庫管理系統處理資料；中小型企業也開始導入，因此需要更多資料庫相關的專業人才。資料庫相關知識的傳授已經成爲資訊類科系最重要的課程之一。

本章習題

一、選擇題

1. ( ) 從POS系統中收集的訊息應該是？

   (A)知識　(B)資訊

   (C)資料　(D)資料庫

2. ( ) 「運用資訊技術與相關工具，如資料庫管理系統、資料倉儲等，管理組織的資料資源，以符合企業的資訊需求。」指的是哪一個名詞？

   (A)資料資源管理　(B)資訊

   (C)資料　(D)資料庫

3. ( ) 下列描述：「MP3播放器在2010年的第三季是本公司產品中銷售量最高的」，應該屬於？

   (A)知識　(B)資訊

   (C)資料　(D)資料庫

4. ( ) 何種資料庫是由多個沒有關聯的普通文字檔所組成的？

   (A)關聯式資料庫　(B)階層式資料庫

   (C)資訊資料庫　(D)平坦檔資料庫

5. ( ) 何者是一群邏輯相關的資料的集合？

   (A)資訊　(B)資料庫管理系統

   (C)資料庫　(D)平坦檔

6. ( ) SQL可以區分為哪幾類語言？1.資料定義語言，2.資料查詢語言，3.資料操作語言，4.資料控制語言。

   (A)12　(B)134

   (C)234　(D)123

7. ( ) 可以對資料庫進行新增、刪除、更新和查詢等動作的是SQL中的何類語言？

   (A)資料查詢語言　(B)資料控制語言

   (C)資料定義語言　(D)資料操作語言

本章習題

8. (　) SQL中，何類語言的功能在資料庫系統使用者的權限管理？

(A)資料查詢語言　(B)資料控制語言

(C)資料定義語言　(D)資料操作語言

9. (　) 資料庫管理系統提供何種機制，以避免多人同時存取資料庫中相同資料時破壞了資料的一致性？

(A)備份與復原機制　(B)查詢機制

(C)並行控制　(D)交易管理

10. (　) 下列哪一個資料庫管理系統是IBM的產品？

(A)DB2　(B)SQL Server

(C)MySQL　(D)Access

11. (　) 資料庫系統包括哪四大部分？1.作業系統，2.資料，3.軟體，4.資料庫管理系統，5.硬體，6.使用者

(A)1234　(B)1235

(C)2356　(D)1456

12. (　) 2007年，哪家公司的資料庫管理系統市佔率最高？

(A)IBM　(B)Microsoft

(C)SAP　(D)Oracle

13. (　) 若每一個資料檔的所在地點都使用相同的資料庫管理系統，我們稱之爲？

(A)關聯式　(B)同質的

(C)網路式　(D)異質的 資料庫系統

14. (　) 當一筆紀錄中代表相同欄位的資料在不同資料檔中有不同的值，就造成何種現象？

(A)資料冗餘　(B)資料不一致

(C)資料不完整　(D)以上皆非

本章習題

二、簡答題

1. 何謂資料、資訊與知識？
2. 檔案處理系統有哪些缺點？
3. 請舉例說明資料、資訊與知識？
4. 請說明資料庫管理系統的功能？

NOTE

CHAPTER 02

資料庫系統架構與資料模型

學習目標 閱讀完後，你應該能夠：

- 瞭解資料庫系統的組成元件
- 知道資訊相關科系中有哪些專業，如系統分析與設計師、資料庫設計師、資料庫管理師，以及程式設計師等等
- 理解資料庫系統的軟硬體架構，還有一般商業網站是如何運作的
- 瞭解資料庫不僅儲存資料，還儲存資料的詮釋資料
- 說明何謂資料模型，還有它和塑模的關係
- 知道資料庫設計為什麼分為概念資料庫設計、邏輯資料庫設計，以及實體資料庫設計

從第1章我們知道，資料庫系統是由軟體、硬體、使用者和資料所組成。本章之初將針對這些組成份子做更詳細地說明。資料庫系統的使用者包括我們常聽說，而且也屬於資訊相關科系專業的系統分析與設計師、系統管理師、程式設計師，以及資料庫管理師等等。本章會描述這些專業的職責，閱讀這些內容後，或許我們可以利用短短的幾分鐘想想未來我們想從事何種行業。本章也談到資料庫系統的架構，讓我們理解資料庫系統的運作方式。本章的另一個重點是資料庫設計的基本概念，這部分內容奠立本書往後資料庫設計章節的基礎，值得深入研讀。

談到資料庫系統時，讓人聯想到資料庫管理系統，甚至於應用程式與資料庫，卻忽略人在資料庫系統所扮演的角色，人是資料庫系統的使用者，也是創建者，資料庫系統組成元件中，人是不可或缺的角色。資料庫系統中，軟體和資料是主要的組成份子，這些軟體有哪些功能，這些功能和硬體的關係爲何，如何搭配，還有儲存資料的資料庫是如何設計出來的，一般的設計概念爲何？本章的重點就在回答這些問題。

2-1 資料庫系統的組成份子

談到系統的組成，一般會想到軟體和硬體，而忽略了其他部分。事實上，資料庫系統除了軟體、硬體外，還包含使用者和資料。

2-1-1 使用者

資料庫系統的主要目的在進行如電子商務或採購等交易。在幕前，有人使用資料庫系統進行交易；也有人在幕後爲了建立資料庫系統而努力。無論在幕前或幕後，這些都是資料庫系統的使用者。本節將描述這些不同類型的資料庫系統使用者，我們在知道這些類型的同時，也能瞭解與資料庫系統相關的人員到底進行哪些專業活動，讓想要從事資料庫系統相關工作的人能針對這些職能更深入地學習所需的知識與技能。

資料庫系統使用者可分爲終端使用者和專業使用者兩大類，終端使用者處於幕前進行交易，專業使用者處於幕後建立、管理或維護資料庫系統。終端使用者（end-users）應用資料庫系統進行交易，或者存取資料，其中，又以會不會使用存取資料的語言分爲普通使用者和熟練使用者。專業使用者建立或管理與維護資料庫系統，他們是以資訊科技爲專業的使用者，包括資料庫設計師、資料庫管理師、系統分析師和應用程式設計師等。

普通使用者

普通使用者（naive users）沒有受過使用軟體的專業訓練，通常使用預先設計好、直覺式的圖形使用者介面（Graphic User Interface, GUI）與資料庫系統互動。這類使用者不會使用資料庫查詢語言，也不必知道資料在系統中是如何被存取的，就能進行交易。例如：很多人有線上購書的經驗，使用者藉由Internet連上購物網站，在網頁的表單欄位輸入帳號、密碼和相關資料後，就能完成交易，這些人就是普通使用者。事實上，在使用者輸入資料的過程中，應用程式指令在幕後一一地被執行，使用者不必耗費太多精神學習購物流程與操作方法，只要依照GUI的指示，就能完成交易。大部分電子商務網站的使用者都是普通使用者。

另一種普通使用者是企業的職員。這類使用者藉由企業內網路（intranet）或企業間網路（extranet），使用預先設計好的應用程式，進行查詢或更新資料，此類交易稱爲固定操作交易（canned transaction）。例如：銀行出納員核對帳目或登錄提款或存款；航空公司、旅館或汽車租賃公司的辦事員接到訂位查詢時，以資料庫系統查詢空位，並且接受訂位等等。這些企業員工也屬於不會資料庫查詢語言的普通使用者。

熟練使用者

熟練使用者（sophisticated end users）熟悉資料庫管理系統的功能。這類使用者不需要應用程式的協助，就能以資料庫查詢語言取得所需的資訊，工程師、科學家和商業分析師屬於此類。例如，有的商業分析師使用線上分析處理（OnLine Analytical Processing, OLAP）工具，彙整資料庫的原始資料，並轉成多維度的分析模組，將原始資料有效率地加値成有意義的資訊，便於使用者做決策分析。部分資料庫管理系統，如Oracle和IBM DB2，已發展出自有的SQL以支援線上分析處理。

資料庫設計師

資料庫設計師（database designers）的主要工作在建立資料庫結構（database structure）或資料庫綱要（database schema），決定哪些資料需要儲存在資料庫、資料的型態和資料間的關係等等。資料庫設計師通常藉由資料庫設計軟體工具的協助，完成資料庫設計。以關聯式資料庫爲例，資料庫設計師先使用實體關聯模型，規劃出較高階的資料庫綱要，接著再以關聯模型轉換爲較低階的資料表，以資料表的形式呈現資料和資料間的關聯性。

資料庫管理師

資料庫管理師在資料庫系統中扮演重要的角色，其工作範圍與責任通常是依據企業需求，在組織職務的設計下，他們的工作也許是單純地維護資料庫；也可能涉及資料庫的開發工作。在較廣義的概念下，**資料庫管理師**（DataBase Administrator, DBA）負責組織中資料庫的設計、實作、維護與修補，幾乎要擔任所有資料庫相關的工作，是一個非常重要的職務。通常資料庫管理師所擔負的責任有：

- 協助資料庫設計：由於資料庫管理師對資料庫管理系統和整個資料庫系統有較深的瞭解，在資料庫設計初期階段，資料庫管理師的涉入能避免未來可能發生的問題。開發團隊在資料庫管理師協助下能提升資料庫系統效能。
- 與系統管理師共同配置軟硬體：通常只有系統管理師（system administrator）擁有存取系統軟體的權限，DBA需與系統管理師密切配合以執行軟體安裝，並且適當地配置軟硬體，最佳化資料庫管理系統的運作。
- 安裝新軟體：DBA的主要工作在安裝新版本的資料庫管理系統、應用軟體與其他資料庫系統相關的軟體，在這些軟體正式使用前必須經過測試。
- 擬定策略與程序：DBA需擬定管理、安全、維護、教育訓練和使用資料庫管理系統的策略與程序，監督資料庫管理系統的安全，包括使用者登入與權限、稽核和檢查等安全問題。
- 教育訓練：訓練員工使用資料庫管理系統。

資料庫管理師更必須隨時吸收最新科技與設計方法。從事此一工作的人最好擁有資訊科學、資訊管理或資訊工程等相關學位，而且至少熟悉一個資料庫管理系統，更好的是擁有使用多種資料庫管理系統的經驗。部分組織在應徵資料庫管理師時會要求應徵人擁有相關證照，如：Microsoft Certified Database Administrator（MCDBA）證書，以證明其管理資料庫之能力。

系統分析師

系統分析師（systems analyst）在系統開發過程中扮演重要角色。他們幫助組織有效率地使用科技，並將快速發展的技術引進現有系統中。系統分析師在系統分析與設計的起始階段，諮詢企業管理者和使用者，瞭解其需求，以定義系統的目標；具體地說明系統的輸入、處理方式，以及輸出格式等等，設計出符合此目標的系統。他們進行成本效益或投資報酬分析，提供管理者在財務上的可行性決策。當系統建置獲得許可，由系統分析師決定軟硬體建置需求與配置；製作流程圖和規範讓程式設計師遵循。在程式設計階段，針對程式，協助程式設計師除錯。系統完成後，協調測試工作，觀察系統運行狀況是否符合當初的規劃。

系統分析師之工作相當廣泛，因而對專業要求也較高。一個成功的系統分析師需要分析、技術、管理與溝通等能力。分析能力讓系統分析師運用邏輯思考來蒐集和分析資訊，規劃、設計和測試問題的解決方案等。技術能力幫助系統分析師瞭解資訊科技的潛力和限制，能在不同的電腦平台、作業系統和程式語言下完成任務。管理能力幫助管理專案、資源、風險與變革；而溝通能力讓系統分析師和終端使用者、程式設計師，還有其他的專業人員傳遞彼此看法，弭平歧見，達成共識。

應用程式設計師

程式設計師（programmers）的工作在撰寫應用程式或系統軟體。在資料庫系統環境下的程式設計師屬於**應用程式設計師**（application programmers），他們依據系統分析師擬定的規範和設計，轉換爲一連串電腦可以遵循的指令，以建立終端使用者使用的應用程式，這些應用程式會指揮資料庫管理系統，存取資料庫中的資料，再將結果呈現給使用者。應用程式設計師必須熟悉程式語言（programming languages），使用何種語言視程式的目的而定。例如：COBOL通常使用在商業應用；Fortran用於科學和工程；C++則可以同時應用於科學和商業用途；而Java、C#、PHP與ASP.NET等語言則常用於網路和商業應用。通常程式設計師熟悉一種以上的程式語言，因爲語言之間有共通性，在學習某種程式語言後，要學習新的語言並不困難。

除了上述使用者外，另外一個角色是**系統管理師**（system administrator），負責操作和維護電腦系統或網路，必須擁有作業系統的相關知識。系統管理師最重要的工作是：在面臨各種壓力和限制下解決問題。當電腦系統當機或故障時，能很快和正確地診斷錯誤，而後以最有效率的方式修正之，特別是電子商務公司更應該注意電腦安全，建置適當的防火牆和入侵偵測系統。系統管理師雖然不是資料庫系統主要的使用者，但是當系統發生問題時，仍然必須與資料庫管理師合作，監督或促進資料庫系統的正常運作。綜合前面的敘述，資料庫系統各類使用者的關係如圖2.1所示。

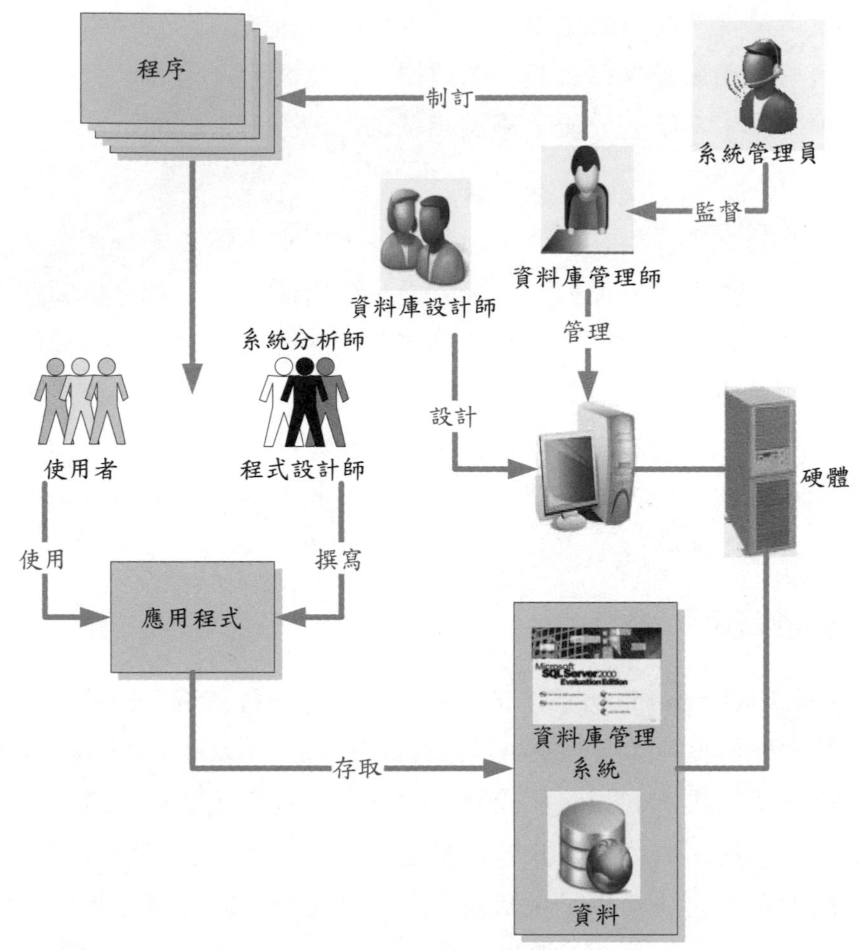

● 圖2.1　資料庫使用者間的關係

2-1-2 硬體

硬體主要是各類型伺服器主機與儲存設備，包含應用伺服器和資料庫伺服器，還有儲存和備份資料時所需的磁碟機、磁碟陣列和磁帶機等裝置。

2-1-3 軟體

最基本的當然是作業系統。**作業系統**（operating system）介於使用者和硬體之間，用以管理、協調和分享電腦硬體資源，並且提供服務給使用者和應用程式。應用程式透過應用程式介面（Application Programming Interface, API）傳遞參數給作業系統，以使用作業系統的服務。應用程式與作業系統的關係如圖2.2所示。資料庫系統使用到的其他軟體還有資料庫管理系統、開發工具和應用程式。

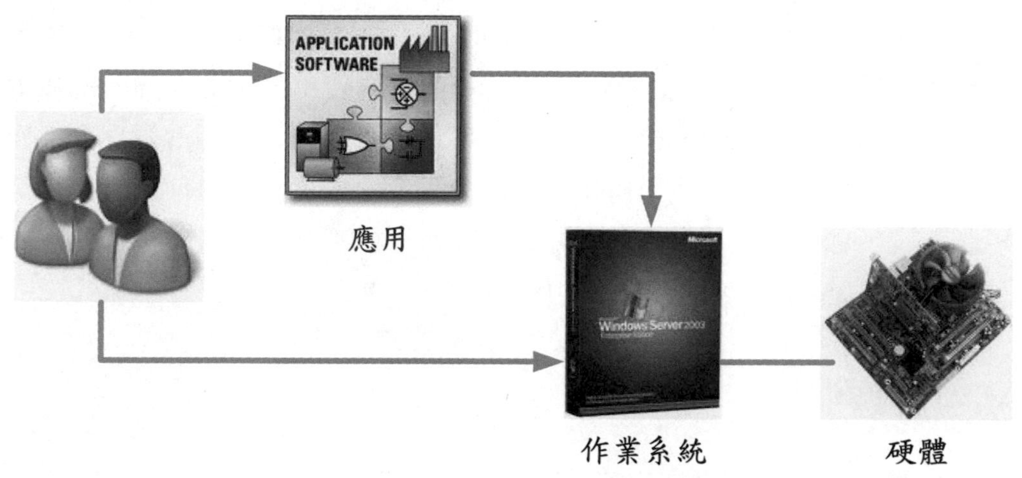

● 圖2.2　應用程式與作業系統

資料庫管理系統

資料庫管理系統的主要功能在存取資料庫內的資料，其中又有兩種方式。普通使用者因為不會操作資料庫管理系統，所以必須使用應用程式，間接地與資料庫管理系統溝通，來存取資料庫資料；熟練使用者或資料庫管理師則直接使用資料庫管理系統進行與資料庫相關的操作。

軟體開發工具

軟體開發工具（software development tool）是一種程式或應用，協助軟體開發者，例如程式設計師，建立、除錯和維護其他程式或應用。這些工具包括幫助資料庫設計師設計資料庫的資料庫設計與塑模工具（database design and modeling tool），例如：Oracle Designer、Microsoft Visio及Toad Data Modeler等等。另一類工具是專用於程式設計的整合式開發環境（Integrated Development Environment, IDE）。例如：Microsoft Visual Studio及Oracle Developer Suite等。

應用程式

應用程式（application program）是程式設計師使用軟體開發工具所建立的軟體，使用者利用電腦和此一軟體可以完成特定的工作。如：文書處理、影像處理和繪圖等。這些軟體包括Microsoft Office、網頁瀏覽器、Photoshop等等。在資料庫系統的環境下，使用者利用應用程式中的使用者圖形介面，間接地下達查詢指令給資料庫管理系統，資料庫管理系統會依據這些指令處理資料庫內的資料，再將結果傳回給使用應用程式的使用者。事實上，目前常見的企業資源規劃系統、顧客關係管理系統或知識管理系統內都含有資料庫管理系統，所以，廣義的來說，這些系統都是資料庫系統。

2-1-4 資料

資料庫目的之一在儲存資料，資料庫內的資料可分為長存資料、索引資料、資料字典和交易紀錄等四類（如圖2.3）。其中，長存資料是由使用者直接建立；索引資料是使用者在建立索引時，由資料庫管理系統依據索引建立的，故長存資料和索引資料可說是由使用者建立的。資料字典和交易紀錄則是依據使用者的操作而自動產生的。

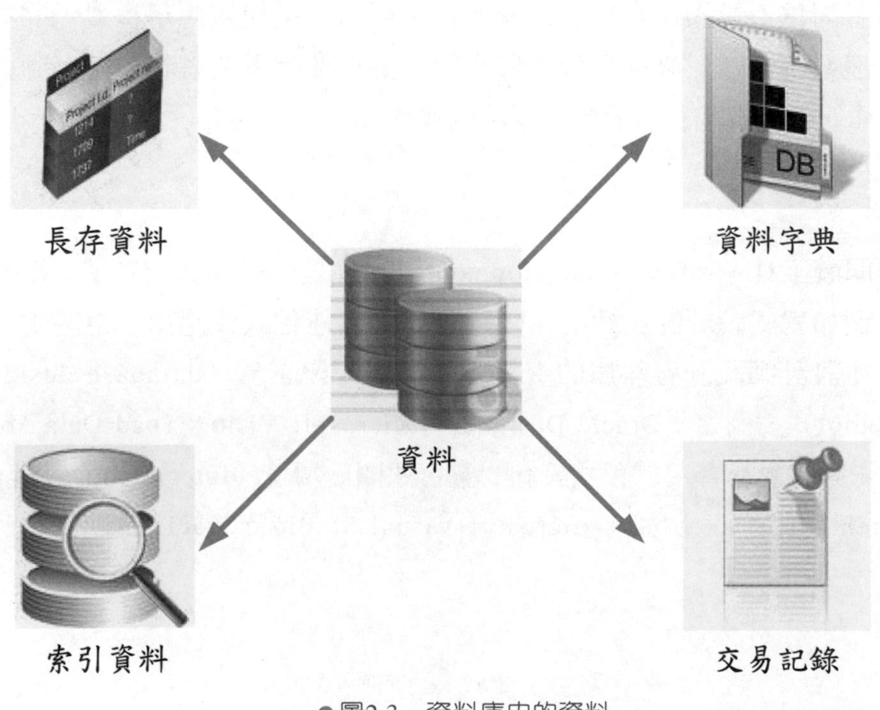

●圖2.3　資料庫內的資料

長存資料

長存資料（persistent data）是使用者透過應用程式或是資料庫管理系統所建立的資料。長存資料意味著這類儲存在資料庫的資料雖然會被存取，但是不太可能被改變。設計資料庫時經常希望儲存的資料不會變動。例如：當顧客完成訂單手續，並且繳款、收到貨品，這些過程所儲存的資料不會再有任何變動，僅供存取之用。

索引資料

日常生活中，我們經常使用索引，以加快查詢速度。例如：想查閱一本書的特定內容時，可以即刻翻到書本後面依照字母或筆畫排好順序的詞彙表，以字詞的字母或筆畫，找到字詞；再依據字詞旁邊的頁碼，翻到該頁，就可以查到與該字詞相關的訊息，而不必逐頁地搜尋。事實上，詞彙表就是一種索引，通常是由書的編著者製作的。同樣地，資料庫管理系統也提供資料庫管理師或其他相關使用者建立索引的功能，從資料庫資料表中選擇一個或多個欄位建立索引，以加快查詢。

索引資料（index data）一般是由一對對索引鍵和指標所組成的檔案，資料庫管理系統會針對索引值將成對的索引鍵和指標排序，指標的功能在將索引值指向資料庫中相關資料的位址，以便找出資料。雖然索引加快搜尋資料的速度，但是建立太多索引資料也有缺點。第一是佔據儲存空間；第二個是當資料庫的紀錄更動時，索引資料也隨之更動，如果紀錄更動頻繁，也會影響資料庫系統的效能。

資料字典

在資料庫內有一個邏輯的區塊，此區塊所儲存的資料相當特別，與一般使用者輸入而存在資料庫的資料不同，我們稱此區塊為資料字典。**資料字典**（data dictionary）內的資料不是使用者輸入的，是由資料庫管理系統自動產生，這類資料被稱為詮釋資料。**詮釋資料**（metadata，亦有譯為元資料或後設資料）意指：描述資料的資料（data about other data），主要在描述資料屬性，其目的在促進使用者或電腦瞭解、使用和管理資料庫中的資料。

在資料庫管理系統中，資料字典是以資料表（tables）的形式存在，表中放著資料庫中有哪些使用者建立的資料表、資料表的名稱、各資料表中含有哪些欄位、欄位的資料型態、資料的統計結果、各資料表的擁有者（owner）、可供哪些使用者使用的資料等等。通常資料字典內的詮釋資料會隨著資料庫內容的改變而更新。資料庫管理系統都提供管理資料字典的功能。例如：在Microsoft SQL Server，此種功能稱為系統目錄（system catalog）；在Oracle中稱為system tablespace。

交易紀錄

交易紀錄（transaction log）是使用者利用資料庫管理系統執行動作時，由資料庫管理系統自動建立的資料，這些資料會以檔案的形式存在，稱為交易紀錄檔（log file）。資料庫的「交易（transaction）」是資料庫管理系統執行作業的單位，一個單位裡面包含一系列讀取（read）和寫入（write）的動作，若其中任何一個動作發生錯誤，資料庫管理系統就會依據交易紀錄檔將資料庫回復到這一個單位執行前的狀態。換言之，資料庫管理系統確保一個交易不是全部完成；不然就回復到交易前的狀態。為了執行這種功能，所依賴的就是交易紀錄。

2-2 資料庫系統與多層式應用架構

資料庫系統是由軟體、硬體、使用者和資料所組成。其中，軟體是資料庫系統中相當重要的元件，因此有必要瞭解資料庫系統應用軟體是如何開發；而應用軟體（application software）架構又是如何和硬體設備搭配，來實踐完整的資料庫系統。

2-2-1 軟體開發的樣式

開發一個複雜的軟體系統並不容易，想一蹴可幾、成功地建立複雜的系統更是困難。較好的方案通常是從簡單的系統開始，逐漸地累積成較大的系統。如果能從一個參考的樣式開始，協助開發較小的系統，這些小系統最後就可組合成複雜的系統。

一般講到軟體設計時會談到樣式。**樣式**（pattern）是某外在背景環境（context）下，對特定問題（problem）的慣用解決之道（solution）。當特定問題發生時，我們會參考樣式，有效率地解決問題。掌握愈多樣式，運用愈成熟，就愈是傑出的設計專家。通常樣式是專家們針對特定環境所經常出現之問題，從經驗萃取的慣用解決之道。分析與設計軟體時，可以依據過去專家學者研究的成果，再根據外在環境因素，套用適當的樣式，設計出應用軟體。

Buschmann等人[1996]將樣式分為架構樣式（architecture pattern）、設計樣式（design pattern）和語言相關樣式（idiom）等三類。架構樣式是整個軟體系統的結構組織及綱要，提供軟體系統內各子系統間運作的關係與規則；設計樣式呈現軟體系統中較小的軟體架構單位（子系統）的綱要；語言相關樣式是比架構樣式與設計樣式還低階的樣式，採用特定程式語言，實作子系統內的特定元件。1995年，Erich Gamma等四位作者[1995]共同出版《Design Patterns: Elements of Reusable Object-Oriented Software》一書，書內共列出23個設計樣式，而成為軟體樣式的經典名著。

2-2-2 資料庫系統的邏輯架構

資料庫系統的邏輯架構可以使用架構樣式說明。開發複雜軟體系統時，較常見的架構樣式有分層（layer）、模型-檢視-控制器（Model-View-Controller, MVC）、點對點（peer-to-peer）等多種。微軟就建議使用分層樣式（layers pattern）開發軟體系統，將複雜的系統切割成如圖2.4的展現邏輯層、商業邏輯層和資料存取邏輯層。

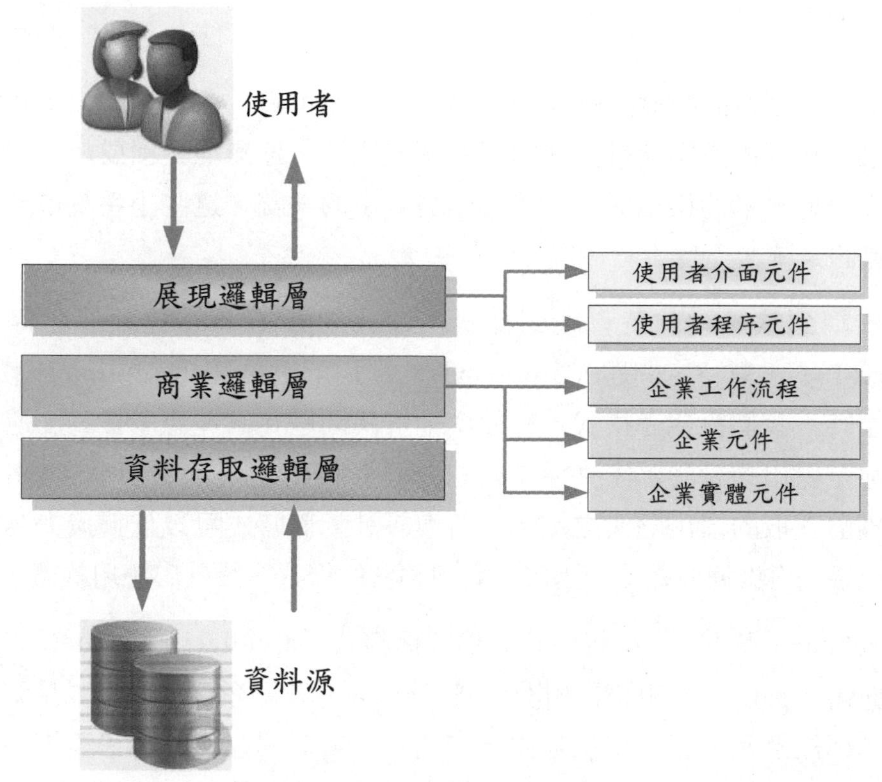

● 圖2.4　資料庫系統的軟體設計

展現邏輯層

展現邏輯層（presentation logic layer）提供使用者與系統互動的功能。最簡單的展現邏輯層僅提供使用者介面元件（user interface component）來互動；更複雜的則多增設使用者程序元件（user process component）來控制使用者互動的步驟，當互動結束後，系統傳回的訊息也由展現邏輯層通知使用者。以網路購物爲例：使用者瀏覽產品目錄，當決定購買商品後，系統依步驟收集購物者資料，這些步驟有：第一步，購物者提供欲購商品訊息；第二步，選擇付款方式與付款；第三步，輸入商品運送方式。這些步驟必須由使用者程序元件控制。

商業邏輯層

商業邏輯層（business logic layer）是整個系統最核心的一層，它關注的是業務規則的制定、設計與實現。依據企業流程所設計的程式將使用者輸入的資料進行運算，商業邏輯層運算的結果可以往資料存取邏輯層傳遞；或者傳送至展現邏輯層。

依據Microsoft Developer Network（MSDN）[2010]之描述，商業邏輯層的功能是由企業工作流程（business workflows）、企業元件（business components）與企業實體元件（business entities components）等三個元件共同完成。例如：當購物者所購買的商品、付款和運送訊息被收集後，就由商業邏輯層的程式接手，計算訂單總金額、驗證信用卡、進行信用卡付款與安排商品配送等等，這一連串程序是由商業邏輯層中的企業工作流程所安排與協調。而一連串程序中的特定程序是由企業元件處理。例如：商品總金額是商品價格加上運費，其計算是由某一個企業元件負責。進行網路購物時，資料會在元件間傳遞，例如：產品目錄必須由資料存取元件傳遞到使用者介面元件，顯示在使用者面前。元件間傳遞的資料就是企業實體，是以資料結構的形式表示。例如：產品和訂單都是企業實體，為了存取資料，商業邏輯層要辨識企業實體，這一部分是由企業實體元件負責。

資料存取邏輯層

企業應用多少與資料存取有關。資料存取動作是由**資料存取邏輯層**（data access logic layer）負責，主要的工具就是結構化查詢語言；資料存取的對象是資料源（data sources），在資料庫系統的情境下就是資料庫。

就以某個入口網站為例：其系統的邏輯架構可以簡單地如圖2.5之描述，在展現邏輯層的使用者以瀏覽器為GUI，輸入網址或資料，要求伺服器提供服務；再將展現邏輯層所收集的資料交給商業邏輯層進行各種流程和運算；運算所需要的資料，則透過資料存取邏輯，從資料源存取。

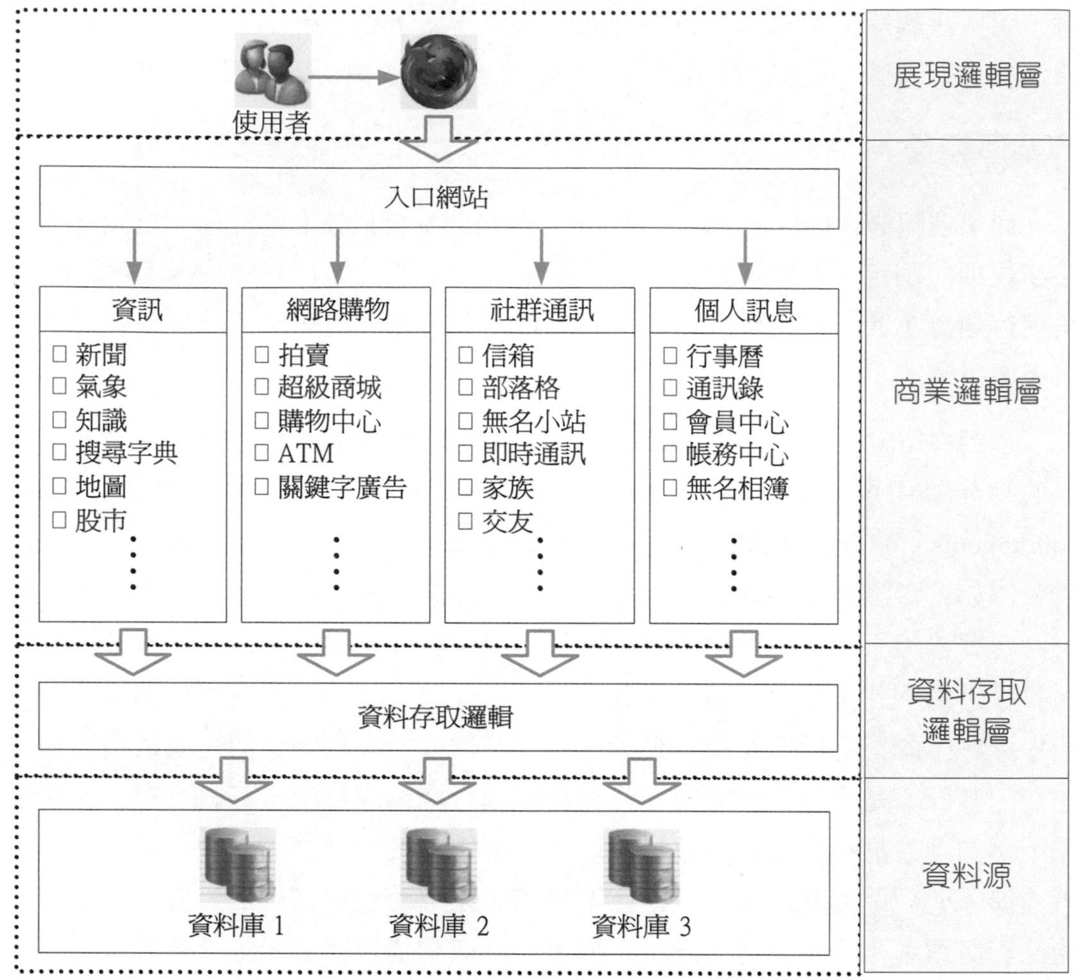

●圖2.5　某入口網站的系統邏輯架構

2-2-3 資料庫系統的實體架構

資料庫系統的邏輯架構包括了展現邏輯層、商業邏輯層與資料存取邏輯層，但是，真正實現這些層次功能的是資料庫系統的實體架構。邏輯架構是以層（layer）表示，是概念性的；而邏輯架構中的層如何與軟硬體搭配就形成資料庫系統的實體架構，以階（tier）表示。當然，實體架構與資訊科技發展和企業需求有關，透過邏輯架構中不同層次的組合，再搭配軟硬體，就有不同的實體架構。

單階架構

當邏輯架構的展現邏輯層、商業邏輯層與資料存取邏輯層，甚至於資料源，都由一台主機執行時，就是**單階**（single tier）**架構**，個人電腦形成的單機系統與傳統大型主機（mainframe）都屬於單階架構，典型的單階架構如圖2.6所示。

單階架構中，所有的運算都由主機負責，使用者的終端機僅作輸出入之用，這樣的系統簡單、有效率，但是昂貴。另一個缺點是缺乏可擴充性（scalability），當企業規模越來越大時，使用者增加了，必須處理更多資料，使得主機難以負荷。

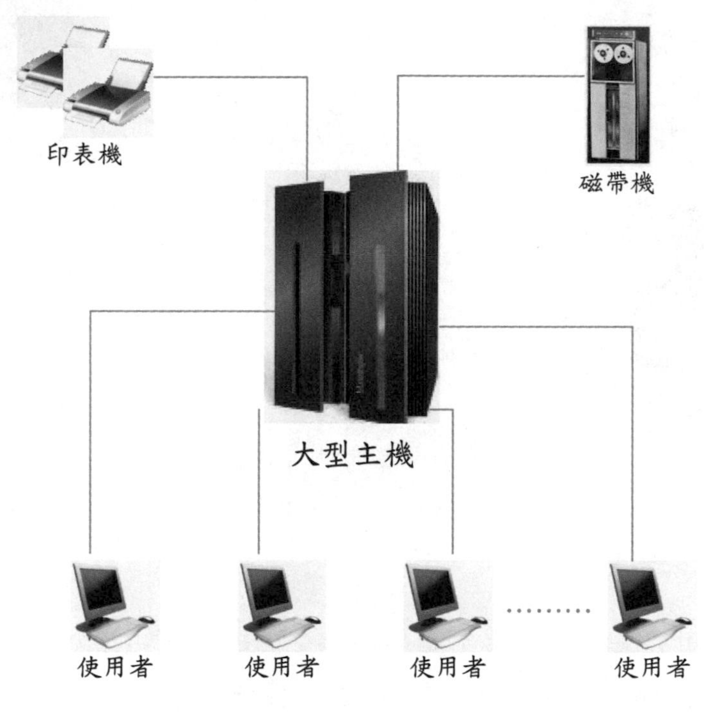

● 圖2.6　大型主機系統

檔案伺服器架構

1980年代前後，擁有完整運算能力的個人電腦進入家庭，不僅功能越來越強，價格也越便宜，原來由大型主機獨立負擔的運算工作，也開始由個人電腦分擔，檔案伺服器也應運而生。通常**檔案伺服器**（file server）不執行任何程式和運算，主要功能在儲存電腦檔案，讓其他工作站電腦能透過網路分享這些檔案。檔案伺服器架構如圖2.7所示，展現邏輯層、商業邏輯層和資料存取邏輯層，甚至於資料庫引擎（或資料庫管理系統），都位於工作站內，檔案伺服器僅有資料源。檔案伺服器架構中，工作站電腦要求檔案；而伺服器提供服務。嚴格而論，檔案伺服器架構並非主從式架構，伺服器僅扮演網路硬碟（network-attached storage, NAS）的角色，不會搜尋與篩選資料，而是把檔案內的所有資料傳給工作站電腦，由工作站處理資料，伺服器是不參與企業流程的。由於搜尋檔案資料的責任交給工作站，伺服器僅負責傳遞檔案所有資料，當檔案很大時，不僅伺服器效能變差，還經常造成網路流量的負擔。

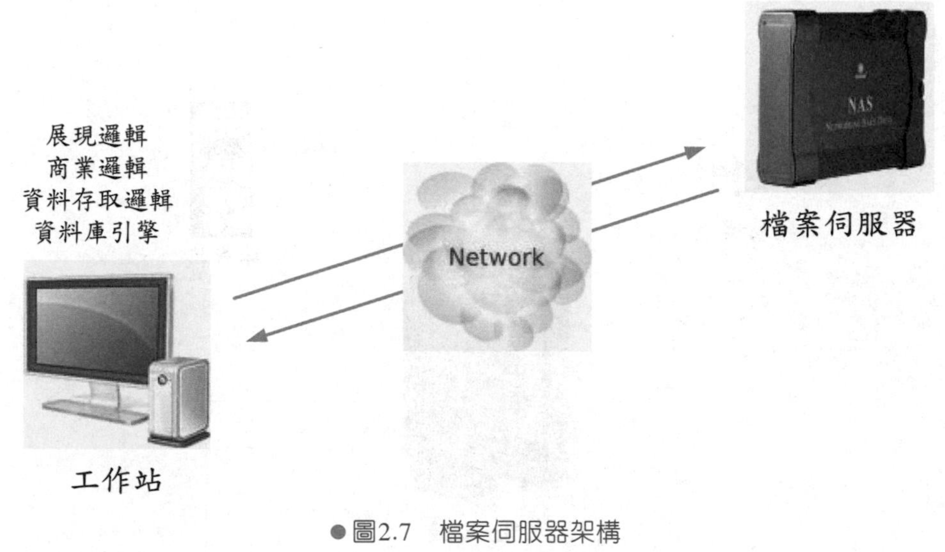

● 圖2.7　檔案伺服器架構

二階架構

由於網路和分散式處理技術趨於成熟，因而衍生出主從式架構（client/server architecture），主從架構的電腦分為客戶端（client）和伺服端（server）。客戶端是服務的請求者；而由伺服端提供服務。最簡單的主從架構是**二階的**（two-tier），其又有不同的形式，比較極端的分別為胖客戶端及瘦客戶端，如圖2.8所示。

如果展現邏輯層、商業邏輯層和資料存取邏輯層都位於客戶端電腦時，就是胖客戶端（fat client），此時伺服端只是一台包含了資料庫管理系統和資料庫的資料庫伺服器（database server）。若客戶端電腦只執行展現邏輯層作業，而展現邏輯層、商業邏輯層和資料存取邏輯層都位於伺服端電腦時，客戶端電腦就是**瘦客戶端**（thin client）。胖客戶端的主從架構適用於需要很多計算的商業邏輯。其缺點是：如果修正商業邏輯或使用者介面，所有客戶端相關的應用軟體也必須重新佈署，造成系統維護上的困難。當然，在胖客戶端和瘦客戶端之間還有不同形式的主從架構，主要的區別在如何切割商業邏輯運算，使其能適當地分配在客戶端和伺服端電腦執行。

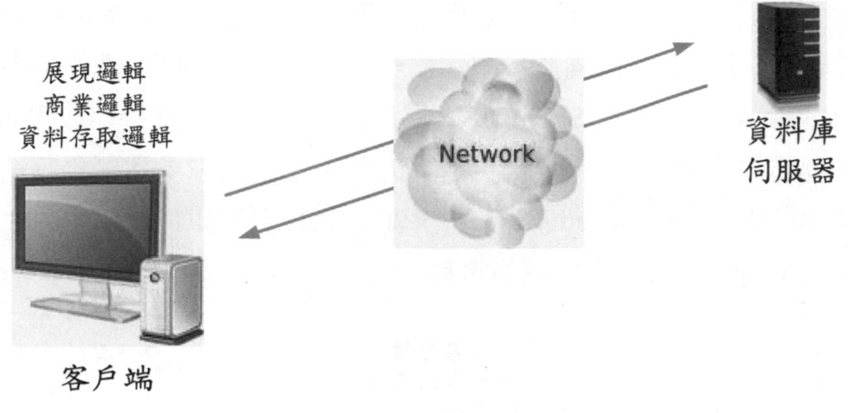

● 圖2.8(a)　胖客戶端的二階架構

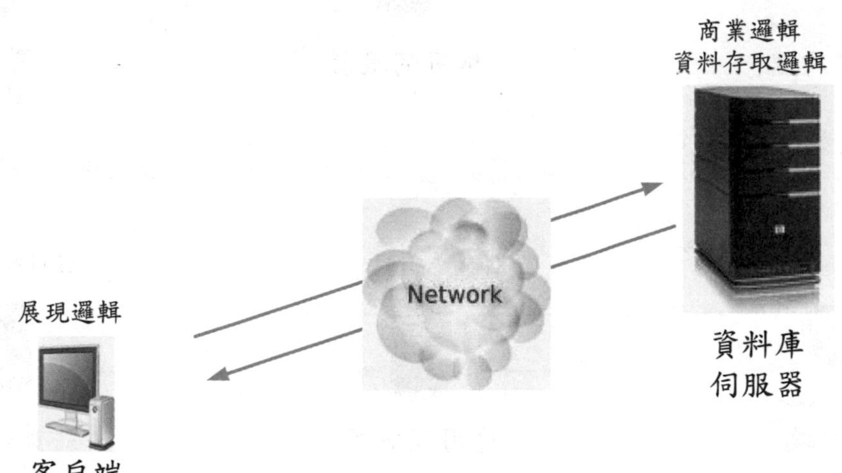

● 圖2.8(b)　瘦客戶端的二階架構

三階架構

隨著資訊科技更為精進，瀏覽器與各式開發工具的功能更強，使得複雜的軟體系統得以採用三**階**（3-tier）架構來實現，將軟體系統中的展現邏輯層、商業邏輯層和資料存取邏輯層佈署在客戶端、應用伺服器與資料庫伺服器中。三階架構的優點在於：當需求或資訊技術改變時，任何一階升級都不會影響其他階層的元件。通常三階架構有兩種變化，差異在於資料存取邏輯的位置，又因此使用不同的程式技術。如圖2.9(a)所示，若資料存取邏輯層位於應用伺服器時，則通常使用ASP.NET、JSP或PHP的網頁程式開發，經資料存取邏輯的SQL指令內嵌於商業邏輯層之內。若三階架構如圖2.9(b)，則在上述網頁程式中利用遠端程序呼叫（Remote Procedure Call, RPC）執行資料庫伺服器中的預存程序（stored procedure）來存取資料庫的資料。

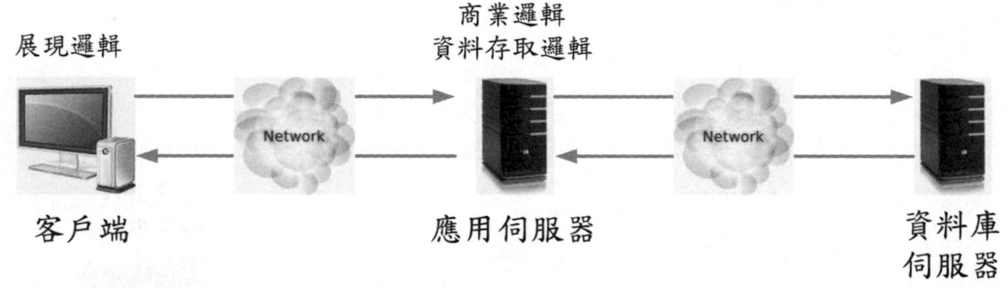

● 圖2.9(a)　資料存取邏輯層位於應用伺服器時的三階架構

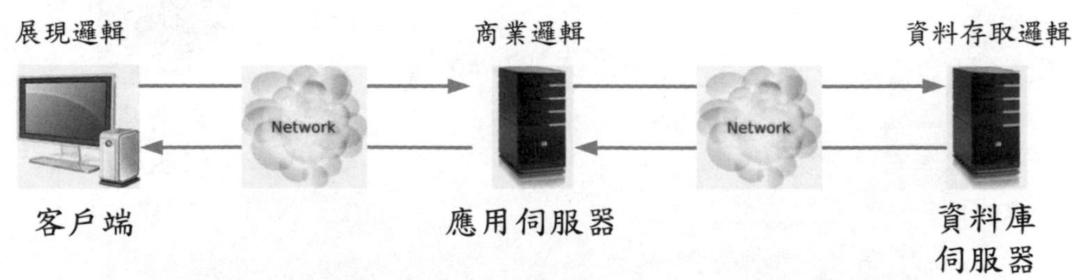

● 圖2.9(b)　資料存取邏輯層位於資料庫伺服器時的三階架構

2-3 ANSI/SPARC資料庫管理系統架構

美國國家標準協會的標準規劃與需求委員會（American National Standards Institute, Standards Planning And Requirements Committee, ANSI/SPARC）於1975年提出資料庫管理系統理論上的架構與設計準則。雖然ANSI/SPARC最後未能成爲正式標準，但是大部分目前所用的資料庫管理系統都依循這個準則設計。

在ANSI/SPARC架構發表之前，大部分資訊系統架構以兩個層次觀點來定義資料：一個是使用者觀點（user view）；另一個是電腦觀點（computer view）。使用者觀點的資料是爲了協助個人進行特定工作而設計的；電腦觀點是由存取這些資料的檔案結構來定義，一個使用者觀點會有一個電腦觀點。然而，使用者觀點會隨著商業環境和使用者喜好而改變；而電腦觀點也因之改變。換言之，當使用者觀點改變時，要不就修改電腦觀點；要不就新增一個電腦觀點。久而久之，儲存在電腦觀點的資料經常發生資料不一致的現象，ANSI/SPARC架構就是爲了避免這樣的問題而提出來的，辦法是在上述兩個觀點間新增一個觀點。

ANSI/SPARC架構與後來的架構樣式理論有關，以分層策略將資料庫管理系統的開發分爲概念層、外部層和內部層等三個層次，如圖2.10所示。之所以分爲三個層次的主要目的在讓使用者能夠檢視他需要的資料，使用者無法看到與其無關或無權檢視的資料，雖然這些資料都來自於同一個資料源或資料庫。

外部層

使用者藉由**外部層**（external level）與資料庫系統互動，使用者看見的內容至少由兩種因素決定：一是使用者權限；二是使用者需求。系統開發者依據此兩種因素決定使用者可以看見的資料。當然，並不是每位資料庫系統使用者看到的資料都一樣。

概念層

概念層（conceptual level）描述儲存在整個資料庫內的所有資料，還有資料與資料間的關聯性，並不涉及資料實際儲存的結構與地點。在外部層和內部層間隔著概念層，讓使用者不必知道資料實際是如何存在電腦硬體，也由於概念層分開外部層和內部層，當資料庫管理師改變資料庫儲存結構（如儲存位置）時，也不會影響使用者所看到的資料。換言之，概念層包含所有使用者的資料，由資料庫管理師管理與維護，此層的設計和軟體與硬體無關。

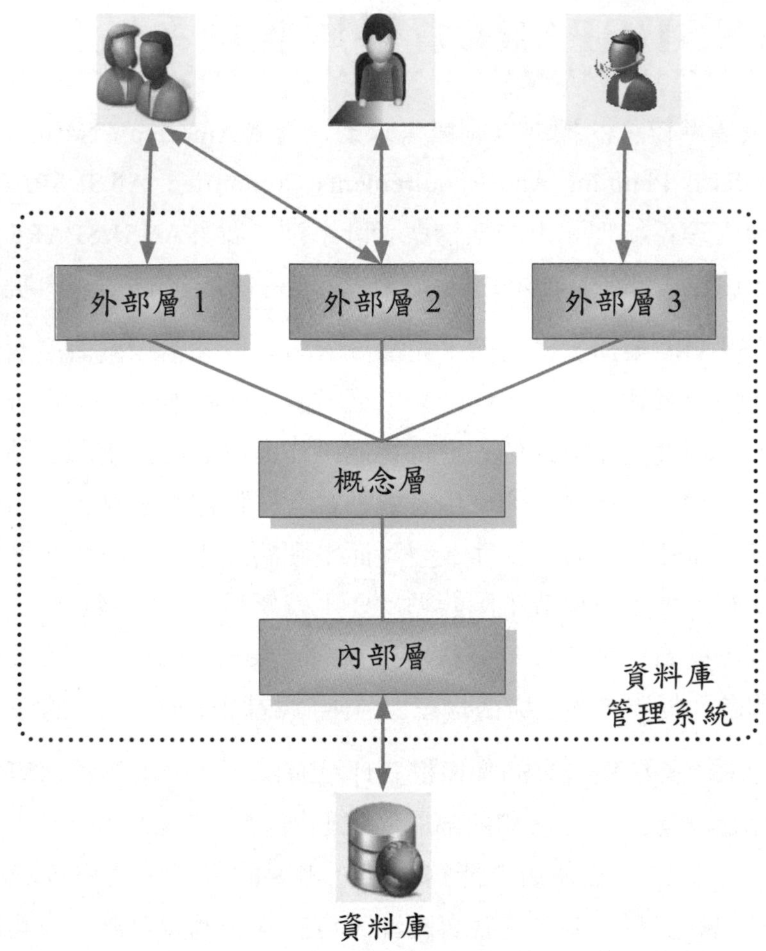

● 圖2.10　ANSI/SPARC的資料庫管理系統架構

內部層

內部層（internal level）描述資料實體結構和儲存方式，資料庫的資料是如何儲存在電腦硬體中。例如：資料紀錄的儲存方式是循序儲存，或是按照B-Tree結構或雜湊（Hash）方式儲存；甚至於資料是存在哪一個檔案，而這個檔案儲存的路徑為何等等。

為什麼ANSI/SPARC要提出這個準則、依據此準則所發展的資料庫管理系統有什麼優點？資料庫管理系統的三層架構意在將使用者所看到的資料與實際的儲存結構分開，其優點有：

- 使用者觀點是獨立的：每一位使用者存取同一資料庫的資料，但是有不同的客製化資料觀點。改變某種使用者觀點也不會影響其他使用者的觀點，因此使用者觀點是獨立的。
- 隱藏實體資料儲存的詳細資料：使用者可以存取資料，但是卻無法影響實體資料的儲存。
- 資料庫管理師能在不影響使用者觀點的情況下改變資料庫儲存結構。
- 資料庫內部結構並不會因爲實體儲存地點改變而受影響。
- 更改概念層的資料結構也不會影響使用者觀點：如果將關聯式資料庫模型改爲物件導向式資料庫模型，不必修正使用者觀點，仍然可顯示使用者需要的資料。

2-4 資料庫綱要

資料庫的目的在儲存資料，資料庫內儲存著不同種類的資料。姑且不論資料的種類，單純地看資料，想完整地描述資料，不僅要知道資料的值，還應該知道資料所代表的意涵。例如：成績單上「98」是一個數值，但是它代表哪一科目的成績，就必須對此值做一說明或定義，此定義或說明稱爲「綱要」。所以，完整的資料描述應該包括資料值和資料綱要兩部分，如圖2.11所示。

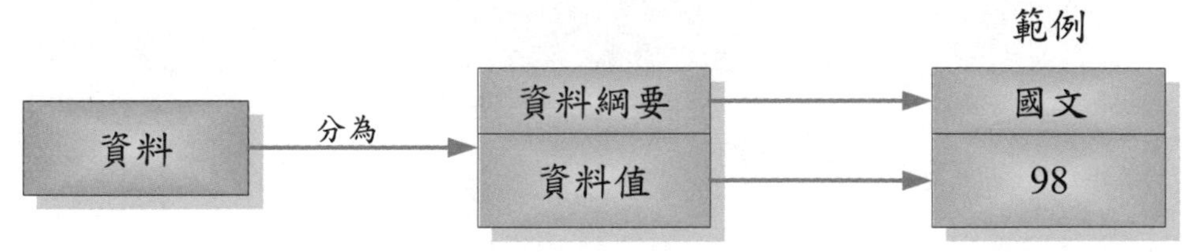

● 圖2.11　資料值與資料綱要

因此，**綱要**（schema）是一種資料，其功用在描述或說明其他資料。綱要是一種詮釋資料，這種資料通常儲存在資料庫管理系統的資料字典中。資料庫有很多綱要，欄位有綱要，資料表有綱要，大至資料庫也有綱要。欄位和資料表綱要都是資料庫綱要的一部分。關聯式資料庫中的**資料庫綱要**（database schema）定義了資料表、每一資料表的欄位，還有資料表間和欄位間的關係。如圖2.12，假設一個關聯式資料庫有Customers、Orders、OrderDetails與Employees等四個資料表，資料表和欄位之間的關係以連線表示，代表其關聯性，此圖代表的就是一個資料庫綱要。

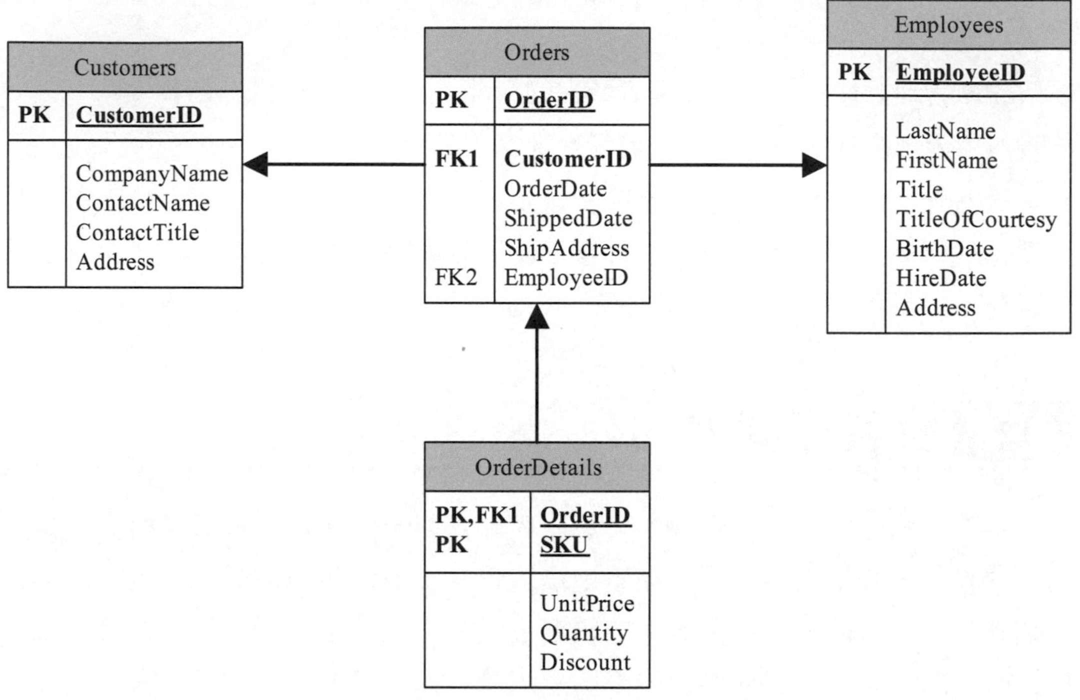

● 圖2.12　關聯式資料庫綱要

2-5 資料模型與塑模

何謂模型？**模型**（model）是眞實世界中物件、事件，以及其關聯物的表述。例如：要在校園佈置網路，要如何佈置？我們先進行校園網路規劃，結果如圖2.13所示，利用此圖說明網路佈置後的實際狀況，這是以文字和圖片表示的網路模型。一棟建築是眞實世界的物件，爲了瞭解這棟建築物，除了實地觀察外，還可以用建築模型或設計圖來描述。換言之，模型可以用文字和圖形等不同的形式呈現。

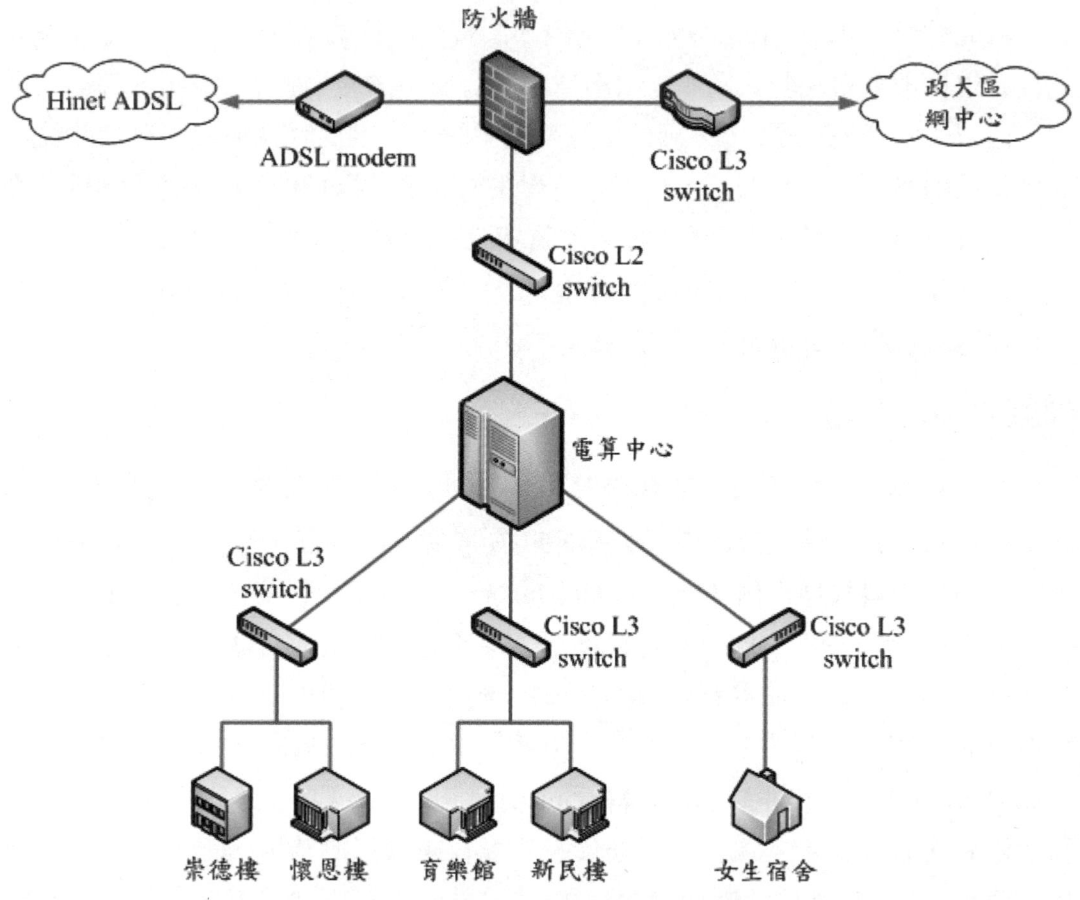

● 圖2.13　以文字和圖片表示的網路模型

2-5-1 資料模型

現在問題來了，企業或學校有很多資料，這些資料該如何呈現呢？答案就在「資料模型」。藉由資料模型可以設計出資料庫。**資料模型**（data model）是一個抽象模型，描述資料是如何表達和存取的。該如何建立資料模型呢？學者們認爲，資料模型至少應該描述資料的結構、完整性和操作等三個主要部分：

- **資料結構**（data structure）：建立描述眞實世界物件或事件的資料結構，藉由這些資料結構可以建立資料庫。例如：物件的資料類型、內容，以及資料間的關聯性等均是資料結構的一部分。
- **資料完整性**（data integrity）：一組限制資料結構的規則，其目的在確保資料完整性與資料品質。例如：資料庫中有一位學生的學號值爲916，若輸入另一位學生的學號也是916，兩位學生有相同的學號，此時就違反資料完整性；學生成績應介於0至100分，若有一位學生的成績值爲120分，也違反資料完整性。資料庫開發者應能於資料庫管理系統設定規則，以維護資料完整性。
- **資料操作**（data manipulation）：應定義一系列的運算子（operator），以應用在資料結構、更新和查詢資料庫資料。

資料模型的意義

資料模型一詞有兩種不同的意義，一是理論的，稱爲資料模型理論（data model theory），是一種資料如何組織和存取的正式描述。另一個意義是實務上的，稱爲**資料模型實例**（data model instance），係針對某種特別應用，利用資料模型理論所建立的實務的資料模型。理論的資料模型有個重要功能，就是告訴我們該如何設計能實際應用的資料庫；換言之，利用資料模型理論可以建立符合企業需求的資料模型實例。資訊系統主要功能在管理大量的**結構化資料**（structured data）和**非結構化資料**（unstructured data）。資料模型通常用於結構化資料，描述以資料庫管理系統儲存在資料庫的資料結構，而不運用於非結構化資料。例如：以文書處理軟體編輯的文件、電子郵件訊息、圖片，以及數位音訊和視訊等資料。

既然資料模型至少要描述資料的結構、完整性和操作，那麼我們無論是發展資料模型理論，或是建立資料模型實例，也都必須描述理論或實例的資料結構、完整性和操作等三個部分。

資料模型與ANSI/SPARC架構

ANSI/SPARC制訂了開發或設計資料庫管理系統的三層架構，分爲概念層、外部層和內部層等三個層次。此一架構並非爲特定資料庫管理系統而制訂，因此，無論是關聯式或物件導向式等資料庫管理系統都可以參考ANSI/SPARC架構來開發。事實上，我們也可以依據ANSI/SPARC架構來設計資料庫。既然ANSI/SPARC架構不爲任一個資料庫管理系統所獨有，因此，依據ANSI/SPARC架構設計出來的資料庫也可以使用各種資料庫管理系統來實現，而非限於特定資料庫管理系統。如果未來想使用如關聯式或物件導向式等特定資料庫管理系統存取資料，我們就必須將依據ANSI/SPARC架構的資料庫設計，做更進一步地設計或精鍊，精鍊後的資料庫才可以被特定的資料庫管理系統管理或維護。

2-5-2 資料塑模

何謂資料塑模？在軟體工程中，**資料塑模**（data modeling）是應用資料模型理論建立資料模型實例的過程；是一種定義和分析資料需求以支援企業流程的方法。英文的model可譯爲模型；model加了ing成爲modeling，代表動態，因此塑模是種過程，目的在建立實例。事實上，資料塑模就是資料庫設計！這兩個幾乎爲同義詞。我們如何把眞實世界中企業流程所涉及的實體或物件轉換爲資料模型實例，這個過程就是資料塑模。例如：如何把眞實的汽車放到資料庫中？我們必須觀察分析汽車，找出能夠分辨不同汽車的各種特性，並命名之，這樣的過程就是資料塑模的簡單範例（如圖2.14所示）。

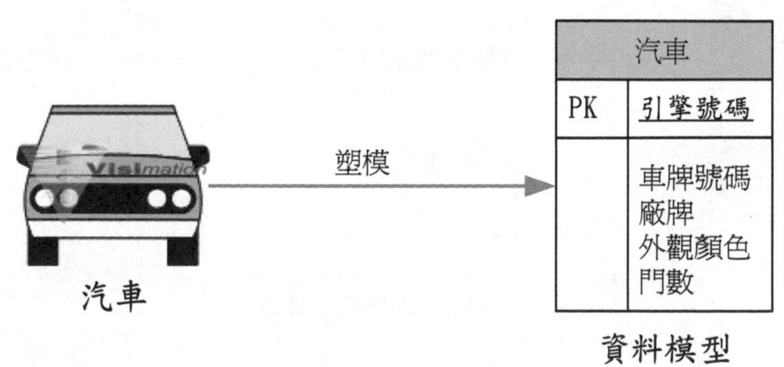

● 圖2.14　真實世界中的汽車塑模為資料模型

資料模型與資料庫設計

應用ANSI/SPARC架構外部層、概念層和內部層的觀念，我們也可以對資料庫設計分為這三個層次。其中較重要的是概念層的資料庫設計和內部層的資料庫設計。在完成概念層資料庫設計後，外部層設計，即使用者觀點設計，可以從概念層資料設計發展出來，因此資料庫設計的重點在概念層與內部層設計。概念層設計可稱為概念資料庫設計（conceptual database design），由於內部層設計涉及資料實體結構和儲存方式，資料庫的資料是如何儲存在電腦硬體中，因此可稱為實體資料庫設計（physical database design）。

通常企業是在已經購置某種資料庫管理系統後再開始建置資料庫系統，正如前所述，依據ANSI/SPARC架構的概念資料庫設計，需轉換成可以在該資料庫管理系統中使用的設計，此種轉換過程就稱為邏輯資料庫設計（logical database design）。簡言之，資料庫設計分為概念資料庫設計、邏輯資料庫設計與實體資料庫設計。

資料模型與資料庫設計的關係為何？資料模型有理論和實例兩個意義，資料模型理論就在指導開發者完成資料庫設計，建立資料庫實例。既然資料庫設計首要在概念資料庫設計與邏輯資料庫設計，當然指引設計的資料模型理論也可分為概念的和邏輯的。本書將提到的實體關聯模型（Entity-Relationship Model, ERM）就屬於概念資料模型理論；而常聽到的網路式、階層式、關聯式和物件導向式資料模型則屬於邏輯資料模型理論。無論概念或邏輯資料模型理論都在協助我們設計資料庫。資料模型與常見的理論如圖2.15。

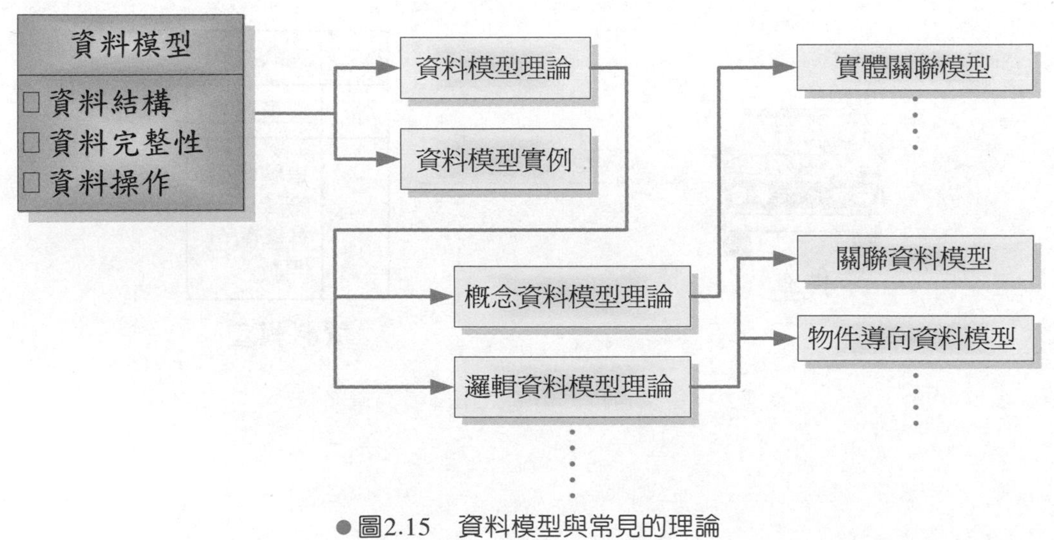

● 圖2.15　資料模型與常見的理論

資料塑模與資料庫綱要

資料塑模後的結果是資料模型實例，也就是資料庫模型（database model），或資料庫綱要（database schema）。資料塑模或資料庫設計是有步驟的，每個步驟的成果就是綱要，這些綱要累積在一起，就得到資料庫綱要。有哪些步驟呢？包括概念資料庫設計、邏輯資料庫設計、實體資料庫設計和使用者觀點設計，大致上就遵循上述的順序。

一個實務上的資料模型實例主要包括概念綱要、邏輯綱要和實體綱要等三類：

- 概念綱要（conceptual schema）：包含系統定義範圍內所涉及的實體或類別，還有這些實體或類別的關係。
- 邏輯綱要（logic schema）：描述組成實體的資料表或欄位等。
- 實體綱要（physical schema）：說明資料在媒體的儲存方式，包括儲存的檔案和地點等。

簡要地就關聯式資料庫設計來說，先確認企業資料需求與範圍，利用概念資料模型理論，如實體關聯模型，進行概念資料庫設計，得到概念綱要；然後再應用邏輯資料模型理論，如關聯模型，進行邏輯資料庫設計，得到邏輯綱要；之後，再進行實體資料庫設計後，這些不同層次的整體呈現就是資料庫綱要。這種分階段設計方法的好處是：概念、邏輯和實體等三層次資料庫設計相互獨立。例如：當儲存科技進化，應用新的設備或技術來儲存實體檔案時不必改變原先設計的邏輯或概念綱要；當邏輯綱要中資料表或欄位改變，也不必然要改變概念綱要。當然，前提是在這些層次的資料庫設計必須保持結構的一致性。例如：資料表或欄位或許和先前的設計不同，但是還是要達成概念模型中實體存在的目的。ANSI/SPARC架構、資料塑模和資料模型實例的關係如圖2.16所示。

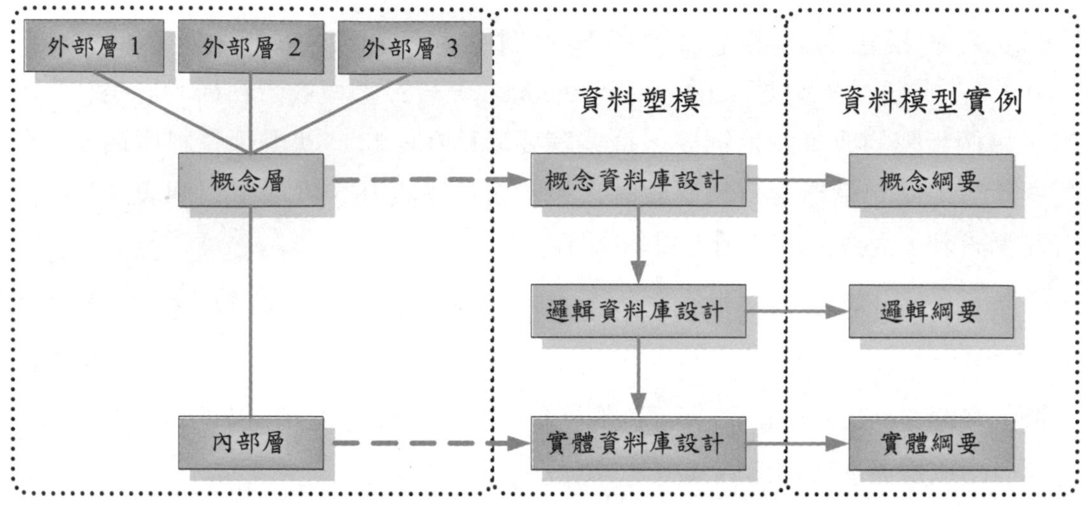

●圖2.16　ANSI/SPARC架構、資料塑模和資料模型實例的關係

2-6 常見的資料模型理論

眾多資料模型理論被發展出來，本節僅簡單介紹目前常見的，且屬於邏輯資料庫設計的資料模型理論，包括階層式、網路式和物件導向式資料模型。至於本書所用到的關聯模型，將於往後章節做詳盡介紹。

2-6-1 階層式資料模型

階層式資料模型（hierarchical data model）是從檔案系統發展出來的，被應用在早期的資料庫設計上。

樹狀結構

階層式資料模型的資料結構為樹狀結構（tree structure)，檔案系統內的每一個檔案變成紀錄型態（record type）或稱為節點（node），通常紀錄型態描述實體。樹狀結構中有一個特殊的節點稱為根節點（root node），它是起始節點。從根節點衍生出多條稱為樹枝（branch）的線，線上有一個個節點（node）。同一層節點稱為兄弟節點（sibling node）；同一層節點向上連到一個父節點（parent node）；而連到父節點的就稱爲子節點（child node）；沒有子節點的就是葉節點（leaf node），也是這個樹狀結構的終點。

階層式樹狀結構的特點是：只有根節點可以沒有父節點，除此之外，每一個節點都要有父節點，而且最多有一個父節點。由於此特性，節點間是一對一或一對多的關係，也因此，階層式資料模型通常只能處理一對一或一對多的實體關係。

範例

傳統企業組織很像樹狀結構。例如：一位經理管理多名員工；但是每一位員工只有一位直屬上司。很明顯的，有很多資料並不符合階層結構的要求。例如：學校教師、學生與課程等紀錄型態的關係如圖2.17，教師教導學生；學生則選修課程。其中紀錄型態教師是根節點；學生是教師的子節點。而學生和課程間，課程是學生的子節點，也是樹狀結構的終點，爲葉節點。一位教師可以教導多位學生，他們是一對多關係；學生可以修多門課程，因此學生到課程也是一對多關係。但是從課程到學生的方向來看，卻發現一門課程可以讓很多學生選修，因此是一對多關係。整體而言，學生和課程是多對多關係。

階層式資料模型適用於一對多關係之處理，卻難以表達學生和課程間的多對多關係。雖然有專家學者提出解決階層式模型無法處理多對多關係的方法，但是這些方法還是有代價的。例如：佔用資料儲存空間等。接下來介紹的網路式資料模型可以處理多對多關係。

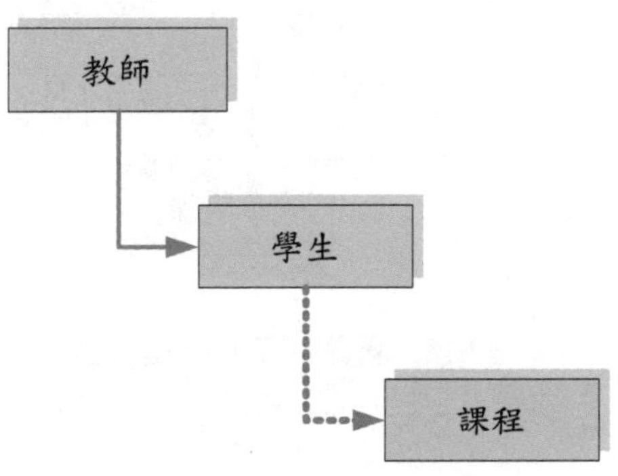

● 圖2.17　階層式資料模型範例

2-6-2 網路式資料模型

階層式模型結構中，每一個紀錄型態向上只有一個父節點，向下可能連有多個子節點，**網路式資料模型**（network data model）卻容許一個紀錄型態擁有多個父節點和子節點。

範例

例如：一個銷售系統中有銷售人員、顧客、商品、發票與發票明細等五個紀錄型態，其網路式資料模型如圖2.18。這些紀錄型態的關係是：一個銷售人員完成銷售，會寫下許多發票；但是每張發票是由一位銷售人員撰寫，所以兩者爲一對多關係。顧客可能進行多次採購，而產生多張發票，一張發票只屬於一位顧客，所以此兩者也是一對多關係。同樣的，發票與發票明細和商品與發票明細也都是一對多關係，但特別的是，發票明細子節點有發票與商品等兩個父節點。這一個例子擁有多對多的關係，使用網路資料模型比階層資料模型還恰當。但是，網路模型設計的資料庫隨著應用範圍與資料量不斷擴大，資料庫結構就越趨複雜，使用者不易管理和維護。

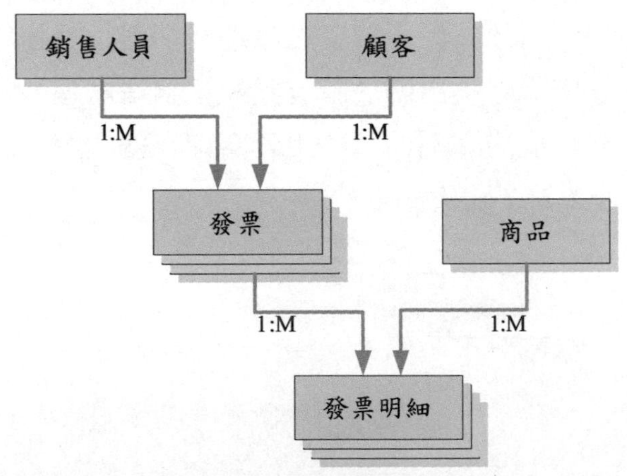

●圖2.18　網路式資料模型範例

2-6-3 物件導向式資料模型

由於現實世界日趨複雜，現在的資料庫可能包括了圖形、聲音和指紋等，導致資料庫系統必須重新架構，因而開始發展**物件導向資料模型**（object-oriented data model）。1981年，Hammer和McLeod[1978]提出語意資料模型（Semantic Data Model, SDM），SDM在物件（object）的單一結構中同時塑模資料和它的關聯。和關聯模型的實體不一樣的是：物件包括了關於物件中各個事實之間關聯的訊息，以及它與其他物件關聯的資訊。

隨著物件導向資料模型的發展，物件也包含能在該物件上執行的操作。例如：更改其資料值、找出特定值和列出資料值。因爲物件包括了資料，以及各式各樣的關聯及操作程序，故物件是自給自足的。例如：圖2.19代表了發票物件，以長方形表示，所有物件屬性，及對其他物件的關聯，都被包含在物件方塊中。如圖中的發票日期、發票編號和總金額等是發票物件的屬性，而圖中也包含了和發票有關聯的顧客和訂單明細等兩個物件。

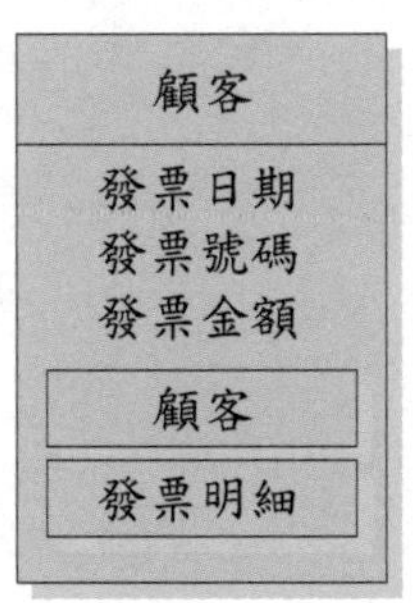

● 圖2.19　物件導向式資料模型範例

物件導向資料模型的優點之一在增添了語意內容，給予資料更多意義。例如：在發票物件中除了能找到屬性資訊外，還能顯示發票和顧客、發票和發票明細之間的關聯。換言之，在視覺化物件中能呈現出物件間更複雜的關聯。物件導向資料模型的缺點之一在缺乏標準。因爲沒有資料存取方法的標準，不同廠商提供不同存取方法，當要存取各種資料來源時就會發生問題。另外，由於物件包含許多語意內容，使得它們是比較難設計的，學習上有一定的難度。

結語

本章重點在說明資料庫系統和資料模型的基本概念，這些概念是資料庫設計的基礎。資料庫系統由軟體、硬體、資料和使用者組成，除了人以外，軟體和資料是系統的主要元件。資料庫系統軟體的邏輯架構和其他軟體或有不同，以分層的概念來看，包括展現邏輯層、商業邏輯層和資料存取邏輯層等三個層次。上述層次又如何與硬體配合，就涉及了資料庫系統的實體架構，因而有單階、二階或三階等實體架構。

資料是資料庫系統核心，沒有資料就不能成爲資料庫系統，但是如何建置系統所用的資料，就和資料庫設計有關。談到資料庫設計，通常會先說明ANSI/SPARC架構，此一架構將資料庫管理系統分爲外部層、概念層和內部層，資料庫管理系統管理與維護資料庫，因此資料庫設計也就與這三個層次有關，而分爲概念、邏輯和實體資料庫設計。資料庫設計事實上就是資料塑模，我們會依循資料模型理論完成資料庫設計；而資料庫設計的產出就是資料庫綱要，本章內容就是上述思考下完成的。在進入資料庫設計細節之前，本章讓我們對資料庫設計有了初步地瞭解與認識。

參考文獻

1. Buschmann F., Meunier R., Rohnert H. & Sommerlad P. & Stal M. (1996). Pattern-Oriented Software Architecture: A System of Patterns. John Wiley & Sons.
2. Gamma, Erich; Richard Helm, Ralph Johnson, and John Vlissides (1995). Design Patterns: Elements of Reusable Object-Oriented Software. Addison-Wesley.
3. Michael Hammer and Dennis McLeod (1978). "The Semantic Data Model: a Modeling Mechanism for Data Base Applications." In: Proc. ACM SIGMOD Int'l. Conf. on Management of Data. Austin, Texas, May 31 - June 2, 1978, pp. 26-36.
4. MSDN (2010). Three-Layered Services Application. Retrieved March 21, 2012, from the World Wide Web: http://msdn.microsoft.com/en-us/library/ms978689.aspx.

本章習題

一、選擇題

1. (　) 何種專業人士的主要工作在建立資料庫結構或資料庫綱要，決定哪些資料需要儲存在資料庫、資料的型態和資料間的關係等等。
   (A)系統管理師　(B)資料庫管理師
   (C)程式設計師　(D)資料庫設計師

2. (　) 何種專業人士需擬定管理、安全、維護、教育訓練和使用資料庫管理系統的策略與程序，監督資料庫管理系統的安全。
   (A)系統管理師　(B)資料庫管理師
   (C)程式設計師　(D)資料庫設計師

3. (　) 資料庫管理系統確保一個交易不是全部完成，不然就回復到交易前的狀態，為了執行這種功能，所依賴的是何種資料？
   (A)詮釋資料　(B)交易紀錄
   (C)長存資料　(D)索引資料

4. (　) 資料庫系統的邏輯架構可分為哪幾層？ 1.展現邏輯層，2.商業邏輯層，3.資料存取邏輯層，4.業務法則層，5.概念層
   (A)1345　(B)345
   (C)123　(D)234

5. (　) 資料庫系統的邏輯架構中，哪一層提供使用者與系統互動的功能？
   (A)展現邏輯層　(B)商業邏輯層
   (C)資料存取層　(D)概念層。

6. (　) 資料庫系統的邏輯架構中，哪一層關注業務規則的制定、設計與實現？
   (A)展現邏輯層　(B)商業邏輯層
   (C)資料存取層　(D)概念層

本章習題

7. (　) 網路購物時，當購物者所購買的商品、付款和運送訊息被收集後，就由資料庫系統的邏輯架構中的哪一層程式接手，計算訂單總金額、驗證信用卡、進行信用卡付款與安排商品配送等等？

(A)展現邏輯層　　(B)商業邏輯層

(C)資料存取層　　(D)概念層

8. (　) 資料庫系統的邏輯架構中，資料存取邏輯層主要使用哪一個工具存取資料？

(A)瀏覽器　　(B)辦公室自動化軟體

(C)銷售點系統　　(D)結構化查詢語言

9. (　) 哪種伺服器不執行任何程式和運算，主要功能在儲存電腦檔案，讓其他工作站電腦能透過網路分享這些檔案？

(A)檔案伺服器　　(B)郵件伺服器

(C)網頁伺服器　　(D)資料庫伺服器

10. (　) 下列哪一種資料庫設計的結果可以用在任何資料庫管理系統？

(A)實體資料庫設計　　(B)邏輯資料庫設計

(C)概念資料庫設計　　(D)展現邏輯資料庫設計

11. (　) 進行概念資料庫設計時，通常會使用哪一種資料模型？

(A)網路式資料模型　　(B)概念資料模型

(C)關聯式模型　　(D)實體關聯模型

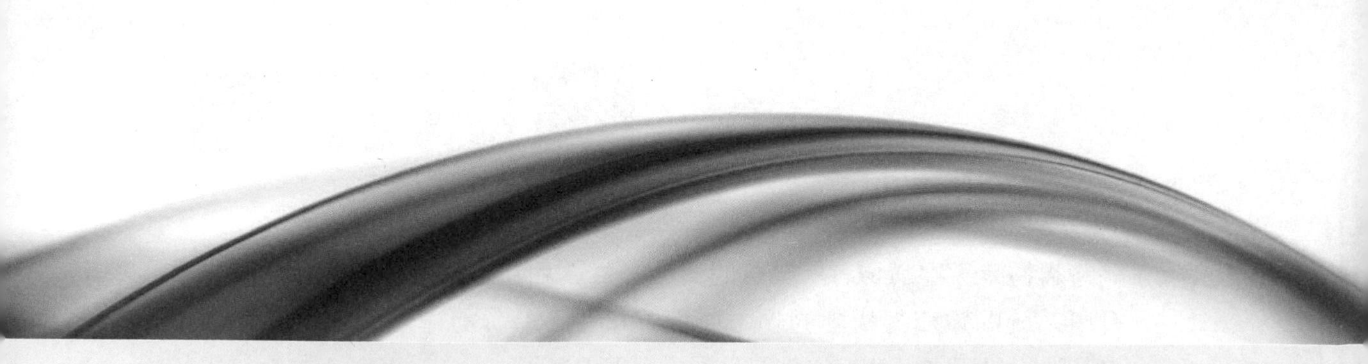

NOTE

CHAPTER 03

概念資料庫設計－使用實體關聯模型

學習目標 閱讀完後，你應該能夠：

- 瞭解系統開發生命週期與資料庫開發生命週期的不同
- 知道資料庫開發生命週期的各階段內容
- 說明資料庫設計的三大步驟
- 瞭解實體關聯模型
- 進行概念資料庫設計

對於一位資訊類科的學生來說，不僅要會操作資料庫管理系統，更要知道如何設計資料庫。本章將說明資料庫開發的生命週期，瞭解資料庫開發的階段歷程，其中，資料庫設計階段是本章的重點。資料庫設計分為概念資料庫設計、邏輯資料庫設計與實體資料庫設計，本書往後的幾個章節將依據這個次序，逐步說明資料庫的設計過程，本章先說明概念資料庫設計。實體關聯模型是進行概念資料庫設計時的重要模型，經常用來進行概念資料庫設計，很多資料庫設計工具採用它的概念，我們將討論此模型基本觀念，以及如何使用在資料庫設計上。

前面章節說明了一些與資料庫系統相關的基本概念，有了這些概念，就可以進入本書的重點之一：資料庫開發。本章有兩個重點：一是資料庫開發步驟；第二是實體關聯模型。對一位剛擔任資料庫設計師的人來說，設計開始時眞是千頭萬緒，如果有步驟可以遵循，就能事半而功倍了。在瞭解資料庫設計前，我們先探討資訊系統的生命週期。

3-1 系統開發的生命週期

資訊系統（information system）是為了特定目的收集、處理、儲存、分析，以及散播資料與資訊的系統。資訊系統不必然是電腦化的系統，早期圖書館非電腦化的目錄也是一種資訊系統。電腦化的資訊系統涉及人、軟體、硬體、資料與程序的互動。回顧第2章所述，資料庫系統是由軟體、硬體、使用者和資料所組成，在意義上，資訊系統和資料庫系統頗為相近，幾乎是異曲同工。

系統分析（system analysis）是界定資訊系統範圍以及建立資訊系統需求的過程；而**系統開發**（system development）則是建立資訊系統的過程。大部分資訊系統有一個重要的功能，那就是將資料轉換為資訊，轉換的工具為應用（application），在概念上與應用程式類似。應用將資料轉換為不同形式的資訊，如報告和圖表等等，因此，資料和應用是資訊系統應注意的重點。Rob與Coronel[2002]指出：資訊系統的效能與下列因素有關：

- 資料庫設計與實作
- 應用的設計與實作
- 行政程序

因此，資訊系統開發應該包括資料庫開發和應用的開發。正如同系統開發一樣，資料庫開發是資料庫設計與實作的過程；也是資訊系統開發的一部分。

系統開發生命週期（System Development Life Cycle, SDLC），又稱為軟體開發生命週期，是一套系統分析師用以開發資訊系統的程序。不同的程序形成一個又一個方法論（methodology）。由於資訊系統越來越複雜，新開發的系統通常又必須和舊系統連結。很多專家學者致力於系統開發方法的研究，因而產生很多方法論，包括瀑布式、螺旋式、快速原型法等等。其中最早被提出的方法論爲瀑布模式（waterfall model）。系統開發生命週期通常包括：系統規劃、分析、系統設計、實作與維護等階段，如圖3.1所示。事實上，資料庫系統屬於資訊系統，其開發過程類似系統開發生命週期，但是更強調資料庫設計這一部分。由於系統開發生命週期有其他專書介紹，本書僅強調資料庫開發，並於下節說明。

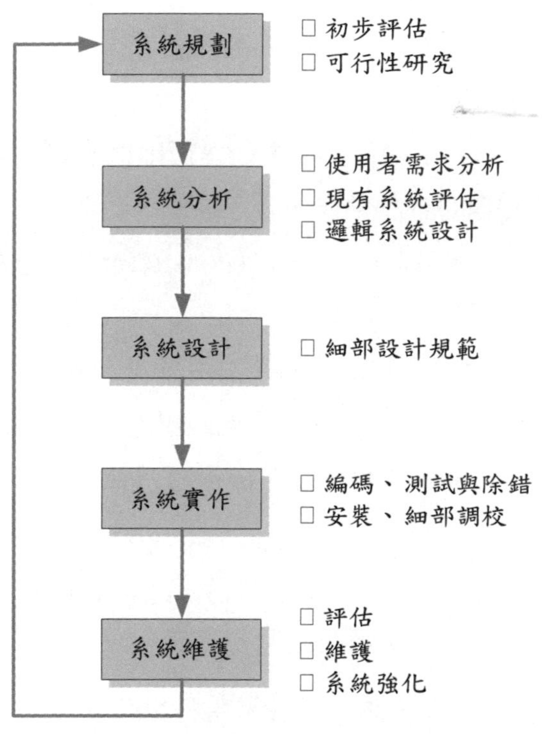

● 圖3.1　系統開發的生命週期

3-2 資料庫開發的生命週期

資料庫開發（database development）描述資料庫設計（database design）與實作（implementation）的過程。資料庫設計的主要目的在於建立完整、正規化（normalization）、無冗餘的資料庫模型，其中包括概念資料庫模型、邏輯資料庫模型，以及實體資料庫模型。資料庫實作則包括建立資料庫儲存結構，將資料載入資料庫，以作爲資料管理之用。英國開放大學（The Open University）[2010]認爲資料庫設計應具備下列特性。

- **完全性**（completeness）：確保使用者能存取他們想要的資料，甚至能執行資料需求分析時未能預期的查詢動作。
- **完整性**（integrity）：確保資料的一致（consistent）與正確（correct），要讓使用者信任這個資料庫。
- **彈性**（flexibility）：確保資料庫能隨著使用者需求的改變而進化。
- **效率**（efficiency）：確保資料庫能適時地回應使用者的資料需求。
- **易用性**（usability）：確保資料存取與操作的方式能符合使用者需求，而且易於使用。

要開發符合這些特性的資料庫並不容易，通常我們只要求資料庫容納所有適切的資料，但是忽略了其他如彈性或易用等特性。

正如系統開發生命週期一樣，資料庫開發也有其生命週期，可稱爲**資料庫開發生命週期**（database development life cycle），其步驟包含初步調查與分析、資料庫設計、實作和資料載入、測試和評估、運作、維護等[Rob & Coronel, 2002]，如圖3.2所示。這些步驟將反覆進行到資料庫不再被使用爲止。

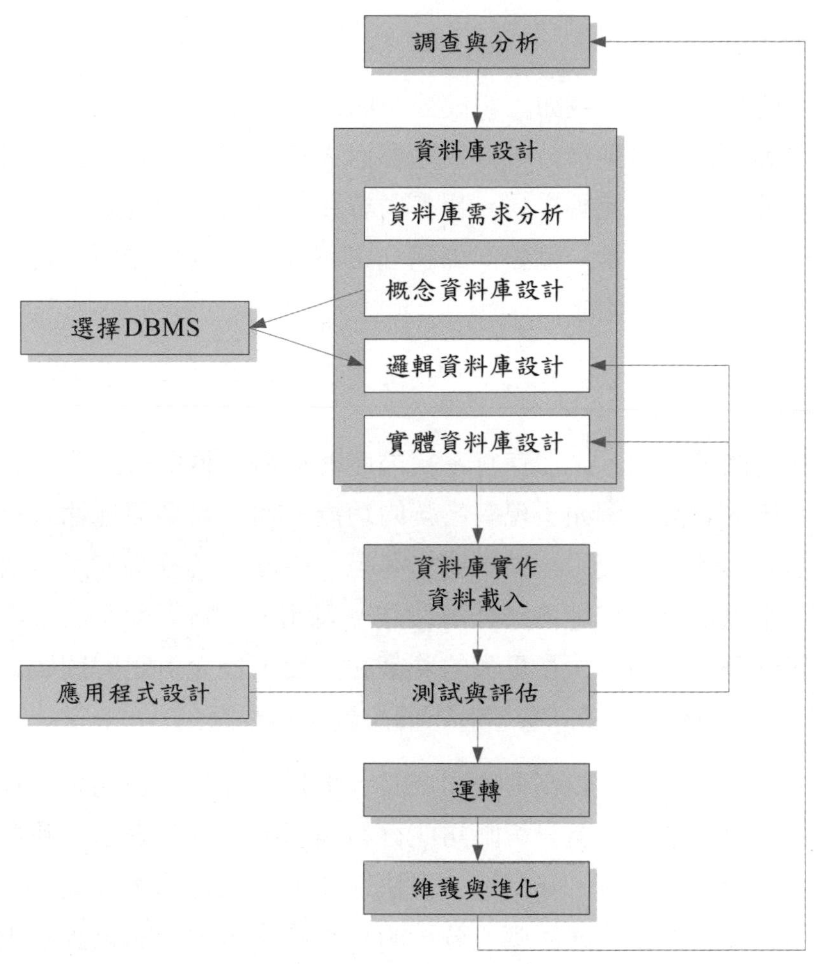

● 圖3.2　資料庫開發的生命週期

3-2-1 調查與分析

當現有系統無法執行公司重要功能而必須重新設計時，系統分析師和資料庫設計師必須先檢視現有系統，瞭解系統失靈情形和原因，這兩類專業人士需擁有良好的人際技巧以便與終端使用者溝通。初步調查與分析階段有四個步驟：

- 分析公司現況
- 定義問題與限制
- 定義目標
- 定義範圍與邊界

分析公司現況

瞭解企業的組織架構，例如：組成公司的部門層級、各部門功能和部門間的互動關係等等。從組織架構分析得以理解何人控制何種業務；誰又必須向何人報告，這些分析對資訊流動方向、報表內容和查詢格式的定義都有幫助。另外，還應瞭解公司營運目標。例如：郵購公司和以製造為目標的公司，在營運環境和資料庫的需求是不同的。

定義問題與限制

公司營運一段時間後，必然存有系統來處理資料，瞭解現有系統有助於系統修正或新系統的設計。例如：現有系統的功能為何、需要何種輸入、系統產生哪些文件、輸出被如何使用、被誰使用等等。由於系統終端使用者對問題的理解有限，經常無法更精確地描述公司運作，因此，分析師除了訪談終端使用者外，還需與管理階層溝通，從更大的範圍和尺度，發覺真正的問題所在。通常管理階層和終端使用者對公司營運有不同的觀點和視野。

例如：公司高層表示，很高興公司成長，但是快速成長卻開始降低公司維持高品質顧客服務的能力。當分析師訪問行銷經理時，經理表示，我們生產數千種零組件，當顧客來電時，我們無法很快地知道零組件的庫存量，一些客戶不能諒解我們為什麼無法快速回應。分析師必須能從各種資訊來源找出問題的根源，針對上述問題，如果能改善庫存查詢能力，或許能解決高層主管和行銷經理的煩惱。

雖然分析師能完整、正確地定義問題，但是因為諸多限制不一定能導致完美的解決方案。這些限制包括：時間、預算和人力資源等。例如：分析師被限制在一個月內利用最多30萬元的資源，則當分析師有一個方案，但是要耗費1年時間和100萬元的預算時，此一方案是不能被執行的。分析師必須能分辨解決方案是完美或是可行的區別。

定義目標

系統分析師或資料庫設計師，必須針對在問題定義階段所發掘的問題，提出資料庫系統方案解決問題。例如：前述個案的問題在庫存管理沒有效率，如果資料庫設計師能建立更有效率的零組件管理系統，就能解決顧客服務和快速回應的問題。因此，初步的目標可能是：建立一個有效率的庫存查詢和管理系統。當資料庫設計師提出資料庫系統方案時，需回答：被提議系統的初步目標？系統是否和公司現有的系統或未來的系統互動？系統是否和其他系統或使用者分享資料？

定義範圍與邊界

系統範圍（scope）係符合企業作業需求的資料庫系統的設計範圍。資料庫設計是否包含整個組織；還是組織內一個或多個部門；或是某一部門內的一個或多個功能單位？知道資料庫設計範圍有助於定義資料結構、實體的類型和多寡、資料庫實體的大小等。另外，系統邊界（boundary）限制了資料庫系統和組織外部系統的連結，系統邊界受限於現有的軟體和硬體。雖然設計師能依據系統目標來選擇適當的軟硬體，但是現實中，設計師經常受限於硬體來設計系統。因此，問題定義和系統目標還是會修正以符合範圍和邊界的限制。

3-2-2 資料庫設計

資料庫開發的第二階段在設計支援企業目標與營運的資料庫模型，確保最後的資料庫模型能符合使用者和資料庫系統需求。另外，應注意資料庫設計並非循序過程，它是反覆的，當設計條件改變時，設計者應回到先前的步驟，重新設計。設計資料庫時應掌握**最少資料原則**（minimal data rule）：「所有需要的資料都可以在資料庫中找到，所有在資料庫的資料都是必要的。」資料庫設計時應從長期觀點來看最少資料原則，目前沒有用的資料不表示未來也不會用到，應該預留未來增加資料的空間，確保資訊資源的持續性和資料庫的彈性。資料庫設計的過程有：資料庫需求分析、概念資料庫設計、選擇資料庫管理系統、邏輯資料庫設計與實體資料庫設計。

資料庫需求分析

資料庫需求分析的目的在瞭解資料特性，以便未來能將資料轉換為決策資訊。在這個階段，我們收集與分析組織有哪些資訊需求？而這些資訊又是由哪些資料所提供？我們可以透過各種方法瞭解資料庫系統主要使用者的資訊需求。針對各類使用者，我們應該知道：

- 他們需要何種資訊？系統有哪些輸出，需要何種表單或查詢？現有系統能產生哪些資訊？這些資訊足夠使用嗎？
- 這些資訊是由哪些資料組合而成的？
- 這些資料是如何產生的、哪裡可以找到這些資料，又如何取得？
- 資料之間有關係嗎？資料量是多少？

資料庫開發者應與各類使用者溝通，以建立正確的使用者觀點。有幾種途徑或方法來收集資料特性，瞭解使用者需求，包括：檢視文件、面談、觀察、研究與問卷等[Connolly & Begg, 2004]：

- 檢視文件：收集並檢視現有系統的輸出，是最容易瞭解現有系統能提供哪些資訊的方法之一。我們也可以檢視報告、備忘錄，以及檔案等文件，分析使用者對額外資訊的需求。
- 面談：此種方法可以用來核對資料庫開發者手邊已經知道的訊息、發現更多事實和需求、瞭解使用者對現有系統的意見和未來系統的建議。
- 觀察商業運作：可以透過執行資料庫系統，或者觀察使用者的活動，來瞭解組織運作的方式，驗證收集到的資料的有效性。
- 研究：閱讀、分析文獻或書籍能提供資料庫開發者別的組織是如何解決類似問題，也可以知道是否有軟體系統可以解決現有問題。
- 問卷：問卷是有特殊目的的文件，讓資料庫開發者有效率地收集很多人所理解的事實。

一個資料庫需求分析的重點是業務法則。**業務法則**（business rule）是特定組織環境在政策、程序和原則的正確描述。資料塑模的過程中，將藉由業務法則定義出實體、屬性、關係和限制條件等等。例如：某一所學校規定，每一位研究生一定要有一位指導老師；這一個規則顯示，資料庫的研究生資料一定會和老師發生關聯，而且一位學生只有一位指導老師。業務法則並非一體適用於所有的組織，同一組織的業務法則也非一成不變。不同的學校或許有不同的業務法則，可能有不同的組成份子。例如：有的有博士生；有的沒有。而現在沒有博士生的，不一定永遠沒有。當學校招博士生時，其業務法則也可能隨之改變。又如：某校學生必須修滿至少128學分才能畢業、缺曠課超過45節應被退學、通識課程至少需修滿27學分，這些都屬於業務法則。

大部分組織的運作都由業務法則引導，這些規則影響了組織行為，並且決定組織如何回應外在環境的變化，因此，將業務法則製成文件是很重要的工作。在資料庫設計時必須將這些業務法則加入資料。知道業務法則有助於瞭解組織運作和資料於其間扮演的角色。業務法則讓資料庫設計師知道資料的本質和範圍，發展適當的關係參與規則、外來鍵限制條件，還有完整性限制條件等。

概念資料庫設計

概念資料庫設計（conceptual database design）建立一個盡量代表真實世界的抽象資料庫結構，這一層次的設計未涉及特定的軟硬體，因此獨立於軟硬體架構，設計的結果能應用於任何軟硬體平台。概念資料庫設計的結果是概念綱要。實體關聯模型（entity-relationship model）是一個高階的資料模型，是進行概念資料庫設計所依據的重要工具之一，其目的在建立一個能符合使用者和資料庫設計師共同想法的資料描述。運用實體關聯模型，甚至於能讓非技術背景的使用者涉入資料庫的設計過程，與資料庫設計師共同合作與討論，以得到一個能進行邏輯資料庫設計的初步成果。

由於業務法則通常能夠定義實體間的關係，或者限制條件，因此設計者必須將業務法則納入概念模型中。運用實體關聯模型進行概念資料庫設計的步驟如下：

1. 確認與分析業務法則
2. 確認主要實體
3. 定義實體類型的屬性
4. 定義實體間的關聯性
5. 完成初步的實體關聯圖
6. 讓使用者依據資料、資訊和處理需求，確認實體關聯圖
7. 修正實體關聯圖

邏輯資料庫設計

概念綱要是高階資料模型，與使用何種軟硬體平台無關。**邏輯資料庫設計**（logical database design）轉換概念資料庫設計所得到的概念綱要為適用於企業所使用的資料庫管理系統的邏輯綱要。因此，邏輯資料庫設計和使用的資料庫

管理系統軟體有關。一般而言，商業用的資料庫管理系統是採用某種資料模型開發而成，例如：網路式、階層式、關聯式或物件導向式資料模型。換言之，邏輯資料庫設計就是將某一個資料模型套用在概念綱要上，得到邏輯綱要。

因此，企業在進行邏輯資料庫設計前必須決定使用何種資料庫管理系統。如果想引進新的資料庫管理系統，主要考量因素包括：成本，例如購買、維護、營運、訓練和新舊系統轉換成本等；資料庫管理系統特性，如是否提供符合需求的資料庫管理工具或查詢工具等；使用何種資料模型，如網路式、階層式、關聯式或物件導向式資料模型；硬體需求等。若使用關聯式資料庫管理系統，則邏輯資料庫設計應該包含下列步驟：

1. 建立資料表：依據概念資料庫設計所得到的實體關聯圖建立資料表，包括：資料表名稱、資料表的屬性等。另外，透過主鍵與外來鍵建立資料表間的關聯性。
2. 進行正規化：正規化是一個系統化的方法，用來評估並修正資料表結構（table structure），使得資料冗餘減至最少，因而有助於消除資料在新增、刪除和修改時的異常現象。
3. 與使用者檢查邏輯資料庫設計：確保資料庫設計能符合組織的資料需求。

實體資料庫設計

實體資料庫設計（physical database design）的主要工作是依據邏輯資料庫設計結果，設定資料庫內部儲存結構。例如：資料表中欄位的資料型態與資料長度；進行交易分析，找出最影響資料庫效能的交易，並且依據這一分析建立適當索引；爲了提升資料操作效能，將已經正規化的資料表反正規化等等，都是實體資料庫設計的重要步驟。實體資料庫設計的目標是：從組織所使用的資料庫管理系統的功能中儘量提昇資料操作的效能，包括回應時間、儲存空間的利用與處理量：

- 回應時間：回應時間（response time）意指使用者從提交資料庫交易、執行，直至收到回應所經過的時間。在資料庫管理系統控制下，影響回應時間的主要因素是交易存取資料庫中相關資料時間。回應時間也受到非資料庫管理系統能控制的其他因素影響，如系統負載、作業系統排程等等。例如磁碟盤和讀寫頭個數、搜尋時間（seek time）、緩衝區大小（buffer pool size），甚至分散式資料庫的網路傳輸速率等設計，都與系統效能有關。

- 儲存空間利用：包括資料庫檔案與索引所佔用的空間。
- 交易處理量：交易處理量（transaction throughput）是每分鐘能處理的交易數目，對航空訂位系統或者是銀行業務等交易系統是很重要的參數。交易處理量應該在尖峰條件下量測。

3-2-3 資料庫實作和資料載入

資料庫設計完成後，接下來要實作（implement）該資料庫，使用資料定義語言或資料庫管理系統工具（如SQL Server的SQL Server Management Studio）逐步建立檔案群組、資料庫、資料表和索引等資料庫物件。當資料庫等物件建立後，資料就必須載入資料庫的資料表中，如果現有資料格式與新系統的不同，在載入前需轉換格式。除了建立各種資料庫物件和載入資料外，本階段還需處理資料庫效能、安全、備份與復原、完整性和並行控制等問題。

資料庫效能

資料庫效能和軟硬體環境、資料量有關。在含有100筆值組（tuple）的資料庫中查詢，比在有10,000筆值組的資料庫中查詢還快。另外，效能也和索引和緩衝區大小有關。如何判斷資料庫效能好壞沒有一定的標準，通常資料庫管理師使用作業系統或資料庫管理系統所提供的效能監視工具（performance-monitoring tool）來評估效能，並以微調工具（fine-tuning tool）調整資料庫，以提升資料庫效能。

安全

爲防止資料外洩，企業應避免未經授權的人存取資料庫。資料庫管理師透過作業系統或資料庫管理系統，以使用者帳號和密碼管制使用者登入資料庫系統，再以資料庫管理系統指定存取權限，限制使用者建立、更新和刪除資料庫物件等的操作。

備份與復原

爲了避免資料遺失、非預期地刪除資料和系統失靈等狀況，資料庫管理師應於資料庫實作階段建立適當備份策略備份資料。當狀況發生時，透過備份資料，盡可能地將資料庫回復到狀況發生前的狀態。

並行控制

為了避免因為同時存取一筆資料而發生資料不一致的狀況，資料庫管理師可以使用資料庫管理系統提供的鎖定機制（locking mechanism），確保資料一致性。

3-2-4 測試與評估

當資料載入資料庫後，資料庫管理師開始測試與評估資料庫；同時，程式設計師進行應用程式設計。當資料庫測試時未能符合系統評估準則或達到預期目標時，可以針對原因，先使用各種調校工具調整系統參數；也可以修正實體資料庫設計。例如：適當地建立索引加快查詢速度等。不然，修正邏輯資料庫設計，甚至採取升級或更換資料庫管理系統的軟硬體環境等措施。

3-2-5 運作

當資料庫通過測試與評估階段後，就可以正式地運作（operation）。此時軟硬體、資料和使用者都就定位，組成了完整的資訊系統。在測試評估階段未能預期或發現的問題，在使用者操作系統時，逐一顯現出來，輕則或許做簡單的系統修正即可；重則可能需要將修補程式做成服務包（service pack）以解決問題。

3-2-6 維護與進化

企業進行資料庫運作時，需由資料庫管理師進行例行的或週期性的維護工作，包括備份、回復、設定新使用者和修正舊使用者存取權限等。另外，還藉由系統統計資訊進行安全性查核、監督與改善系統效能。當新的資訊需求產生時，可能要增加實體類型和屬性，當有額外報表和新查詢格式需求時，可能就需修改資料庫物件和應用程式，如果最初的資料庫設計越有彈性，修改幅度就不會太大；若任何修改資料庫的動作都不符合成本效益或企業需求時，可能就要回到資料庫發展生命週期的最初階段，開始新資料庫的開發了。

3-2-7 資料庫設計策略

傳統上，資料庫設計有兩種策略：一是由上而下（top-down）；另一種是由下而上（bottom-up）。由上而下方法從籠統的（general）高階概念開始，逐步地辨識出更具體（specific）的特性。通常，資料庫設計師透過訪談，瞭解終端使用者的資料需求，再決定何種資料應儲存於資料庫。由上而下的設計策略先識別系統範圍內的實體類型和屬性，然後界定實體類型間的關係，實體關聯模型就屬於由上而下的設計方法。使用此種設計方法，資料庫設計師必須深入瞭解整個系統，某些個案由於資料庫設計師與使用者忽略了系統所需的資料，因而導致令人失望的結果。

相反地，由下而上的設計策略卻從特定的細節或屬性著手，分析這些細節的關係，從而將某些具有共同特性的屬性集合起來，而辨識出實體類型，還有實體類型間的關係。通常設計師會先收集使用者和舊系統互動時需要用到的報告或表單，分析它們的內容，再決定哪些資料需存入資料庫。正規化主要應用在由下而上的設計方法。

選擇由上而下或由下而上策略與資料庫設計師喜好還有問題範圍大小有關，但是這兩種方法是互補而非互斥的，有可能同時使用。當預期結果是小型資料庫，涉及較少實體和屬性時，可選擇由下而上策略。當系統複雜，有大量的實體和屬性時，使用由上而下的策略，將讓整個設計工作更容易管理。

3-3 實體關聯模型

資料庫設計分爲概念資料庫設計、邏輯資料庫設計和實體資料庫設計。實體關聯模型（entity-relationship model）爲一種資料模型理論，用以指導概念資料庫設計。概念資料庫設計與將採用的資料庫管理系統無關。出生於台灣，畢業於台灣大學電子工程學系，後來獲得美國哈佛大學博士學位的陳品山（Peter Chen）於1976年發表了實體關聯模型，他認爲：眞實世界是由稱爲實體的基本物件和實體間關係所組成[Chen, 1976]。運用此一模型，可以將眞實世界的實體與互動轉換爲概念綱要，很多資料庫設計工具就是由實體關聯模型的概念衍生出來的。實體關聯模型有幾個重要的基本概念，包括：實體、實體類型、關係、關係集合、屬性與屬性集合等等。

3-3-1 實體與屬性

實體關聯模型中最基本的物件是實體。**實體**（entity）是眞實世界中一個可以與其他物件有所區別的物件，例如：學校裡的每一位教職員生都是獨立的實體。一個實體具有某些特性，其中有些特性能用來區別這個實體與其他實體不同。例如圖3.3，我們可以利用學生的學號來區別不同的學生，藉由「4023」的學號值，可以找到某一位學生。實體可以是具象的，也可以是抽象的概念，某位學生是一個實際存在、具象的實體，書籍也是；但是課程並不是一個具體存在的物件，它只是概念存在、抽象的，也可以成爲實體。

擁有相同特性的實體聚集在一起就形成**實體集合**（entity set），稱之爲**實體類型**（entity type），我們可以用名稱與其擁有的屬性來描述實體類型。例如：學校教職員有共同特性，把教職員聚集在一起成爲實體集合，我們說這些聚集的教職員們是一個實體類型，並賦予一個名稱「員工」；又如把學校課程集合在一起，就形成另一個實體集合，我們把這一個實體類型稱爲「課程」；學生也是一種實體類型，稱爲「學生」。在實體關聯圖中，若採用Chen[1976]的圖示法，我們以一個方形來表示普通的實體類型，方形內標上實體類型的名稱。

我們可以用一組特性來描述實體類型，這組特性稱爲**屬性**（attribute）（參考圖3.4）集合。實體類型內的實體都擁有相同的屬性，每一個實體的每一個屬性都有自己的值。例如：「學生」實體類型有學號、姓名、電話和住址等屬性。此實體類型中的某一位學生，學號屬性的值爲4023，姓名屬性的值爲陳智昇，其電話和住址屬性都有相對應的值（請參考圖3.3）。

屬性的種類

依據屬性的特質，分爲幾種屬性類型，包括簡單屬性與複合屬性、單值屬性與多值屬性，以及導出屬性等。

- 簡單屬性與複合屬性：如果屬性不能進一步地被切割爲其他屬性，就稱爲**簡單**（simple or atomic）**屬性**；相對地，**複合屬性**（composite attribute）可以再被分割出更小的部分，每一個部分代表了擁有獨立意義的更基本的屬性；複合屬性是由多個簡單屬性組成的。例如：「姓名」屬性可以設計成複合屬性，由「姓」與「名」兩個屬性所組成；住址屬性也可以由郵遞區號、城市與街道等屬性組成。當資料庫使用者有時會參考整個屬性，有時又僅參考此屬性之一部分時，可以將此設計為複合屬性。在實體關聯圖中，若採用Chen[1976]的圖示法，則簡單屬性以一個連接到實體類型方形的橢圓形表示；而複合屬性則在橢圓形外又連接多個橢圓形表示，橢圓形內則標上屬性的名稱，如圖3.4所示。

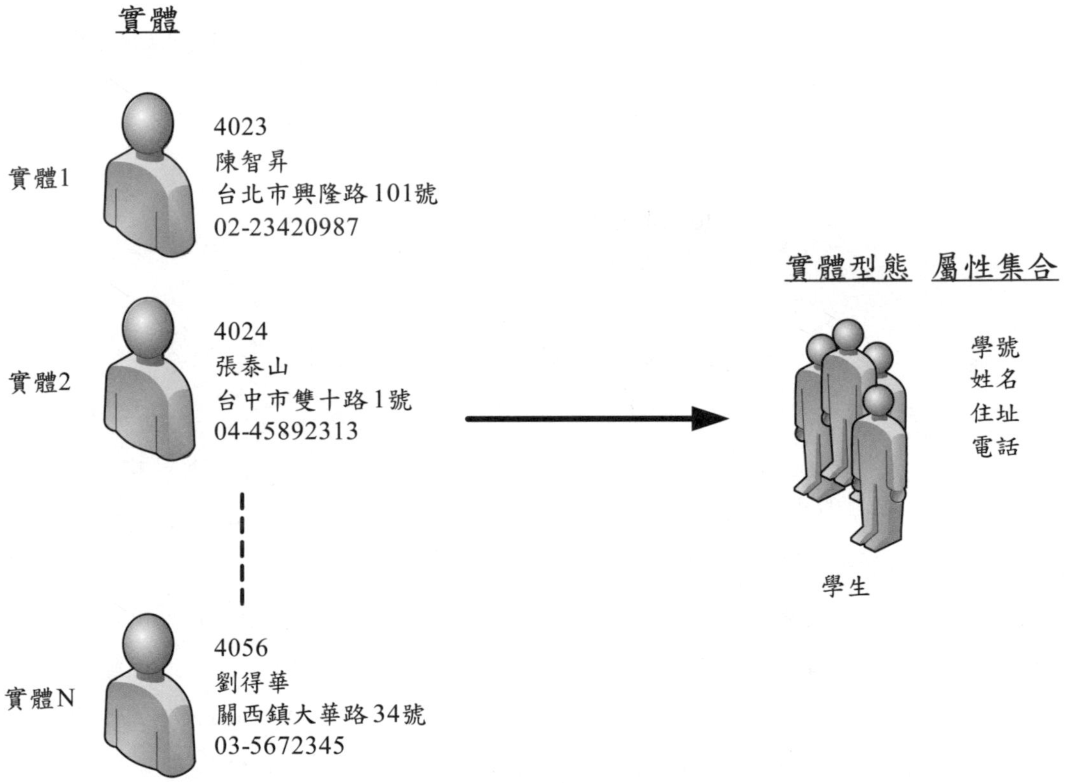

實體
實體1
4023
陳智昇
台北市興隆路101號
02-23420987
實體2
4024
張泰山
台中市雙十路1號
04-45892313
實體N
4056
劉得華
關西鎮大華路34號
03-5672345
實體型態
屬性集合
學號
姓名
住址
電話
學生

● 圖3.3　實體與實體類型

attribute name
ENTITY TYPE NAME
屬性表示法
city
ZIP
street
address
複合屬性範例

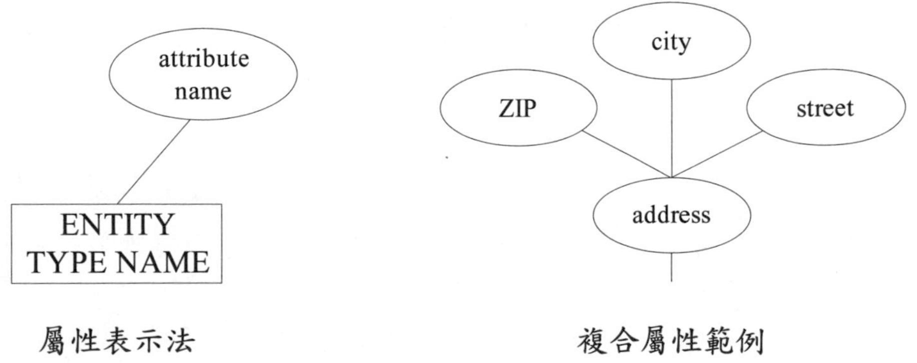

● 圖3.4　實體關聯圖中屬性的表示法

- 單值屬性與多值屬性：當實體的屬性只有一個值時，稱爲**單值屬性**（single-valued attribute）。例如：學生只有一個學號，學號是單值屬性。如果實體的某一個屬性有多個值，稱爲**多值屬性**（multi-valued attribute）。例如：若資料庫允許記載多個電話，則電話屬性就是多值屬性。又如：某資料庫有碩士學位屬性，要塡上畢業系所名稱，有的人沒有碩士學位；有人只有一個；但是也有人擁有多個碩士學位，則此屬性也是多值屬性。多值屬性以雙框的橢圓形表示，其內標上屬性名稱，如圖3.5所示。

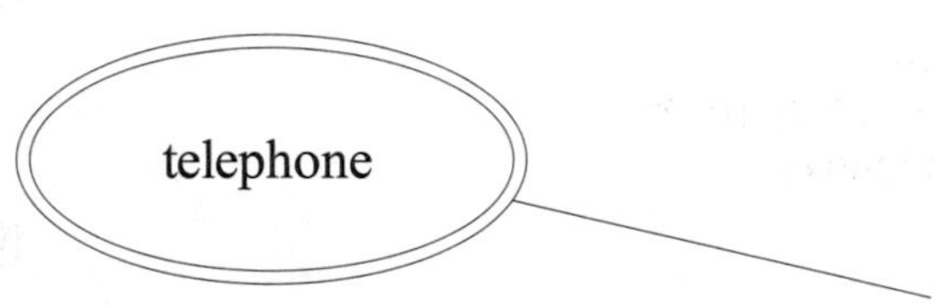

● 圖3.5　實體關聯圖中多值屬性的表示法

- 鍵屬性：在談到鍵屬性之前，我們先知道「鍵」這個名詞。**鍵**（key）可以由一個或多個簡單屬性組成，而組成這個鍵的任一個屬性都可稱爲鍵屬性（key attribute）[Rob & Coronel, 2002]。鍵有一個重要特性，那就是**唯一性**（uniqueness）：屬性有值，鍵也有值，實體集合內沒有任何兩個實體的鍵值是相同的，因此我們可以用鍵的值來識別特定實體。例如：身分證號碼可以作爲鍵，因爲沒有任兩個人的身分證號碼是相同的，因此，身分證號碼是鍵屬性；同理，一所學校內學生的學號也可作爲學生實體類型的鍵，學號也是鍵屬性。

如果一個鍵是由多個屬性所組成，就稱此鍵爲**複合鍵**（composite key），複合鍵裡面的每一個屬性都是鍵屬性。例如：學生可能同名同姓，因此藉由屬性「姓名」不能辨別出唯一的一個實體，但是「姓名」與「電話」卻可以，因此，「姓名」與「電話」兩個屬性組合成一個鍵，此鍵爲複合鍵，而姓名是鍵屬性，電話也是鍵屬性。在一個實體類型中可能找不到任何鍵，可能僅找到一個鍵，也可能找到很多個鍵。如果僅找到一個鍵，這個鍵就被當成**主鍵**（primary key）；如果實體類型能找到多個鍵，我們可以從其中挑選一個語意上有意義的鍵作爲主鍵[Chen, 1976]（主鍵更詳細的意義將在第4章說明）。實體關聯圖中，主鍵使用一個連接到實體類型的橢圓形表示，而且在所有鍵屬性名稱加上底線，如圖3.6所示。

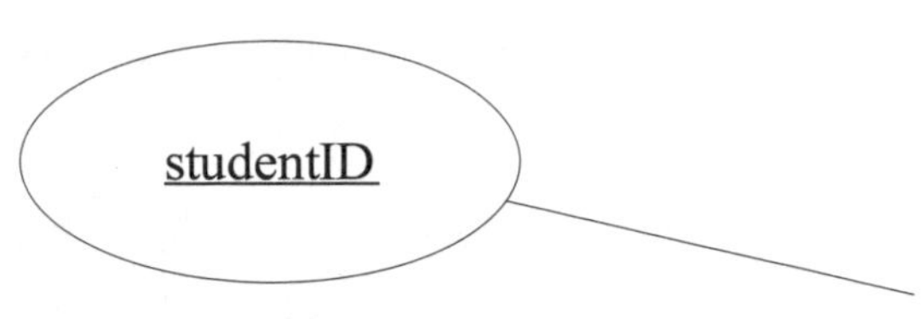

●圖3.6　實體關聯圖中鍵屬性的表示法

- 導出屬性與基底屬性：如果屬性值是從其他屬性計算出來的，稱此屬性為**導出屬性**（derived attribute）。例如：使用者經常需要知道消費者年齡，但是資料庫沒有年齡資料，而有生日資料，此時可透過電腦系統時間和生日的運算得到年齡；又如：有一個屬性記錄科系的學生人數，我們只要計算某資料表中屬於該科系的筆數，就可以知道科系的學生人數了，此時生日與科系的學生人數都是導出屬性。在資料庫中，實際存有資料的屬性又稱為**基底屬性**（base attribute），如生日等，而導出屬性不是基底屬性。導出屬性仍然以橢圓形表示，但是其外框為虛線，如圖3.7所示。

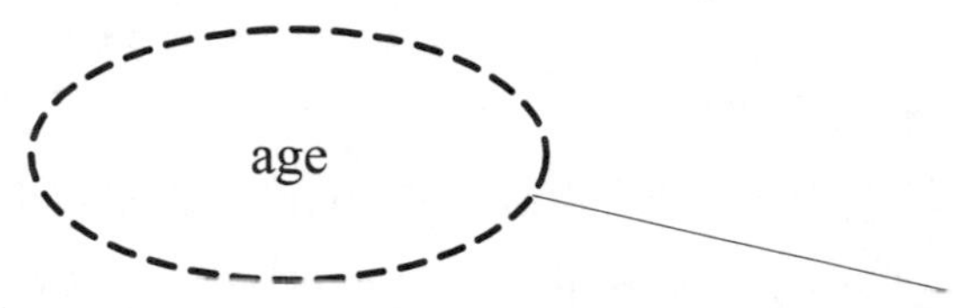

●圖3.7　實體關聯圖中導出屬性的表示法

屬性包含屬性名稱和屬性值，有時屬性值為**空值**（null），當我們看到屬性值是null時，必須知道其意涵（如圖3.8）。當屬性值是null時，有兩種意義：一是「不合適（not applicable）」；另一種是「未知（unknown）」。「未知」又分為兩類：一類是「存在但是缺漏了（existe but missing）」；另一類是「不知道屬性值是否存在」。

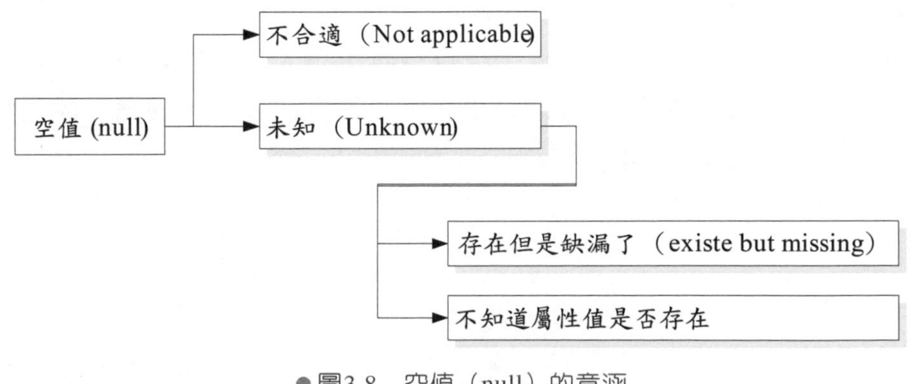

●圖3.8　空值（null）的意涵

例如：美國人的名字有姓（last name），有名（first name），有時候爲了紀念某人，會有中間名（middle name），有的美國人有中間名，有的沒有。有中間名的人會在中間名的屬性中塡上其中間名；但是對沒有中間名的人，屬性middle name的值被塡上null，代表middle name屬性對此人是「不合適」的，不應該有這個屬性。又如：某資料庫有碩士學位屬性，要塡上畢業系所名稱，有的人有碩士學位，會塡上畢業的系所；有的人沒有，會塡上null，代表碩士學位屬性「不適合」此人。

又如：資料庫中有一個姓名屬性，要塡上某人的姓名。當該屬性值爲null時，表示該屬性值應該「存在但是缺漏了」。又如：資料庫中有電話欄位，要塡上電話號碼，若電話欄位爲空值（null），則我們不知道此實體是否擁有電話，可能有但是未塡，也可能根本沒有電話，不能確定電話屬性值是否存在，所以此null呈現出「不知道屬性值是否存在」的意涵。

實體類型的種類

實體類型又分爲**強實體類型**（strong entity type）和**弱實體類型**（weak entity type）兩類，差別在於主鍵（primary key）。如果實體類型必須依附在其他實體類型才存在，就稱爲弱實體類型，是一種沒有主鍵的實體類型；有主鍵的實體類型稱爲強實體類型。我們在弱實體類型中，找不到任何一個屬性或多個屬性來識別（identify）其中所有的實體，故弱實體類型又稱爲**非識別實體類型**（non-identifying entity type）。弱實體類型必須關聯到強實體類型，這一個強實體類型又稱爲識別實體類型（identifying entity type）。

例如：當家中有子弟在學校就讀時，學生家長才會存在於學校的資料庫中，此時，學生（STUDENT）是強實體類型（或識別實體類型）；學生家長（PARENTS）是弱實體類型（或非識別實體類型）；若他的子弟不是學校的學生，那這個家長的資料也不會存於學校資料庫中了。強實體類型與一般的實體類型沒差異，在實體關聯圖中，一般實體類型用方形表示，內爲實體類型的名稱；弱實體類型則使用雙框的方形表示，如圖3.9所示。

STUDENT　　　PARENTS

強實體型態　　　弱實體型態
名稱：Students　　　名稱：Parents

●圖3.9　強實體類型與弱實體類型的圖示

3-3-2 關係

多個實體類型的實體之間若有關聯或互動，則這些實體具有**關係**（relationship）；有共同特性的關係聚集在一起，形成關係集合，稱爲**關係類型**（relationship type）。例如：現在有學校學生（STUDENT）與科系（DEPARTMENT）兩個實體類型，因爲學生實體有一個科系屬性記載學生所屬的科系，此屬性的值來自於科系這個實體類型，因此這兩個實體類型存有關係。在Chen[1976]的圖示法中，實體類型間的關係以菱形表示，內部標示關係類型的名稱，因爲關係代表實體類型間的互動，因此以動詞來命名關係類型，而在菱形的角邊以直線連接代表實體類型的方形。圖3.10呈現出STUDENT與DEPARTMENT兩個實體類型有BELONG_TO的關係。

●圖3.10　兩個實體類型發生關係的表示法

有兩點值得一提的是：

1. 強實體類型與弱實體類型間的關係稱爲**識別關係**（identifying relationship）。此時我們說：弱實體類型存在相依（existence dependent）於識別實體類型；而識別實體類型擁有（own）此弱實體類型。識別關係以雙框的菱形表示。例如：顧客與企業進行交易會產生訂單（ORDER），一張訂單內買賣多種商品而有訂單明細（ORDER_DETAILS），如果沒有訂單，就不會有訂單明細，訂單明細是因爲有訂單而存在的，因此，訂單和訂單明細間的關係是識別關係，其中訂單是強實體類型；訂單明細是弱實體類型。其關係如圖3.11所示。

●圖3.11　強實體類型與弱實體類型間的關係圖示

2. 關係可能有屬性，也可能沒有屬性。當實體類型間有多對多或一對一關係時（下節將說明如何判斷多對多或一對一關係），就可能會有屬性來描述其間的關係，這種屬性稱爲**描述屬性**（descriptive attribute）。在圖3.12中，學生和課程間有多對多的關係，王大名修了程式設計和管理學兩門課程，他和這兩門課程間的關係分別以89分和78分表示，成績（score）是這個多對多關係的屬性。

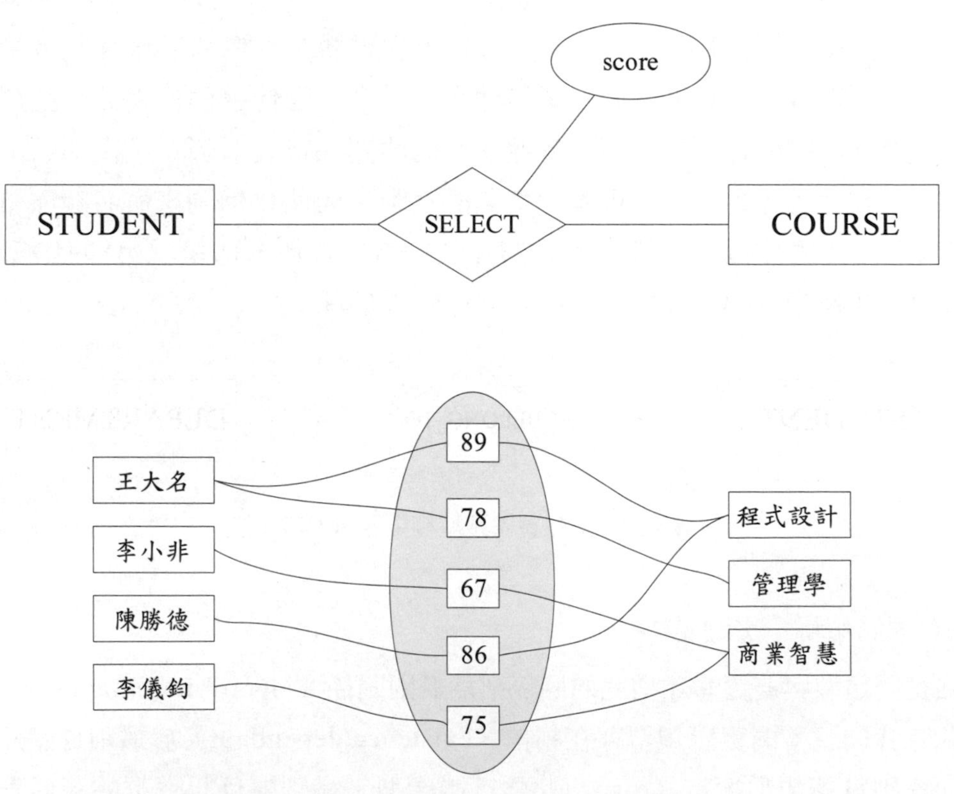

●圖3.12　實體類型間的關係有時是有屬性的

截至目前爲止，我們使用了**Chen標記法**（Chen notation）來表示實體關聯圖的各類物件；另一種常用的標記方式爲**鴉爪標記法**（Crow's Foot notation）。除了實體類型和屬性的表示方式不同外，Chen標記法以菱形表示實體類型間的關係，但是鴉爪標記法則簡單地以直線連接兩個實體類型，再放上關係名稱來呈現；又，Chen標記法以1或M等標示基數，但是鴉爪標記法用三條分岔的線段表示多方的關係。鴉爪標記法沒有菱形或橢圓形，將實體類型及屬性畫在一個方形內，因此，在實體關聯圖面空間配置上較Chen標記法簡潔而有效率。鴉爪標記法也曾出現在我國高等考試的高等資料庫設計試題中[考選部，民99]，因此，本書的某些章節，會同時採用Chen標記法與鴉爪標記法，讓讀者熟悉這兩種資料庫設計時常用的圖示方式。另外，由於資料庫塑模工具的不同，其所使用的鴉爪標記法也有些微差異，本書使用Microsoft Visio軟體繪製實體關聯圖，因此，圖中的鴉爪標記法也以該軟體爲主。

3-3-3 參與關係與基數關係

利用實體關聯模型進行概念資料庫設計時，必須在實體關聯圖上標明實體類型間的參與關係或基數關係。

參與關係

實體類型的互動會在彼此間建立關係，參與其中的實體類型又稱爲參與者（participant），實體關聯圖中也要標示實體類型間的**參與**（participation）關係。參與關係分爲**全部參與**（total participation）和**部分參與**（partial participation）兩種。若實體類型中的每一個實體與另一個實體類型的實體發生關係，我們稱之爲全部參與，此時以兩條直線連接此實體類型和關係型態表示；如果實體類型中有實體沒有參與另一實體類型的關係，則稱之爲部分參與，此時以一條直線連接此關係類型和關係型態。

例如圖3.13中，實體類型E包含e_1、e_2、…、e_5等5個實體，實體類型F包含f_1、f_2、f_3等3個實體。實體類型E中的實體e_1並沒有參與實體類型F的關係，因此實體類型E爲部分參與，我們在實體關聯圖中以一條直線連接實體類型E與關係類型R表示；實體類型F中的所有的實體都與實體類型E發生關係，因此實體類型F爲全部參與，我們在實體關聯圖中以兩條直線連接實體類型F與關係類型R。

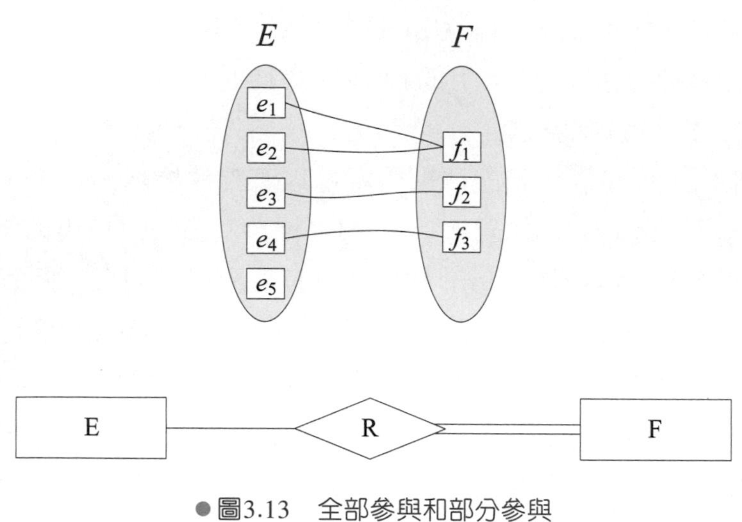

●圖3.13　全部參與和部分參與

基數關係

我們可以使用**基數**（cardinality）或**基數比**（cardinality ration）說明實體類型間的基數關係。兩個實體類型間的基數定義為：一個實體類型中的實體藉由關係連結到另一個實體類型的實體數目；而基數比則描述實體類型內的實體參與另一實體類型的最大數（或上限）。以僅涉及兩個實體類型的二元關係（binary relationship）為例，其間的基數比關係有下列四種：

1. 一對一（1：1）：如圖3.14所示，實體類型E中的e_1、e_2、e_3等3個實體分別關係到實體類型F的f_1、f_2、f_3，實體e_4與e_5與實體類型F無關係，連結關係的最大數為1；實體類型F的f_1、f_2、f_3僅關係到實體類型E中的e_1、e_2、e_3，連結關係的最大數也是1；E中的一個實體最多連結到F中的一個實體，而且F中的一個實體也最多連結E中的一個實體，所以這兩個實體類型的基數比關係為一對一。

   例如：學校有員工（EMPLOYEE）與科系（DEPARTMENT）兩個實體類型，某一位員工管理（MANAGE）某個科系，而一個科系僅被某位員工管理，因此，這兩個實體類型為一對一的關係。在鴉爪標記法中，由於員工與科系都是強實體類型，因此代表其關係的線段為虛線；若是強實體類型與弱實體類型間的識別關係，則以實線線段連接兩個實體類型。

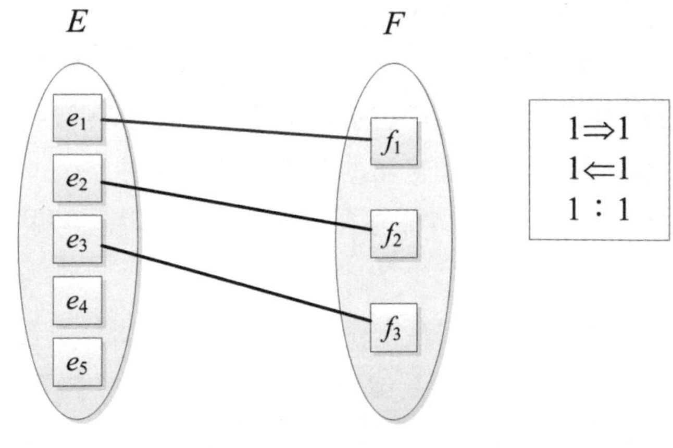

(a) 一對一關係

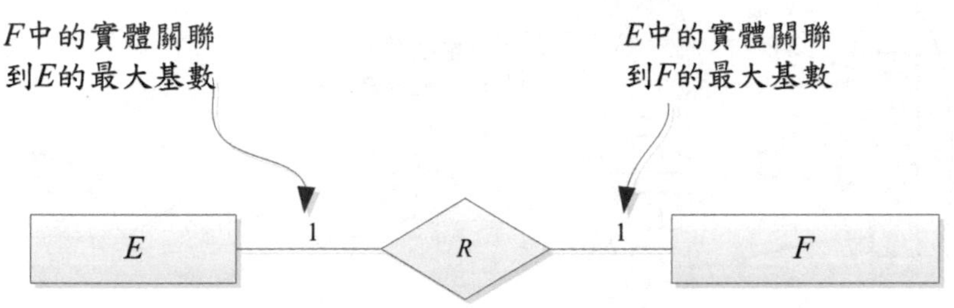

(b) Chen標記法

(c) 員工與部門的Chen標記法

(d) 員工與部門的鴉爪標記法

● 圖3.14　實體類型間的一對一關係

2. 一對多（1：N）：如圖3.15所示，實體類型E中的實體e_1擁有連結到F的最大基數2，其他實體的基數均為1；實體類型F中，所有實體的基數都是1。E中的一個實體可以連結到F中的多個實體，而且F中的一個實體最多連結E中的一個實體，因此這兩個實體的基數比為一對多。在Chen標記法中，E中的實體關聯到F的最大基數N標註在近F端，F中的實體關聯到E的最大基數標註在近E端。

   例如：學校的科系與學生兩個實體類型，一個科系裡有很多學生，但是也規定學生只能屬於某一科系，因此科系與學生是一對多的關係。

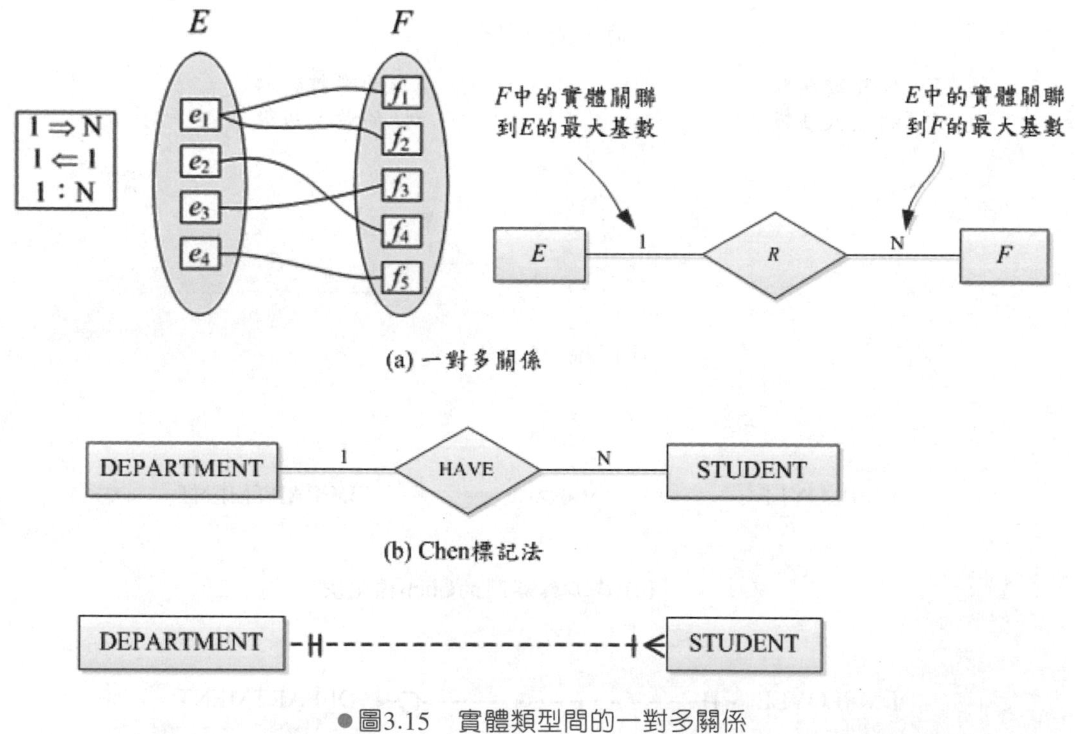

●圖3.15　實體類型間的一對多關係

3. 多對一（N：1）：實體類型E中的一個實體最多連結到實體類型F中的一個實體，而且F中的一個實體可以連結E中的多個實體。多對一關係與一對多關係在圖形表示上只是實體類型左右邊對調而已，因此視為同一種關係。

4. 多對多（M：N）：如圖3.16所示，實體類型E中的實體e_1和e_2擁有連結到F的最大基數2，其他實體的基數均為1；實體類型F中，f_1和f_3擁有連結到E的最大基數2，其他實體的基數均為1，所有實體的基數都是1。E中的一個實體可以連結到F中的多個實體，而且F中的一個實體也可以連結到E中的多個實體，因此這兩個實體的基數比為多對多。

例如：學生與課程是兩個實體類型，一位學生可以選修多門課程，而一門課程能容納多位學生上課，故學生與課程的基數比是多對多。在實體關聯圖中，採用Chen的圖示，我們分別在關係的左右兩方標示M與N，代表其多對多的基數關係，如圖3.16(b)所示；如果採用鴉爪標記法，則如圖3.16(c)所示。

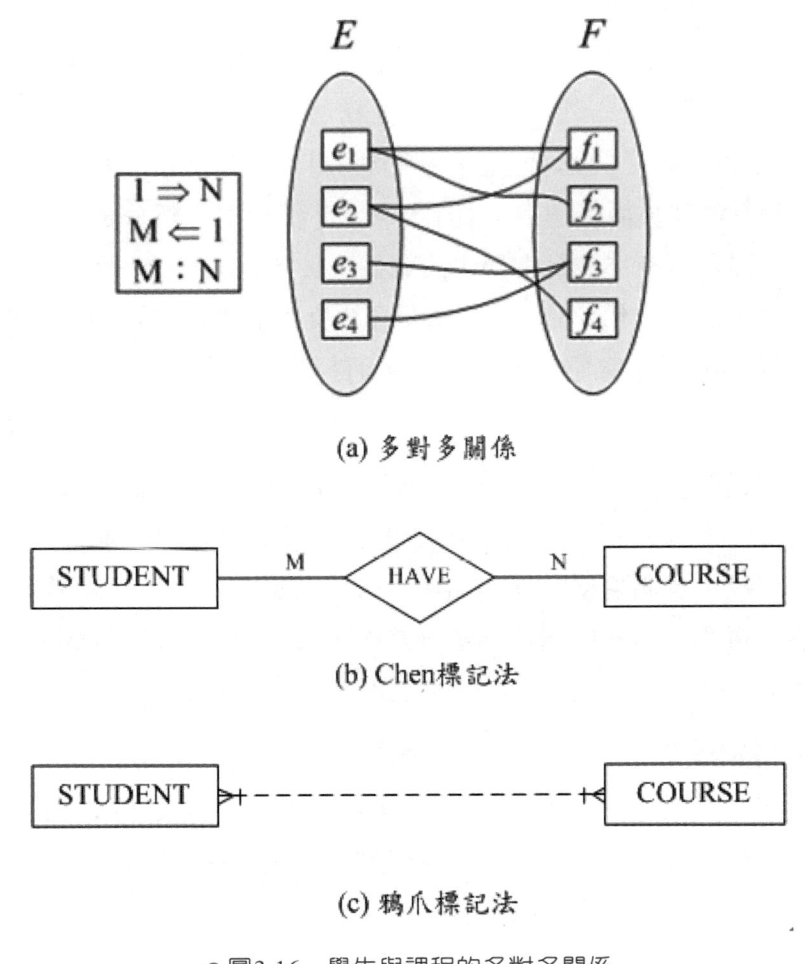

● 圖3.16　學生與課程的多對多關係

有時為了更明確表示實體類型的基數關係，會在實體關聯圖中標示基數（或稱為參與數）。我們以一對整數（min, max）來表示基數，其中0≦min≦max，而且max≧1。min和max代表：於任何時間點，實體類型中至少有min個實體參與關係，最多能有max個實體與另一個實體類型發生關係。

我們可以用min是否爲零來說明實體類型間的參與關係。當min＝0時，表示實體類型中有實體沒有參與另一個實體類型的關係，因此屬於部分參與；當min＞0時，表示實體類型中的每一個實體都參與另一個實體類型的關係，因此屬於全部參與。換言之，當我們以最小基數和最大基數的組合（min, max）表示兩個實體類型的關係時，不僅能呈現基數關係，同時也說明了參與關係。

例如：我們想界定學生與課程的關係。某所學校規定，學期中課程選修人數需達到15人才可以開課，選修人數沒有上限；而學生可以不修任何課程，但是最多只能修5門課。進一步地分析此一業務法則：學生實體類型中的一個實體可能不參與課程的關係，也可能最多參與5門課程，其基數的最小和最大値表示爲（0, 5），因爲基數最小値爲0，因此學生實體類型爲部分參與；課程實體類型中的某個實體最少有15個參與學生的關係，最多有M個參與學生的關係，其基數的最小和最大値表示爲（15, M），因爲基數最小値爲15，因此課程實體類型內的實體全部參與學生實體類型的關係，而且學生與課程兩個實體類型爲多對多的關係。

學生與課程的實體關聯圖如圖3.17所示，圖3.17(a)以基數比表示學生與課程的關係，圖3.17(b)以基數的最大和最小値表示學生與課程的關係。若以基數比表示，就可以標示實體類型的參與關係；若以基數方式表示，當基數最小値爲0的實體類型，隱含了其參與關係爲部分參與，當基數最小値不爲0，其參與關係爲全部參與。

在此要特別說明：Chen標記法或鴉爪標記法沒有一定的標準，不同的作者或許會有些微差異。例如：使用Chen標記法時，有的人會將有屬性的關聯類型以長方形內加一個菱形，以表示其擁有關聯類型和實體類型的雙重特性。另外，從鴉爪標記法可以解讀出很多訊息，例如圖3.18的實體關聯圖，呈現出下列的訊息：

- 實體類型：包含A、B兩個實體類型，均爲普通實體類型，沒有弱實體類型；
- 關係類型：因爲連接A、B的是虛線，因此屬於非識別關係，而不是識別關係；
- 基數：實體類型A中的一個實體關聯到B中的0個或多個實體，其基數的最小値爲0，最大値爲N，基數表示爲（0, N）。實體類型B中的一個實體僅關聯到A中的1個實體，其基數的最小値爲1，最大値也是1，基數表示爲（1, 1）。

- 參與關係：因爲A的基數的最小值爲0，因此A部分參與B的關係；因爲B的基數的最大和最小值都是1，因此B的實體全部參與A的關係。

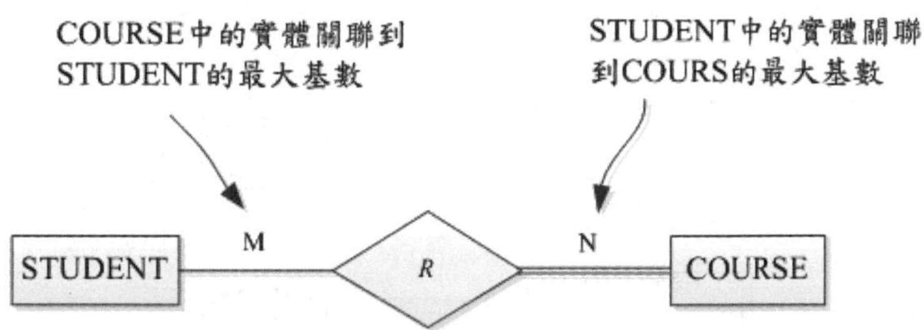

(a) 以基數比表示學生與課程的關係

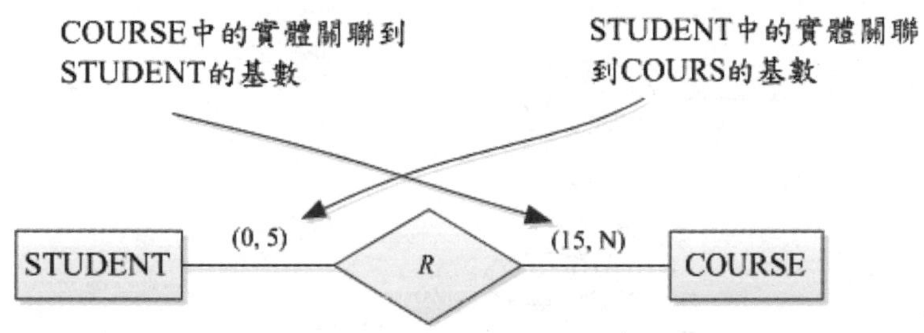

(b) 以基數表示學生與課程的關係

● 圖3.17　學生與課程的實體關聯圖

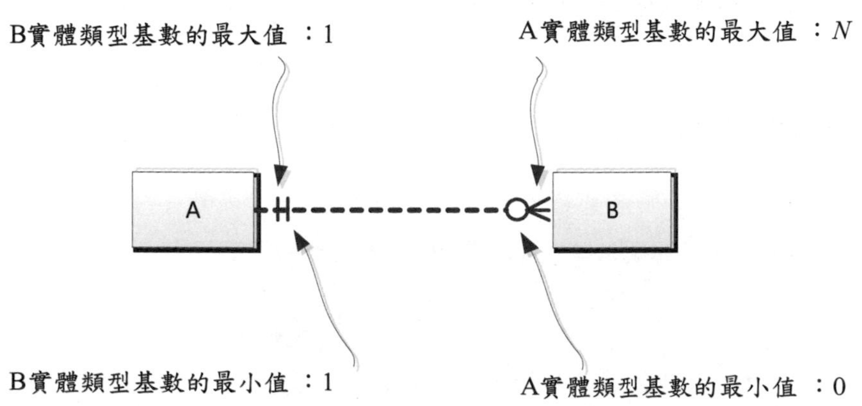

● 圖3.18　鴉爪標記法的意涵

我們以Chen標記法與鴉爪標記法，整理實體關聯模型中的實體類型、屬性，關係類型等物件的表示方式，以方便讀者參照建立實體關聯圖。各物件的符號如圖3.19所示。

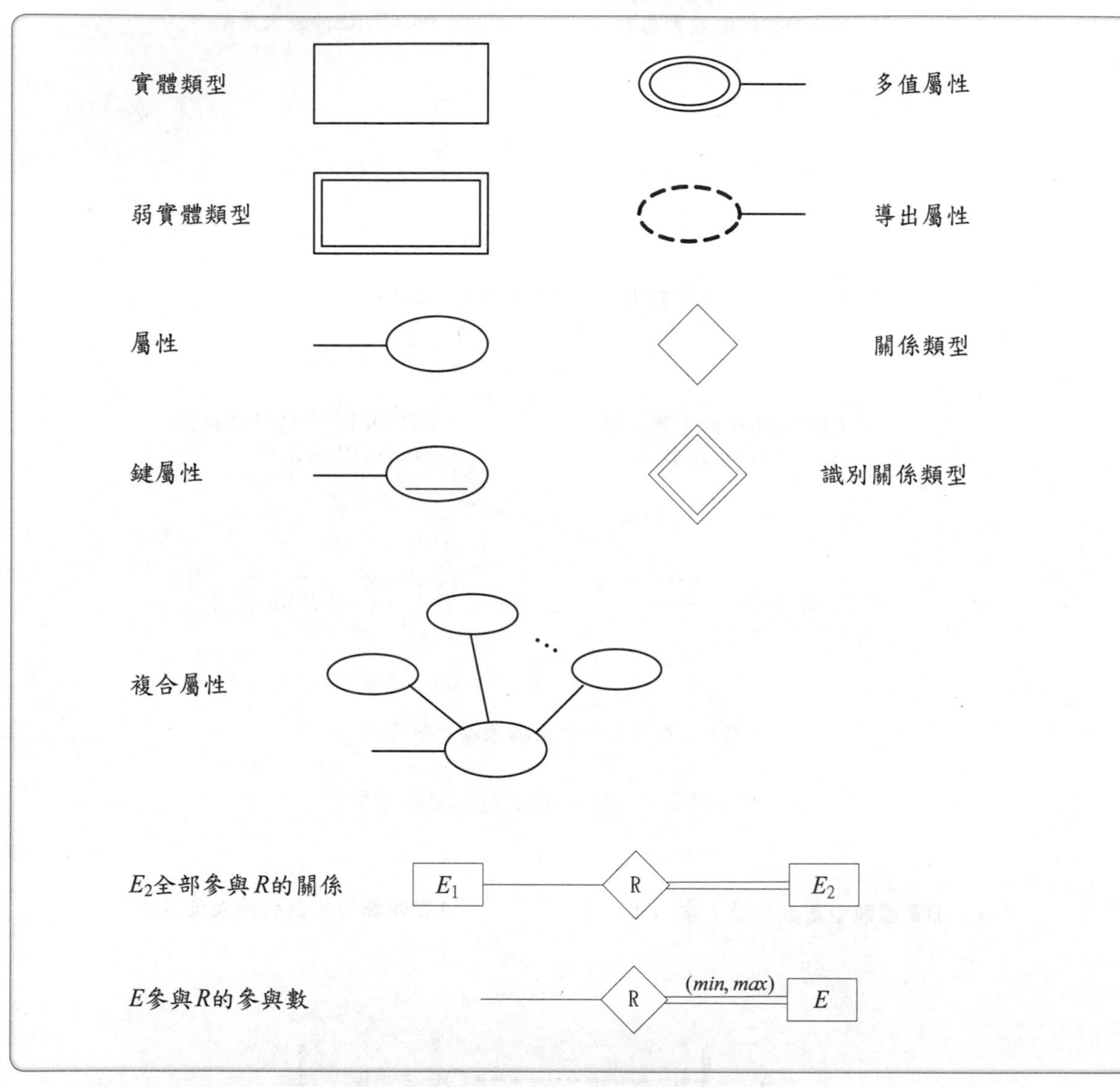

●圖3.19　實體關聯模型的兩種標記法

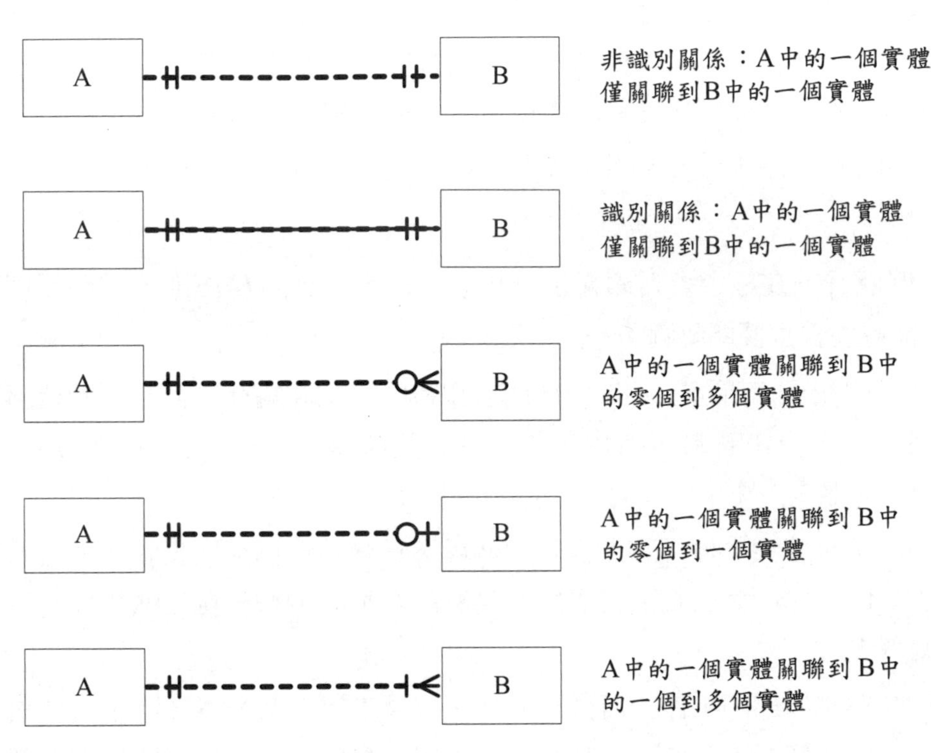
A
B
非識別關係：A中的一個實體僅關聯到B中的一個實體
A
B
識別關係：A中的一個實體僅關聯到B中的一個實體
A
B
A中的一個實體關聯到B中的零個到多個實體
A
B
A中的一個實體關聯到B中的零個到一個實體
A
B
A中的一個實體關聯到B中的一個到多個實體

3-4 實體關聯模型設計範例

本節將以實際範例說明如何以實體關聯模型進行概念資料庫設計，最後得到代表概念設計成果的實體關聯圖。此範例在設計一個簡化的專案管理資訊系統。進行概念資料庫設計前應執行資料庫需求分析，重點之一在瞭解組織之業務法則，藉由業務法則能建立實體、關係、基數與參與限制等。通常業務法則是組織經驗和智慧累積的結果，組織員工、管理階層和政策制訂者可以將其經驗和智慧形諸於文件、報告與規章等等，再由資料庫設計者整理或歸納出業務法則。

以本例而言，在經過資料庫需求分析後，得到下列業務法則，這些規則將進一步地被轉換為實體關聯圖：

1. 公司由部門和員工所組成。每個部門有獨特的名稱和編號，而且部門能擁有多個辦公室。員工資料包括姓和名、身分證號碼、住址、薪資、性別、生日，以及年齡。
2. 一個部門可以管控多個專案，但是一個專案只交給一個部門負責，並且希望記錄專案的起迄時間。每一個專案有獨特的名稱和編號，員工執行專案時使用一個專案辦公室。
3. 員工只能在一個部門工作；而公司指定一位員工管理某一個部門，這位員工僅能管理一個部門，不能身兼數職，公司想追蹤這位員工何時開始擔任部門主管。
4. 公司想知道員工的直屬主管是誰。
5. 員工可以執行多個專案，公司想記錄員工在每一專案的工作時數。
6. 公司記錄員工緊急事件發生時的多個可供聯絡的人，包括其姓名和與員工的關係。

規則1

規則1清楚地說明有部門和員工兩個實體類型存在。部門實體類型（DEPARTMENT）的屬性有部門編號（depNo）、名稱（depName）和辦公室（depOffices）；很明顯地，在此三個屬性中選出depNo為鍵屬性；因為部門有多個辦公室，depOffices為多值屬性。員工實體類型（EMPLOYEE）的屬性有姓名（empName）、身分證號碼（empID）、住址（empAddress）、薪資

（empSalary）、性別（empSex），以及生日（empBirthday），其中empName屬性爲複合屬性，又分爲姓（empLName）和名（empFName）兩個屬性，而年齡（empAge）可由生日算出，故爲導出屬性。

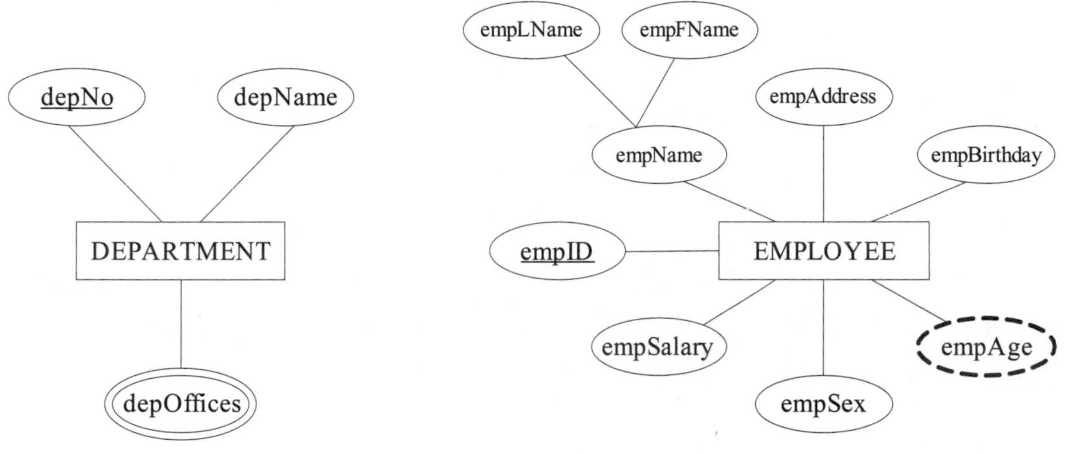

●圖3.20　以Chen標記法表示實體類型

將此規則採用Chen標記法轉換爲實體關聯圖後，如圖3.20所示。在這裡，我們以大寫的英文的名詞來命名實體類型；屬性名稱則以該實體類型的簡寫爲先，後面再連接屬性名稱的其他部分，希望能表示出這個屬性是哪一個實體類型。例如：部門的名稱屬性爲dep和Name相連接，其中dep是DEPARTMENT的簡寫，以英文小寫呈現，屬性如果爲多值屬性，我們以英文的複數命名。

DEPARTMENT	
PK	**depNo**
	depName depOffices: [Set]

EMPLOYEE	
PK	**empID**
	empName (empLName, empFName) empAddress empBirthday empSalary empSex [empAge]

●圖3.21　以鴉爪標記法表示實體類型

將此規則採用鴉爪標記法轉換爲實體關聯圖後，如圖3.21所示。其中，depOffices後面有冒號，並加上[Set]，代表此屬性是多值屬性。我們以中括號包覆的empAge來代表它是導出屬性，複合屬性則在屬性名稱後面以小括號加上其所包含的屬性來表示。例如：empName是複合屬性，其所擁有的屬性以（empLName, empFName）表示。

規則2

規則2描述了一個專案實體類型和其與部門的關係。專案實體類型（PROJECT）的屬性有編號（prjNo）、名稱（prjName）和辦公室（prjOffice）。因爲一個部門可以控管多個專案，也因爲一個專案只讓一個部門負責，故一個專案只被一個部門控管，因此部門和專案的基數關係爲1：N。在參與數方面，一個部門可以不管控或控管多個專案，因此部門的參與數爲（0, N），屬於部分參與；而專案一定由某一部門控管，而且只被一個部門控管，故專案實體類型的參與數爲（1, 1），全部參與其與部門的關係。由此規則繪出的實體關聯圖如圖3.22（Chen標記法）與圖3.23所示（鴉爪標記法）。值得注意的是：關係類型是以英文的動詞來命名。鴉爪標記法也可以表示實體類型的參與數關係，詳如圖3.23。

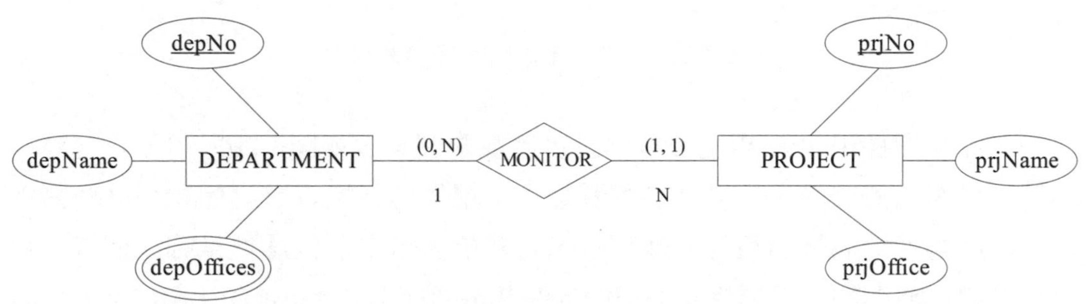

●圖3.22　以Chen標記法表示部門和專案的關係

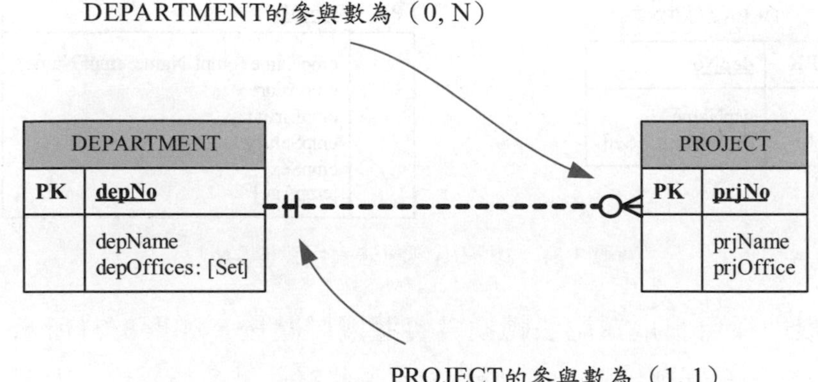

●圖3.23　以鴉爪標記法表示部門和專案的關係

規則3

「員工只能在一個部門工作」意指：每一個員工都僅隸屬於某一個部門，一個部門內至少有一位員工，員工和部門都全部參與其間的關係，此一關係之實體關聯如圖所示。一位員工僅屬於一個部門，因此最小的參與數等於1，最大的參與數也是1；部門最少有一位員工，因此最小的參與數等於1，最多有N個員工，故最大參與數等於N。從員工和部門參與數最小值都是1來看，此兩個實體類型都全部參與其間的關係；由員工參與數最大值1和部門參與數最大值N，可知其基數關係爲N：1。由此規則繪出的實體關聯圖如圖3.24（Chen標記法）與圖3.25所示（鴉爪標記法）。

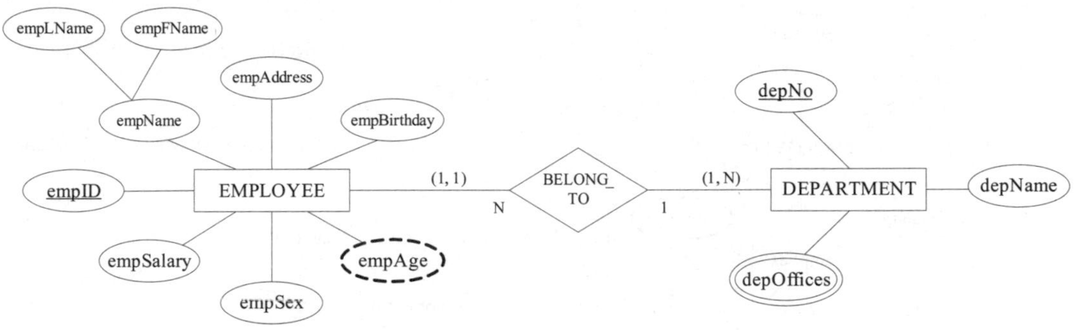

● 圖3.24　以Chen標記法表示員工和部門的關係

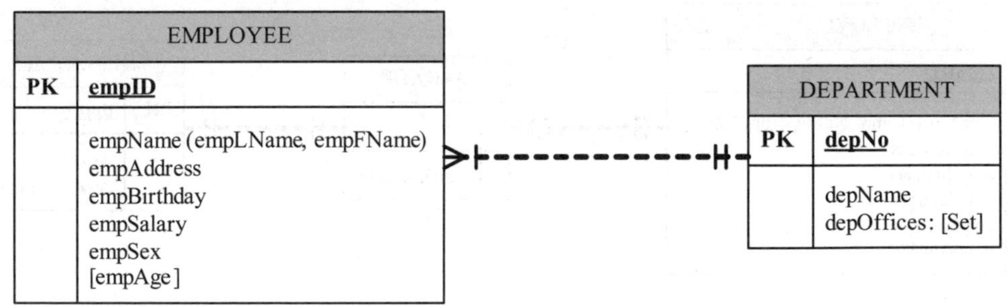

● 圖3.25　以鴉爪標記法表示員工和部門的關係

依據規則3，員工和部門也存在管理（MANAGE）關係。一位員工擔任一個部門主管，而有人為非主管職，其參與數為（0, 1），因最小值為0，所以屬於部分參與；一個部門一定有主管，而且最多一位，其參與數為（1, 1），因最小值為1，所以是全部參與；又兩個實體類型參與數最大值都是1，故基數關係為1：1。另外，MANAGE關係有一個描述屬性StartDate，記錄員工任主管職的日期。其實體關聯如圖所示。由此規則並採用Chen標記法繪出的實體關聯圖如圖3.26。因為關係類型MANAGE含有屬性，在鴉爪標記法中我們新增了一個實體類型，並且分別與EMPLOYEE和DEPARTMENT建立關係，其實體關聯圖如圖3.27所示。

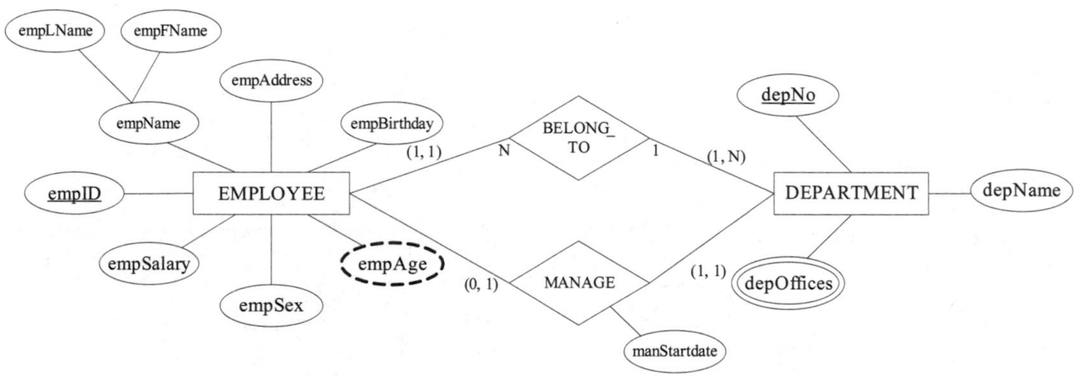

● 圖3.26　以Chen標記法表示員工和部門的管控關係

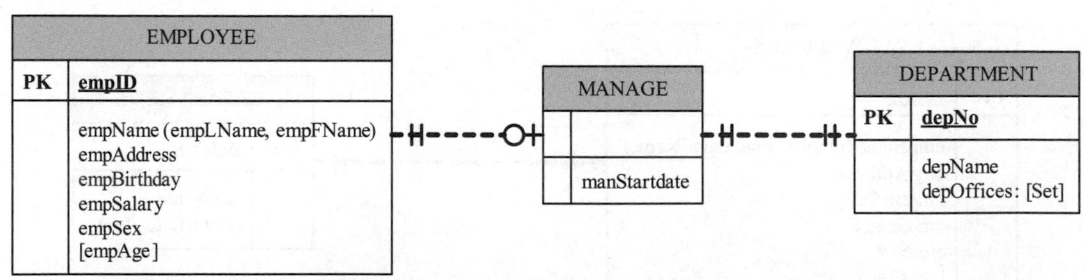

● 圖3.27　以鴉爪標記法表示員工和部門的管控關係

規則4

規則4：「公司想知道員工的直屬主管是誰」，此敘述說明員工間存在關係。員工實體類型中有主管也有普通的非主管員工，主管督導（SUPERVISE）其他員工。員工中有人是公司最高階的主管，不被任何人監督，不參與被監督的關係，因此，最小參與數等於0，大部分人僅被一位而且最多一位主管監督，故員工的最大參與數等於1。另外，一位主管督導至少一位員工，因此最小參與數為1，最大參與數為N。由此規則繪出的實體關聯圖如圖3.28（Chen標記法）與圖3.29所示（鴉爪標記法）。

其間的關聯如圖所示，但是因為主管也是員工，所以最後表示如圖所示。

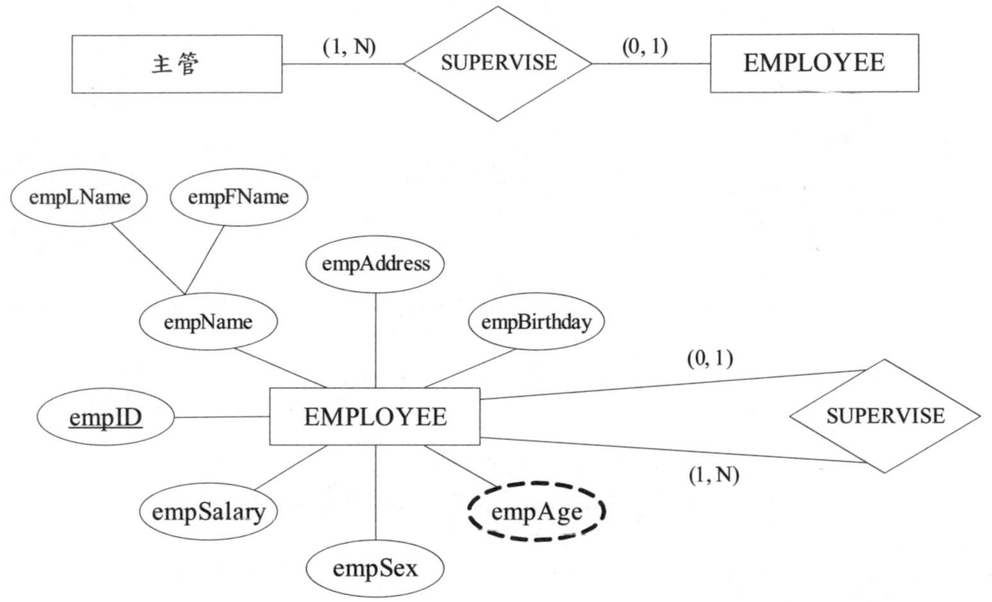

● 圖3.28　以Chen標記法表示主管和員工的督導關係

EMPLOYEE	
PK	**<u>empID</u>**
	empName (empLName, empFName) empAddress empBirthday empSalary empSex [empAge]

● 圖3.29　以鴉爪標記法表示主管和員工的督導關係

規則5

員工必須執行（IMPLEMENT）一或多個專案；一個專案可由多位員工合作完成。因此，員工以（1, N），而專案也以（1, M）參與關係，兩個實體類型為N：M的關係。IMPLEMENT關係類型有一個屬性ipmHour，用以記錄員工在專案所花的時間。採用Chen標記法繪出的實體關聯圖如圖3.30所示，在鴉爪標記法中我們新增了一個實體類型，並且分別與EMPLOYEE和PROJECT建立關係，其實體關聯圖如圖3.31所示。

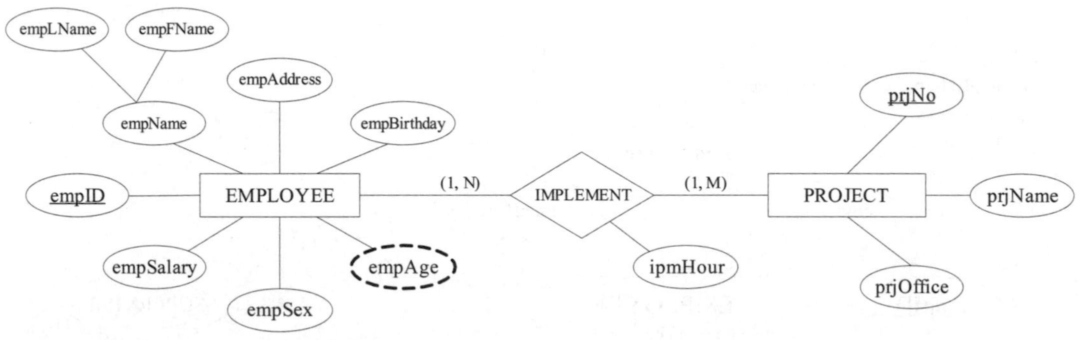

● 圖3.30　以Chen標記法表示員工執行專案的關係

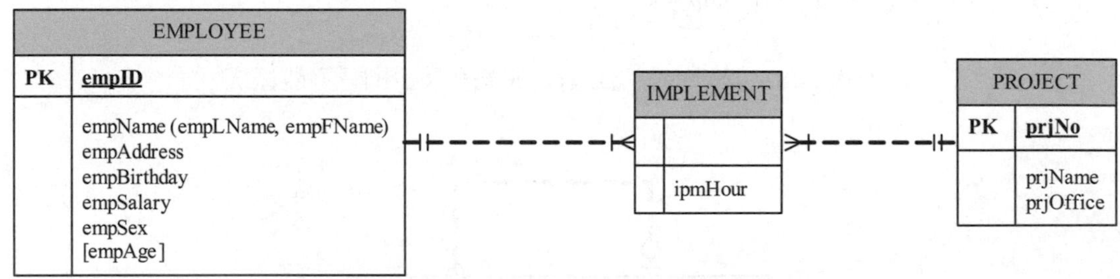

● 圖3.31　以鴉爪標記法表示員工執行專案的關係

規則6

員工緊急事件聯絡人之所以和公司有關係，是因為員工，當員工不任職於公司，此聯絡人就和公司沒關係了。因此，聯絡人存在相依於員工，為弱實體類型。假設員工一定有一位或多位緊急聯絡人，故以參與數（1, N）參與關係，而一個人可能作為多位員工的聯絡人，所以參與數為（1, M），員工和聯絡人間為識別關係HAS，其關聯如圖3.32與圖3.33所示。

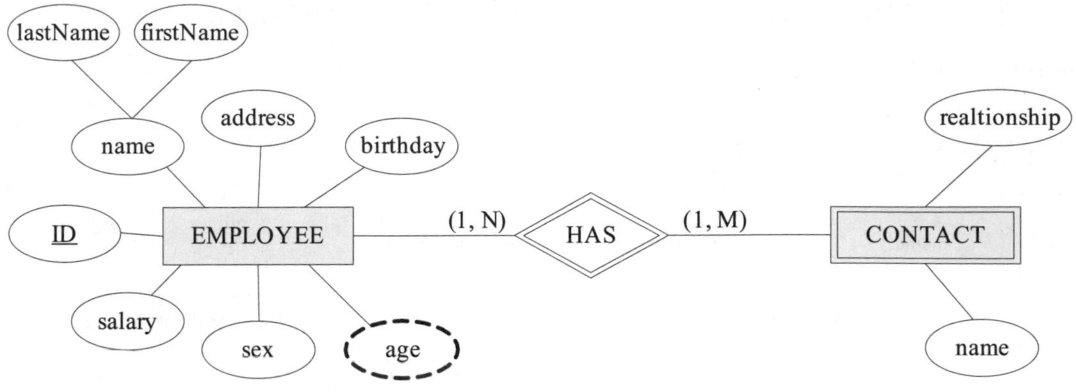

●圖3.32　以Chen標記法表示員工與其聯絡人的關係

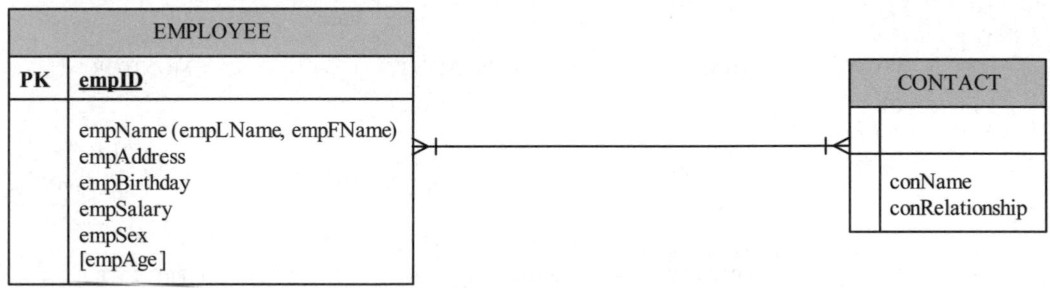

●圖3.33　以鴉爪標記法表示員工與其聯絡人的關係

整合前述規則所繪出的各個實體關聯圖而成為一個資料庫的實體關聯圖，如圖3.34及圖3.35所示。

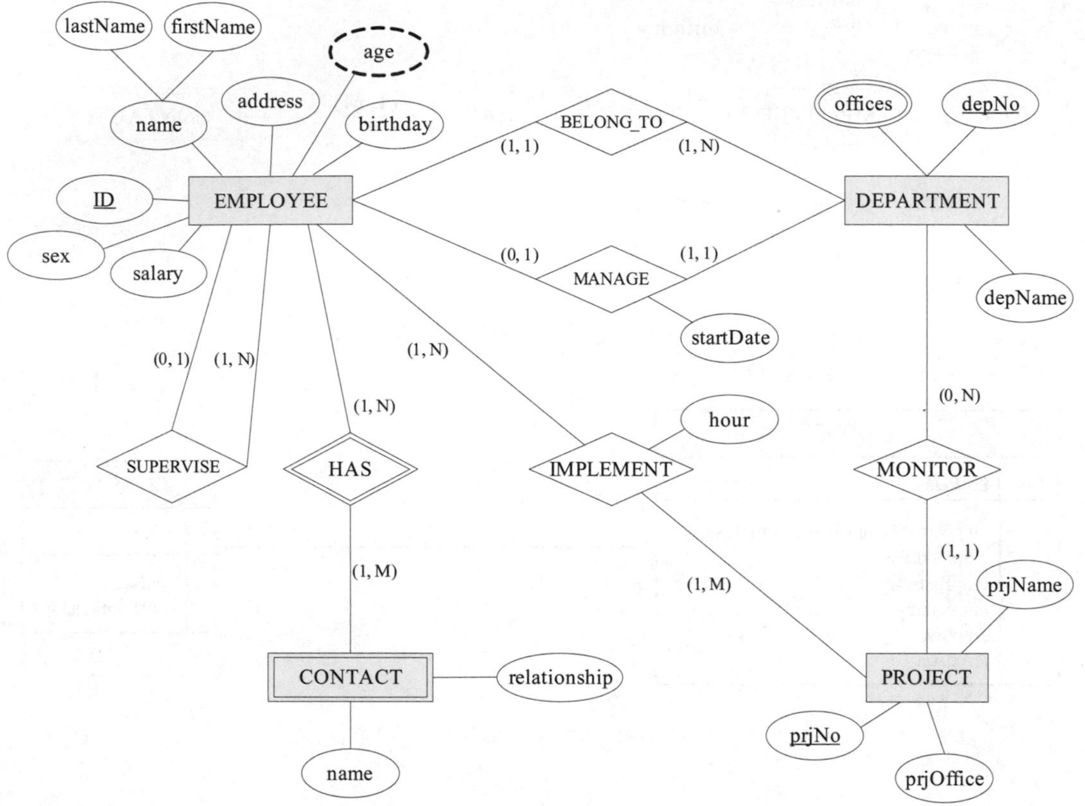

● 圖3.34以Chen標記法表示之完整實體關聯圖

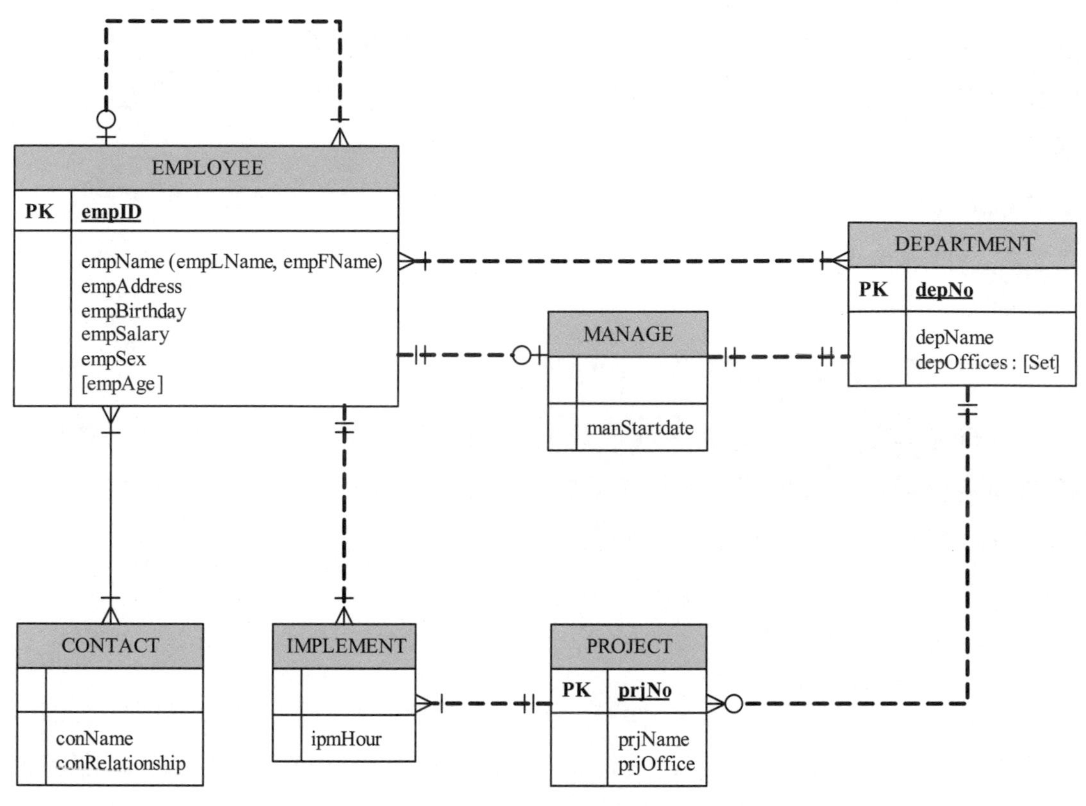

●圖3.35　以鴉爪標記法表示之完整實體關聯圖

結語

本章有兩個重點：一個是資料庫開發的生命週期；第二個重點是實體關聯模型。資訊系統經常包括資料庫，而資料庫開發是資訊系統開發的一部分。資料庫開發分爲幾個步驟，包括：調查分析、資料庫設計、資料庫實作，直到資料庫維護與進化等。資料庫設計主要有概念資料庫設計、邏輯資料庫設計與實體資料庫設計等三個步驟。我們常使用實體關聯模型進行概念資料庫設計。

實體關聯模型在資料庫設計過程中扮演重要角色。實體是眞實世界的物件，我們把具有相同特性的實體集中而成了實體集合，把實體集合定義爲實體類型。實體類型有：

- 強實體類型，又稱識別實體類型
- 弱實體類型，又稱非識別實體類型

實體類型的共同特性稱爲屬性。實體類型中的實體有相同的屬性，但是可能有不同的值，有時屬性值爲空值，空值有「不合適」和「未知」兩種意涵，當屬性值是空值時，我們就必須判斷其代表的意義。屬性有更多的種類，包括：

- 簡單屬性與複合屬性
- 單值屬性與多值屬性
- 鍵屬性
- 導出屬性與基底屬性

若實體類型間具有關係，我們以關係類型來描述這些關係。兩個強實體類型的關係稱爲非識別關係，而強實體類型與弱實體類型間的關係稱爲識別關係。有兩種方法經常被用來表示實體類型、屬性與關係：

- Chen標記法
- 鴉爪標記法

市面上有很多軟體工具讓我們方便地使用這些標記法設計資料庫，大部分的軟體工具都提供鴉爪標記法，這些軟體工具使用不同的符號表示實體關聯模型，因此，不同軟體的設計結果看起來也不同。有兩種方法來呈現實體類型間的關係，此兩種結構限制（structural constraint）對更進一步地描述了實體類型間的關係：

- 基數，包括一對一、一對多與多對多三種
- 參與數，有部分參與和完全參與兩類

實體關聯模型的主要概念有實體類型、關係類型、屬性、屬性鍵與結構限制，運用此一模型進行概念資料庫設計，所得到的實體關聯圖就是概念綱要，模擬了傳統商業資料處理所需的資料庫。本章最後一節以一個完整的範例簡要地說明概念資料庫的設計過程，值得參考。在Chen提出實體關聯模型後，此模型還有進一步地發展，第4章將討論這些發展與其在資料庫設計上的應用。

參考文獻

1. 考選部（無日期）。測驗試題 [公告]。台北市：考選部。民99年3月1日，取自：http://wwwc.moex.gov.tw/qanda/qanda_3.htm

2. Connolly, Thomas and Carolyn Begg (2004). Database solution: A step-by-step guide to building databases, Essex, England: Pearson Education Limited.

3. Peter Chen (1976). "The entity-relationship model—Toward a unified view of data." ACM Transactions on Database Systems. 1(1), pp. 9–36

4. Rob, Peter and Carlos Coronel (2002). Database Systems: Design, Implementation and Management, 5th, Course Technology.

5. The Open University (2010). The database development life cycle: Desirable properties of a database. Milton Keynes, UK: The Open University. Retrieved March 6, 2010, from the World Wide Web: http://openlearn.open.ac.uk/mod/ resource/view.php?id=187266&direct=1

本章習題

一、選擇題

1. (　) 「確保資料庫能隨著使用者需求的改變而進化」是資料庫的哪種特性？
(A)完全性　(B)完整性
(C)彈性　(D)效率
(E)易用性

2. (　) 如果一個產品有很多廠商能供應，一個供應商能製造很多產品，請問產品和供應商是何種關係？
(A)一對一　(B)一對多
(C)多對一　(D)多對多

3. (　) 系統開發生命週期各階段的順序爲何？1.系統維護，2.系統分析，3.系統實作，4.系統設計，5.系統規劃。
(A)12543　(B)51243
(C)24513　(D)52431

4. (　) 「確保資料庫能適時地回應使用者的資料需求」是資料庫的哪種特性？
(A)完全性　(B)完整性
(C)彈性　(D)效率
(E)易用性

5. (　) 「確認業務法則」是資料庫設計的哪一階段？
(A)實體設計　(B)概念設計
(C)需求分析　(D)邏輯設計
(E)程式設計

6. (　) 資料庫設計的哪一層次獨立於軟硬體架構，設計的結果能應用於任何軟硬體平台？
(A)實體資料庫設計　(B)概念資料庫設計
(C)需求分析　(D)邏輯資料庫設計
(E)程式設計

本章習題

7. (　) 系統開發生命週期中，系統測試在哪一個階段？

(A)系統分析　(B)系統實作
(C)系統維護　(D)系統設計
(E)系統規劃

8. (　) 「確保資料存取與操作的方式能符合使用者需求」是資料庫的哪種特性？

(A)完全性　(B)完整性
(C)彈性　(D)效率
(E)易用性

9. (　) 找出實體類型和屬性是資料庫設計的哪一階段？

(A)實體設計　(B)概念設計
(C)需求分析　(D)邏輯設計
(E)程式設計

10. (　) 進行何種資料庫設計前必須決定使用哪一種資料庫管理系統？

(A)實體資料庫設計　(B)概念資料庫設計
(C)需求分析　(D)邏輯資料庫設計
(E)程式設計

11. (　) 下列哪一選項是一個高階的資料模型，是進行概念資料庫設計所依據的重要工具之一，其目的在建立一個能符合使用者和資料庫設計師共同想法的資料描述。

(A)實體關聯模型　(B)關聯式資料模型
(C)物件導向式資料模型　(D)資料塑模

12. (　) 建立資料表屬於何種資料庫設計？

(A)實體資料庫設計　(B)概念資料庫設計
(C)需求分析　(D)邏輯資料庫設計
(E)程式設計

本章習題

13.(　) 資料庫設計分爲哪些階段，從最開始順序爲何？1.實體資料庫設計，2.資料庫調查設計，3.邏輯資料庫設計，4.概念資料庫設計，5.系統資料庫設計。

(A)21345　(B)235

(C)3415　(D)431

14.(　) 何者的主要目的在「建立完整、正規化（normalization）、無冗餘的資料庫模型」？

(A)系統開發　(B)資料庫開發

(C)資料庫設計　(D)邏輯設計

(E)概念設計

15.(　) 下列何者是特定組織環境在政策、程序和原則的正確描述。

(A)企業流程　(B)業務法則

(C)商業運作　(D)財務報表

(E)人力資源

16.(　) 何者的主要目的在「建立資料庫儲存結構，將資料載入資料庫，以作爲資料管理之用」？

(A)系統開發　(B)資料庫開發

(C)資料庫設計　(D)資料庫實作

(E)概念設計

17.(　) 「確保資料的一致與正確」是資料庫的哪種特性？

(A)完全性　(B)完整性

(C)彈性　(D)效率

(E)易用性

18.(　) 「確保使用者能存取他們想要的資料，甚至能執行資料需求分析時未能預期的查詢動作」是資料庫的哪種特性？

(A)完全性　(B)完整性

(C)彈性　(D)效率

(E)易用性

本章習題

19.(　) 正規化屬於何種資料庫設計？

(A)實體資料庫設計　(B)概念資料庫設計

(C)需求分析　(D)邏輯資料庫設計

(E)程式設計

20.(　) 「找出最影響資料庫效能的交易，並且依據這一分析建立適當索引」屬於何種資料庫設計？

(A)實體資料庫設計　(B)概念資料庫設計

(C)需求分析　(D)邏輯資料庫設計

(E)程式設計

21.(　) 下列何者是為了避免因為同時存取一筆資料而發生資料不一致的狀況？

(A)完整性控制　(B)備份與復原

(C)並行控制　(D)實體資料庫設計

二、問答題

1. 進行醫院處方資料庫設計時，我們得到下列相關資訊，請依據這些資訊以Chen標記法畫出其實體關聯圖。

- 病患（patient）應被記錄的資料有：身分證號碼（SSN）、姓名、住址和年齡。
- 醫生應被記錄的資料有：身分證號碼、姓名和年資，設定身分證號碼為鍵屬性。
- 藥房（pharmacy）：店名、地址與電話，設定店名為鍵屬性。
- 藥廠（pharmaceutical company）：公司名與電話，公司名為鍵屬性。
- 藥：藥名與配方，藥名為鍵屬性。每一種藥是由一家藥廠製造。
- 每一位病患有一位主治醫師，每一位醫生至少照顧一位病患。
- 每一家藥局販售多種藥，每一種藥有不同的價格；一種藥可以由多家藥局販售，同一種藥的價格可能不同。

本章習題

- 醫生能為病患開一或多種藥，一位病患也能從多位醫生得到多個處方。每一個處方要有日期和數量。
- 藥廠會和藥局聯繫。一家藥廠能聯繫多家藥局，一家藥局也能聯繫多家藥廠。要記錄聯繫時的聯絡起始日、終止日與聯繫內容。
- 對每一次聯繫，藥局一定會指定一位監督者監督每一次聯繫。

CHAPTER 04

進階實體關聯模型

學習目標 閱讀完後，你應該能夠：

- 瞭解超類型和子類型的關係
- 抓住超類型和子類型的使用時機
- 知道當塑模使用了超類型和子類型時，能用完全性限制和分離性限制來界定他們的關係
- 運用進階實體關聯模型設計資料庫

本章延續第3章實體關聯模型理論，更進一步地說明這個理論的發展，讓實體關聯模型有更深入的運用。進階實體關聯模型能運用在工程設計與製造、通訊等資料量更大、更複雜的資料庫設計，特殊化和一般化是其中最重要的概念。為了介紹特殊化和一般化，我們先從超類型和子類型兩個名詞開始，逐步地說明如何運用進階實體關聯模型於資料庫設計。

第3章談到的實體關聯模型使用於概念資料庫設計，運用實體關聯模型所建立的概念模型通常足以符合資料庫應用對資料的需求。但是由於商業環境改變，商業關係愈形複雜，對於資料的需求也更多。例如：很多企業必須進行市場區隔，客製化產品，以符合不同顧客的需求。但是，由於實體關聯模型的限制，使得它難以應付更複雜的資料互動關係和資料庫應用的需求。因此，很多學者持續實體關聯模型的研究，強化實體關聯模型理論，期能更精準地處理現今商業環境對資料的需求。**進階實體關聯模型**（Enhanced Entity-Relationship model, EER model）就是因應這些資料需求，強化原本的實體關聯模型而產生的。

超類型與子類型是進階實體關聯模型裡面最重要的概念，此概念讓一般實體類型進一步地被分割爲數個稱爲子類型的實體類型。進行概念資料庫設計時，資料庫設計師是否運用進階實體關聯模型塑模，視使用者對資料的需求而定，本章就從超類型與子類型開始，說明進階實體關聯模型的基本概念。

4-1 超類型與子類型

第3章所定義的實體類型是擁有完全相同特性的實體的集合；但是在複雜的商業環境下，實體類型內的實體實例還是有可能具備些微不同的特性。組成實體類型的實體實例有相似之處，但是不必然完全相同；換言之，這些實體實例有不同的屬性。過去，要清楚地對這些具有些微不同屬性的實體進行資料塑模是有困難的；但是進階實體關聯模型卻能對大部分具有共同特性，而僅有一個或一些不同屬性的實體類型進行資料塑模。進階實體關聯模型擴充實體關聯模型，納入超類型與子類型的概念。

以Microsoft Visio繪製超類型與子類型的圖形表示法如圖4.1，此圖形看起來有點像樹狀：超類型放在最頂端，超類型以一個像圓形的符號與其子類型連接。所有實體類型共有的屬性放在超類型中；而爲某一子類型單獨擁有的屬性則放在該子類型內。圖4.1中，因爲SUPERTYPE中有部分實體擁有特別的屬性，因此，我們把這些實體集合成一個子類型SUBTYPE1；又有另一部分的實體有其他特別的屬性，我們也把這些實體集合成子類型SUBTYPE2；其他不能歸類在SUBTYPE1或SUBTYPE2的實體，仍然放在超類型SUPERTYPE中，而這些特別的屬性統稱爲特殊屬性（specific attribute）。也因此，一個子類型內的實體一定也存在於其超類型中；但是超類型中的實體不一定在子類型中，某些實體可能僅存在超類型中。

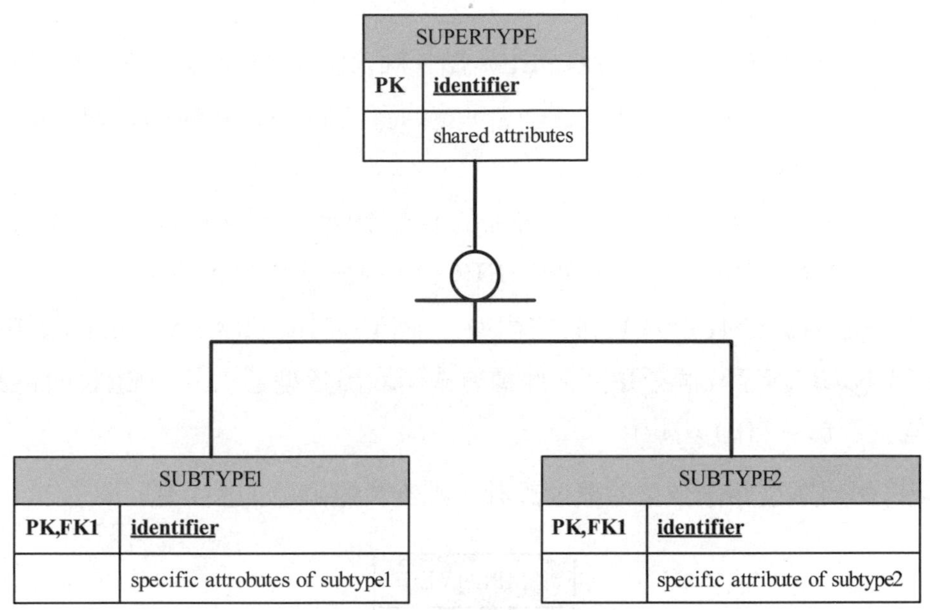

● 圖4.1　超類型與子類型的圖示法

4-1-1 基本概念

子類型（subtype）是對組織有意義，而且是一個實體類型裡面實體的群組。**超類型**（supertype）是一個一般的實體類型，與一個或多個子類型有關係；一個也是超類型的實體類型，包含多個含有特定實體的群組，這些群組是這個超類型的子類型。例如：我們可以把學生（STUDENT）分為大學生（UNDERGRADUATE_STUDENT）與研究生（GRADUATE_STUDENT）兩類，因此學生是一般實體類型，也是超類型，裡面有大學生與研究生兩個子類型。

又如：假設公司員工EMPLOYEE有SECTRARY、ENGINEER與TECHNICIAN等三種不同的基本類型。每個類型重要的屬性如下：

- SECRETARY：empNo、empName、Address、hireDate、sDep
- ENGINEER：empNo、empName、Address、hireDate、eType
- TECHNICIAN：empNo、empName、Address、hireDate、tType

這些員工類型有empNo、empName、Address與hireDate等共同的屬性，但是每個類型也都有一個與其他類型不同的屬性。在此情況下進行概念資料庫設計時，會有如下三種選擇：

1. 僅定義一個實體類型EMPLOYEE，屬性除了共同屬性外，還包含所有非共同屬性。此時，在記錄某一位engineer的資料時，非共同屬性eType有資料外，sDep和tType的值被設爲null。
2. 針對不同的基本類型，建立個別的實體類型。以本例而言，分別建立SECTRARY、ENGINEER與TECHNICIAN等三種實體類型。
3. 定義一個名爲EMPLOYEE的超類型，並擁有SECTRARY、ENGINEER與TECHNICIAN等三個子類型。此種方式萃取出各型態的共同屬性，而讓非共同屬性存於各自的型態中。

若採用超類型和子類型的概念設計，則其實體關聯如圖4.2所示。

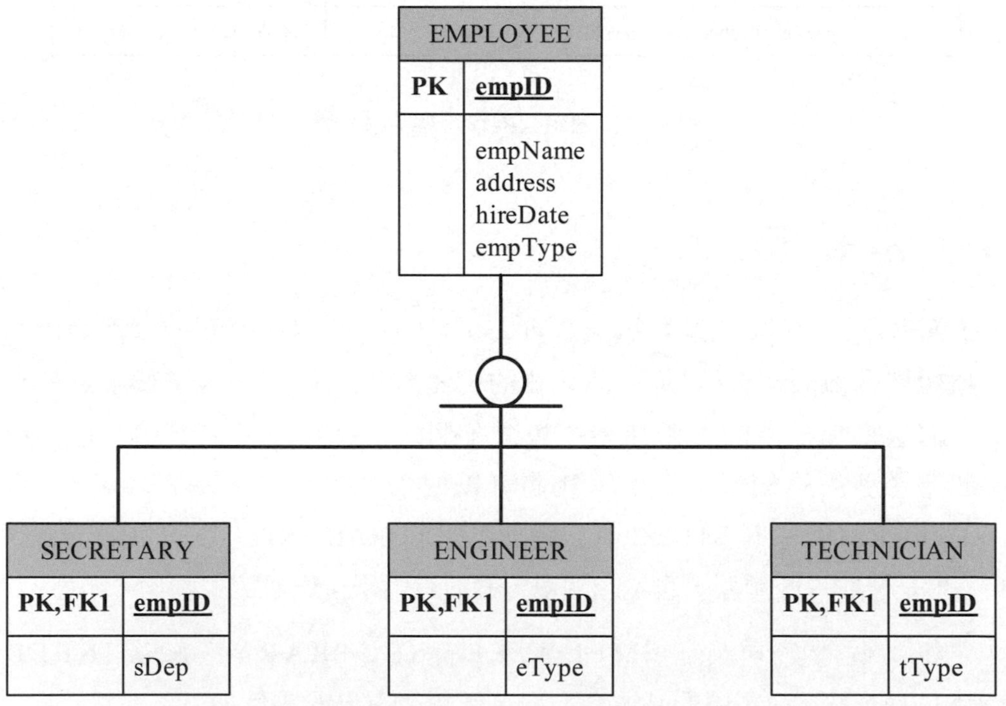

● 圖7.2 超類型EMPLOYEE與其子類型

4-1-2 屬性繼承

若資料庫內的一個實體是某個子類型的一份子，此實體也必須是某超類型的一份子。子類型本身就是一種實體類型，子類型內的實體實例爲超類型中的某一個實體實例，子類型的實體不僅擁有它自己的屬性值，也擁有它在超類型的屬性值。屬性繼承（attribute inheritance）意指：子類型的實體繼承了它在超類型所有的屬性值和關係。例如：empName是EMPLOYEE的屬性，不是EMPLOYEE的子類型ENGINEER的屬性，但是「周大海」這一個empName是ENGINEER的一個實體，也出現在EMPLOYEE中，ENGINEER的「周大海」是繼承自超類型EMPLOYEE。

4-2 一般化與特殊化

在眞實世界中，我們使用什麼方法來探求實體類型間有超類型與子類型的關係呢？這就涉及到特殊化和概化等兩個不同的過程。

4-2-1 特殊化

特殊化（specialization）是從一個屬於超類型的實體類型中定義出一組子類型的過程。特殊化讓我們從超類型的實體實例中找出某些特別的性質來定義一組子類型。

例如，表4.1是某個組織未包含住址的部分員工資料。剛開始時，我們會以一個名爲EMPLOYEE的實體類型處理這個資料表，此實體類型有empID、empName、address、hireDate和jobType等屬性。分析員工職稱時，有部分員工爲工程師，有部分爲技術員，也有在行政單位任職的員工。而工程師有助理工程師、副工程師和正工程師等不同的階級；技術員也分一級、二級和三級。因此，可將此資料表塑模爲含有共同屬性empID、empName、address與hireDate的超類型EMPLOYEE，其中又有SECRETARY、ENGINEER和TECHNICIAN等三個子類型，每一個子類型分別擁有的特殊性質則以sDep、eType和tType等屬性呈現。類似此種先將實體類型視爲超類型，再辨識超類型內實體實例間的差異，並據以分類後形成一組子類型的過程就稱爲特殊化。

表4.1　某個組織未包含住址的部分員工資料

員工編號	姓名	雇用日期	職稱
0011	丘處機	87/2/4	助理工程師
0034	尹志平	93/5/1	一級技術員
0002	黃蓉	90/6/12	副工程師
0135	劉神英	94/8/2	人事室
0283	陳新紅	91/9/12	正工程師
0761	王一木	89/3/15	三級技術員
1276	郭鐵民	92/3/4	會計室

實體類型特殊化的結果是否僅有一種？答案是不一定，端視組織的資料需求而定。例如：或許也可將EMPLOYEE依據薪資計算方式而定義出月薪員工與時薪員工等兩個子類型。資料模型中之所以進行特殊化以建立超類型和子類型的主要理由有二：

1. 在實體類型中可以找到具有特別性質的實體群組，而這些實體群組仍然和原實體類型有共同特性（或共同屬性）。例如：子類型SECRETARY有特殊屬性sDep，也繼承了從EMPLOYEE超類型而來的屬性（empID、empName、address與hireDate）。
2. 原實體類型內的某些實體可以組成群組，而與其他實體類型發生關聯。例如：EMPLOYEE中只有ENGINEER能成為工程師學會（ENG_INSTITUTE）的會員，其他兩個子類型SECRETARY與TECHNICIAN的實體沒有資格成為工程師學會的會員，因此，僅有子類型ENGINEER和工程師學會有BELONG_TO的關聯性，如圖4.3所示。

圖4.3的表示方式和微軟的Visio不同，圖中採用了Chen標記法，每一個子類型以一條實線連接到一個圓形；實線上有一個開口指向超類型的「包含於（⊂）」符號，此圓形又連到其超類型。不論是子類型或超類型都以方形表示，其屬性則以橢圓形連接到代表實體類型的方形上。

簡言之，實體類型的特殊化過程如下：

- 從一個實體類型定義一組子類型。

- 各子類型的共同屬性放在其超類型內，並在子類型分別建立代表其特性的屬性。
- 建立子類型與其他實體類型的關聯。

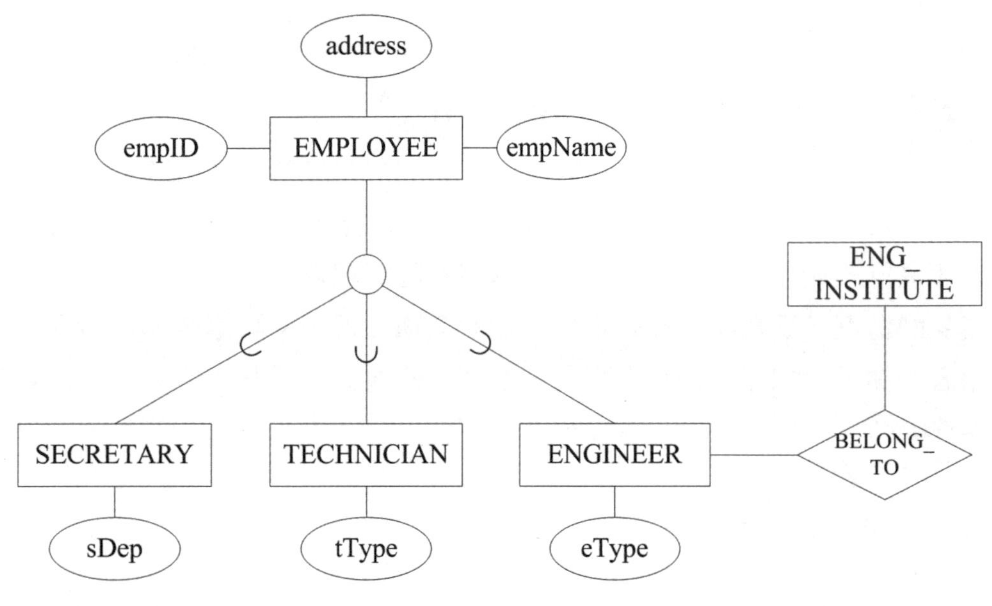

● 圖4.3　超類型EMPLOYEE與其子類型

4-2-2 一般化

一般化的過程與特殊化相反。在資料塑模中，**一般化**（generalization）是從一組實體類型中歸納出這些實體類型共同的特性，以定義出一個能呈現這些共同特性的實體類型。因此，一般化是一種由下而上的過程，從多個實體類型的特性中歸納出一些共同的特性，形成另一個擁有這些共同特性的實體類型；特殊化是一個由上而下的過程，解析一個實體類型的特性，從中發覺其差異性，由這些差異推演出多個實體類型。

例如：向某家公司買產品或零組件的有企業，也有個人。資料塑模時，在實體關聯圖中建立了BUSINESS和INDIVIDUAL等兩個實體類型，在仔細審視下，這兩個實體類型有很多共同的屬性，但每一實體類型也有僅屬於該型態的獨有的特性。因此，藉由進階實體關聯模型中超類型和子類型的概念，由這些共同屬性建立了CUSTOMER超類型；也將各自獨有的屬性，建立了BUSINESS__CUSTOMER和INDIVIDUAL__CUSTOMER兩個子類型，這樣的作法就是一般化。

特殊化和一般化在發展超類型和子類型關係時是很重要的技巧，使用這兩種技巧的時機和問題的本身，與先前已經建立的資料模型，以及各人喜好有關，有時我們對目前到底該使用哪種技巧還是很模糊的，甚至於經常將特殊化和一般化的技巧混和著使用。

4-3 超類型與子類型的限制

截至目前爲止，我們談到超類型與子類型的基本概念，還有圖形表示法，也說明進行一般化與特殊化的程序。本節將說明超類型與子類型兩者間關係可能發生的情況，而爲了因應組織所訂定的業務法則，又該選擇哪些情況，以限制兩者的關係。爲了限制超類型與子類型間的關係，最常見的有完全性限制和分離性限制。

4-3-1 完全性限制

完全性限制（completeness constraint）在制約超類型中的實體是否一定是子類型的成員。完全性限制又有兩種：一是全部特殊化法則；另一個是部分特殊化法則。

- **全部特殊化法則**（total specialization rule）：每一個超類型的實體實例至少必須是一個子類型的成員，也可能同時是多個子類型的成員。
- **部分特殊化法則**（partial specialization rule）：超類型內的實體實例不一定是子類型的成員。

例如：我們把鞋子分爲皮鞋和非皮鞋。資料塑模時，SHOES是超類型，其子類型分別爲LEATHER SHOES與NON-LEATHER SHOES。當一個實體實例加到SHOES時，其相對應的資料一定會加到LEATHER SHOES與NON-LEATHER SHOES兩個子類型中的一個，這種超類型與子類型的關係採用了全部特殊化法則。全部特殊化法則的圖形表示法，是在表示超類型的長方形連接兩條線到超類型和子類型間的圓形上，如圖4.4(a)所示。

又如：我們可以把酒分爲紅酒與白酒等等。資料塑模時，WINE是超類型，其子類型分別爲RED WINE與WHITE WINE。若WINE內的某個實體實例是紅酒，這個實體會是RED WINE中的成員；如果某個實體實例是白酒，這瓶白酒的資料也會出現在WHITE WINE中。但是，如果是玫瑰酒，它會是WINE中的一個實體實例，但是很難把此玫瑰酒分類在子類型RED WINE或WHITE WINE中，故此玫瑰酒不在這兩個子類型中，玫瑰酒不是RED WINE中的實體；也不是WHITE WINE中的實體，而僅存在於超類型WINE中。部分特殊化法則適用於這種超類型與子類型的關係。部分特殊化法則的圖形表示法，是在表示超類型的長方形連接一條線到超類型和子類型間的圓形上，如圖4.4(b)所示。

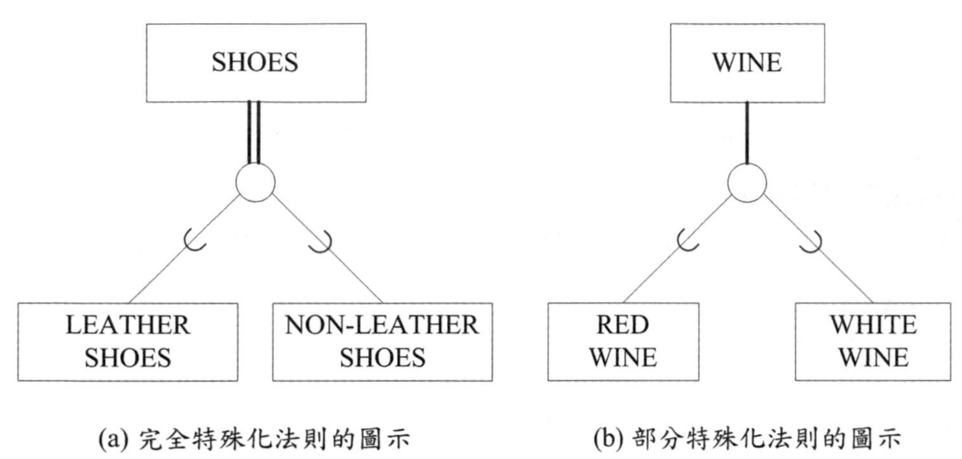

● 圖4.4　完全性限制的表示法

4-3-2 分離性限制

分離性限制（disjointness constraint）在制約超類型中的實體是否可以同時是兩個或更多子類型的成員。分離性限制又有兩種：一是分離法則；另一個是重疊法則。

- **分離法則**（disjoint rule）：一個超類型的實體實例是某個子類型的成員，但是不能同時是其他子類型的成員。
- **重疊法則**（overlap rule）：一個超類型的實體實例是某個子類型的成員，同時也能是其他子類型的成員。

例如：一所學校是由教職員和學生組成，這所學校鼓勵教職員進修，但是規定，不能唸自己的學校，在校生也不能成爲教職員，此一規定也是一種業務法則。從資料庫的觀點來看，這所學校的此一規定就屬於分離法則。資料庫設計師塑模時，將學校的教職員和學生設爲一種實體類型，名稱爲MEMBER，另外有兩個分別爲學生（STUDENT）和教職員（FACULTY）的實體類型；它們的關係是：MEMBER爲超類型，STUDENT和FACULTY爲子類型。依據學校規定，任一個學校成員僅有一種身分，不是學生就是教職員，不能有人是學生又是教職員。因此，MEMBER內的一個實體實例，只能是STUDENT或FACULTY之一的成員，此實體類型的資料，不能既存在STUDENT中，又存在FACULTY中。分離法則的圖形表示法，是在表示超類型的長方形連接兩條線到超類型和子類型間的圓形上，而且圓形內標示一個「d」，如圖4.5(a)所示。

如果另一所學校不僅鼓勵教職員進修，也允許他們就讀自己學校。此一規定讓學校某一成員可能是教職員，同時也擁有學生身分；從資料庫的觀點來看，這所學校的規定就屬於重疊法則。和前例一樣，資料庫設計師也塑模MEMBER爲超類型，STUDENT和FACULTY爲子類型，但是，MEMBER內的一個實體實例，可能不僅在FACULTY中記錄有相關資料，在STUDENT中也有。重疊法則的圖形表示法，是在表示超類型的長方形連接兩條線到超類型和子類型間的圓形上，而且圓形內標示一個「o」，如圖4.5(b)所示。

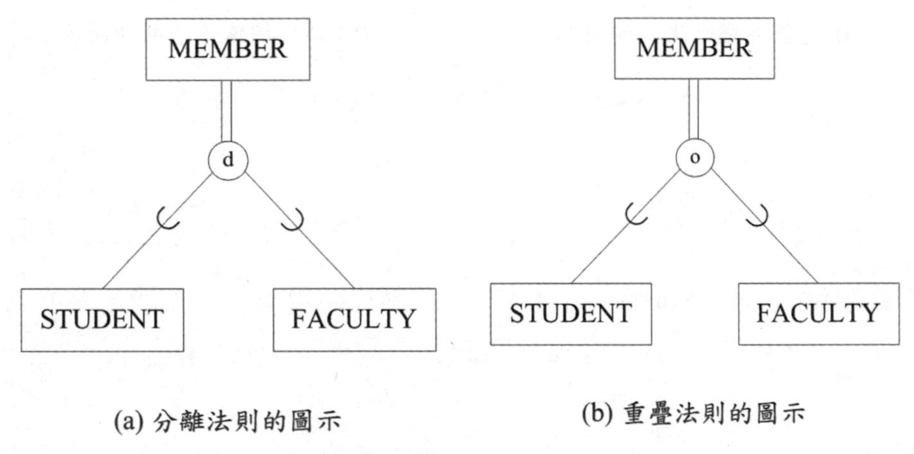

●圖4.5　分離性限制的表示法

4-3-3 超類型與子類型的階層架構

截至目前，我們所提到的超類型和子類型的關係還不是很複雜，只有一個超類型加上其所屬的多個子類型而已。但是有時，超類型和子類型的關係更爲複雜。通常超類型下有子類型；有時一個子類型下還有多個子類型，這樣就組成了一個超類型與子類型的階層架構（supertype/subtype hierarchy）。

範例

假設要用由上而下的特殊化方式，設計一個有關公司內、外部夥伴的資料庫，另外，為了說明方便，我們用中文來命名實體類型及其屬性，也將屬性置於方形內，而不以橢圓形表示，設計結果如圖4.6所示。我們先從超類型與子類型階層架構的最上層開始，找出最一般化的實體類型。在本例，稱為夥伴，其屬性有夥伴編號、姓名、地址與電話。在階層最上端的實體類型也可稱為根實體類型。

下一個步驟，定義根實體類型的所有子類型。本例中有員工、供應商和客戶等三個子類型，統稱為夥伴，分別代表在公司工作的員工、賣零組件給公司的供應商，和向公司購買商品的客戶；除了這些外，沒有其他人是這家公司感興趣的。在夥伴超類型內的實體實例一定可以歸類到員工、供應商和客戶等三個子類型中，而且實體中有可能同時扮演供應商與客戶的角色，或其他任兩個子類型的組合，甚至全部三個子類型。因此，我們使用了全部特殊化和重疊等兩個法則來限制夥伴超類型與其三個子類型的關係。

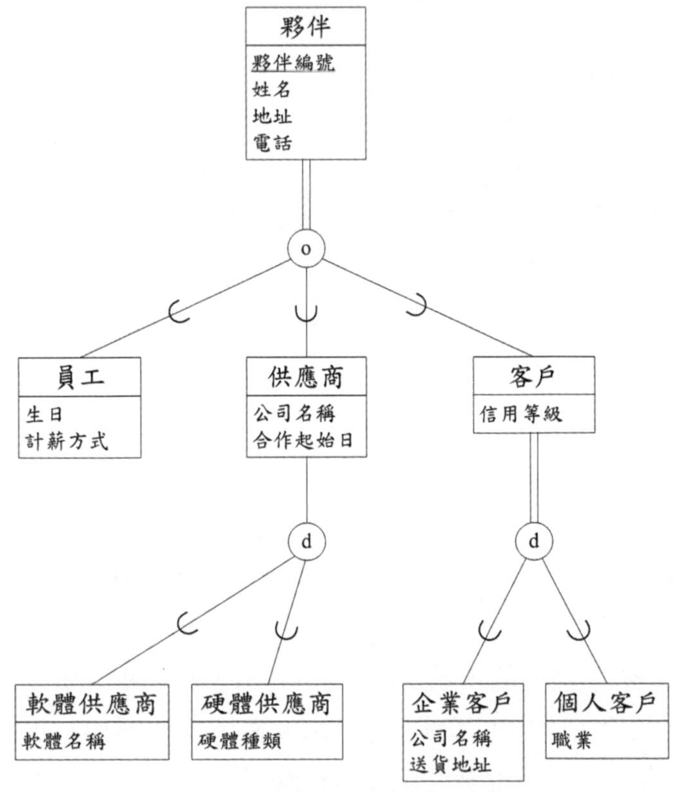

● 圖4.6　超類型與子類型的階層關係

接下來的步驟是評估任何一個子類型是否還可分出其他子類型？在本例中，供應商可以分割成軟體供應商和硬體供應商兩個子類型，供應商成爲超類型，這個超類型中部分實體可以被歸類到軟體或硬體供應商，但是還是有些實體不能被歸類到這兩個子類型，因爲有實體既是供應商也是客戶，因此我們用部分特殊化和分離等兩個法則限制供應商超類型和軟體或硬體供應商的關係。最後，因爲客戶可以再被分爲企業客戶或個人客戶兩者之一，我們採用了全部特殊化和分離法則，最後的結果如圖4.6。

4-4 子類型鑑別子

若在資料庫設計時已經建立了超類型和子類型的關係，當我們要在超類型中新增一個實體，這時候資料庫系統要將此實體加在哪一個子類型內？我們可以採用子類型鑑別子解決此問題。**子類型鑑別子**（subtype discriminator）是超類型的一個屬性，用來決定資料要新增在哪一個子類型。子類型鑑別子與分離性限制的分離法則或重疊法則有關，因此將分別以分離子類型和重疊子類型說明。

4-4-1 分離子類型

依據業務法則，有一所學校的資料庫中成員（MEMBER）爲超類型，學生（STUDENT）和教職員（FACULTY）爲MEMBER的子類型。學校內的成員採用了全部特殊化法則，因此成員一定是子類型的一份子；也採用了分離法則，因此成員不能同時爲學生和教職員。當有一個人成爲學校成員時，我們要在MEMBER中新增一筆紀錄，與此筆紀錄相關的資料要加在STUDENT內，還是FACULTY內？爲此，我們在MEMBER超類型中加了一個新的簡單屬性mType，扮演子類型鑑別子的角色。當學校成員是學生時，mType的值是「s」；若是教職員，mType的值爲「f」。當新增紀錄的mType = ’s’時，共同屬性的資料會加在MEMBER，特殊屬性的資料會加在STUDENT；當新增紀錄的mType = ’f’時，共同屬性的資料會加在MEMBER，特殊屬性的資料則會加在FACULTY內。分離子類型的表示法如圖4.6所示，我們把「mType =」放在超類型到圓形間的直線旁，子類型鑑別子mType的值則放在圓形到相關子類型的直線的旁邊；除了mType外，其他屬性未顯示在圖形中。

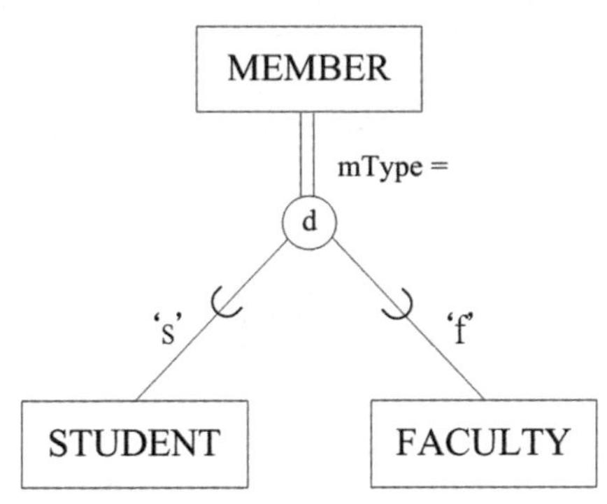

● 圖4.7　分離子類型鑑別子

4-4-2 重疊子類型

有一所學校不僅鼓勵教職員進修，也允許教職員在自己的學校就讀。依據此一規則，學校的資料庫在MEMBER爲超類型，STUDENT和FACULTY爲其子類型。學校內的成員採用了全部特殊化法則，因此成員一定是在子類型中，也採用了重疊法則，也因此，成員可能同時爲學生或教職員。當有一個人成爲學校成員時，我們要在MEMBER中新增一筆紀錄：

- 這個人可能只是學生，所以必須在STUDENT內增加一個實體；
- 這個人可能只是教職員，所以必須在FACULTY內增加一個實體；
- 這個人可能同時擁有教職員和學生兩種身分，所以必須在STUDENT和FACULTY分別增加實體。

此時，我們可以在MEMBER超類型中加一個新屬性mType，扮演子類型鑑別子的角色，但特別的是：mType是一個由名稱爲「student?」和「faculty?」兩個屬性組成的複合屬性。student?和faculty?兩個屬性的資料型態都是布林（Boolean）型態，它們的值僅有兩種，分別爲「是（yes, Y）」與「非（no, N）」。當一個新的實體實例加入MEMBER時，依據這個人的身分，分別在「student?」和「faculty?」加入適當的值，身分與屬性值的關係如表4.2。當在MEMBER新增一筆紀錄時，資料庫管理系統會依據student?和faculty?的值決定到底要在STUDENT或FACULTY子類型中加入相關紀錄，還是必須同時在STUDENT和FACULTY兩個子類型中加入相關紀錄。例如：當student?=’Y’與faculty?=’N’時，此實體會被加在學生子類型中。

表4.2　重疊子類型鑑別子的值

身份	student?	faculty?
教職員	‘N’	‘Y’
學生	‘Y’	‘N’
教職員和學生	‘Y’	‘Y’

重疊子類型的表示法如圖4.7所示，我們把「mType：」放在超類型到圓形間的直線旁，再將student?和faculty?兩個屬性名稱和其值分別放在圓形到相關子類型的直線的旁邊。

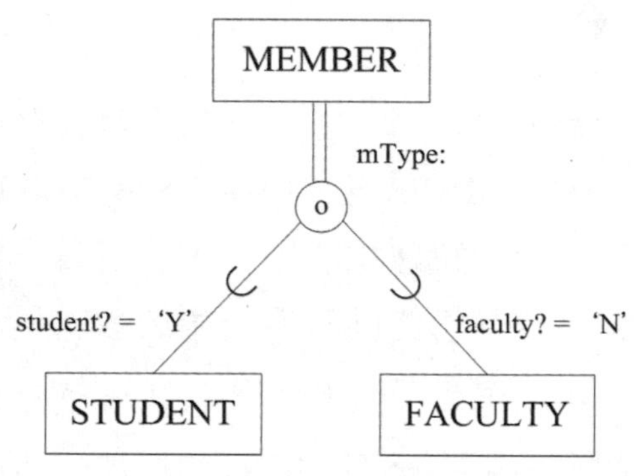

圖4.8　重疊子類型鑑別子

分離子類型和重疊子類型的鑑別子有一個很大的差異，當一個新的實體加入時，我們在超類型中加入一個簡單屬性，作爲分離子類型的鑑別子，但是我們在超類型中加入一個含有多個簡單屬性的複合屬性，作爲重疊子類型的鑑別子。

結語

本章有兩個重點：一是進階實體關聯模型基本概念；第二個是如何運用這些概念於資料庫設計；要瞭解進階實體關聯模型，就必須先知道何謂超類型和子類型。超類型也是一種實體類型，但是在超類型中，還能區分出一或多組稱爲子類型的有意義的群組。

瞭解了超類型和子類型後，如果有需要，就可以對原有的實體關聯模型做更進一步的設計。下列兩種方式能找出子類型：

- 特殊化
- 一般化

特殊化是一種由上而下的設計方式，可以從一般的實體類型萃取出共同屬性，而成為超類型；其他不同的屬性則可以組合成一個個子類型。而一般化是由下而上的設計方式，循特殊化相反的程序進行設計。

超類型和子類型可以用全部性限制和分離性限制兩種方法來限制他們的關係。這兩種限制又有不同的法則：

- 全部性限制包括全部特殊化法則與部分特殊化法則
- 分離性限制又包括分離法則與重疊法則

我們應仔細分析業務法則，運用上述法則界定超類型和子類型的關係。

本章習題

一、選擇題

1. (　) 在進階實體關聯模型中，何者是由上而下的設計流程，可以用來發展超類型和子類型的關係？
   (A)一般化　(B)流程化
   (C)特殊化　(D)規則化

2. (　) 在進階實體關聯模型中，何者是由下而上的設計流程，可以用來發展超類型和子類型的關係？
   (A)一般化　(B)流程化
   (C)特殊化　(D)規則化

3. (　) 如果超類型中的任何一個實體實例必須恰好是某一個子類型的實體實例，則我們可以使用哪些限制或規則來限制他們的關係。1.全部特殊化限制，2.分離法則，3.部分特殊化限制，4.重疊法則。
   (A)123　(B)34
   (C)234　(D)12

4. (　) 如果超類型中的實體實例可能是多個子類型的成員，也可能不屬於任何子類型，則我們可以使用哪些限制或規則來限制他們的關係。1.完全特殊化限制，2.分離法則，3.部分特殊化限制，4.重疊法則。
   (A)23　(B)34
   (C)24　(D)12

二、問答題

1. 假設學校成員有校友、學生與教職員等三種，成員有可能身兼兩種身分，也可能具備校友、學生與教職員等三種身分，請說明如何以子類型鑑別子判斷某一實體是屬於何種身分。

本章習題

2. 我們把球類興趣分爲棒球、乒乓球與籃球。請根據下列情況，爲每一種情況畫出進階實體關聯圖。

   (1) 在任何時間點，每個人都必須選擇這三種興趣的一種。

   (2) 您可以選擇一種、兩種、三種，或不選任何一種興趣。

   (3) 您可以選擇一種或者不選。

NOTE

CHAPTER 05

邏輯資料庫設計－使用關聯式模型

學習目標 閱讀完後，你應該能夠：

- 描述關聯表的結構
- 知道完整性限制的種類與用處
- 轉換實體類型為關聯表綱要
- 處理各種關聯類型的轉換
- 進行邏輯資料庫設計

在學習使用實體關聯模型進行概念資料庫設計後，本章將介紹如何使用關聯式資料模型進行邏輯資料庫設計。關聯式資料模型是由E.F. Codd博士於1969年首先提出，是目前資料庫應用最常使用的資料模型。邏輯資料庫設計的重點在建立穩定的資料庫結構，運用關聯式資料模型理論，就能讓資料需求被正確地處理。實體關聯模型是為了瞭解資料需求與業務法則而發展的，而不是為了建構資料庫處理所需的資料結構。建立良好的資料結構是邏輯資料庫設計的目標。本章的第1與第2節說明關聯式資料模型中與邏輯資料庫設計相關的基本概念，包括：關聯式資料庫的資料結構（或關聯表結構），以及完整性限制條件。第3節則說明實體關聯圖中，實體類型與實體與實體間關係轉換為關聯表綱要的步驟。本章使用一個專案管理的資料庫設計範例，來說明邏輯資料庫設計的過程，透過這些轉換過程，最後設計的結果呈現在本章最後一節。

運用實體關聯模型建立實體關聯圖後，概念資料庫設計也大致完成。在概念設計階段，我們建立了抽象的資料庫結構以呈現眞實世界中的物件。此一資料庫結構與資料模型和硬體設備無關，概念設計的結果適用於網路式、階層式或關聯式等資料模型。換言之，我們可以依據概念設計，採用上述任一種資料模型，進行更進一步的設計，即邏輯資料庫設計。當概念設計完成後，企業必須決定採用何種資料模型，然後決定採用此種資料模型的哪一個資料庫管理系統以進行邏輯資料庫設計，例如：採用關聯式資料模型，並從各種關聯式資料庫管理系統，如DB2、SQL Server或Oracle中，選出最適合企業的資料庫管理系統。概念設計與資料模型無關，能用各種資料庫管理系統來實現，因此也與軟體無關；但是，邏輯資料庫設計的結果就和我們所選擇的資料模型和資料庫管理系統有關了。如何將實體關聯圖轉換爲資料庫結構，就是邏輯資料庫設計。

如何將實體關聯圖中的實體類型轉換爲資料庫呢？在關聯式資料模型中，就是以Codd的關聯式模型的資料結構，將各個實體類型轉換爲關聯表。轉換的過程就是邏輯資料庫設計的一部分，利用關聯式模型將實體類型轉換爲關聯表，就屬於資料庫的邏輯設計。

關聯式模型（relational model）是由E.F. Codd博士於1969年首先提出，並在多位學者努力下逐漸發展出來的。1970年Codd博士於期刊'Communications of the ACM'發表的論文「A Relational Model of Data for Large Shared Data Banks」，奠定了關聯式資料庫的基礎，對後來的研究產生重大的影響。1970年代，IBM依據Codd的概念開發出名爲「System R」的資料庫管理系統，此系統證明關聯式資料庫管理系統能提供很好的交易處理效能。許多商用和開放原始碼的資料庫管理系統，如：IBM的DB2、Oracle Database、Microsoft SQL Server與MySQL等，都是應用Codd的理論和概念而開發出來的。關聯式資料庫早在1970年代就開始運作，但是至今已數十年，仍然是企業導入資料庫管理系統的首選。

Codd所提出的關聯式模型主要包括了正規化、資料結構、資料運算和完整性限制條件等概念。

- 資料結構（data structure）：精確地說，應該是資料表結構或關聯表結構，說明關聯式資料庫中資料的儲存方式。邏輯上（抽象的、非實體的），關聯式資料庫由許多關聯表組成，關聯表是一個欄和列所形成的二維表格。

- 完整性限制（integrity constraint）：用以維護資料的正確性和一致性。
- 正規化（normalization）：正規化是一個系統化的方法，用來評估並修正資料表結構（table structure），使得資料冗餘減至最少，因而有助於消除資料在新增、刪除和修改時的異常現象。
- 資料操作與運算（data manipulation and operation）：使用者所查詢的資料，經常來自於多個關聯表，Codd提出如何萃取這些關聯表資料的數學理論，稱爲關聯式代數（relational algebra）。

本章主要從資料庫設計的觀點說明其中的重要概念，包括資料結構、完整性限制與正規化等。

5-1 關聯表結構

關聯式資料庫由許多**關聯表**（relation）組成，是一組關聯表的集合。邏輯上，關聯表是一個二維表格，這個二維表格是由行（column）和列（row）組成的。例如：實體關聯圖中一個員工實體類型含有員工編號、姓名和住址等屬性，其所代表的資料表如圖5.1所示。一個資料表包含一群相關的實體，表中的一列就是一個實體。資料表是實體的集合，因此實體集合和資料表可以互用，因爲Codd稱此表格爲關聯表，因此，資料表和關聯表兩個名詞也可以互用。

關聯表主要由**關聯表綱要**（relation schema）和**關聯表實例**（relation instance）所組成。關聯表綱要包含關聯表名稱和屬性名稱；關聯表實例是某一時間點（資料可能隨時間變動）所儲存的資料。我們可以將關聯表表示爲：

RELATION NAME(attribute1, attribute2, attribute3, …)

其中，RELATION NAME爲關聯表名稱，attribute1, attribute2, attribute3, …則爲關聯表的屬性名稱。

例如：圖5.1所示的關聯表名稱是EMPLOYEE，共有ID、name、address、tel和birthday等五個屬性，此資料表有4筆紀錄或值組。關聯表可以表示爲：

EMPLOYEE(ID, name, address, tel, birthday)

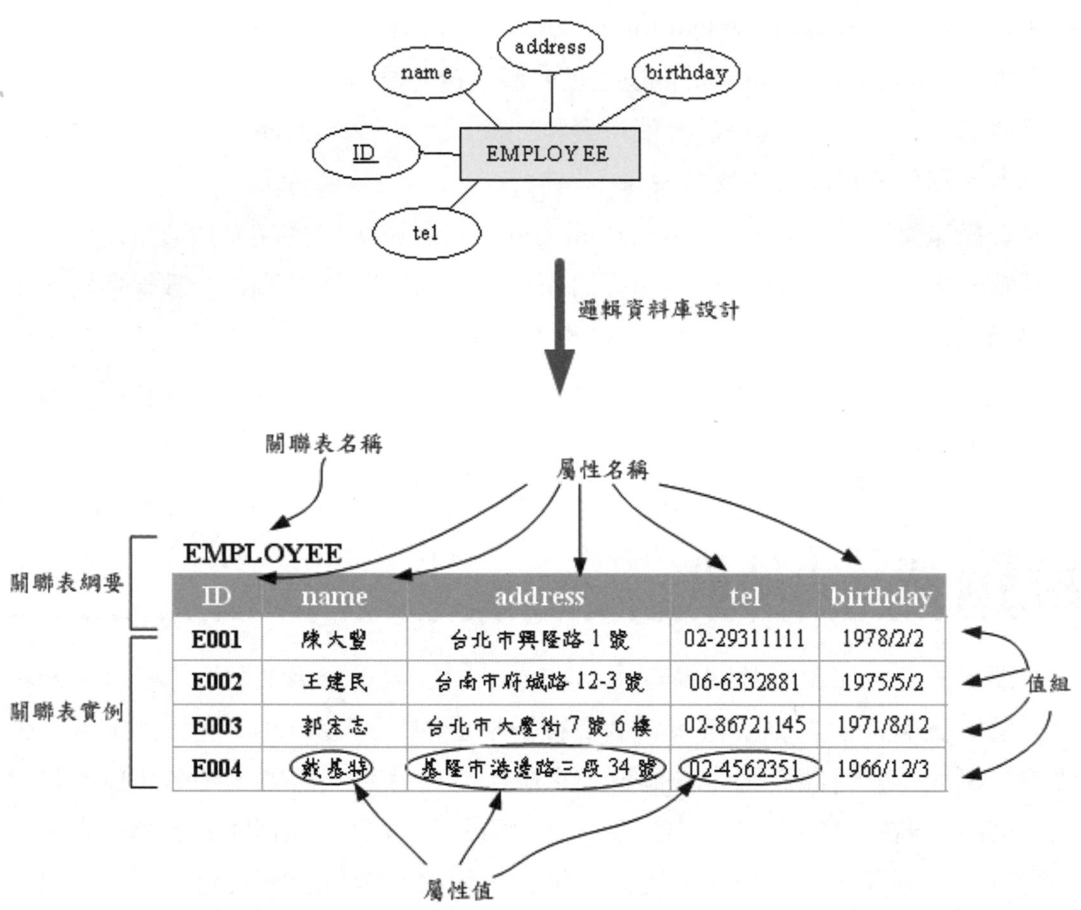

●圖5.1　實體關聯圖與其所代表的資料表

關聯表的特性有：

- 表格是一個由行和列所形成的二維結構。
- 每一橫列（row）代表實體集合內的一個實體，稱爲紀錄（record），而Codd稱之爲值組（tuple）。
- 表格的每一直行（column）代表一個屬性（attribute），屬性在資料表中擁有一個獨特的屬性名稱，行或屬性是關聯式資料庫中最小的、有名稱的資料單位。
- 每一直行和橫列的交會點爲稱爲屬性值的資料。
- 一直行所有的屬性值有相同的資料格式或**資料型態**（data type）。例如：屬性若被指定爲**整數型態**（integer），則同一屬性名稱下的所有資料都應該是整數。

- 每一屬性的值會有一個特定範圍，稱為**屬性值域**（attribute domain），包括兩個重要的特性：一是屬性的資料型態；二是資料長度。例如：我們可以設定姓名屬性的資料型態是字元（character），其長度為6，因此，超過6個字元的姓名值是不被資料庫管理系統所接受的。有時值域會有數值大小的限制。例如：學生的成績，若規定其資料型態是整數（integer），而且介於0分至100分，那麼，成績屬性的值域為0至100的整數，不在此範圍的值是不能存在的。
- 關聯表必須有一個屬性或一組屬性能辨識出每一個資料列，這個屬性或屬性集合稱為主鍵或**主索引鍵**（primary key）。例如：圖5.1的EMPLOYEE資料表中，透過ID屬性可以辨識出任何一筆紀錄，若以員工編號E002搜尋資料表，可以找出唯一的一筆值組，此時ID屬性就是主鍵；而為了維護實體的完整性，主鍵的值不能是空值（null）。

基於上述關聯表特性，邏輯資料庫設計必須將實體關聯圖中的每一個實體類型轉換為關聯表，包括：命名關聯表名稱和屬性名稱、指定屬性適當的資料型態和值域、說明屬性值是否允許空值（null），以及在屬性中找到能辨識出每一筆紀錄的主鍵等等。

5-2 完整性限制

關聯式資料模型有多種**完整性限制**（integrity constraints），這些限制將加諸於實體、屬性或實體和實體間的關係，以確保資料的完整性；資料是否完整呈現在兩個面向：一個是資料正確性；另一個是資料一致性。在資料庫管理系統中，資料完整性是維護資料庫中資料正確和一致性的過程，為了維護資料完整，而有完整性限制的規則。主要的限制條件有值域限制、實體完整性與參考完整性限制等；這三種限制係針對不同範圍所創建的，分別運用在實體屬性、實體本身和實體與實體之間。如果，利用關聯式資料庫管理系統建立關聯表的同時，也設定了完整性限制，則當執行資料庫應用時，資料庫管理系統會檢查資料是否違反完整性限制，並採取相應措施，以維護資料的正確和一致性。

5-2-1 值域限制

值域限制作用在屬性，關聯表所有屬性的值必須限定在值域內。**值域**（domain）是一組數值的集合，屬性值必須包含在此集合內，不能超出集合規定的範圍，每個屬性有不同的值域，這種對屬性值的限制稱爲**值域限制**（domain constraint）。如何指定屬性的值域呢？屬性的值域通常包括下列要素：

- 資料型態（data type）
- 數值大小或長度
- 容許的數值或範圍

例如：我們可以指定屬性員工姓名的值域如下，資料型態爲字元（character），長度爲10個字元；屬性生日的資料型態爲日期（date），格式爲yyyy/mm/dd；學生的成績爲整數型態（integer），長度爲3，容許在包括0和100的範圍內等等。

5-2-2 實體完整性

實體完整性（entity integrity）作用在關聯表的實體，其目的在確保每一個基底資料表都有一個主鍵，其數值都符合值域限制，而且一定要塡上數值，不能是空值（not null）。基底資料表（base table）是一個眞正儲存紀錄，而且有名稱的資料表；而檢視表（view）是虛擬的資料表，並不眞正存在資料庫中，檢視表是由資料庫管理系統藉由基底資料表所產生的。關聯表中的一筆紀錄（或一列）代表一個實體，當這筆紀錄的主鍵值是空白時，實體是不存在的，自然沒有必要留有紀錄，因此，主鍵一定要有數值，主鍵有數值，實體或紀錄才有存在於關聯表中的價值，實體完整性規則確保實體完整而且是存在的。當然，除了主鍵外的其他屬性是否允許空值（null），端視設計者依據實際情況設定之。

例如：在儲存學生基本資料的關聯表中，通常以學號屬性爲主鍵，一筆紀錄代表一位學生，如果有一筆紀錄沒有學號，則此筆紀錄就不是一個學生實體，不能存在於學生基本資料中，也只有主鍵（學號）有數值的紀錄才能置於學生基本資料關聯表中。

5-2-3 參考完整性

參考完整性（referential integrity）限制了兩個關聯表實體間的關係。在關聯式模型中，資料表間的關聯是透過**外來鍵**（foreign key）的機制來實現，其目的在維護兩個關聯表間資料的一**致性**（consistency），這種機制稱爲參考完整性。資料庫設計時，我們會將資料表中某個屬性或多個屬性的組合設爲外來鍵，有外來鍵的關聯表爲子資料表，子資料表的紀錄藉由外來鍵與父資料表的主鍵相連結。參考完整性的規則指出：如果一個關聯表有外來鍵，則這個外來鍵的值必須符合另一個關聯表主鍵的值，或是此外來鍵的值是空值（null）。換言之，外來鍵的值要不等於其所參考到的主鍵的值；要不就是空值。因此，參考完整性有兩個在實作資料庫時要注意的議題：一是，何種情況下外來鍵不必等於其所參考的主鍵，而爲空值？二是，如何確保參考完整性？（ps: 請寫出母資料表）

何種情況下外來鍵不必等於其所參考的主鍵，而為空值？

外來鍵的值能否爲空值，視企業的業務法則與組織資料需求而定，而且在定義資料庫時必須界定外來鍵屬性是否允許空值。

例如：資料庫設計師設計了含有EMPLOYEE、CUSTOMER和ORDER等關聯表的資料庫，圖5.2顯示這些資料表的關聯性，也呈現出此三個關聯表間的參考完整性是如何設定的。其中，訂單關聯表（ORDER）的顧客編號（custID）和員工編號（empID）分別記載該訂單是哪一位顧客下的，又是哪一位員工承接的，其中的custID與empID兩個屬性都是外來鍵，分別參考到CUSTOMER的主鍵custID和EMPLOYEE的主鍵empID。此時，因爲ORDER有兩個外來鍵分別參考到CUSTOMER和EMPLOYEE兩個關聯表的主鍵，因此，ORDER是子資料表；而CUSTOMER和EMPLOYEE爲ORDER的父資料表。

我們又如何知道外來鍵是否允許空值呢？當然此與業務法則或組織資料需求有關。如果必須記錄哪一位顧客下的訂單，此時ORDER關聯表中的custID不允許空值；若顧客對訂單來說不是必要的，這時外來鍵可以是空值。一般而言，如果子資料表內的實體全部參與父資料表的關係，則子資料表的外來鍵不允許爲空值；如果子資料表內的實體部分參與父資料表的關係，此時子資料表的外來鍵允許空值。例如：子資料表ORDER全部參與其父資料表EMPLOYEE

的關係；換言之，ORDER內每一筆紀錄都能在EMPLOYEE中找到一筆紀錄與之對應，則ORDER內的外來鍵empID不能是空值。反之，若ORDER部分參與EMPLOYEE的關係，則ORDER的外來鍵empID允許空值。

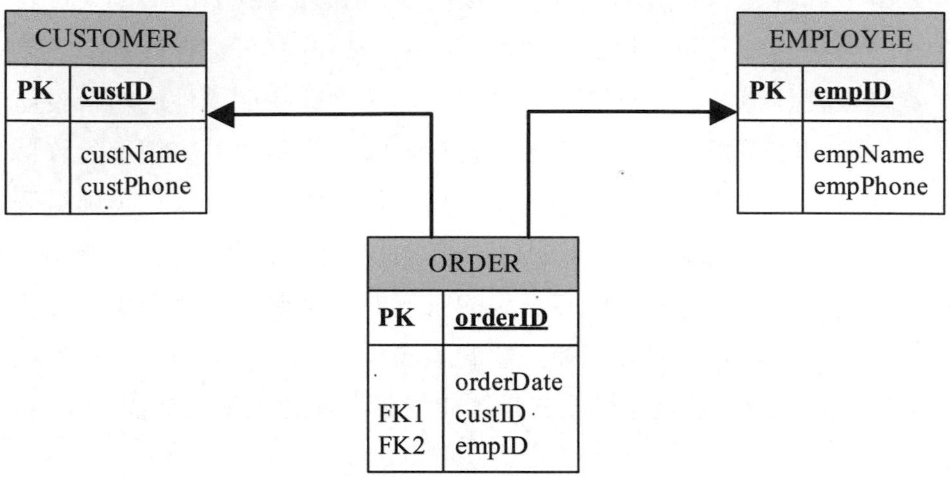

CUSTOMER		
custID	custName	custPhone
C001	陳志遠	06-345692
C002	李宏英	07-436251
C003	張誼婷	06-543762

EMPLOYEE		
empID	empName	empPhone
E001	王英風	06-456123
E002	林山田	06-453365
E003	蕭淑林	07-654363

ORDER			
orderID	orderDate	custID	empID
001	99/4/5	C002	E001
002	99/4/16	C003	E002

●圖5.2 外來鍵是否允許空值？

如何確保參考完整性？

資料庫參考完整性被破壞，大多是因爲使用者新增（insert）、刪除（delete）或更新（update）父資料表的主鍵或子資料表的外來鍵時發生的。因此，爲了確保資料庫的參考完整性，我們必須定義：當使用者新增、刪除或更新主鍵或外來鍵時，資料庫管理系統應採取何種相對應的措施。此又可以下列兩點說明：

1. 新增、刪除或更新子資料表紀錄時的措施
   (1) 新增：為了確保參考完整性，子資料表在新增紀錄時，紀錄的外來鍵屬性要不設為空值；要不其值應為其對應父資料表中已有的數值。以圖5.2顯示的資料為例：如果想新增一筆訂單紀錄，訂單編號為003，其中，外來鍵屬性empID的值不是null，就是E001、E002或E003等三個數值的其中一個；類似地，外來鍵屬性custID的值不是null，就是C001、C002或C003等三個數值的其中一個。
   (2) 刪除：刪除子資料表中的紀錄並不影響參考完整性。
   (3) 更新：與新增的情況相同，紀錄的外來鍵屬性要不設為空值；要不其值應為其對應父資料表中已有的數值。
2. 新增、刪除或更新父資料表紀錄時的措施
   (1) 新增：僅在父資料表中增加一筆紀錄時。因為子資料表沒有任何異動，因此，也不會影響參考完整性。另一種譬喻說法是：這筆新增的紀錄正如一個父親，但是這個父親沒有小孩。
   (2) 刪除：如果所刪除父資料表的紀錄在刪除前已經被子資料表中的某紀錄參考到，則破壞了子資料表的參考完整性。以圖5.2的資料為例：如果刪除CUSTOMER中顧客編號C003的紀錄，此時因為ORDER資料表中訂單編號002的紀錄的外來鍵custID（其值為C003）參考到欲刪除的紀錄，因此違反了參考完整性。此時，為了維護參考完整性，有幾種可能的處理方法（請參考圖5.3）。
      A. 禁止刪除（NO ACTION）父資料表的紀錄：如果想刪除父資料表的紀錄，而此筆紀錄已經被子資料表的某筆紀錄參考到，則禁止刪除父資料表的此筆紀錄。就上例來說，資料庫管理系統禁止你刪除CUSTOMER編號C003的紀錄，因為ORDER中有資料參考到C003的紀錄。
      B. 連鎖刪除（CASCADE）：如果想刪除父資料表的某些紀錄，則參考到這些被刪除紀錄的子資料表紀錄也一併被刪除。就上例來說，如果你刪除了父資料表CUSTOMER的C003紀錄，則子資料表中外來鍵屬性custID的值為C003的所有紀錄也會被刪除。亦即，從父資料表中刪除記錄時，會連鎖反應到子資料表相對應的所有紀錄。

C. 設為空值（SET NULL）：如果想刪除父資料表的某些紀錄，則參考到這些被刪除紀錄的子資料表的外來鍵屬性會自動地被設為null。就上例來說，如果你刪除了父資料表CUSTOMER的C003紀錄，則子資料表中外來鍵屬性custID的值為C003的所有紀錄，其custID會被設為null。

D. 設為預設值（SETDEFAULT）：如果想刪除父資料表的某些紀錄，則參考到這些被刪除紀錄的子資料表的外來鍵屬性會自動地被設為預設值。就上例來說，如果你刪除了父資料表CUSTOMER的C003紀錄，則子資料表中外來鍵屬性custID的值為C003的所有紀錄，其custID會被設為原先設定的預設值。此種處理方式只有在定義資料表時有設定外來鍵屬性的預設值情況下才適用。

E. 不檢驗（NO CHECK）：父資料表的紀錄被刪除時，資料庫管理系統讓紀錄被刪除，也不檢驗是否違反參考完整性，子資料表相關的紀錄維持不變；通常不建議採取此種處理方式。

(3) 更新：如果更新父資料表的紀錄，且更新的資料被子資料表中的紀錄參考到，此時子資料表的參考完整性被破壞了。為了確保參考完整性，所有前述刪除時的處理方式，都適用於更新的狀況。

從上述說明可以知道，在刪除或更新父資料表時最可能讓子資料表的外來鍵屬性違反參考完整性。為了避免違反參考完整性的情況發生，在資料庫實作時，我們必須在建立資料表的時候，以SQL語法或資料庫管理系統提供的工具設定處理的方式（如NO ACTION、CASCADE、SET NULL、SET DEFAULT或NO CHECK）。設定的方法將在本書以後的章節中說明。

當然，除了值域限制、實體完整性與參考完整性限制外，資料表屬性的值還受到業務法則的影響。業務法則也是一種限制條件，例如：學生的學期成績必須介於0到100間；學生在圖書館借書最多只能借10本書等。這些業務法則也必須在資料庫實作時，以SQL語法寫在資料表相對欄位的定義中。

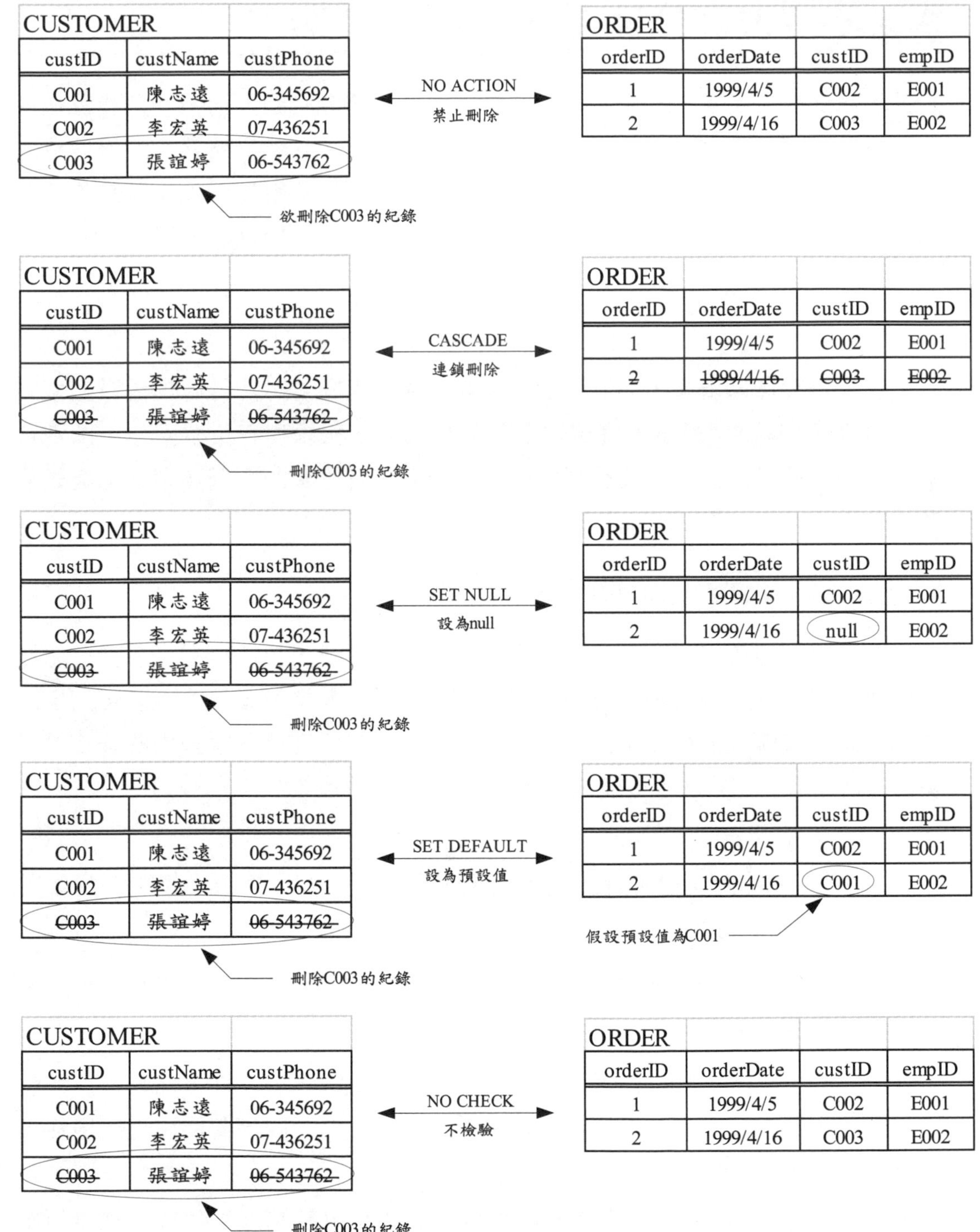
CUSTOMER
custID
custName
custPhone
C001
陳志遠
06-345692
C002
李宏英
07-436251
C003
張誼婷
06-543762
NO ACTION
禁止刪除
ORDER
orderID
orderDate
custID
empID
1
1999/4/5
C002
E001
2
1999/4/16
C003
E002
欲刪除C003的紀錄
CASCADE
連鎖刪除
刪除C003的紀錄
SET NULL
設為null
null
SET DEFAULT
設為預設值
C001
假設預設值為C001
NO CHECK
不檢驗

●圖5.2　參考完整性

5-3 轉換實體關聯圖爲關聯表綱要

資料庫設計時，概念資料庫設計的產出是實體關聯圖，而下一個步驟是邏輯資料庫設計，其目的在依據企業所選擇的資料模型（如網路式、階層式或關聯式等資料模型），把實體關聯圖轉換爲未來能利用資料庫管理系統實作的邏輯資料模型。將實體關聯圖轉換爲關聯表是有規則可循的，而且簡明易懂。

5-3-1 轉換實體類型爲關聯表綱要

首先將實體關聯圖中的實體類型轉換爲關聯表綱要，然後處理實體類型間的關聯性。如第4章所述，實體類型有強實體類型和弱實體類型兩類，區別在主鍵。弱實體類型是一種沒有主鍵的實體類型；有主鍵的實體類型爲強實體類型，是最常見的實體類型。

轉換強實體類型為關聯表綱要

將實體類型轉換爲關聯表就是定義關聯表的綱要，包括關聯表名稱、屬性名稱與主鍵等；又因爲屬性有簡單屬性、複合屬性與多值屬性等不同類型，因此，重點在關聯表名稱和不同種類屬性的轉換方式。實體關聯圖中的強實體類型轉換爲關聯表綱要之步驟概述如下：

1. 設定關聯表名稱。
2. 將實體類型的屬性轉變成關聯表的屬性。
3. 設定關聯表主鍵。

其中，步驟2又依屬性種類而有不同的轉換方式，分爲簡單且單值屬性、複合屬性與多值屬性等狀況。

- 簡單且單值屬性：直接將實體類型的屬性轉換爲關聯表屬性，而且以此實體類型名稱命名關聯表，再將實體類型中能用來區別不同實體的屬性或屬性集合設爲關聯表主鍵。

  例如：第4章圖4.34中，PROJECT爲強實體類型，其屬性均爲簡單且單值屬性，因此直接轉換爲關聯表屬性，實體類型名稱也轉爲關聯表名稱；而鍵屬性prjNo成爲關聯表主鍵，轉換爲關聯表後的文字表示式爲PROJECT（prjNo, prjName, prjOffice）。以Microsoft Visio繪製後的圖形如圖5.4(b)，圖5.4(c)是另一種圖示法，爲外來鍵參考圖表示法。

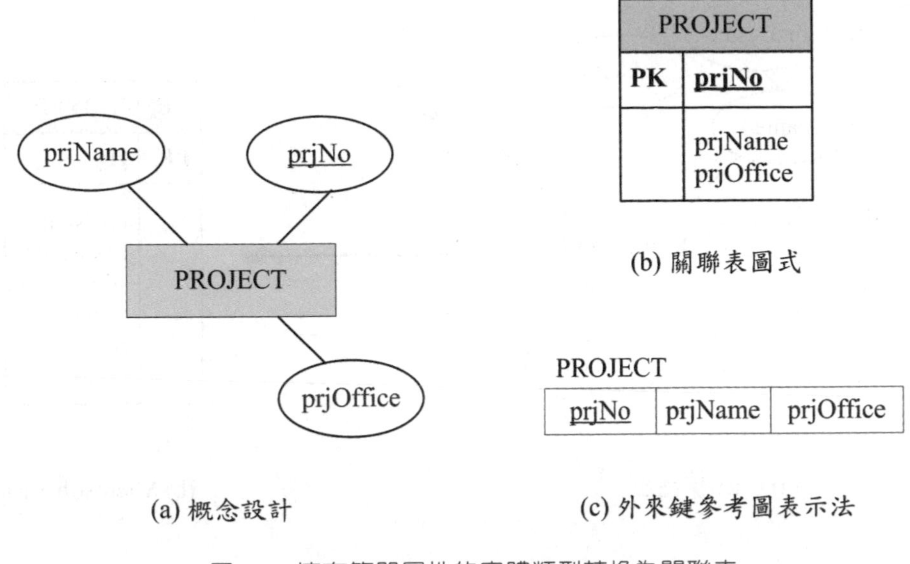

(a) 概念設計

(b) 關聯表圖式

(c) 外來鍵參考圖表示法

●圖5.4　擁有簡單屬性的實體類型轉換為關聯表

- 複合屬性：當實體類型擁有複合屬性時，僅將組合成此複合屬性的簡單屬性放進關聯表中。
- 導出屬性：實體類型的導出屬性不放入關聯表中，有需要導出屬性的資訊時，可以利用其他資料計算出來。

例如：EMPLOYEE實體類型的屬性中，屬性name爲複合屬性，由lastName與firstName兩個簡單屬性組成，所以直接將lastName與firstName納入關聯表中。屬性age爲導出屬性，其值可藉由屬性birthday計算而得，故不必納入關聯表中。轉換後的關聯表名稱爲EMPLOYEE，主鍵爲ID。文字表示式爲EMPLOYEE（ID, lastName, firstName, address, birthday, sex, salary），圖形表示如圖5.5。

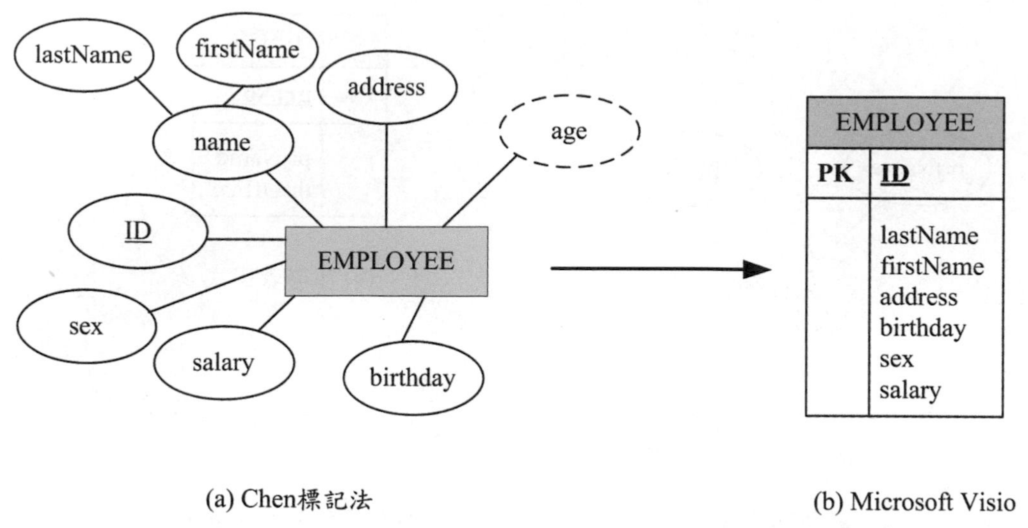

(a) Chen標記法

(b) Microsoft Visio

(c) 外來鍵參考圖表示法

EMPLOYEE

ID	lastName	firstName	address	birthday	sex	salary

●圖5.5　EMPLOYEE關聯表圖示

- 多值屬性：如果實體類型包含多值屬性，我們必須將此實體類型轉換成兩個關聯表。

  1. 將除了此多值屬性的其他所有屬性都放在第一個關聯表中。
  2. 以此實體類型名稱作爲第一個關聯表的名稱。
  3. 設定此關聯表的主鍵。
  4. 第二個關聯表包含兩個屬性：第一個屬性與第一個關聯表的主鍵相同，此屬性成爲第二個關聯表的外來鍵；第二個屬性則是多值屬性。
  5. 第二個關聯表的名稱最好能呈現出這個多值屬性的意義。
  6. 第二個關聯表的主鍵是由此兩個屬性共同組成。

  例如：DEPARTMENT實體類型中，屬性offices爲多值屬性，因此，此實體類型將轉換成兩個關聯表。第一個關聯表包含除了offices外的其他屬性，depNo和depName，關聯表名稱爲DEPARTMENT，主鍵爲depNo。第二個關聯表的屬性有depNo，是第一個關聯表的主鍵，在第二個關聯表中是外來鍵；第二個屬性爲多值屬性offices，此關聯表主鍵由depNo和offices共同組成，並以DEP_OFFICE命名。此兩個關聯表的文字表示式如下，圖示如圖5.6。外來鍵參考圖表示法中，我們從DEP_OFFICE關聯表的外來鍵depNo連一條線到其所參考到的主鍵（DEPARTMENT關聯表的depNo屬性），如圖5.6(c)。

DEPARTMENT（depNo, depName）

DEP_OFFICE（depNo, office）

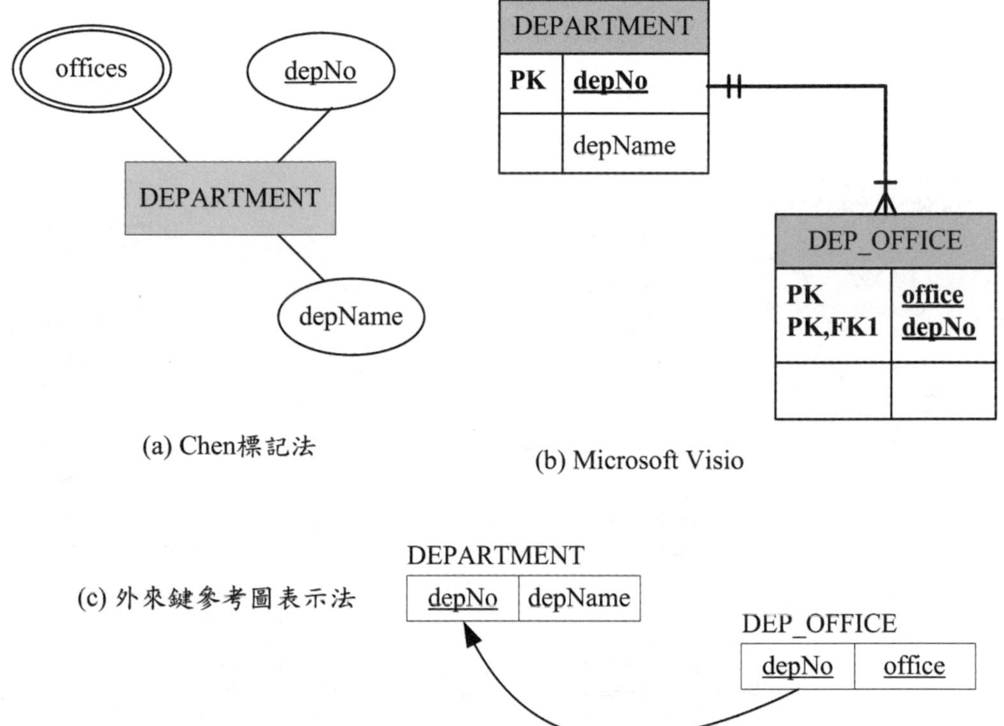

● 圖5.6　DEPARTMENT實體類型轉換為關聯表

轉換弱實體類型為關聯表綱要

弱實體類型不能單獨存在，必須關聯到又稱爲「識別實體類型」的另一個強實體類型。弱實體類型內不能找到一個能辨識實體的屬性，但是有一個稱爲部分識別屬性（partial identifier）的屬性，我們可以用這個部分識別屬性來連結某一個弱實體到另一個強實體。弱實體類型轉換爲關聯表的步驟如下：

1. 將弱實體類型中的簡單且單值屬性，還有複合屬性中的簡單屬性直接轉換爲關聯表屬性。
2. 將識別實體類型的主鍵加入剛建立的關聯表，並設爲外來鍵。
3. 新關聯表的主鍵由此外來鍵和部分識別屬性所組成。
4. 新關聯表的名稱爲原先弱實體類型的名稱。

例如：CONTACT為弱實體類型，其識別實體類型為EMPLOYEE，CONTACT中的name屬性可以用來連結到EMPLOYEE中的實體，因此，name屬性是部分識別屬性。首先，將簡單屬性name和relationship直接轉換為關聯表綱要；再將EMPLOYEE的主鍵ID加入此關聯表，並設為外來鍵。新關聯表的主鍵由ID和name共同組成，關聯表名稱為CONTACT。新關聯表的文字表示式如下：EMPLOYEE和CONTACT之關聯如圖5.7所示。

CONTACT（ID, name, relationship）

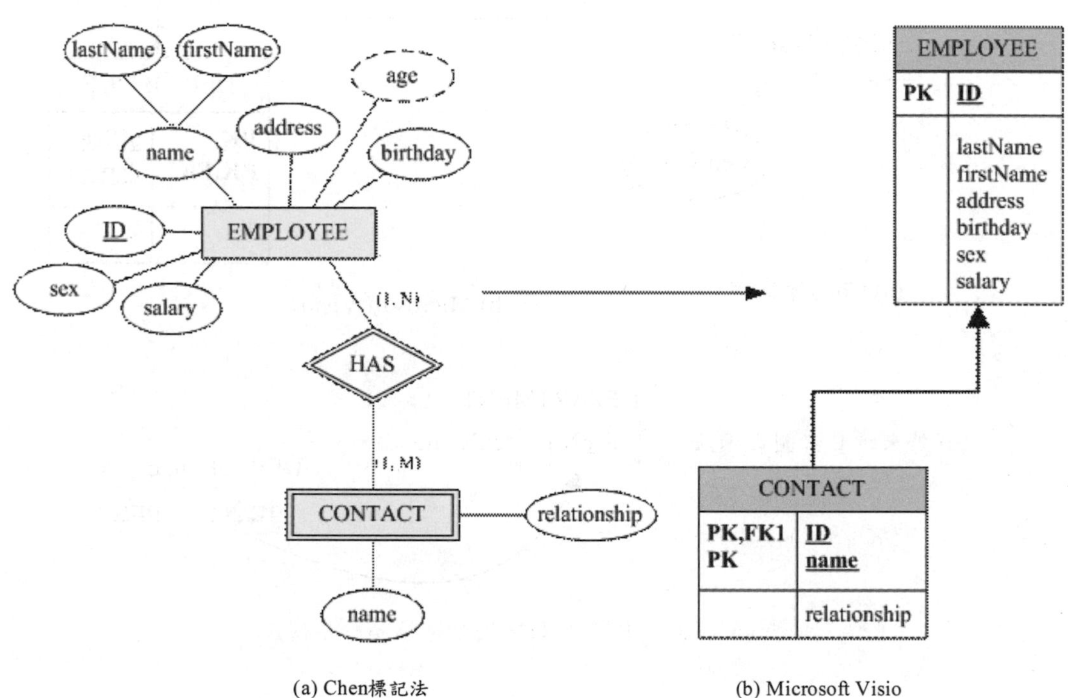

(a) Chen標記法　　(b) Microsoft Visio

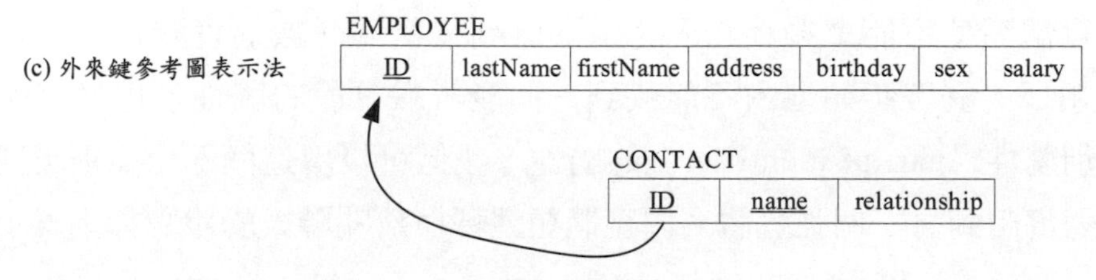

(c) 外來鍵參考圖表示法

● 圖5.7　弱實體類型轉換為關聯表

5-3-2 關聯類型的轉換

於實體關聯圖中，關聯類型將多個實體類型關聯在一起，在邏輯資料庫設計時，實體類型被轉換爲關聯表。而關聯類型的轉換主要是透過主鍵和外來鍵的機制達成的，重點在決定主鍵和外來鍵。

在處理實體類型的關係之前必須先將涉及的實體類型轉換爲關聯表，而關聯類型轉換的步驟和基數與涉及的實體類型的個數有關，有時需要爲關聯類型建立關聯表；有時僅建立主鍵和外來鍵的關聯就可以了。有時爲了決定外來鍵屬性應該放在哪一個關聯表，就需先確認關係中的實體類型，哪一個是父實體類型？哪一個是子實體類型？通常，外來鍵屬性是在子實體類型所轉換成的子關聯表（child relation）中，其值參考到相對應父實體類型的父關聯表（parent relation）的主鍵。我們依據基數和實體類型個數，將關聯類型的轉換方式分爲一對多的二元關係、一對一的二元關係，以及一對一的三元關係…。當關聯存在於單一個實體類型時就存在一元關係；當兩個實體類型有關聯時，就稱爲二元關係；當三個實體類型有關聯時，就稱爲三元關係。

一對多的二元關係

一對多（1：N）的二元關係牽涉到兩個已經轉換爲關聯表的實體類型，因爲兩者有關聯而修正這些關聯表的步驟如下：

1. 指定於1端的關聯表爲父關聯表，N端的爲子關聯表。
2. 將父關聯表的主鍵加到子關聯表中，並設爲子關聯表的外來鍵。
3. 若關聯類型有簡單且單值屬性，也一併加入子關聯表中。

例如：DEPARTMENT和EMPLOYEE兩個實體類型爲1：N的二元關係，其中1端DEPARTMENT爲父關聯表，N端EMPLOYEE爲子關聯表，我們把父關聯表的主鍵depNo加到子關聯表EMPLOYEE中，並指定其爲EMPLOYEE的外來鍵，修正後如圖5.8所示。在外來鍵參考圖中，EMPLOYEE的depNo下面標示虛底線，代表其爲外來鍵，但是此圖中並未呈現兩個實體類型的基數關係。

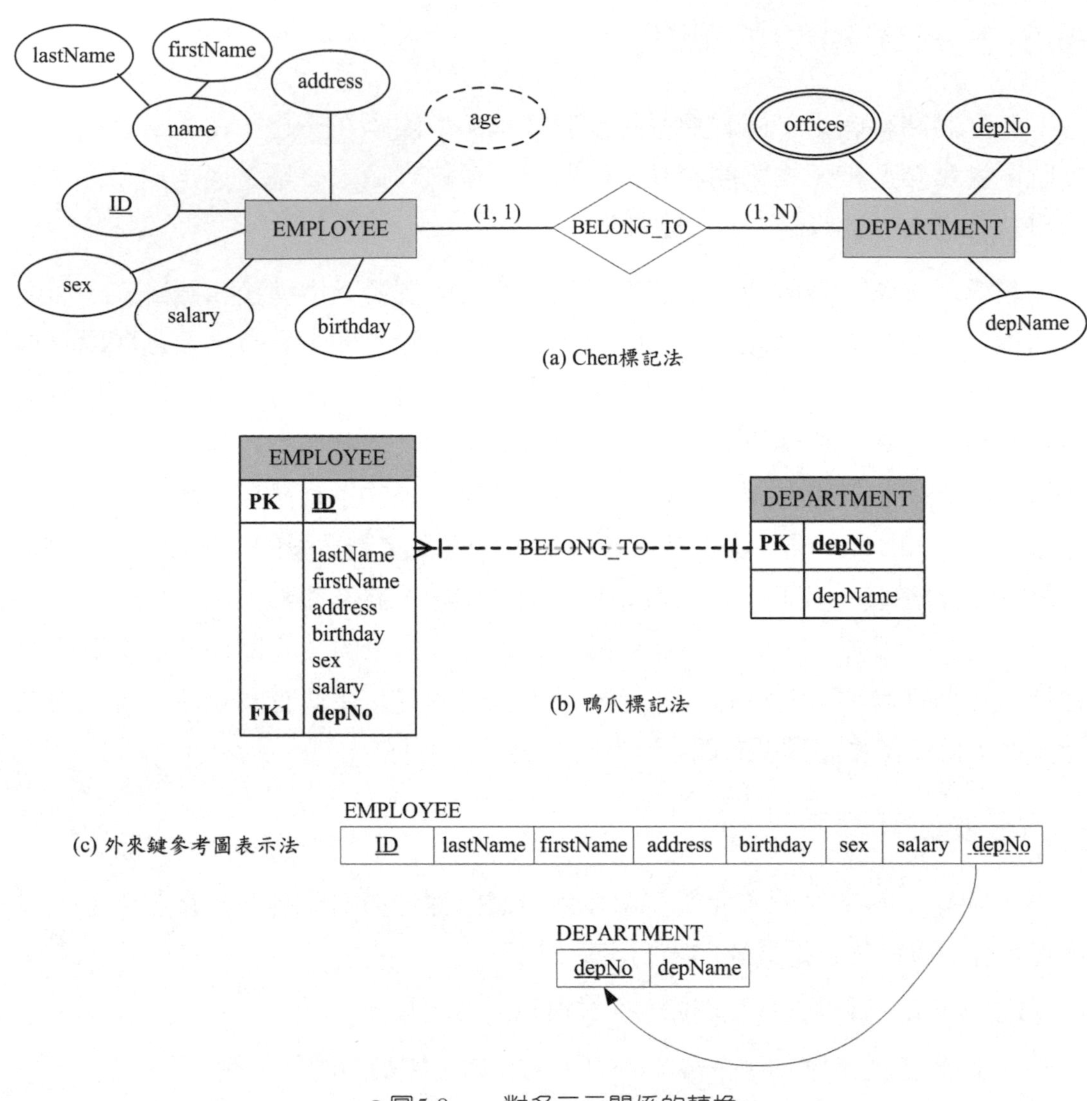

●圖5.8　一對多二元關係的轉換

多對多的二元關係

二元關係牽涉到兩個已經轉換為關聯表的實體類型，但是由於此兩個實體類型為多對多關係，因而必須增加一個新的關聯表來代表這些實體類型間的關聯類型，其步驟如下：

1. 建立一個名稱為關聯類型名稱的新關聯表，以代表此一關聯類型。
2. 將兩個已經建立的關聯表的主鍵都加到新關聯表中，並設為新關聯表的外來鍵。

3. 新關聯表的外來鍵組合起來，成爲此一關聯表的主鍵。
4. 若關聯類型有簡單且單值屬性，也一併加入新的關聯表中。

例如：EMPLOYEE和PROJECT兩個實體類型爲多對多的二元關係，連接這兩個實體類型的是IMPLEMENT關聯類型，因此必須把此關聯類型轉換爲關聯表。新關聯表名稱設爲關聯類型的名稱IMPLEMENT，再把EMPLOYEE的主鍵ID和PROJECT的主鍵prjNo都加入到新關聯表中，並且設爲IMPLEMENT的外來鍵，就以這兩個外來鍵共同成爲新關聯表的主鍵。另外，關聯類型的屬性hour也加入到新的關聯表中，完成後如圖5.9所示。

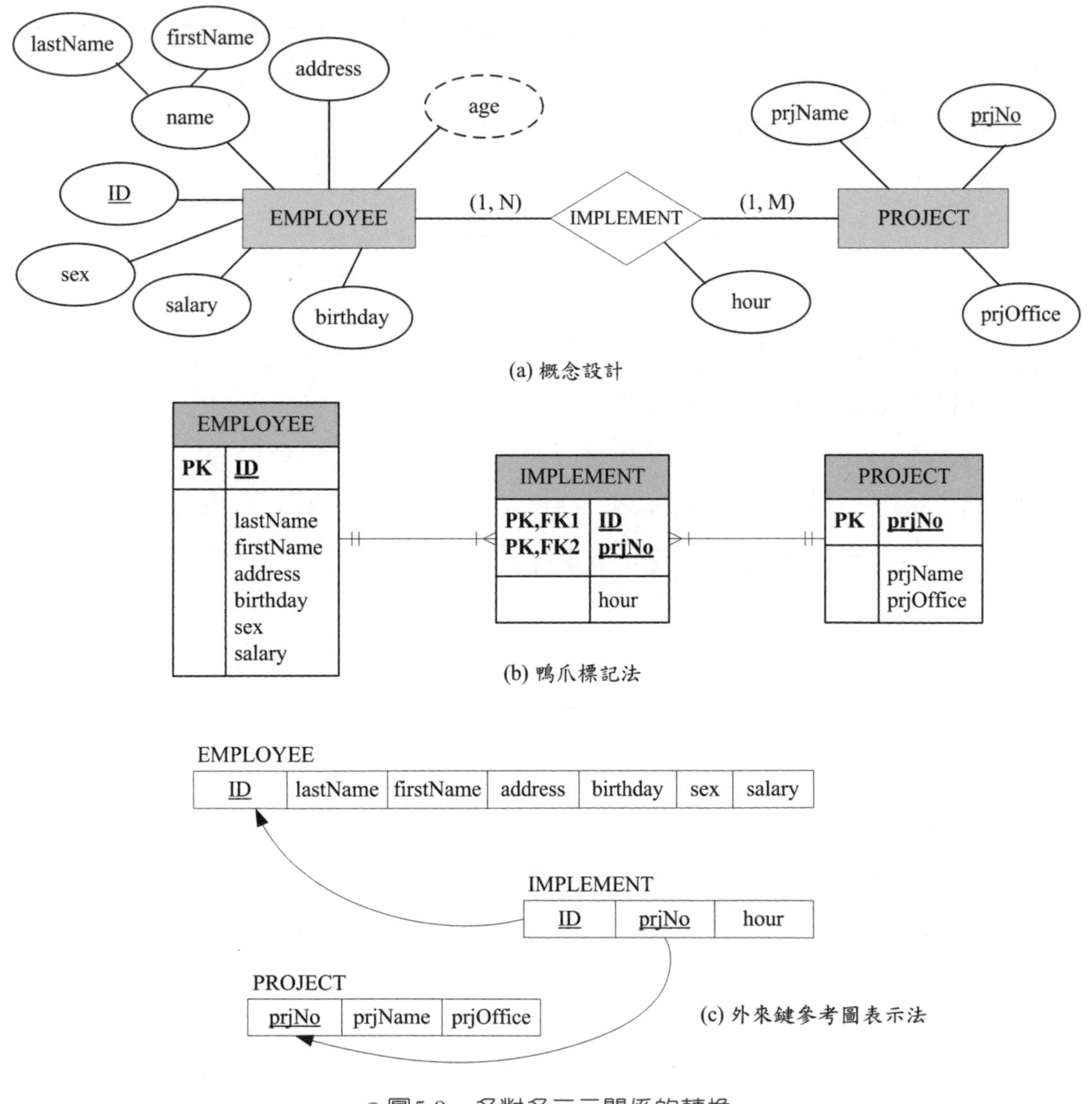

● 圖5.9　多對多二元關係的轉換

一對一的二元關係

一對一的二元關係就比較複雜了，由於兩個關聯表都是1端，因此無法使用基數來判斷哪一個關聯表爲父或子關聯表，我們使用兩個實體類型的參與關係決定處理的方法。

1. 一對一關係的兩端都是完全參與

   此時，可將兩個實體類型與其關聯類型合併成單一個關聯表，並選擇其中一個實體類型中能區別實體差異的屬性爲關聯表的主鍵。

2. 一對一關係的一端是完全參與，另一端爲部分參與

   此時，我們可以使用參與關係確認哪一個是父或子關聯表。處理的方法如下：

   (1) 部分參與的實體類型被指定爲父實體類型；而完全參與的實體類型爲子實體類型。

   (2) 就如同一對多的二元關係一樣，將父關聯表的主鍵加到子關聯表中，成爲外來鍵。

   (3) 若關聯類型有簡單且單值屬性，也一併加入子關聯表中。

例如圖5.10(a)所顯示的實體關聯圖中，EMPLOYEE與DEPARTMENT爲1：1的二元關係，DEPARTMENT和EMPLOYEE兩個實體類型已經先轉換爲關聯表，如圖4.6所示。因爲DEPARTMENT實體類型爲完全參與，而EMPLOYEE實體類型部分參與兩者的關係，我們指定部分參與的EMPLOYEE爲父關聯表，完全參與的DEPARTMENT爲子關聯表，再把父關聯表EMPLOYEE的主鍵ID加到DEPARTMENT關聯表中，並設爲外來鍵。而關聯類型MANAGE內有一個簡單且單值屬性startDate，也一併加入子關聯表DEPARTMENT中，最後結果如圖5.10(b)。

3. 一對一關係的兩端都是部分參與

   此種情形，我們可以隨意指定哪一個實體類型是父實體類型或子實體類型，然後再依據一對多二元關係的方式處理。

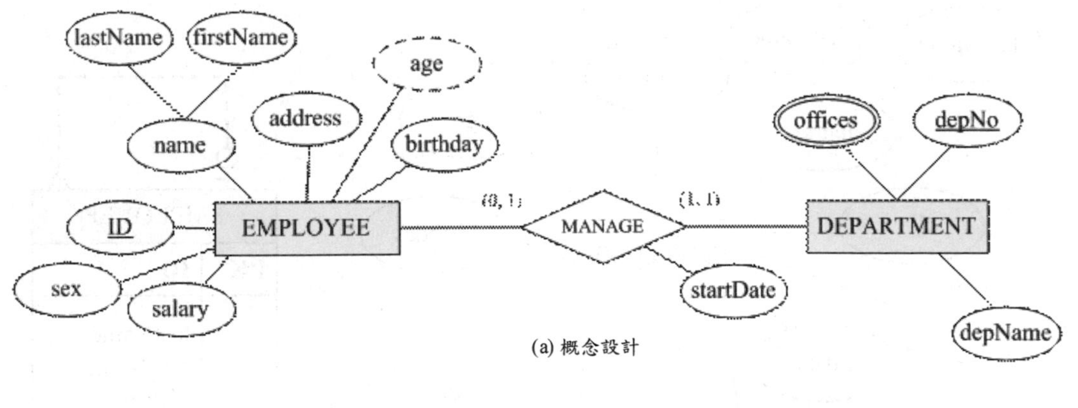

(a) 概念設計

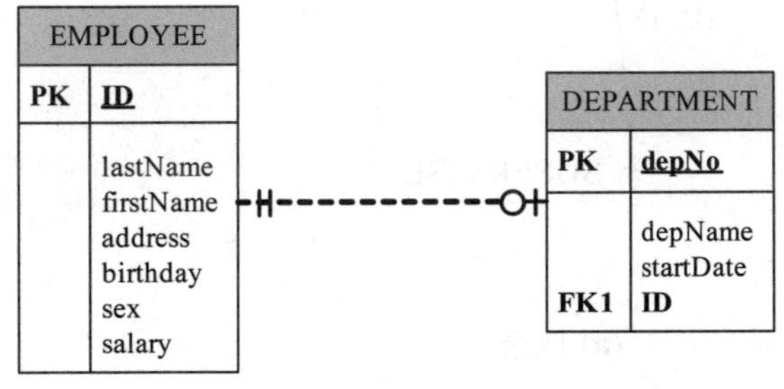

(b) 邏輯設計

● 圖5.10　一對一二元關係的轉換

一對多的遞迴關係

關係通常建立在兩個實體類型之間，但是遞迴關係只牽涉到一個實體類型，是一種建立在自己與自己本身的關係。處理一對多遞迴關係的步驟如下：

1. 將實體類型轉換為關聯表。
2. 把關聯表的主鍵取出來並重新命名，再加到原來的關聯表中，設為參考到主鍵的外來鍵。
3. 若關聯類型有簡單且單值屬性，也一併加入子關聯表中。

例如：圖5.11(a)所顯示的實體關聯圖為一對多的遞迴關係—員工監督其他員工。將EMPLOYEE關聯表的主鍵ID取出來，並重新命名為supervisorID，再加到原來的關聯表EMPLOYEE中成為外來鍵，結果如圖5.11(b)。

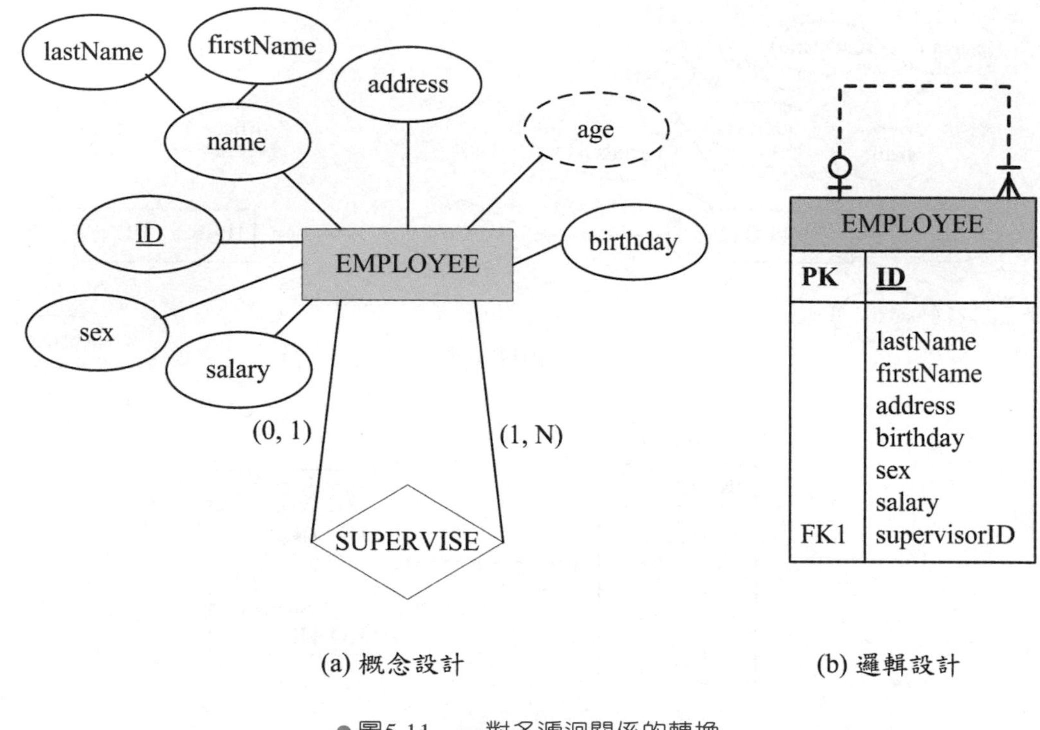

(a) 概念設計　　(b) 邏輯設計

●圖5.11　一對多遞迴關係的轉換

多對多的遞迴關係

處理多對多的二元關係時，兩個實體類型會轉換成兩個關聯表，而關聯類型也會轉換成一個關聯表。類似多對多的二元關係，多對多的遞迴關係會建立一個代表實體類型的關聯表，也會建立另一個代表關聯類型的關聯表，最後會建立兩個關聯表。處理此類關係的步驟如下：

1. 將實體類型轉換爲第一個關聯表。
2. 建立第二個關聯表，其主鍵由兩個屬性組成，這兩個屬性都來自於第一個關聯表的主鍵。第一個屬性的名稱與第一個關聯表的主鍵相同；第二個屬性則重新命名。這兩個屬性被設爲外來鍵，參考到第一個關聯表的主鍵。
3. 若關聯類型有簡單且單值屬性，也一併加入第二個關聯表中。

使用在企業資源規劃系統中的物料清單（Bill Of Material, BOM）是一個典型的多對多遞迴關係，通常物料清單中的物料是由物料清單中其他物料所組裝成的，此種遞迴關係如圖5.12(a)所示。先將實體類型BOM轉換爲名爲BOM的關聯表，其主鍵爲itemNo。接下來，建立名爲MADE_OF的第二個關聯表，其主鍵有兩個屬性：第一個屬性的名稱與第一個關聯表的主鍵相同，爲itemNo；第二個屬性命名爲compNo。這兩個屬性都設爲外來鍵，其值都參考到BOM關聯表的主鍵itemNo。另外，關聯類型還擁有非鍵屬性quantity，也一併加入MADE_OF關聯表中。結果如圖5.12(b)所示。

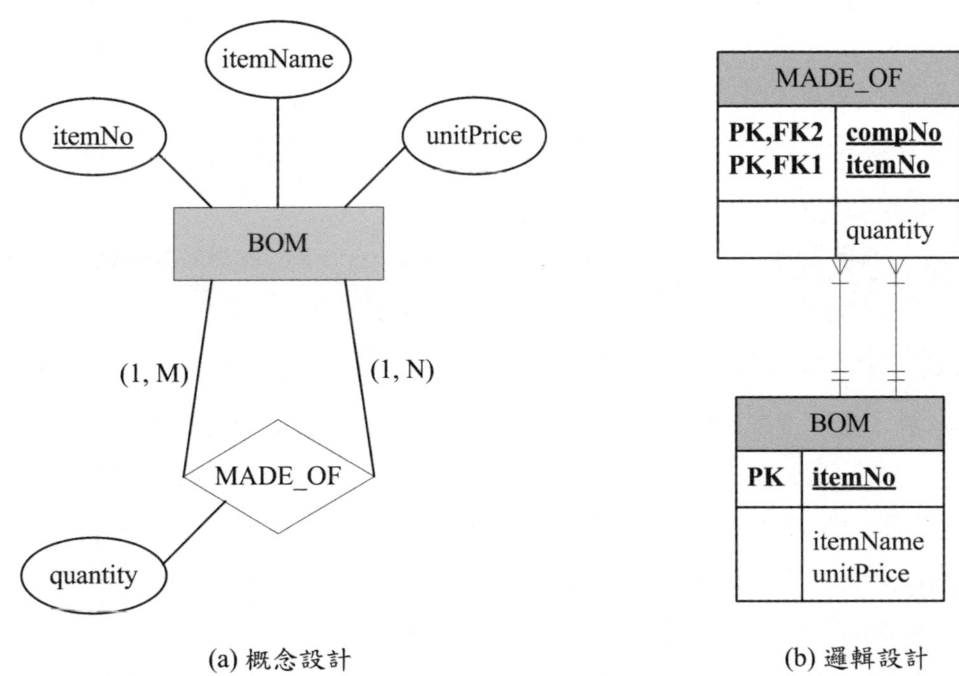

(a) 概念設計　(b) 邏輯設計

●圖5.12　多對多遞迴關係的轉換

一對一的遞迴關係

此種情況類似一對一的二元關係，但是只有一個實體類型，處理方式分爲三種，說明如下：

1. 一對一關係的兩端都是完全參與：此時，依據此實體類型，建立一個含有主鍵的關聯表，複製此主鍵並重新命名，將新命名的屬性加入關聯表中再設爲外來鍵，使其參考到原來的主鍵。
2. 一對一關係的一端是完全參與：此時的處理方式與上面的處理方式一樣，複製主鍵並重新命名，將新命名的屬性加入關聯表中再設爲外來鍵。
3. 一對一關係的兩端都是部分參與：處理方式如多對多的遞迴關係，以兩個關聯表處理此種狀況。

多元關係

如果關聯類型建立兩個實體類型間的關係，此種關係稱為二元關係；若關聯類型建立了三個實體類型間的關係，稱為三元關係（ternary relationship）；若關係涉及三個或更多實體類型，就可稱為多元關係。多元關聯類型的轉換步驟如下：

1. 將關聯類型建立成名稱為關聯類型名稱的新關聯表。
2. 所有相關關聯表的主鍵都加到新關聯表中，成為新關聯表的外來鍵，分別參考到對應關聯表的主鍵。
3. 通常，新關聯表的主鍵由其外來鍵共同組成，有時也會增加關聯類型的屬性共同組成主鍵。
4. 若關聯類型有簡單且單值屬性，也一併加入第二個關聯表中。

例如：圖5.13(a)為實體關聯圖，呈現了病患（PATIENT）、醫生（DOCTOR）與治療（TREATMENT）等實體類型的三元關係，連結此三個實體類型的是PATIENT_TREATMENT關聯類型。此實體關聯圖說明，病患接受某位醫生的治療，此治療可能經過多次的門診才完成治療療程。此實體關聯圖轉換為關聯表的過程說明如下：我們先將三個實體類型轉換為關聯表，再建立關聯類型的關聯表（PATIENT_TREATMENT），其中，drNo、patNo和trmCode等三個屬性分別來自於另三個關聯表的主鍵，並被指定為新關聯表的外來鍵。如果以drNo、patNo和trmCode作為主鍵是不夠的，因為一個療程包含不同日期的門診治療，因此再加入trmDate，共四個屬性作為關聯類型的主鍵。另外，關聯類型還有一個簡單屬性results也加入新關聯表中。結果如圖5.13(b)所示。

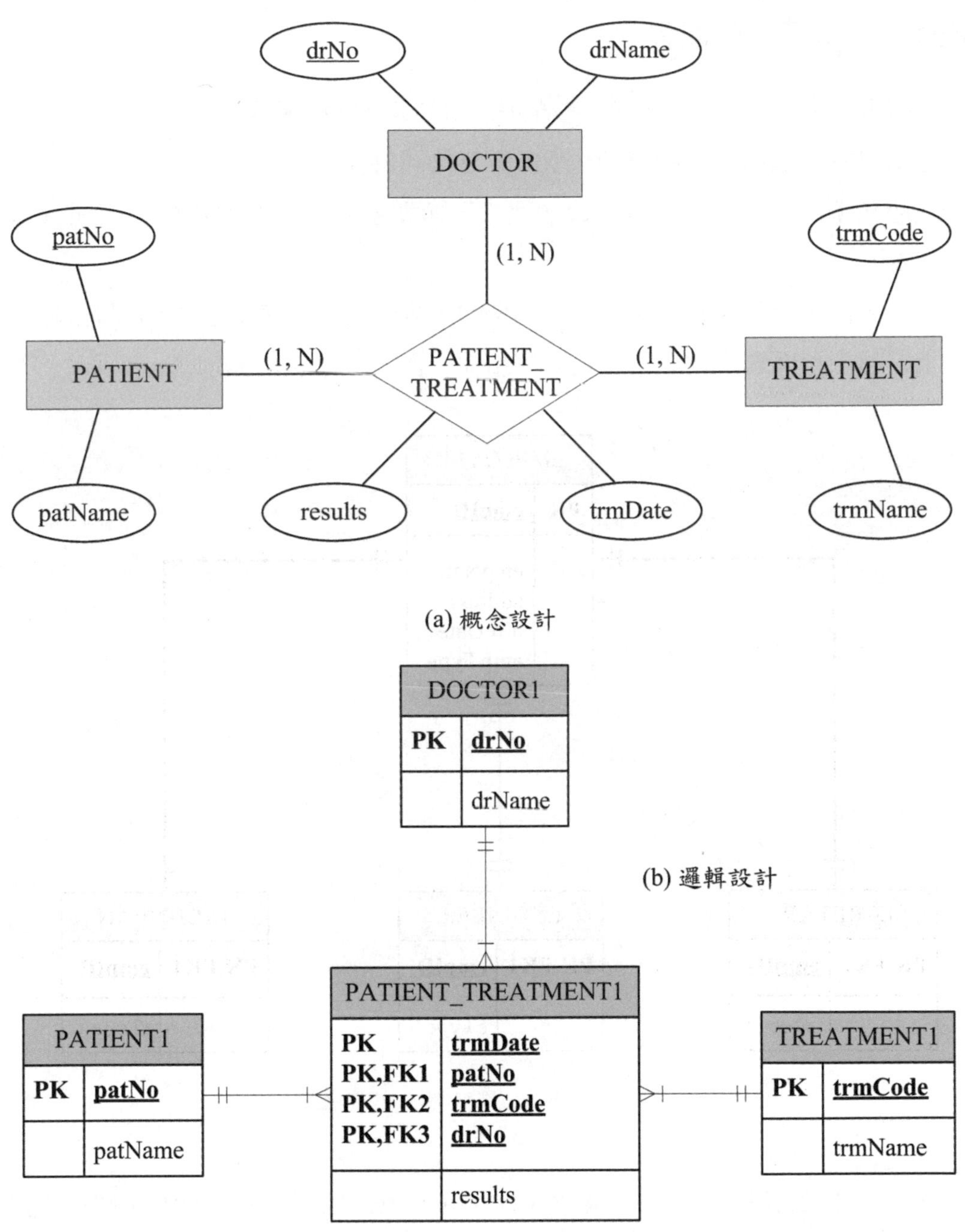

●圖5.13　多元關係的轉換

超類型與子類型的關係

超類型與子類型的關係轉換為關聯式資料模型的步驟如下：

1. 分別建立超類型和其所有子類型所對應的關聯表。
2. 在超類型的關聯表中，加入超類型／子類型所有成員的共同屬性，並且指定主鍵。
3. 在每一個子類型關聯表中加入超類型的主鍵，還有僅屬於該子類型的屬性。
4. 指定超類型關聯表內的一個或多個屬性，作為子類型的鑑別子。

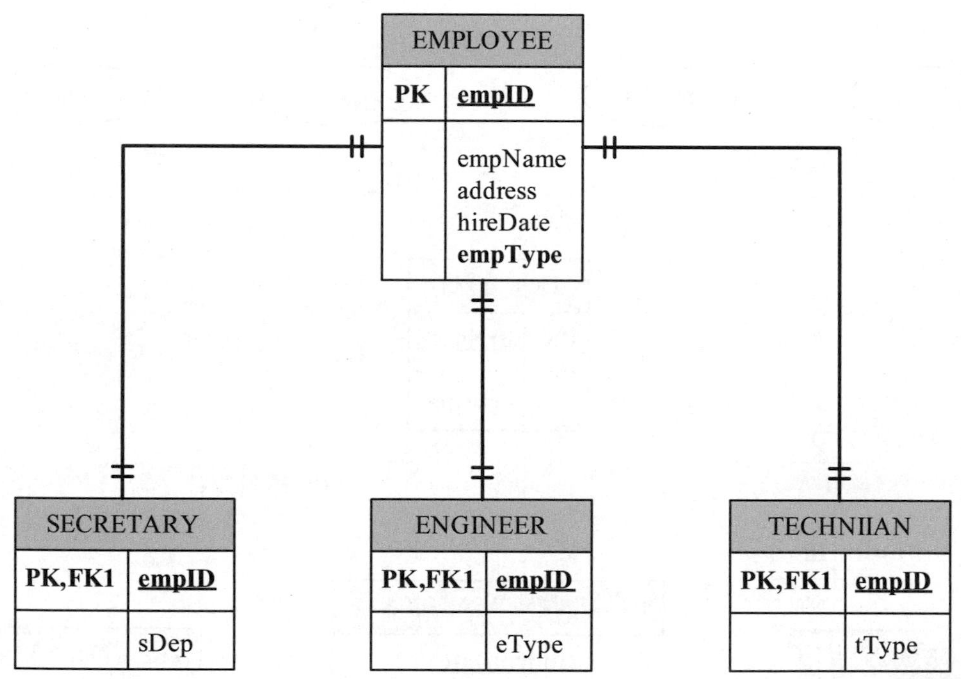

● 圖5.14 超類型與子類型關係轉換

例如，圖4.2顯示含有SECRETARY、ENGINEER與TECHNICIAN等三個子類型的EMPLOYEE超類型。我們建立EMPLOYEE關聯表，加入所有超類型／子類型的共同屬性empID、empName、address和hireDate，並且指定empID為主鍵，另外加入名為empType的屬性作為子類型鑑別子。我們也將三個子類型轉換為關聯表，都以empID為主鍵，並且也作為外來鍵，其值參考到超類型關聯表的主鍵，另外也在每個關聯表中加入專屬該子類型的屬性，結果如圖5.14所示。

5-4 範例

第3章圖3.34爲一家公司與專案有關的概念資料庫設計結果，我們運用關聯式模型的知識，利用本章描述的內容，進一步地進行邏輯資料庫設計，將實體關聯圖（圖3.34）轉換爲關聯表，結果如圖5.15與圖5.16所示。圖5.15採用了鴉爪標記法概念，呈現資料庫綱要；而圖5.16則採用了外來鍵參考圖表現了範例資料庫的綱要。

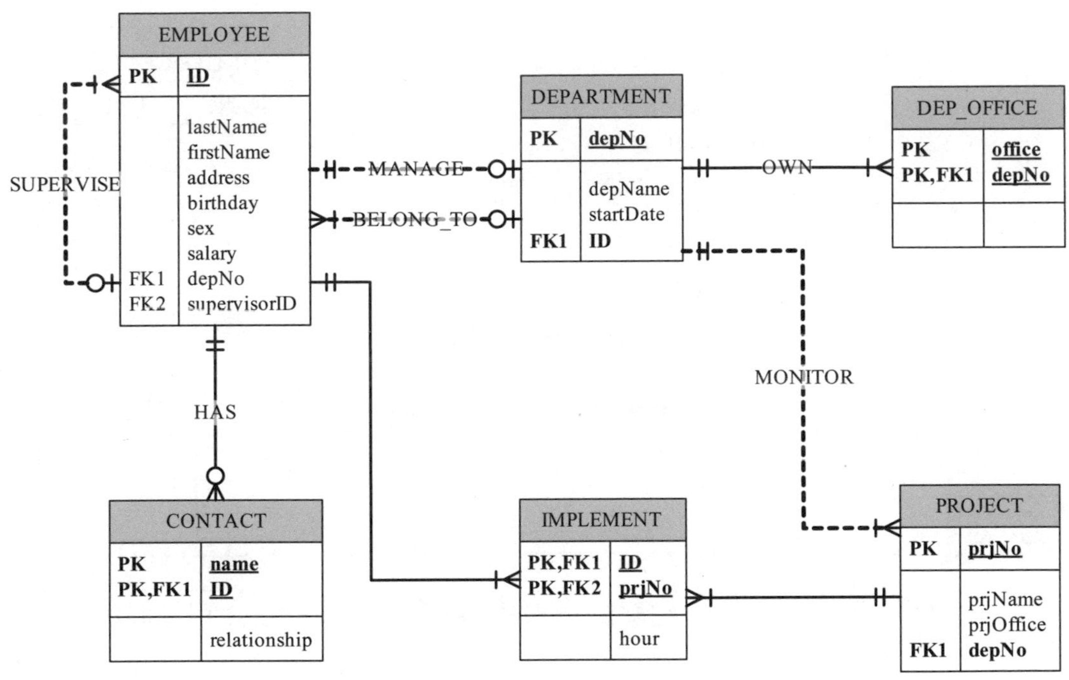

●圖5.15　以鴉爪標記法所呈現的邏輯資料庫設計成果

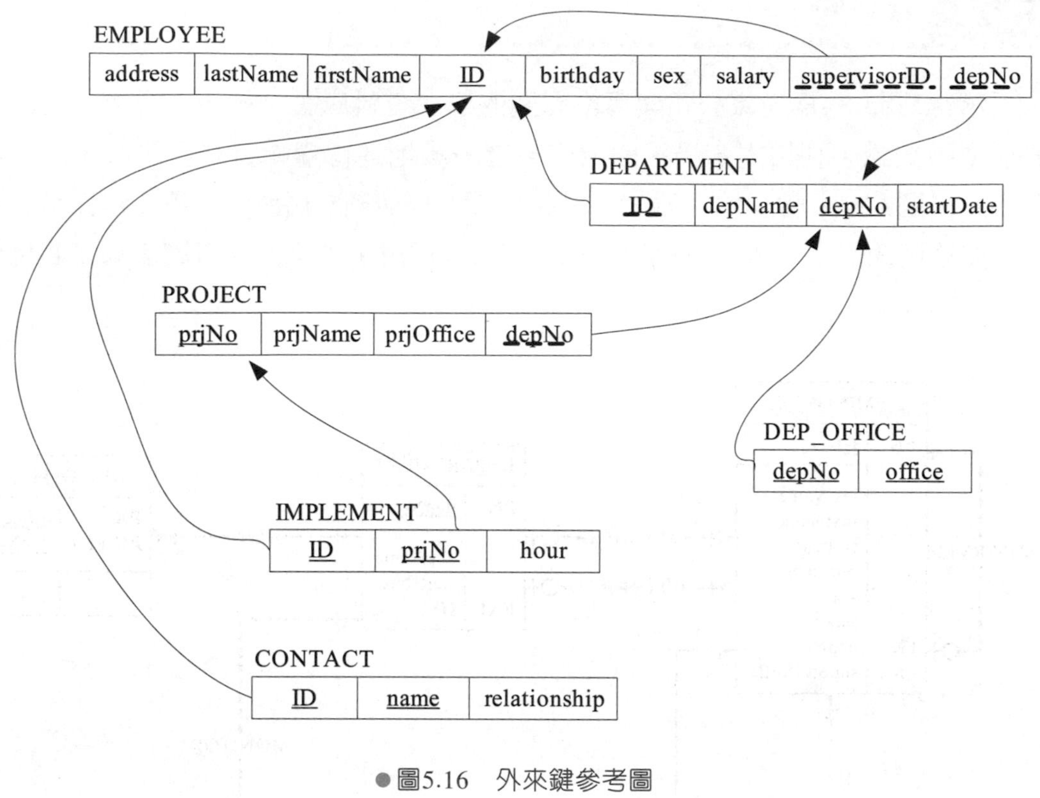

●圖5.16　外來鍵參考圖

結語

本章有兩個重點：一是關聯式資料模型基本概念；第二個是進行邏輯資料庫設計，進一步地將概念資料庫設計所得的實體關聯圖轉換爲邏輯資料庫綱要。本章開始時介紹關聯式資料模型，依據Codd博士於1969年所發表論文的內容，基本的關聯式資料模型包括：

- 資料結構
- 完整性限制
- 資料操作與運算，即關聯式代數與計算
- 正規化

本章僅說明關聯式模型在資料結構與完整性限制的概念。關聯式資料庫是由許多關聯表組成。邏輯上，關聯表的資料結構如同二維表格一樣，由行和列組成，這些關聯表的綱要最後組成資料庫綱要，邏輯資料庫設計就在得到資料庫綱要。關聯式資料模型另一個重點在資料的完整性限制，包括：

- 值域限制
- 實體完整性
- 參考完整性

這三種限制分別運用在實體屬性、實體本身和實體與實體間的關係，以避免資料在新增、刪除與修改時發生資料錯誤或資料不一致的現象。

本章另一個重點是邏輯資料庫設計，闡述如何將實體關聯圖轉換爲關聯表綱要，我們只要依循著本章說明的轉換步驟，就能得到關聯表綱要。依據各種狀況而有不同的程序，這些狀況有：

將實體類型轉換為關聯表綱要

1. 強實體類型的轉換，又依屬性種類而有不同的步驟
   (1) 簡單屬性
   (2) 複合屬性
   (3) 多值屬性
2. 弱實體類型的轉換

關聯類型的轉換

1. 二元關係
   (1) 一對一
   (2) 一對多
   (3) 多對多
2. 遞迴關係
   (1) 一對一
   (2) 一對多
   (3) 多對多
3. 多元關係
4. 超類型與子類型的關係轉換

延續第3章概念資料庫的成果，本章最後以一個公司專案管理資料庫設計範例來說明如何將實體關聯圖轉換爲關聯表綱要。在資料庫設計中，本章是很重要的章節，值得讀者再三閱讀與練習。

本章習題

一、選擇題

1. (　) 下列有關關聯式模型資料結構的說明何者為非？

   (A)邏輯上，是一個二維表格　(B)邏輯上，資料是以樹狀結構排列

   (C)就是一個關聯表　(D)由行和列組成

2. (　) 最早有關關聯式資料模型的論文是由誰提出來的？

   (A)Peter Chen　(B)Bill Gate

   (C)Michael Dell　(D)E.F. Codd

3. (　) 關聯表主要是由哪兩項所組成？1.關聯表綱要，2.實體關聯圖，3.關聯表實例，4.屬性

   (A)12　(B)24

   (C)13　(D)14

4. (　) 關聯表綱要主要包含哪兩項元素？1.關聯表實例，2.屬性名稱，3.關聯表名稱，4.資料結構

   (A)12　(B)23

   (C)13　(D)24

5. (　) 關聯表每一個屬性的值會有一個特定範圍，稱為？

   (A)值組　(B)屬性值域

   (C)實體實例　(D)屬性名稱

6. (　) 下列哪一選項的目的在確保每一個基底資料表都有一個主鍵，其數值都符合值域限制，而且不能是空值。

   (A)值域限制　(B)實體完整性

   (C)參考完整性　(D)資料型態

7. (　) 哪一種完整性限制條件限制了兩個關聯表實體間的關係？

   (A)值域限制　(B)實體完整性

   (C)參考完整性　(D)資料型態

本章習題

8. (　) 哪種機制可以用來維護兩個關聯表間資料的一致性？

(A)值域限制　(B)實體完整性

(C)參考完整性　(D)資料型態

9. (　) 當我們把下圖，轉換為關聯表綱要時，關聯表綱要共有幾個屬性？

(A)9　(B)7

(C)8　(D)6

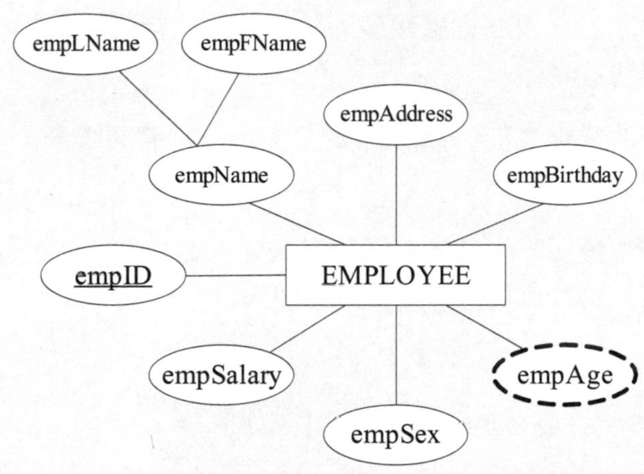

10. (　) 當我們把下圖，轉換為關聯表綱要時，共會產生幾個關聯表？

(A)1　(B)2

(C)3　(D)以上皆非

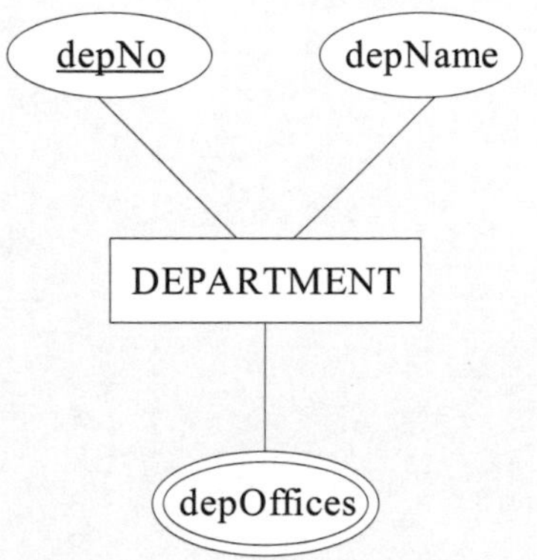

本章習題

二、設計題

1. 有顧客（CUSTOMER）與訂單（ORDER）兩個實體類型，其文字表示式如下：

   CUSTOMER（custID, custName, custAddr）

   ORDER（ordNo, ordDate）

   請試著回答下列問題：

   (1) 請寫出顧客和訂單兩個實體類型的業務法則，能讓我們根據此規則定義雙方的參與數和基數關係。

   (2) 請根據上述的業務法則，以Chen標記法繪出實體關聯圖，並在圖中標示參與數和基數關係。

   (3) 請將所得的實體關聯圖轉換爲關聯表綱要，並以鴉爪標記法和微軟Visio繪出關聯表綱要，另外再繪出外來鍵參考圖。

【提示】

1. 一位顧客可以下0、1或多張訂單；一張訂單只有一位顧客下訂。

本章習題

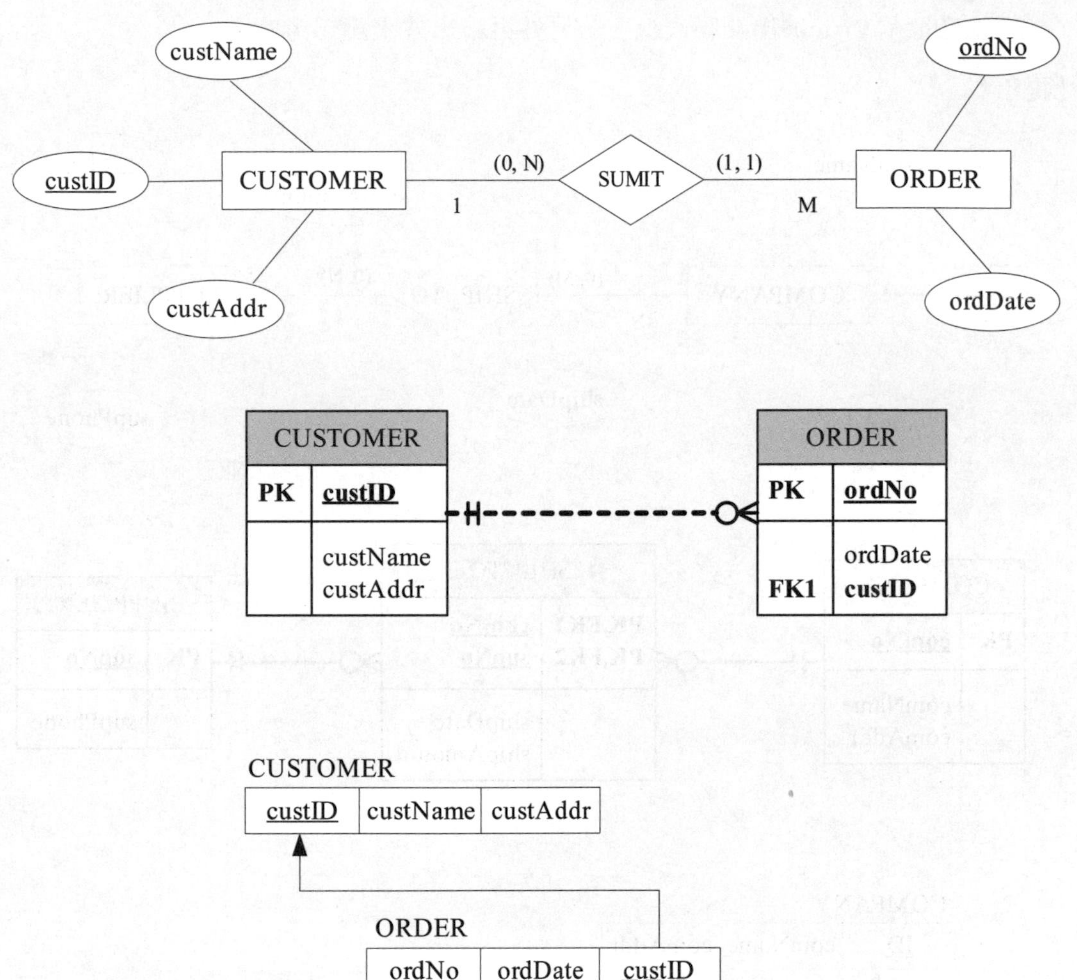

2. 有公司（COMPANY）與供應商（SUPPLIER）兩個實體類型，其資料表的文字表示式如下：

   COMPANY（comNo, comName, compAddr）

   SUPPLIER（supNo, supPhone）

   供應商會將公司訂購的零組件運送給公司，這個資料庫要記錄供應商運送給哪家公司，還有運送的日期和數量。

   (1) 請進行概念資料庫設計，繪出實體關聯圖。

   (2) 請進行邏輯資料庫設計，將實體關聯圖轉換爲關聯表綱要，請並以鴉爪標記

本章習題

法和微軟Visio繪出關聯表綱要，另外再繪出外來鍵參考圖。

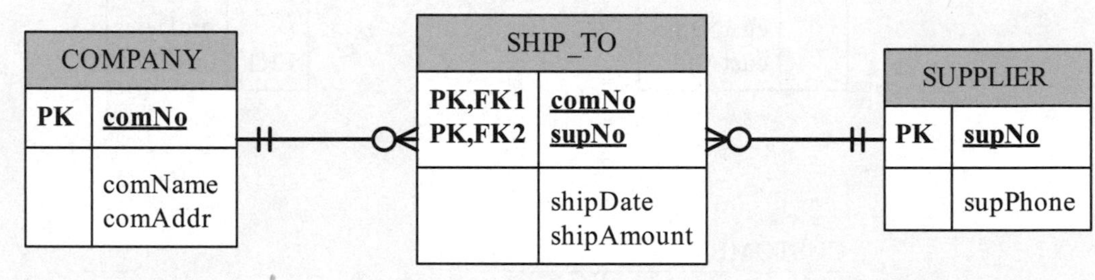

【提示】

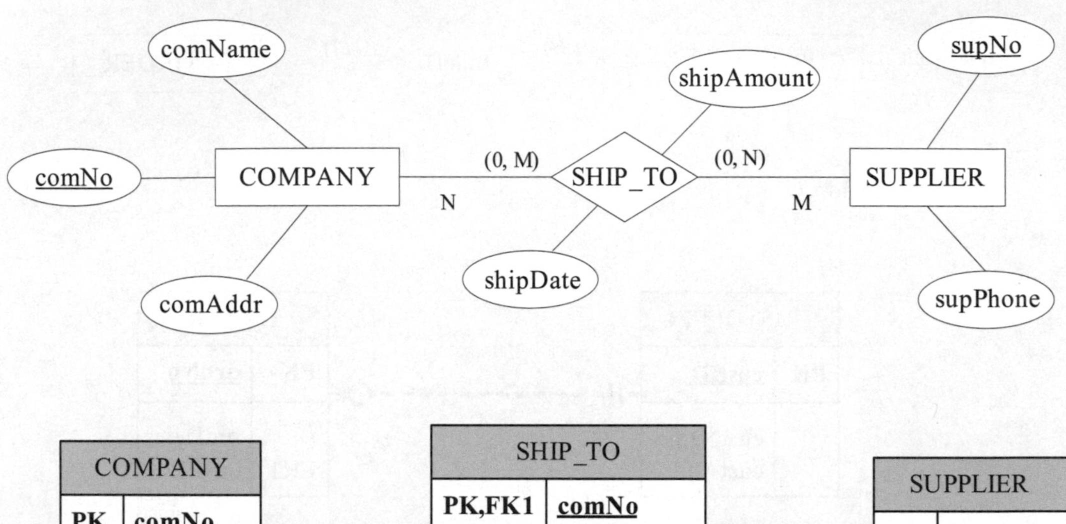

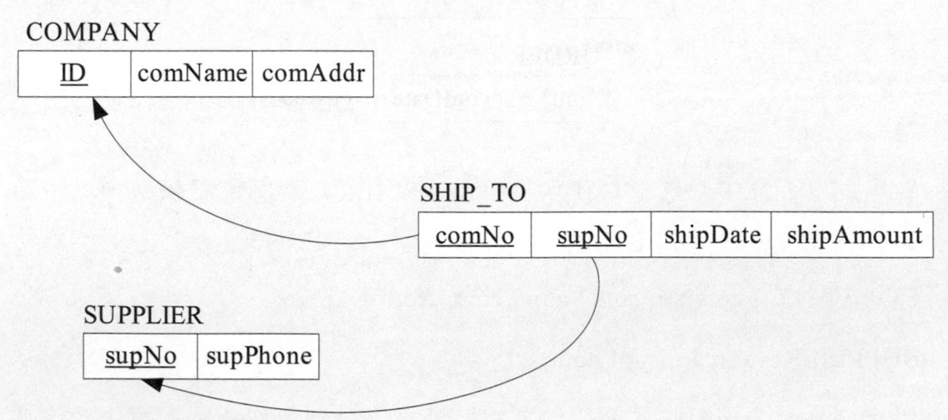

CHAPTER 06

正規化

學習目標 閱讀完後，你應該能夠：

- 描述功能相依的定義與種類
- 瞭解各階正規化的目的
- 進行正規化
- 繪出功能相依圖

從第3章到第5章已經探討過進行概念資料庫設計與邏輯資料庫設計時所用的實體關聯模型、進階實體關聯模型，和關聯式資料模型。藉由操作這些模型所得到的關聯式資料庫綱要，是由多個關聯表綱要所構成。到目前為止，我們假設這些關聯表綱要，是透過資料庫設計者的經驗與上述資料模型找出實體類型和相關屬性所得到的，我們還是需要某些方法來區別這個設計的關聯表綱要是優於另一個設計的，是不是有某些方法來評估這個設計比資料庫設計師直覺所得到的設計還適當？本章所探討的正規化正可以用來回答上述問題。正規化的主要目的如下：

1. 作為評估關聯式資料庫設計品質的標準
2. 運用正規化，讓屬性能更適當地分類至各個關聯表，有助於消除資料在新增、刪除和修改時的異常現象，減少資料錯誤與冗餘，並維護資料的一致性。

本章一開始介紹與正規化有關的功能相依。功能相依是評估將屬性分組為關聯表綱要是否適當的主要概念，本節也將說明鍵與功能相依的關係。接下來，說明正規化對資料庫設計的重要性，最後介紹正規化的步驟，依循這些步驟可以讓資料表符合第三正規化形式。

在第5章已說明了將概念資料庫設計的實體關聯圖轉換為屬於邏輯資料庫設計的關聯表綱要的步驟，所得的關聯表綱要也通常是**良好結構的關聯表**（well-structured relation）。何謂良好結構的關聯表？一個良好結構的關聯表包含最少的資料冗餘，也讓使用者在新增、刪除和更新資料表紀錄時不會產生資料錯誤和不一致的情況。但是，依第5章轉換實體關聯圖為關聯表的步驟，仍然不能保證資料一定正確和一致。因此，這些關聯表有時需進一步地處理，以消除資料錯誤等異常現象。處理的方法稱為「正規化」。**正規化**（normalization）是一個系統化的方法，用來評估並修正資料表結構（table structure），使得資料冗餘減至最少，因而有助於消除資料在新增、刪除和修改時的異常現象。換言之，正規化主要目的在：減少資料錯誤與冗餘，並維護資料的一致性。

正規化有多個階段，從第一正規化開始發展，至少有六或七個不同的階段被學者們提出來，而且每一階段都必須符合該階段的某些要求，這些要求稱為**正規化形式**（normal form）。正規化的前三個階段：第一正規化、第二正規化和第三正規化，是由關聯式模型的創建者Codd博士分別於1970年和1971年提出來的。隨後於1974年，Codd又與Raymond F. Boyce定義Boyce-Codd正規化（BCNF）。後來，許多學者定義了更高階的正規化形式。2002年，Chris Date等人就提出了第六正規化的理論。

資料庫設計過程中，正規化使用時機如下：

- 於概念資料庫設計階段，檢視實體關聯圖，決定是否進行正規化。
- 於邏輯資料庫設計，在轉換實體關聯圖為關聯表綱要後，檢驗各關聯表綱要是否符合正規形式之要求。
- 檢查舊有系統的資料表或檢視表（view）是否符合正規化形式。

我們會問：既然於概念資料庫設計階段會檢視實體關聯圖，修正不符合正規化要求之實體類型，那正規化到底屬於概念或邏輯資料庫設計呢？事實上，在關聯式資料庫設計中，概念資料庫設計與資料模型無關，邏輯資料庫設計則運用關聯式模型轉換實體關聯圖為關聯表綱要，而正規化（特別在第三正規化時）會使用關聯式模型中外來鍵的概念修正關聯表綱要，因此，嚴格來說，正規化不屬於概念資料庫設計，而應為邏輯資料庫設計之一環。

談論正規化前，有一個重要概念與正規化有關，即「功能相依」。功能相依可以協助資料庫設計師找出主鍵，並完成實體關聯圖的正規化。正規化這個有系統的方法是透過關聯表的分析，讓屬性更正確地分類至各關聯表，進而能符合更高的正規化形式；而正規化形式則是以功能相依和鍵屬性來定義的。因此，本章第1節說明何謂功能相依。

6-1 功能相依

功能相依是正規化的基礎，正規化在解決同一個資料表中兩個屬性或兩個屬性集合間的功能相依關係。

6-1-1 功能相依之定義

何謂**功能相依**（functional dependence）？

在資料表綱要中的兩個屬性集合A與B，若A可以決定B，我們就稱B功能相依於A，表示法為A→B。

何謂「A可以決定B？」質言之，透過A屬性的值能決定一個而且僅有一個B的值。如果A分別決定B、C與D，則以A→B, C, D表示；若A決定屬性集合{B, C, D}，則以A→{B, C, D}表示，以圖形來表示就成為**功能相依圖**（dependency diagram），如圖6.1所示。

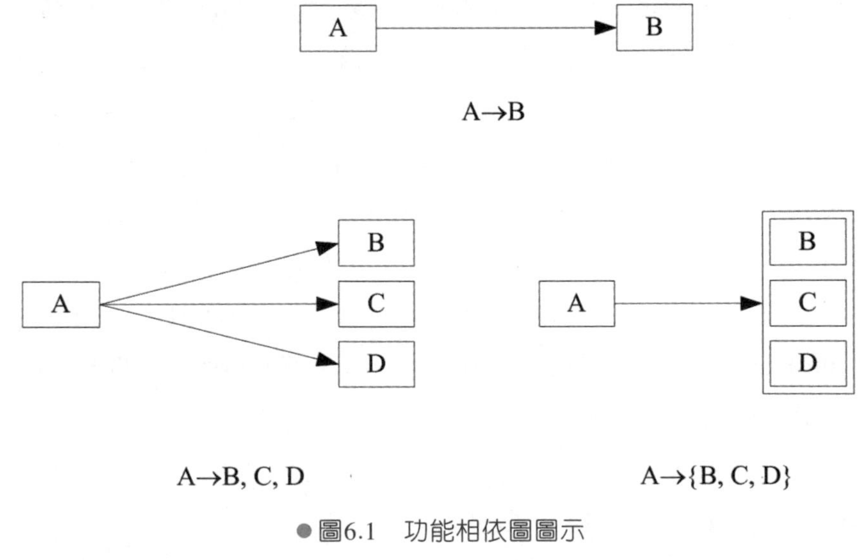

● 圖6.1　功能相依圖圖示

例如，表6.1爲一個資料表，記錄專案和員工的相關資料，包括專案編號（prjNo）、專案名稱（prjName）、員工編號（empID）、員工姓名（empName）、職稱（jobTitle）、時薪（chgHour）、工時（hours）等屬性。從表得知，該公司是以職稱來給付時薪，並記錄每位員工在專案的工作時數。

表6.1　員工與專案料表

prjNo	prjName	empID	empName	jobTitle	chgHour	hours
005	長榮通關	E103	周大海	電子工程師	1600	23
		E024	林顯要	資料庫設計師	2500	40
		E048	陳金玲	資料庫設計師	2500	16
		E215	阮大年	程式設計師	1400	36
		E245	張紅年	系統分析師	2200	14
012	華碩庫存	E245	張紅年	系統分析師	2200	18
		E024	林顯要	資料庫設計師	2500	21
		E332	徐豐義	庫存經理	1400	8
		E542	周大海	倉管作業員	1000	6
020	凌群生管	E215	阮大年	程式設計師	1400	65
		E665	羅新新	系統分析師	2200	24
		E048	陳金玲	資料庫設計師	2500	36
		E654	李信子	ERP規劃師	2000	25

從資料表可知，empID決定empName，或者empName功能相依於empID，表示爲empID→empName；例如屬性empID的值爲E245，藉由E245可以決定一個唯一的員工姓名一張紅年，資料表中，每一個E245都決定員工姓名張紅年。但是，empName能決定empID嗎？答案是不能的。表中的empName周大海對應到兩個empID（分別爲E103和E542），empName不能決定empID。資料庫設計時，可能有同名同姓的人，這些同姓名的人，不能有相同empID；任何兩位員工不會有一樣的empID。再仔細分析資料表內的資料，empID決定了empName、jobTitle與chgHour等屬性，而且{empID, prjNo}決定hours、jobTitle→chgHour，這些功能相依關係分別表示爲：

empID→empName

empID→empName, jobTitle, chgHour

{empID, prjNo}→hours

jobTitle→chgHour

功能相依的圖示如圖6.2。圖6.2(b)爲功能相依的第二種圖示。例如：當empID→empName時，以一條始於empID，終於empName的線條表示。

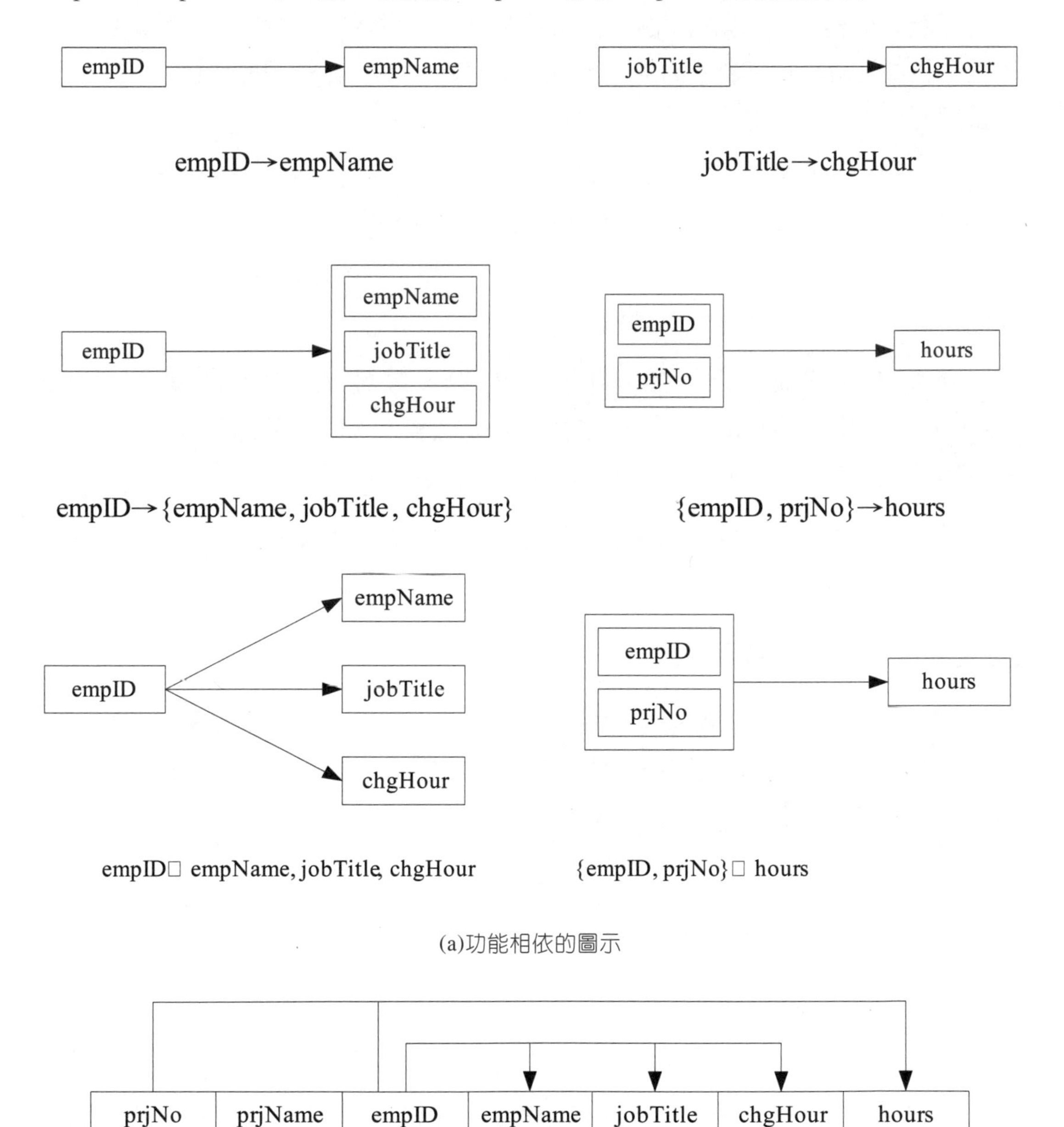

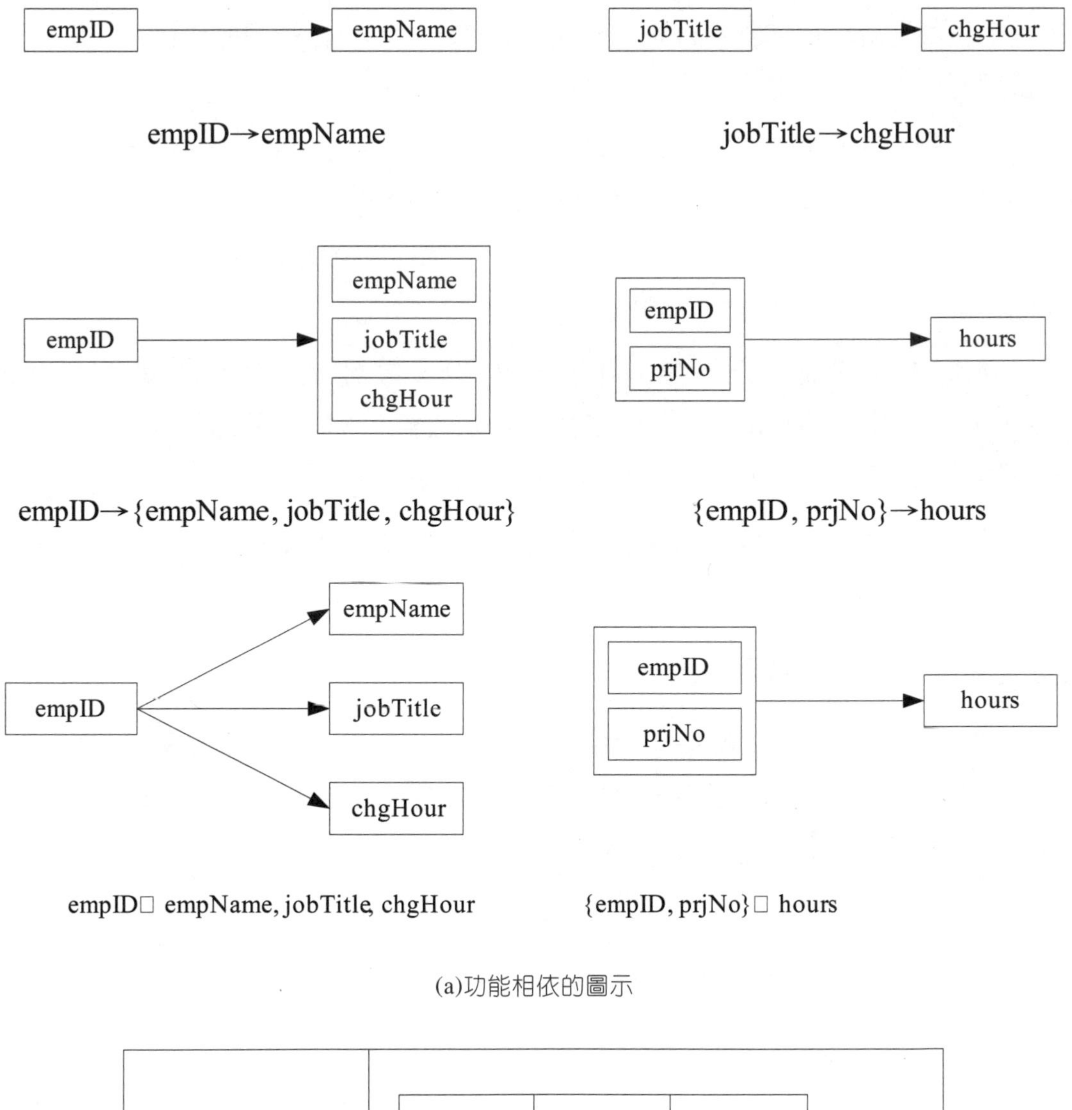

(a)功能相依的圖示

(b)另一種功能相依的圖示

● 圖6.2　功能相依圖範例

6-1-2 鍵與功能相依

「鍵（key）」可以由一個或多個屬性組成一個屬性。如果一個鍵是由多個屬性所組成，就稱此鍵爲**複合鍵**（composite key），複合鍵裡面的任何一個屬性都是鍵屬性。

鍵在資料表中扮演了一個重要的角色—決定（determination），由一個或多個屬性組成的鍵能決定或辨識其他所有屬性。淺顯地講，「如果我知道鍵的值，我就能告訴你其他屬性的值。」例如：「如果我知道一個員工的編號，我就能告訴你該員工其他屬性的值。」

在此值得一提的是：某一個資料表中，屬性集合A決定屬性集合B（A→B），但不一定能決定其他屬性；若屬性集合A是一個鍵，則A不僅決定B，還可以決定其他屬性；換言之，鍵A能決定其他所有屬性。

鍵有不同的分類，如：超鍵、候選鍵、主鍵等，無論如何分類，鍵的主要功能在辨識實體。

超鍵與部分功能相依

超鍵（superkey）能唯一地辨識每一個實體，超鍵功能決定實體的其他所有屬性。分析表6.1後得知，資料表的下列屬性或屬性集合都是超鍵，任何一個超鍵都能辨識出某一個特定的實體。

prjNo, empID

prjNo, empID, prjName

prjNo, empID, jobTitle, chgHour

例如：{prjNo, empID}={012,E542}僅能找出一組唯一的屬性值{prjName, empName, jobTitle, chgHour, hours}={華碩庫存, 周大海, 倉管作業員, 1000, 6}。事實上，{prjNo, empID}與資料表其他屬性的集合都是超鍵。如果我們可以把超鍵屬性集合中的部分屬性，從集合中去除，剩下的屬性集合仍然能唯一地辨識每一個實體，則這些被刪除的屬性對辨識實體來說是多餘的。超鍵的此一特性和部分功能相依有相同的概念。何謂部分功能相依呢？

部分功能相依（partial functional dependency）：兩個屬性集合X與Y間具有X功能決定Y（X→Y）的關係，若從X中去除任何屬性，剩下屬性所成的集合仍然功能決定Y，則我們稱X→Y爲部分功能相依。例如：{prjNo, empID, jobTitle, chgHour}→{empName, hours}就是部分功能相依，因爲，把chgHour去除，剩下的屬性集合{prjNo, empID, jobTitle}仍然可以決定{empName, hours}；縱然將jobTitle和chgHour都去除，還是有{prjNo, empID}→{empName, hours}的關係。

主鍵、候選鍵與完全功能相依

候選鍵（candidate key）不僅能唯一地辨識每一個實體，而且組成候選鍵的屬性集合中沒有任何多餘的屬性。換言之，刪除候選鍵中任一個屬性，將使得剩下的屬性集合無法辨識實體了。超鍵能唯一地辨識實體，去除部分屬性還是能辨識；而候選鍵不僅能唯一地辨識，而且其屬性個數最少，不能再減了。簡單地說，超鍵符合唯一性，候選鍵符合唯一性和最少性。候選鍵的此一特性和完全功能相依有相同的概念。何謂完全功能相依呢？

完全功能相依（full functional dependency）：兩個屬性集合X與Y間具有X功能決定Y（X→Y）的關係，若從X中去除任何屬性，剩下屬性所成的集合不能再功能決定Y，則我們稱X→Y爲完全功能相依。

參考表6.1，屬性集合{prjNo, empID}功能決定另一個屬性hours，當我們在{prjNo, empID}中去除屬性prjNo，則empID就不能功能決定hours了，所以，{prjNo, empID}→hours爲完全功能相依。例如：由{prjNo, empID}={012,E024}，我們可以知道hours = 21；但是，當刪除prjNo後，由empID = E024，可以知道hours等於21或40，無法唯一地辨識一個hours的值。

主鍵和候選鍵是有關係的，因爲我們會從多個候選鍵中選擇一個，成爲資料表的主鍵。例如：假設關聯表EMPLOYEE的結構如下：

EMPLOYEE（ID, name, address, tel, birthday）

從EMPLOYEE資料表中找到ID與{name, tel}等兩個候選鍵，都可以被選爲資料表的主鍵，但是因爲一個資料表只有一個主鍵，我們只能從這兩個候選鍵選出一個。於本例，由於涉及查詢速度，通常選擇屬性較少的候選鍵ID爲主鍵，而所有其他屬性都完全功能相依於此主鍵。

遞移相依

除了完全功能相依和部分功能相依外，還有一種功能相依關係存在於屬性集合間，我們稱爲遞移相依。遞移相依意指：

關聯式資料庫的資料表中有A、B和C等三個屬性集合，若此三者存有A→B和B→C的關係，則可推導出A→C。此時，屬性集合A和C的相依性稱爲**遞移相依**（transitive dependency）。

例如表6.1的資料表中，知道員工編號（empID）也就能知道他的職稱（jobTitle），換言之，empID功能決定jobTitle（empID→jobTitle），而且jobTitle也功能決定chgHour（jobTitle→chgHour），則可得知empID→chgHour；此時，empID和chgHour兩個屬性爲遞移相依。圖6.3是這三個屬性間的功能相依圖。

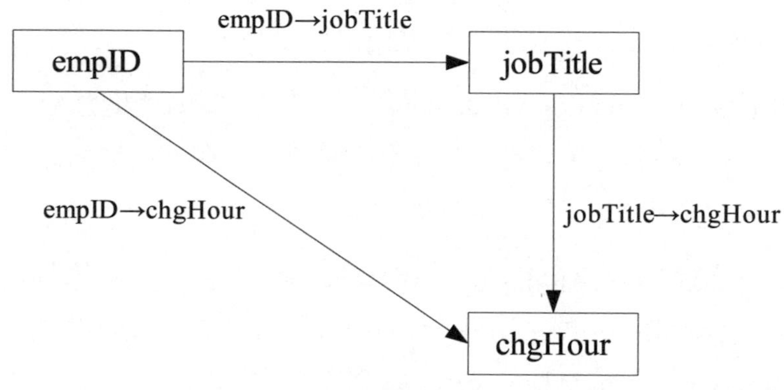

●圖6.3　遞移相依的範例

6-2 爲什麼要正規化

我們已經知道，資料庫設計有兩種策略：一是由上而下（top-down）；另一種是由下而上（bottom-up）。由上而下的設計策略先識別系統範圍內的實體類型和屬性，然後是實體類型間的關係，再進而得到系統的實體關聯圖。一個實體關聯圖是由眾多實體類型和關聯類型所組成，這些實體類型和關聯類型會被轉換爲關聯式資料模型中的關聯表綱要，轉換的步驟請參考第5章的內容。換言之，本書的第3章和第4章正說明了一個由上而下的資料庫設計策略與實施方法，跟隨著第5章的內容轉換實體關聯圖爲關聯表綱要時，基本上，就已經完成第一、第二與第三正規化了。但是，爲了愼重起見，還是必須檢查關聯表，如果某些關聯表不符合正規化形式，應再以正規化理論修正之。

另一種資料庫設計策略是由下而上，它是從特定的細節或屬性著手，分析這些細節的關係而辨識出實體類型，還有實體類型間的關係。通常設計師會先收集使用者和舊系統互動時需要用到的報告或表單，分析它們的內容，再決定哪些資料需存入資料庫。事實上，正規化主要應用在由下而上設計策略。無論如何，我們還是必須了解正規化理論，以用於檢查由上而下的設計成果，或是依循正規化理論，進行由下而上的資料庫設計。

正規化是有步驟的，而且一定要從第一正規化開始，當資料表符合第一正規化形式（First Normal Form, 1NF）後，再進行第二正規化；符合第二正規化形式（Second Normal Form, 2NF）後，再進行更高階的正規化，並符合這些正規化的要求。當進行到某一正規化階段時，實體關聯圖一定已經符合前面所有階段正規化的要求。例如：當進行第三正規化時，關聯圖一定已經符合了1NF和2NF的要求了。但是，到底要進行到第幾階正規化呢？通常，當第三正規化結束時，此關聯表就已經被認爲是「正規化」了。大部分符合第三正規化形式（Third Normal Form, 3NF）的關聯表已經不會發生新增、刪除和修改的異常現象，而且符合BCNF、4NF和5NF的要求，因此，資料庫的概念設計通常止於第三正規化，故本書也僅說明到此一階段，更高階的正規化請參考其他專書或論文。

我們的資料庫設計要進行正規化嗎？舉一例說明：圖6.4是爲了進行資料庫設計所收集到的表單範例，我們也收集了屬於此表單的相關資料，例如員工編號、姓名等等，把這些資料記錄在資料表內，成爲圖6.5。由資料表知道，專案是由多位員工共同完成的，一位員工可以執行多個專案，但是一個員工的資料在某個專案只出現一次。也由於{prjNo, empID}功能決定其他屬性，因而可能是主鍵。這些原則可以從表單紀錄中歸納出來；當然也可以從企業員工訪談中，歸納這些業務法則。

HiCom專案成員表

專案編號：005

專案名稱：長榮通關

員工編號	姓名	職稱	時薪	專案時間
E103	周大海	電子工程師	1600	23
E024	林顯要	資料庫設計師	1600	23
E048	陳金玲	資料庫設計師	1600	23
E215	阮大年	程式設計師	1600	23
E24	張紅年	系統分析師	1600	23

● 圖6.4　專案成員表單

然而，像圖6.5這樣的資料表將使得資料處理時，如新增、刪除或修改資料，發生異常現象，因而必須正規化，以精鍊前一階段資料庫設計（概念資料庫設計）的結果，完成符合關聯式資料庫要求的資料庫設計。操作圖6.5的資料時會發生哪些異常現象呢？

空值

連帶地刪除了專案012的資料

prjNo	prjName	empID	empName	jobTitle	chgHour	hours
005	長榮通關	E103	周大海	電子工程師	1600	23
		E024	林顯要	資料庫設計師	2500	40
		E048	陳金玲	資料庫設計師	2500	16
		E215	阮大年	程式設計師	1400	36
		E245	張紅年	系統分析師	2200	14
~~012~~	~~華碩庫存~~	~~E245~~	~~張紅年~~	~~系統分析師~~	~~2200~~	~~18~~
		E024	林顯要	資料庫設計師	2500	21
		E332	徐豐義	庫存經理	1400	8
		E542	周大海	倉管作業員	1000	6
020	凌群生管	E215	阮大年	程式設計師	1400	65
		E665	羅新新	系統分析師	2200	24
		E948	陳金玲	資料庫設計師	2500	36
		E654	李信子	ERP規劃師	2000	25
		E921	岳台生	系統分析師	2200	

修改了empID，但忘了其他的也要修改

新增此員工的資料是無意義的

●圖6.5　轉換表單為資料表

1. 明顯地，prjNo是鍵屬性，爲主鍵的一部分，但它卻含有空值。例如：員工E215所執行的005專案，在prjNo屬性上沒有值，不符合關聯式資料庫對主鍵的要求，關聯式資料庫的實體完整性限制指出，主鍵不能是空值。
2. 新增異常：當新增一筆員工E921的資料時，這筆紀錄沒有prjNo的值。此種狀況顯示，這位員工和專案是無關的，既然無關，又爲什麼要在此資料表中新增此筆資料呢？這項操作是沒有意義的。
3. 刪除異常：有一天，編號E245的員工離職，要刪除其資料，此一動作連帶地刪除了012專案，以後想知道有關012專案的訊息也無從查起了。
4. 修改異常：若欲將員工編號E048變爲E948時，只修正了某一筆紀錄的編號，而忽略了其他有相同員工編號的紀錄，發生同一位員工有E048和E948兩個編號的不一致現象，此現象在現實中是不被允許的，也不應發生在關聯表中。

除了上述的異常現象外，圖6.5所示的資料表設計還有缺點。其中之一是資料輸入的無效率和資料錯誤增加。例如：在資料表內輸入一筆新紀錄{035, 鼎上人資, E654, 李信子, ERP規劃師, 2000, 12}，此筆有關035專案的紀錄在員工資料方面（如E654, 李信子, ERP規劃師, 2000等資料）已經在020專案出現過，但是仍然必須輸入與員工相關的所有資料。這些重複出現的資料如果不必輸入，將減少鍵入資料的時間，提高資料輸入效率，也因爲輸入的資料量減少，也降低輸入資料時的錯誤。這些情況都使得類似圖6.5的資料表必須做更進一步地修正與設計，修正的方法就與資料表的正規化有關了。

6-3 第一正規化

Codd指出，當關聯表未能符合第一正規化形式時，若使用SQL查詢或操作資料，將使得過程變得相當複雜，因此有必要進行第一正規化。例如：圖6.5中，有三個專案重複群組（repeating group）。當某筆紀錄擁有鍵屬性，而且也存有其他多值屬性時，此筆紀錄就是一個重複群。例如：專案編號005是一個鍵屬性，在此鍵屬性下，有empID、empName、jobTitle、chgHour和hours等五個多值屬性，以005專案編號衍生出5筆資料，因此，專案005是一個重複群組；準此，編號012和020之專案也是一個重複群組。當企業要利用電腦計算某位員工於所有專案的總工作時數時，必須先將每個重複群組解開，成爲一筆筆單一紀錄，然後再將屬於該位員工的工時數加總，若使用SQL來處理這樣的過程，是相當複雜的。

爲了讓相關查詢動作更容易，應該先處理此複雜的關聯表結構，該如何處理呢？Codd博士認爲應消除重複群的存在，因而提出了第一正規化形式。符合第一正規化形式的關聯表有下列特性：

在關聯表中不允許有多值屬性和複合屬性，即每個屬性不僅爲單值屬性，而且是簡單屬性。

我們需進行第一正規化，讓資料表符合上述第一正規化形式之要求。在進行第一正規化之前，我們必須先將表單（例如圖6.4）的內容以資料表（如圖6.5）的形式呈現出來，將表單的資料項記錄成欄位的標頭，表單的資料則一列列地記錄在資料表中。

第一正規化之步驟通常有去除重複群組、選出候選鍵和畫出功能相依圖等三個步驟：

1. **去除重複群組**：先以表格顯示資料，再將多值屬性分開儲存為多筆含有鍵值的紀錄，而且去除複合屬性，僅記錄組合複合屬性的多個簡單屬性。
2. **選出候選鍵**：從資料表中選出候選鍵，作為主鍵的候選人。
3. **畫出功能相依圖**：找出資料表所有屬性間的相依性，以判斷是否進行下一階段的正規化。

我們以圖6.5所示的資料表為例，說明第一正規化的過程。第一步先去除重複群組。專案編號（prjNo）005對應到E103、E024、E048、E215和E245等多個empID，為多值屬性，故應該對這樣的資料先做處理，讓每一個專案編號只對應到一個empID，圖6.5經過此步驟處理後得到表6.2。事實上，執行了第一正規化的第一個步驟後，結果的表6.2已經符合第一正規化形式了。接下來的兩個步驟，主要還是在判斷經過第一個步驟處理後的資料表是否需進行下一階段的正規化。

表6.2 第一正規化

prjNo	prjName	empID	empName	jobTitle	chgHour	hours
005	長榮通關	E103	周大海	電子工程師	1600	23
005	長榮通關	E024	林顯要	資料庫設計師	2500	40
005	長榮通關	E048	陳金玲	資料庫設計師	2500	16
005	長榮通關	E215	阮大年	程式設計師	1400	36
005	長榮通關	E245	張紅年	系統分析師	2200	14
012	華碩庫存	E245	張紅年	系統分析師	2200	18
012	華碩庫存	E024	林顯要	資料庫設計師	2500	21
012	華碩庫存	E332	徐豐義	庫存經理	1400	8
012	華碩庫存	E542	周大海	倉管作業員	1000	6
020	凌群生管	E215	阮大年	程式設計師	1400	65
020	凌群生管	E665	羅新新	系統分析師	2200	24
020	凌群生管	E048	陳金玲	資料庫設計師	2500	36
020	凌群生管	E654	李信子	ERP規劃師	2000	25

第一正規化的第二步驟是選出候選鍵。表6.2中任何一個單獨的屬性都無法成為候選鍵。例如：prjNo是候選鍵嗎？透過prjNo的值可以辨識出一個prjName，但是卻有五個empName、empID與之對應，因此prjNo不是候選鍵。再仔細分析，屬性集合{prjNo, empID}能唯一地辨識出表6.2的其他屬性，且僅有兩個屬性組成此屬性集合，屬性個數最少，因此可選擇為候選鍵，藉由此候選鍵能辨識資料表中的任一屬性與實體。表示如下：

{prjNo, empID}→prjName, empName, jobTitle, chgHour, hours

找出候選鍵後，第一正規化的最後一個步驟是檢視表6.2所含屬性間的相依性而畫出其功能相依圖。因為屬性集合{prjNo, empID}為候選鍵，所以功能決定所有其他屬性。我們以候選鍵{prjNo, empID}初步地畫出其功能相依圖如圖6.6所示。屬性間有下列的功能相依：

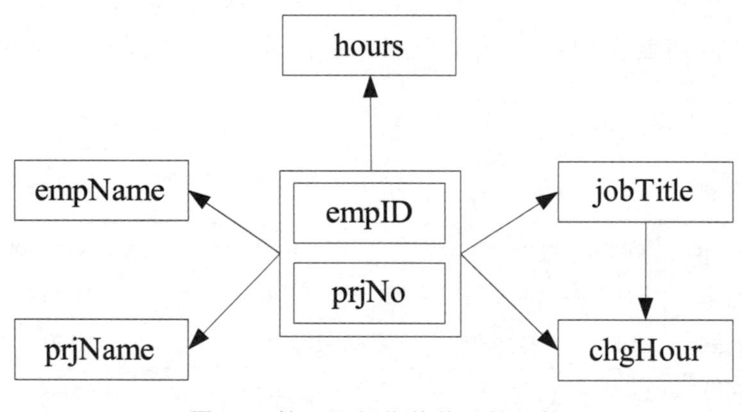

● 圖6.6　第一正規化後的功能相依圖

{prjNo, empID}→hours

{prjNo, empID}→empName, prjName, jobTitle, chgHour

{prjNo, empID}→chgHour

其中，

- {prjNo, empID}→hours為完全功能相依。
- {prjNo, empID}→empName, prjName, jobTitle, chgHour為部分功能相依。我們從屬性集合{prjNo, empID}中去除prjNo，empID仍然能決定empName；例如：{prjNo, empID}={'005', 'E105'}時，可決定empName='周大海'，從中去除'005'，僅從E105還是可以知道empName='周大海'，因此，{prjNo, empID}→empName是部分相依。

- {prjNo, empID}→chgHour爲遞移相依。因爲{prjNo, empID}→jobTitle，且jobTitle→chgHour，故{prjNo, empID}→chgHour爲遞移相依。

符合第一正規化形式的表6.2是否需更進一步地正規化？分析表6.2發現，對此資料表進行資料操作，仍然有異常現象：

- 新增異常：如果有一天，公司又進行了一個新專案，專案編號爲030，我們必須爲此專案輸入多筆參與員工的紀錄，其中一筆員工資料是{E048, 陳金玲, 資料庫設計師, 2500}，這些資料已經存在於原有資料表中，重複輸入，不僅浪費儲存設備的空間，也容易輸錯資料。
- 更新異常：如果我們把資料庫設計師的時薪增加到2800時，就必須更新資料表中職稱爲「資料庫設計師」的所有紀錄，遺漏任何一筆紀錄，都導致資料不一致的現象。

上述兩種異常現象中，新增異常是由於專案資料與員工資料放在一起的部分相依所引起的；更新異常則是比部分相依更複雜的遞移相依（如{prjNo, empID}→chgHour）所引起的，因此，表6.2需要更進一步地處理。

6-4 第二正規化

當第一正規化完成後，若資料表的屬性間有部分功能相依，應將這些關係轉爲完全相依。換言之，第二正規化在處理資料表屬性間的部分功能相依，將多餘的鍵屬性去除，使其關係成爲完全功能相依。其步驟如下：

1. 將候選鍵中多餘的鍵屬性去除，判斷新鍵屬性與其他屬性間的功能相依性，畫出新的功能相依圖。
2. 依據功能相依圖，將完全功能相依的屬性，建立一個或多個新資料表。

完成第二正規化後的資料表應該符合第二正規化形式。如下：

- 資料表的所有屬性應符合第一正規化形式
- 資料表的所有非鍵屬性完全功能相依於主鍵

例如：經過第一正規化後的資料表（表6.2）有下列的功能相依關係：

{prjNo, empID}→empName, prjName, jobTitle, chgHour

分析{prjNo, empID}與empName間的相依關係發現，去除{prjNo, empID}中的鍵屬性prjNo後，empID仍然決定empName，因此，

{prjNo, empID}→empName

爲部分相依；而empID→empName爲完全相依。圖6.7爲prjNo, empID與empName間的功能相依圖，當我們把候選鍵中的屬性prjNo從圖中刪除，發現empID仍然決定empName，此刪除動作將原本部分相依的關係化爲完全相依。

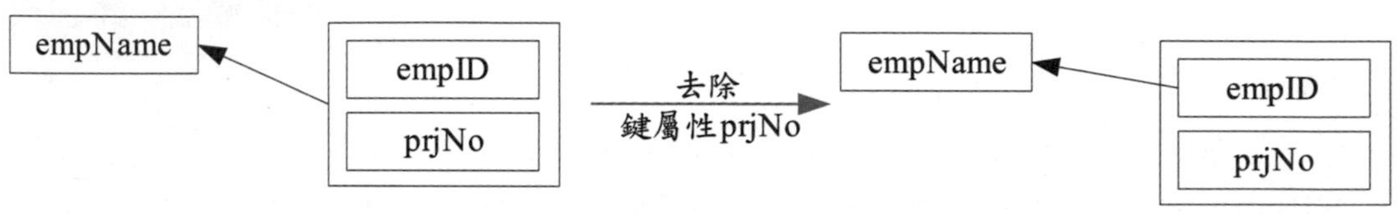

● 圖6.7　prjNo, empID與empName間的功能相依圖

同理，經過分析後，{prjNo, empID}→jobTitle, chgHour爲部分相依，我們把prjNo刪除後，發現empID→jobTitle, chgHour變成完全相依；原本{prjNo, empID}→prjName爲部分相依。把empID刪除後，prjNo→prjName變成完全相依。經過上述動作後，重新繪製功能相依圖，結果如圖6.8所示，此圖顯示了下列的功能相依性：

empID→empName, jobTitle, chgHour（完全相依）

prjNo→prjName（完全相依）

{prjNo, empID}→hours（完全相依）

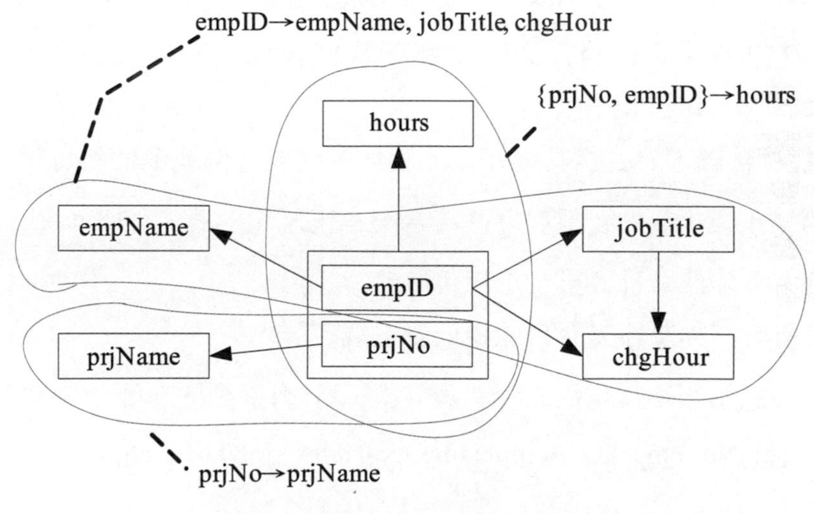

● 圖6.8　第二正規化的功能相依圖

接下來，依據新的功能相依圖6.8，將其中所有的完全功能相依，分別建立新的資料表。因爲本例中有三個完全功能相依，因此建立三個新資料表。我們把empID、empName、jobTitle與chgHour放在同一個資料表中。同理，也把prjNo和prjName置於另一個資料表中；而{prjNo, empID}→hours原本就是完全功能相依，無法再切割出其他資料表。第二正規化將第一正規化後的一個資料表變爲下列三個資料表。另外，指定名稱與主鍵給每一個資料表後，結果如下列表示式，第二正規化後的外來鍵參考圖如圖6.9所示。

EMPLOYEE(empID, empName, jobTitle, chgHour)

PROJECT(prjNo, prjName)

WORK_ON(empID, prjNo, hours)

現在我們有EMPLOYEE和PROJECT等兩個實體類型，一個將這兩個實體類型關聯在一起的關聯類型爲WORK_ON。WORK_ON中的empID與prjNo屬性爲外來鍵，分別參考到EMPLOYEE的empID和PROJECT的prjNo，而且empID與prjNo兩個屬性組合成WORK_ON的主鍵。

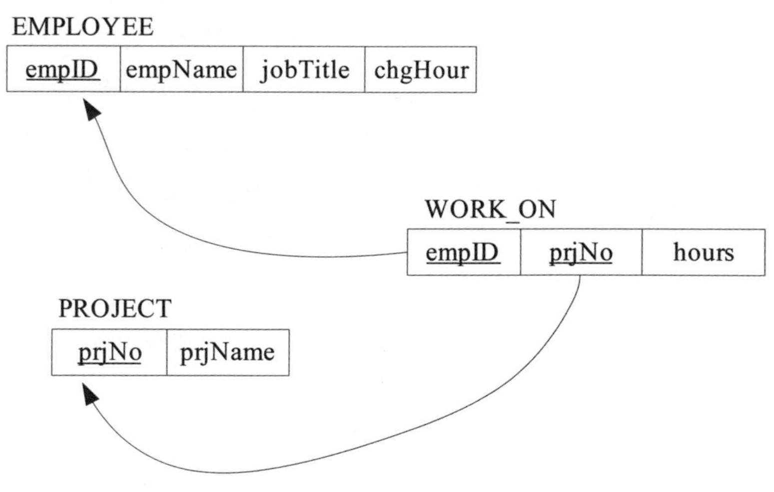

●圖6.9　第二正規化後的外來鍵參考圖

6-5 第三正規化

當第二正規化完成後，若資料表屬性間存有遞移相依的關係，就必須進行第三正規化，以消除此遞移相依。第三正規化的步驟如下：

1. 資料表中，不是鍵屬性的屬性裡面，若有屬性能決定其他屬性，則以此屬性爲主鍵，建立一個新的資料表。
2. 將功能相依於此主鍵的屬性，從舊資料表移到新資料表。
3. 將新資料表的主鍵放在舊資料表中，並設爲外來鍵，參考到新資料表的主鍵，以建立新、舊資料表間的關係。

完成第三正規化後的資料表應該符合了第三正規化形式。如下：

- 資料表所有屬性應符合第二正規化形式
- 資料表屬性間沒有遞移相依關係

從功能相依圖6.10能清楚地看到，下列資料表：

EMPLOYEE（empID, empName, jobTitle, chgHour）

中的empID、jobTitle和chgHour等三個屬性的功能相依性呈現出一個三角形，表示此三個屬性爲遞移相依。遞移關係會發生資料庫操作的異常現象。例如：當員工的職務（jobTitle）所對應的時薪（chgHours）改變時，每一位具相同職務的員工的時薪都必須被修正。如果某些符合時薪修正條件的員工紀錄忘了修正，就產生資料不一致的情況了。因此，必須對資料表EMPLOYEE進行第三正規化。

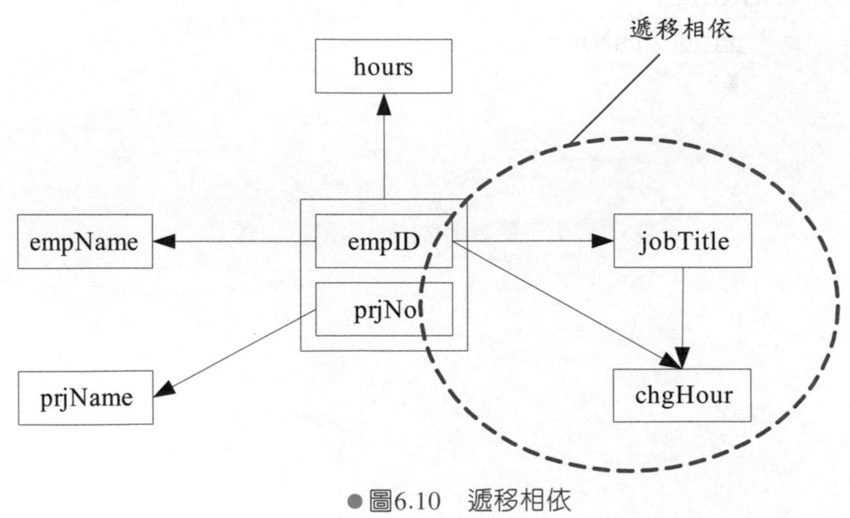

●圖6.10　遞移相依

分析圖6.10知道，屬性jobTitle與chgHour都不是鍵屬性，但是jobTitle功能決定chgHour，因此，我們以jobTitle爲主鍵建立一個新資料表，名稱爲「JOB」，再把功能相依於jobTitle的chgHour，從舊資料表EMPLOYEE移到新資料表JOB中。原本JOB資料表的主鍵爲jobTitle，但是由於jobTitle不適宜作爲主鍵，我們新增一個名爲「職稱編號（jobCode）」的屬性作爲JOB資料表的主鍵。新資料表的表示式爲：

JOB（jobCode, jobTitle, chgHour）

jobTitle與chgHour兩個屬性已經從舊資料表EMPLOYEE轉成爲新資料表JOB，我們再把JOB資料表的主鍵jobCode放到EMPLOYEE中，並設爲外來鍵，經此處理後，舊資料表的結構如下：

EMPLOYEE（empID, empName, jobCode）

表6.1經過第一正規化、第二正規化和第三正規化處理，由一個資料表EMP_PRJ變成EMPLOYEE、PROJECT、WORK_ON與JOB等共四個資料表，其每一階段正規化後，資料表變化的歷程如圖6.11所示，而最後的外來鍵參考圖如圖6.12所示。

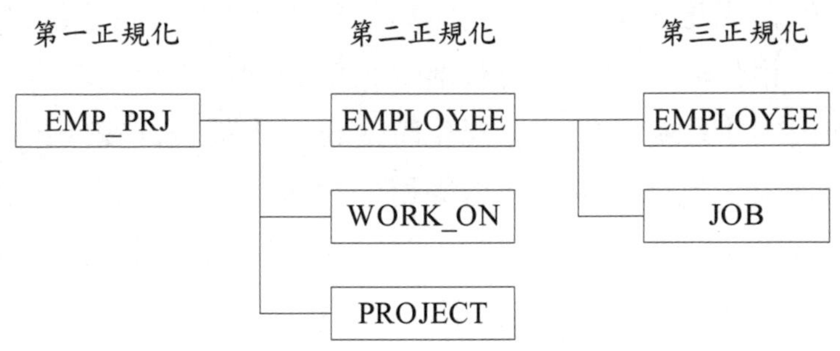

●圖6.11　正規化過程中資料表的變化

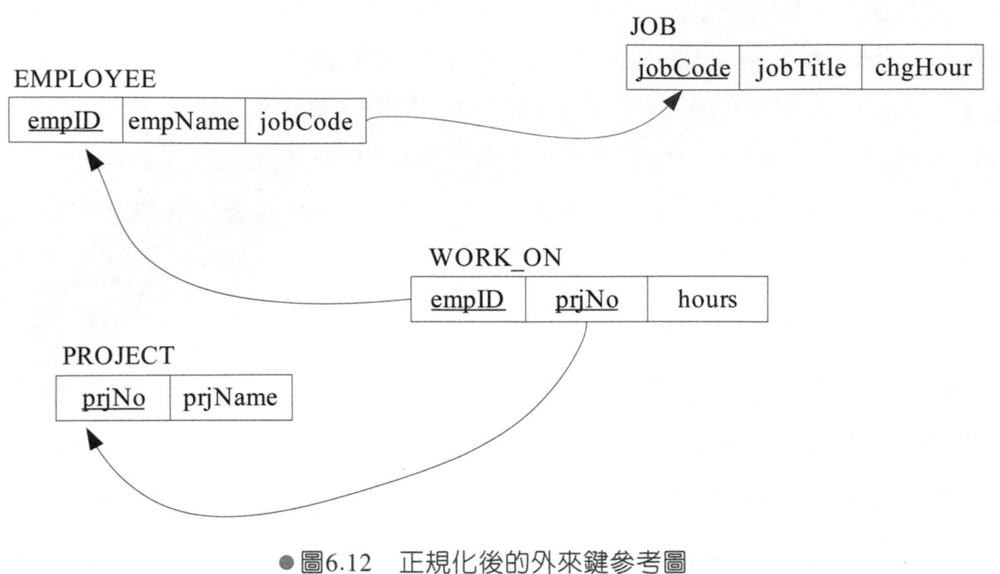

●圖6.12　正規化後的外來鍵參考圖

結語

在執行第一正規化、第二正規化與第三正規化後，關聯表的所有非鍵屬性應該都已經完全相依於主鍵，不再有部分相依和遞移相依的狀況了。事實上，在參照本章列出的步驟完成第三正規化時，正規化就全部完成了。更高階的正規化，如第四正規化目前仍然多止於學術的討論；而第五正規化在商業的環境中也不太可能碰到，也多在學術殿堂中討論，也因為資料庫設計還是強調實際應用的層面，因此我們就不討論更高階的正規化了。

本章的重點在正規化。正規化是一個有系統的方法，透過對關聯表的分析，重新組合屬性，讓屬性更正確地分類至各關聯表中。一個設計不良的資料表在新增、刪除或修改資料時，經常發生異常現象，我們必須仔細分析這個資料表是否符合各階正規化的形式，如果不符合，這個資料表就必須重新設計。正規化使用時機如下：

- 於概念資料庫設計階段，檢視實體關聯圖，決定是否進行正規化。
- 於邏輯資料庫設計，在轉換實體關聯圖為關聯表綱要後，檢驗各關聯表綱要是否符合正規形式之要求。
- 檢查舊有系統的資料表或檢視表（view）是否符合正規化形式。

最基礎的正規化概念是功能相依。在資料表綱要中的兩個屬性集合A與B，若A可以決定B，我們就稱B功能相依於A。以功能相依的定義爲基礎，又衍生出下列三種類型的功能相依，這些功能相依與正規化的關係相當密切。

- 部分功能相依
- 完全功能相依
- 遞移相依

正規化的目的在重新組合屬性，建立新的資料表，讓資料表符合正規化形式。正規化的主要步驟有：

1. 第一正規化：移除重複群組，讓每個表格的行列交集點都是單一值。
2. 第二正規化：移除屬性間的部分功能相依。
3. 第三正規化：移除屬性間的遞移相依。

實體關聯圖從宏觀的角度來看整個資料庫，設計開始時我們會辨識實體、實體的屬性，進而瞭解實體間的關聯性，需要反覆地檢視設計才能得到實體關聯圖。正規化程序卻從微觀的角度來看實體，聚焦於特定實體的特性，整個過程或許會產生額外的實體類型和屬性，並加入實體關聯圖中，有時很難把正規化和實體關聯塑模的過程分開。換言之，有時在概念資料庫設計時，就會使用到正規化的技巧。但是嚴格的來說，正規化還是屬於邏輯資料庫設計。原因在於正規化使用到外來鍵的概念，將外來鍵加入到資料表內；而實體關聯模型並未引入外來鍵的概念，只有在關聯式資料模型中才有外來鍵，而關聯式模型導引我們進行邏輯資料庫設計，也因此，正規化應該屬於邏輯資料庫的一部分。

本章習題

一、選擇題

1. (　) 假設一個關聯表綱要如下：

EMPLOYEE_PROJECT（prjNo, prjName, empID, empName, jobTitle, chgHour, hours）

每一個屬性的意義—prjNo：專案編號，prjName：專案名稱，empID：員工編號，empName：員工姓名，jobTitle：員工職稱，chgHour：員工時薪，hours：員工在專案的工作時數。請問，empID與chgHour兩個屬性最可能具有何種關係？

(A)完全功能相依　(B)部分功能相依

(C)遞移相依　(D)間接關係

2. (　) 承上題，請問，{prjNo, empID}與hours最有可能是何種關係？

(A)完全功能相依　(B)部分功能相依

(C)遞移相依　(D)重複相依

3. (　) 承上題，請問，{prjNo, empID}與jobTitle最有可能是何種關係？

(A)完全功能相依　(B)部分功能相依

(C)遞移相依　(D)重複相依

4. (　) 承上題，請問，哪兩個屬性具遞移相依的關係？1.prjNo, 2.prjName, 3.empID, 4.empName, 5.jobTitle, 6.chgHour, 7.hours

(A)12　(B)15

(C)47　(D)36

5. (　) 承上題，資料表EMPLOYEE_PROJECT經過第三正規化處理後，總共產生幾個資料表？

(A)2　(B)3

(C)4　(D)5

本章習題

6. (　) 下列哪一個選項是一個系統化的方法，用來評估並修正資料表結構，使得資料冗餘減至最少，因而有助於消除資料在新增、刪除和修改時的異常現象？

    (A)關聯式資料模型　(B)實體關聯模型

    (C)正規化　(D)塑模

7. (　) 兩個屬性集合X與Y間具有X功能決定Y的關係，若從X中去除任何屬性，剩下屬性所成的集合仍然功能決定Y，則我們稱X→Y爲？

    (A)完全功能相依　(B)部分功能相依

    (C)遞移相依　(D)重複相依

8. (　) 請問「去除重複群組」是哪一個正規化的步驟？

    (A)第一正規化　(B)第二正規化

    (C)第三正規化　(D)第四正規化

9. (　) 請問「處理資料表屬性間的部分功能相依」是哪一個正規化的目標？

    (A)第一正規化　(B)第二正規化

    (C)第三正規化　(D)第四正規化

10.(　) 請問「消除遞移相依」是哪一個正規化的目標？

    (A)第一正規化　(B)第二正規化

    (C)第三正規化　(D)第四正規化

11.(　) 下列有關關聯式模型資料結構的說明何者爲非？

    (A)邏輯上，是一個二維表格　(B)邏輯上，資料是以樹狀結構排列

    (C)就是一個關聯表　(D)由行和列組成

二、問答題

1. 有一個資料表記錄了顧客與其購買商品的訊息，相關的資料如下表所示，請回答下列問題：

    - 試畫出功能相依圖
    - 對此資料表進行正規化，使其符合第三正規化形式，畫出正規化後的外來鍵參考圖。

本章習題

顧客編號	顧客姓名	縣市	商品編號	商品名稱	數量	購買日期	運費
C01	陳留生	高雄	P01	iPad	1	4/3	200
			P03	印表機	2	5/6	200
			P05	筆電	1	7/4	200
C03	王文家	台北	P01	iPad	1	7/9	100
			P08	滑鼠	1	9/10	100

【提示】

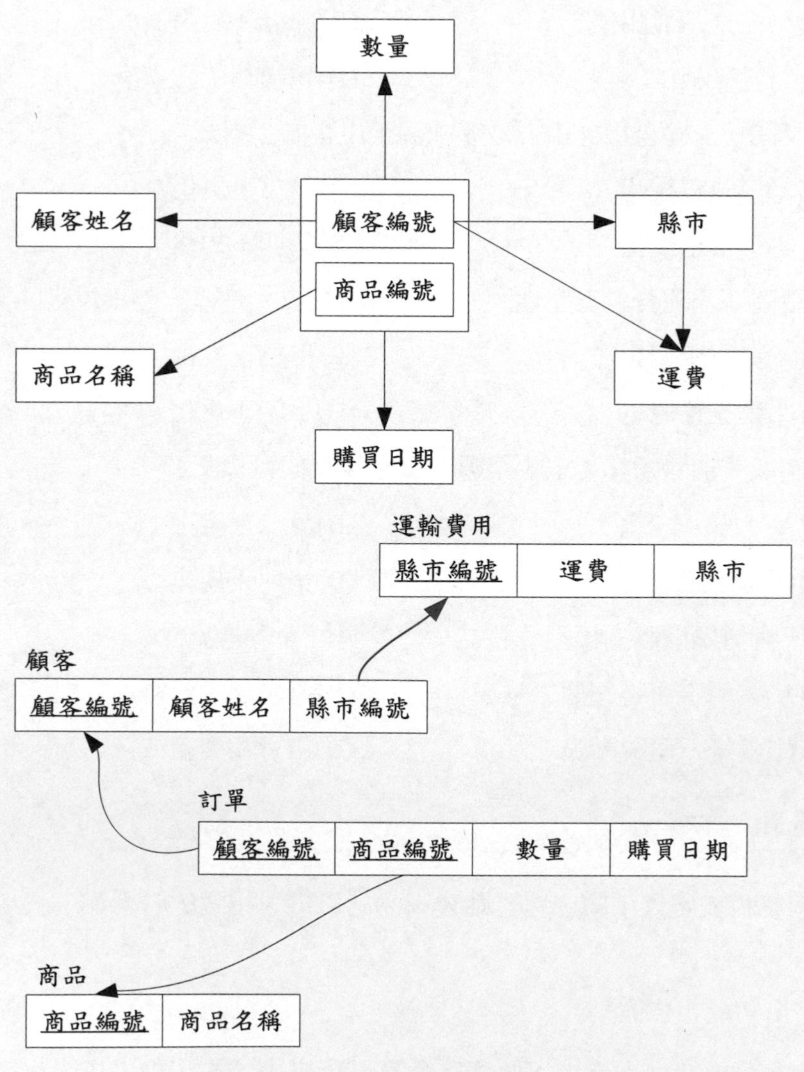

CHAPTER 07

實體資料庫設計

學習目標　閱讀完後，你應該能夠：

- 瞭解為什麼要進行實體資料庫設計
- 知道影響資料庫效能的因素
- 進行實體資料庫設計

資料庫設計分為概念資料庫設計、邏輯資料庫設計與實體資料庫設計。在實體資料庫設計階段，我們必須將邏輯資料庫設計所得到的關聯表結構，更進一步地在此階段訂定出資料的技術規範，讓這些資料可以在特定的資料庫管理系統中被儲存和處理。此階段所得的技術規範將作為資料庫實作的依據。資料庫設計師需審慎執行實體資料庫設計，因為此階段的產出對資料的可存取性、回應時間、資料品質等有深遠的影響。資料處理效率是資料庫系統設計的重點之一，而要讓資料處理更有效率，一大部分取決於實體資料庫設計，一個好的實體資料庫設計能減少使用者與資訊系統互動的時間。

從前面幾個章節，我們學習如何描述組織資料，透過資料塑模，開始了一連串資料庫設計的步驟。在概念資料庫設計階段，我們收集並分析資料，運用實體關聯模型，以實體類型和關聯類型呈現組織資料，並得到實體關聯圖。在邏輯資料庫設計階段，我們也學習以關聯式資料庫模型，將實體關聯圖中的實體類型和關聯類型轉換爲關聯表，再以正規化理論，檢查、修正這些關聯表，以避免發生資料操作時的異常現象。透過這些過程，得以將似是雜亂無章的資料，逐步地轉換爲有結構而可爲組織運用的資料。

邏輯資料庫設計與資料庫實作無關，其產出是實體類型與實體類型間關係轉換而成的資料表。邏輯資料庫設計讓我們知道什麼（what）資料要儲存在資料庫；而實體資料庫設計卻告訴我們如何（how）在資料庫管理系統實作這些資料表。因此，實體資料庫設計師必須瞭解所採用的資料庫管理系統的各種功能。實體資料庫設計並非獨立的，有時爲了提升資料庫存取效能，其設計會回饋到概念或邏輯資料庫設計的過程中（例如：爲了快速查詢，而要合併資料表）。

實體資料庫設計的第一個步驟在將邏輯資料庫設計所得到的關聯表進行更細部的設計，以將關聯表轉換爲可以用資料庫管理系統實作的基底資料表；接下來再致力於系統效能的提昇。資料庫管理系統的效能取決於其所使用的硬體資源和其他相關設計。硬體資源包括主記憶體、CPU、磁碟輸出入和網路，而影響資料庫管理系統效能的相關設計最重要的有索引與反正規化等等。

實體資料庫設計與將使用的資料庫管理系統有關，由於本書後半部將以微軟SQL Server實作資料庫的設計，因此，本節所述的內容主要依據SQL Server撰寫而成。本章主要說明如何從索引和反正規化來提升效能，而硬體資源對效能的影響可參考其他相關書籍。

7-1 設計基底資料表

基底資料表（base table）是一個眞正儲存紀錄的資料表。有的資料表並不眞正儲存資料，例如：檢視表（view），當交易完成後，檢視表的資料也隨之消失。基底資料表設計的產出提供了實作資料表時所需的資訊，我們在這一階段必須確認或設計：

- 資料表的名稱
- 資料表有哪些欄位（即屬性），欄位的名稱
- 主鍵和外來鍵
- 參考完整性限制條件

針對資料表的欄位，我們需定義資料表更進一步的訊息，甚至寫出建立資料表的SQL語法，包括：

- 欄位的值域，包括資料型態、資料長度，以及任何有關值域的限制。
- 是否有預設值，預設值爲何？
- 容許空值（null）嗎？
- 此欄位是導出欄位嗎？如果是的話，又如何計算？

每一個資料庫管理系統都提供了許多資料型態讓設計者選擇。資料型態（data type）用來限制儲存在資料表欄位的內容。在資料庫設計中，爲欄位選擇資料型態是相當重要的。若所選擇的資料型態太嚴格，恐無法儲存應用程式處理的資料；如果選擇得過於寬鬆，將浪費許多不必要的磁碟和記憶體空間，可能使得資料庫系統發生資源與效能的問題。

不同的資料庫管理系統的資料型態可能有差異，相同的資料庫管理系統有時也因爲版本不同，資料型態也不同。例如：Microsoft SQL Server 2005所提供的資料型態可分爲七類，每一類又有多個資料型態，如表7.1所示。在字元類別中，採用ANSI與Unicode兩種資料表示方式。ANSI開發了ASCII編碼標準，以八個位元表示一個字元，由於只有256（$=2^8$）種變化，因此僅能用以表示英語字母及常用字元，難以表示不同語言的所有字元。Unicode使用兩個位元組表示一個字元，使得電腦得以呈現世界上數十種文字系統。Unicode中只有一種編碼架構，因此不需要經過編碼轉換，就可以讓資料在不同語言的系統中傳送，其缺點是儲存空間比ASCII多一倍。

在SQL Server中，Unicode的資料類型是以n爲字首；例如：char和nchar分別以ASCII和Unicode編碼方式儲存資料，char(20)最多可以儲存20個字元的資料；而nahar(20)最多可以儲存10個字元的資料。爲了兼顧資料和儲存空間，SQL Server設有變動寬度的資料型態。例如：varchar(20)容許儲存最多20個字元的資料，若資料未達20字元，則以實際資料大小作爲儲存空間。如果資料型態爲char(20)，無論資料大小（受限於最大不得超過20字元），儲存空間均爲20

位元組。除了表7.1外，SQL Server還提供七種特殊用途的資料型態，包括bit、timestamp、uniqueidentifier、sql_variant、cursor、table，以及Xml等，詳細內容請參考微軟MSDN（Microsoft Developer Network），網址為：

http://msdn.microsoft.com/en-us/library/ms187594.aspx

表7.1 SQL Server 2005提供的資料型態

類別	資料型態	儲存空間	數值範圍	說明
精確數值	bigint	8位元組	-2E63至2E63-1	非常大的整數
	int	4位元組	-2E31至2E31-1	普通整數
	smallint	2位元組	-32,768至32767	小的整數
	tinyint	1位元組	0至255	更小的整數
	decimal(p,s)	5-17位元組	-10E38+1至1-E38-1	小數值最多p位，小數點右邊有s位
	numeric(p,s)	5-17位元組	-10E38+1至10E38-1	與decimal(p,s)相同
近似數值	float(p)	4或8位元組	-2.23E308至2.23E308	儲存超過decimal的大型浮點數
	real	4位元組	-3.4E38至3.4E38	
貨幣	money	8位元組	-922,337,203,685,477.5808至+922,337,203,685,477.5807	大型貨幣
	smallmoney	4位元組	-214,748.3648至+214,748.3647	小量貨幣
日期與時間	datetime	8位元組	Jan 1, 1753至Dec 31, 9999	大型的日期與時間
	smalldatetime	4位元組	Jan 1, 1900至Jun 6, 2079	較小的日期與時間
字元	char(n)	1-8000位元組	最多8000個字元	固定寬度的ANSI資料
	nchar(n)	2-8000位元組	最多4000個字元	固定寬度的Unicode資料
	varchar(n)	1-8000位元組	最多8000個字元	變動寬度的ANSI資料
	varchar(max)	最多2G	最多1,073,741,824個字元	變動寬度的ANSI資料
	nvarchar(n)	2-8000位元組	最多4000個字元	變動寬度的Unicode資料
	nvarchar(max)	最多2G	最多536,870,912個字元	變動寬度的Unicode資料

類別	資料型態	儲存空間	數值範圍	說明
字元	text	最多2G	最多1,073,741,824個字元	變動寬度的A N S I資料
	ntext	最多2G	最多536,870,912個字元	變動寬度的Unicode資料
二進位	binary(n)	1-8000位元組		固定大小的二進位資料
	varbinary(n)	1-8000位元組		變動大小的二進位資料
	nvarbinary(max)	最多2G		變動大小的二進位資料
	image	最多2G		變動大小的二進位資料

以上一章所得的員工專案爲例，經過正規化後，共有EMPLOYEE、JOB、WORK_ON與PROJECT等四個資料表。針對WORK_ON資料表欄位的特性，做出如表7.2的設計，

表7.2 WORK_ON關聯表的設計

資料表名稱	欄位名稱	內容	資料型態	鍵	Null?	參考資料表	參考動作
WORK_ON	empID	員工編號	CHAR(5)	PK & FK	N	EMPLOYEE	
	prjNo	專案編號	CHAR(5)	PK & FK	N	PROJECT	ON DELETE CASCADE ON UPDATE CASCADE
	hours	工作時數	INT		N		

7-2 交易分析

在實體資料庫設計中進行交易分析的主要目的在：決定以何種檔案組織儲存基底資料表，以及決定該依據哪些欄位建立索引，以提昇資料庫系統的效能。

7-2-1 交易分析

一個資料庫**交易**（transaction）是一連串使用資料庫管理系統存取資料庫的操作，這些操作獨立於其他交易，以一種連貫和可靠的方式進行。資料庫管理系統的功能必須遵循一個我們稱爲「ACID」的特性：

- 單元性（Atomicity）：交易不能被切割，其中的操作，要就全部完成；不然就全部取消。
- 一致（Consistency）：交易前和交易後，資料庫必須保持一致的狀態。例如：當更新父資料表時，子資料表要採取相應的動作，以維護資料的一致性。
- 隔離性（Isolation）：交易中所使用的資料，必須與其他同時進行的交易做適度隔離。一筆紀錄被存取而且交易尚未結束時，其他的交易不能存取這筆資料。
- 永久性（Durability）：交易完成後，其對資料所做的異動保持不變，直至進行其他交易，縱然後來系統失靈，先前的交易還是不能回復。

例如：我們使用自動櫃員機（Automated Teller Machine, ATM）提款，從輸入密碼開始，一直到列印或顯示交易明細爲止，這一連串的操作就是一個交易。爲了確保交易的可靠性，只要交易途中按了「取消」鍵，資料庫管理系統就把資料庫回復到交易前的狀態；若還是要提款，使用者就必須再從頭開始，以完成交易。故交易有一個很重要的特性，那就是：要嘛就完成交易；要嘛就回到交易前的狀態（all-or-nothing）。

通常資料庫系統包括很多交易，若分析所有的交易將相當耗時，因此，區辨出這些交易中重要的資料表是實體資料庫設計的步驟之一。交易分析的目的在：瞭解資料庫系統內各種交易的功能，並且分析出重要資料表的資料量和使用頻率等訊息。例如：圖7.1顯示一個簡單的資料庫設計，其中包括顧客、訂單、訂單明細、產品與供應商等資料表。經過分析後，這個資料庫每個資料表的列數（或資料量）預估值如括號內數值，而這個資料庫支援T1、T2與T3等三個交易，交易使用到資料庫資料表的路徑及其資料存取的頻率如圖示。

各個交易的功能簡單敘述如下：

- T1：查詢某位顧客所下的訂單資料
- T2：查詢顧客訂單中所訂的商品
- T3：查詢訂單明細中的商品是由哪些供應商提供的

資料量統計通常和企業規模有關，應預估未來幾年企業的成長率，訂定出一個合理的數量。資料存取頻率與時段有關，尖峰和離峰時段可能會有很大的差異，要預估這個數值並不容易，但是我們不需精確的數字，重要的是各個交易資料存取頻率的相對大小。

範例中，交易T1使用CUSTOMER和ORDER兩個資料表；T2使用到CUSTOMER、ORDER和ORDER_DETAIL三個資料表，而T3也使用到ORDER_DETAIL、PRODUCT和SUPPLIER等三個資料表，ORDER_DETAIL與ORDER兩個資料表都被兩個交易使用到，使用頻率較高，而ORDER_DETAIL資料表的資料量最大，使用頻率也高。我們應該特別注意資料量大和存取頻率高的資料表，進行更進一步地分析與處理。例如：經常查詢某張訂單的顧客姓名，我們就要考量是否針對顧客姓名建立索引？爲了加快查詢效率，是否對某些資料表進行反正規化的設計等等。由於某些資料表的資料量很大，我們是否對這些資料表進行切割（partition），然後將切割後的資料表分散在不同的磁碟機儲存，以加快查詢效率？

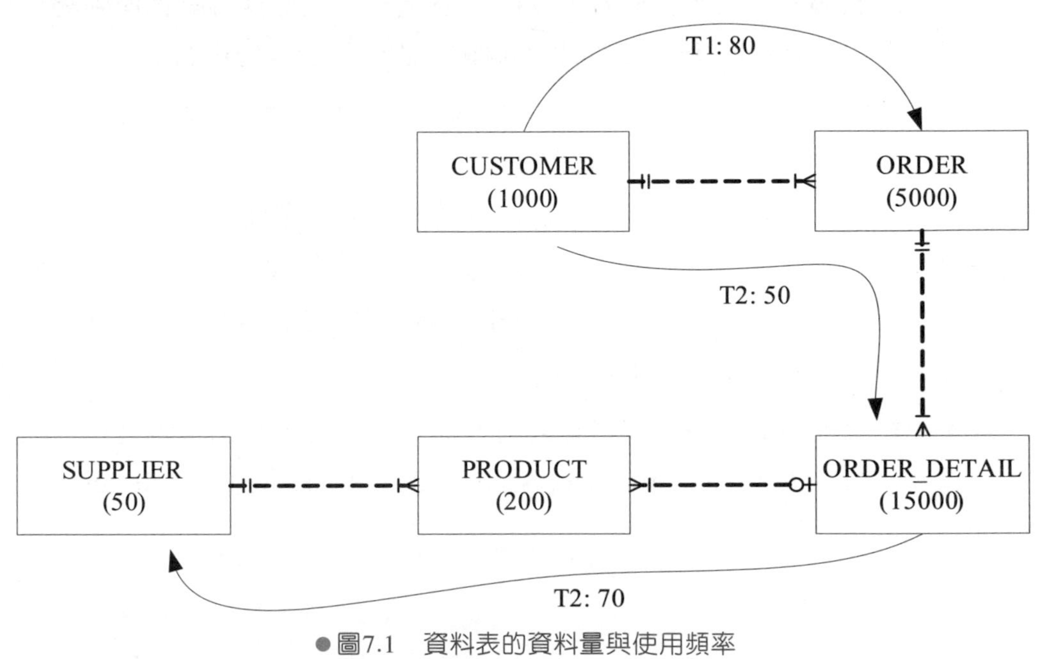

●圖7.1　資料表的資料量與使用頻率

7-2-2 檔案組織

資料庫是由儲存在次要儲存裝置（secondary storage，如磁碟或磁帶）的一個或多個檔案所組成。每個檔案含有多筆紀錄；而每筆紀錄是由多個欄位所組成。通常一筆紀錄就代表一個實體，而欄位（field）就是實體的屬性。當存取資料時，磁碟內的資料會被載入到主記憶體（primary storage）的緩衝區（buffer）中，緩衝區被切割成與磁碟資料頁（disk page）一樣大小的一個個頁框（frame）。通常一個資料頁中存放多筆紀錄，如果需要用到資料頁時，就需要從磁碟複製到緩衝區中的某個頁框中。如果緩衝區已經滿了，則需要從中依據某種預定的規則選擇某個frame，將其中的資料寫回磁碟，然後再把需要用到的disk page資料寫入該frame中。

檔案組織（file organization）是當檔案儲存於磁碟時，如何把紀錄放在檔案內的方法。我們將檔案組織分為下列幾種：

- 堆積檔（heap file）：紀錄按照先來後到的次序儲存在檔案中，新加入的紀錄放在檔案的最後一個頁次中。如果最後一個頁次不足以儲存新增的紀錄，一個新的頁次會加到檔案尾端，以容納此筆紀錄。由於堆積檔內的紀錄沒有特定的次序，搜尋資料時，需從檔案前端開始循序讀取資料頁，直到所需的資料找到為止。當刪除紀錄時，其所留下的空間不會再被使用，若新增或刪除資料的動作越頻繁，檔案存取效率變得越來越差，此時資料庫管理師需定期地重新組織（reorganized）檔案，以回收因刪除資料而未使用的空間。
- 排序檔（ordered file）：檔案中的紀錄依據一個或多個欄位的值排序，形成一個以排序欄位（ordering field）排序的資料集。
- 雜湊檔（hash file）：雜湊檔中，紀錄不是循序地存在檔案中，它依據一個或多個欄位的值，使用雜湊函數計算紀錄應在的頁次的位址，再將紀錄儲存於此頁次。由於紀錄在雜湊檔中似乎是隨機分佈的，因此又稱為隨機檔（random file）或直接檔（direct file）。

檔案中紀錄儲存的方法與資料存取的方法有些差異。我們常將資料存取的方法分為循序存取法（sequential access method）和直接存取法（direct access method）。

- 循序存取法：以預先安排、有秩序的方式存取資料。
- 直接存取法：存取資料時不必從頭逐筆搜尋，就可以找到所需資料的方法。

循序存取法能用來搜尋堆積檔、排序檔和雜湊檔的資料，但是對某些檔案組織來說，循序存取法的效能不如直接存取法。以儲存空間來看，堆積檔最節省空間；雜湊檔則有很多未使用到的空間。由讀取方式來看，若使用循序存取法擷取堆積檔和雜湊檔資料時，以堆積檔速度較快；雜湊檔速度較慢。若以直接存取法，則以讀取雜湊檔速度最快；循序檔無法進行直接讀取。在資料庫中，要使用何種檔案組織來儲存紀錄，可以考慮下列因素：

- 資料擷取速度
- 有效率地使用儲存空間
- 避免資料遺失
- 減少資料檔重組（reorganization）的需求

我們可以使用哪些檔案組織與資料庫管理系統有關，有的資料庫管理系統提供多種檔案組織。但是對部分資料庫管理系統，例如：Microsoft Access，其檔案組織是固定的，無從選擇。也有部分資料庫管理系統是藉由建立索引來設定其檔案組織。例如：SQL Server中，若資料表設有主鍵，就會自動建立叢集索引，資料也會按照主鍵欄位的值依序排列；若資料表沒有叢集索引，就會按照先來後到的次序儲存在檔案中。如果我們無法選擇檔案組織，進行實體資料庫設計時，就可以忽略此一步驟。

7-3 索引

一本書的內容很多，如果沒有索引（index）的幫忙，要在那麼多內容中找到特定的主題是很困難的。很多書的後面包含了索引，索引包含主題的名稱和其所在的頁碼，如果是英文書，索引是以名稱的字母排序；如果是中文書，則多以筆劃排序。透過搜尋索引的主題及頁碼，我們很快地可以找到書中的主題內容。

7-3-1 索引的功能

和搜尋書本內的主題一樣，如果資料庫沒有索引，我們必須將搜尋的條件與資料庫內的紀錄一筆筆做比對，直到最後一筆紀錄，這樣的過程是相當緩慢的。當然，爲書本建立索引的想法也使用在資料庫，在資料庫建立索引能提高資料查詢的效率。書本後面附的索引是依據主題做排序；而資料庫中扮演主題角色的經常是欄位，資料庫管理系統都有建立索引的功能和指令。

雖然書後的索引可以加快查詢速度，但是當我們增加主題的數量，書本後索引的條目也越多，索引所佔的頁數也增加了。若索引製作完成後，書本再加入新的主題，新的條目就必須加入索引中，我們必須耗費時間更新索引。資料庫的索引常以資料表或其他資料結構的形式存在，當新增、刪除和修改紀錄時，資料庫管理系統必須更新索引，而且也佔用儲存空間，因此，我們不會爲每一個欄位建立索引。要爲哪些欄位建立索引？是實體資料庫設計的一環。

7-3-2 索引的種類

Microsoft SQL Server採用B-Tree資料結構儲存索引，又將索引分爲叢集（clustered）索引與非叢集（non-clustered）索引兩類，兩者儲存結構如圖7.2所示。叢集索引結構的最下端爲末節點，就是已經排序好的紀錄，如圖7.2(a)所示；非叢集索引結構的末節點還是屬於索引頁，這個末節點的指標指向資料頁中的相關紀錄，如圖7.2(b)所示。叢集與非叢集索引兩者的其他差異還有：

- 一個資料表最多只能設定一個叢集索引，但是可以設定多個非叢集索引。

- 在設定叢集索引後，資料表的紀錄會依照該索引的順序存放；非叢集索不會影響資料的實際排序。
- 在沒有設定叢集索引的資料表中新增紀錄時，新增的紀錄會排在其他紀錄之後；換言之，紀錄會依照輸入的先後順序排列。
- 若資料表中設有主鍵（primary key），則SQL Server會為此主鍵欄位建立叢集索引，也因此，資料表內的紀錄會依據主鍵值排列。
- 如果資料表中有欄位設有UNIQUE的限制條件，以限制該欄位不會有重複的值，此時資料庫管理系統會自動為此欄位建立一個非叢集索引。

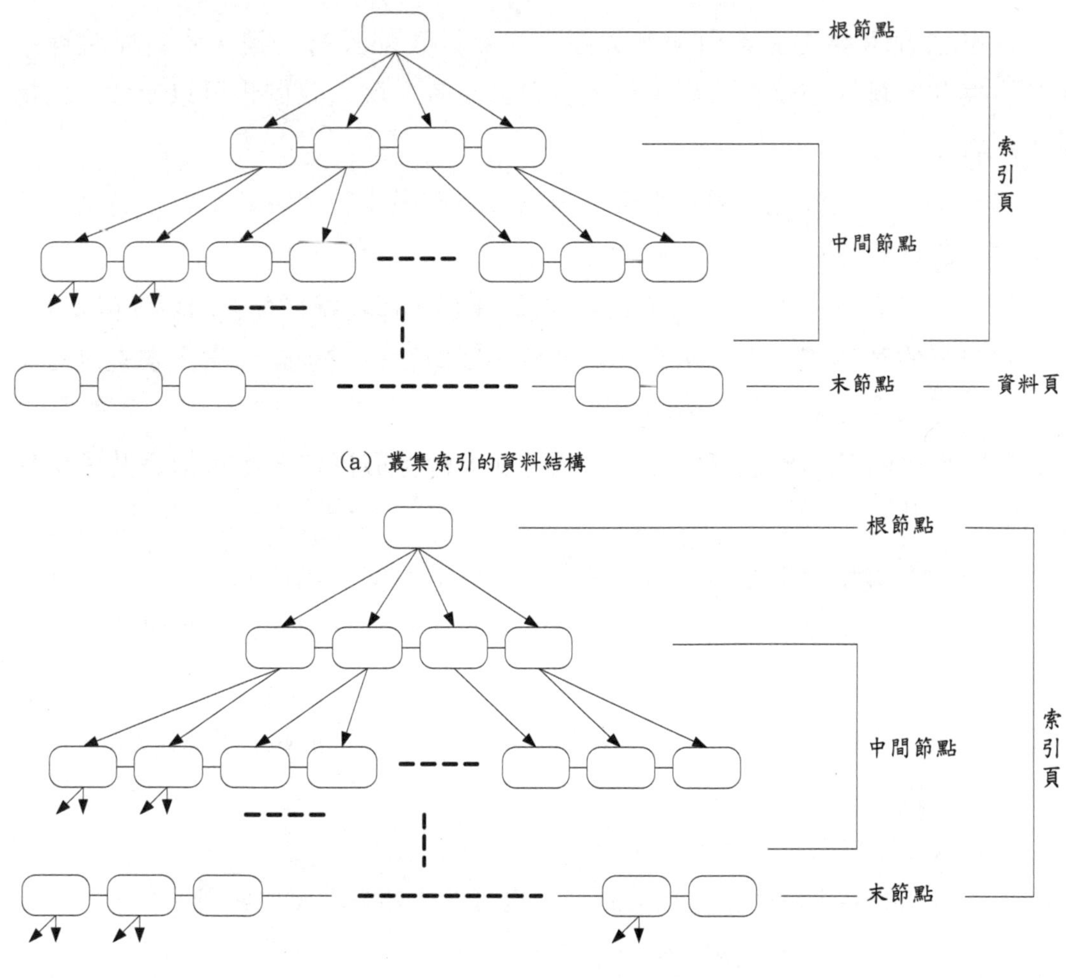

●圖7.2　索引的資料結構

7-3-3 建立索引的注意事項

在實體資料庫設計中，為了加快查詢速度，我們會選擇欄位（或屬性）以建立索引。但是，過多的索引也會降低系統效能，所以，建立索引還須考量其對系統效能的影響。索引引起效能下降的原因有：

- 當資料表異動時（如新增、刪除或更新），索引也隨之變動，索引更新佔用系統資源，因而降低資料庫管理系統的存取效率。
- 當資料表新增紀錄時，在索引中也會增加索引紀錄，需要更多的儲存空間儲存這些索引。

什麼情況下要建立索引呢？大部分的資料表都設有主鍵，資料庫管理系統多會為此主鍵建立叢集索引。如果資料表沒有主鍵，我們也可以參考下列情況，判斷是否建立叢集索引。

- 請為資料表的主鍵建立叢集索引，因為有的資料庫管理系統不會自動地為主鍵建立叢集索引。
- 資料庫管理系統經常進行多個資料表間的查詢，這種操作稱為合併（join）。若資料表的某個欄位常被用來和其他資料表做合併查詢時，為了讓查詢更有效率，可以為此欄位建立叢集索引。
- 如果資料表的某個欄位經常以循序的方式進行存取操作，也可以為此欄位建立叢集索引。

在建立非叢集索引之前，可以預擬一份非叢集索引欄位的參考名單，在考量這些索引對系統效能的衝擊後，再建立索引。建立參考名單時可考量下列因素：

- 不要為僅有十數筆或數十筆紀錄的資料表建立索引，直接把資料表載入主記憶體可能比建立索引還有效率。
- 對存有大量紀錄的資料表建立索引。
- 如果資料表的外來鍵經常被用來查詢，也可為此外來鍵建立索引。
- 為經常用在合併查詢的欄位做索引。
- 欄位經常出現在有關排序（ORDER BY）或群組（GROUP BY）的SQL指令中，也為這些欄位建立索引。

- 爲重度用於資料查詢的欄位建立索引；如果欄位經常出現在SQL指令的WHERE子句中，顯示此欄位經常用於查詢。例如：SQL指令：WHERE empID='002'，請考慮爲empID建立索引。
- 欄位如果作爲資料庫管理系統內建函數的參數。例如，下列SQL指令：

```
SELECT prjNo, AVG(hours)
FROM WORK_ON
GROUP BY prjNo
```

由於hours爲內建函數AVG的參數，可以考慮爲hours建立索引；另外，prjNo出現在GROUP BY子句，也可爲prjNo建立索引。

參考名單擬定後，應考慮這些索引對資料庫更新作業的衝擊，避免爲經常進行更新操作的欄位或資料表建立索引；也避免爲資料型態是長字串的欄位建立索引。某些資料庫管理系統提供最佳化的策略或工具來檢視系統執行特定查詢和更新的狀況。例如：SQL Server提供查詢最佳化程式（query optimizer），分析應選用哪一個索引，以便加快資料庫的存取動作。這樣的工具讓我們在資料庫實作時得以應用實驗的方式建立適當的索引。

7-4 資料庫的儲存需求

在實作資料庫設計之前，必須要評估資料庫的大小，預期其成長空間，然後配置資料庫檔案的實體儲存位置，這些也是實體資料庫設計的項目，因此，本節先介紹SQL Server的資料儲存結構。資料庫儲存結構的基本概念將有助於實體資料庫的設計。

7-4-1 SQL Server的資料儲存結構

SQL Server有**頁**（page）與**擴展**（extent）兩種主要的儲存結構。頁是最基本的儲存單元，磁碟讀或寫的輸出入操作也是以頁爲單位。一個擴展包含8個實體連續的page，用來有效率地管理資料頁，所有的頁都儲存在擴展內。

頁

頁的大小爲8K位元組（8192 bytes），用來儲存紀錄、索引等SQL Server的所有物件。SQL Server配置page給資料表存放資料，當一個page剩下的空間不足以存放一筆紀錄時，就會再配置一頁給這個資料表存放資料。雖然一個頁的大小爲8192位元組，但是含有96個位元組的頁首（page header，扣除頁首之後爲8096 bytes）；另外，每存一筆紀錄，在頁尾會用掉2位元組代表紀錄位置的row offset，再加上其他訊息，最後實際用來儲存資料的空間最多只有8060位元組。一個資料頁如圖7.3所示。

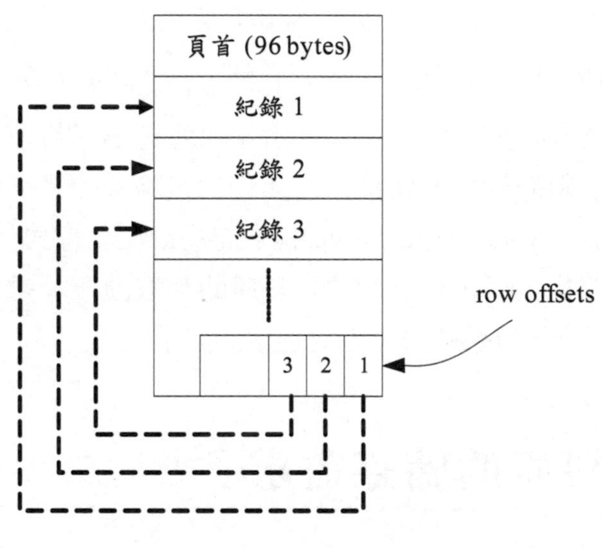

● 圖7.3　SQL Server的資料頁

擴展

一個擴展含8頁，大小爲64KB，又分爲混合擴展（mixed extent）和一致擴展（uniform extent）兩種，如圖7.4所示。

- 混合擴展：混合擴展中的page是由不同物件所使用。當建立新的資料表或索引時，SQL Server會尋找mixed extent中尚未使用的page來存放。當page 1屬於資料表1；page 2屬於索引1；page 3屬於索引2；page 4屬於資料表2等時，就稱爲**碎片**（fragmentation）。碎片會影響資料庫系統的效能。
- 一致擴展：一致擴展的8頁都由同一個物件所使用。當mixed entent中的資料表或索引成長到8頁時，資料表或索引就會被存放到專門供它們自己使用的uniform extent中，以提高存取效率。

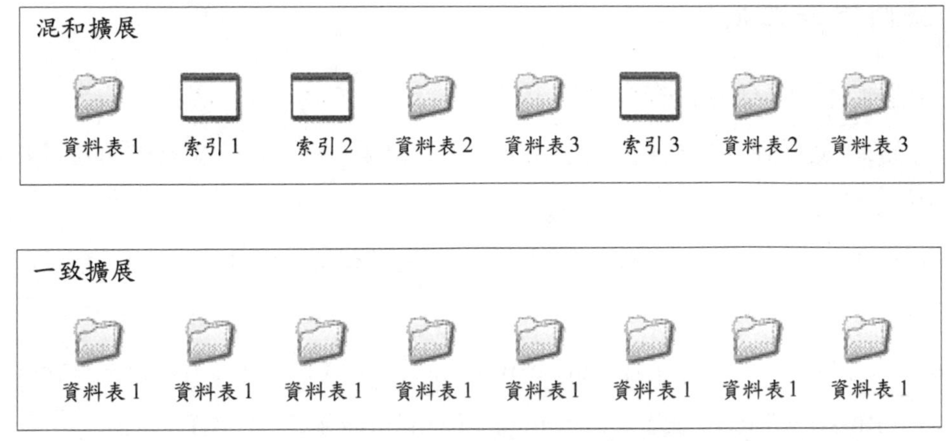

●圖7.4 SQL Server的擴展

7-4-2 預估資料的儲存需求

在SQL Server，所有的儲存空間都是預先配置的，然後隨著資料增加，儲存空間也隨之增加。建立資料庫時，要先配置充足的儲存空間，而在短期內儲存空間不會再擴充；但是，如果配置太大的空間，就會造成磁碟空間的浪費。預估資料庫大小有助於決定磁碟機等硬體的配置。

資料表、索引與和交易紀錄檔是資料庫重要的物件，一般而言，要預估資料庫的大小就應計算資料表和索引的大小，以及交易紀錄檔的大小。在資料庫的資料部分，計算資料表和索引的大小即可，資料表大小的計算方式將說明如下；而索引大小則以資料表大小的35%計算就足夠了。利用SQL Server建立資料庫時，通常不會特別指定交易紀錄檔的起始大小，而維持其預設值，當資料庫系統運作後，SQL Server會將交易紀錄檔大小維持在資料檔的25%。因此，預估資料庫大小為：

- 資料表大小（請參考下段說明）
- 索引大小 = 0.35 × 資料表大小
- 交易紀錄檔大小 = 0.25 × （資料表大小 + 索引大小）

預估資料表儲存需求

預估資料表儲存空間的程序如下：

1. 計算資料表一列（或紀錄）使用的空間：計算一列或一筆紀錄所使用的空間如下式：

   row_size = fixed_data_size + variable_data_size + null_bitmap + row_header

   其中

   variable_data_size = 2 + (number of variable columns × 2) + max varchar size

   null_bitmap = TRUNC(2 + ((number of columns + 7) ÷ 8))

   TRUNC函數將計算出來的數值去掉小數，只取整數部分。故一列的使用空間爲：

   row_size = fixed_data_size + [2 + (number of variable columns × 2) + max varchar size] + TRUNC(2 + ((number of columns + 7) ÷ 8)) + row_header

   當中每個變數的意義爲：

   Fixed_Data_Size = 所有固定長度資料型態的大小

   Variable_Data_Size =所有變動長度資料型態的大小

   Null_Bitmap = 如果資料表中有固定長度的欄位，SQL Server保留了一個稱爲Null Bitmap的空間，來管理這些固定長度欄位的空值（null ability）。

   Row_Header = 4（列首固定爲4 bytes）

   number of variable columns = 變動長度資料型態的個數

   max varchar size = 變動長度資料型態中長度的最大值

   number of columns = 欄位個數

2. 計算SQL Server一頁能容納的列數

   rows per page = TRUNC(8096 ÷ (row_size + row offset)) = TRUNC(8096 ÷ (row_size + 2))

3. 估算資料表的列數：假設爲number of rows

4. 計算能容納資料表所有紀錄的頁數，函數ROUNDUP將參數無條件進位爲整數。

   number of pages = ROUNDUP(number of rows ÷ rows per page)

5. 資料表的大小：

table_size = 8192 ×number of pages

例如：某公司會計部門設計資料庫，包含RECEIVABLE、PAYABLE與VENDOR等三個資料表，資料表綱要如表7.3。

表7.3　資料表儲存需求範例

RECEIVEABLE				PAYABLE		
欄位	資料型態	長度		欄位	資料型態	長度
ID	int	4		ID	int	4
vendorID	int	4		vendorID	int	4
balanceDue	money	8		balanceDue	money	8
dateDue	datetime	8		dateDue	datetime	8
				Terms	char(50)	50
				prevBalance	float	8
VENDOR						
ID	int	4				
Name	varchar(50)					
Address	varchar(50)					
City	varchar(20)					
State	char(2)	2				
postalCode	char(9)	9				

每一個資料表都有一個ID欄位的叢集索引，VENDOR資料表有一個以Name欄位建立的非叢集索引。預估VENDOR、RECEIVEABLE與PAYABLE等三個資料表分別會有2,000,000、5,000與2,500筆紀錄，請問這個資料檔和交易紀錄檔的大小爲何？解答此問題的計算如下：

- RECEIVABLE資料表一列（或一筆紀錄）所使用的空間爲：

  row_size = (4+4+8+8) + (0) + TRUNC(2 + ((4 + 7) ÷ 8)) + 4 = 31 (bytes)

- 一頁能容納的紀錄爲：

  rows per page = TRUNC(8096 ÷ (31 + 2)) = 245 (筆)

🗎 5,000筆紀錄需要的頁數為：

$$\text{Number of pages} = \text{ROUNDUP}(5000 \div 245) = 21\ (\text{頁})$$

因為一頁佔了8192位元組，故此資料表最終所佔的空間為：

$$21 \times 8192 = 172{,}032\ (\text{bytes}) \fallingdotseq 168\ \text{KB}$$

同理：

PAYABLE資料表一列（或一筆紀錄）所使用的空間為：

$$\text{row\_size} = (4+4+8+8+50+8) + (0) + \text{TRUNC}(2 + ((6 + 7) \div 8)) + 4 = 89\ (\text{bytes})$$

🗎 一頁能容納的紀錄為：

$$\text{rows per page} = \text{TRUNC}(8096 \div (89 + 2)) = 88\ (\text{筆})$$

🗎 2,500筆紀錄需要的頁數為：

$$\text{Number of pages} = \text{ROUNDUP}(2500 \div 88) = 29\ (\text{頁})$$

因為一頁佔了8192位元組，故此資料表最終所佔的空間為：

$$29 \times 8192 = 237{,}568\ (\text{bytes}) \fallingdotseq 232\ \text{KB}$$

🗎 VENDOR資料表一列（或一筆紀錄）所使用的空間為：

$$\text{row\_size} = (4+2+9) + [2 + (3 \times 2) + 50] + \text{TRUNC}(2 + ((6 + 7) \div 8)) + 4 = 80\ (\text{bytes})$$

🗎 一頁能容納的紀錄為：

$$\text{rows per page} = \text{TRUNC}(8096 \div (80 + 2)) = 98\ (\text{筆})$$

🗎 2,000,000筆紀錄需要的頁數為：

$$\text{Number of pages} = \text{ROUNDUP}(2000000 \div 98) = 20409\ (\text{頁})$$

因為一頁佔了8192位元組，故此資料表最終所佔的空間為：

$$20409 \times 8192 = 167{,}190{,}528\ (\text{bytes}) \fallingdotseq 160\ \text{MB}$$

三個資料表的資料量為168+232+163272 = 179672 KB

索引的資料量預估為179672 × 0.35 = 62885.2 KB

所有資料量為179672 + 62885.2 = 242557.2 KB ≒ 237 MB

交易紀錄檔大小預估為0.25 × 237 = 59 MB

7-5 資料庫檔案的規劃

在資料庫實作階段，我們會以資料庫管理系統建立資料庫，而資料庫檔案的規劃與管理影響資料庫系統的效能，因此，實作前妥善地規劃資料庫檔案是實體資料庫設計的重要課題之一。

由資料庫管理系統建立的資料庫是以檔案的形式存於電腦磁碟之中，雖然實際的存取動作是由作業系統處理，但是資料庫檔案的實體架構是由資料庫管理系統負責。SQL Server將資料庫檔案分爲三類：

- 主要資料檔（primary data file）：每個資料庫都會有一個主要資料檔，而且僅有一個。副檔名爲.mdf。
- 次要資料檔（secondary data file）：可以規劃資料存於主要資料檔，或次要資料檔。每個資料庫最多可以有32,766個次要資料檔，副檔名爲.ndf。
- 交易紀錄檔（log file）：使用資料庫管理系統建立資料庫時，一定會產生交易紀錄檔和主要資料檔。主要和次要資料檔用來儲存資料庫的資料；交易紀錄檔則用來記錄使用者對資料庫所做的各項異動。有了完整的異動紀錄，當SQL Server發生問題，致使資料庫內容有誤時，可以藉由交易紀錄檔的訊息，復原資料庫的資料。交易紀錄檔的副檔名爲.ldf。

如果資料庫儲存的資料量不大或是不常存取，則用一個主要資料檔儲存資料表、目錄資訊、或檢視表等資料庫物件就可以了。若資料庫儲存大量資料或存取頻繁，則可能規劃一個主要資料檔，以及多個次要資料檔，並將次要資料檔放在多個磁碟機上，讓存取效能更好。另外，SQL Server還提供一種稱爲檔案群組（filegroup）的邏輯結構，以改善系統效能。檔案群組有兩類：

- 主要檔案群組（primary filegroup）：包含主要資料檔，還有未儲存在其他檔案群組的次要資料檔。所有系統資料表都放在主要檔案群組內。
- 使用者自訂檔案群組（user-defined filegroup）：用來彙集次要資料檔案，並將資料庫物件指派到這些檔案群組中。每個資料庫最多有32,766個使用者自訂檔案群組。

例如：先爲資料庫建立多個次要資料檔與多個檔案群組，我們可以將數個次要資料檔放在一個檔案群組織下，規劃這些次要資料檔分別存放在不同的實體磁碟機上。我們把一個存取頻繁的資料表，指定放在這個檔案群組織下，則因爲針對這個資料表的存取作業是跨越多個磁碟機進行，因而提升了存取的效率。在資料庫檔案的規劃上，較佳的作法如下：

- 不要將資料檔與作業系統檔案放在同一個實體磁碟機內，以避免爭相使用磁碟機。
- 交易紀錄檔與資料檔應放在不同磁碟機內，以提高效能。
- 將存取頻繁的暫存資料庫放在獨立的磁碟機上，以得到較高的效能。

至於如何使用SQL語法執行資料庫檔案的規劃，將在本書其他章節介紹，此處僅列出其語法範例供參考。下列語法建立名爲Sales的資料庫，包含主要檔案群組（PRIMARY）、兩個使用者自訂檔案群組（SalesFG與SalesHistoryFG），還有一個名爲Archlog1的交易紀錄檔。SalesFG檔案群組內又有SalesData1.ndf和SalesData2.ndf兩個次要資料檔；SalesHistoryFG檔案群組包含一個次要資料檔SalesHistory1.ndf。

```
CREATE DATABASE Sales
  ON
   PRIMARY
    (NAME = SalesPrimary,
     FILENAME = 'D:\Sales_Data\SalesPrimary.mdf',
     ......),
   FILEGROUP SalesFG
    (NAME = SalesData1,
     FILENAME = 'E:\Sales_Data\SalesData1.ndf',
     ......),
    (NAME = SalesData2,
     FILENAME = 'E:\Sales_Data\SalesData2.ndf',
     ......),
   FILEGROUP SalesHistoryFG
    (NAME = SalesHistory1,
     FILENAME = 'E:\Sales_Data\SalesHistory1.ndf',
     ......),
   LOG ON
    (NAME = Archlog1,
     FILENAME = 'F:\Sales_Data\SalesLog.ldf',
     ......),
```

建立了Sales資料庫後，我們可以在SalesFG檔案群組內建立一個名為SalesForce的資料表，則SQL Server會將SalesForce的資料依據SalesData1.ndf和SalesData2.ndf兩個次要資料檔的剩餘空間比例寫入這兩個資料檔中。建立SalesForce資料表的SQL語法如下：

```
CREATE TABLE SalesForce
(......)
ON SalesFG
```

7-6 反正規化

實體資料庫設計經常考量兩個重要因素：一是資料儲存空間；另一個是資料處理效率。大部分的狀況下，資料處理效率主宰了實體資料庫設計。舉一個例子來說明資料處理效率。例如：在一個大倉庫裡揀貨，如果貨品散居在倉庫各角落，揀貨員必須走很長的距離才能完成揀貨工作，如果所揀的貨越集中，因為揀貨時的總距離較短，因此揀貨的動作就越有效率。查詢資料類似揀貨，當所需的資料分散在很多資料表中，和所需的資料都在同一個資料表中，後者資料處理的效率就高於前者。

7-6-1 何謂反正規化

一個經過完全正規化的資料庫，通常建立了很多資料表，解決新增、刪除與更新時的異常現象，也減少了資料冗餘。但是大部分的情況下，我們所要的資料並不是集中在一個資料表中，必須要合併多個資料表，使用很多電腦資源運算後，才能查詢得到，因此，在已經完全正規化的資料庫中查詢資料不是很有效率。

反正規化是一個增加多餘資料或者將資料組合成群組的過程，其目的在提升系統查詢的效能。換言之，**反正規化**（denormalization）是一個將已經正規化的資料表變成非完全正規化的資料表的過程；是一個在某些資料表中增加欄位以減少資料庫管理系統進行多個資料表的合併（join）運算，並提升查詢效能的過程。在某些狀況下，或許可以犧牲已經完全正規化的資料庫，而採用反正規化的設計，以達成系統在效能上的要求。

什麼情況下可以進行反正規化呢？簡單地說，如果資料表被查詢的頻率很高，但是更新的頻率較低，而且使用者不滿意系統效能，這時可以選擇進行反正規化。

7-6-2 常見的反正規化類型

在實體資料庫設計中，使用反正規化而得的資料庫設計，可以提供不同於正規化的資料表結構，資料庫設計師得以從中選擇適當的資料庫綱要，讓資料庫更有效率。反正規化經常使用在兩個有一對一關係的實體類型，或是兩個有一對多關係的實體類型。

兩個有一對一關係的實體類型

如果兩個實體類型有一對一的關係，我們可以把這兩個實體類型所設計的兩個資料表結合成一個資料表，這樣能避免兩個資料表因爲查詢而必須做的合併運算，加快查詢效能。

例如：有STUDENT與REPORT兩個實體類型所建立的資料表，分別儲存學生和其所撰寫的畢業專題報告資料，這兩個資料表都符合第三正規化形式。依據學校訂立的規則，一位學生最多撰寫一份專題報告；而一份報告僅由一位學生撰寫，因此，這兩個實體類型爲一對一關係。STUDENT爲父資料表，REPORT爲子資料表，REPORT的屬性stuID爲外來鍵，參考到STUDENT的主鍵stuID。其實體關聯圖如圖7.5所示。

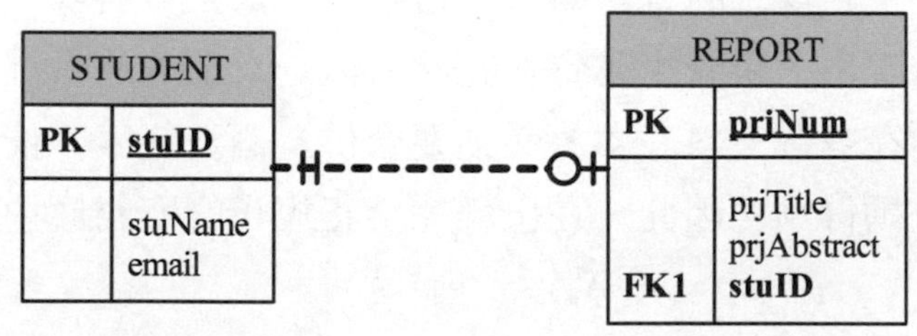

●圖7.5　STUDENT與REPORT的實體關聯圖

現在，有一個應用程式經常要查詢分別來自於STUDENT與REPORT的學生姓名與其專題報告名稱，爲了進行跨資料表查詢，必須進行耗時的合併運算。其SQL指令如下：

```
SELECT stuName, prjTitle
FROM STUDENT, REPORT
WHERE STUDENT.stuID = REPORT.stuID
```

爲了加快查詢操作，我們把STUDENT與REPORT兩個資料表結合成一個名爲STUDENT2的資料表，新的資料表綱要如圖7.6所示，其中，因爲prjNum屬性不再需要，因此從資料表中刪除。屬性prjTitle與prjAbstract可以是null，此時代表該位學生沒有選修畢業專題，不必繳交畢業專題報告。

STUDENT2	
PK	**stuID**
	stuName email prjTitle prjAbstract

● 圖7.6 合併後的資料表綱要

兩個有一對多關係的實體類型

有時，邏輯資料庫設計會產生屬性個數很少的小型資料表，有另外一個資料表的外來鍵參考到此小型資料表的主鍵，這兩個資料表經常做合併運算以完成查詢的動作。例如：有DEPT與STUDENT兩個資料表，分別儲存科系與學生的資料。

這兩個資料表都符合第三正規化形式。依據學校章程規定，一個科系裡面至少有一位學生，一位學生一定隸屬於某一個科系，因此，這兩個實體類型爲一對多關係。DEPT爲父資料表，僅有deptNum與deptName兩個屬性，是一個小型資料表；STUDENT爲子資料表。STUDENT的屬性deptNum爲外來鍵，參考到DEPT的主鍵deptNum。其實體關聯圖如圖7.7所示。

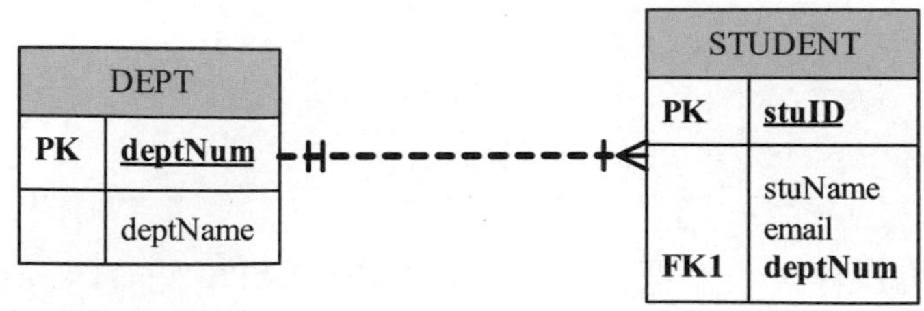

●圖7.7　DEP與STUDENT的實體關聯圖

現在，有一個應用程式經常要查詢分別來自於DEPT與STUDENT的科系名稱與學生姓名，爲了進行跨資料表查詢，必須進行耗時的合併運算，其SQL指令如下：

```
SELECT stuName, deptName
FROM STUDENT, DEPT
WHERE STUDENT.deptNum = DEPT.deptNum
```

爲了加快查詢操作，我們把STUDENT資料表反正規化，將DEPT資料表中的deptName屬性加到STUDENT資料表，並命名新的資料表爲STUDENT3，其資料表綱要如圖7.8所示，此時，STUDENT3資料表已經不符合第三正規化形式了。

STUDENT3	
PK	stuID
	stuName email **deptName** **deptNum**

●圖7.8　STUDENT3的關聯表綱要

現在我們有三個資料表：DEPT、STUDENT與STUDENT3，前兩者符合第三正規化形式，但是STUDENT3則否。爲了加快查詢效率，我們有了多種資料庫的設計方案可以選擇，這方案的特性如下：

方案一：僅使用STUDENT3資料表。

1. 這種經過反正規化的設計加快查詢速率，也經常改善資料表更新的時間。

2. 和原來STUDENT與DEPT兩個資料表的設計相比較，儲存空間增加或減少視STUDENT與DEPT的相對大小而定。如果STUDENT資料表的紀錄比DEPT的多很多，我們發現，因爲每一筆STUDENT3的紀錄都存有科系編號和名稱的資料，使得STUDENT3所需的儲存空間大於原先兩個資料表的設計。
3. 執行反正規化後，STUDENT3已經不符合3NF了，可能使得資料表發生刪除的異常現象。例如：如果把資料表中僅存的含有科系編號和名稱的紀錄刪除，將使得資料庫中不再有該科系的資料了。

方案二：使用STUDENT3與DEPT兩個資料表。

1. 此方案包括反正規化後的STUDENT3，還保留DEPT資料表。DEPT資料表是多餘的，而且STUDENT3有更多的欄位，因而增加了儲存空間，但是因爲保留DEPT資料表而防止資料刪除時的異常現象。
2. 查詢時，只使用到STUDENT3一個資料表，因此較有效率。
3. 更新資料時，可能必須同時更新STUDENT3與DEPT兩個資料表的資料，更新的資料量增加，使得資料更新操作更耗時。

方案三：維持原來STUDENT與DEPT兩個資料表的設計。

經過正規化，不易發生資料操作的異常現象。

到底該選擇哪一個方案，是多種因素的綜合考量，視組織的狀況和對資料的需求而定，並不是每個組織都會選擇相同的方案。例如：若刪除的異常現象不是考量重點，而且查詢和更新效率比儲存空間還重要，那方案一是不錯的選擇。如果資料完整性對學校很重要，不容許任何科系的訊息被刪除，而且也爲了改善查詢效率可以犧牲更新的效率和儲存空間，此時就可採用方案二。方案三是經過正規化後的原始設計，不會發生資料操作的異常現象，如果其查詢和更新的效率可以接受，則可以選擇此方案。

總結各個方案的優缺點如表7.4所示。

表7.4 資料表設計的選擇方案

方案	查詢效率	更新效率	儲存空間	正規化
一	好	普通	可能增加	低於3NF
二	好	差	增加	3NF
三	差	好	原始設計	3NF

反正規化對資料庫帶來不同的影響，影響的大小和方向也因爲資料庫設計而有差異，這些影響有：

- 減少資料查詢時間
- 可能增加資料儲存空間
- 可能增加資料更新時間
- 可能破壞資料完整性
- 執行反正規化需要更多資源進行資料表重組

7-6-3 執行反正規化之策略

一個資料庫通常支援很多交易活動，這些交易活動包含很多資料庫新增、刪除與更新的操作，如果爲了提升所有交易活動的查詢效率而進行大規模的反正規化，就失去了資料庫正規化以維護資料完整性的原意。故實務上，會選擇最影響資料庫系統查詢效能的少數資料表進行反正規化。下列是執行反正規化時應注意的事項：

- 在邏輯資料庫設計階段一定要執行至少三階正規化，得到一個能確保資料完整性的資料庫設計。若經過正規化後的資料庫不能滿足效能上的要求，可以考量包括反正規化的各種解決方案，盡量避免大規模的反正規化，減少反正規化的需求。
- 哪些交易活動支配著系統效能？我們可以分析活動的交易頻率和存取的資料量，如果大於其他交易活動的數倍，例如10倍，很可能必須改善此活動的效能。
- 資料表在反正規化後，會有多個方案供選擇，我們可以評估各方案在儲存空間、查詢、更新與資料完整性等要項的總成本，再從中選擇適當方案。

結語

資料庫系統的效能與實體資料庫設計有關，資料處理效率是資料庫系統設計的重點之一，而要讓資料處理更有效率，一大部分取決於實體資料庫設計。實體資料庫設計的一個步驟是設計基底資料表，包括：

- 資料表的名稱、資料表有哪些欄位，欄位的名稱
- 主鍵和外來鍵
- 參考完整性限制條件

在資料庫中建立索引能大幅提高資料存取的效能，但是太多的索引不僅浪費儲存空間，當新增資料時，索引也跟著異動，間接也會影響效能，因此有必要進行交易分析，找出對交易有重大影響的資料表，再製作索引。另外，以資料庫管理系統建立資料庫時必須先預估資料量的大小，適當地配置硬體來儲存資料與交易紀錄檔。

本章習題

一、選擇題

1. ( ) 資料庫設計中的哪一個階段訂定資料表中欄位的值域、資料型態、資料長度等訊息？
(A)概念資料庫設計　(B)邏輯資料庫設計
(C)實體資料庫設計　(D)以上皆非

2. ( ) 下列哪一個SQL Server的資料型態屬於Unicode的編碼方式？
(A)char　(B)money
(C)ntext　(D)datetime

3. ( ) 「資料庫交易不能被切割，要就全部完成，不然就全部取消」是資料庫管理系統的哪一種特性？
(A)單元性　(B)一致性
(C)隔離性　(D)永久性

4. ( ) 「紀錄按照先來後到的次序儲存在檔案中，新加入的紀錄放在檔案的最後一個頁次中」屬於哪一種檔案組織？
(A)排序檔　(B)堆積檔
(C)雜湊檔　(D)以上皆非

5. ( ) 在SQL Server中建立資料表的主鍵時，會建立？
(A)叢集索引　(B)非叢集索
(C)普通索引　(D)特殊索引

6. ( ) 配置資料庫檔案的實體儲存位置，是何種資料庫設計的項目之一？
(A)概念資料庫設計　(B)邏輯資料庫設計
(C)實體資料庫設計　(D)以上皆非

7. ( ) SQL Server最基本的儲存單元為？
(A)頁(page)　(B)擴展(extent)
(C)100 byte　(D)100K byte

本章習題

8. (　) SQL Server中用來記錄使用者對資料庫所做的各項異動的是？

(A)主要資料檔　(B)資料檔
(C)次要資料檔　(D)交易記錄檔

9. (　) 反正規化的目的在？

(A)增加電腦儲存空間　(B)將資料存在多個磁碟機
(C)提昇系統查詢效能　(D)讓資料庫設計更有效率

10.(　) 提昇資料庫效能，是何種資料庫設計的項目之一？

(A)概念資料庫設計　(B)邏輯資料庫設計
(C)實體資料庫設計　(D)以上皆非

NOTE

CHAPTER 08

SQL Server的管理平台
－SQL Server Management Studio

學習目標 閱讀完後，你應該能夠：

- 瞭解SQL Server Management Studio的功能
- 掌握及運用SQL Server Management Studio中的工具
- 編輯及執行基本的Transact-SQL陳述式
- 使用SQL Server的輔助資訊

本章的主要目的是先就SQL Server的最佳管理平台－SQL Server Management Studio，儘量針對其各項主要功能做深入簡出的介紹，包括SSMS的操作介面物件總管、編寫Transac-SQL陳述式，以及SQL Server的輔助資訊等。

祈望每一位讀者能於本章開始，培養出SQL Server的基本技能，為往後從事資料庫的開發工作，打下完好與扎實的基礎。

8-1 SQL Server Management Studio(SSMS)簡介

爲了協助SQL Server使用者進行資料庫的開發和管理工作，自其2005版本開始，導入「Studio」（工作室）的設計理念，而誕生了SQL Server Management Studio（以下簡稱爲SSMS），以便於各行各業的SQL Server使用者，能夠只要運用此工作室軟體，即可輕鬆自如的掌控整個SQL Server的運作。

8-1-1 SQL Server Management Studio的特性

SSMS主要具備了以下二項特性：

一個整合式環境

SSMS將舊版SQL Server中各自作業的Enterprise Manager、Query Analyzer和Analysis Manager功能，結合在單一環境中進行開發和管理。

因此，關聯式資料庫、Analysis Services（分析服務）資料庫，以及Reporting Services（報表服務）資料庫等，皆可整合於SSMS中進行管理。

另外，SSMS也整合了Microsoft Visual Studio Framework，因而具備了Visual Studio開發工具的特性，讓我們輕易地在應用程式中撰寫SQL指令碼、促進應用程式與SQL Server間更緊密的連結，大幅提升資訊系統開發的效率。

圖形化管理工具

SSMS利用一群廣泛用途的圖形化工具，讓所有開發人員和管理員，都能夠輕鬆的存取、設定、管理和開發SQL Server的所有元件。而各種圖形化管理工具的使用，將於下一單元做進一步的介紹。

8-1-2 SQL Server Management Studio的圖形化管理工具

SSMS是利用各類用途的視窗工具管理各類特定的資料庫資訊，其中主要的視窗工具是如圖8.1所示的SSMS圖形化使用者介面。分別介紹於後：

物件總管（Object Explorer）

物件總管是以樹狀結構的方式呈現伺服器中所有資料庫物件的資訊，包括：Database Engine（資料庫引擎）、Analysis Services、Reporting Services，以及Integration Services等。

文件視窗

文件視窗是SSMS中使用範圍最大的區域，可根據不同的使用者需求，以查詢編輯器及瀏覽器視窗等，完成各項對資料庫的操作之執行，與結果的呈現。

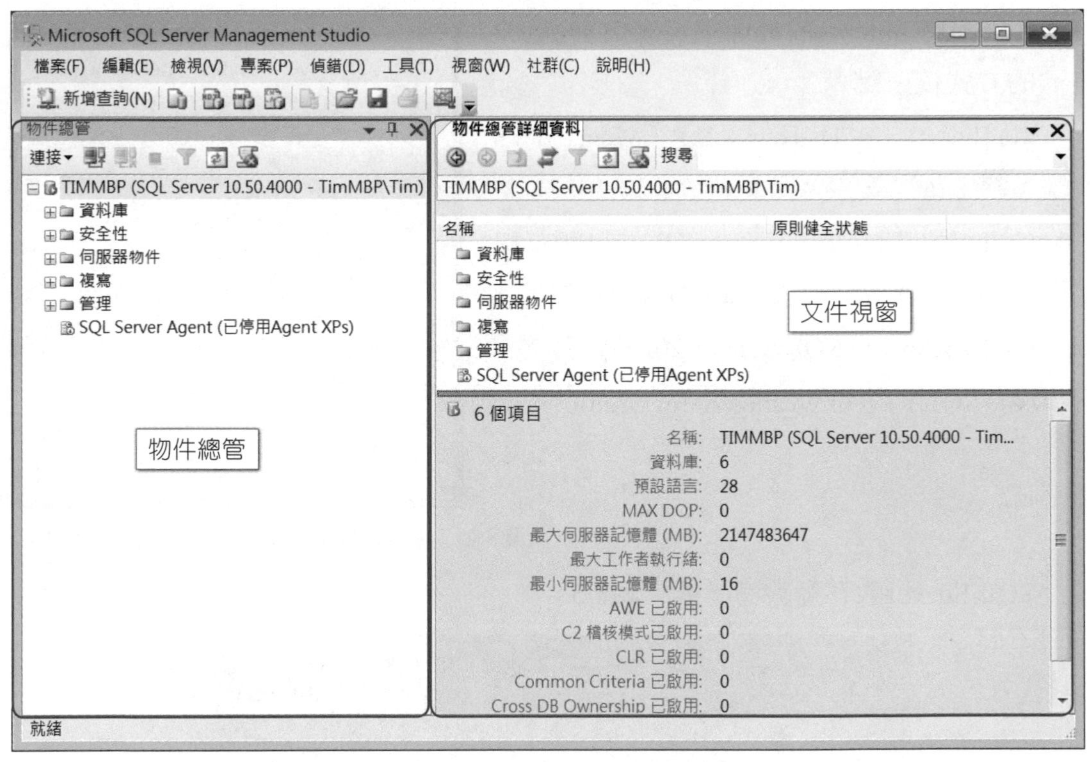

● 圖8.1　SSMS的圖形化使用者介面

有關物件總管與文件視窗的詳細說明與實務演練，將於之後的單元再為大家做進一步的介紹。

8-2 SSMS的操作介面

由於SSMS的功能強大，但其複雜的操作介面也每每造成學習上的困難。本單元以圖文並茂的方式用實例說明SSMS各個介面的操作，期能使初學者以最快、更容易的方法瞭解SSMS。

8-2-1 啓動SSMS

啓動SQL Server Management Studio的過程如下：

1. 在微軟Windows的桌面上，參考如圖8.2的方式依序點選：
   (1) [開始]（Windows XP，Windows Vista）或（Windows 7）
   (2) [程式集]（Windows XP）或[所有程式]（Windows Vista或Windows 7）
   (3) [Microsoft SQL Server 2005]資料夾
   (4) [SQL Server Management Studio]

●圖8.2　在微軟Windows的桌面上啓動SSMS

2. SQL Server的啓動畫面（參考圖8.3）

●圖8.3　SQL Server的啓動畫面

3. 就SQL Server的[連接到伺服器]對話方塊中（參考圖8.4），直接以左鍵按下[連接]按鈕。

● 圖8.4　SQL Server的[連接到伺服器]對話方塊

4. 成功啓動SQL Server Management Studio的畫面（參考圖8.5）：

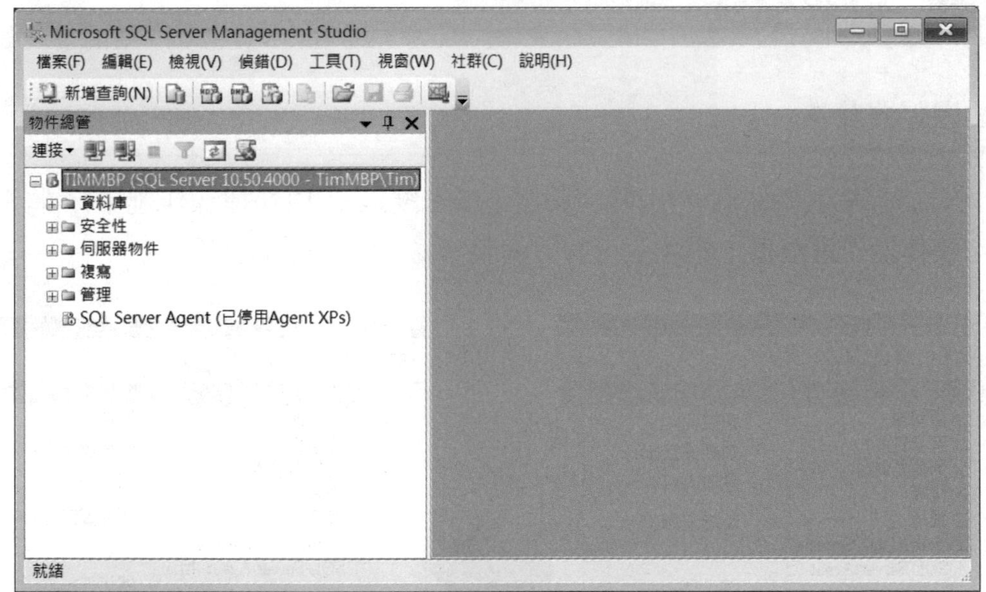

● 圖8.5　成功啓動 SQL Server

8-2-2 物件總管

SSMS的物件總管如同Windows的檔案總管，是一個樹狀結構的管理工具，在SQL Server資料庫物件之間巡覽，可以讓我們完成大致如下所列的作業：

- 管理伺服器屬性：檢視，及修改伺服器屬性。
- 管理資料庫與其相關物件：新增、變更、刪除，以及查詢資料庫物件。
- 管理伺服器物件：建立與管理不同用途的伺服器物件，如「備份裝置」，及「連結的伺服器」等。
- 安全性管理：伺服器帳號與資料庫使用者之權限的授權與設定。
- 伺服器運作管理：建立維護計劃，監視SQL Server運作過程的紀錄，以及利用活動監視器，進行SQL Server運作的動態資訊之檢視與操作。
- 管理SQL Server Agent服務。

實務演練

管理伺服器屬性

按左鍵點選[物件總管]中的伺服器，按右鍵以產生[快捷操作選單]，將滑鼠移至[快捷操作選單]的[屬性]，可開啟伺服器屬性的[一般]頁面。

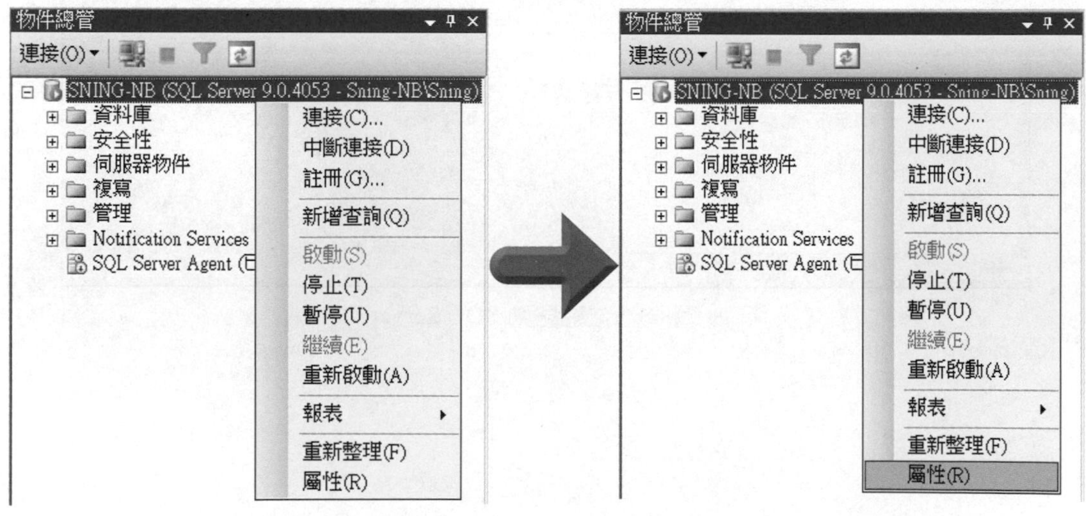

伺服器屬性的[一般]頁面中，我們可以清楚得知伺服器的基本資訊，如：

- 名稱：伺服器的主機名稱及SQL Server執行個體之名稱爲「SNING-NB」。
- 處理器：伺服器具備雙核心處理器的主機。
- 版本＋產品＋平台＋語言＋作業系統：SQL Server產品爲已升級至SP3的Developer之32位元中文繁體版，安裝於Windows XP，或Windows Vista。
- 根目錄：SQL Server執行個體所安裝的資料夾路徑：
- 伺服器定序：SQL Server中的資料順序是不分大小寫（CI）及有腔調差別（AS）的方式，按照中文（Chinese_Taiwan）的筆畫（Stroke）多寡來排定。
- 已叢集化：本台SQL Server執行個體爲獨立運作（False），並未與其他SQL Server執行個體，組成一個高可用性的（High Availability）叢集化架構。

接下來，我們要再介紹伺服器屬性的[安全性]頁面，以及[資料庫設定]頁面。

點選[安全性]，可產生伺服器屬性的[安全性]頁面：

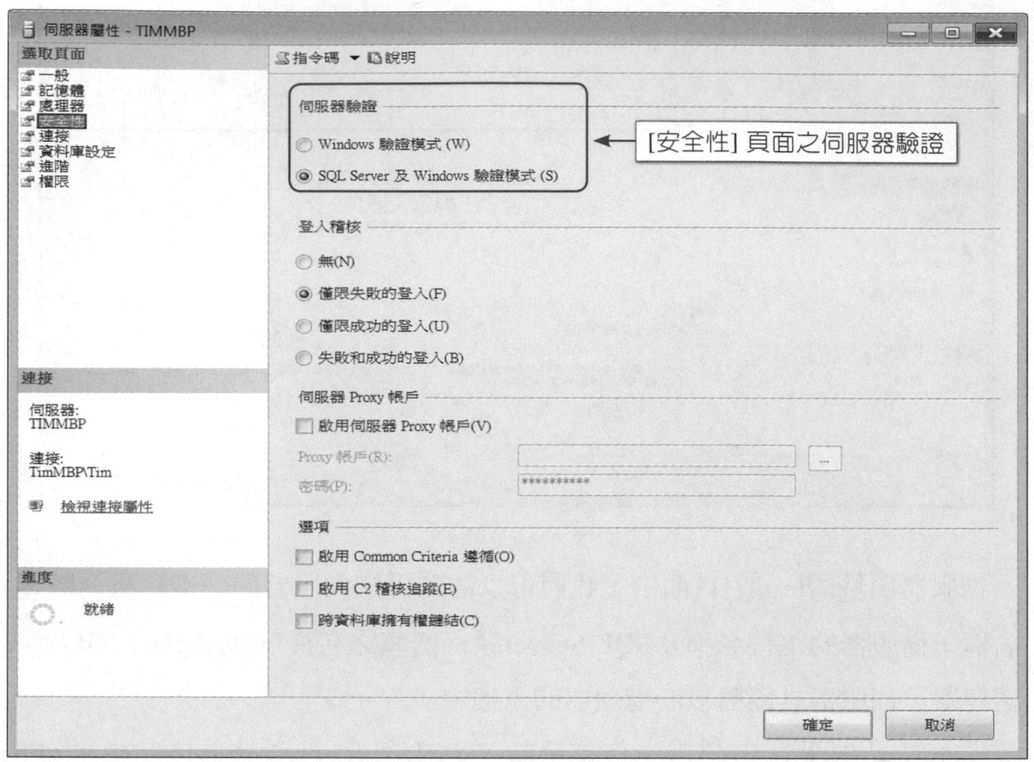

於[安全性]頁面中，我們可以看到針對登入伺服器時所採取的二種驗證模式：

- Windows驗證模式
- SQL Server及Windows驗證模式

本例之SQL Server是以混合模式（「SQL Server及Windows驗證模式」）進行登入的驗證，表示SQL Server接受的登入帳號可為SQL Server使用者的登入帳號，或Windows使用者的登入帳號。

當我們利用SSMS登入SQL Server執行個體時，若使用「SQL Server驗證」來登入，必須提供SQL Server使用者名稱與密碼。使用「Windows驗證」登入，則由於是使用者已登入Windows的前題下，SQL Server根本不需要我們再提供使用者名稱與密碼，SQL Server將利用我們已登入Windows的帳戶自動登入。

點選[資料庫設定]，可產生伺服器屬性的[資料庫設定]頁面：

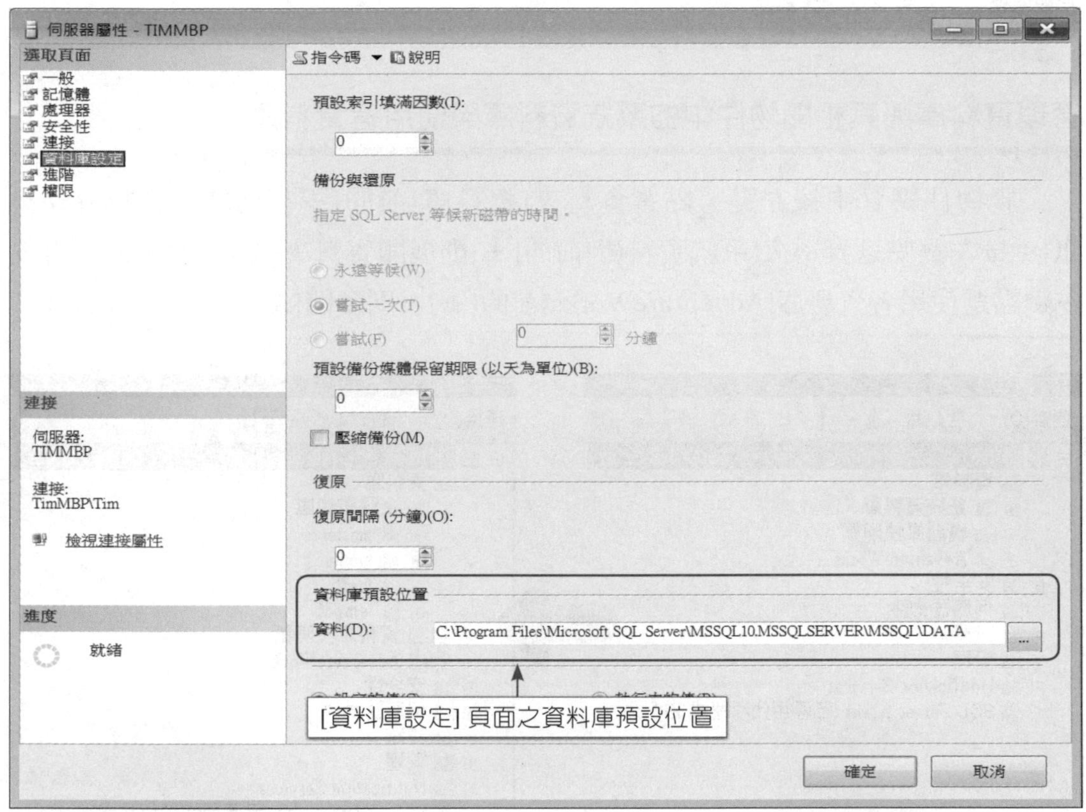

於[資料庫設定]頁面中，我們可以看到資料庫的檔案、資料檔及紀錄檔，均儲存於本伺服器相同的位置，因為二者所安裝的資料夾路徑皆為：

C:\Program Files\Microsoft SQL Server\MSSQL.1\MSSQL\DATA

此資料夾路徑乃於安裝SQL Server時，SQL Server所預先設定好作為儲存資料庫的資料檔及紀錄檔之位置。

管理資料庫與其相關物件中的系統資料庫與使用者資料庫

於物件總管中按左鍵，點選資料夾[資料庫]前的[＋]可展開資料夾[資料庫]；按左鍵點選資料夾[系統資料庫]前的[＋]則展開資料夾[系統資料庫]；再按左鍵點選使用者資料庫[AdventureWorks]前的[＋]，則展開[AdventureWorks]：

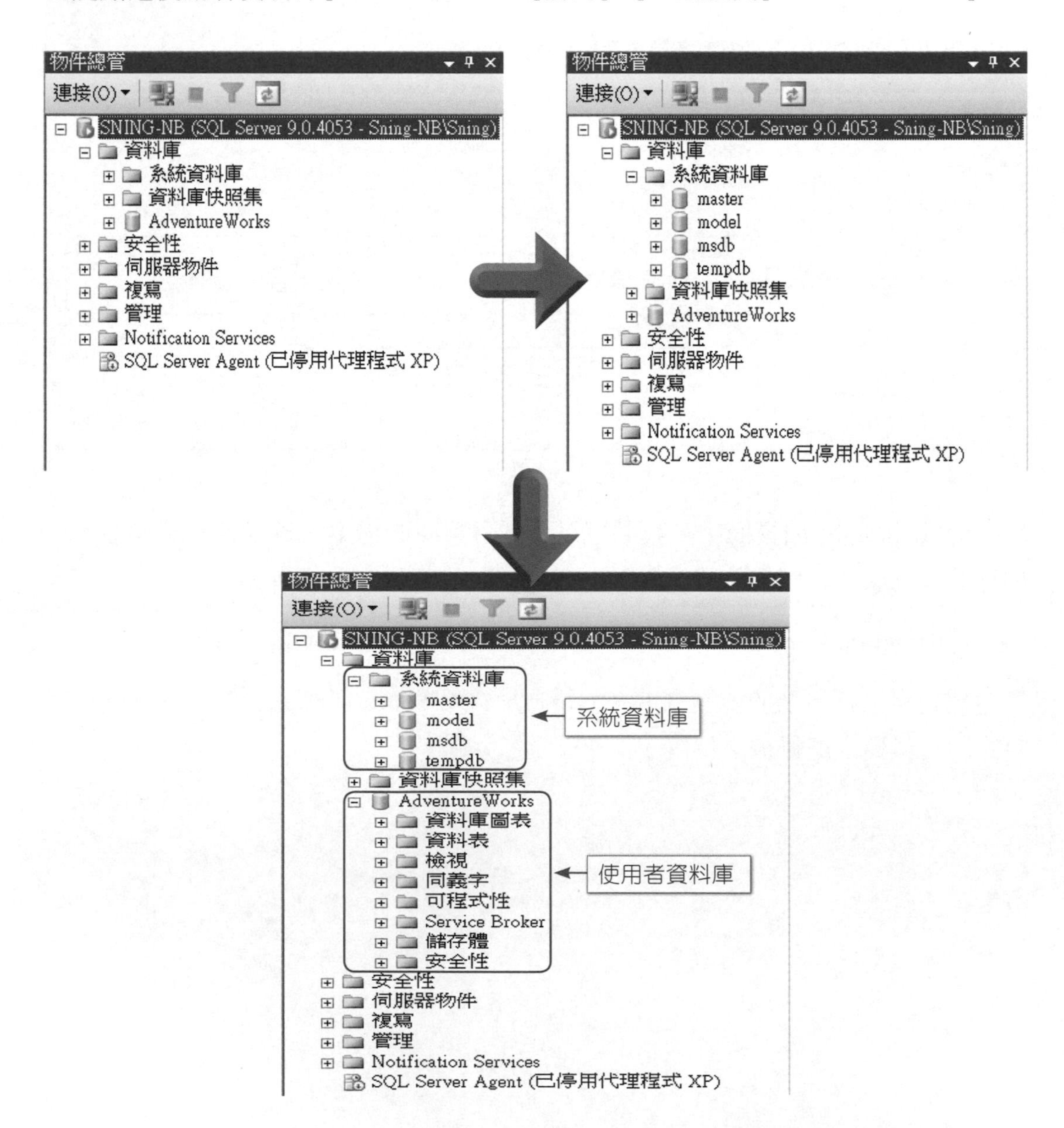

物件總管
連接(O)
SNING-NB (SQL Server 9.0.4053 - Sning-NB\Sning)
資料庫
系統資料庫
資料庫快照集
AdventureWorks
安全性
伺服器物件
複寫
管理
Notification Services
SQL Server Agent (已停用代理程式 XP)

物件總管
連接(O)
SNING-NB (SQL Server 9.0.4053 - Sning-NB\Sning)
資料庫
系統資料庫
master
model
msdb
tempdb
資料庫快照集
AdventureWorks
安全性
伺服器物件
複寫
管理
Notification Services
SQL Server Agent (已停用代理程式 XP)

物件總管
連接(O)
SNING-NB (SQL Server 9.0.4053 - Sning-NB\Sning)
資料庫
系統資料庫
master
model
msdb
tempdb
系統資料庫
資料庫快照集
AdventureWorks
資料庫圖表
資料表
檢視
同義字
可程式性
Service Broker
儲存體
安全性
使用者資料庫
安全性
伺服器物件
複寫
管理
Notification Services
SQL Server Agent (已停用代理程式 XP)

我們可以輕易的發現，新版的物件總管中，SSMS將系統資料庫與使用者資料庫各自分開管理，其中，系統資料庫已獨立存放於[系統資料庫]資料夾中。如此完善便利的設計，系統資料庫與使用者資料庫二者將不再混淆管理員，而促成管理效率的提升。

實務演練

安全性管理的 [登入]

於物件總管中按左鍵點選資料夾[安全性]前的[＋]可展開資料夾[安全性]；按左鍵點選資料夾[登入]前的[＋]則展開資料夾[登入]：

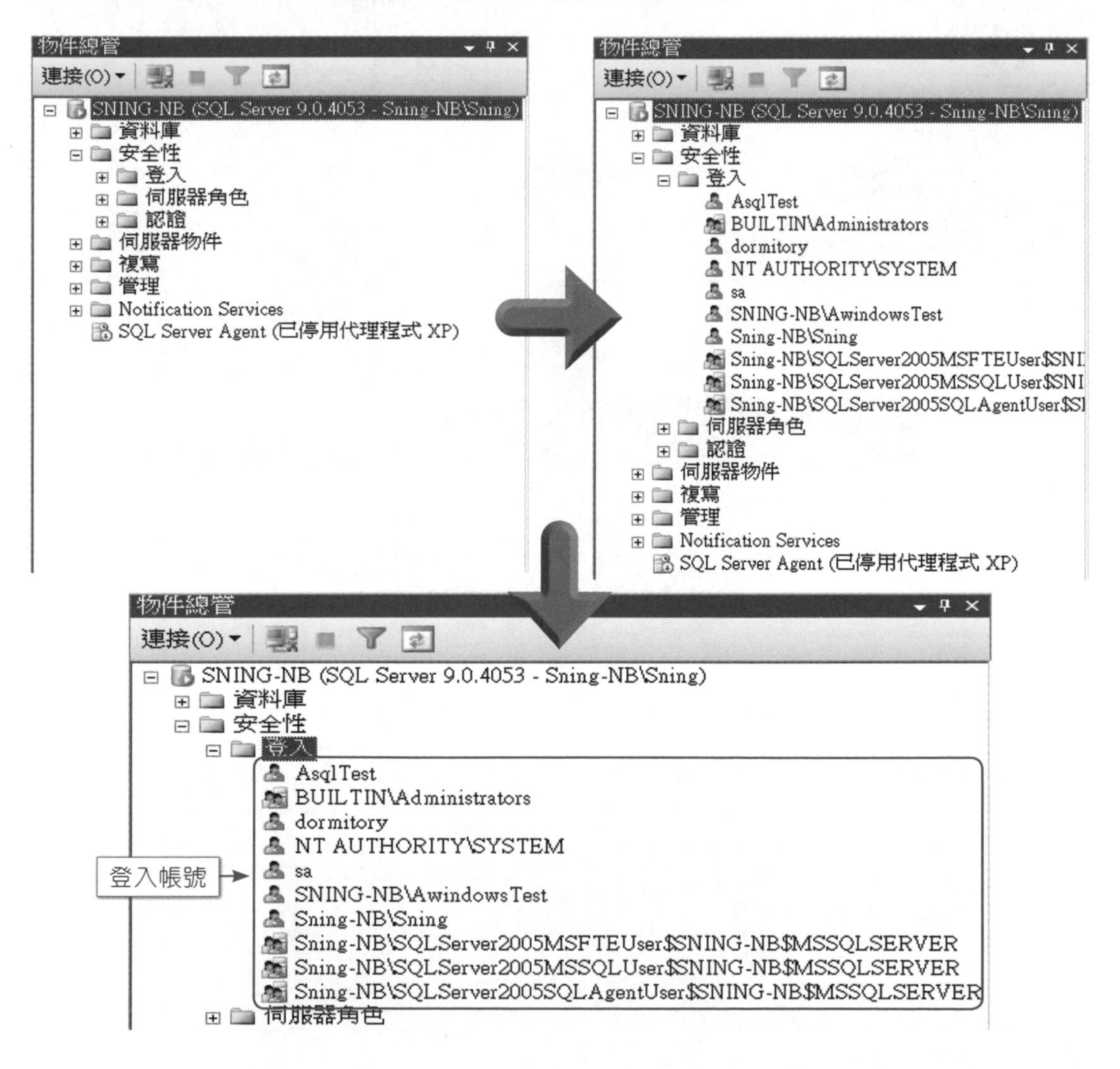

我們可以輕易的發現，SQL Server所有的登入帳號都是管理於此資料夾[登入]中。有關SQL Server登入帳號的管理，將於稍後單元做進一步的介紹。

伺服器運作管理中的[記錄檔檢視器]

於物件總管中依序展開[管理]，及[SQL Server記錄檔]，利用[記錄檔檢視器]，我們可管理SQL Server的各種伺服器運作。

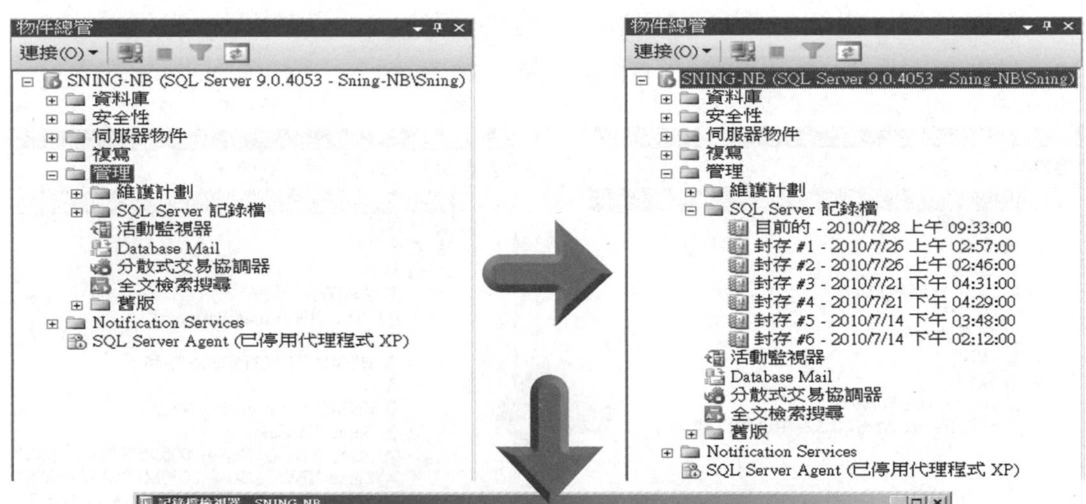

8-2-3 文件視窗

SSMS的文件視窗是以二種不同的操作模式來進行所有針對資料庫的工作之執行與呈現。分別介紹如下：

索引標籤模式

文件視窗中的每個工作，皆是以「索引標籤」的頁面方式（參考圖8.6）呈現出物件總管中物件資訊。例如：每次SSMS啓動之後，預設爲以[物件總管詳細資料]頁面，顯示目前物件總管中所連接之Database Engine的執行個體的資料庫物件資訊。

索引標籤模式爲SSMS文件視窗預設的操作模式，可經由SSMS主選單的[工具]功能之文件視窗模式設定，切換爲多重文件介面模式，有關此設定的詳細示範與操作，請參考隨後的【實務演練】。

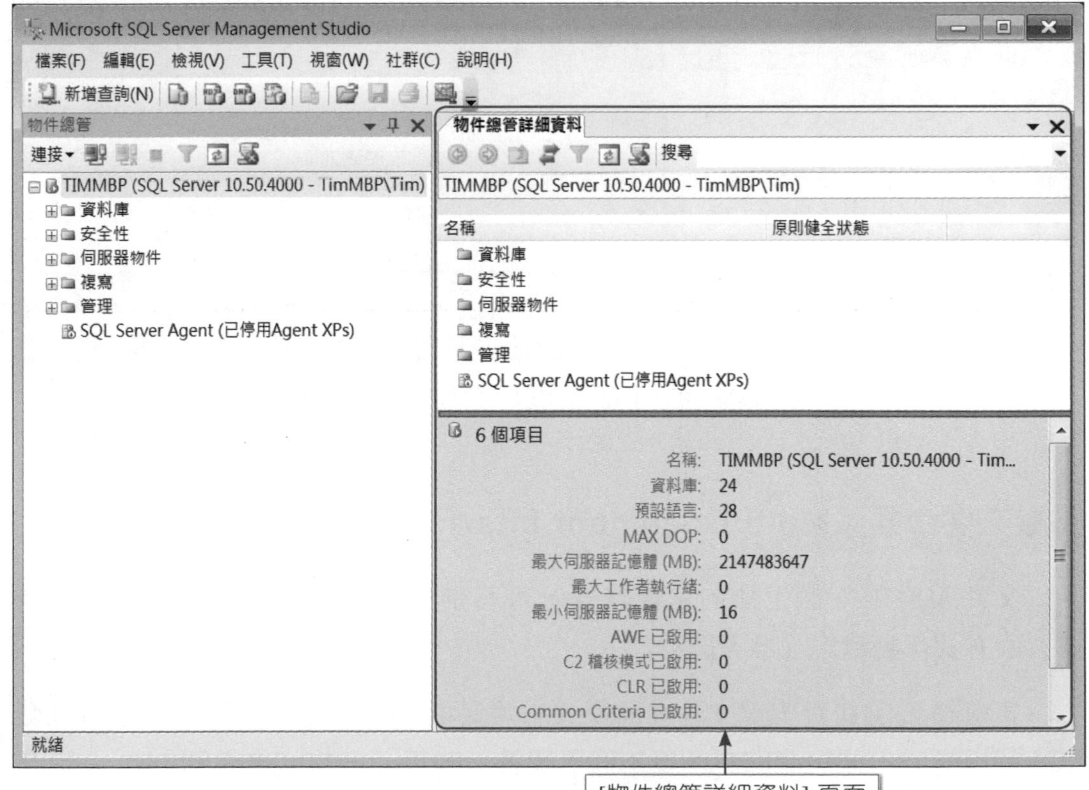

●圖8.6　SSMS的預設[物件總管詳細資料]頁面

當我們每次點選物件總管中樹狀結構的資料庫物件時，資料庫物件的詳細資訊便會顯示於文件視窗中所對應的「索引標籤」頁面。例如：我們若點選圖8.7中物件總管中的資料庫[AdventureWorks]，文件視窗中[物件總管詳細資料]頁面，便是顯示資料庫[AdventureWorks]的詳細資訊，包括資料庫圖表。

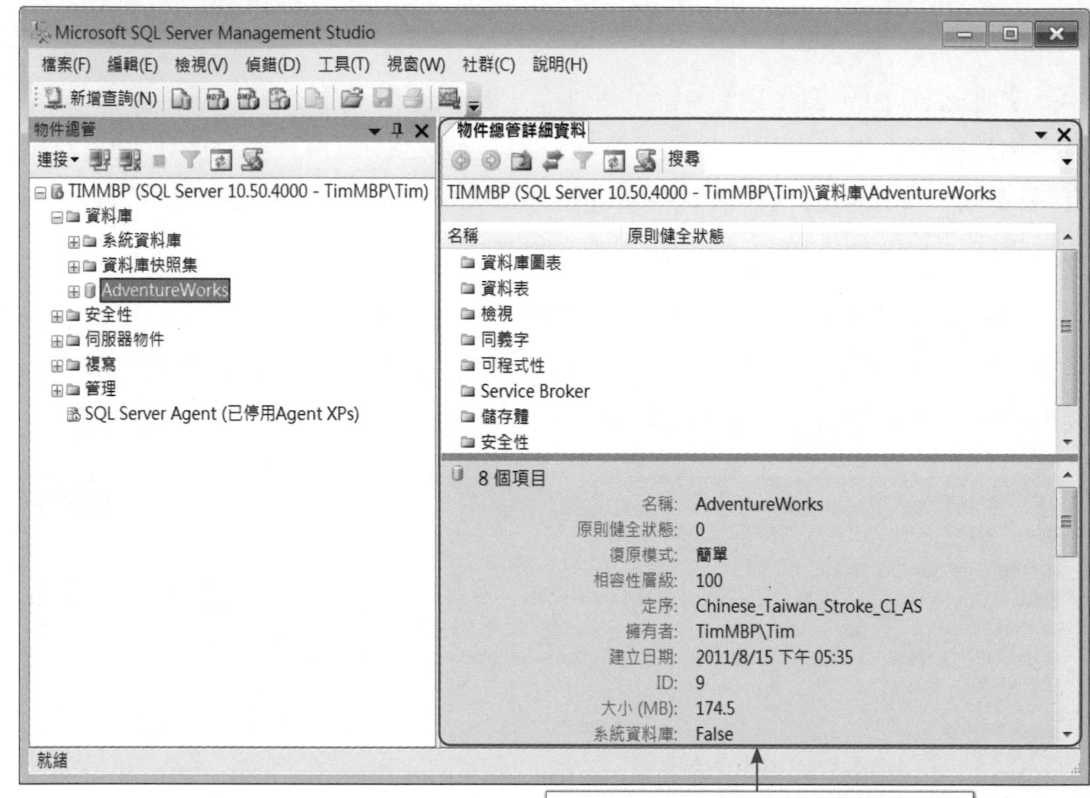

● 圖8.7　SSMS 的文件視窗中以「索引標籤」的頁面呈現

多重文件介面（Multi Document Interface, MDI）模式

文件視窗中每個工作的呈現方式，可有別於頁面，而皆以一個文件「視窗」的方式浮動呈現（參考圖8.8）。

索引標籤模式與多重文件介面模式的差異處主要是在於便利性。索引標籤模式可輕易的由使用者同時瀏覽不同「標籤」的頁面內容（參考圖8.9）；而多重文件介面模式每次僅允許使用者操作一個文件「視窗」。二者比較，當然是以索引標籤模式方便且有效多了。

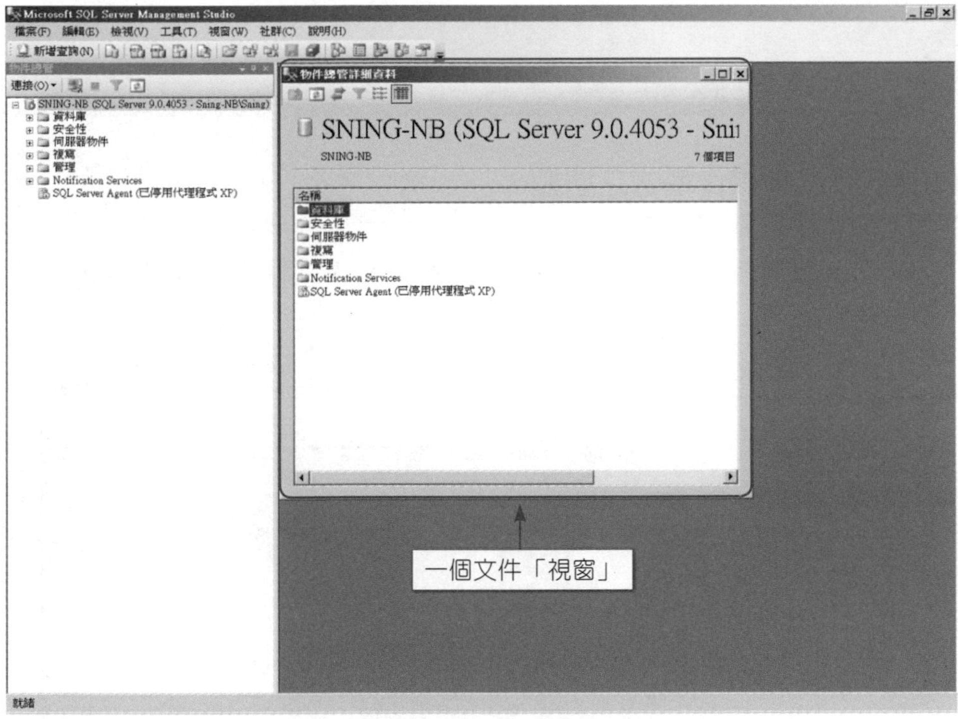

● 圖8.8　SSMS的文件視窗中以文件「視窗」的方式呈現

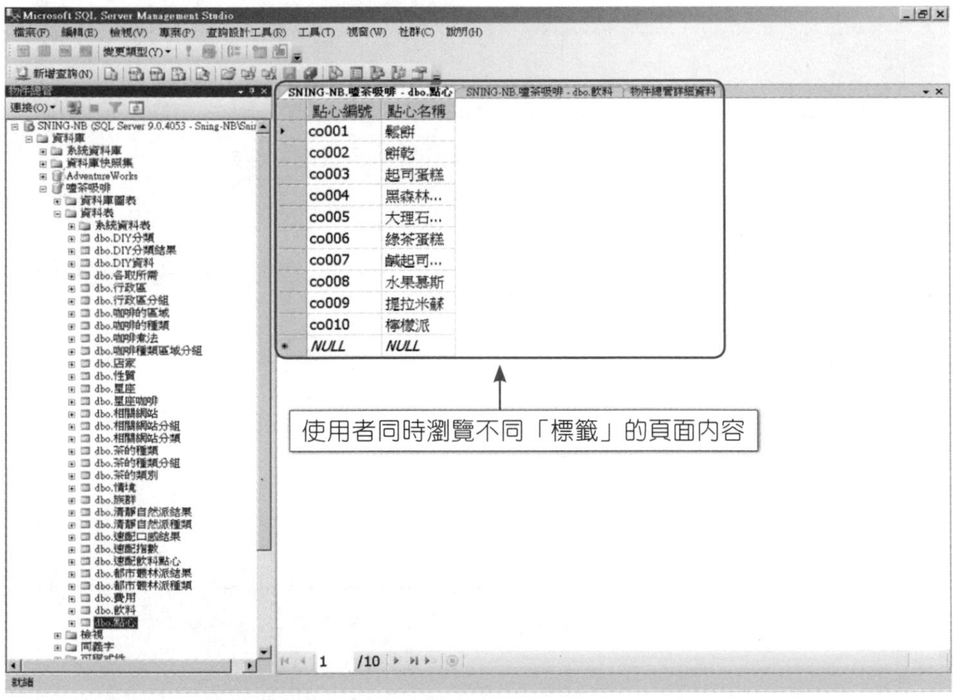

● 圖8.9　索引標籤模式可由使用者同時瀏覽不同「標籤」的頁面內容

SSMS的文件視窗操作模式之切換

步驟1 檢視文件配置：由SSMS的文件視窗，可知文件視窗模式是預設的索引標籤模式。

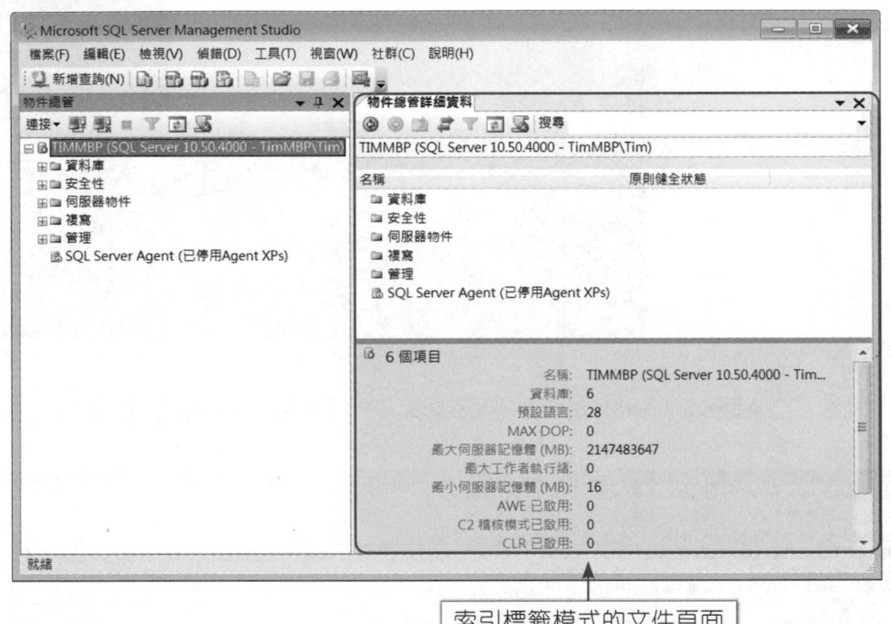

步驟2 在主選單的[工具]功能表上，按下[選項]。

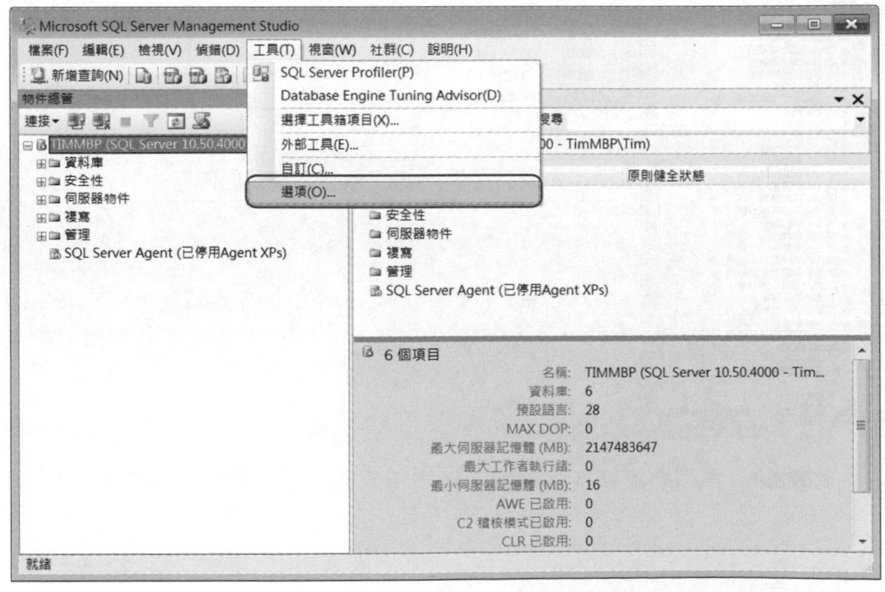

步驟3　檢視[選項]中的[環境配置]：文件視窗模式確實是預設的索引標籤模式。

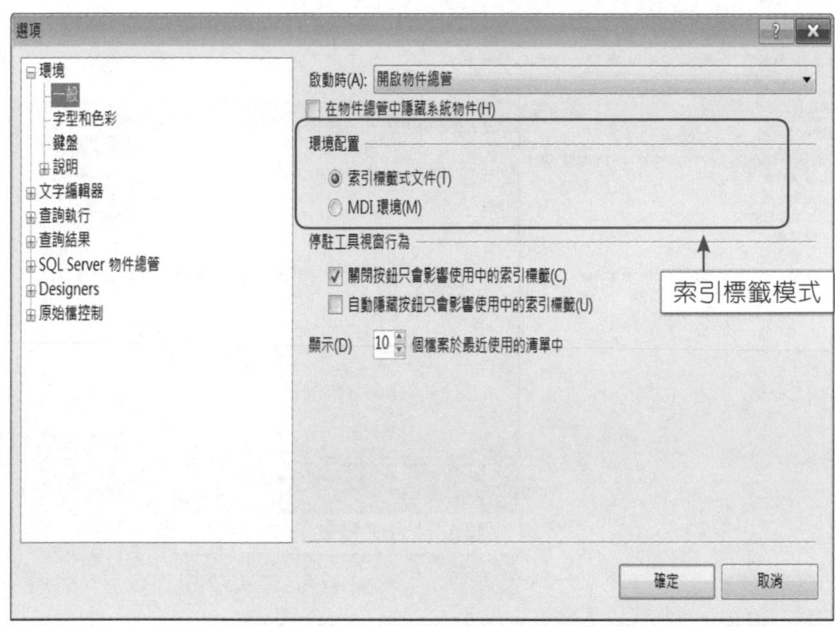

步驟4　變更[選項]中的[環境配置]：點選[MDI環境]。

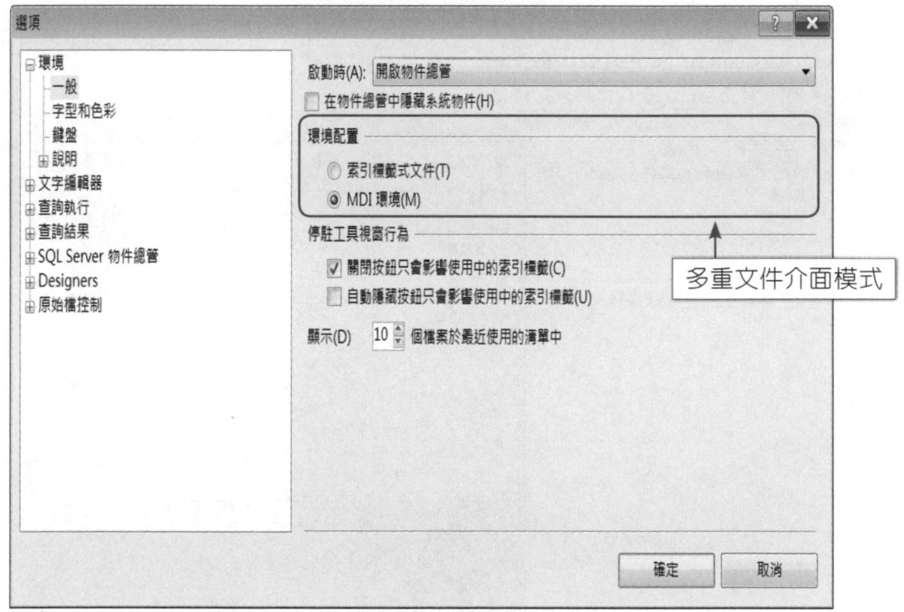

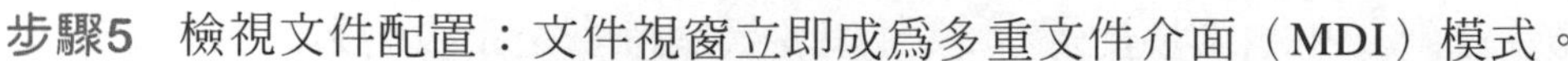

步驟5 檢視文件配置：文件視窗立即成爲多重文件介面（MDI）模式。

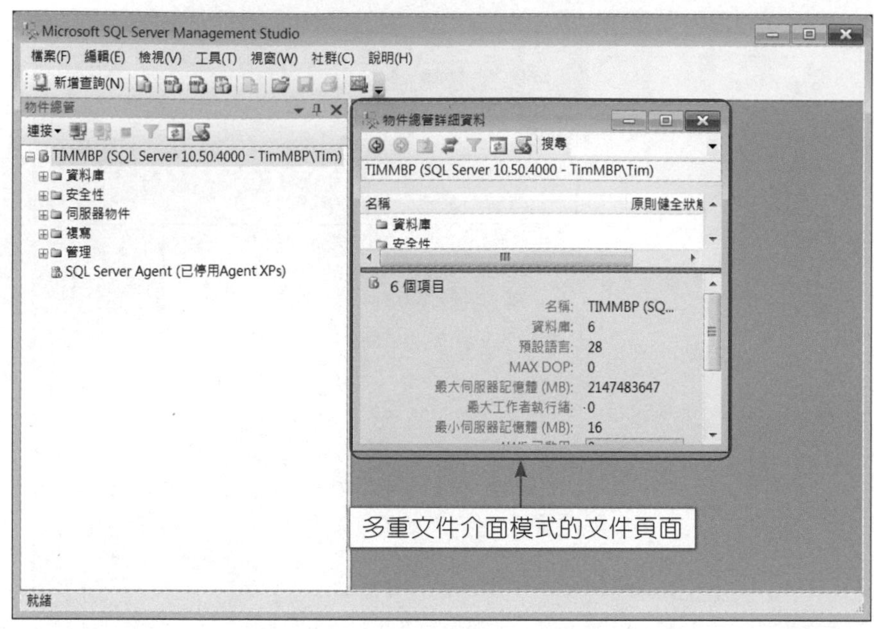

步驟6 點選SSMS工具列中的[新增查詢]。

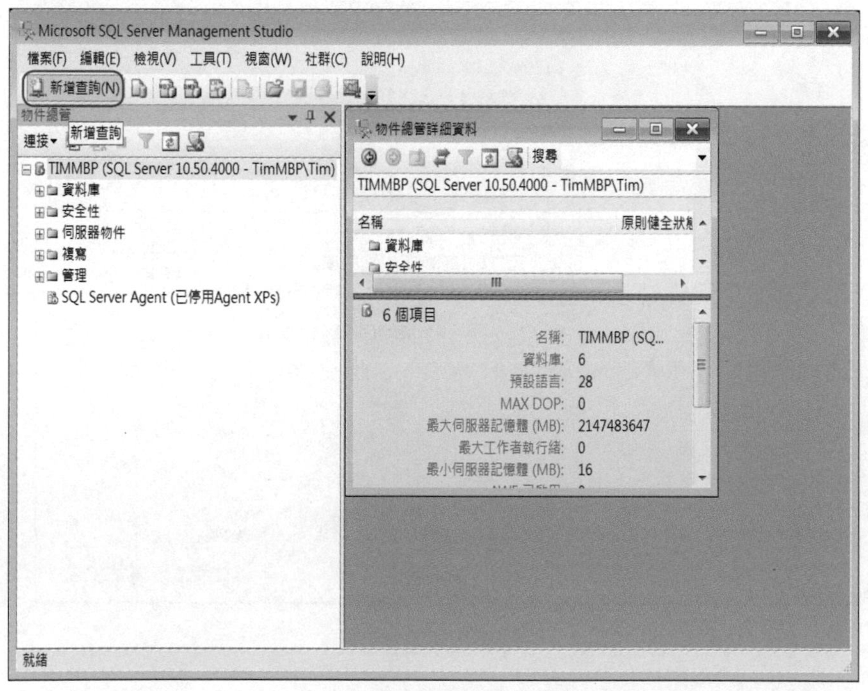

步驟7 產生查詢編輯器視窗。

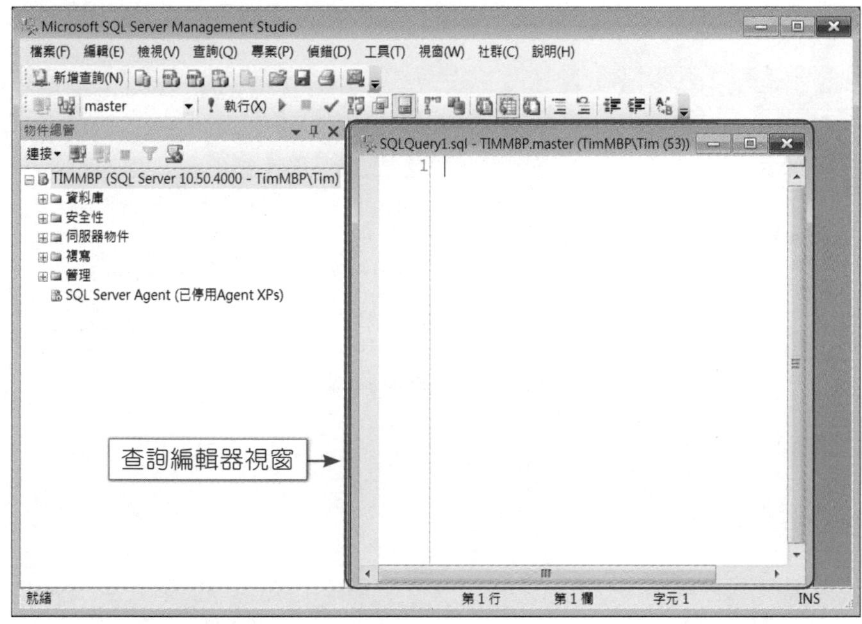

步驟8 右移查詢編輯器視窗，確實是以多重文件介面（MDI）模式呈現二個視窗。

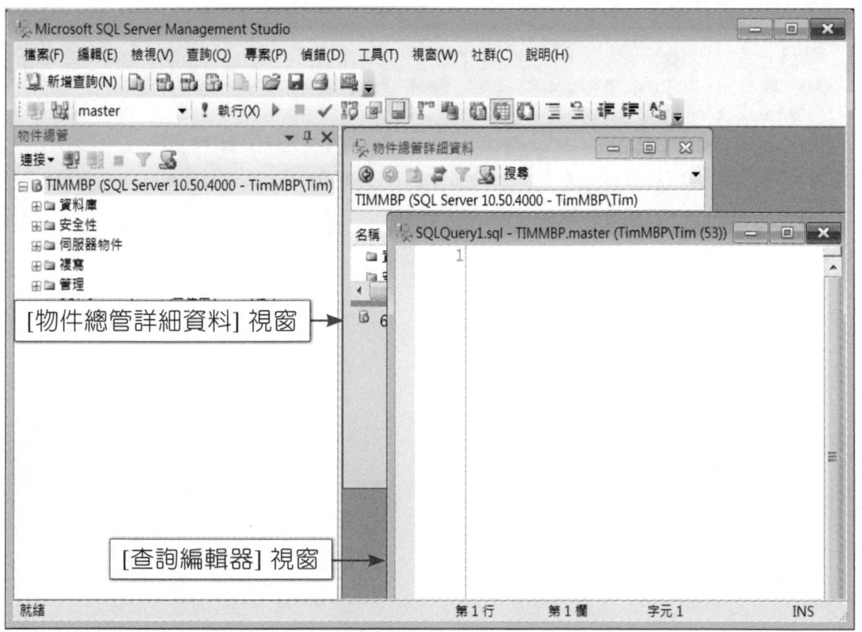

步驟9 變更[選項]中的[環境配置]：重複步驟2～步驟4，點選[索引標籤式文件]。

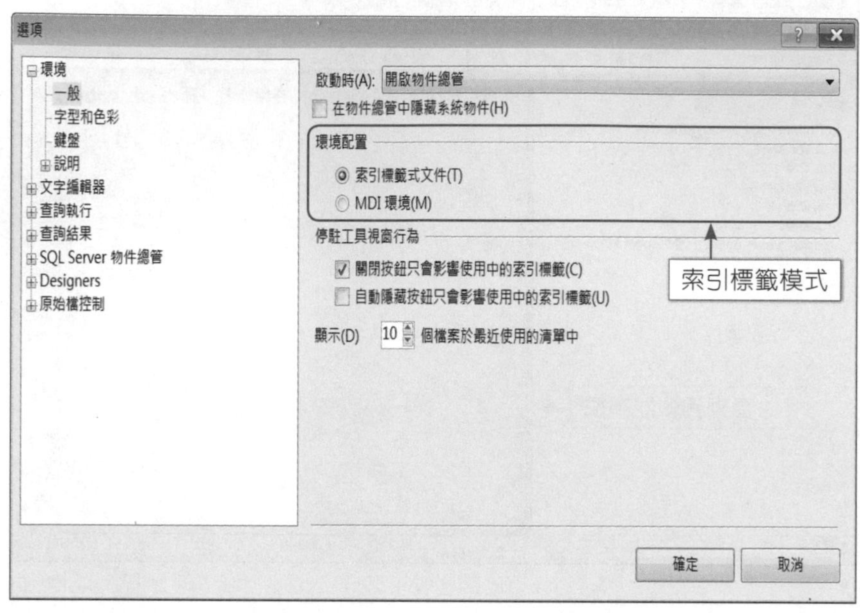

步驟10 檢視文件配置：文件視窗立即成爲索引標籤模式呈現之二個索引標籤的文件。

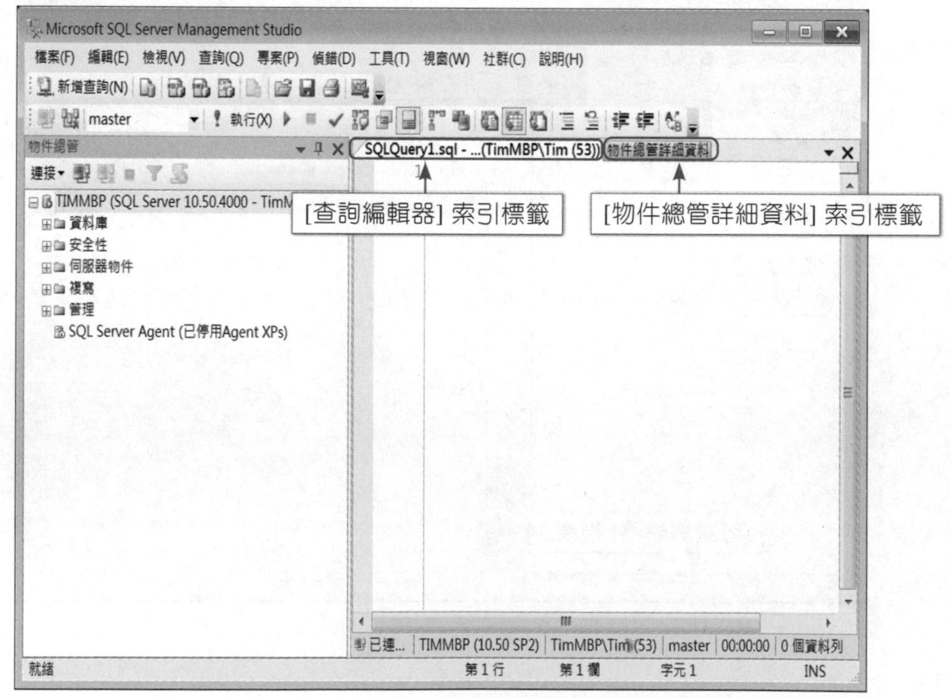

8-3 編寫Transact-SQL敘述

SSMS的特性之一，就是它是一個整合式環境的圖形化管理工具，當然是具有設計程式的「查詢編輯器」元件，可用來編寫SQL Server的結構化查詢語言—Transact-SQL。所以，本單元會介紹查詢編輯器、離線或連線使用查詢編輯器的方法，以及查詢編輯器的基本操作，包括：註解、縮排、行號，及拖放等，讓我們以最簡單明瞭的方式完成編寫Transact-SQL敘述的基本操作。

8-3-1 查詢編輯器

查詢編輯器是SSMS用來編輯Transact-SQL的專用程式碼編輯器，其主要的基本功能包括：

- 色彩編碼的語法：提升了程式碼的可讀性及編輯的便利性。
- 圖形化物件設計：可運用拖放圖形化物件方式來進行程式碼的編輯。
- 程式碼文字處理：支援尋找和取代、註解、自訂字型和色彩，以及行號等多樣的文字編輯功能。
- 彈性的查詢結果：可以方格或文字方式呈現，或儲存爲檔案。

以上功能，將於稍後的單元—查詢編輯器的基本操作，再做進一步的介紹。

8-3-2 連接查詢編輯器

無論SSMS是否離線或連線到SQL Server，使用者都可以利用查詢編輯器進行Transact-SQL程式碼的編輯。即使在未連接伺服器，甚至是伺服器無法使用的情況，SSMS仍然允許我們在不論是否連接SQL Server執行個體，也就是以離線或連線查詢編輯器的情況下，皆可編寫Transact-SQL程式碼。對於程式設計人員來說，這眞的是極爲有用且具彈性的設計。所以，本單元分別就不同的查詢編輯器情況，爲大家實際示範離線及連線的方式。

實務演練

離線編輯Transact-SQL程式碼

步驟1 以未連接伺服器的方式啟動SSMS：

在微軟Windows的桌面上，參考圖8.2的方式依序點選：

(1) [開始]

(2) [程式集]（Windows XP）或[所有程式]（Windows Vista或Windows 7）

(3) [Microsoft SQL Server 2008] R2資料夾

(4) [SQL Server Management Studio]

於[連接到Database Engine]對話方塊中按下[取消]，表示以不連接SQL Server執行個體的情況，也就是以離線的方式，啟動SSMS。如此一來，我們便可開始利用查詢編輯器，以離線的方式進行Transact-SQL程式碼的編輯。

步驟2 啟動查詢編輯器：按下工具列的[Database Engine查詢]。當出現如步驟1的畫面時，也是按下「取消」。

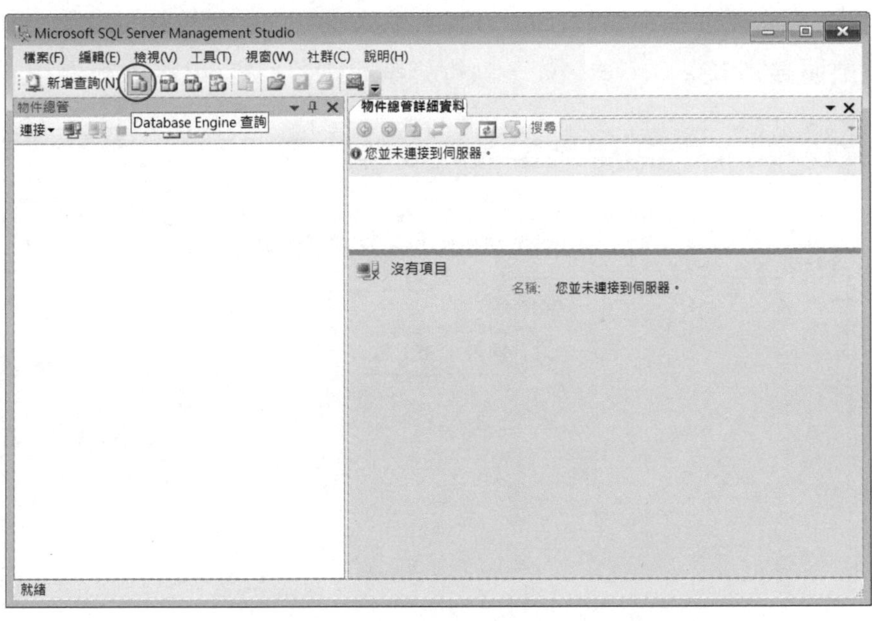

步驟3 離線的查詢編輯器：

由查詢編輯器所自動開啟的[未連接–SQLQuery1.sql]索引標籤頁名稱中的「未連接」，我們便可瞭解這是以離線的方式進行程式碼的編輯。

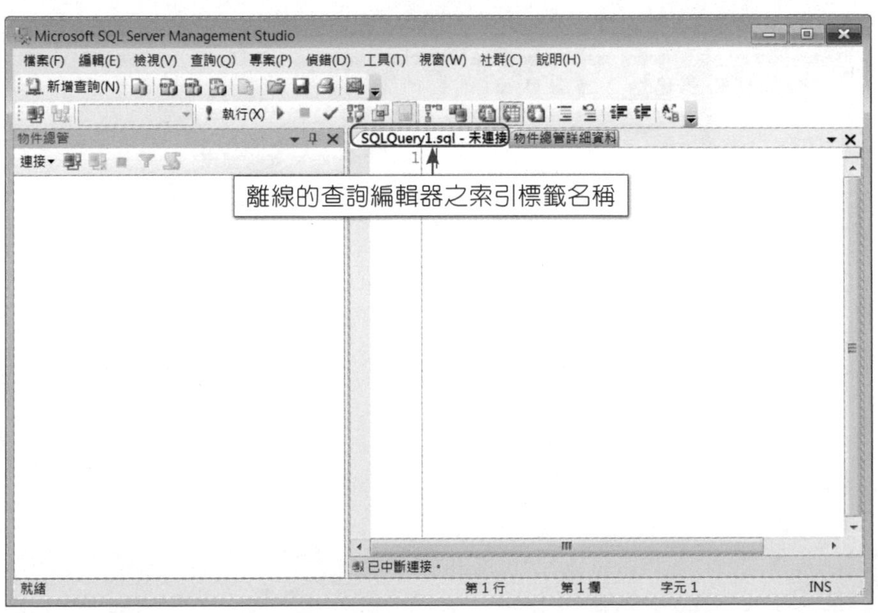

步驟4 輸入範例程式碼：

於[未連接–SQLQuery1.sql]索引標籤頁，輸入[SELECT * FROM dbo.星座]，然後按下鍵盤的[Enter]後再輸入：GO。接下來的步驟，便是要經由連線到SQL Server之後，執行查詢編輯器已編輯OK的範例程式碼。

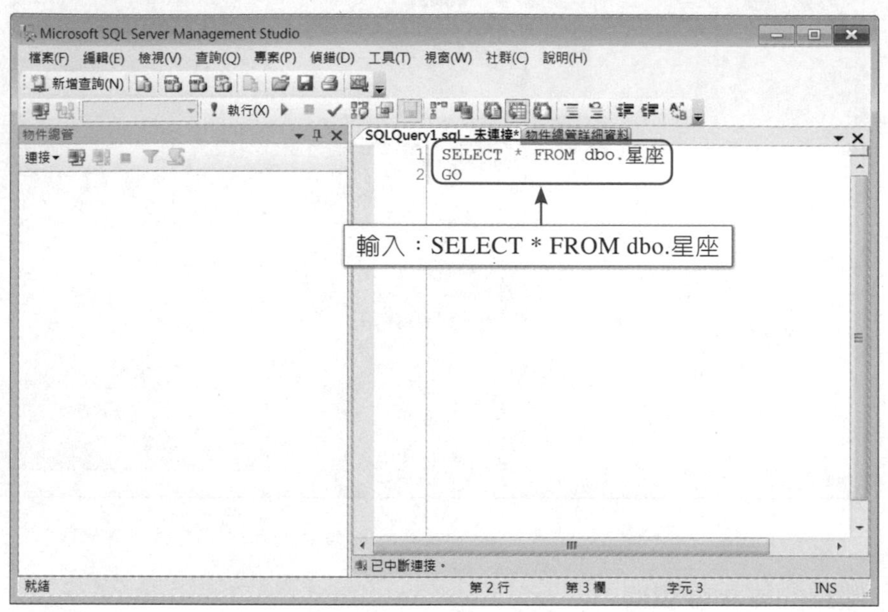

步驟5 連線到SQL Server：按下工具列的[執行]。

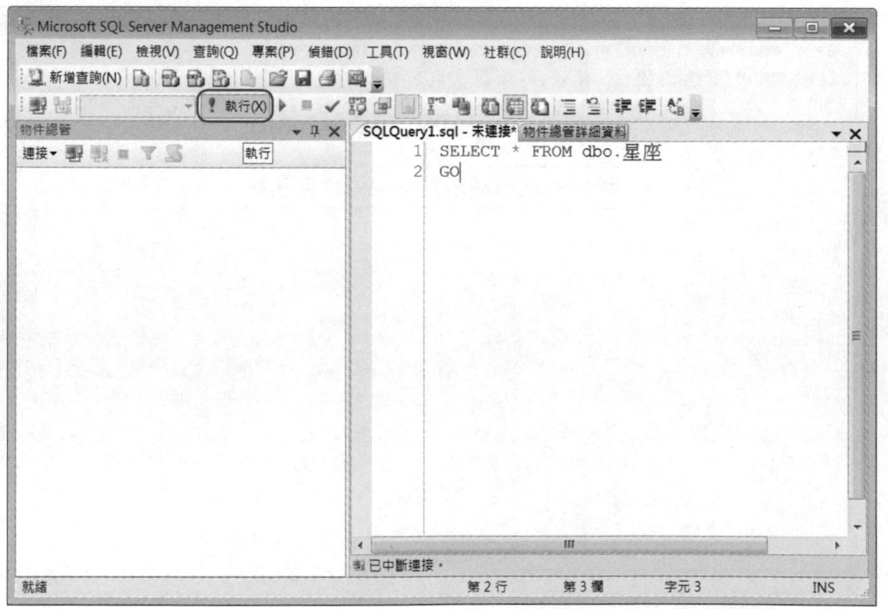

步驟6 於[連接到Database Engine]對話方塊，按下[連接]。

連接到 Database Engine

Microsoft SQL Server 2008 R2

伺服器類型(T): Database Engine

伺服器名稱(S): TIMMBP

驗證(A): Windows 驗證

使用者名稱(U): TimMBP\Tim

密碼(P):

記住密碼(M)

連接(C) 取消 說明 選項(O) >>

步驟7 產生錯誤訊息：無效的物件名稱「dbo.星座」。

由於範例程式碼所欲開啓的「dbo.星座」是存在於資料庫[嗑茶吸啡]，不是目前開啓的資料庫[AdventureWorks]，自然SQL Server會認定「dbo.星座」是一個無效的物件名稱，而將此錯誤訊息傳回給SSMS，交由查詢編輯器顯示。所以，我們必須變更開啓的資料庫爲[嗑茶吸啡]，再重新執行。

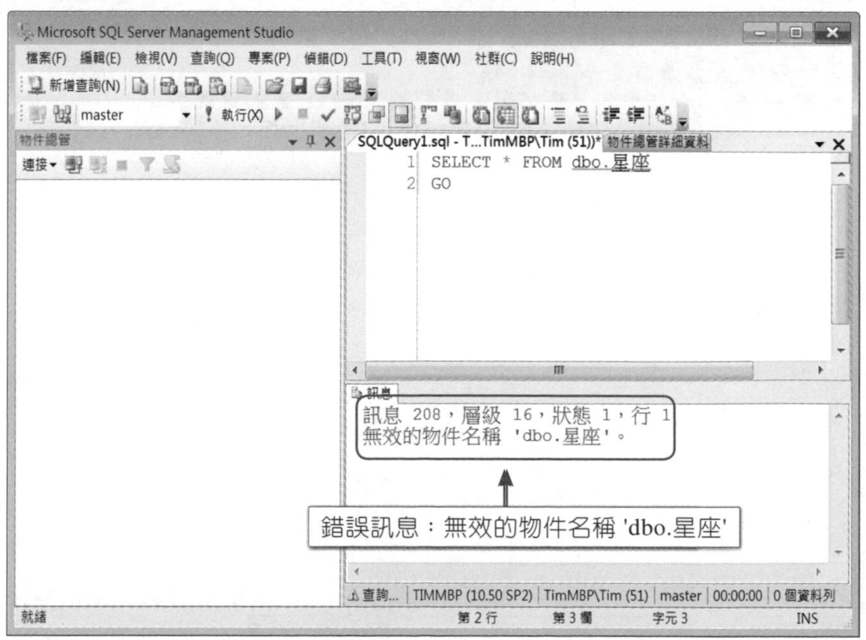

步驟8 變更開啓的資料庫爲[嗑茶吸啡]：

移動滑鼠至工具列的[可用的資料庫]清單之[▼]，以左鍵點選[▼]之後，可展開清單，再選取清單中的資料庫[嗑茶吸啡]。

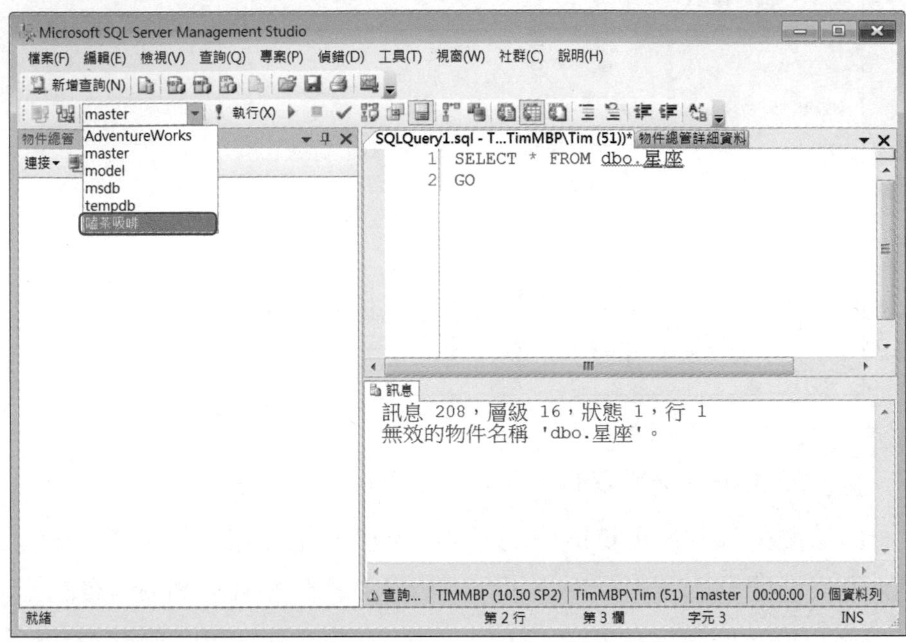

步驟9 連接到資料庫[嗑茶吸啡]。

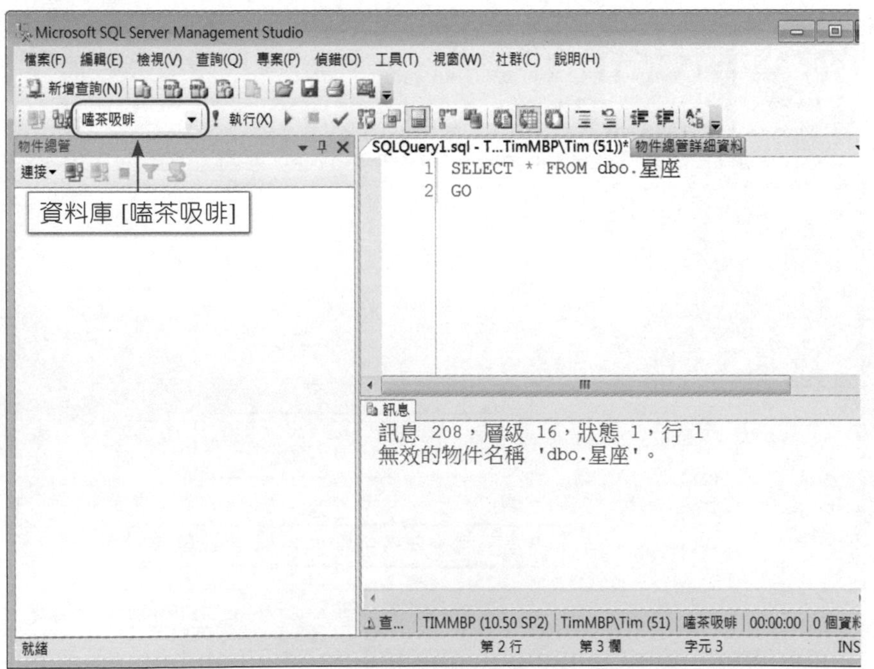

步驟10 重新執行範例程式碼：再次按下工具列的[執行]。

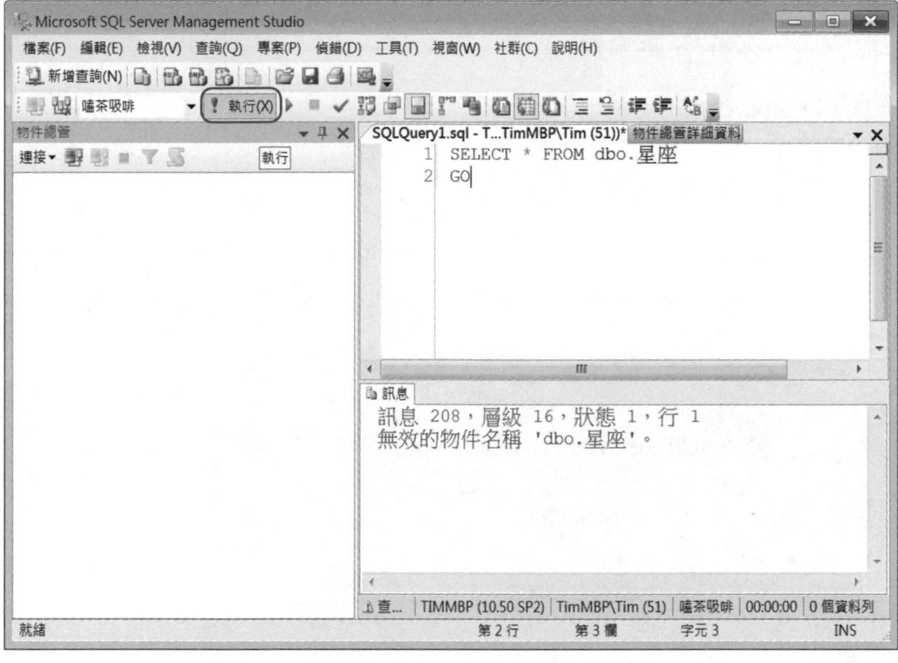

步驟11 成功執行SELECT * FROM dbo.星座：

我們可從文件視窗下方的瀏覽器視窗，檢視執行範例程式碼所顯示的查詢資料表[星座]中的星座資料。

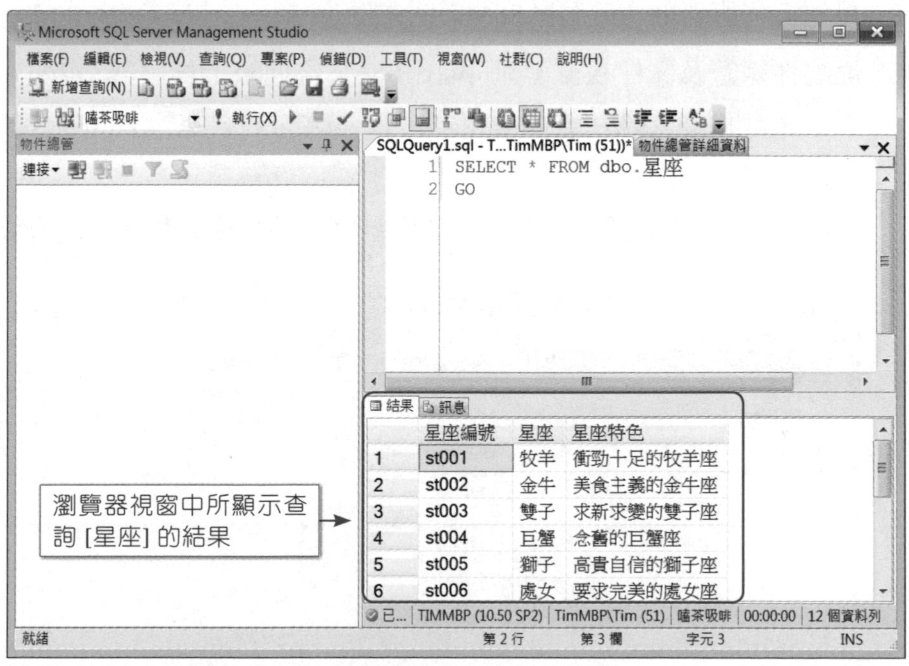

實務演練

連線編輯Transact-SQL程式碼

步驟1 以連接伺服器的方式啟動SSMS：

於[連接到Database Engine]對話方塊時按下[連接]，表示以不連接SQL Server執行個體的情況，也就是以離線的方式，啟動SSMS。

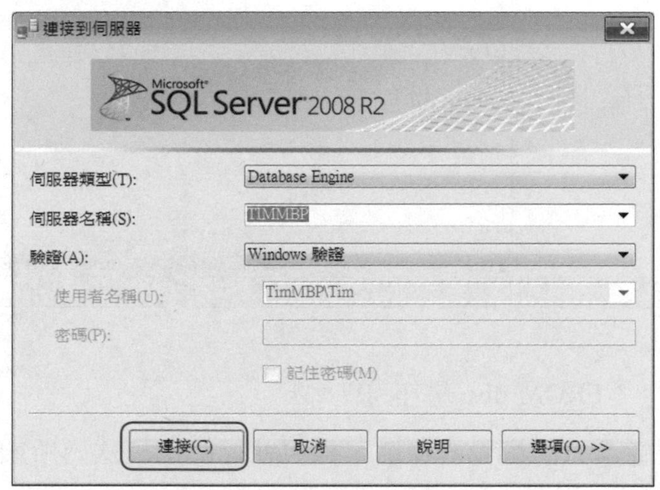

步驟2 以連接伺服器的方式啟動SSMS：

從物件總管及文件視窗，都可看出SSMS已連接上伺服器SNING-NB。接下來，我們便能利用查詢編輯器，以連線的方式進行Transact-SQL程式碼的編輯。

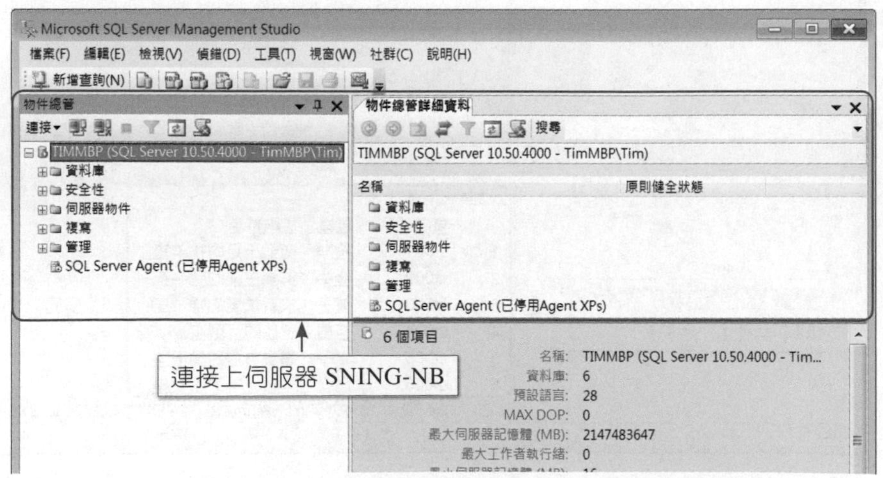

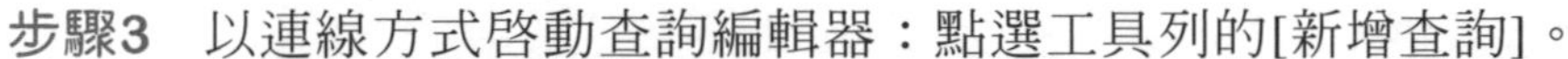

步驟3　以連線方式啟動查詢編輯器：點選工具列的[新增查詢]。

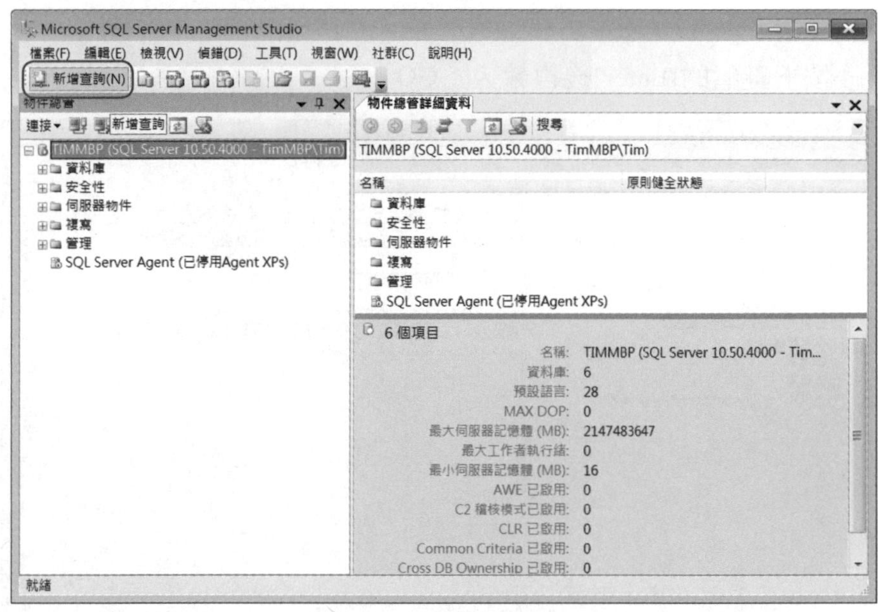

步驟4　連線的查詢編輯器：

於查詢編輯器所自動開啓的[SNING-NB.AdventureWorks-SQLQuery1.sql]索引標籤頁名稱中的「SNING-NB」，我們便可瞭解這是以連線的方式進行程式碼的編輯。

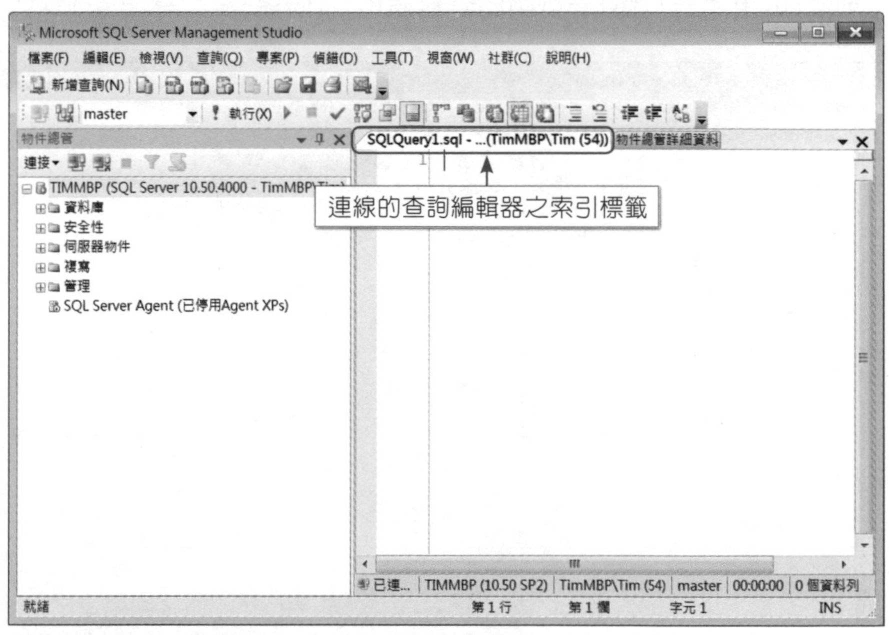

步驟5 輸入範例程式碼：

於[SQLQuery1.sql]索引標籤頁，輸入：[SELECT * FROM dbo.星座]，然後按下鍵盤的[Enter]後再輸入：GO。

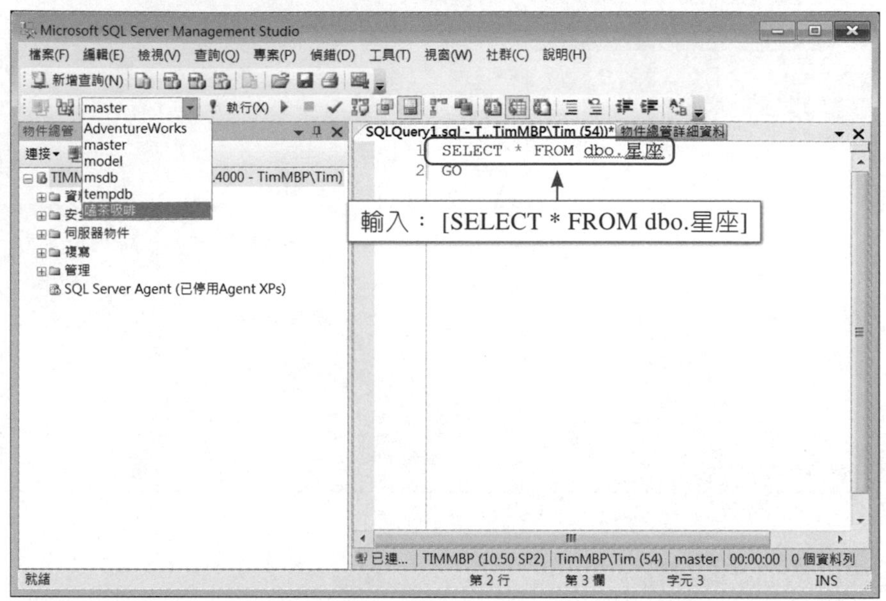

步驟6 變更開啓的資料庫爲[嗑茶吸啡]：

爲避免「離線編輯Transact-SQL程式碼」的步驟7的錯誤，必須選取工具列的[可用的資料庫]清單中的資料庫[嗑茶吸啡]。

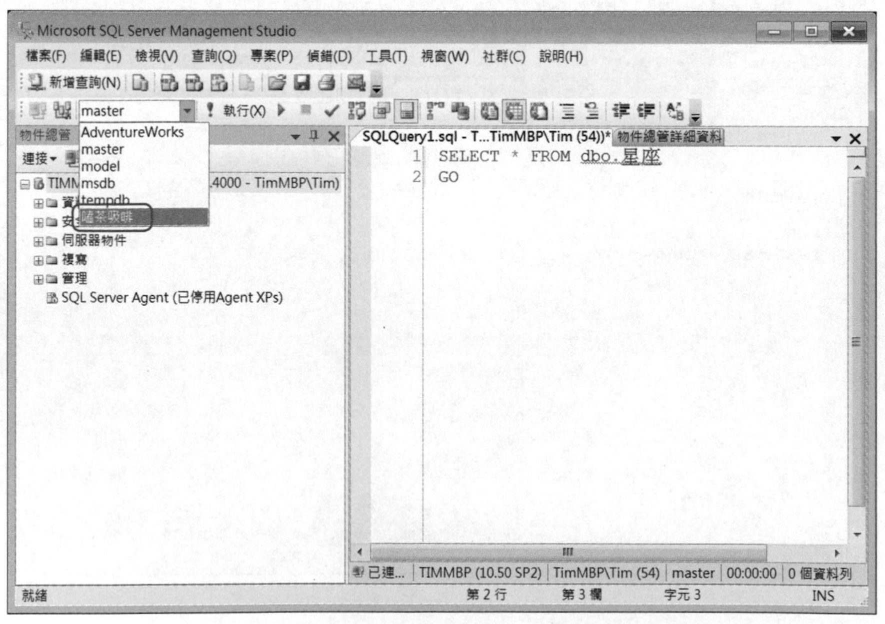

步驟7 連接到資料庫[嗑茶吸啡]。

於查詢編輯器所開啓的[SQLQuery1.sql]索引標籤頁名稱中連接到的資料庫已從錯誤的[AdventureWorks]變成正確的[嗑茶吸啡]。

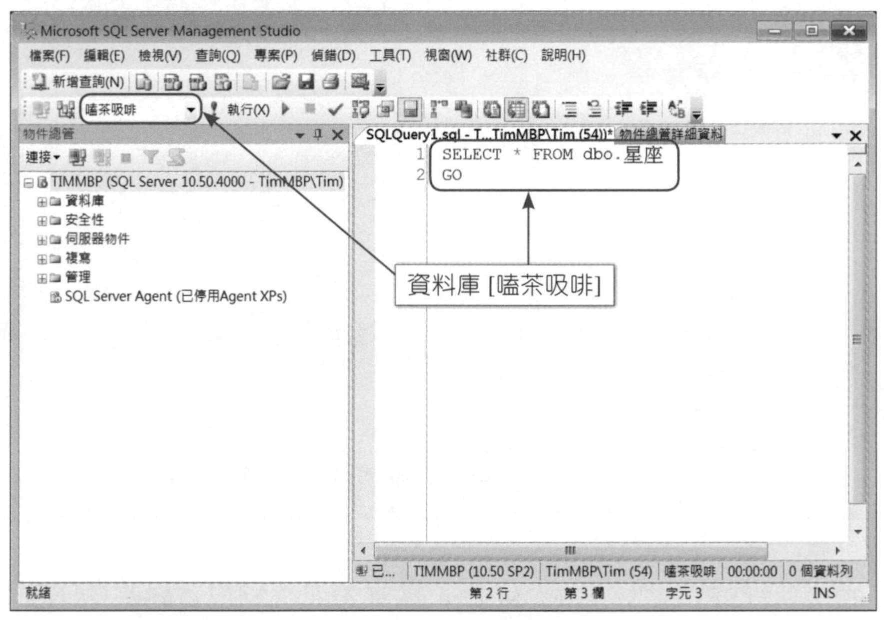

步驟8 確認資料庫[嗑茶吸啡]中存在資料表[dbo.星座]：

在物件總管中依序按展開[資料庫]，[嗑茶吸啡]，及[嗑茶吸啡]所有的資料表，我們可以發現資料庫[嗑茶吸啡]中確實存在資料表[dbo.星座]。

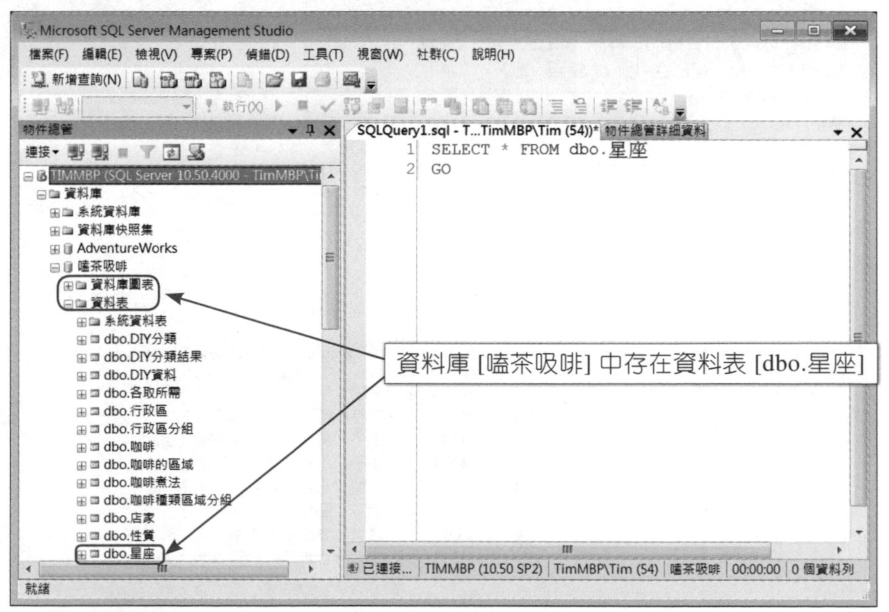

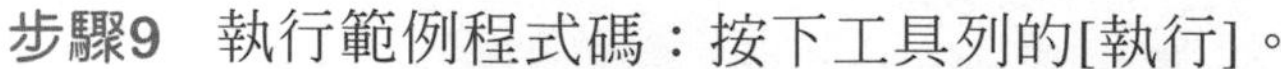

步驟9 執行範例程式碼：按下工具列的[執行]。

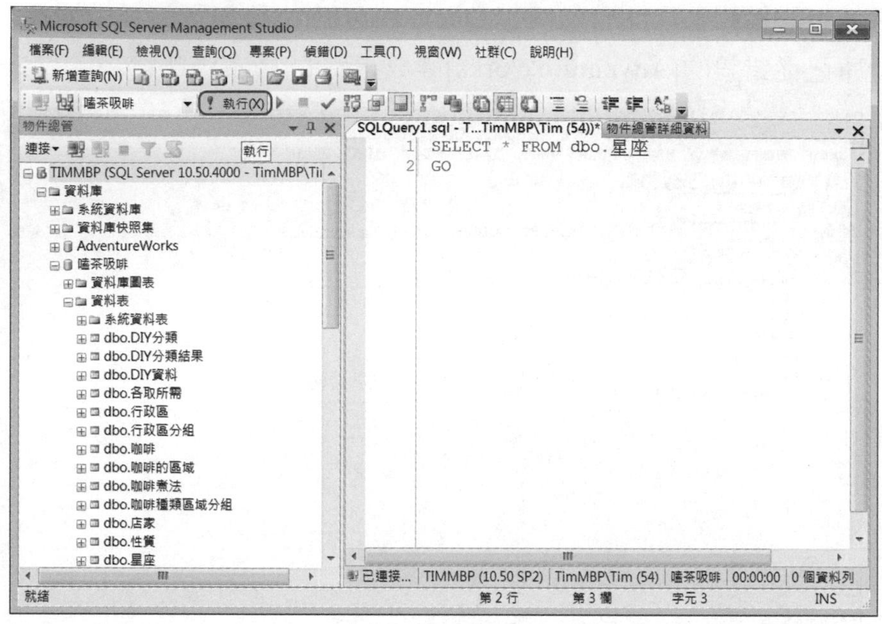

步驟10 成功執行SELECT * FROM dbo.星座，而查詢出資料表[星座]中的星座資料。

比較「離線編輯Transact-SQL程式碼」步驟11的結果，我們可輕易看出查詢編輯器之離線與連線運作的差異。

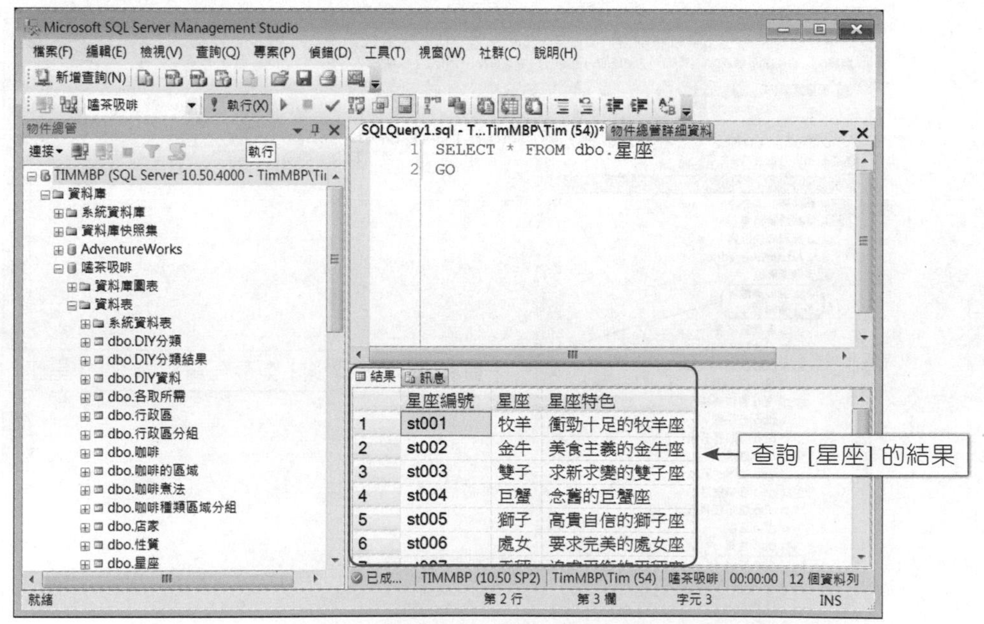

8-3-3 查詢編輯的基本操作

查詢編輯器是SSMS用來編輯Transact-SQL的專用程式碼編輯器，其主要的基本功能包括色彩編碼的語法、圖形化物件設計、程式碼文字處理，以及彈性的查詢結果等，本單元將會爲大家一一做介紹。

色彩編碼的語法

SQL Server爲提升程式碼的可讀性及編輯的便利性，在查詢編輯器的「文字編輯器」的各種Transact-SQL的項目顯示上，做出不同顏色的設計，參考下表：

顯示項目	顯示顏色	範例
關鍵字	藍色	SELECT及CREATE等每個SQL敘述中的程式碼部分
純文字	黑色	Dbo.星座
SQL運算子	灰色	各種運算符號如+，-，*，/，>，<，及=等符號
SQL字串	紅色	'str001'
數字	黑色	略
行號	青綠色	略
錯誤訊息	紅色	無效的物件名稱'dbo.星座'

就以我們之前所使用的範例程式碼SELECT * FROM dbo.星座爲例（參考下圖），其中的SELECT及FROM二項皆屬於範例程式碼的「關鍵字」，所以顯示爲藍色；dbo.星座則是範例程式碼的「純文字」，顯示爲黑色；至於符號[*]因歸類於「SQL運算子」（在本範例程式碼中代表的是資料表dbo.星座的全部資料行，並非是乘法運算符號），因而顯示爲灰色。

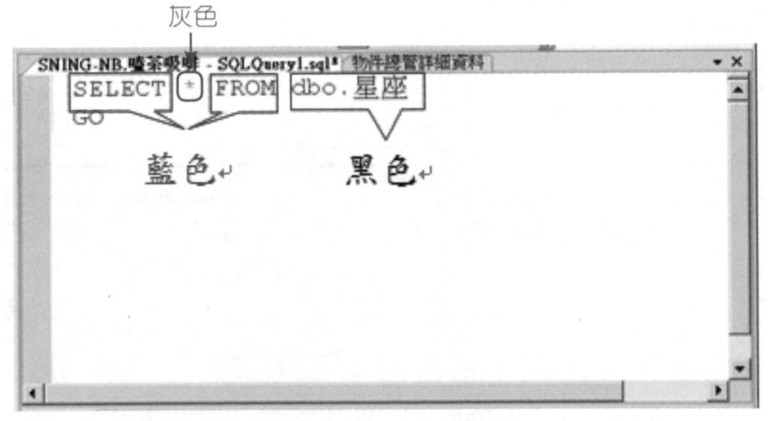

實務演練

變更文字編輯器的顏色設定

步驟1　以連線的方式啟動SSMS：

於[連接到Database Engine]對話方塊按下[連接]。

步驟2　確認SSMS是以連線的方式啟動：

從物件總管及文件視窗，都可看出SSMS已連接上伺服器SNING-NB。接下來，我們便能利用查詢編輯器，以連線的方式進行Transact-SQL程式碼的編輯。

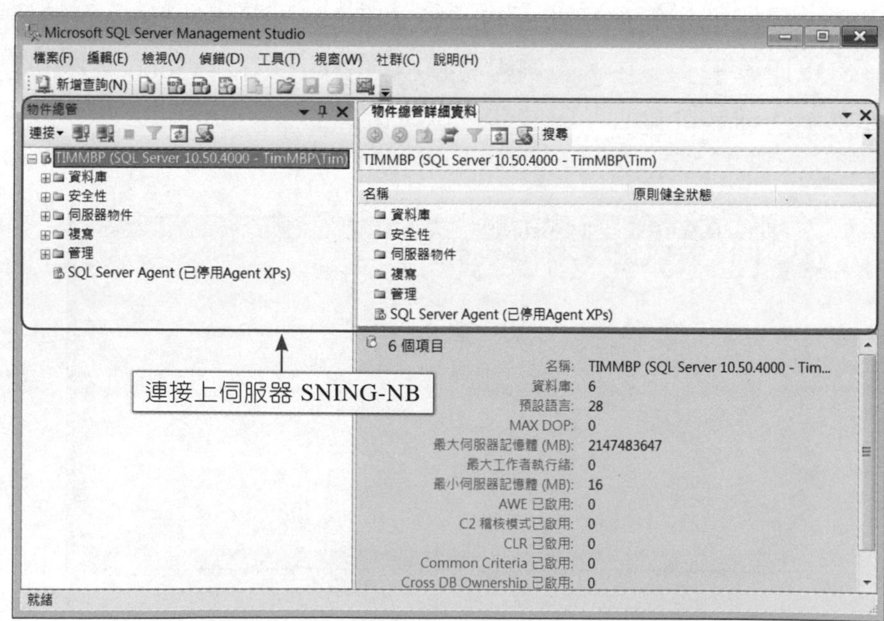

步驟3　以連線方式啓動查詢編輯器：點選工具列的[新增查詢]。

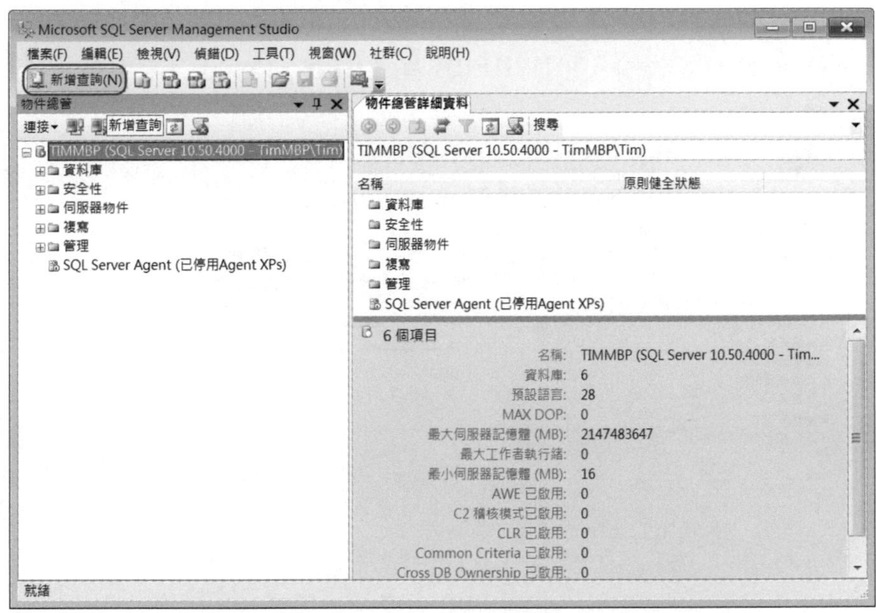

步驟4　確認連線的查詢編輯器。

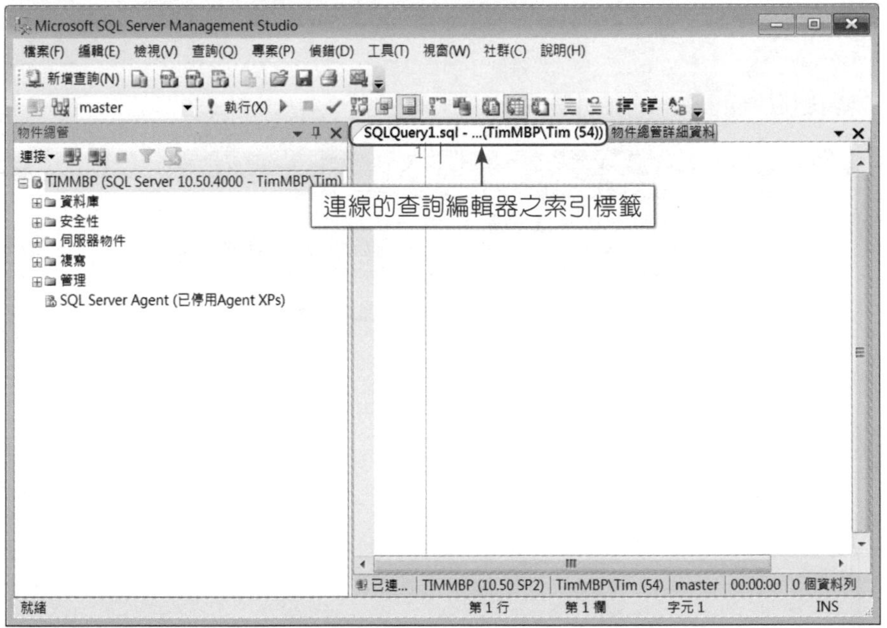

步驟5 輸入範例程式碼：

於[SQLQuery1.sql]索引標籤頁，輸入：[SELECT * FROM dbo.星座]，按下[Enter]，接著輸入：[WHERE 星座編號 = 'st001']，再按下[Enter]，最後輸入：[GO]。

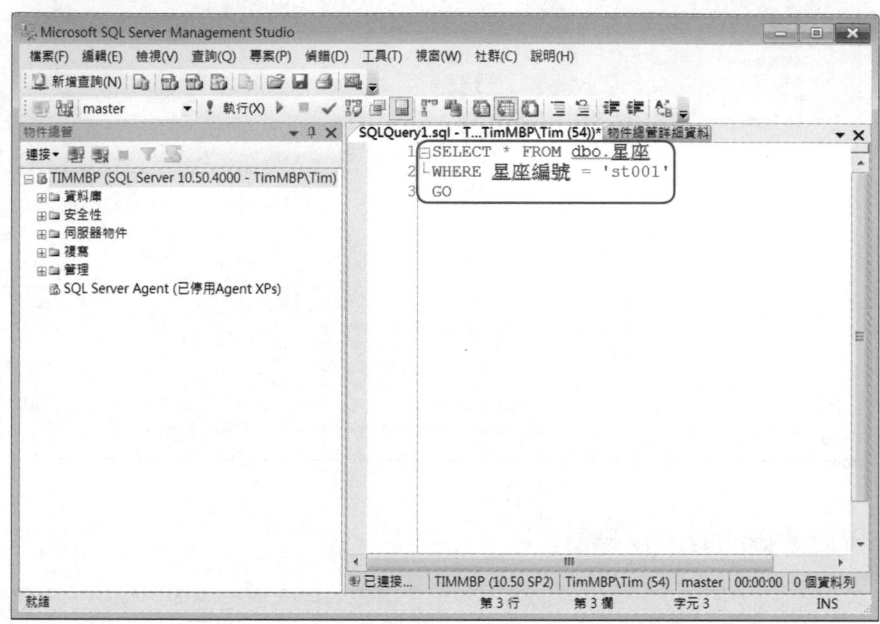

步驟6 變更開啓的資料庫爲[嗑茶吸啡]。

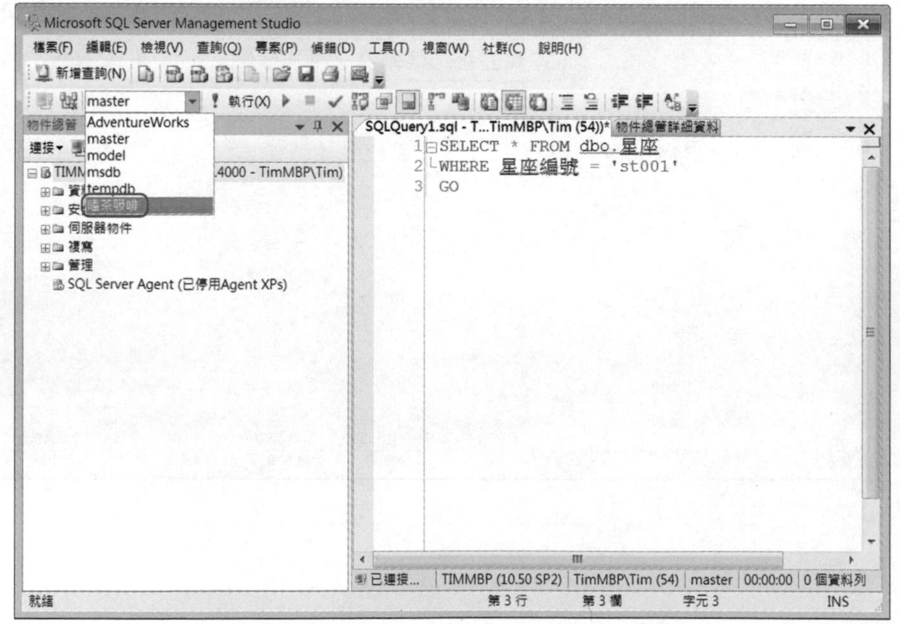

步驟7 連接到資料庫[嗑茶吸啡]。

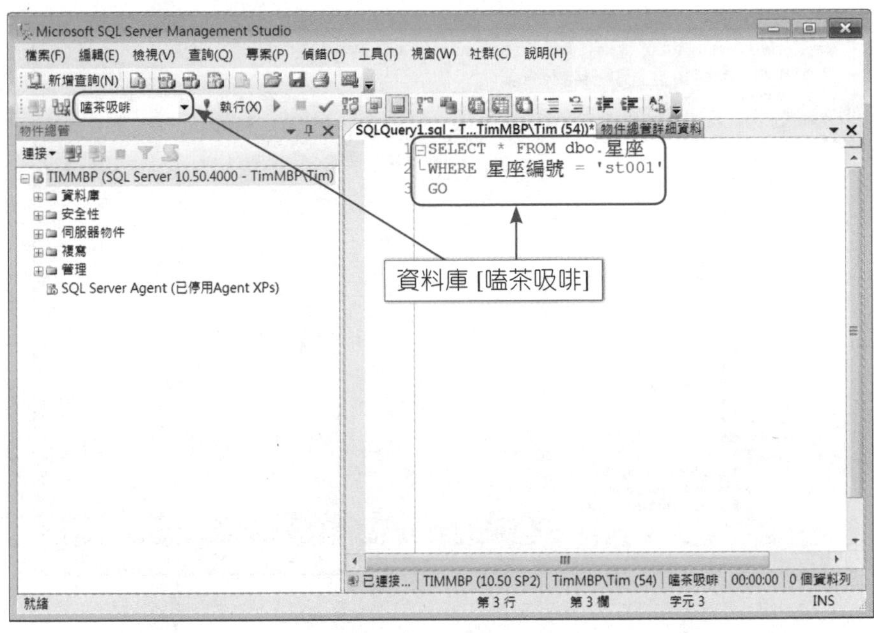

步驟8 確認資料表[dbo.星座]存在資料行[星座編號]：

物件總管中依序展開[資料庫]／[嗑茶吸啡]／[dbo.星座]，及[dbo.星座]的資料行，我們可以發現：資料表[dbo.星座]中確實存在資料行[星座編號]。

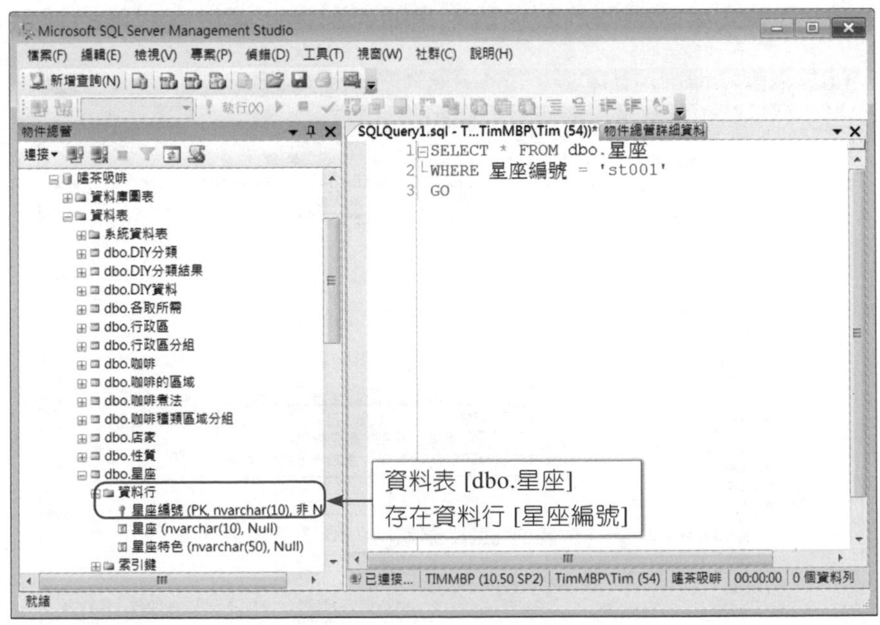

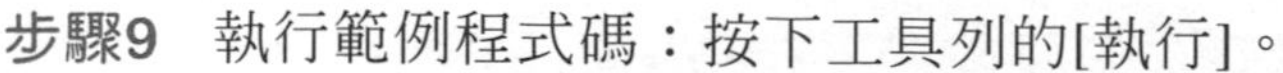

步驟9 執行範例程式碼：按下工具列的[執行]。

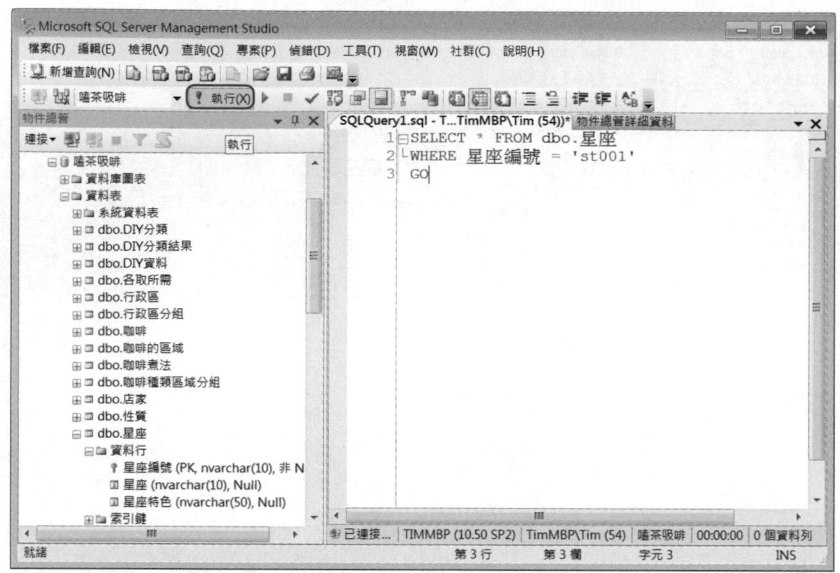

步驟10 成功執行SELECT * FROM dbo.星座：

範例程式碼之執行是欲查詢出資料表[星座]中[星座編號] = 'st001'的星座資料，也就是如下所示之牧羊星座的資料。

接下來，我們就是要針對此範例程式碼，進行變更文字編輯器的顏色設定，看看文字編輯器的顏色設定是如何影響此範例程式碼的顯示。

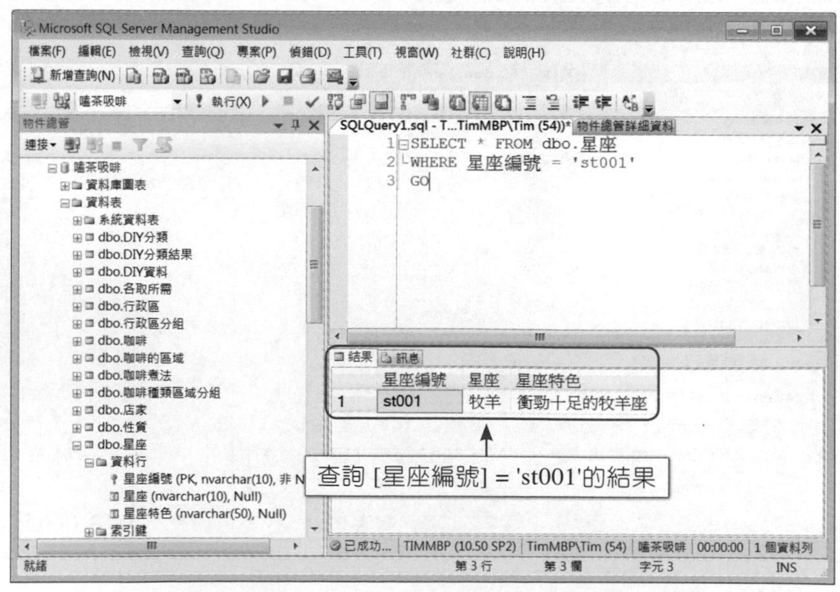

步驟11 變更文字編輯器的顏色設定：按下主選單的[工具]，點選其中的[選項]。

文字編輯器的顏色設定是歸屬於主選單的[工具]中的[選項]，我們必須先展開主選單的[工具]之下拉式選單，再點選其中的[選項]。

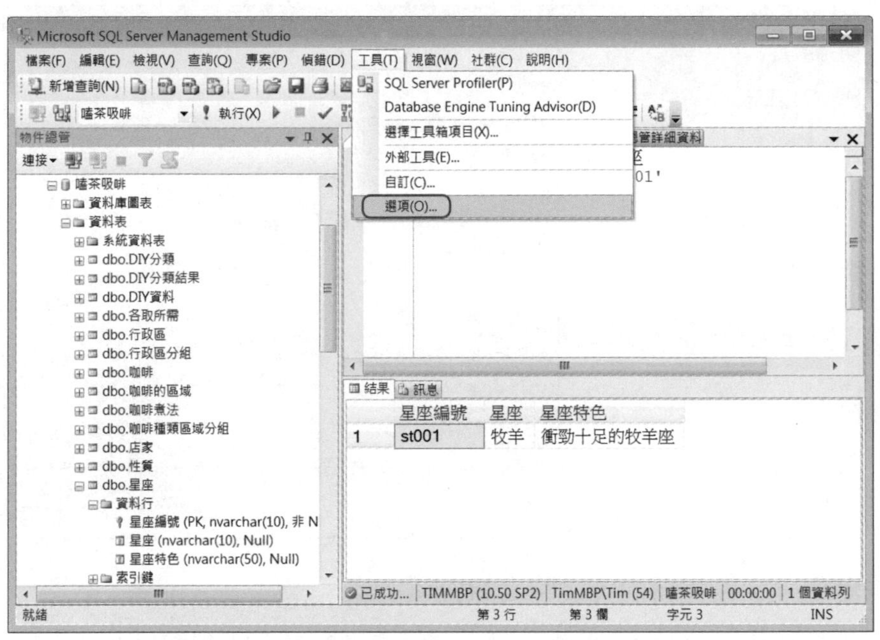

步驟12 變更文字編輯器的顏色設定：點選[選項]對話方塊中的[字型和色彩]。

[選項]對話方塊預先產生的作業畫面是[一般]設定，由於文字編輯器的顏色設定是位於[選項]中之[字型和色彩]，所以我們要點選[字型和色彩]才能進行文字編輯器的顏色設定。

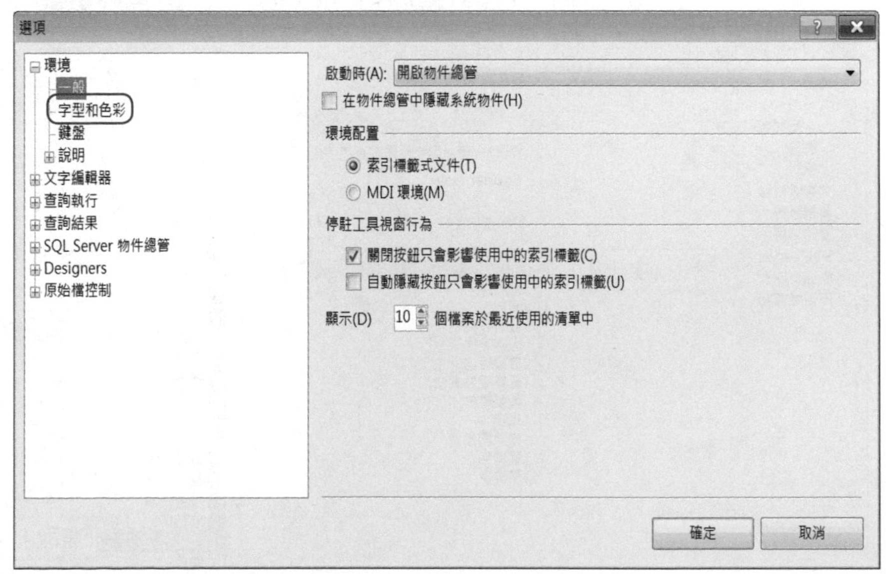

步驟13 檢視文字編輯器的設定：

我們可清楚看到此對話方塊中可爲文字編輯器中各個顯示項目做顯示設定，包括有字型、大小，及顏色等。

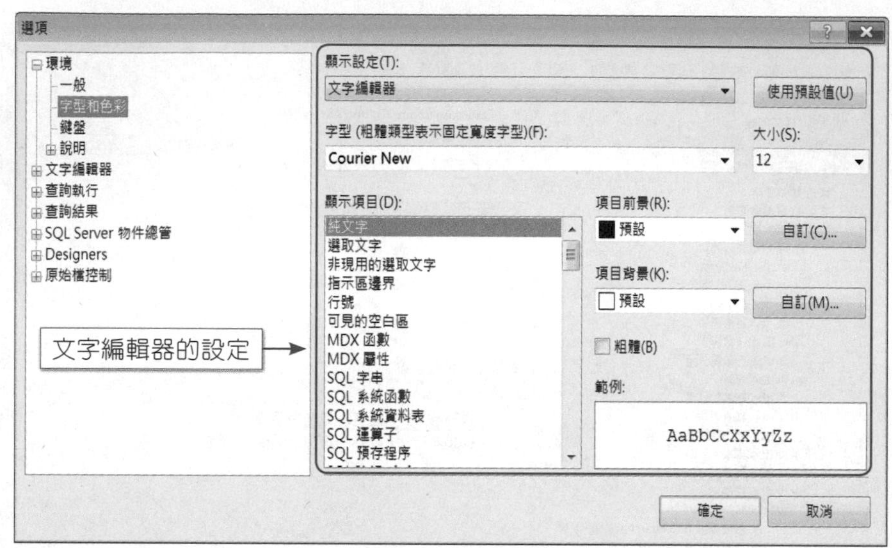

步驟14 變更文字編輯器的純文字之顏色：

選取[顯示項目]中的[識別碼]，及[項目前景]的[淡黃綠色]，我們便能將範例程式碼：

```
SELECT * FROM dbo.星座
WHERE 星座編號 = 'str001'
GO
```

中的純文字─[dbo.星座]、[星座編號]，及[GO]，由黑色變成淡黃綠色。

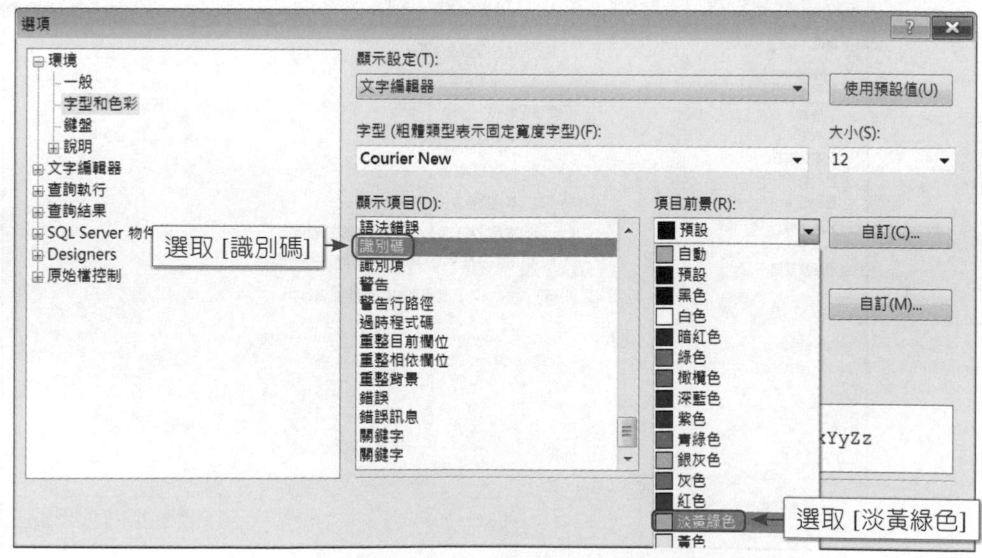

步驟15 確認文字編輯器中的純文字設定。

確認[顯示項目]中已選取[識別碼]，及[項目前景]中已選取[淡黃綠色]，便可按下[確定]。

步驟16 成功變更範例程式碼中的[識別碼]之顏色為淡黃綠色。

範例程式碼中的[識別碼]：[dbo.星座]、[星座編號]，及[GO]，都立即由黑色變成淡黃綠色了。

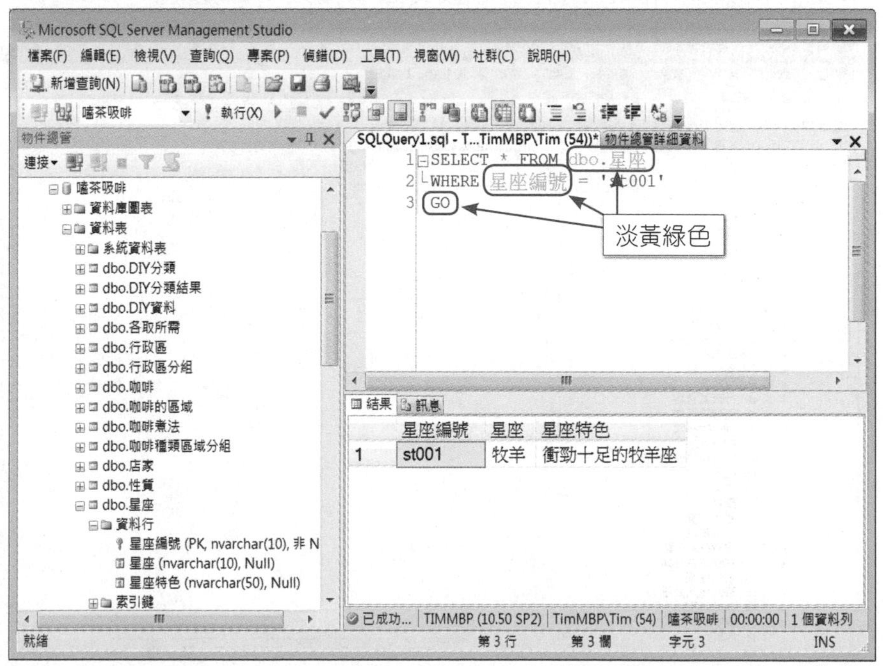

圖形化物件設計

圖形化物件設計也是SQL Server爲了增加程式碼編輯的便利性，在物件總管與查詢編輯器的搭配下，特別爲程式設計人員安排的貼心且智慧的設計。其中最具代表性的功能就是「資料庫物件的拖曳與放置」—運用拖放圖形化物件方式來進行程式碼的編輯。其二個基本動作依序爲：

- 拖曳：以滑鼠左鍵點選物件總管中的物件，以按著滑鼠左鍵不放開的方式，將物件自物件總拖曳到查詢編輯器的索引標籤式頁面，或多重文件介面的視窗。
- 放置：於放置物件的適當位置，放開滑鼠左鍵。

我們便能在無須任何中英文輸入的情形下，輕輕鬆鬆且正確無虞地完成程式碼的編輯。在此就以「資料庫物件的拖曳與放置」的實務演練，爲大家做一實例的示範與操作。

實務演練

資料庫物件的拖曳與放置

步驟1　連接到資料庫[嗑茶吸啡]，輸入：SELECT * FROM。

於查詢編輯器所開啓的索引標籤頁面，輸入：SELECT * FROM。

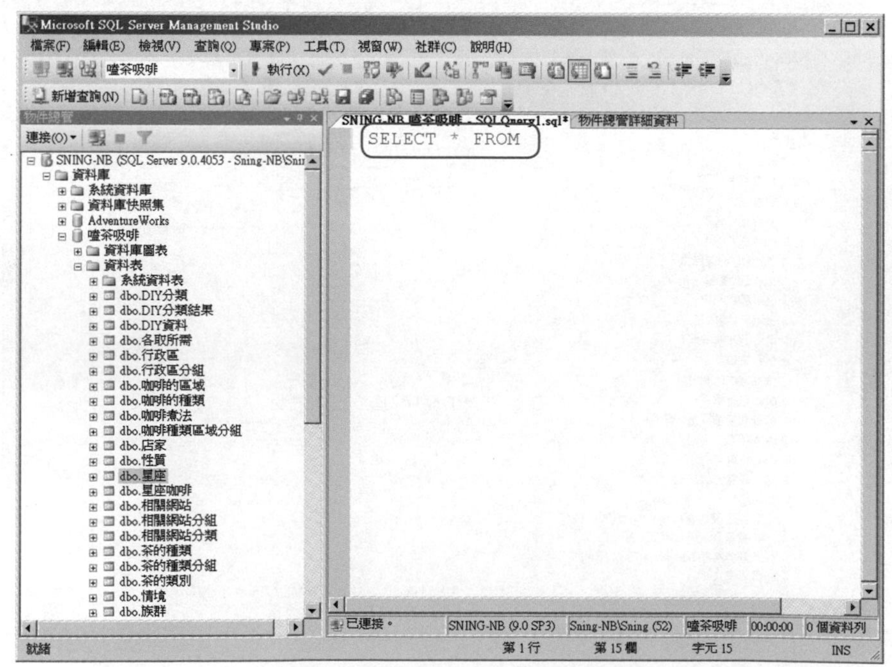

步驟2 拖曳物件[dbo.星座]：

點選物件總管中的物件[dbo.星座]，以按著滑鼠左鍵不放開的方式，將[dbo.星座]自物件總管中拖曳到SELECT * FROM之後，也就是如下圖所產生的游標棒｜的位置。

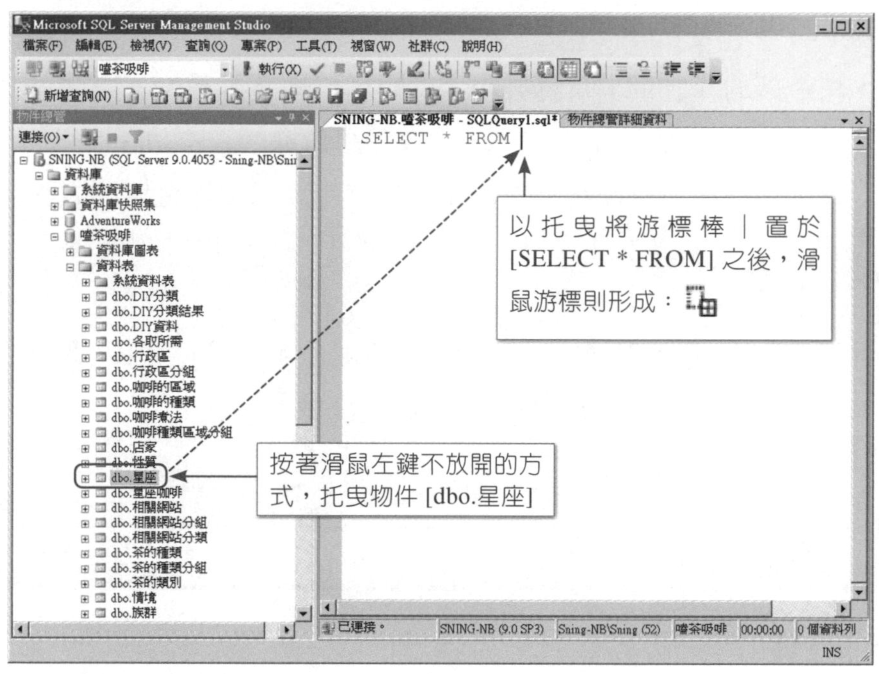

步驟3 放置正在拖曳且位置適當的物件[dbo.星座]：

於SELECT * FROM之後適當位置，放開滑鼠左鍵，立即產生[dbo.星座]。

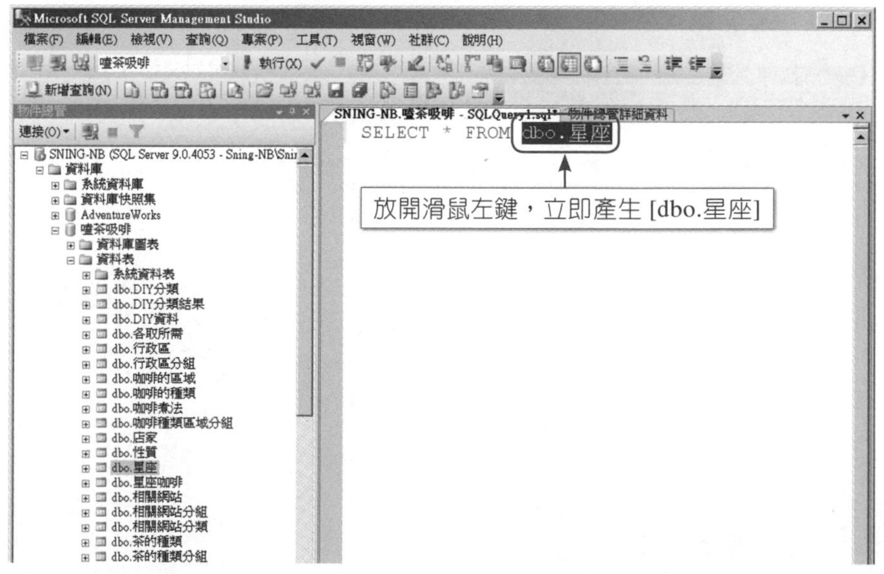

程式碼文字處理

查詢編輯器可如同文書處理器，提供程式設計人員針對Transact-SQL的程式碼，進行多樣化的文書處理功能，如尋找和取代、註解、縮排，及行號等。典型的主要功能是註解、縮排，與行號，我們將分別以各自的實務演練，為大家一一的做示範與操作：

- 註解：指令碼的「註解」可提升程式碼的可讀性及維護性（未來程式碼的偵錯與修正），所以是每一位程式設計人員不可或缺的基本功課。
- 縮排：運用「縮排」讓前後指令碼能井然有序地以層次分明的方式，展現於查詢編輯器中予程式設計人員檢視，也是可以大大提升程式碼可讀性的方法。
- 行號：若在Transact-SQL的每一行指令碼前加上「行號」，也可提升程式碼維護性，利於程式設計人員進行程式碼的偵錯與修正。

實務演練

指令碼的註解

步驟1 準備範例程式碼：

連接到資料庫[嗑茶吸啡]，輸入[SELECT * FROM dbo.星座]，按下[Enter]後，最後輸入[GO]。

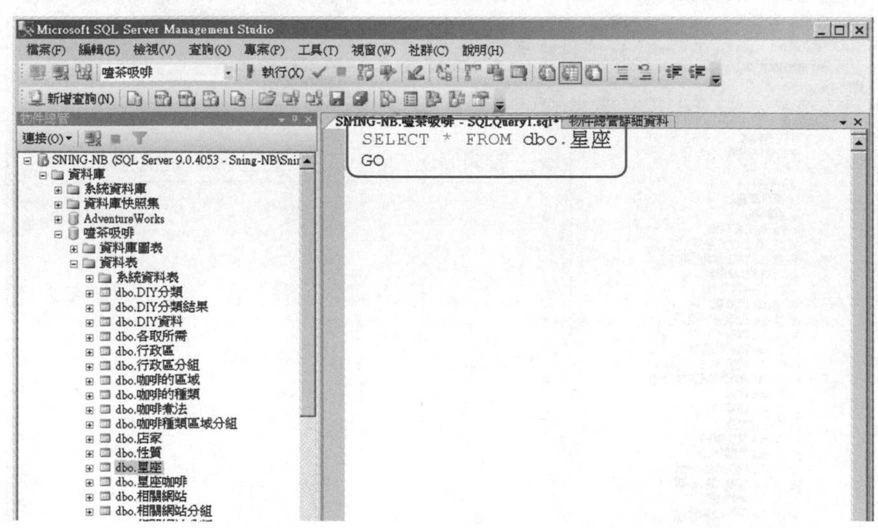

步驟2 指令碼的註解化：按下工具列的[註解選取行]。

以滑鼠點選於SELECT指令碼一行的任意位置，按下工具列的[註解選取行]。

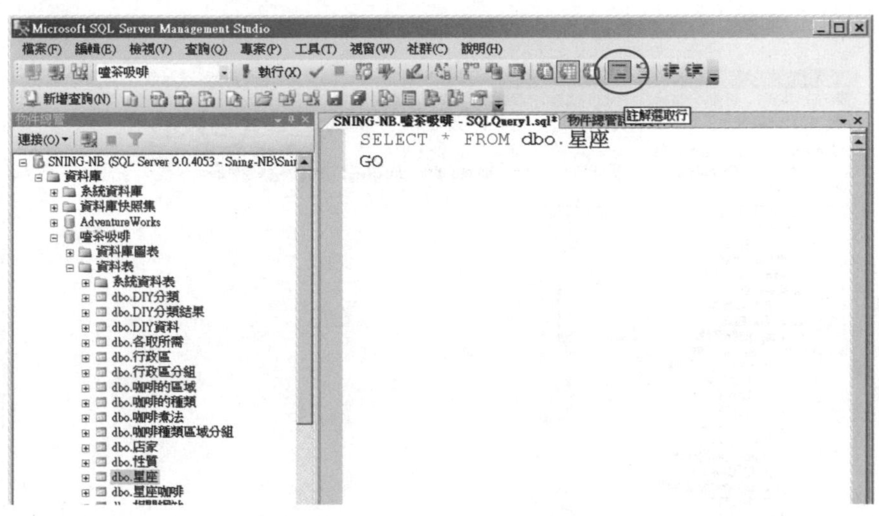

步驟3 指令碼的註解化：一個以[--]開頭且以綠色顯示的註解行。

指令碼行[SELECT ～]之前出現註解符號[--]，成為一個以綠色顯示的註解行[--SELECT ～]。然而，指令碼行消失的結果，根本不是我們想要達成之指令碼的「註解」。因此，我們必須要就此指令碼的註解化，進行「復原」的操作。

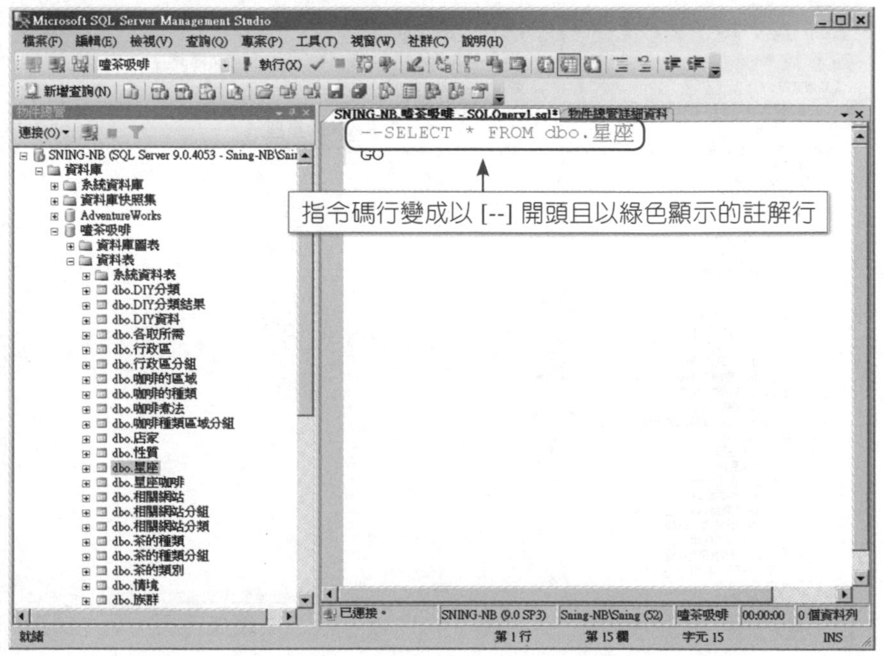

步驟4 指令碼註解化之復原：按下工具列的[取消註解選取行]。

以滑鼠點選於註解行[--SELECT ～]的任意位置，按下工具列的[取消註解選取行]，或點選主選單中的[編輯]，再於展開的下拉選單中點選[復原]。

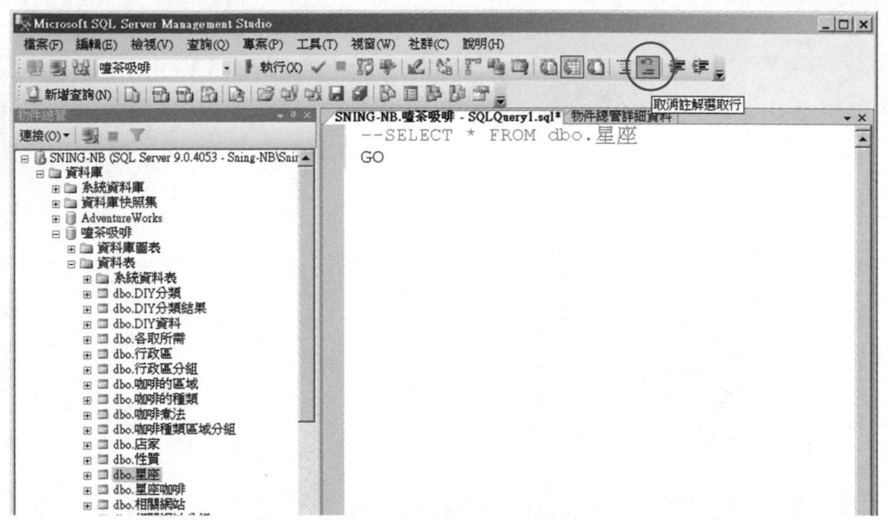

步驟5 指令碼註解化之復原：復原爲指令碼行[SELECT * FROM dbo.星座]。

註解行[--SELECT ～]的符號[--]消失，變回原先的指令碼行[SELECT * FROM dbo.星座]。

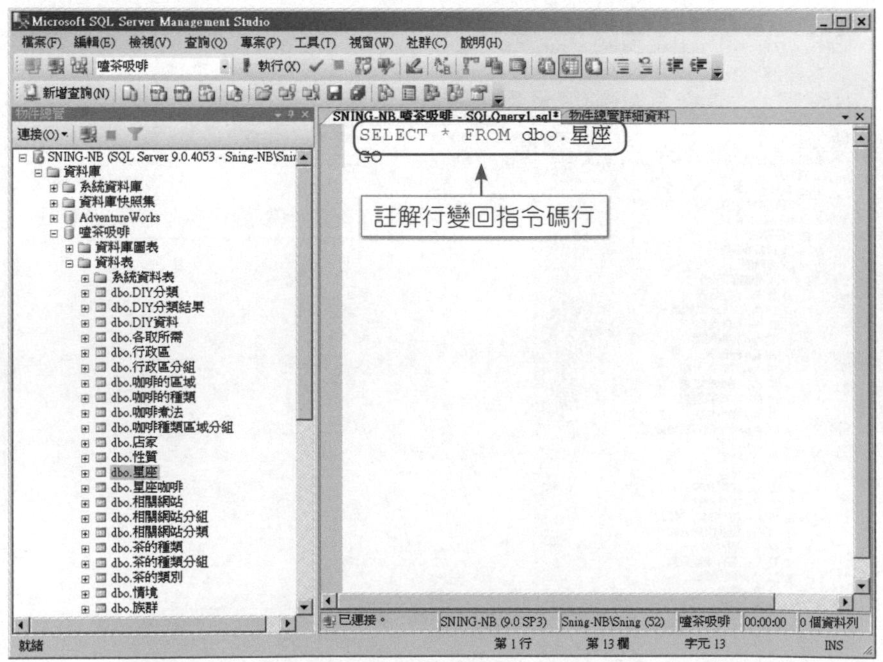

步驟6 指令碼的註解行：輸入指令碼的註解行[查詢 dbo.星座 之所有星座資料列]。

以滑鼠左鍵點選於SELECT指令碼的S前面，將使游標棒｜的位置移動於SELECT之前並閃爍，輸入指令碼的註解行，如：查詢dbo.星座之所有星座資料列。

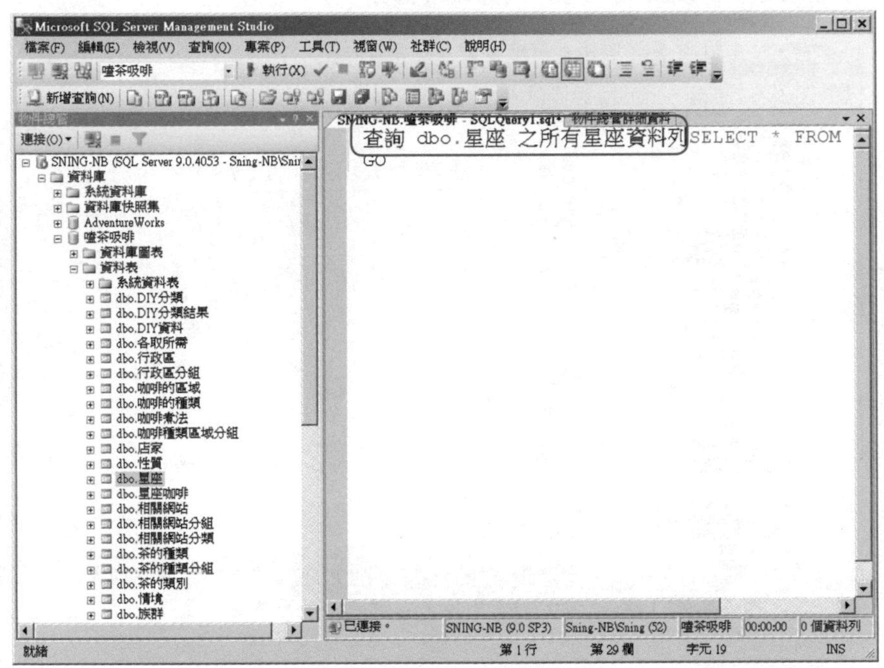

步驟7 指令碼的註解行：按下工具列的[註解選取行]。

按下鍵盤上的[Enter]，以滑鼠左鍵點選於註解行之任意位置，按下工具列的[註解選取行]。

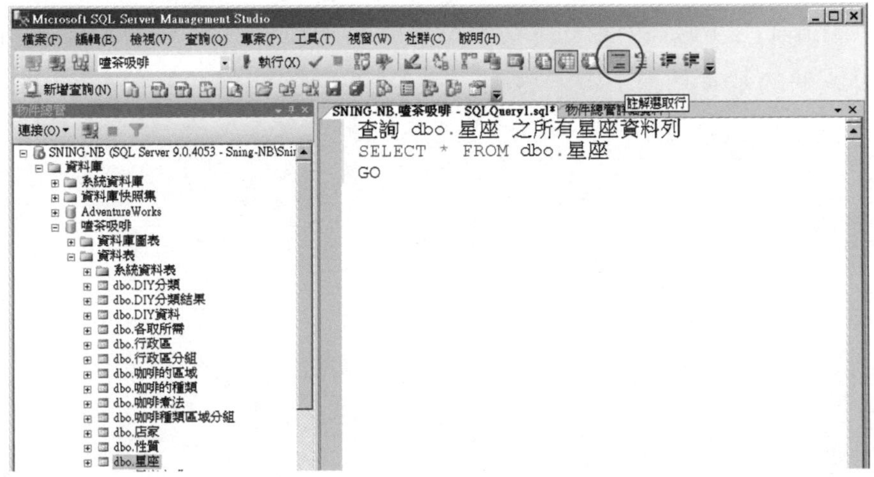

步驟8 完成指令碼的註解行：[--查詢 dbo.星座 之所有星座資料列]。

產生指令碼的註解行[--查詢 dbo.星座 之所有星座資料列]，這正是我們想要達成之指令碼的「註解」。藉由此註解行，任何一位資料庫程式設計人員皆可輕易的瞭解指令碼行[SELECT * FROM dbo.星座]的意義或用途。

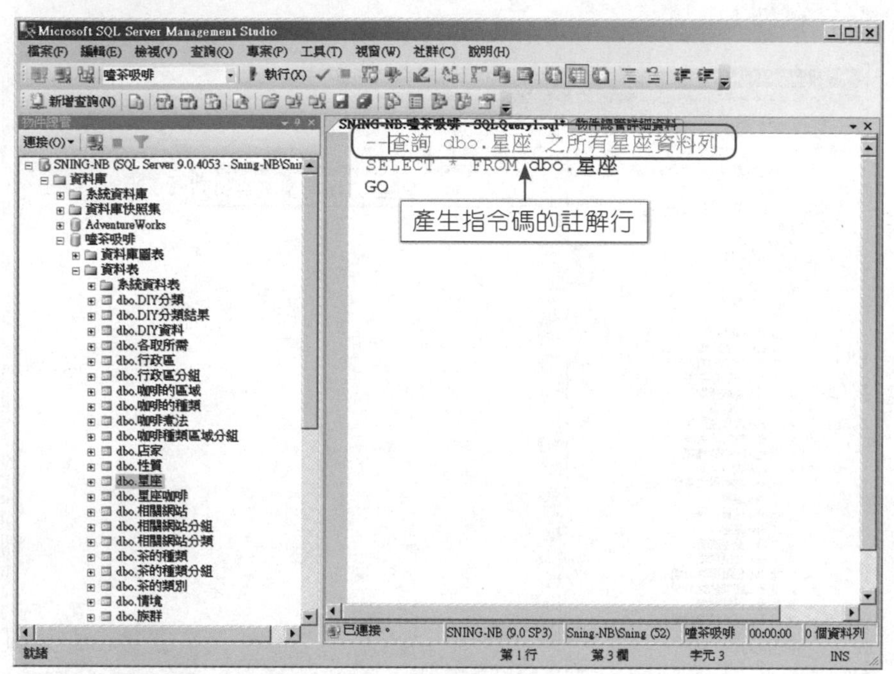

以上【實務演練】乃就SQL Server的查詢編輯器所進行的指令碼註解之示範與操作，可作爲指令碼的「註解行」能提升程式碼的可讀性及維護性的一個簡易範例。經由此範例的介紹與說明，相信讀者應可開始學習應用於資料庫的程式設計中，針對不同的指令碼分別加上必要且適當的「註解行」。而這樣對指令碼做「註解行」的好習慣之養成，將是成爲一位優秀資料庫程式設計人員的一門不可或缺的基本功課！

實務演練

指令碼的縮排

步驟1 連接到資料庫[嗑茶吸啡]：產生查詢編輯器的頁面。

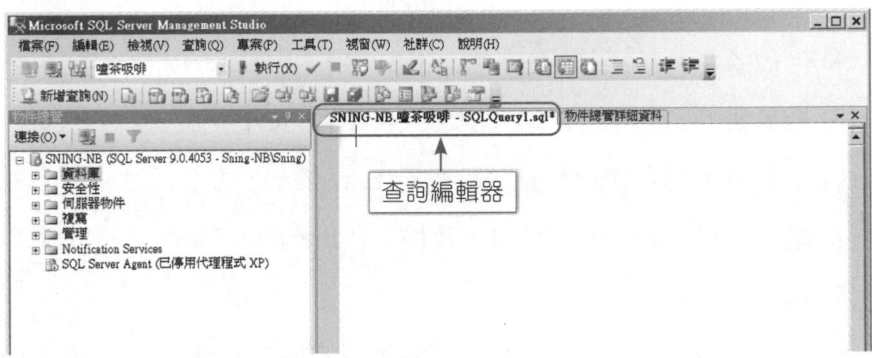

步驟2 確認資料表[dbo.星座]中存在的資料行：星座編號、星座，及星座特色。

展開資料表[dbo.星座]的資料行，發現資料行有星座編號、星座，及星座特色。

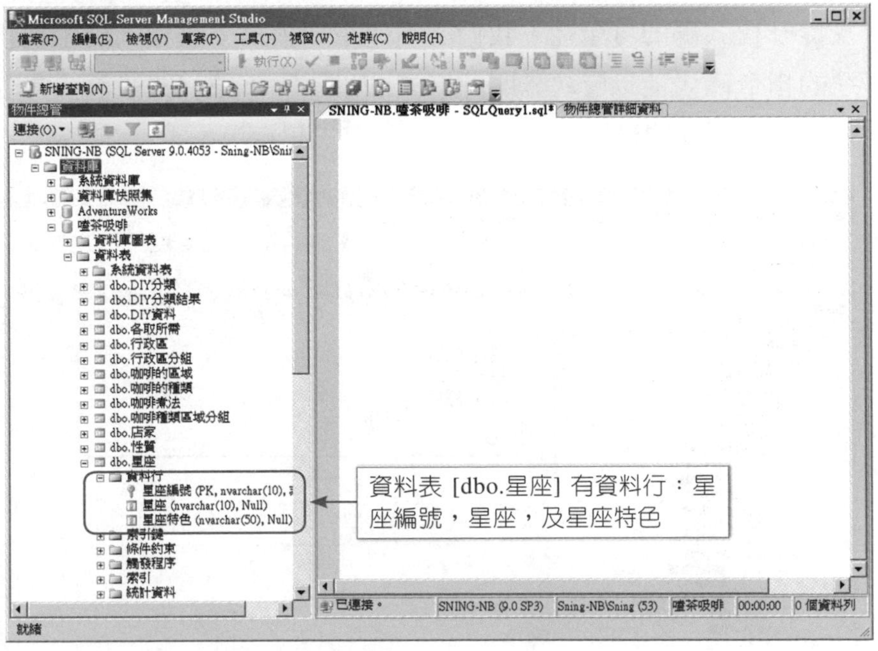

步驟3 輸入程式碼：

依序完成以下的操作：

(1) 輸入：[查詢dbo.星座之所有星座資料列的資料行]。

(2) 按下工具列的[註解選取行]以便產生註解行[--查詢～]之後，再按下[Enter]。

(3) 輸入：[SELECT]，及按下[Enter]。

(4) 拖放資料行[星座編號]，輸入[,]，及按下[Enter]。

(5) 拖放資料行[星座]，輸入[,]，及按下[Enter]。

(6) 拖放資料行[星座特色]，及按下[Enter]。

(7) 輸入：[FROM dbo.星座]，及按下[Enter]。

(8) 輸入：[GO]。

如下所示完成程式碼的輸入，經由簡單的檢視註解行[--查詢～]，我們可發現此程式碼是爲了要查詢資料表[dbo.星座]之所有星座資料列的資料行。然而，在程式碼中所欲查詢之所有資料行，卻都是與Transact-SQL的關鍵字—[SELECT]，及[FROM]，處於同一個垂直線的位置，它們彼此之間並不是易於分辨及明瞭的。

因此，爲突顯出欲查詢之所有資料行：星座編號、星座，及星座特色，及提升程式碼的可讀性，我們必須運用「縮排」讓程式碼中前後不同用途的指令碼，能以層次分明的方式加以區隔，讓程式設計人員能於查詢編輯器中輕易的檢視與分別。

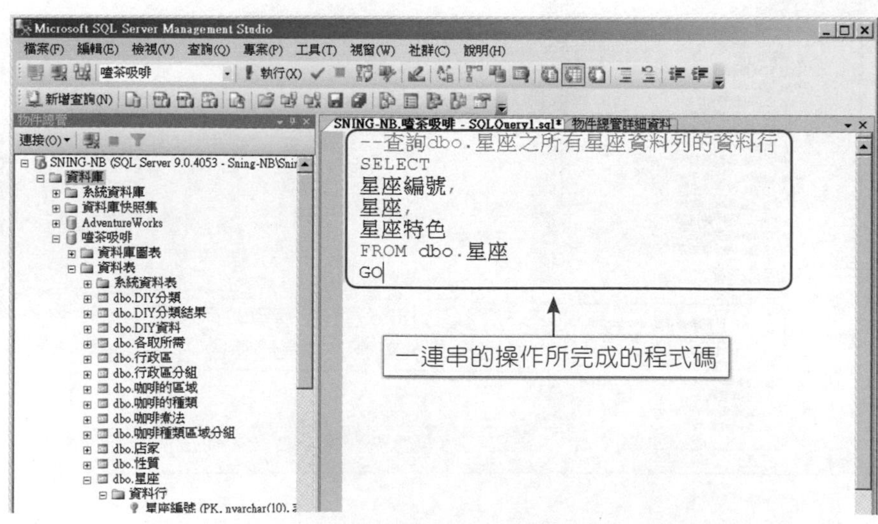

步驟4 指令碼的縮排：選取星座編號、星座，及星座特色。

以滑鼠左鍵選取星座編號、星座，及星座特色，此時，三資料行所在的區域會以深藍色顯示，三資料行則是以反白方式顯示。

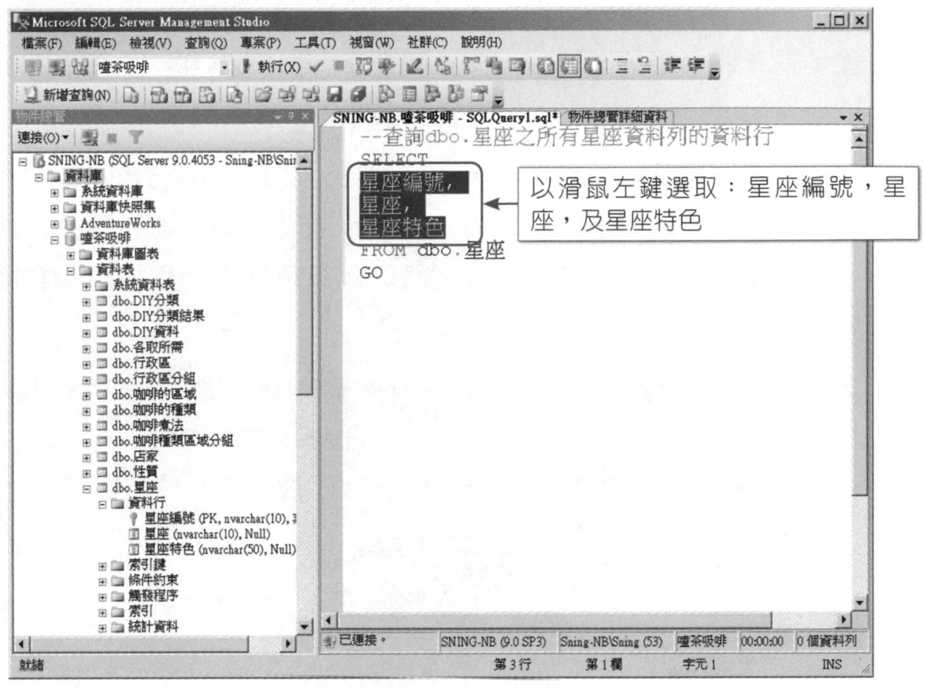

步驟5 指令碼的縮排：按下工具列的[增加縮排]。

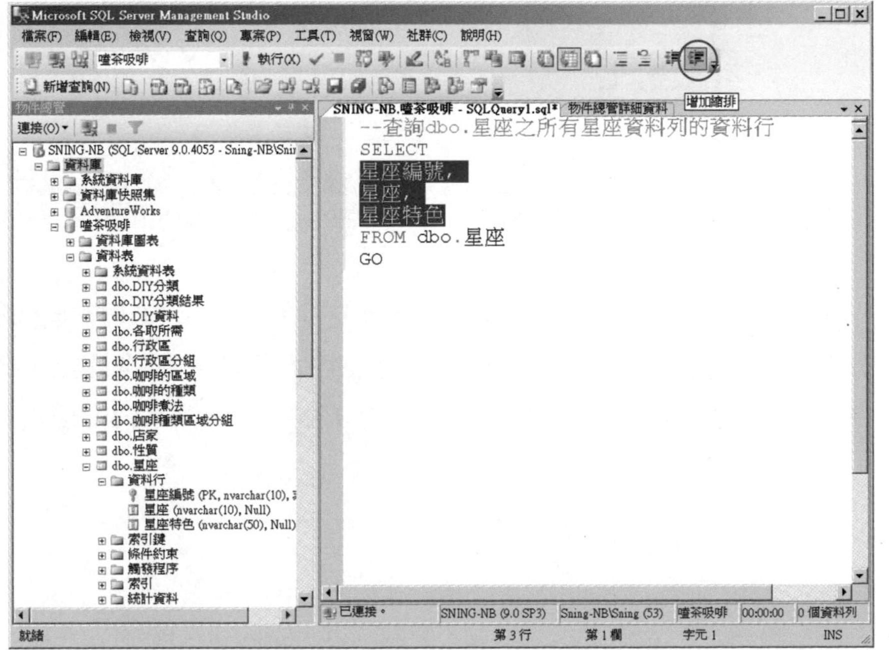

步驟6 完成指令碼的縮排：三個縮排的資料行—星座編號、星座，及星座特色。

程式碼中依序以反白顯示的三個資料行—星座編號、星座，及星座特色，爲Transact-SQL識別字，已經以向內縮排的方式排成連續的三行，而與前後指令碼的Transact-SQL關鍵字—[SELECT]，及[FROM]，按不同層次的方式（識別字內層及關鍵字外層）區隔開來。

如此將識別字進行縮排的結果，當然提升了此範例程式碼的可讀性，而讓我們可輕鬆地分辨及檢視程式碼中不同意義與用途的部分，如關鍵字及識別字等，有助於資料庫程式設計人員更能掌握程式碼的整體規劃與設計。

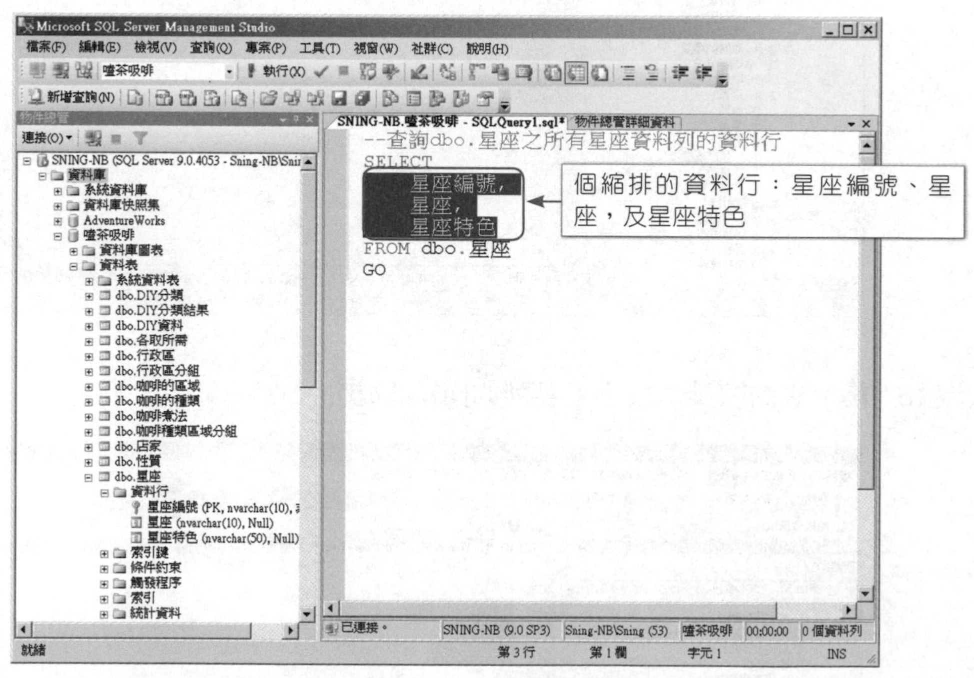

所以，就以上SQL Server的查詢編輯器所進行的指令碼的「縮排」之示範與操作，我們可以體認出指令碼「縮排」之重要性。資料庫程式設計人員應常於程式碼中運用適當的縮排，以充分享有指令碼「縮排」所帶來的方便與利益。

實務演練

指令碼的行號

步驟1 連接到資料庫[嗑茶吸啡]：產生查詢編輯器的頁面。

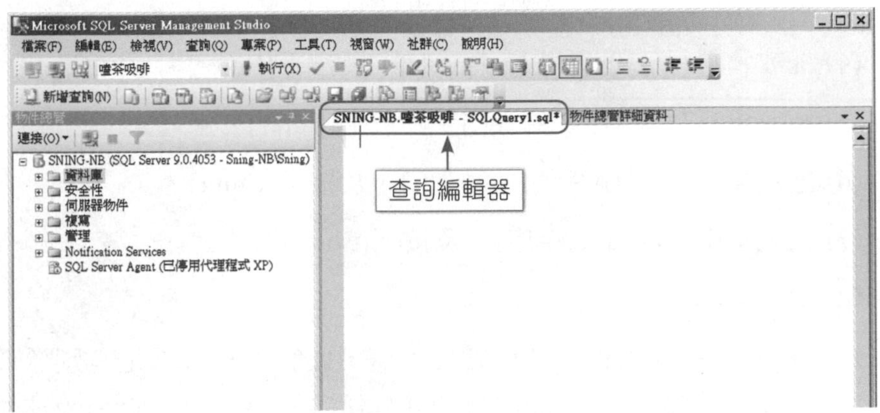

步驟2 確認資料表[dbo.星座]中存在的資料行：星座編號、星座，及星座特色。

展開資料表[dbo.星座]的資料行，發現資料行有星座編號、星座，及星座特色。

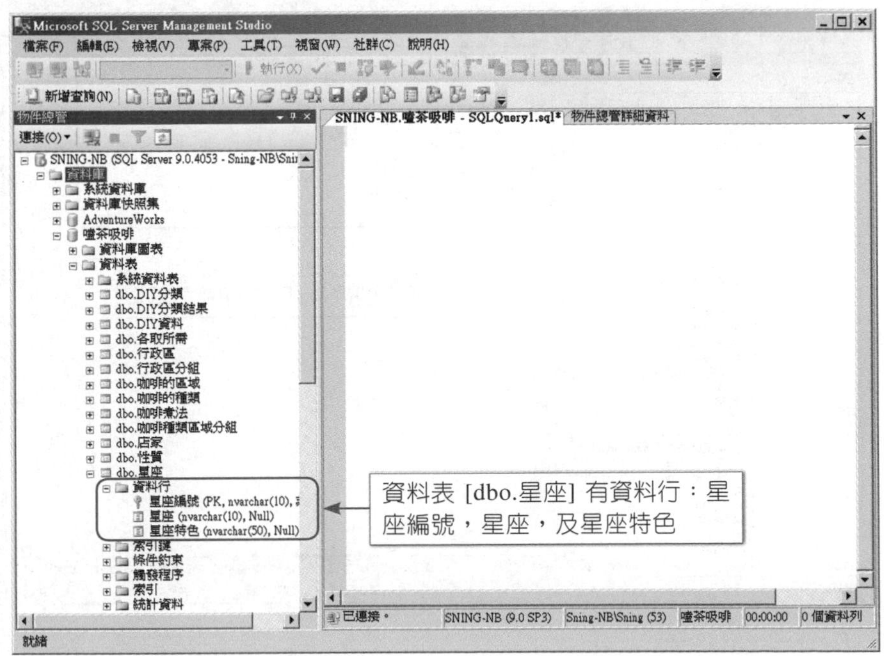

步驟3 步驟3 輸入範例程式碼：

依序完成以下的操作：

(1) [查詢dbo.星座之所有星座資料列的資料行]。

(2) 按下工具列的[註解選取行]以便產生註解行[--查詢～]之後，再按下[Enter]。

(3) 輸入：[SELECT]，及按下[Enter]。

(4) 拖放資料行[星座編號]，輸入[,]，及按下[Enter]。

(5) 拖放資料行[星座]，輸入[,]，及按下[Enter]。

(6) 拖放資料行[星座特色]，輸入[,]，及按下[Enter]。

(7) 輸入：[FROM dbo.星座]，及按下[Enter]。

(8) 輸入：[GO]。

爲了示範與操作出指令碼行號之用途，此範例程式碼是有別於【實務演練】：指令碼的縮排中的範例程式碼，不知是否已有眼尖的讀者發覺二者的差異，及瞭解其中的端倪？

繼續按照【實務演練】：指令碼的縮排中步驟4～步驟6，完成三個縮排的資料行—星座編號、星座，及星座特色，如下圖所示。

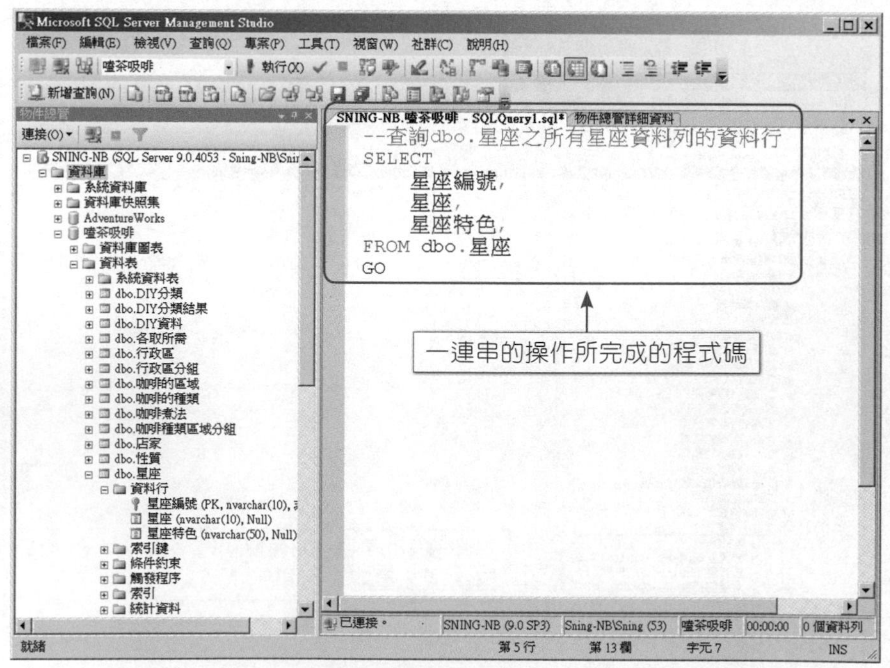

步驟4　指令碼的行號：按下主選單[工具]中的[選項]。

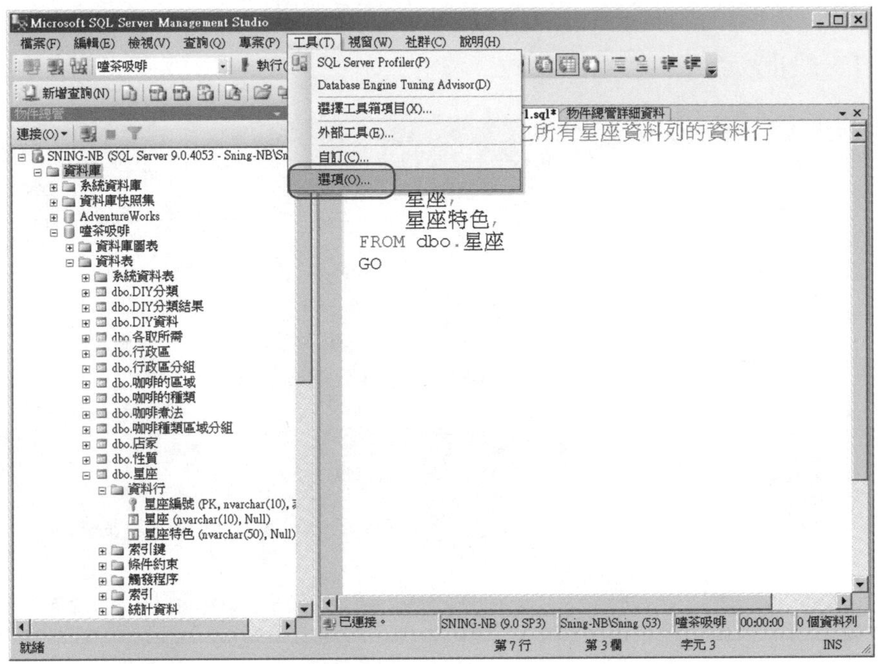

步驟5　指令碼的行號：[選項]對話方塊。

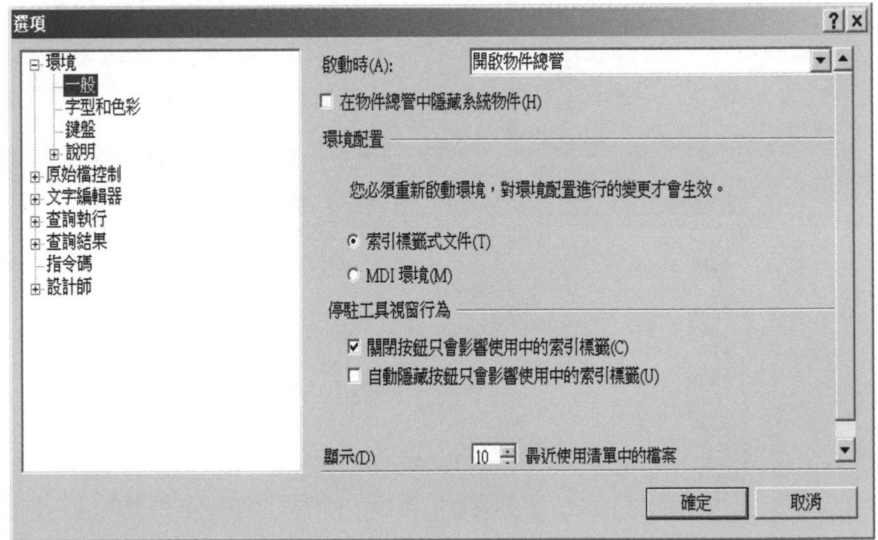

步驟6 指令碼的行號：產生[選項]對話方塊中的[所有語言]之[一般]設定。

於[選項]對話方塊中，依序展開[文字編輯器]，及[所有語言]後，再點選[一般]設定。

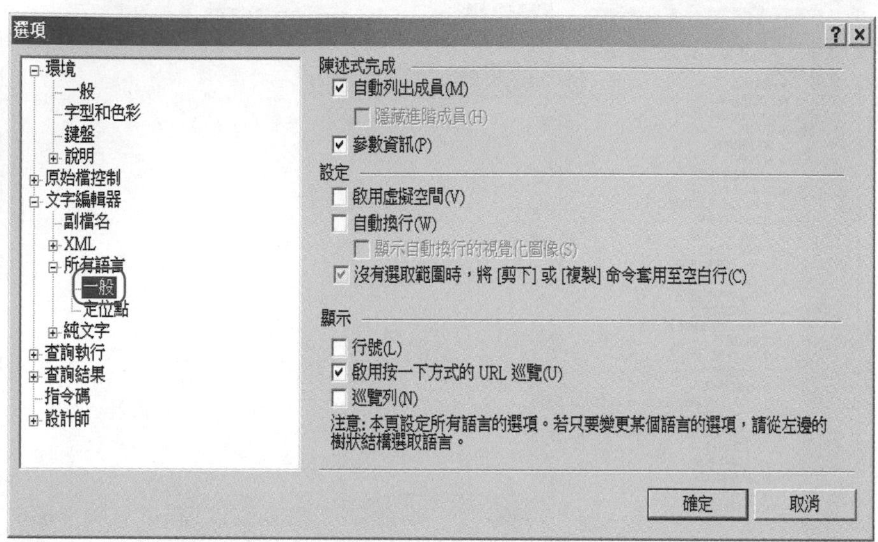

步驟7 指令碼的行號：勾選[所有語言]之[一般]設定中的[行號]。

於[選項]對話方塊中，勾選[所有語言]之[一般]設定中的[行號]。

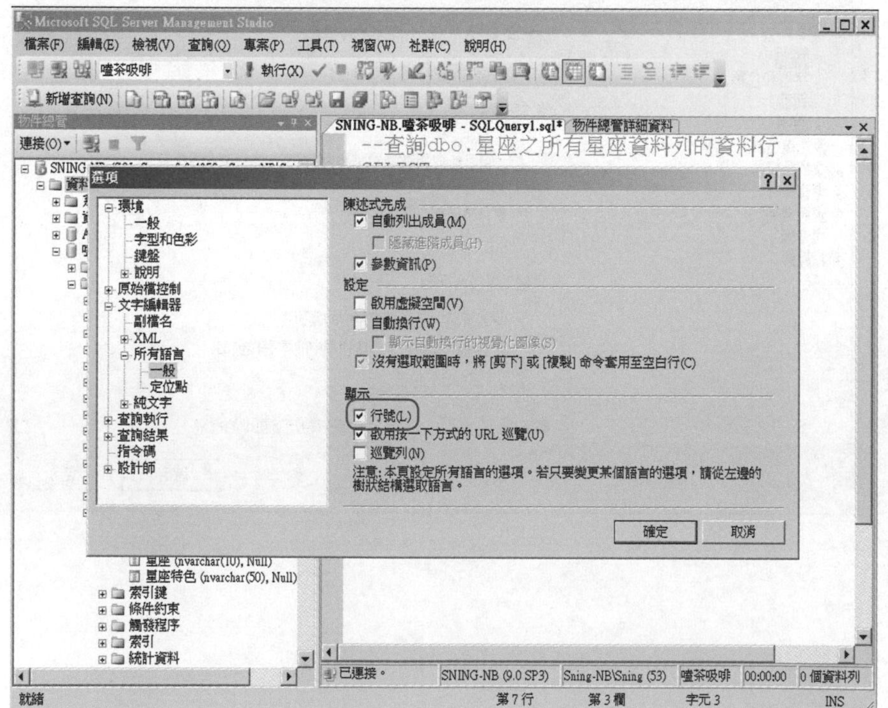

步驟8　完成指令碼的行號：

由如下所示的操作畫面，我們可清楚看到每行指令碼皆依序加上了行號。

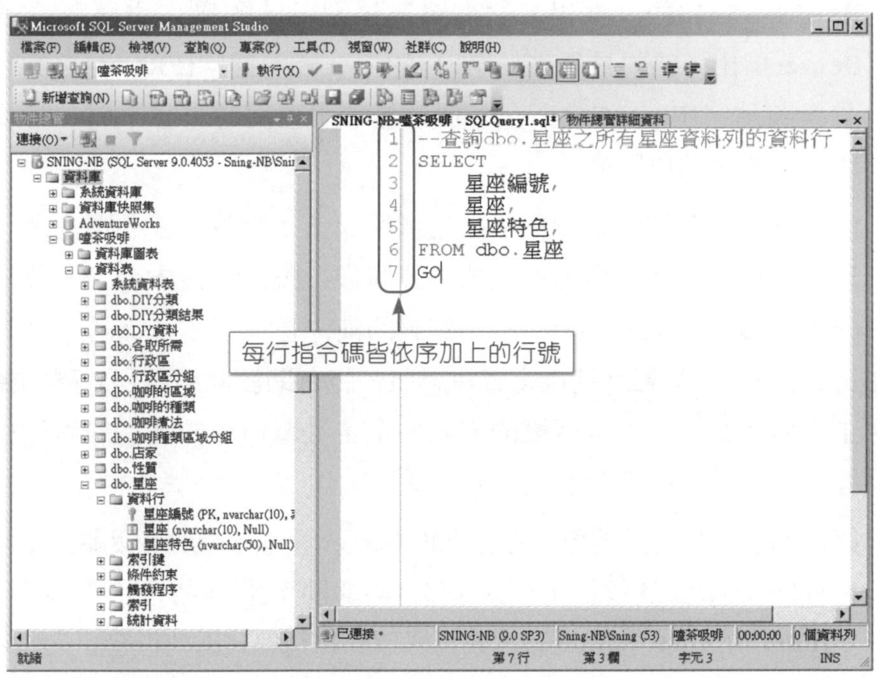

步驟9　執行範例程式碼：按下工具列的[執行]。

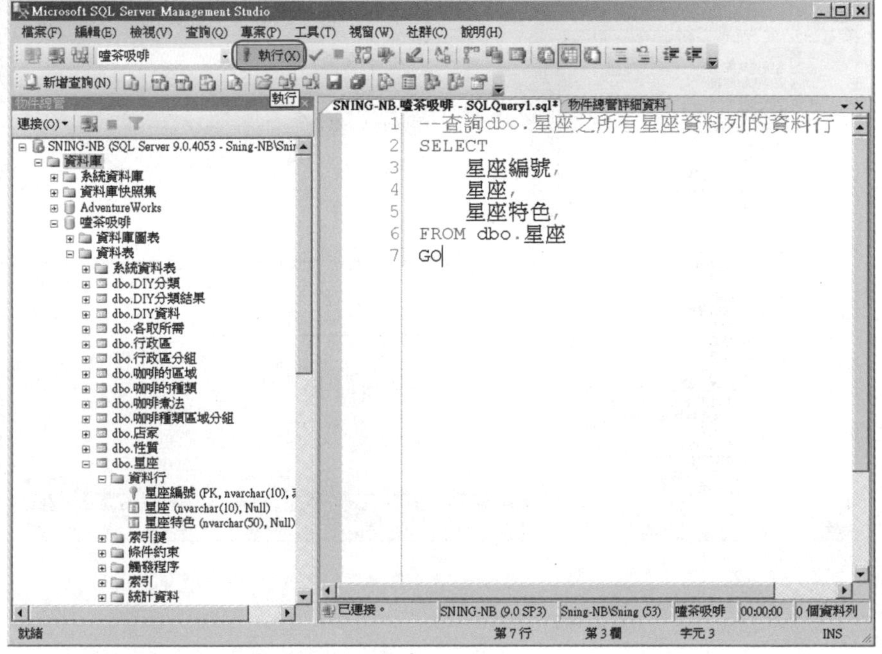

步驟10 執行範例程式碼：產生錯誤訊息—接近關鍵字'FROM'之處的語法不正確。

由如下SSMS的文件視窗之瀏覽器視窗所示的操作畫面可看到，SQL Server指出，錯誤是發生於第6行的指令碼關鍵字[FROM]之處。然而，乍看關鍵字[FROM]之所在，似乎無啥不正確的內容，而一時間難以確切掌握錯誤的原因。

由於本範例程式的每行指令碼皆依序加上了行號，我們可立即將錯誤訊息中的行號資訊，與範例程式碼的同樣行號之前後內容（一般來說，錯誤都是發生於SQL Server指出錯誤的前一行。以本例而言，就是發生於第5行…），輕鬆地進行審查與對照，將有助於此範例程式碼的偵錯與修正，避免以人工計算行號的方式，辛苦又麻煩地於冗長的範例程式碼中尋找符合行號的指令碼。

此範例程式碼錯誤的原因在於SQL Server僅允許識別字與關鍵字之間以空白或[Enter]加以區隔。因此，第5行的識別字[星座特色]，與第6行的關鍵字[FROM]之間的逗點符號，成為導致此範例程式碼執行錯誤之原委。

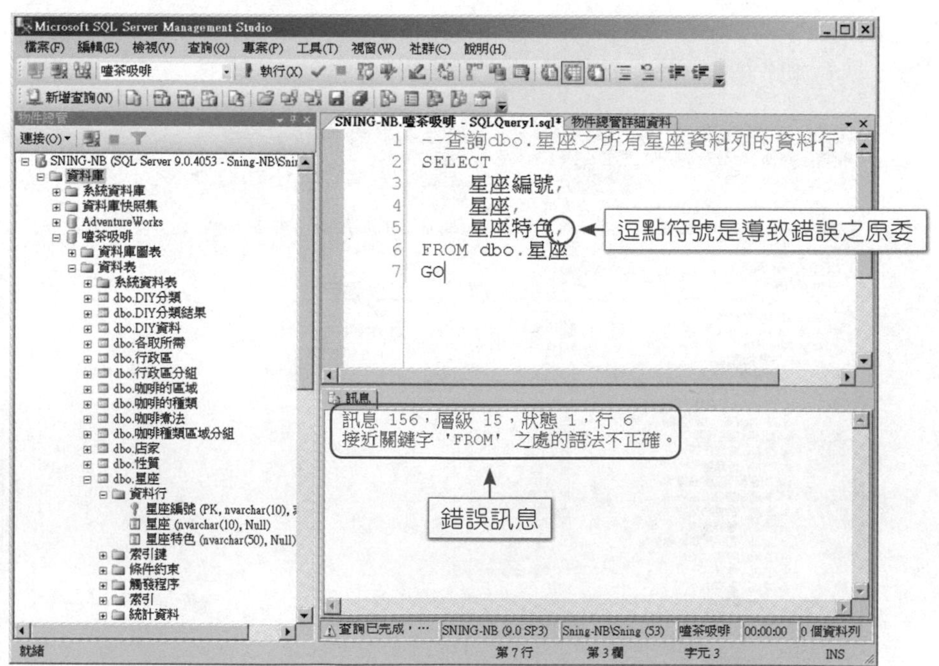

所以，根據以上SQL Server的查詢編輯器所進行的指令碼「行號」之示範與操作，我們可以清楚感受到指令碼「行號」之重要性，資料庫程式設計人員尤其應於複雜或大量程式碼中選用行號的設定，以備任何錯誤發生時，能盡快利用指令碼的「行號」來幫助我們進行程式碼的偵錯與修正，讓程式設計人員較能輕鬆無慮地創造高效能的生產力。

彈性的查詢結果

SQL Server的查詢編輯器也如同大多數的程式編輯軟體，可提供程式設計人員針對Transact-SQL的程式碼之執行結果，以多樣化的方式呈現。主要可分為以下三種模式：

以方格顯示結果

此為預設的模式，以如圖所示之文件視窗中，瀏覽器視窗的二個頁次顯示結果：

1. 結果頁次：所有的執行結果皆以二維的「表格」呈現，可以有條理且具理地管理各式各樣的資訊。

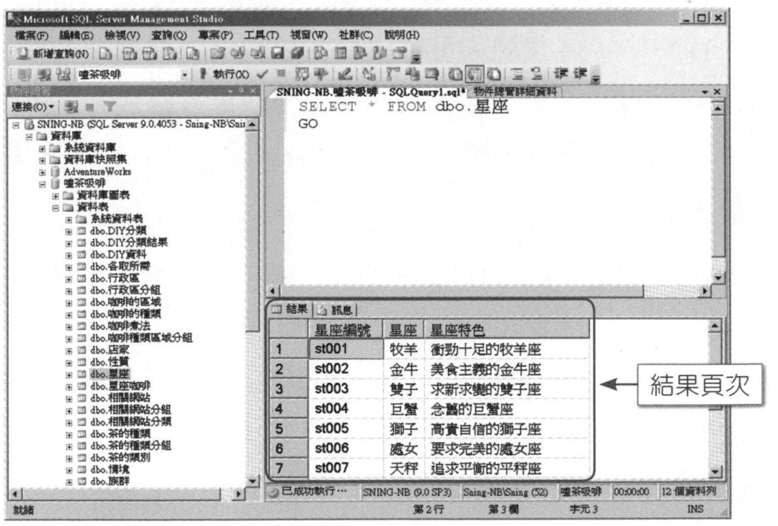

2. 訊息頁次：用以顯示程式碼執行成功或失敗的相關訊息。

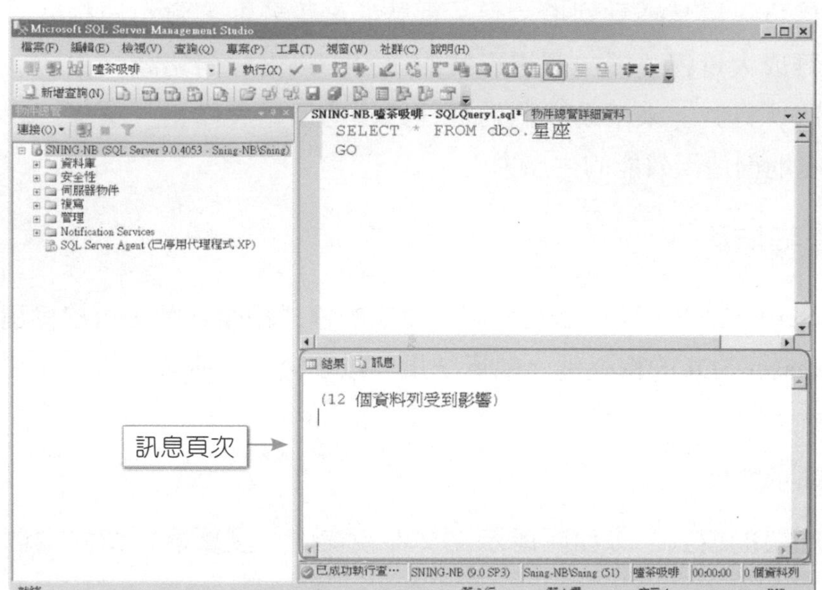

此[以方格顯示結果]模式亦支援將[結果頁次]之以方格所顯示的執行結果，儲存爲一種稱爲「逗點分隔值檔案」（Comma Separated Value）的純文字檔案（副檔名爲.csv），設計人員可使用各類純文字編輯器或電子試算表程式（如Microsoft Excel）開啓，如此一來，不但可大幅加強SQL Server與其他應用軟體的相容性，也因而更擴展了Transact-SQL程式碼的應用性。

以文字顯示結果

此模式僅有[結果頁次]以純粹文字的方式顯示執行結果（如下圖所示）。由於非方格顯示的結果無法有效的以「表格」呈現，往往造成資訊的可讀性極爲低落，也帶給資訊使用者的不便與麻煩，一般皆不採用此顯示方式，是以，本單元也將不會多做介紹。

將結果存檔

此模式是將執行結果儲存爲報表檔案（副檔名爲.rpt），再交由SQL Server的報表軟體—Crystal Reports做進一步的處理。

以上主要的功能，我們將針對[以方格顯示結果]模式，及[將結果存檔]模式，安排一些相關的實務演練，爲大家做示範與操作。

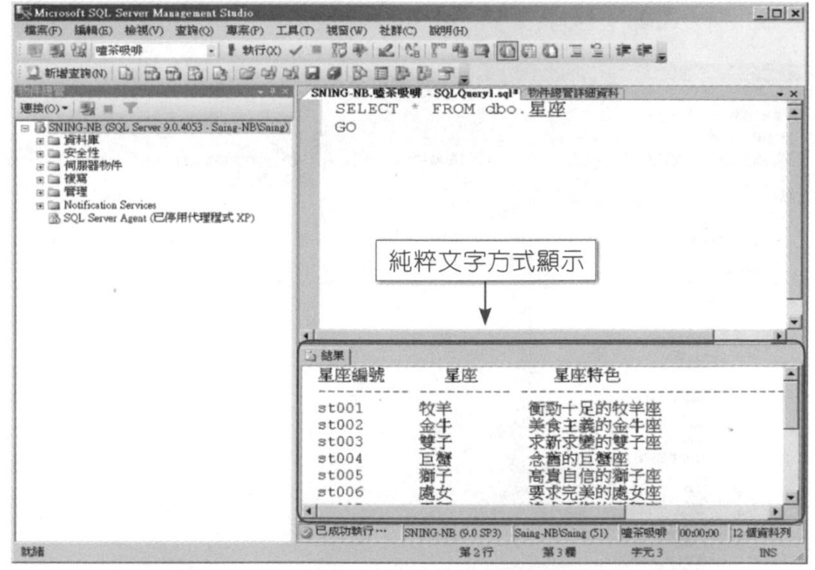

實務演練

將程式碼的結果儲存為純文字檔案（副檔名為.csv）

步驟1 準備範例程式碼：

連接到資料庫[嗑茶吸啡]，輸入[SELECT * FROM dbo.星座]，按下[Enter]後，最後輸入[GO]。

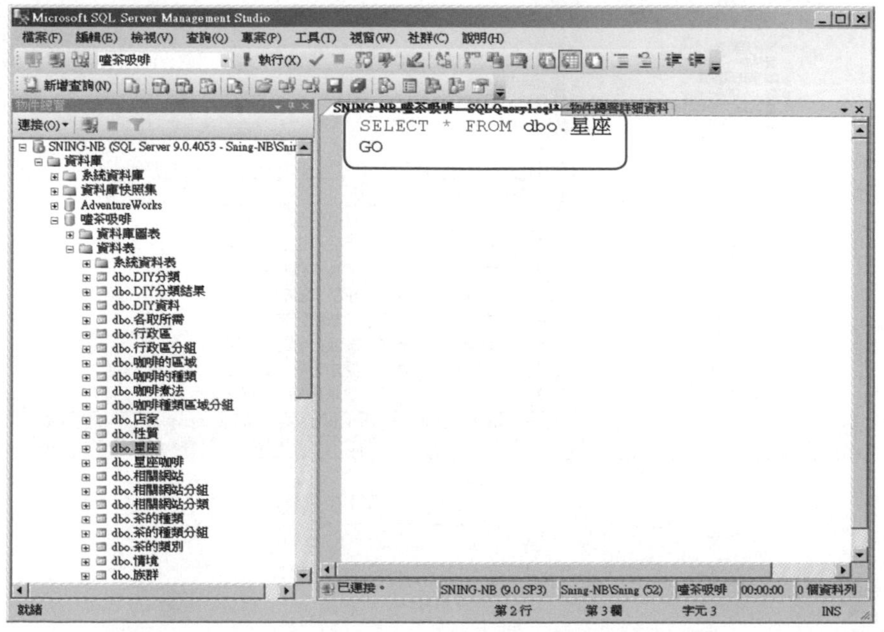

步驟2 執行範例程式碼：按下工具列的[執行]。

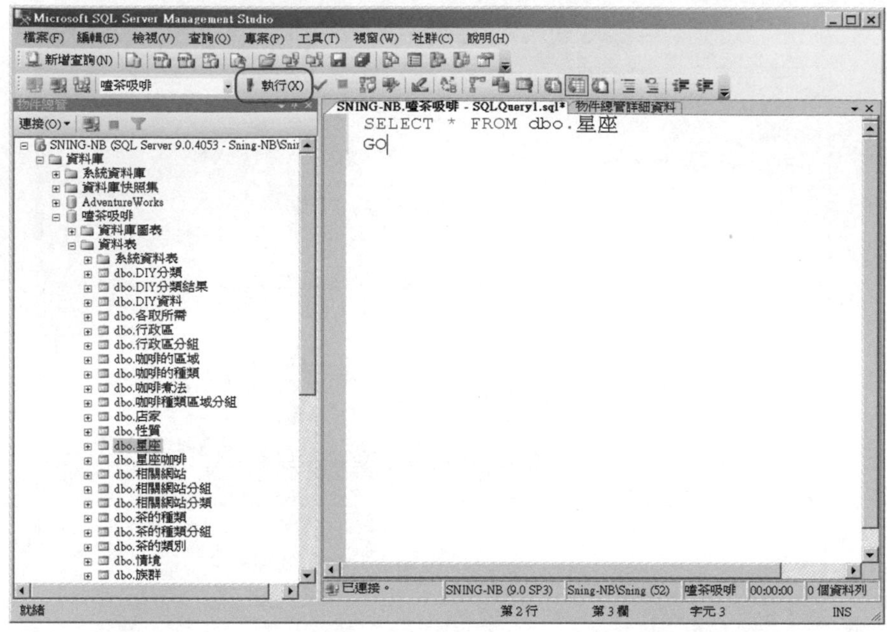

步驟3 成功執行範例程式碼：SELECT * FROM dbo.星座。

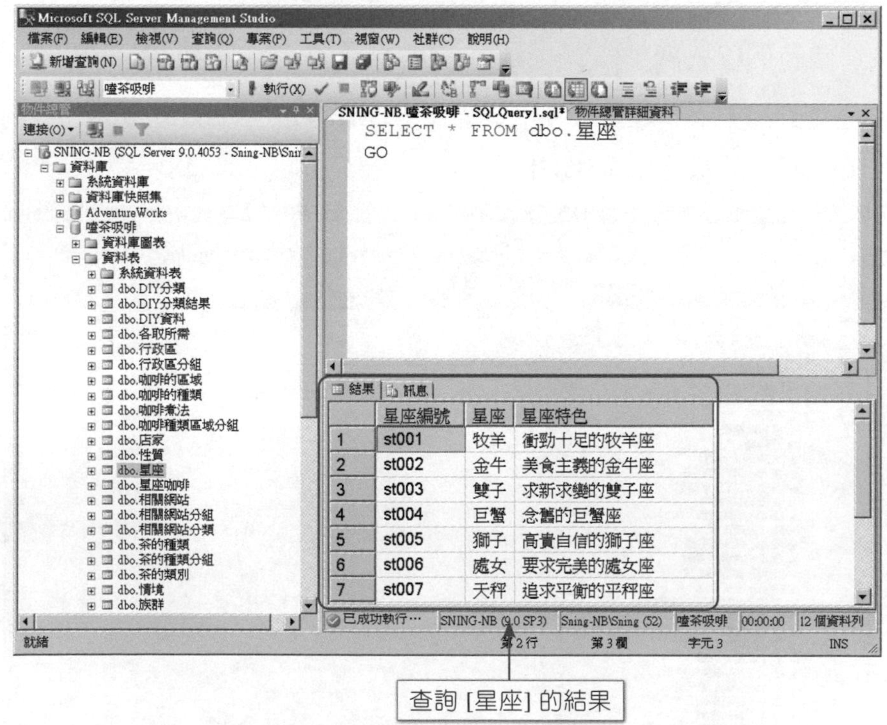

步驟4 儲存爲純文字檔案：產生[結果頁次]的[快捷工作選單]。

將滑鼠移動至[結果頁次]所顯示的執行結果之方格區域，按下右鍵以產生[結果頁次]的[快捷工作選單]，點選其中的[儲存結果]。

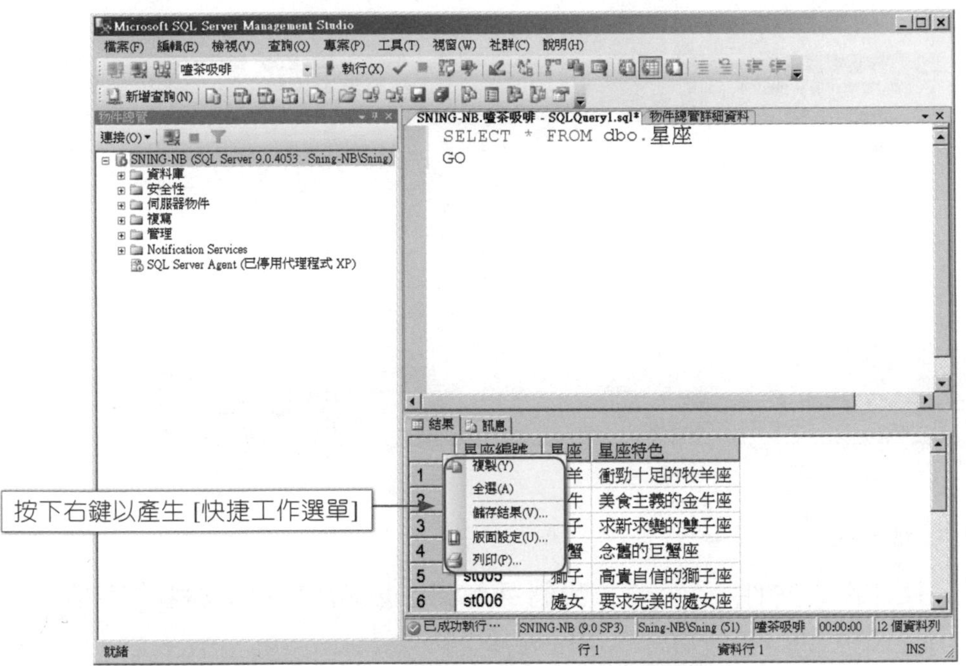

步驟5 儲存爲純文字檔案：產生對話方塊[儲存方格結果]。

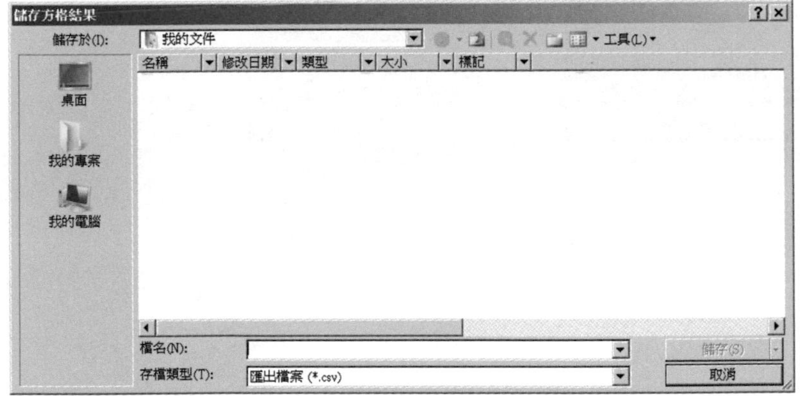

步驟6 儲存爲純文字檔案：輸入檔案名稱[星座]。

於對話方塊[儲存方格結果]的文字方塊[檔名]，輸入檔案名稱[星座]，再按下按 [儲存]鈕，我們就能將範例程式的執行結果儲存爲一個副檔名爲.csv的純文字檔案[星座]。

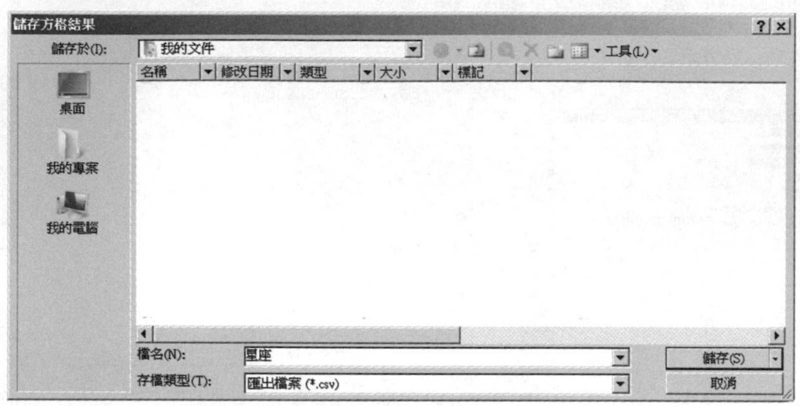

步驟7 檢視純文字檔案：

利用[我的文件]之開啓，我們可看到已成功儲存爲一純文字檔案[星座.csv]，同時也能發現[星座.csv]之類型爲Microsoft Office Excel可存取的「逗點分隔值檔案」，以左鍵滑鼠點擊[星座.csv]二下，便可開啓它並做進一步的檢視。

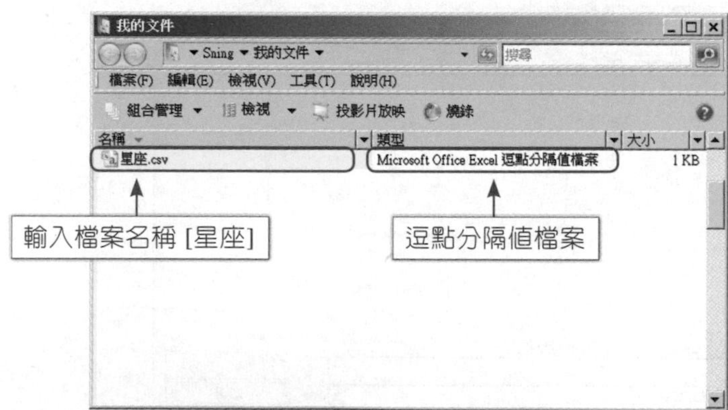

步驟8 檢視純文字檔案：

我們發現[星座.csv]，確實爲以逗點符號（，）分隔資料值的文字檔案。

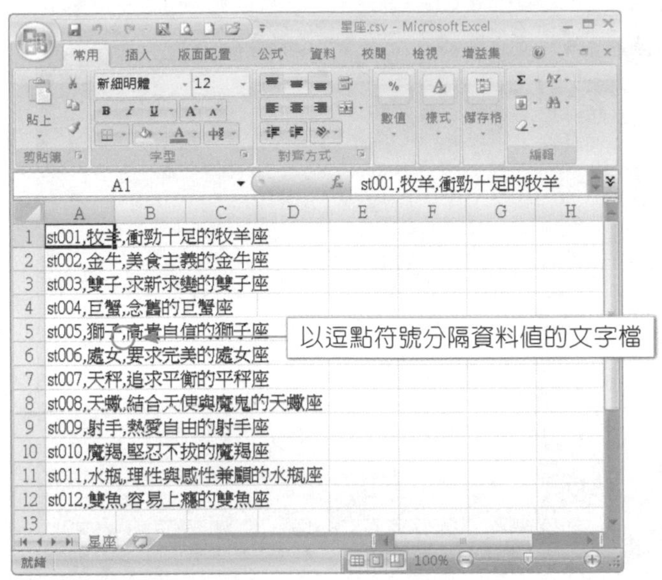

實務演練

將程式碼的結果儲存為報表檔案（副檔名為.rpt）

步驟1 準備範例程式碼：

連接到資料庫[嗑茶吸啡]，輸入[SELECT * FROM dbo.星座]，按下[Enter]後，最後輸入[GO]。

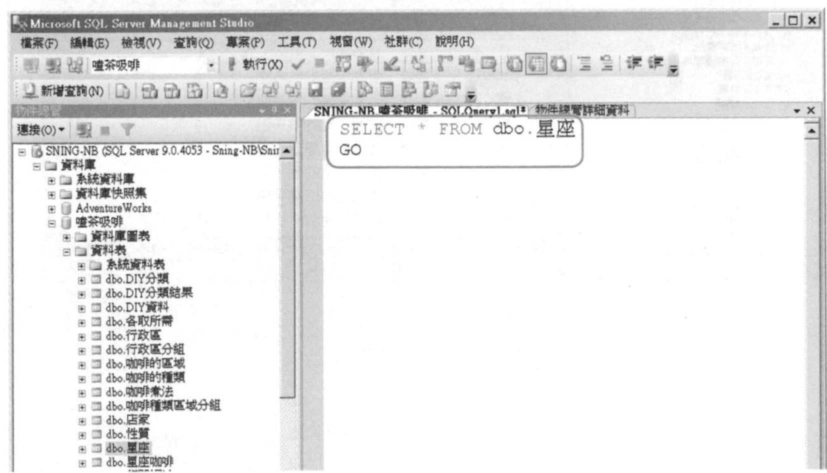

步驟2 執行範例程式碼：按下工具列的[執行]。

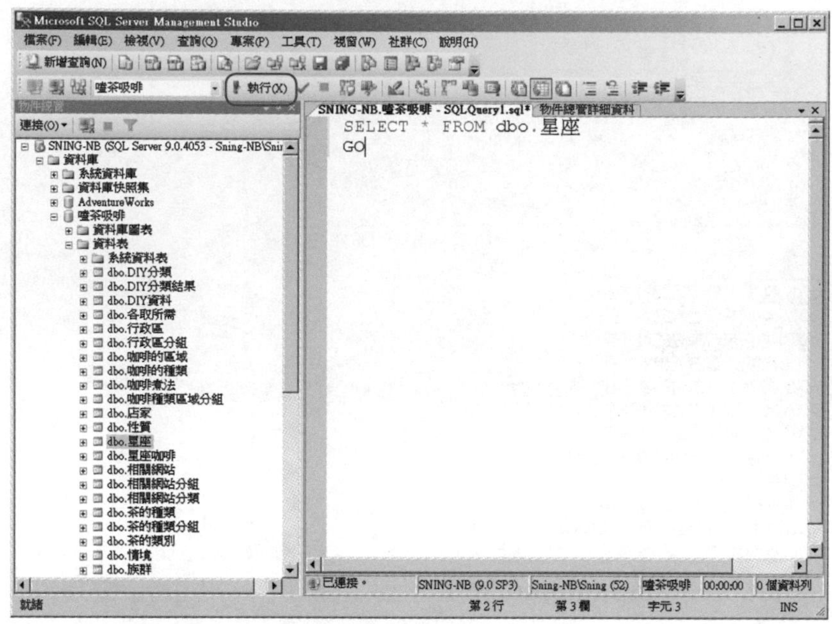

步驟3 成功執行範例程式碼：SELECT * FROM dbo.星座。

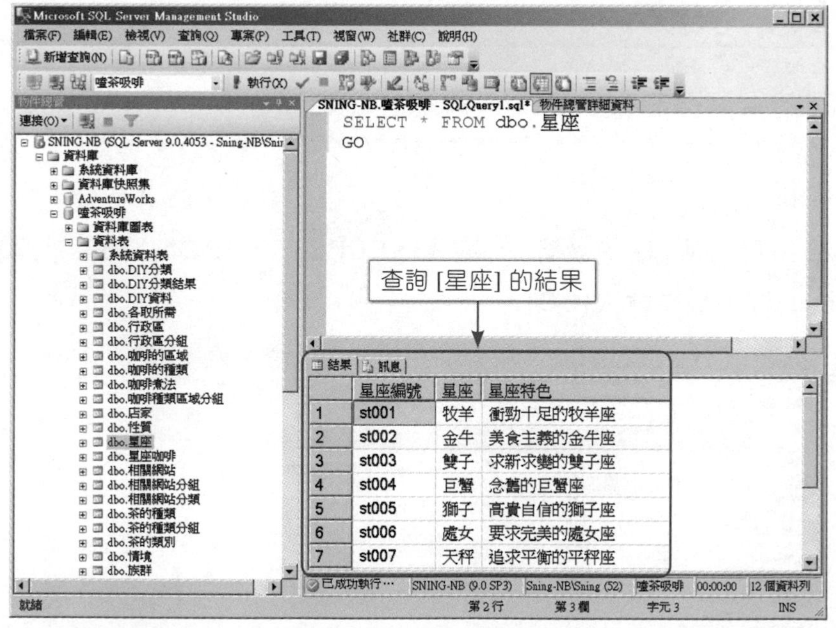

步驟4 變更執行結果的模式：

按下工具列的[將結果存檔]，此時執行結果的模式已由[以方格顯示]變更爲[將結果存檔]，再按下工具列的[執行]，重新執行範例程式，我們就能將程式碼的執行結果儲存成檔案。

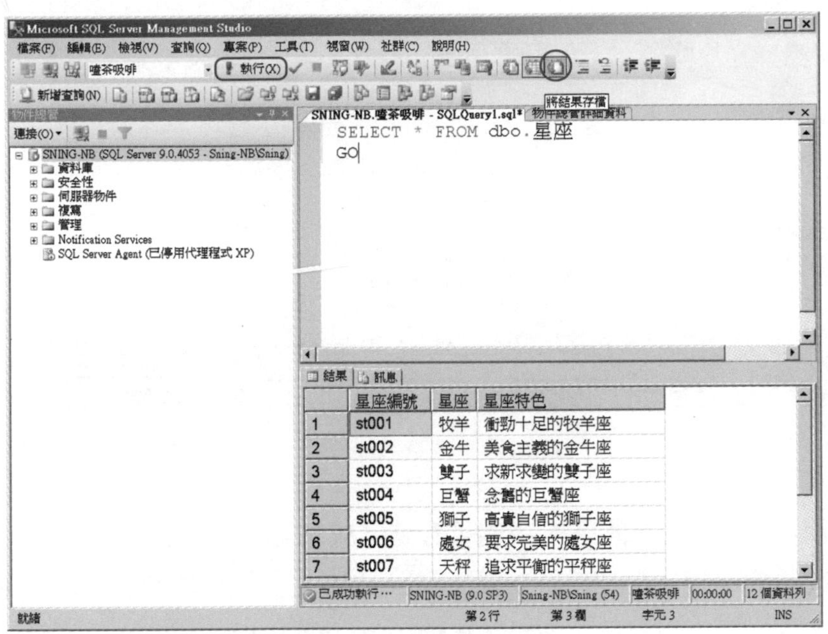

步驟5 將程式碼的結果儲存檔案：產生對話方塊[儲存結果]。

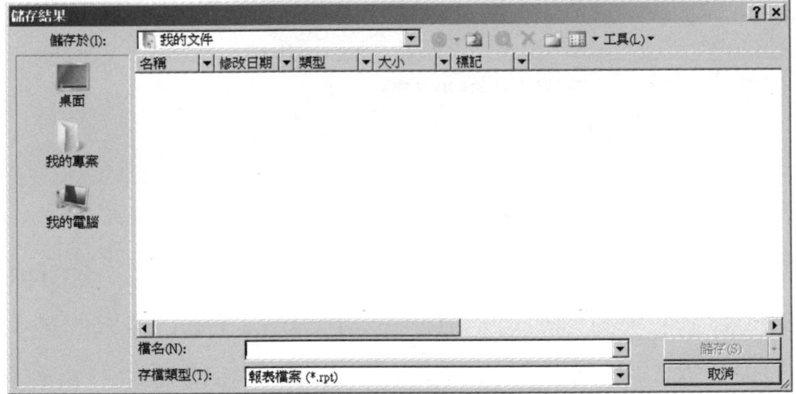

步驟6 將程式碼的結果儲存檔案：輸入檔案名稱[星座]。

於對話方塊[儲存結果]的文字方塊[檔名]，輸入檔案名稱[星座]，再按下[儲存]按鈕，我們就能將範例程式的執行結果儲存爲一個副檔名爲.rpt的報表檔案[星座]。

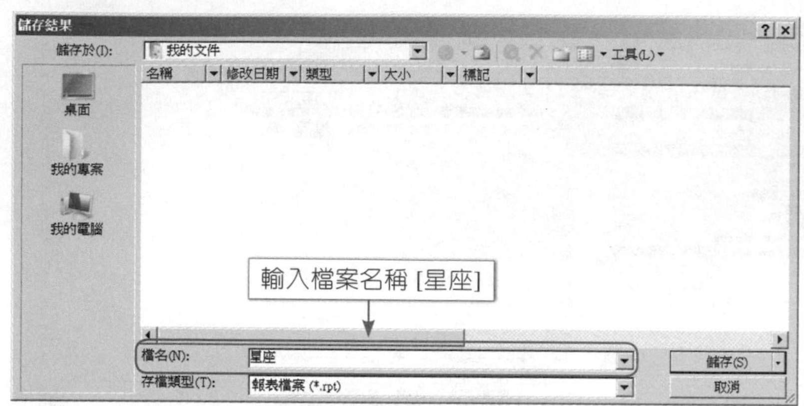

步驟7 檢視報表檔案：

利用[我的文件]之開啓，我們可看到已成功儲存爲一報表檔案[星座.rpt]，同時也能發現其類型爲「RPT檔案」，與純文字檔案[星座.csv]之類型是明顯不同的。再以滑鼠左鍵點擊[星座. rpt]二下，看看開啓它的結果。

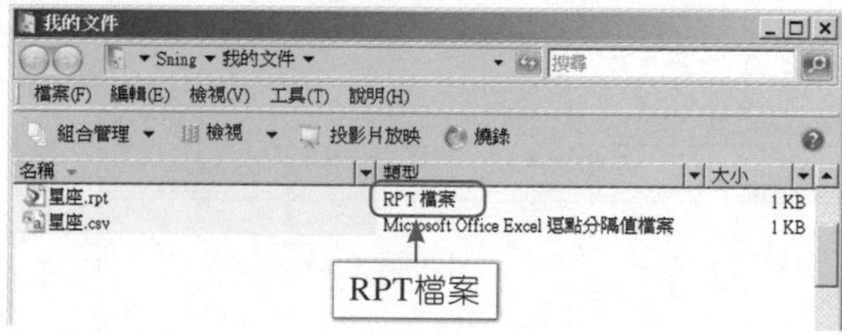

步驟8 檢視報表檔案：產生對話方塊[注意]。

從產生的對話方塊[注意]，我們可知由於報表檔案[星座.rpt]其類型爲「RPT檔案」，有別於可爲Microsoft Office Excel存取的純文字檔[星座.csv]之類型「逗點分隔值檔案」，必須交由SQL Server的報表軟體—Crystal Reports，才能對報表檔案[星座.rpt]做進一步的處理。

8-4 SQL Server的輔助資訊

SQL Server的輔助資訊是使用者學習SQL Server的重要資源，它依照SQL Server的各種使用需求方式，分類而成不同的輔助說明主題，使用者必須利用微軟文件瀏覽器（Microsoft Document Explorer），經由SQL Server 2008 R2線上叢書才能取得SQL Server各種輔助說明主題的資訊。所以，本單元會先介紹微軟文件瀏覽器的運作方式，接著便是爲讀者示範如何使用SQL Server的線上叢書。

8-4-1 微軟文件瀏覽器（Microsoft Document Explorer）

微軟文件瀏覽器提供一個圖形化使用者介面，讓微軟SQL Server的使用者經由點選SSMS主功能選單的[說明]，能以下列方式（參考圖8.10）與微軟文件瀏覽器就產品的技術、安裝、操作，與設定等主題進行不同之互動：

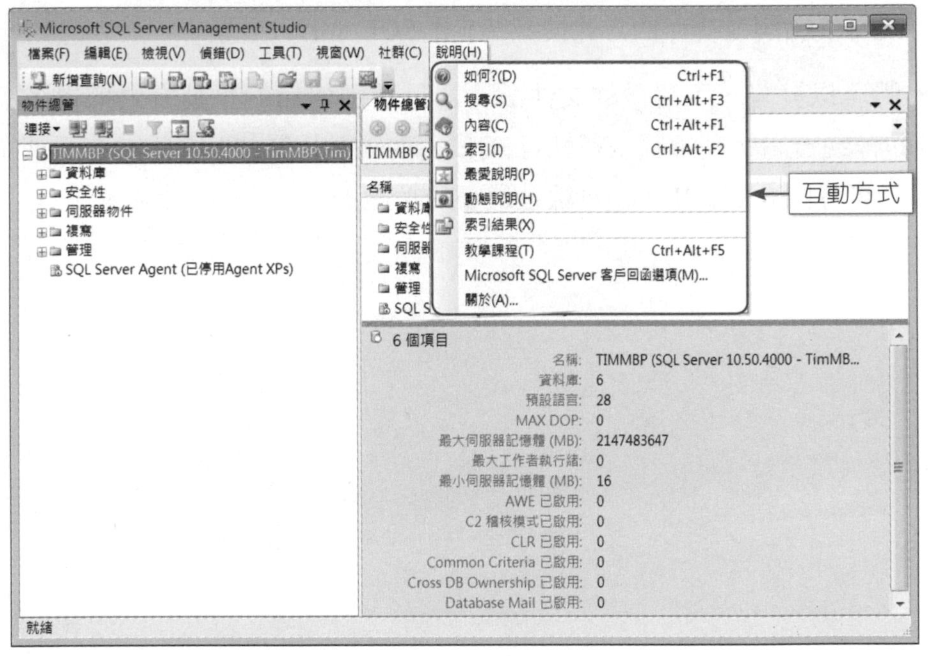

●圖8.10 SSMS藉由微軟文件瀏覽器，就SQL Server主題所能進行的互動方式

[如何？]

主要是利用SQL Server線上叢書，來經由各種不同分類的SQL Server主題標題，瀏覽各個主題的內容。

[搜尋]

可利用SQL Server線上叢書，依輸入之主題來搜尋SQL Server的內容。

[內容]

可直接進入SQL Server線上叢書的主題視窗，瀏覽各種不同的SQL Server主題及其詳細的內容。

[索引]

同樣是運用SQL Server線上叢書，可依輸入之關鍵字，利用關鍵字作為索引，將索引依篩選及排序的方式搜尋特定的SQL Server主題。

我們可以發覺，不論微軟文件瀏覽器是經由如何的互動方式取得各種SQL Server的輔助資訊，其實都是在執行SQL Server線上叢書！因此，在下個單元就是要為讀者專門介紹SQL Server線上叢書的功能。

8-4-2 線上叢書

SQL Server線上叢書是爲了協助SQL Server使用者快速瞭解SQL Server，以順利進行各行各業之資料管理與商業運作，是以針對SQL Server產品，提供了不同分類的文件集（參考圖8.11），包括有：資料庫引擎（Database Engine）、分析服務（Analysis Services）、資料整合服務（Integration Engine）、報表服務（Reporting Services），及全文檢索搜尋（Full-Text Search）等。

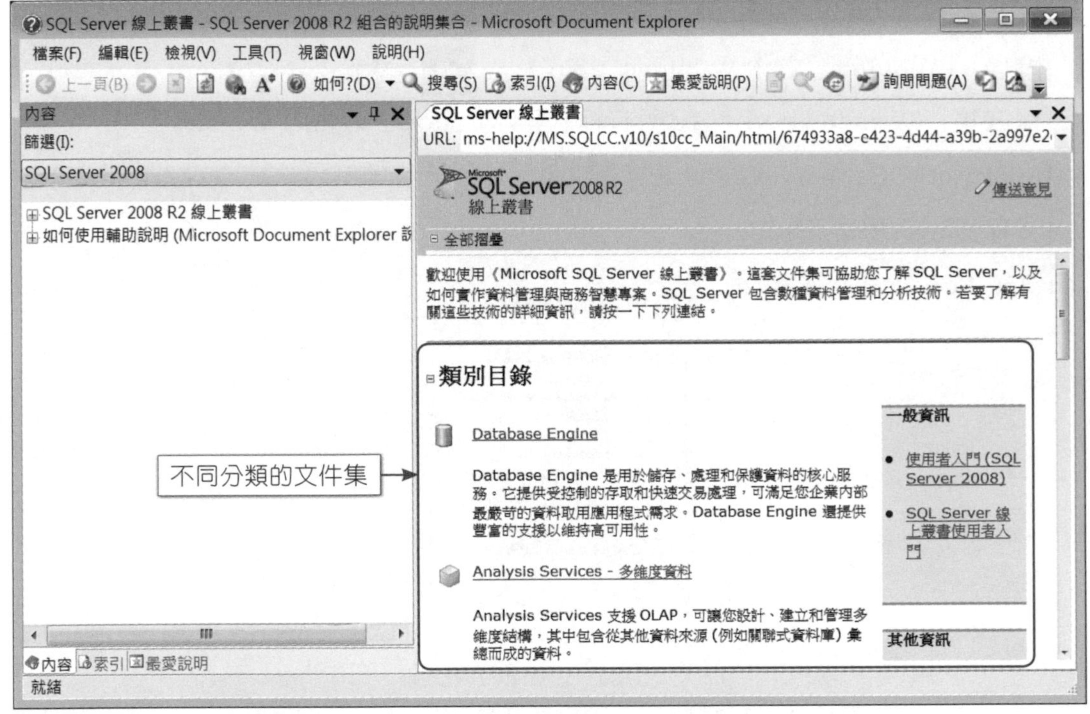

● 圖8.11　SQL Server線上叢書中不同分類的文件集

接下來，我們就從如何啓動SQL Server線上叢書開始，再進一步爲大家介紹各種使用SQL Server線上叢書的方式及過程，期使每一位讀者皆能輕鬆瞭解SQL Server學習工具，掌握及運用其所擁有的資源，爲自己在資料庫的領域創造更大的空間與利益。

啓動線上叢書

SQL Server線上叢書主要運用二個不同的方式來啓動：

- 從[SQL Server Management Studio]啓動：

如8-4-1節所介紹，使用者隨時可於SSMS之主選單的[說明]功能表，按下[如何？]、[搜尋]、[內容]，及[索引]等，即可啓動SQL Server線上叢書。

- 從微軟Windows桌面的[開始]啓動：

在微軟Windows的桌面上，參考圖8.12的方式依序點選：

- [開始]（Windows XP、Windows Vista）或（Windows 7）
- [程式集]（Windows XP）或[所有程式]（Windows Vista或Windows 7）
- [Microsoft SQL Server 2008 R2]資料夾
- [文件集和教學課程]
- [SQL Server線上叢書]

●圖8.12　在微軟Windows桌面上啓動SQL Server線上叢書

使用線上叢書

在8-4-1節曾介紹，SQL Server線上叢書是利用微軟文件瀏覽器作爲其資訊的瀏覽器，以下列所述之線上叢書的功能，可協助使用者以更便捷且多途徑的方式獲得所需的資訊：

- 目錄

我們只要從如圖8.12的SQL Server線上叢書的文件集之[分類目錄]開始，點選[分類目錄]中的任一分類，就是以「目錄」來導覽SQL Server線上叢書的資訊。例如：點選了[Database Engine]，我們就立即得到屬於[SQL Server Database Engine]中的主要分類（參考圖8.13），包括[Database Engine概念]、[Database Engine開發人員中心]，及[Database Engine管理員資訊中心]等。依此類推，我們可就用如同讀書一般的方式，持續利用SQL Server線上叢書的目錄來獲得所需的資訊。

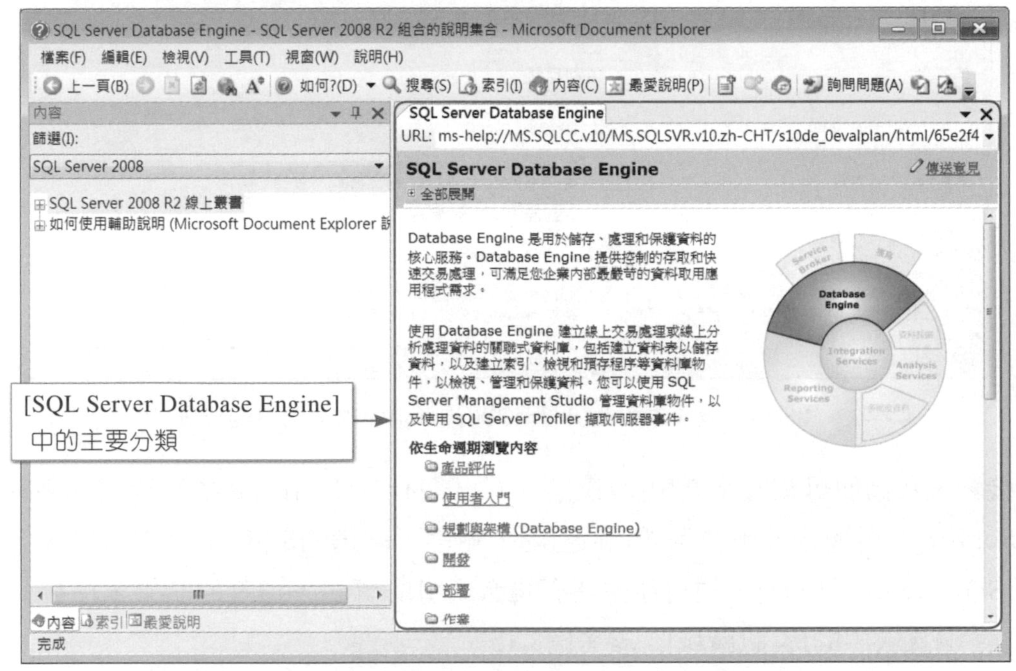

●圖8.13　以「目錄」來導覽SQL Server線上叢書的資訊

索引

以目錄的途徑來導覽SQL Server線上叢書的資訊，常常是耗費時間又效果不彰。所以，SQL Server線上叢書支援「索引」的功能，提供使用者以輸入的關鍵字爲索引，並可配合篩選各種依技術、元件和工作之SQL SERVER主題內容，彈性且快速地查閱所需的資訊。

我們從圖8.12之SQL Server線上叢書的畫面，按下工具列的[索引]，或左下方的[索引]頁次，便是開始以「索引」的功能，查閱所需的主題資訊（參考圖8.14）。

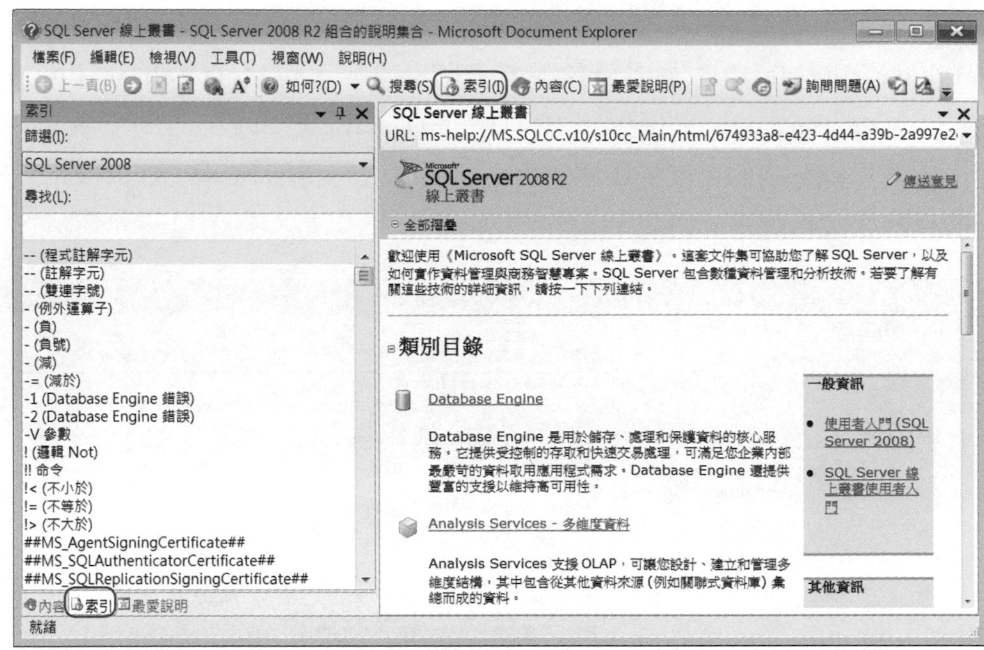

●圖8.14　以「索引」快速查閱SQL Server線上叢書的資訊

接著，我們便可在文字方塊[尋找]處，輸入可作為索引的關鍵字，如[安裝SQL Server]，再配合於下拉選單[篩選]處，點選可篩選的SQL SERVER主題，如[SQL Server 2008]，便可產生所有符合索引的資訊，搜尋的結果依序排列於[索引]頁次中的[資訊區域]，參考圖8.15。

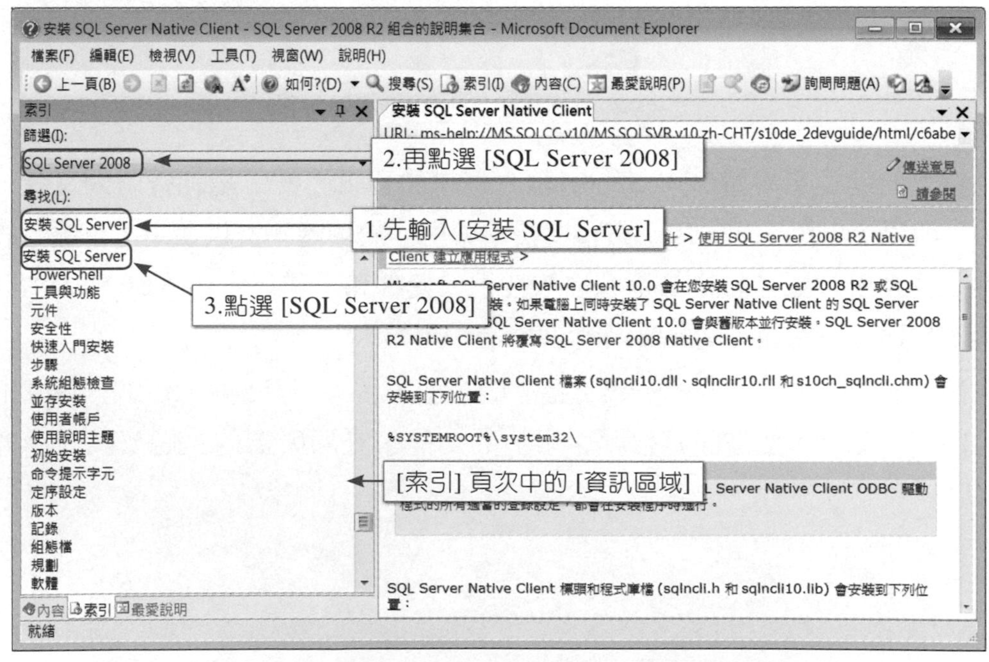

●圖8.15　以「索引」的關鍵字配合篩選的主題，可產生所有符合索引的資訊

就本範例而言，[索引]頁次中的[資訊區域]中，由上至下依序排列出所有符合[安裝SQL Server]的資訊，當我們點選其中任何一項，其詳細的資訊就可顯示於文件瀏覽器右側的頁面。如：點選第一項[安裝SQL Server]，[安裝SQL Server]主題的詳細資訊便呈現於圖8.15中，右側的頁面。

- 搜尋

爲彌補「索引」功能僅能查閱SQL Server所安裝的線上叢書資訊之不足，SQL Server線上叢書提供全文搜尋，以更廣泛與更深入的方式，針對下列四種不同的資源進行各種主題資訊的「搜尋」：

1. 本機說明

「本機說明」與線上叢書皆爲安裝SQL Server的同時建置於本機上，與SQL Server各種主題相關的資料集。

(1) MSDN Online

「MSDN Online」（線上Microsoft Developer Network）是微軟所提供給微軟產品開發人員的一組技術服務，包括知識庫文件、白皮書，及範例程式碼等。

(2) Codezone社群

「Codezone社群」是由一群獨立專家所建構的網站，針對微軟的各種技術，提供許多有價值的資源，如產品秘技、程式碼範例、使用者建議、軟體蟲（Bug），和相關新聞等。

(3) 問題

「問題」是讓我們針對「MSDN論壇」中的內容搜尋。

所介紹的主題中，除了「本機說明」爲SQL Server本機上的資源，其餘「MSDN Online」、「Codezone社群」，及「問題」，皆爲網際網路上的資源，必須以連線到網際網路的方式才能進行主題資訊的搜尋。

參考圖8.16之SQL Server線上叢書的畫面範例，我們可依下列步驟進行主題資訊的搜尋：

步驟1 輸入欲搜尋的關鍵字

於[搜尋]頁次最上方的文字方塊，輸入[安裝 SQL Server]。

步驟2 按下「搜尋」按鈕。

步驟3 檢視[搜尋]頁次中的主題資訊。

步驟4 查閱詳細的[安裝 SQL Server]的主題資訊

點擊二次欲[搜尋]頁次中的主題資訊，其詳細的資訊就可顯示於文件瀏覽器右側的頁面，供設計人員進行詳細的查閱（參考圖8.17）。

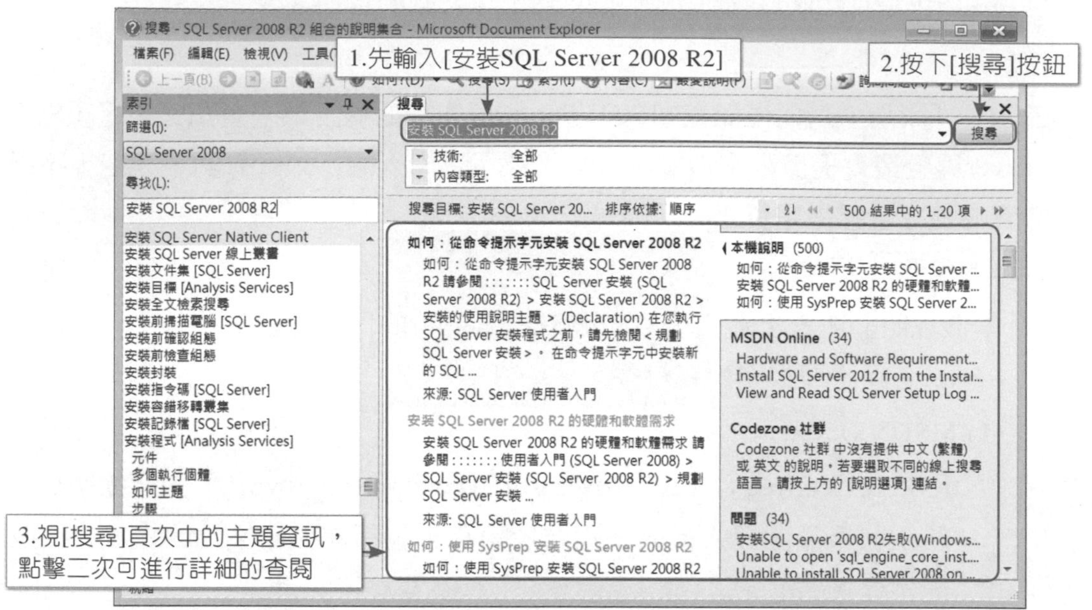

●圖8.16 以「搜尋」檢視本機及網際網路上的資源

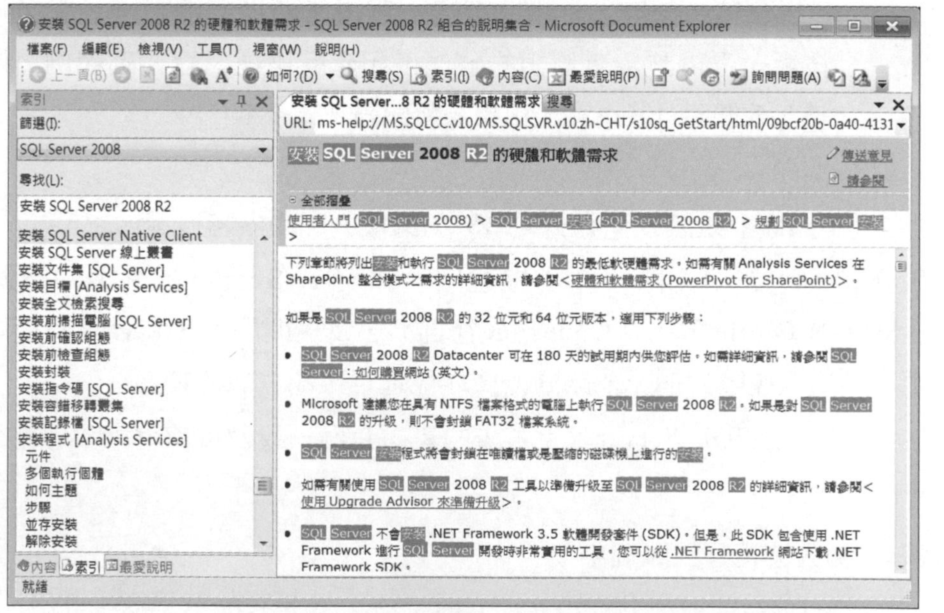

●圖8.17 查閱詳細的主題資訊

如何？

爲了讓使用者快速找到重要的技術性內容，盡快解決實務上許多不知如何著手的問題，SQL Server線上叢書提供了包含SQL Server各類服務的「如何？」頁面，可立即分別連結到協助資料庫開發人員瞭解和操作特定技術的實作範例及相關資訊等。

我們從圖8.12之SQL Server線上叢書的畫面，按下工具列的[如何？]，便是開始以「如何？」的功能，檢視於文件瀏覽器右側的頁面[如何（SQL Server）]中不同服務，進行快速的連結，以進一步查閱所需的技術性資訊（參考圖8.18）。

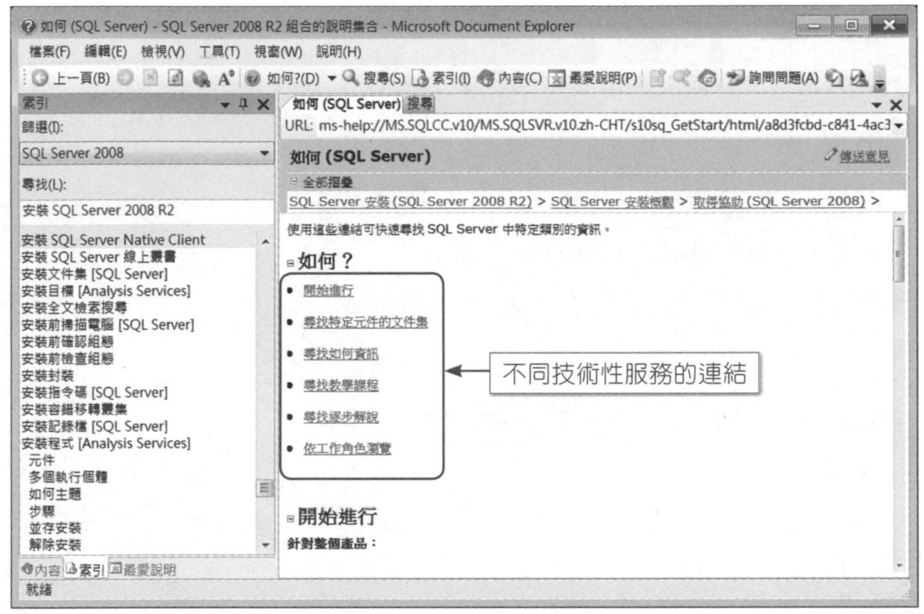

●圖8.18　以「如何？」的功能，於文件瀏覽器的頁面中之不同服務，進行快速的連結

本章習題

一、選擇題

1. (　) SQL Server數字以哪個顏色顯示？
   (A)藍色　(B)灰色
   (C)紅色　(D)黑色
2. (　) SQL Server的關鍵字以哪個顏色顯示？
   (A)藍色　(B)灰色
   (C)紅色　(D)黑色
3. (　) SQL Server的識別字以哪個顏色顯示？
   (A)藍色　(B)灰色
   (C)紅色　(D)黑色
4. (　) SQL Server的運算子以哪個顏色顯示？
   (A)藍色　(B)灰色
   (C)紅色　(D)黑色
5. (　) SQL Server的錯誤訊息以哪個顏色顯示？
   (A)藍色　(B)灰色
   (C)紅色　(D)黑色

二、簡答題

1. 請列出SQL Server針對登入伺服器時所採取的二種驗證模式。
2. 請列出SSMS的文件視窗之二種不同的操作模式。
3. 請列出Transact-SQL的程式碼執行結果之三種模式。
4. 請簡述SQL Server如何與各類純文字編輯器，或電子試算表程式(如Microsoft Excel)具有相容性？

CHAPTER 09

Transact-SQL概論

學習目標 閱讀完後，你應該能夠：

- 瞭解何謂結構化查詢語言（Structured Query Language）
- 瞭解Transact-SQL的基本功能
- 瞭解Transact-SQL的語法結構
- 瞭解Transact-SQL的資料類型
- 瞭解SQL語言的分類

若是要能有效且有彈性地處理不同的需求，必須有更多的功能來支援，所以，SQL Server自原有的ANSI-SQL延伸發展出自己的SQL語言，稱之為Transact-SQL，以滿足資訊系統對資料庫的多元化需求。

本章希望能以淺顯易懂的方式，為各位讀者建立SQL Server的程式語言基礎，為後續更廣泛且深入的資料庫開發及實作課程做好準備。

9-1 SQL（Structured Query Language）簡介

爲了讓使用者能對資料庫系統中的關聯式資料庫進行各式各樣的開發和管理工作，當然不可或缺的需要有「程式語言」之存在，讓使用者的應用程式以其作爲使用者與資料庫系統之間的溝通，方能滿足使用者的需求。

9-1-1 SQL程式語言的沿革

1970年代早期，Codd博士就已制定出關聯式資料庫模型的架構，但當時並未有符合關聯式資料庫模型所需的程式語言。直到1970年代晚期，才由IBM的研究單位發展出一套可溝通IBM其自家的DB2的關聯式資料庫程式語言。

IBM所發展出的程式語言，全名爲「Structured English Query Language」，簡寫爲「SEQUEL」。但是，「SEQUEL」在當時已遭商業註冊，在不得已的情況下，只好改爲「Structured Query Language」，簡寫爲「SQL」，此名稱也一直延用至今。至於「Structured Query Language」的稱呼，仍是取自其原本的簡稱「SEQUEL」，將其分爲前「SE」及後「QUEL」二個部分發音，也就是稱爲「se_quel」，這已是業界普遍公認的稱呼，請讀者務必確實認知與稱呼，免得貽笑大方。

IBM於1981年推出第一套商業用途的關聯式資料庫管理系統後，其他業者也陸續推出多種關聯式資料庫管理系統，使得SQL程式語言逐漸被廣泛使用。目前，除了始祖的IBM，Oracle（甲骨文）、Sybase（賽貝思），及Microsoft（微軟），皆有各自的關聯式資料庫管理系統，也促使關聯式資料庫管理系統躍居當今資料庫領域的主流地位。

9-1-2 SQL程式語言的發展

當初關聯式資料庫管理系統可是百家爭鳴，各家都有各自SQL程式語言的語法結構與規則，爲了避免各產品之間出現SQL程式語言不相容的問題，形成多頭馬車的狀況，因此，由ANSI（American National Standards Institute，美國國家標準局）和ISO（International Standard Organization，國際標準組織）依「SEQUEL」爲藍本，共同制定出關聯式資料庫程式語言的標準。從最早的ANSI SQL-86開始，至目前最新版的SQL-2006，陸續發展出以下主要的版本：

- SQL-92（也稱爲SQL 2）：目前關聯式資料庫的SQL程式語言之標準版本。
- SQL-99（也稱爲SQL 3）：加入物件導向與資料倉儲的規範，成爲物件導向之關聯式資料庫的SQL程式語言之標準。

9-1-3 Transact-SQL程式語言簡介

在資訊業界的「資料庫」這一領域，SQL程式語言的標準，實際上有所謂的「ANSI SQL標準」與「業界標準」之分別。各家廠商在市場競爭激烈的情況下，除了將自己的產品符合ANSI SQL的基礎外，無不卯足全力增加產品的功能，以展現出本身的特色，獲得市場的一席之地，及保持自家產品的競爭力。

就以目前占有世界最大關聯式資料庫管理系統市場的ORACLE爲例，其自家的資料庫管理系統產品也是稱爲「Oracle」，而所使用的SQL程式語言則稱爲「Procedural Language/Structured Query Language」（簡稱爲PL/SQL）。然而，Microsoft所發展的資料庫管理系統—「SQL Server」，雖然與SYBASE所發展的資料庫管理系統—「Adaptive Server Enterprise」不同，但兩者所使用的SQL程式語言都稱爲「Transact-SQL」（以下簡稱爲T-SQL），而這也就是本書所要專門介紹的SQL程式語言。

T-SQL 程式語言是專門用來溝通Microsoft的關聯式資料庫管理系統—SQL Server之用，可謂是存取SQL Server最快速及最方便的程式語言。目前，Transact-SQL程式語言的主要版本是：

- SQL Server 2005：以SQL-92及SQL-99標準爲基礎所擴展而成。
- SQL Server 2008：已遵循至SQL-2006的標準。

本書所要介紹的T-SQL程式語言是SQL Server 2005的Transact-SQL版本，其主要的功能，就是針對SQL Server完成如下所列的運作：

- 資料庫與資料庫相關物件的建立與變更
- 資料庫中的資料之處理，分爲：
  1. 查詢：純粹進行資料的擷取。
  2. 更新：包括資料的新增、修改與刪除。
- 資料庫資源之權限的授予與收回。

以上主要的功能也就是源自於SQL程式語言的三種類型：資料定義語言（Data Definition Language，簡稱DDL）、資料操作語言（Data Manipulation Language，簡稱DML），及資料控制語言（Data Control Language，簡稱DCL），我們將於本章的9-4節再爲大家做說明。

接下來，爲進一步讓讀者瞭解T-SQL程式語言，首先就是要掌握T-SQL的基礎，也就是T-SQL的語法結構與資料類型，此二者皆爲T-SQL的基本組成元素，我們會一一介紹於後。

9-2 T-SQL程式語言的語法結構

T-SQL的語法結構，主要包含有關鍵字、識別字及運算子等，皆爲T-SQL的基本組成元素。

9-2-1 關鍵字

T-SQL是植基於SQL程式語言的ANSI SQL標準所擴充發展而成的程式語言，所以，T-SQL必須遵循ANSI SQL的規範與限制等。從SQL的原名—「Structured English Query Language」，我們便可清楚認知SQL符合「英語」之語法結構，也就是說，T-SQL同樣是必須符合「英語」之語法結構。

英語之語法結構中，每個敘述簡單來說就是子句（Clause）及片語（Phase）的組合。SQL的語法結構是如此；T-SQL的語法結構同樣也是如此。而英語中多種不同用途的子句及片語，如動詞子句、介系詞片語及副詞子句等，在T-SQL的語法結構中，都是統一命名爲子句。所以，T-SQL的語法結構中，每個如同英語敘述的程式敘述也就是子句的組合。

在T-SQL的語法結構中，任何的子句都與SQL Server有所關聯。其道理很簡單，於9-1-3節中介紹到，T-SQL是用來溝通SQL Server，完成對資料庫的許多運作；換句話說，就是T-SQL程式語言中必須存在如英語一般的動詞子句，其中必須包含有「動詞」，才能要求SQL Server去執行「動詞」所代表之特定的運作。T-SQL程式語言的動詞子句中所必須包含的「動詞」，就是T-SQL語法結構中所謂的「關鍵字」（Keyword）。

T-SQL程式語言的關鍵字，就是英語子句中代表欲進行特定運作的關鍵所在，也就是對於SQL Server而言有特別意義的字。就以8-3-3節【實務演練】中的範例程式碼為例：

SELECT * FROM dbo.星座 WHERE星座編號 = 'st001'

我們可就其中的關鍵字，包括:[SELECT]、[FROM]及[WHERE]，對於SQL Server所代表之意義分述於後：

- SELECT：代表SQL Server要對資料進行查詢的處理。
- FROM：是表示SQL Server欲進行查詢之資料來源的所在。
- WHERE：表示SQL Server是以如何的資料篩選條件，對資料進行查詢處理。

從以上的範例程式碼做進一步觀察，整個範例程式碼其實就是一個由以上所列的關鍵字所組成之子句的集合，包括有：SELECT子句、FROM子句及WHERE子句。此一集合就是T-SQL語法結構中所謂的「陳述式」(Statement)之範例。所以，我們可以說，T-SQL陳述式就是一群子句的組合。

英語之語法結構中，每個敘述中的子句或片語通常都不會僅由一個特定的字所組成。同理，T-SQL的語法結構中，任何一個完整且合法的T-SQL陳述式，其所包含的任一子句也常常是不可能僅有關鍵字的存在而已。就拿以上的範例程式碼來說，FROM子句[FROM dbo.星座]中的[dbo.星座]，以及WHERE子句[WHERE星座編號 = 'st001']中的[星座編號]，在T-SQL的語法結構中並非是關鍵字，而是稱為「識別字」（Identifier）。為了繼續探討T-SQL的語法結構，我們會緊接著在下一個單元為大家介紹T-SQL的識別字。

9-2-2 識別字

在SQL Server中，每一項資料庫物件也都要有一個作爲其識別之用的名稱，如：資料庫名稱、資料表名稱、資料行名稱及變數名稱等，在T-SQL的語法結構中都稱爲「識別字」（Identifier）。我們於本單元將從基本規則開始，到專用的識別碼，以至於其所有的應用方式做介紹。

識別字的基本規則

識別字的命名只要符合以下的規則，就可以用來作爲識別字的名稱：

- 可使用的字元

  英文字母：a～z或A～Z

  數字：0～9

  特殊字元：底線符號（_）、數字符號（#）、金錢符號（$）及電子郵件符號（@）

  特殊語系的文字：如中文繁體字

- 不可使用於第一個字元的符號

  數字及金錢符號（$）。

- 識別字不論大小寫，皆不可採用T-SQL關鍵字

  如[SELECT]、[select]、[From]及[WherE]等，都不符合識別名稱的規格

- 識別字的字元總長度不可超過128個字元

識別字的識別碼

識別字的命名若不符合以上所列之識別字的基本規則，但仍希望運用於T-SQL的陳述式或資料庫的物件（如資料表及資料行等）中時，SQL Server允許以識別字的「識別碼」—中括號（[]）或雙引號（""），將不符合識別字基本規則的字元前後包起來，便可成爲合法使用的識別字。我們就以相關的範例，爲大家做進一步的示範與說明。

實務演練

使用中括號（[]）識別碼

步驟1 準備範例資料表：

請參考10-17~10-19的資料庫附加的方法，利用SSMSE將範例光碟片CH09中的資料庫「會員」附加到SQL Sever，我們可以看到資料庫[會員]資料表[通訊錄]中的資料行[WHERE]，其本身就是T-SQL的關鍵字「WHERE」，但依然可作爲合法的資料行物件名稱。

SNING-NB.會員 - dbo.通訊錄*

資料行名稱	資料型別	允許 Null
會員編號	int	☐
姓名	nvarchar(50)	☐
行動電話	nchar(10)	☑
公司電話	nchar(10)	☑
家居電話	nchar(10)	☑
[WHERE]	nvarchar(50)	☑

以中括號（[]）前後包起來的關鍵字

SNING-NB.會員 - dbo.通訊錄

會員編號	姓名	行動電話	公司電話	家居電話	WHERE
1	丁一鳴	0959000001	NULL	NULL	台北市
2	裘兩全	0959222666	NULL	NULL	台中市
3	布山巴	0909418386	NULL	NULL	高雄市
NULL	NULL	NULL	NULL	NULL	NULL

資料紀錄內容

步驟2 準備範例程式碼：

SELECT * FROM dbo.通訊錄 WHERE [WHERE] = '台北市'

其中的[WHERE]爲一合法的識別字，即使WHERE本身是一關鍵字。

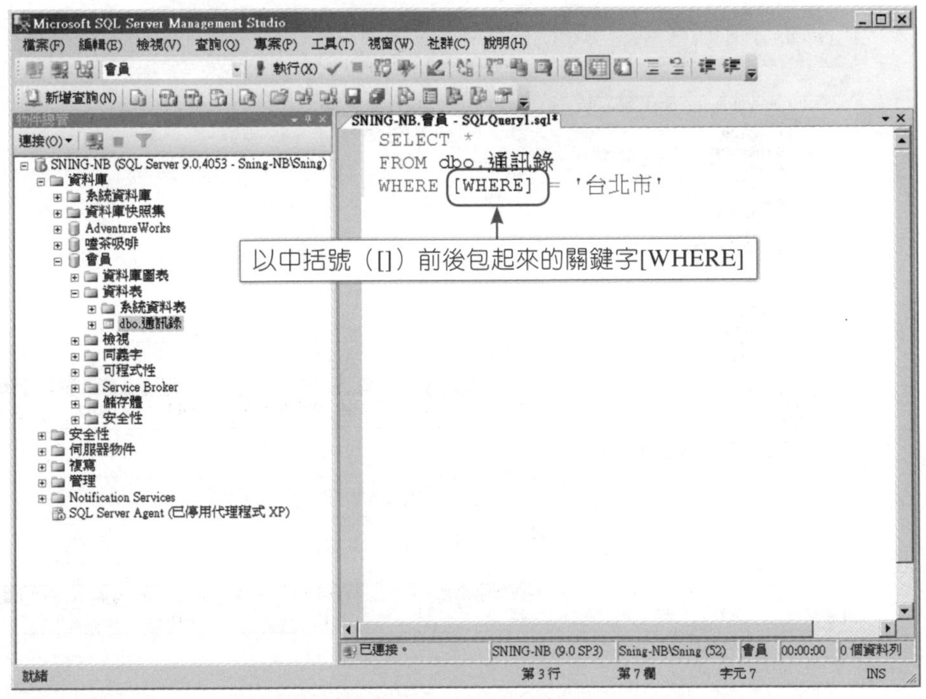

步驟3 按下工具列的[執行]：

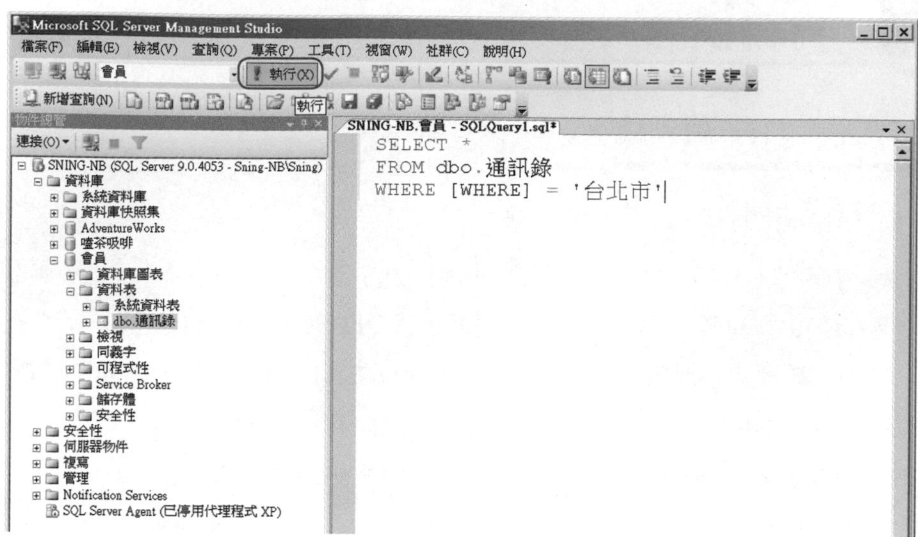

步驟4 成功執行範例程式碼：

即使本T-SQL陳述式是一個非常古怪且不尋常的範例，但卻可成功執行，且證明SQL Server是允許此利用識別字的識別碼（[]）所建立的識別字[WHERE]，但實務上，這是個糟透了的設計，請讀者務必避免此類使用T-SQL關鍵字命名識別字的情況。

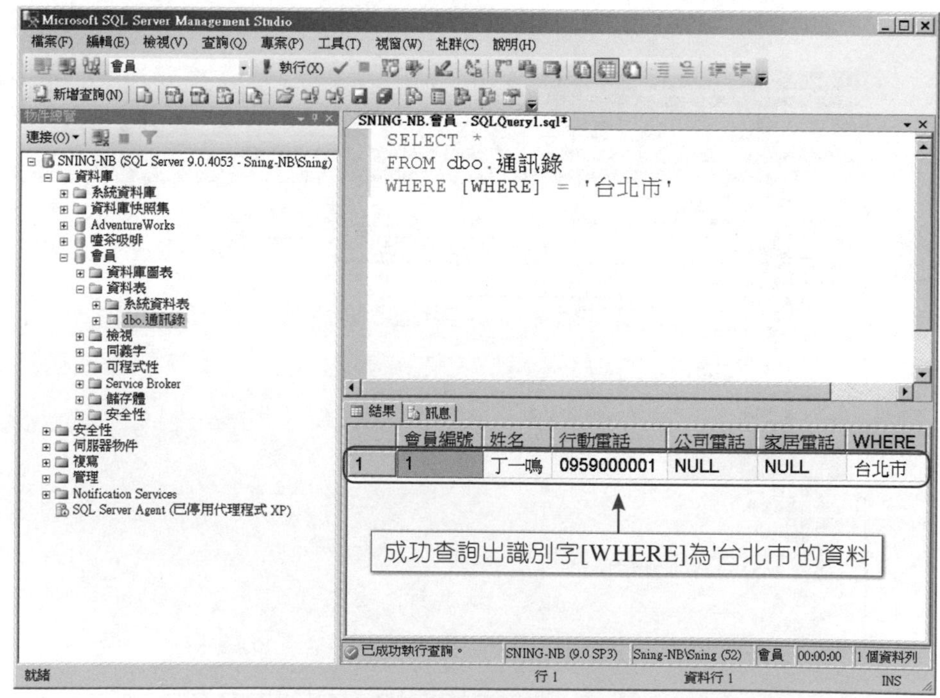

	會員編號	姓名	行動電話	公司電話	家居電話	WHERE
1	1	丁一鳴	0959000001	NULL	NULL	台北市

實務演練

使用雙引號（""）識別碼

步驟1 選取[會員]—按右鍵並點選[屬性]。

欲使用雙引號識別碼，必須先於資料庫[會員]中進行啟用雙引號識別碼的設定。

步驟2 對話方塊[資料庫屬性-會員]的[一般]頁面：點選[選項]。

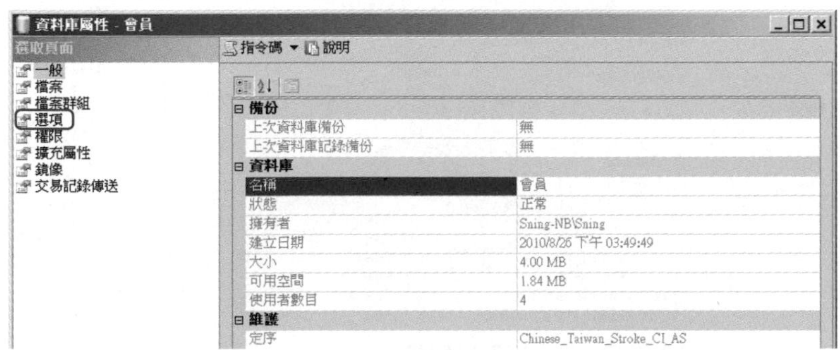

步驟3 對話方塊[資料庫屬性-會員]的[選項]頁面：

步驟4 啟用雙引號識別碼：

於對話方塊[資料庫屬性-會員]的[選項]頁面，點選[啟用引號識別碼]，再按下右側的[▼]後，於產生的下拉選單中選取[True]，即可完成雙引號識別碼的啟用。

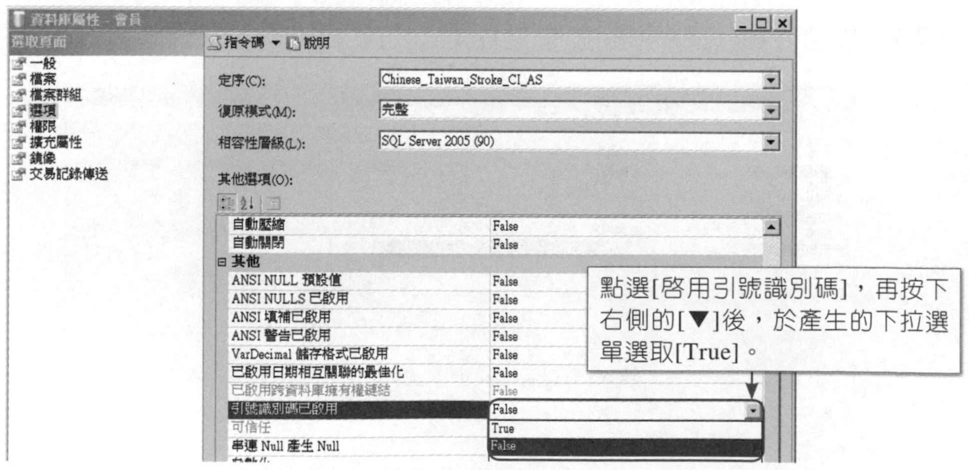

步驟5　準備範例程式碼：並按下工具列的[執行]。

SELECT FROM dbo.通訊錄 WHERE "WHERE" = '台北市'

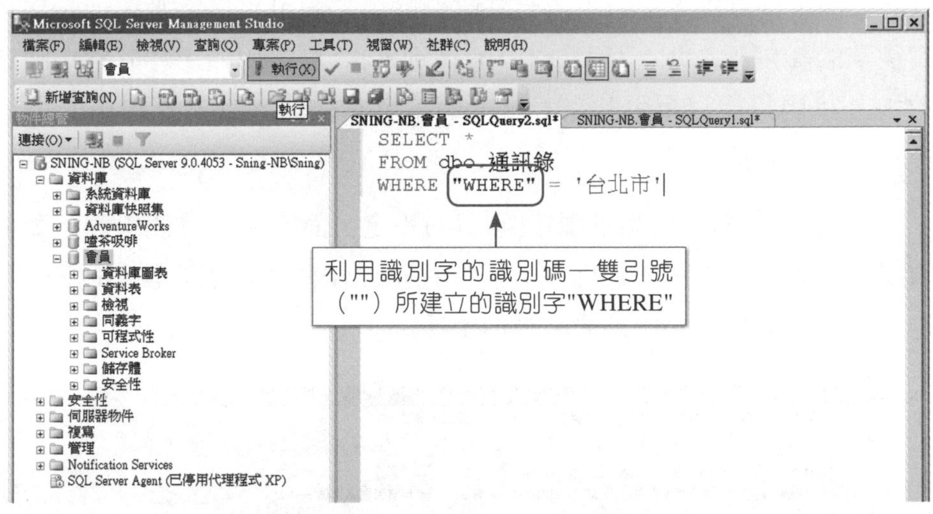

步驟6　成功執行範例程式碼：

完成雙引號識別碼的啟用後可成功執行，證明SQL Server已允許此利用識別字的識別碼—雙引號（""）所建立的識別字「"WHERE"」。

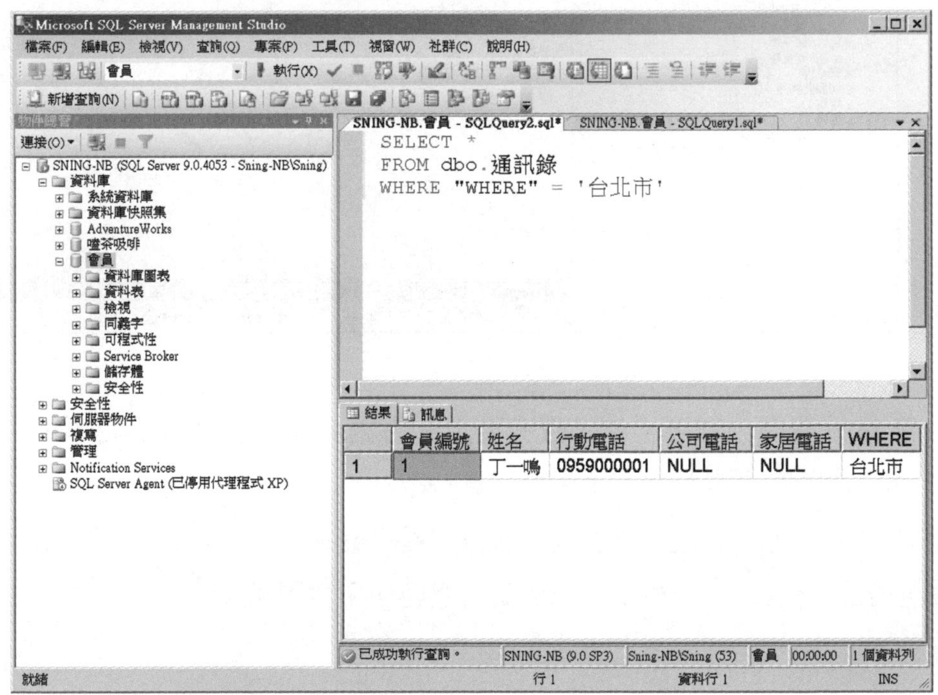

在T-SQL的語法結構中，雙引號（""）與單引號（''）皆可用來表示一個字串常數（如"台北市"，或'台北市'）。但如果[引號識別碼]選項由預設的False設爲True之後，則SQL Server不再允許雙引號用來表示字串常數，而是僅可用來作爲識別字的識別碼之用。所以，[引號識別碼]一旦啓用後，於T-SQL陳述式的指令碼中，我們只能以單引號來表示一個字串常數了。這是資料庫開發人員於程式設計時必須弄清楚的。

爲避免因忘了[引號識別碼]已啓用的設定，而導致無法使用雙引號於字串常數的錯誤訊息（參考如下的範例），本書在此建議最好不要啓用[引號識別碼]的設定，以免製造程式設計時的麻煩與困擾。

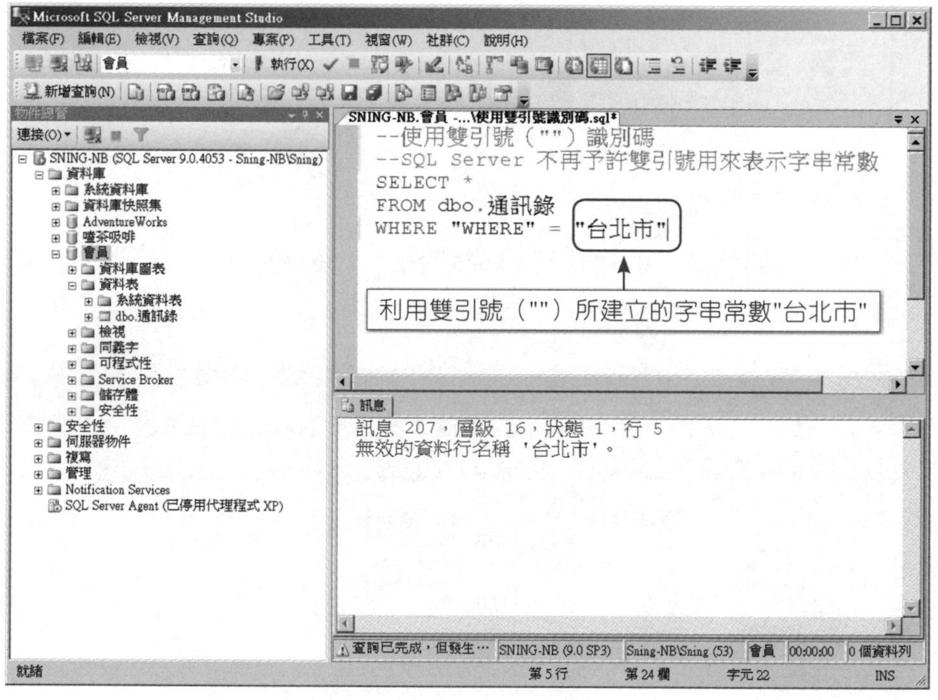

所以，我們分別就字串常數與識別字的識別碼，提供以下使用單引號、雙引號及中括號的適當時機，予各位讀者參考：

- 字串常數：儘可能使用單引號，而少用雙引號。
- 識別字的識別碼：一律使用中括號，避免使用雙引號。

特殊用途的識別字

SQL Server為加強自家產品的特色，與提供資料庫開發人員更強大的管控能力，特別於T-SQL的語法結構中，安排具有特殊用途的識別字（皆由@或#開頭的識別字），分別介紹於下：

- @：作為T-SQL程式語言中的變數及參數之用。由於變數或參數屬於區域變數（Local Variable），是以，不論是哪一個以[@]為開頭的識別字，僅能使用於單一個T-SQL程式語言、函數、預存程序，或SQL批次程式中。
- @@：作為SQL Server系統變數之用。變數名稱皆以[@@]為開頭的SQL Server系統變數是SQL Server本身已事先定義好的變數，可用來表示使用者執行T-SQL程式時發生的狀態，以及系統目前的一些狀態。由於SQL Server系統變數屬於全域變數(Global Variable)，是以，任一T-SQL程式語言皆可視需要使用SQL Server系統變數，以隨時掌握系統最新的各項狀態。

我們可以利用SQL Server線上叢書的[索引]功能（參考下圖），以[@]為關鍵字便可立即取得所有SQL Server系統變數的清單，同時也能了解以[@]為開頭的識別字是屬於區域變數。

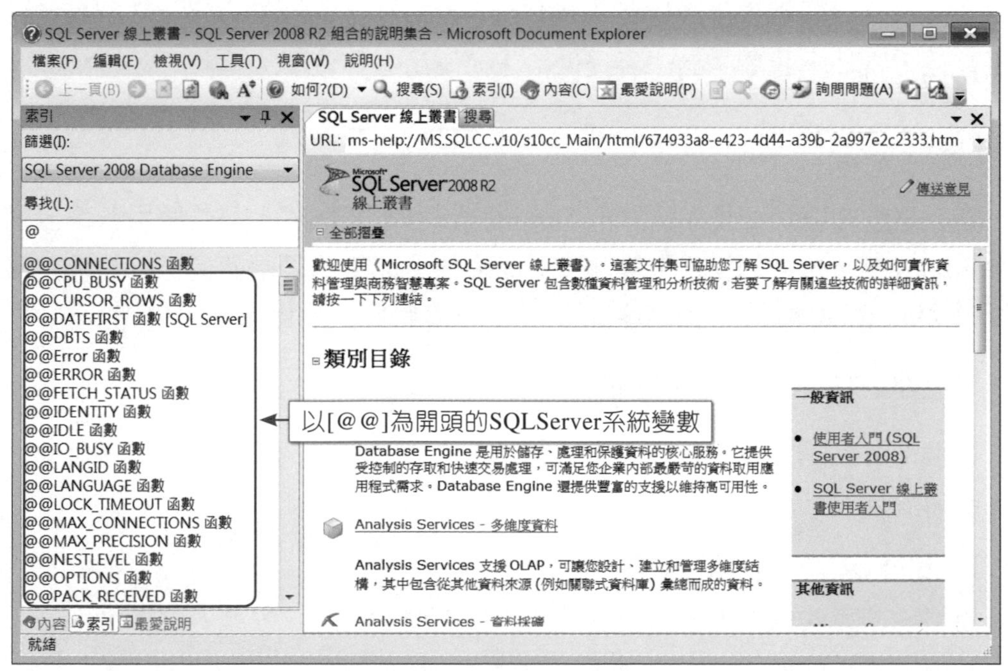

- #：作爲SQL Server的區域暫存物件（包括資料表及預存程序等）之用。
- ##：作爲SQL Server的全域暫存物件（包括資料表及預存程序等）之用。

所謂暫存物件（如暫存資料表），是由資料庫開發人員視需要所暫時建立的物件，一律儲存於SQL Server的暫存資料庫tempdb之中。

暫存物件是以其命名方式，分爲區域暫存物件或全域暫存物件，就以暫存資料表物件爲例，可分爲以下兩種：

1. 區域暫存資料表

   是以單一數字符號[#]作爲資料表名稱的開頭字元而建立完成，僅允許目前連接上SQL Server的使用者才能存取區域暫存資料表的內容。

   當使用者中斷與SQL Server執行個體的連接時，SQL Server就會刪除它們，無法再提供任何使用者存取。

2. 全域暫存資料表

   是以兩個數字符號[##]作爲資料表名稱開頭的兩個字元而建立完成，任何使用者都能存取全域暫存資料表的內容。

當所有存取這些資料表的使用者都中斷與SQL Server執行個體的連接，或是SQL Server執行個體重新啓動時，SQL Server的暫存資料庫tempdb之所有物件都已不存在，當然，也就是無法再提供給任何使用者存取了。

資料庫物件識別字

當T-SQL的識別字是作爲SQL Server的資料庫物件時，都是使用多部分名稱（Multipart Names）的格式來描述資料庫物件。此格式是由四個部分名稱（又稱爲Fully Qualified Name）以點號（.）前後分隔的方式加以連接所組成：

伺服器名稱.資料庫名稱.結構描述名稱.物件名稱

四個部分名稱各具意義，分別介紹於下：

- 伺服器名稱

  1. 預設的SQL Server執行個體

     如果是預設的SQL Server執行個體（於主機上第一次安裝的SQL Server），其伺服器名稱即爲[主機名稱]。例如：SNING-NB。

2. 非預設的SQL Server執行個體

伺服器名稱為[主機名稱\SQL Server執行個體於安裝時所指定的名稱]。例如：SNING-NB\Server2。

- 資料庫名稱

都是代表安裝於某個SQL Server執行個體上的一個使用者資料庫名稱。

- 結構描述（Schema）名稱

結構描述是代表資料庫物件（Database Objects）的集合，也就是資料庫物件的命名空間（Namespace）。所以，在此集合中的每個資料庫物件都是歸類於此結構描述，且每個資料庫物件都是以結構描述作為其命名空間的方式來命名。

就以8-3-3之【實務演練】中的範例程式碼為例：

SELECT * FROM dbo.星座 WHERE星座編號 = 'st001'

其中，[dbo.星座]就是代表一個歸屬於結構描述dbo的資料庫物件—資料表[星座]；而結構描述dbo就是資料表[星座]的命名空間，因而，資料表[星座]的命名必須是為[dbo.星座]。

- 物件名稱

代表一個存在於某伺服器之某資料庫的某結構描述中的資料庫物件，可以是資料表、檢視、函數，及預存程序等。

SQL Server都是以四個部分名稱格式來代表每一個資料庫物件，是以，存取資料庫物件時必須遵循四部分名稱的使用規則：

1. 四部分名稱

   以完整的格式[伺服器名稱.資料庫名稱.結構描述名稱.物件名稱]可隨時存取符合此格式的資料庫物件。

   範例：

   SELECT * FROM SNING-NB.嗑茶吸啡.dbo.星座 WHERE星座編號 = 'st001'

2. 三部分名稱

   在已連線至SQL Server執行個體的情況下，可省略伺服器名稱，而以[資料庫名稱.結構描述名稱.物件名稱]，進行資料庫物件的存取。

   範例：

   SELECT * FROM 嗑茶吸啡.dbo.星座 WHERE星座編號 = 'st001'

3. 二部分名稱

   在已連接至SQL Server執行個體，及其中的使用者資料庫的情況下，可省略伺服器名稱及資料庫名稱，而以[結構描述名稱.物件名稱]進行資料庫物件的存取。

   範例：

   SELECT * FROM dbo.星座 WHERE星座編號 = 'st001'

4. 物件名稱

   在已連接至SQL Server執行個體及其中的使用者資料庫的情況下，若欲存取的資料庫物件之結構描述名稱為已知（如：dbo），則可使用最省略的方式，直接以[物件名稱]便可進行資料庫物件的存取。

   範例：

   SELECT * FROM 星座 WHERE星座編號 = 'st001'

9-2-3 運算子

顧名思義，運算子是用來於T-SQL陳述式中進行其指定的運算。SQL Server所支援的運算子，大致可分爲以下不同的運算類型：

- 算術運算子

  包括有+（加）、-（減）、*（乘）、/（除），與%（除的餘數）。

- 一元運算子

  僅使用於對單一數值資料進行+（傳回正的數值）、-（傳回負的數值）及~（傳回一整數的補數）的運算。

- 比較運算子

  包括有=（等於）、>（大於）、<（小於）、>=（大於等於）、<=（小於等於）、<>（不等於）、!=（不等於）、!>（不大於）與!<=（不小於）。

- 邏輯運算子

  用來判斷是否爲True或False，包括有AND、OR、NOT、BETWEEN、EXISTS、IN、與LIKE。

- 指定運算子

  使用「=」將值指定給識別字，如變數、資料行及其他各類資料庫物件等。

- 字串運算子

  使用「+」進行字串的串連。

- 位元運算子

  於前後的兩個整數資料，使用&（AND）、|（OR）及^（Exclusive OR，互斥或）進行位元的運算。

- 特殊運算子

  使用「*」代表資料表中所有的資料行。

9-3 T-SQL程式語言的資料類型

對於T-SQL的語法結構有所認識後，再來就需要探討T-SQL的資料類型。如果能妥善將適當的資料類型應用於資料庫的開發和管理工作，將可爲資訊系統帶來莫大的商業利益。

9-3-1 資料類型的應用

資料類型的應用，主要就是用於定義T-SQL的語法結構中各類物件，包括如：資料表的資料行、變數、參數（函數及預存程序）、預存程序的傳回碼、函數及運算式等的資料型態及儲存的長度等。以如下於SSMS中的資料表[產品]的設計爲例，物件的資料類型是以特殊的[資料型別]格式，進行資料行的設定：

資料類型[(資料儲存長度或大小)]

資料類型

1. 是[資料型別]的格式中必要的設定，當然是不可省略的。
2. 一般是根據資料行的意義及用途，來決定資料行的資料類型。
3. 可使用的資料類型之種類，包括有數值、字元字串，及日期時間等六大類，我們會於之後的單元專門說明，是以不在此贅述。

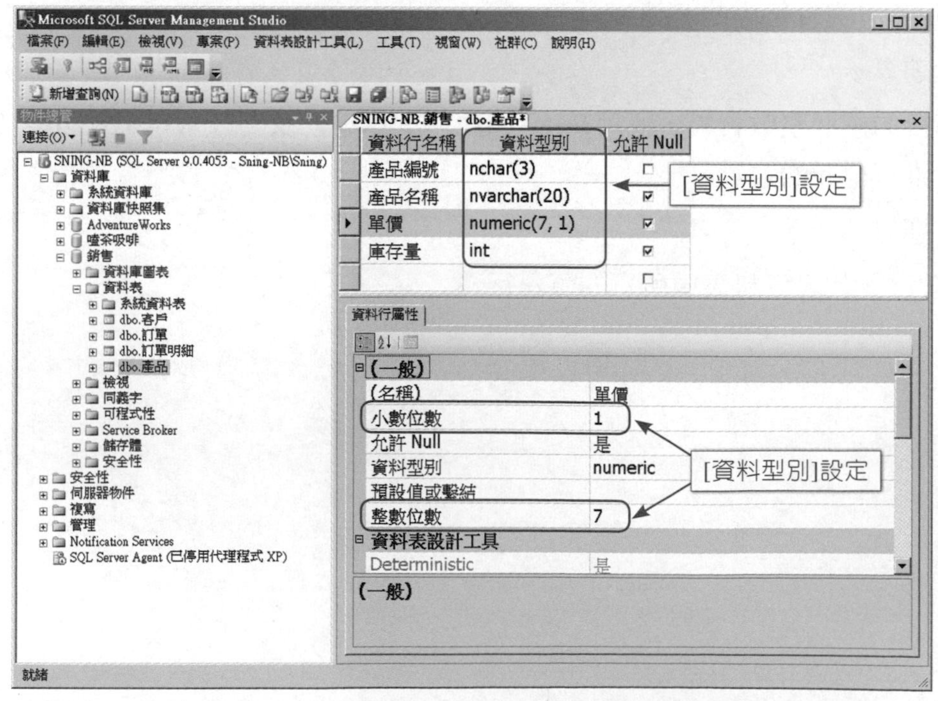

[(資料儲存長度或大小)]

有以下三種可能的設定結果：

1. 無需指定

   如設定資料行[庫存量]為整數類型（int）時，由於資料類型int之資料儲存長度是由SQL Server事先制定好的，所以不用再指定了。

2. 資料儲存長度：一個整數值。

   對於部分的資料（如字元字串及二進位碼等），就必須以一個整數值指定其字元字串的長度，或二進位碼的位元組長度。

3. 資料儲存大小：(整數部分位數大小、小數部分位數大小)

   只有當資料類型為數值類型（numeric或decimal）時才可使用。

資料類型應用於以上在SSMS中設計資料表[產品]的資料行的設定，可參考下列的說明：

- 產品編號：是固定的3個Unicode（全球統一碼）長度的字元字串類型（nchar）
- 產品編號：是可變動的20個Unicode長度的字元字串類型（nvarchar）
- 單價：是整數7位及小數1位之大小的數值類型（numeric）
- 庫存量：是整數類型（int）

有關各類資料類型的種類、規格（如Unicode）、使用規範及範例等的詳細說明，我們將安排於接下來的單元繼續為大家介紹。

9-3-2 數值

SQL Server 所主要支援的數值資料類型分別如下所列：

整數

1. bit

   資料儲存長度為1 Bit。

   有效值為0、1及NULL（空值）。

2. tinyint

   資料儲存長度為1 Byte。

有效值爲0~28-1（0~255）。

3. smallint

資料儲存長度爲2 Bytes。

有效值爲-215~215（-32768~32767）。

4. int

資料儲存長度爲4 Bytes。

有效值爲-231~231（-2,147,483,648~2,147,483,647）。

5. bigint

資料儲存長度爲8 Bytes。

有效值爲-263~263。

實數

SQL Server在T-SQL中，將資料類型numeric的功能等同於資料類型decimal，所以二者使用的格式是一致的：

1. numeric[p[(，s)]]
2. decimal[p[(，s)]]

p爲實數的精確度，亦即整數部分位數大小；s爲實數的精確度，亦即小數部分位數大小。p和s有效值的範圍是0<=s<=p<=38。

近似浮點數值

針對非常大或非常小的數值時採用。

1. float[(n)]

n爲近似浮點數值之科學記法float數之尾數的位元數目，其規格參考下表：

n	有效位數	資料儲存長度（Bytes）
1~24	7	4
25~53	15	8

2. real

資料儲存長度爲4 Bytes。

9-3-3 字元字串

用來存放字元資料的字元字串，可謂是SQL Server中使用最為頻繁的資料類型。以SQL Server所主要支援的種類而言，可依照是否為Unicode（全球統一碼）字元，而區分為以下八種：

非Unicode字元

一般字串的每一個字元是占用1 Byte儲存。

1. Char(n)

   n值代表字串的固定長度，也就是說，整個字串會占用n個Bytes儲存，字串中未填滿的部分會自動補上空白字元，n值的範圍是1<=n<=8000。

2. varchar(n)

   n值代表字串的最大長度，字串的長度為可變動的（var為variable之意），儲存多少字元即占用多少Bytes的空間，n值的範圍是1<=n<=8000。

3. varchar(max)

   自SQL Server 2005開始支援的種類，是專門使用於大量內容的字串，如文獻紀錄及備註欄等。字串的長度為可變動的，最大占用空間可達2 GB。

4. text

   使用時機與varchar(max)相同，字串的長度為可變動的，最大占用空間可達2 GB。自SQL Server 2005開始建議不要使用，改以varchar(max)取代。

Unicode字元

全球統一的雙位元文字編碼標準，所以Unicode字串的每一個字元是占用2 Bytes儲存。

1. nchar(n)

   n值代表字串的字元之數目，也就是說，整個字串會占用2n個Bytes儲存，字串中未填滿的部分會自動補上空白字元，n值的範圍是1<=n<=4000。

2. nvarchar(n)

   n值代表字串的字元最多之數目，字串的長度為可變動的，儲存多少字元即占用字元之數目2倍的Bytes的空間，n值的範圍是1<=n<=4000。

3. nvarchar(max)

   自SQL Server 2005開始支援的種類，使用時機與varchar(max)相同，字串的內容為可變動長度的Unicode字元，至多可存放1 GB個字元，最大占用空間也可達2 GB。

4. ntext

   如同text一樣，自SQL Server 2005開始已建議不要使用，改以nvarchar(max)取代。

9-3-4 日期時間

SQL Server 2008所支援的以存取日期與當日時間為基礎的資料類型，分為datetime與smalldatetime兩種：

datetime

1. 適用範圍：1753年1月1日到9999年12月31日。
2. 精確度：3.33毫秒（3.33/1000秒）。
3. 占用空間：8 Bytes。
4. 格式：年－月－日　時：分：秒.999

smalldatetime

1. 適用範圍：1900 年 1 月 1 日到 2079 年 6 月 6 日。
2. 精確度：1分鐘。
3. 占用空間：4 Bytes。
4. 格式：年－月－日　時：分：秒

   SQL Server可辨識以單引號(')前後包起來的日期時間資料。例如：2010年9月9日可使用的不同格式如下：

   ◆字母日期：如'September 9,2010'。

   ◆分隔的數字日期字串：

   1. 月日年：如'9/09/2010'。

   2. 年月日：如'2010-09-09'，及'2010/09/09'等。

   ◆未分隔的數字日期字串

   年月日：如 '20100909'。

範例程式

查詢系統目前的日期和時間

- 利用SQL Server的系統函數getdate()，可以資料類型datetime傳回目前的系統日期和時間。

```
SELECT getdate() AS 系統目前的日期和時間
GO
```

結果 | 訊息

	系統目前的日期和時間
1	2010-09-05 03:02:22.627

範例程式

將系統目前的日期和時間轉換成台灣所使用的格式

- 利用SQL Server的系統函數convert()，可以將datetime轉換成符合我們日常生活中所使用的日期和時間格式。
- 語法：

  CONVERT (data_type [(length)] , expression [, style])

1. expression：通常僅是一個datetime資料型態式的資料欄。
2. data_type：這是CONVERT函數將datetime資料型態所轉換成的指定資料型態。
3. length：指定字元資料型態的儲存字元長度。如果未指定，則預設值為30個字元。
4. style：將datetime或smalldatetime資料轉換成字元資料的輸出字元格式所須指定的樣式代號。

- CONVERT函數利用style的指定，可將datetime資料型態轉換成各不同區域/國家所使用的格式。此資料型態轉換的方式可參考下表，並舉例如下：

1. style值=1：datetime資料可轉換成的字元資料格式，為不含世紀（yy）的輸出格式，如：mm/dd/yy

2. style值=1+100=101：datetime資料可轉換成的字元資料格式，為包含世紀（yyyy）的輸出格式，如：mm/dd/yyyy

style		輸出字元格式		使用的區域/國家
不含世紀（yy）	含世紀（yyyy）	不含世紀（yy）	包含世紀（yyyy）	
1	101	mm/dd/yy	mm/dd/yyyy	美國
2	102	yy.mm.dd	yyyy.mm.dd	ANSI
3	103	dd/mm/yy	dd/mm/yyyy	英國/法國
4	104	dd.mm.yy	dd.mm.yyyy	德國
5	105	dd-mm-yy	dd-mm-yyyy	義大利
6	106	dd mon yy	dd mon yyyy	不限
7	107	Mon dd, yy	Mon dd, yyyy	不限
8	108	hh:mm:ss	hh:mm:ss	不限
10	110	mm-dd-yy	mm-dd-yyyy	美國
11	111	yy/mm/dd	yyyy/mm/dd	日本/台灣
12	112	yymmdd	yyyymmdd	ISO

```
-- 將系統目前的日期和時間轉換成台灣地區所使用的格式
-- 不含世紀（yy）
select convert(varchar,getdate(),11) AS [台灣不含世紀(yy)的日期和時間]
GO
```

```
-- 包含世紀（yyyy）
select convert(varchar,getdate(),111) AS [台灣包含世紀(yyyy)的日期和時間]
GO
```

9-3-5 XML

XML是自SQL Server 2005才開始支援的資料類型，可以讓我們在SQL Server中, 於變數和資料行裡運用XML資料類型，以存取符合XML格式的文件。儲存最大空間可爲2 GB。至於爲何要支援XML資料類型，我們只要參考如下的範例，就不難瞭解了。

關聯式模型

訂單與訂單明細

訂單編號	訂單日期	客戶編號	交貨日期
1	2010/9/1...	C04	2010/9/4...
NULL	*NULL*	*NULL*	*NULL*

訂單編號	產品編號	訂購數量
1	P01	100
1	P02	100
NULL	*NULL*	*NULL*

關聯式模型＋XML

訂單與訂單明細

訂單編號	訂單日期	客戶編號	交貨日期	訂單明細
1	2010/9/1...	C04	2010/9/4...	<訂單明細...
NULL	*NULL*	*NULL*	*NULL*	*NULL*

```
<訂單明細>
  <訂單編號>1</訂單編號>
  <產品名稱>愛客是粑客私 360</產品名稱>
  <單價>3000.0</單價>
  <數量>100</數量>
  <訂單編號>1</訂單編號>
  <產品名稱>愛怕的平板電腦</產品名稱>
  <單價>29999</單價>
  <數量>100</數量>
</訂單明細>
```

由以上關聯式模型 VS 關聯式模型＋XML的例子中，我們可以觀察出以下現象：

關聯式模型

1. 資料表[訂單]與資料表[訂單明細]是經過資料正規化的過程，而成為各自獨立的資料表，二者必須依靠建立1對多關聯的方式，才能取得訂單與訂單明細間的相關資訊，以滿足使用者需求。
2. 資料表[訂單明細]中，資料行[產品編號]及資料行[訂購數量]僅可存放單一值。

關聯式模型＋XML

1. 資料表[訂單]，是以較符合訂單明細的邏輯資料之型式，將訂單明細資料以XML資料類型安排在資料表[訂單]中的資料行[訂單明細]。所以，在無需建立1對多關聯的情況下，便能取得訂單與訂單明細的相關資訊來滿足使用者需求。
2. 資料表[訂單]的資料行[訂單明細]使用XML資料類型，可存多筆訂購的產品資料，及任何只要是符合XML格式的資料。

綜合以上所述，我們可以將資料庫使用XML資料類型的優點整理如下：

- 資訊系統開發的便利性：關聯式模型＋XML以對資訊系統開發人員而言，可以利用較直接且貼近原始邏輯資料的型式進行資料庫的設計，避免一些因過度運用資料正規化，及建立太多資料表間的關聯所產生的麻煩與困擾，自然可提升資訊系統開發的便利。
- 資訊系統開發的彈性和擴充性：關聯式模型＋XML可不再侷限於資料行僅可存單一值的先天限制，任何新的資訊需求皆可以符合XML格式的資料加入於XML資料類型的資料行，提供了資訊系統開發在資料庫設計上的彈性與擴充性。

實務演練

以關聯式模型＋XML的方式設計訂單

步驟1 準備範例程式碼：連接資料庫[銷售+XML]。

範例程式碼－建立含有XML資料類型的資料表，請至教學光碟中的路徑：CH09-Transact-SQL概論\9-3.5 XML，直接以SSMS開啓。

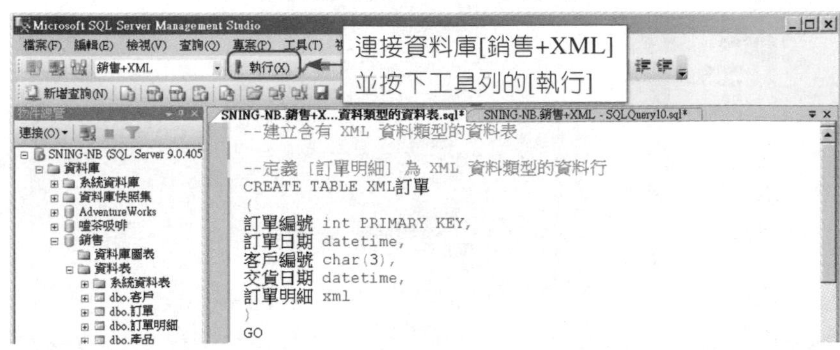

步驟2 確認含有XML資料類型的資料表[XML訂單]成功建立：

展開資料庫[銷售+XML]中的資料夾[資料表]。

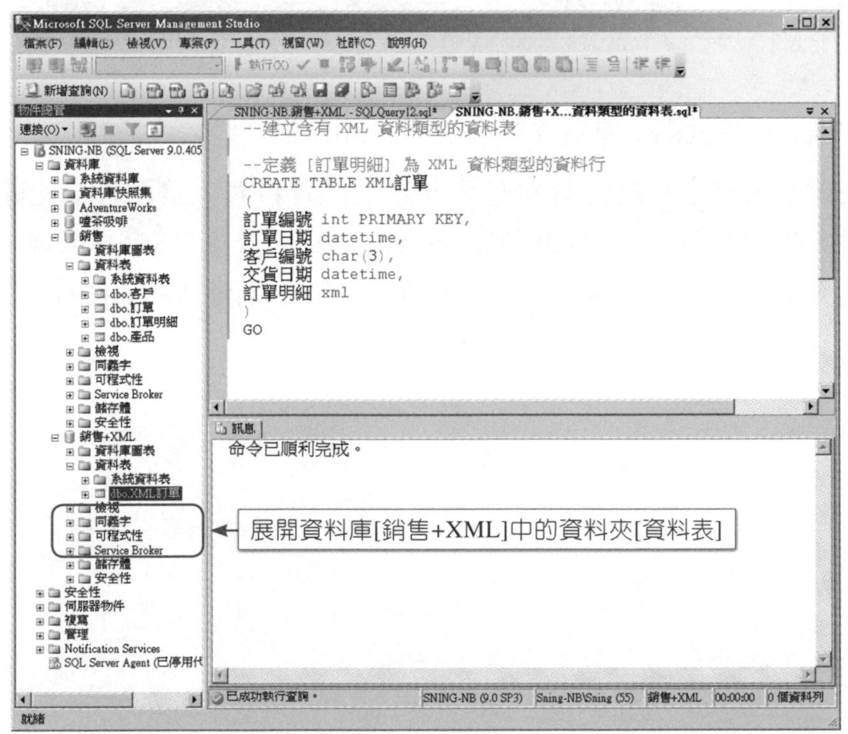

步驟3 準備範例程式碼：連接資料庫[銷售+XML]。

範例程式碼－新增符合XML格式的資料至XML資料類型的資料行，請至教學光碟中的路徑：CH 09-Transact-SQL 概論\9-3.5 XML，直接以SSMS開啓。

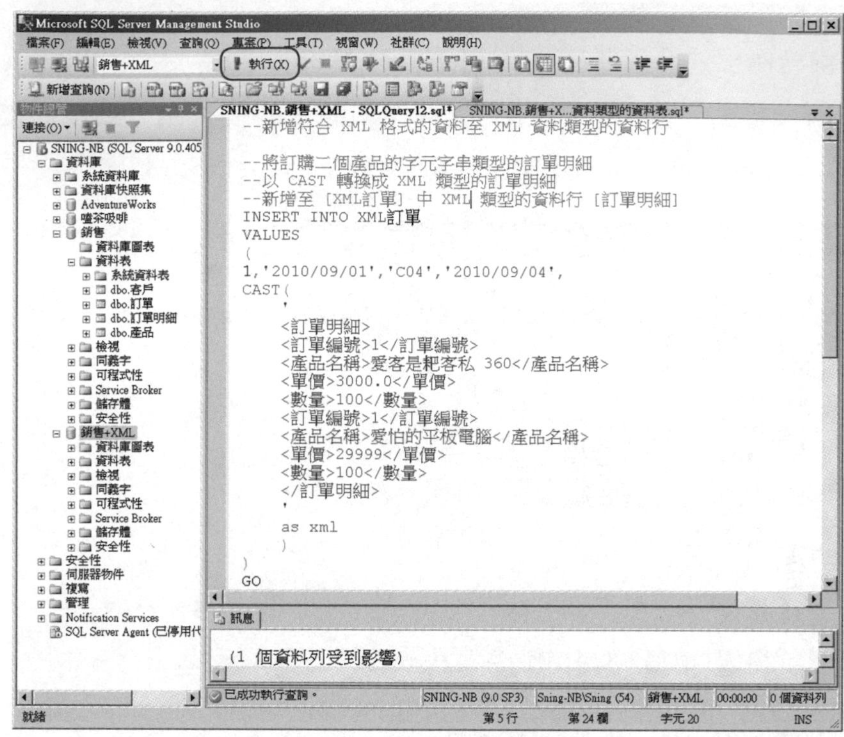

步驟4 準備範例程式碼：連接資料庫[銷售+XML]。

範例程式碼－查詢含有XML資料類型的資料表，請至教學光碟中的路徑：CH 09-Transact-SQL 概論\9-3.5 XML，直接以SSMS開啓，或直接輸入：[SELECT * FROM XML訂單]，按[Enter]鍵及輸入[GO]。

步驟5 點擊資料表[XML訂單]中的XML資料行[訂單明細]。

步驟6 檢視已開啓的XML資料行[訂單明細]的內容：

資料表[XML訂單]中的XML資料行[訂單明細]確實含有符合XML格式之訂購二個產品的訂單明細。

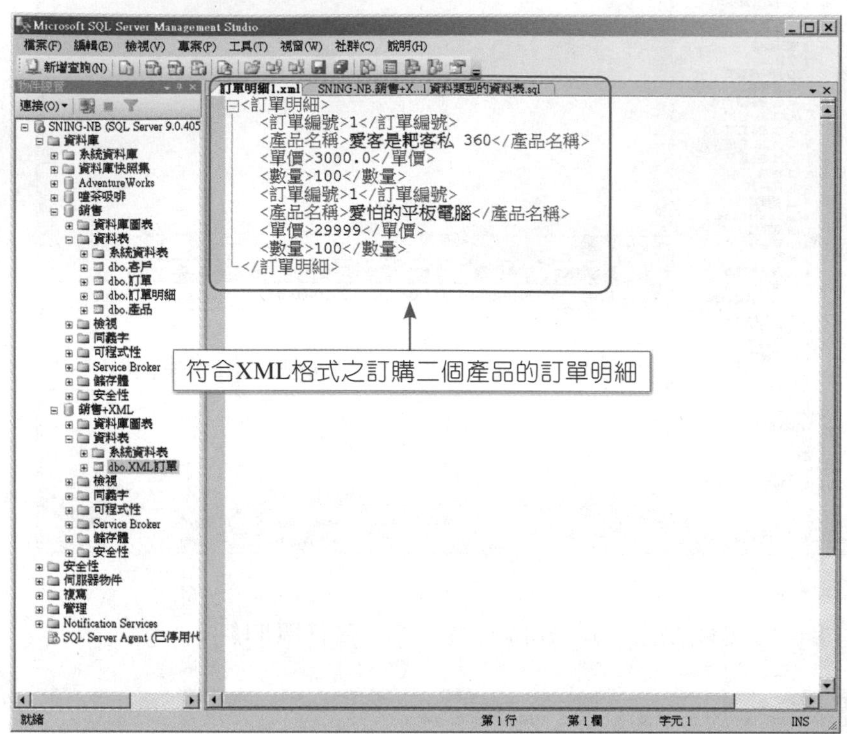

9-4 T-SQL程式語言的分類

T-SQL是以國際標準組織（ISO）和美國國家標準局（ANSI）所頒佈之SQL標準所定義的語言延伸模組，所以也是遵循SQL語言。依指令功能分成三類：分別爲資料定義語言DDL（Data Definition Language）、資料操作語言DML（Data Manipulation Language）及資料控制語言DCL（Data Control Language）。接下來便就此三類T-SQL於SQL Server上的使用做介紹。

9-4-1 資料定義語言（DDL）

運用於T-SQL中的DDL，直接就其中譯名稱「資料定義語言」的字面來看，就知道是要用來「定義」的。但究竟是要定義些什麼呢？答案很簡單，因爲SQL陳述式是要存取關聯式資料庫，所以T-SQL就是要存取SQL Server的資料庫中所包含的東西；而這些「東西」就是總稱爲資料庫物件。

SQL Server的資料庫物件，包括有資料庫、結構描述（Schema）、資料表（Table）、檢視（View）、預存程序（Stored Procedure）、觸發程序（Trigger），及函數（Function）等等。這些不同類型及用途的物件若未先於SQL Server中「定義」完成，就不會儲存於SQL Server的資料庫；T-SQL也就不可能存取任何SQL Server的資料庫物件了。因此，T-SQL中必須具有屬於DDL類型的陳述式，才能將各個資料庫物件定義在SQL Server中，並成爲SQL Server的資料庫物件，如此，T-SQL自然就可存取這些已完成定義的SQL Server資料庫物件了。

我們主要是利用以下DDL類型的T-SQL陳述式建立及變更資料庫物件的方式，完成SQL Server的資料庫物件的定義：

- CREATE：建立資料庫物件。
- ALTER：變更已建立的資料庫物件。

DDL類型的T-SQL陳述式之運作方式，請各位讀者參考接下來我們以[CREATE]陳述式爲例所做的介紹。

```
CREATE TABLE XML訂單
(
訂單編號 int PRIMARY KEY,
訂單日期 datetime,
客戶編號 char(3),
交貨日期 datetime,
訂單明細 xml
)
```

我們可以發現：

- CREATE陳述式必須是以關鍵字[CREATE]開頭。
- 要建立物件的關鍵字，如資料庫—[DATABASE]、資料表—[TABLE]，必須緊接於[CREATE]之後。
- 要建立的資料表物件名稱，如[XML訂單]，必須緊接於[CREATE TABLE]之後。
- 資料表物件中所有的資料行，如從[訂單編號]、[訂單日期]，到[訂單明細]為止，必須是定義於小括號之內。
- 資料行定義的格式，依序大致可區分為三部分：
  1. 資料行名稱：資料行名稱必須符合T-SQL中[識別字]的命名規定。
  2. 資料類型：資料類型必須符合T-SQL中可使用的資料類型的一般規定。
  3. 資料行的條件約束（Constraint）：SQL Server為了遵循關聯式資料庫的完整性（Integrity），於是在資料行定義中安排了資料行的條件約束。

以本例而言，資料行[訂單編號]除了定義其資料類型為[int]之外，由於[訂單編號]本身亦為資料表物件[XML訂單]中的主鍵（PRIMARY KEY），是以必須於資料行[訂單編號]的條件約束部分定義為[PRIMARY KEY]，才能確保主鍵[訂單編號]的主鍵完整性：

(1) [訂單編號]值不會為NULL。

(2) 每個[訂單編號]值為唯一值。

資料行定義的基本規則為每個部分皆須以空白分隔，且每個資料行定義之間須以逗點符號區隔。

9-4-2 資料處理語言（DML）

在SQL Server中運用DDL類型的T-SQL陳述式（如CREATE及ALTER），以建立及變更資料庫物件的方式完成資料庫物件的定義後，這些資料庫物件就儲存於SQL Server的資料庫中。而我們可用來存取這些已完成定義的資料庫物件之陳述式，就都是屬於DML類型的T-SQL陳述式，專門用來針對資料庫物件進行各種資料處理（Manipulation）。而按照不同方式的資料處理， DML 類型的 T-SQL 陳述式主要可分爲以下所列：

資料查詢

主要是對資料庫物件—資料表，進行資料讀取的動作，而不會對資料表的內容有任何的改變。也僅有[SELECT]陳述式屬於此類的資料處理。

1. SELECT：查詢資料表中的資料列（資料紀錄）。

資料更新

主要是對資料庫物件—資料表，進行資料寫入的動作，可以對資料表的內容有所改變。主要有以下三個陳述式：

1. INSERT：新增資料列（資料紀錄）到資料表。
2. UPDATE：修改資料表中的資料列（資料紀錄）。
3. DELETE：刪除資料表中的資料列（資料紀錄）。

在這些DML類型的T-SQL陳述式之運作方式中，我們挑選最具代表性的[SELECT]陳述式，以範例程式碼爲各位讀者繼續做進一步的介紹。

參考8-3-3節查詢編輯的基本操作之二個實務演練—變更文字編輯器的顏色設定及指令碼的縮排，我們分別就二者的範例程式碼，在此提供合併的範例程式：

```
【範例程式】
SELECT
星座編號,
星座,
星座特色
FROM dbo.星座
WHERE 星座編號 = 'st001'
```

我們可以發現：

- [SELECT]陳述式基本上是由三個T-SQL子句組合而成：
- [SELECT]子句：用於指定資料查詢的內容，最常用的就是資料表的資料行。另外，各式各樣符合T-SQL語法的運算式也都可以加以指定。
- [FROM]子句：用於指定資料查詢的資料來源，可以是單一個資料表，或是多個資料表。
- [WHERE]子句：用於指定資料查詢是以如何的搜尋條件，用於讀取資料來源，以進行資料的篩選。
- [SELECT]陳述式必須是以關鍵字[SELECT]開頭。
- 要查詢的資料表物件名稱，如 [dbo.星座] ，是必須緊接於關鍵字 [FROM] 之後。
- 要查詢的資料行或運算式，必須是以「查詢清單」（select_list）進行指定：
- 查詢清單所在的區域是位於關鍵字[SELECT]與關鍵字[FROM]之間。
- 要查詢的資料行或運算式，必須是指定於查詢清單中，如從[星座編號]，[星座]，到[星座特色]爲止。
- 查詢清單中所指定欲查詢的每個資料行名稱之間必須以逗點符號區隔。
- [WHERE]子句是以搜尋條件（search_condition），用於讀取資料來源，以進行資料的篩選：
- 搜尋條件必須緊接於關鍵字[WHERE]之後使用。
- 搜尋條件指定傳回讀取資料表之資料列所必須符合的條件，如[星座編號 = 'st001']。
- 以本例而言，查詢結果爲星座編號爲'st001'的星座編號、星座及星座特色。

9-4-3 資料控制語言（DCL）

DCL類型的T-SQL陳述式是專門用來進行資料庫物件（如資料表、檢視、預存程序及觸發程序等）之安全控制的管理和操作，其方式是藉由以下三個主要的陳述式，對資料庫物件執行使用權限的授權、拒絕和撤銷等動作：

- GRANT：授權使用者以指定的資料操作權限，如SELECT、INSERT、UPDATE及DELETE等，使用資料庫物件。
- DENY：就使用者已被授權的使用資料庫物件的資料操作權限，予以拒絕使用。
- REVOKE：就已授權使用者之已指定的資料操作權限，進行取消授權的動作。

這些DCL類型的T-SQL陳述式之運作方式，我們安排一段可輕易操作的實務演練，為各位讀者簡單介紹其使用的狀況。

實務演練

資料庫物件之安全控制的管理和操作－GRANT及DENY

步驟1 連接資料庫[嗑茶吸啡]，按下工具列的[新增查詢]，啓動查詢編輯器。

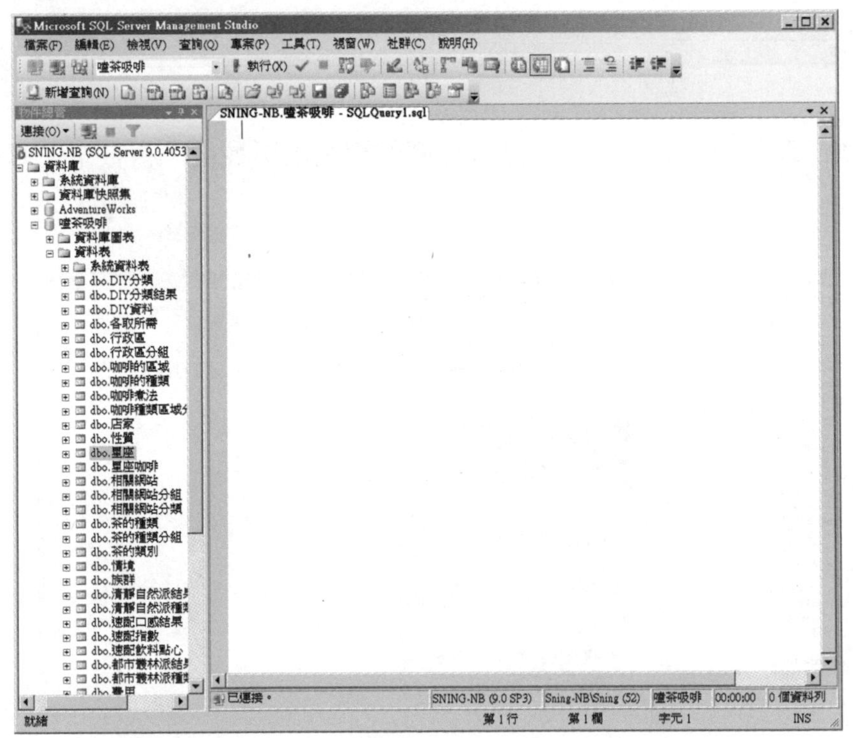

步驟2 開啓範例程式碼：資料庫物件之安全控制的管理和操作－GRANT及DENY

請至教學光碟中的路徑：CH 09-Transact-SQL概論\9-4-3資料控制語言（DCL）\資料庫物件之安全控制的管理和操作，直接以SSMS開啓。

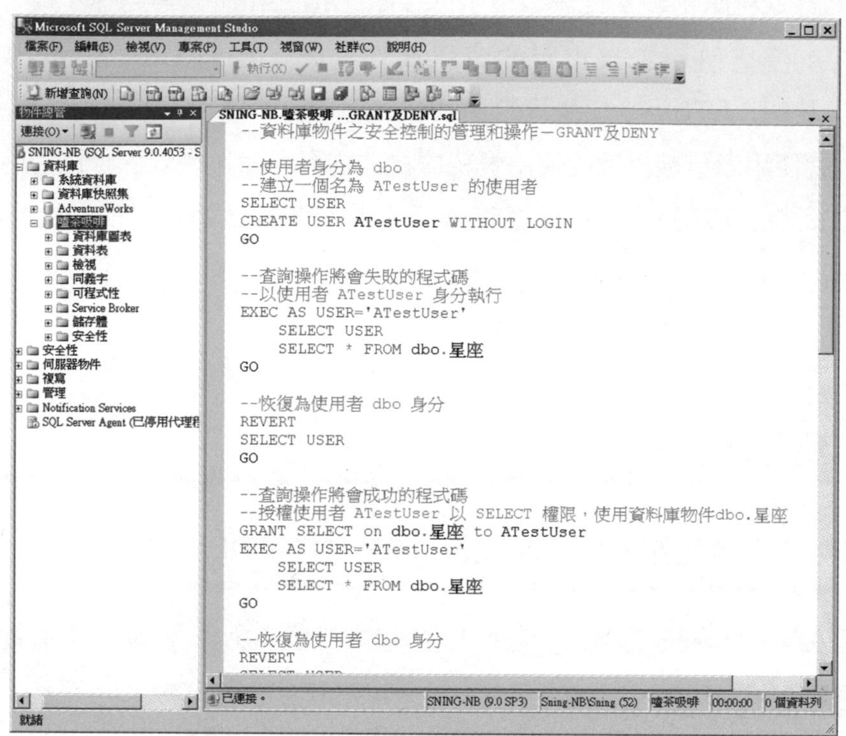

步驟3 執行範例程式碼：以左鍵選取如圖的程式碼區域後，再按下工具列的[執行]。

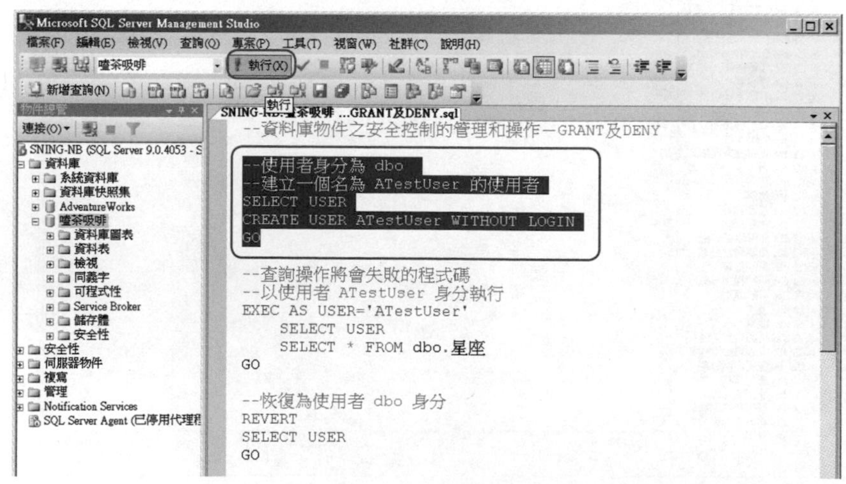

步驟4 使用者身分爲dbo：

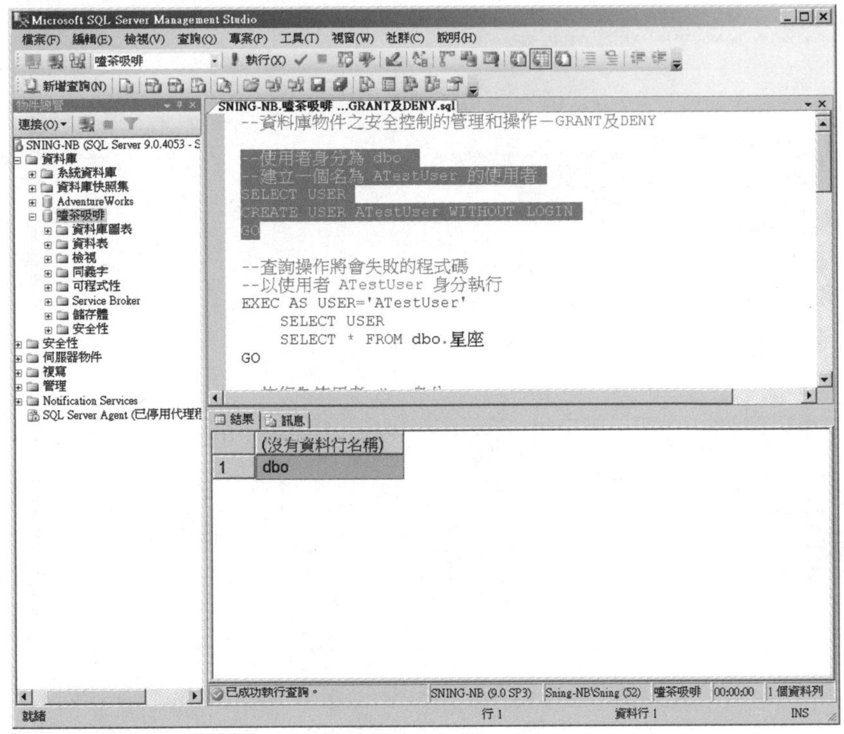

步驟5 確認是否成功建立一個名爲ATestUser的使用者：

展開資料庫[嗑茶吸啡]中資料夾[安全性]的資料夾[使用者]，再按下工具列的[重新整理]。

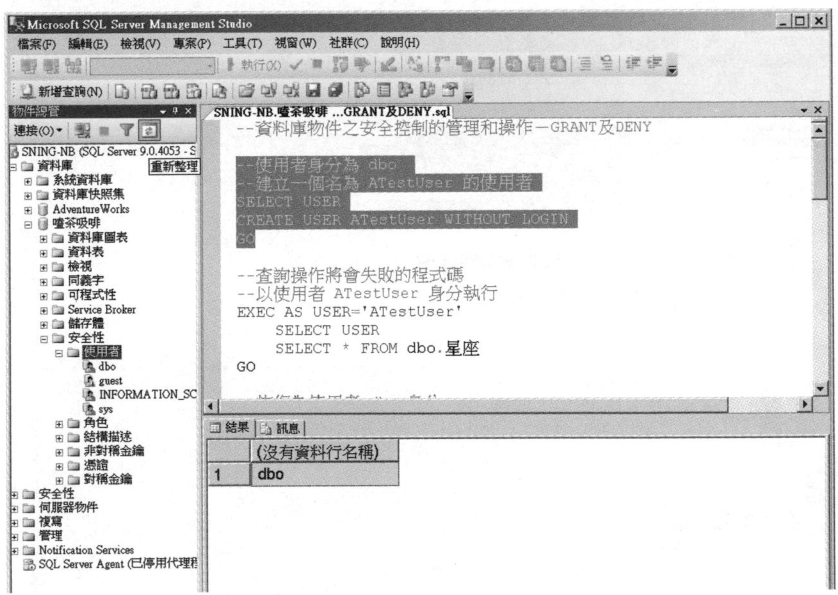

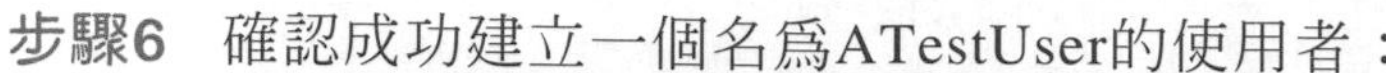

步驟6 確認成功建立一個名為ATestUser的使用者：

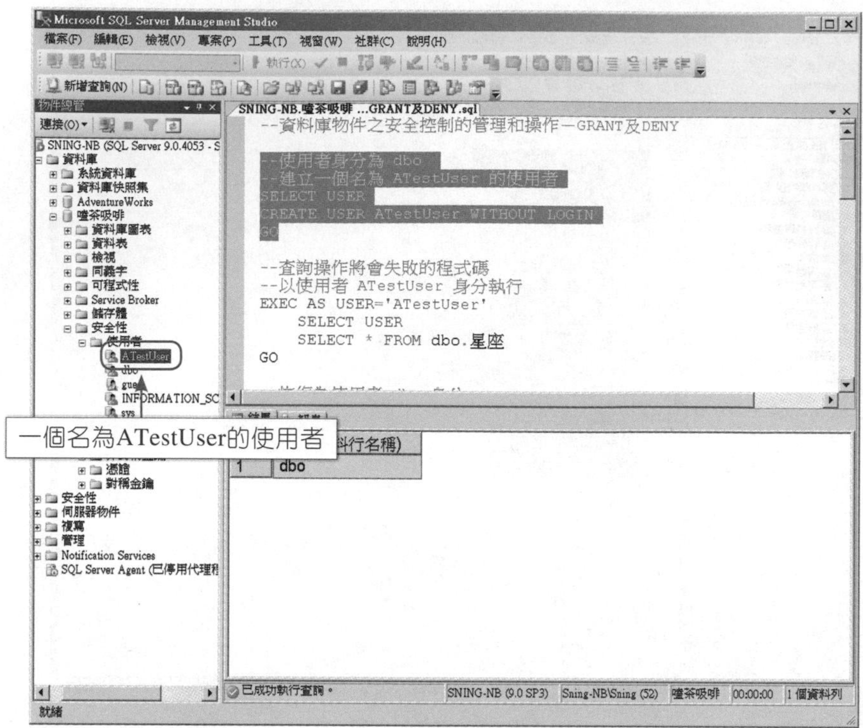

步驟7 執行範例程式碼：以左鍵選取如圖的程式碼區域後，再按下工具列的[執行]。

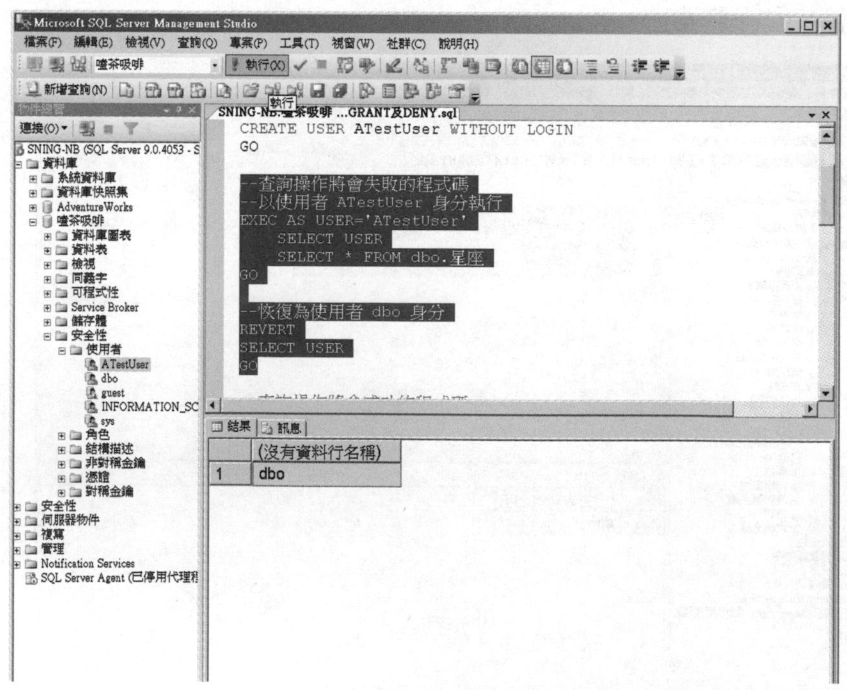

步驟8 以使用者ATestUser身分執行查詢操作失敗：

因為使用者ATestUser沒有資料物件表[星座]的SELECT權限。

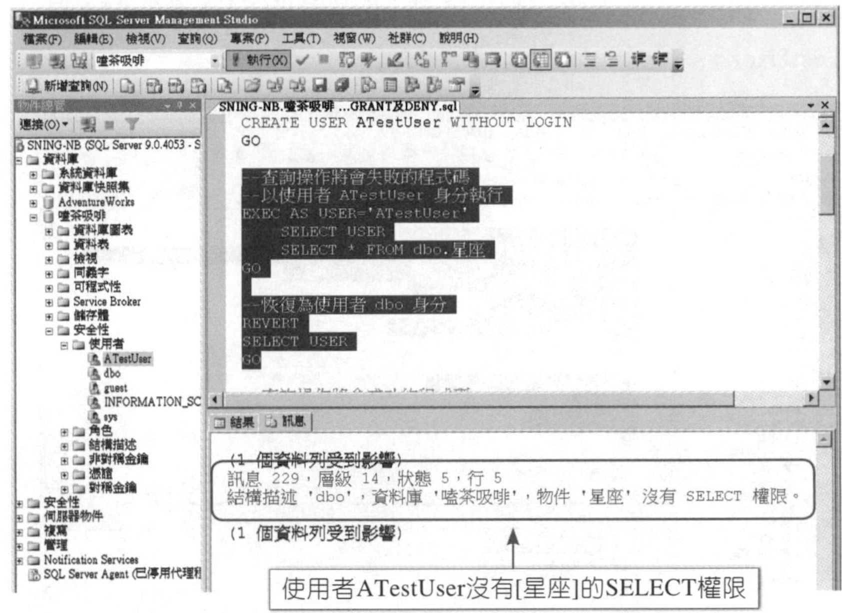

步驟9 確認以使用者ATestUser身分執行查詢操作失敗：

在步驟8中，以左鍵點選執行結果視窗的標籤[結果]，可確認此查詢操作是失敗的，因為完全沒有顯示任何資料表物件[星座]的星座資料紀錄。

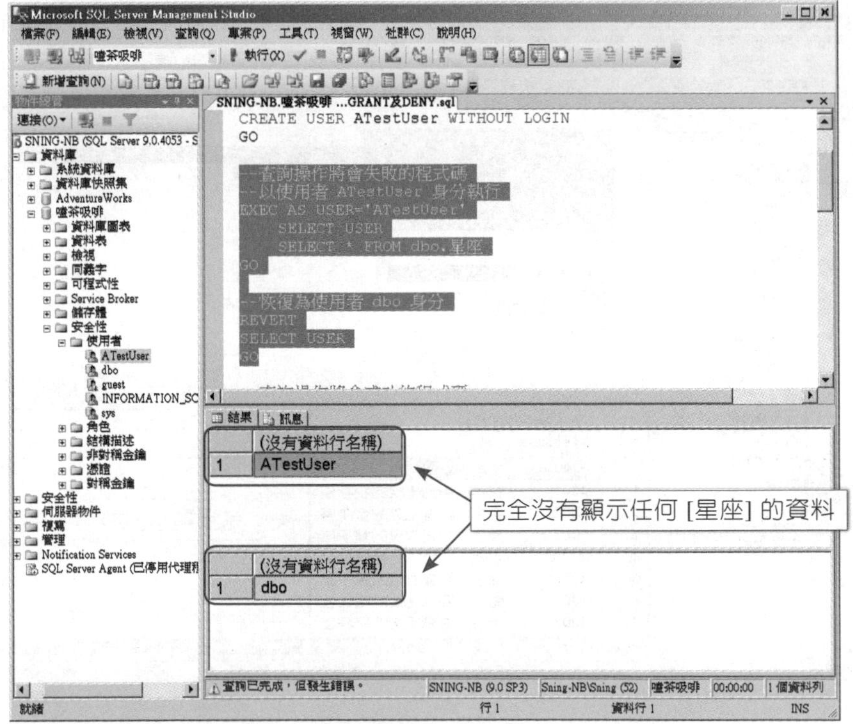

步驟10 執行範例程式碼：以左鍵選取如圖的程式碼區域後，再按下工具列的[執行]。

此段程式碼是授權資料表物件[星座]的SELECT權限予使用者ATestUser。

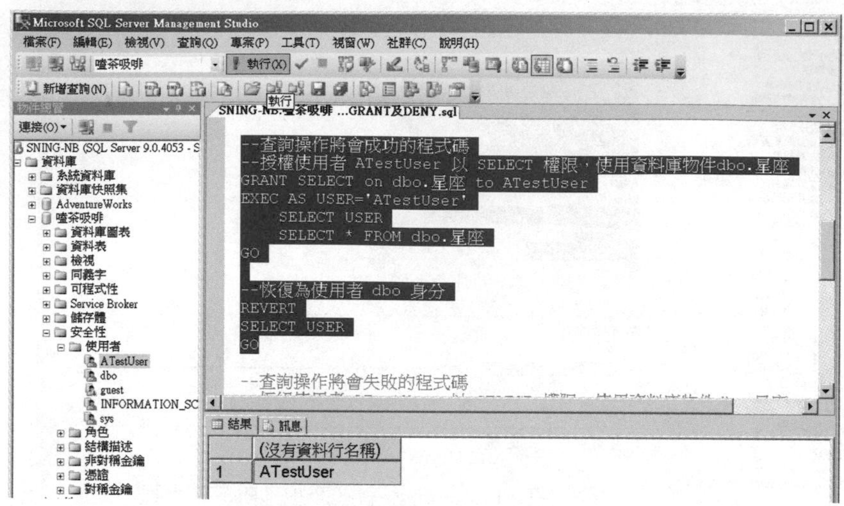

步驟11 以使用者ATestUser身分執行查詢操作成功：

在執行結果視窗的標籤[結果]中，以使用者ATestUser身分可成功查詢資料表物件[星座]的星座資料紀錄。

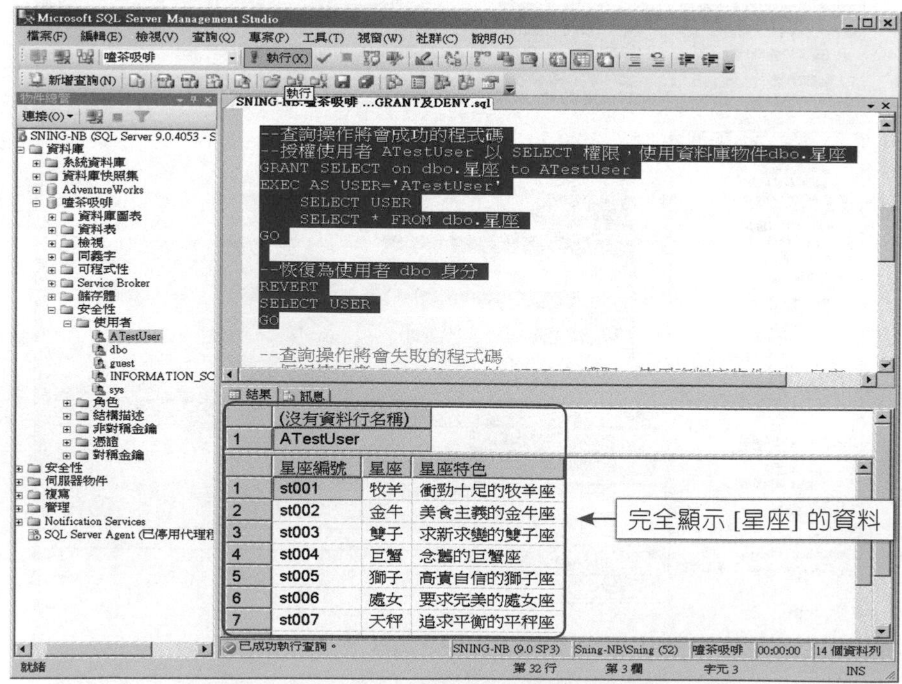

步驟12 執行範例程式碼：以左鍵選取如圖的程式碼區域後，再按下工具列的[執行]。

此段程式碼是拒絕資料表物件[星座]的SELECT權限予使用者ATestUser。

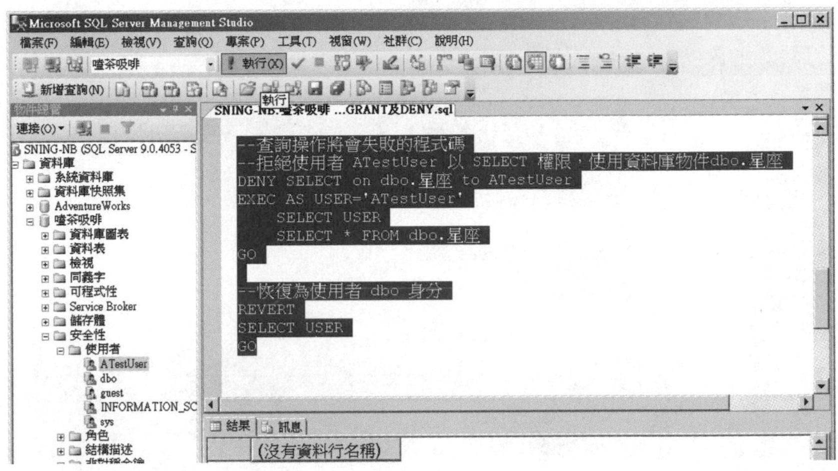

步驟13 以使用者ATestUser身分執行查詢操作失敗：

因為使用者ATestUser經過執行DENY SELECT on dbo.星座 to ATestUser後，已不具有資料表物件[星座]的SELECT權限了。

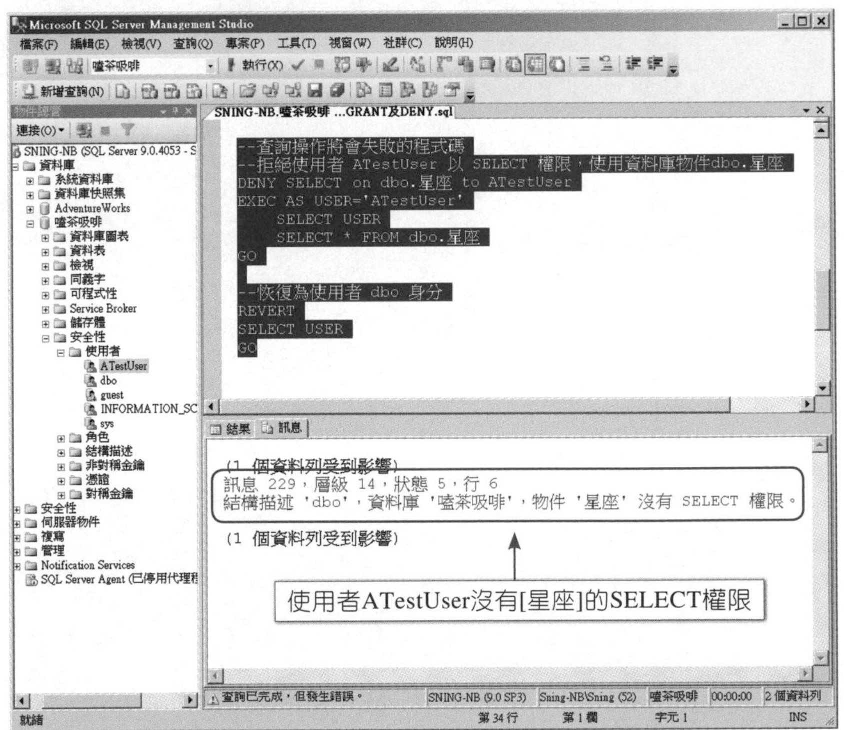

步驟14 確認以使用者ATestUser身分執行查詢操作失敗：

在步驟13中，以左鍵點選結果視窗的標籤[結果]，可確認此查詢操作是失敗的，因爲完全沒有顯示任何資料物件表[星座]的星座資料紀錄。

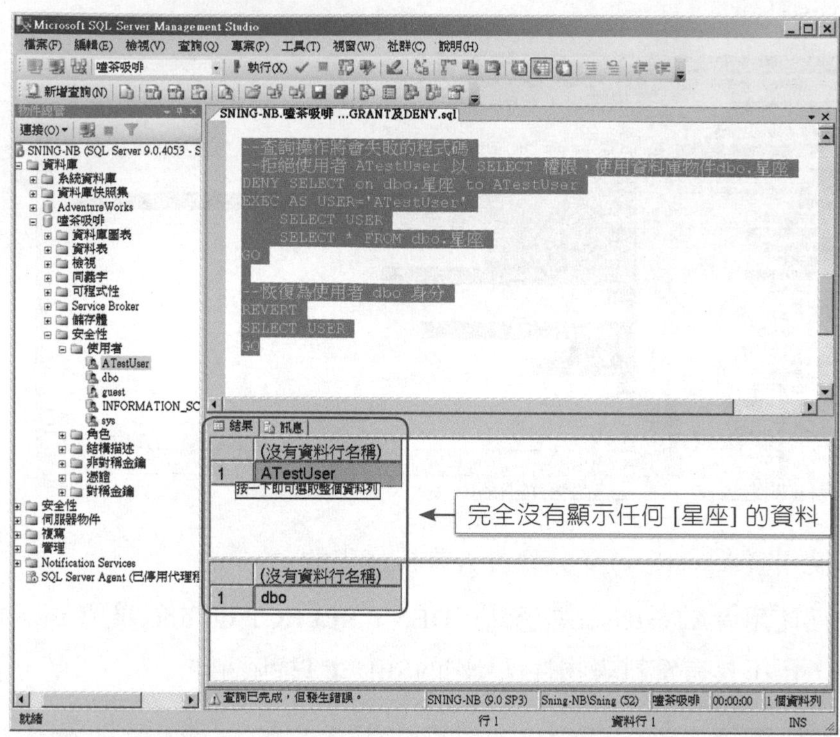

本章習題

一、選擇題

1. (　) SQL Server允許以識別字的「識別碼」—中括號（[]），或雙引號（""），將不符合識別字基本規則的字元前後包起來，便可成為合法使用的識別字？

   (A)大括號（{}）　(B)中括號（[]）

   (C)單引號（''）　(D)雙引號（""）

2. (　) 以[@]為開頭的識別字，其以下使用規則哪些正確？

   (A)作為SQL Server區域變數之用

   (B)作為T-SQL程式語言中的變數之用

   (C)作為T-SQL程式語言中的參數之用

   (D)僅能使用於單一個T-SQL程式語言、函數、預存程序，或SQL批次程式中

3. (　) 有關以[@@]為開頭的識別字，其以下的哪些用途正確？

   (A)作為SQL Server區域變數之用

   (B)作為SQL Server全域變數之用

   (C)代表為SQL Server的系統變數

   (D)任一T-SQL程式語言皆可視需要使用

二、簡答題

1. 請簡單比較區域暫存資料表與全域暫存資料表的差異。
2. 請列出預設的SQL Server執行個體，與非預設的SQL Server執行個體的差異。
3. 請列出SQL Server資料庫物件所使用之多部分名稱(Multipart Names)的格式。
4. 請列出資料庫使用XML資料類型的優點。

本章習題

三、實作題

1. 請運用SELECT陳述式搭配SQL Server的系統函數convert()，將系統目前的日期和時間轉換成以下格式。

   A.台灣地區所使用的不含世紀(yy/mm/dd)。

   B.台灣地區所使用的含有世紀(yyyy/mm/dd)。

   C.不限地區所使用的不含世紀(Mon dd, yy)。

   D.限地區所使用的含有世紀(Mon dd, yyyy)。

2. 請就以下關聯式模型VS關聯式模型＋XML的例子作答。

關聯式模型

訂單與訂單明細

訂單編號	訂單日期	客戶編號	交貨日期
1	2010/9/1...	C04	2010/9/4...
NULL	*NULL*	*NULL*	*NULL*

訂單編號	產品編號	訂購數量
1	P01	100
1	P02	100
NULL	*NULL*	*NULL*

本章習題

關聯式模型＋XML

訂單與訂單明細

訂單編號	訂單日期	客戶編號	交貨日期	訂單明細
1	2010/9/1...	C04	2010/9/4...	<訂單明細...
NULL	*NULL*	*NULL*	*NULL*	*NULL*

```
<訂單明細>
  <訂單編號>1</訂單編號>
  <產品名稱>愛客是耙客私 360</產品名稱>
  <單價>3000.0</單價>
  <數量>100</數量>
  <訂單編號>1</訂單編號>
  <產品名稱>愛怕的平板電腦</產品名稱>
  <單價>29999</單價>
  <數量>100</數量>
</訂單明細>
```

A.使用CREATE陳述式，建立含有XML資料類型的資料表。

B.使用INSERT陳述式，新增符合XML格式的資料至XML資料類型的資料行。

NOTE

CHAPTER 10

管理資料庫與資料庫檔案

學習目標 閱讀完後，你應該能夠：

- 瞭解資料庫的規劃
- 熟悉資料庫的建立
- 針對實務需求，進行資料庫的管理

資料庫攸關著資訊系統的效能，及安全性，所以資料庫的管理，如資料庫的組成，架構，及運作方式等，對於使用，或設計資料庫的人員而言，一直是極為重要的課題。

本章亦冀望能以淺顯易懂的方式，為各位讀者建立管理SQL Server資料庫的基礎，為日後更廣泛且深入的資料庫管理的課程做好準備。

10-1 規劃資料庫

資料庫管理員必須經由系統分析所獲致的使用者需求，去規劃實體資料庫這個層面的設計與實作，以提升資料庫系統的存取效能，並確保資料庫系統的安全性，方能以完善之姿應付資訊系統之多元化的資料存取。

10-1-1 資料庫檔案

資料庫檔案的分類

- 主要資料檔（primary data file）：SQL Server的每個資料庫都只會有一個主要資料檔，進行資料的存取。主要資料檔是在建立資料庫時由SQL Server所自動產生的。
- 次要資料檔（secondary data file）：SQL Server預設是不會產生次要資料檔的，為了更有效的管理資料量龐大的資料庫，我們可以建立許多個次要資料檔，讓資料庫的資料分散存取於各個不同的檔案。
- 交易紀錄檔（log file）：如同主要資料檔一樣，交易紀錄檔也是在建立資料庫時就自動產生的；它也和次要資料庫檔一樣，我們可以為一個資料庫建立許多個交易紀錄檔。

交易紀錄檔是用來完整記錄使用者對資料庫所做的各項變動，有了這些對資料庫內容變動的完整紀錄，SQL Server便可掌握資料庫的一舉一動。

當資料庫系統發生各類災難，而導致資料庫內容有錯誤時，SQL Server可利用主要資料檔及交易紀錄檔的備份資訊，進行資料庫的還原，以復原資料庫。

10-1-2 資料庫檔案的效能考量

資料庫檔案的效能考量：

- 分散存取：主要資料檔與交易紀錄檔分別建立在不同的邏輯磁碟。
- 存取速度快，但安全性低：主要資料檔或交易紀錄檔是建立在運用磁碟陣列0（RAID 0）的設計所建構的邏輯磁碟，如圖所示。
- 安全性高，但存取速度慢：主要資料檔或交易紀錄檔是建立在運用磁碟陣列1（RAID 1）的設計所建構的邏輯磁碟，如圖所示。

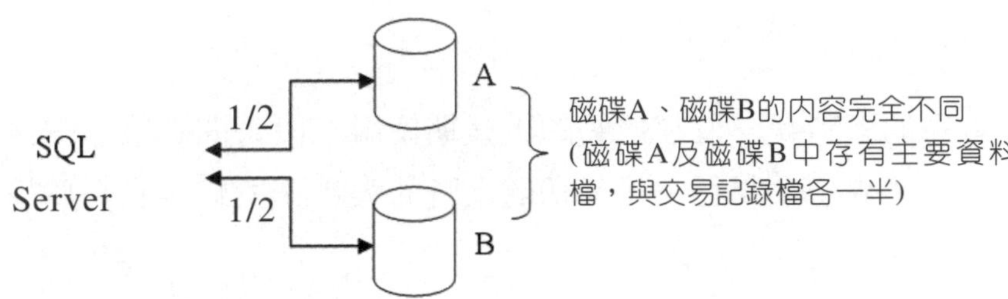

由於磁碟A及磁碟B中所存有的主要資料檔與交易記錄檔各為一半，資料庫無法承受任一磁碟發生各種的錯誤，所以這樣子以RAID 0所建構的邏輯磁碟又稱為是非容錯的（unfault-tolerance）磁碟。

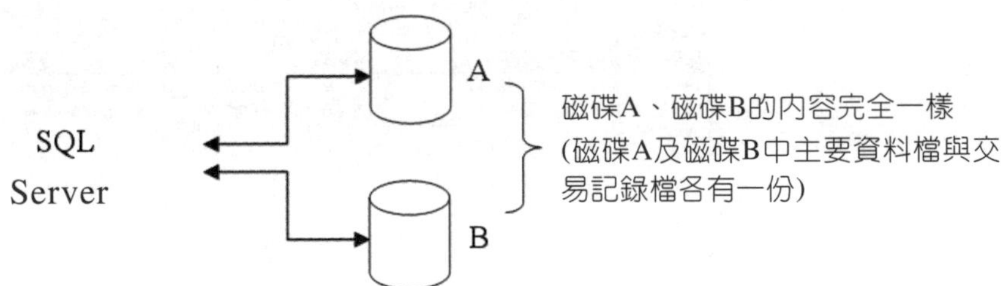

由於磁碟A及磁碟B中各有一份主要資料檔與交易記錄檔，資料庫可允許任一磁碟發生各種的錯誤(但也僅允許一個磁碟，在同一時間時發生錯誤)，所以這樣子以RAID 1所建構的邏輯磁碟又稱為是容錯的（fault-tolerance）磁碟。

10-1-3 資料庫的規劃

在SQL Server中，資料庫的規劃主要是著重於實體資料庫這個層面的設計與實作，大致應考慮以下的所有項目：

- 資料庫檔案
- 檔案群組
- 資料庫檔案的初始大小（initial size）
- 資料庫檔案之磁碟容量的成長
- 資料庫檔案的存取路徑

資料庫檔案的初始大小

資料庫的資料是一直在變動的，長期使用一段時間之後，當然資料庫檔案實際使用的磁碟空間早已不是最初建立時的大小。所以，資料庫檔案於最初建立時必須設定一適當的初始大小。

資料庫檔案的初始大小之容量是以MB爲單位來計算。主要資料檔與交易紀錄檔初始大小的預設值分別是3MB與1MB，可參考下圖所示。

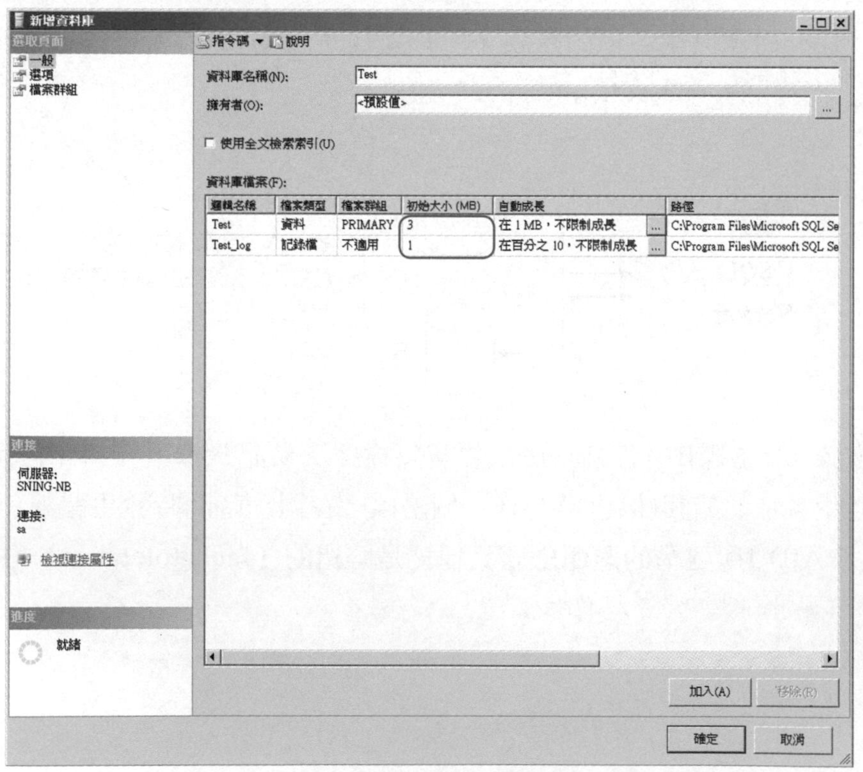

資料庫檔案之磁碟容量的成長

每當資料增加的量已超過資料檔原有的可用空間時，SQL Server就需要配置新的磁碟空間予資料庫檔案使用。

爲避免SQL Server因資料庫更新（新增及刪除）過於頻繁，而必須不斷地進行配置新磁碟空間予資料庫檔案的作業，造成SQL Server的效能不彰，資料庫管理員應設定適當的資料庫檔案之磁碟容量的成長值，由SQL Server依照此成長值，自動爲資料庫檔案進行配置新磁碟空間的作業。SQL Server預設是不限制檔案成長，也就是只要達到自動成長的設定，磁碟也還有多餘的自由空間，就會繼續配置新的磁碟空間與資料庫檔案。

資料庫檔案之磁碟容量的成長值，分爲以下二種：

- MB：預設值是每次自動成長1 MB。
- 百分比：預設值是每次自動成長資料庫檔案大小10%的容量。我們可以利用如下圖所示，設定資料庫檔案之磁碟容量的成長值。

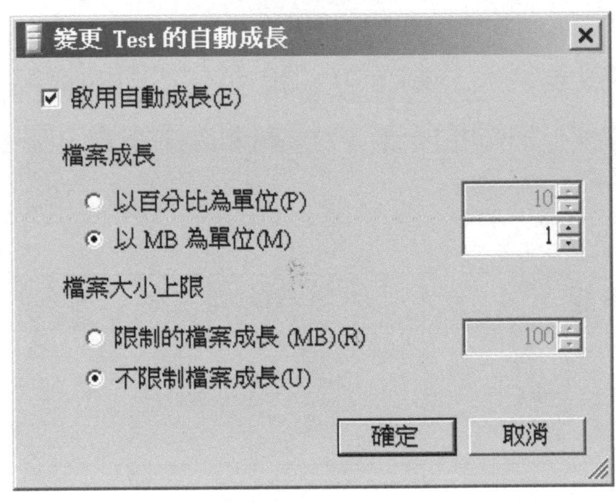

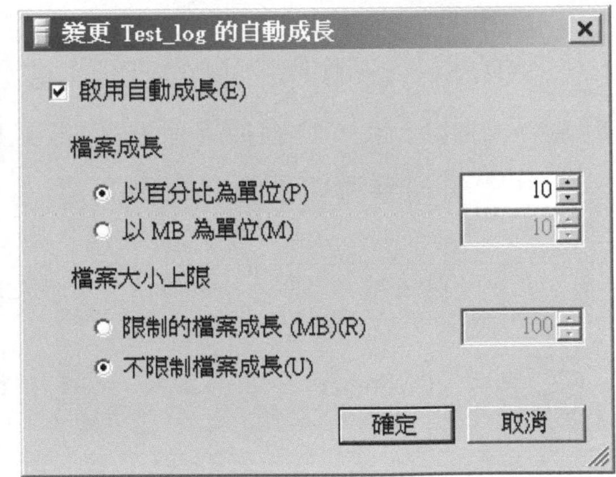

10-1-4 檔案群組（Filegroup）

檔案群組是SQL Server爲了便於管理眾多檔案之資料庫所提供的一項新的物件，分爲三種：

- 主要檔案群組（Primary Filegroup）：建立資料庫時預設爲內含主要資料檔與交易紀錄檔的檔案群組。若在爲資料庫加入次要資料檔時未特別指定檔案所屬的檔案群組，則預設這些檔案也都是存放在主要檔案群組中。
- 使用者定義檔案群組（User-Defined Filegroup）：凡是由使用者自行建立的檔案群組都屬於此類。
- 預設檔案群組（Default Filegroup）：預設檔案群組是指目前資料庫正在使用的檔案群組。於建立新的資料庫物件時，若未指定檔案群組，則這些物件都會被存放在預設檔案群組中加以管理。在沒有指定的情況下，因爲預設檔案群組就是主檔案群組，所以資料庫大概都只會用到主檔案群組。

10-1-5 檔案群組的效能考量

SQL Server可以將不同的資料庫檔案或資料表分割，分別建立在不同的檔案群組，如此一來，資料庫系統的存取效能自然便可提升了。這樣的檔案群組設計，我們可以參考如下圖之範例。

資料表	檔案群組	資料庫檔案
客戶（Customer）	檔案群組#1	X:\～.NDF
訂單（Orders）	檔案群組#2	Y:\～.NDF
訂單明細（Orders）	檔案群組#3	Z:\～.NDF

我們將客戶、訂單與訂單明細三個資料表的次要資料檔，分別建立在不同邏輯磁碟的檔案群組進行存取。當需要針對資料庫進行多次的內部合併（Inner Join）作業，以產生客戶所有的訂單銷售金額（如下所列之程式範例）時，上圖

檔案群組的設計可以較快的存取速度，輕鬆應付此類對資料庫進行多次的內部合併作業之需求。

範例程式

以多次的內部合併產生客戶所有的訂單銷售金額

```
-- 查詢客戶所有的訂單銷售金額
SELECT
    Customers.CustomerID AS 客戶編號,
    Orders.OrderID       AS 訂單編號,
    -- 進行訂單明細的銷售金額（單價×數量×（1－折扣））之加總，並取整
    數值。
    CONVERT(int, Sum((UnitPrice * Quantity * (1-Discount)))) AS 訂單金額
FROM
    -- 對資料庫進行多次的內部合併（Inner Join）作業。
    Customers INNER JOIN "Orders"
    ON  Customers.CustomerID = "Orders".CustomerID
    INNER JOIN "Order Details"
    ON  Orders.OrderID = "Order Details".OrderID
-- 依據客戶編號與訂單編號，
-- 以每一客戶的每一訂單爲主的進行訂單明細的銷售金額之加總。
GROUP BY Customers.CustomerID, Orders.OrderID
ORDER BY Customers.CustomerID, Orders.OrderID
GO
```

所以，藉由以上檔案群組的設計應用於資料庫，進行多次的內部合併作業之範例，我們可以了解檔案群組的效能考量主要是著重於以下二個方面：

- 分散管理：將不同的資料庫檔案，分別建立在不同的檔案群組。
- 平行存取：每一個檔案群組所管理的資料庫檔案，都是存取於不同的邏輯磁碟。

10-1-6 建立資料庫

本單元將運用實務演練來爲讀者介紹如何以SQL Server的管理平台－SSMS，及T-SQL分別進行實體資料庫的實作，而完成資料庫的建立。

實務演練

建立資料庫─以SSMS建立資料庫

步驟1 在[物件總管]中展開該執行個體。以滑鼠左鍵點選[資料庫]，於[資料庫]區域按滑鼠右鍵，產生[資料庫]的[快捷工作選單]，然後點選[新增資料庫]，產生[新增資料庫]對話方塊。

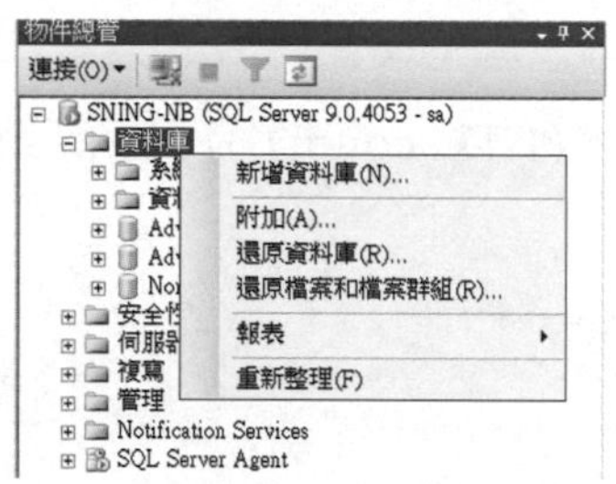

步驟2 在[新增資料庫]對話方塊的[一般]頁面中，於[資料庫名稱]方塊輸入資料庫名稱，如Test。

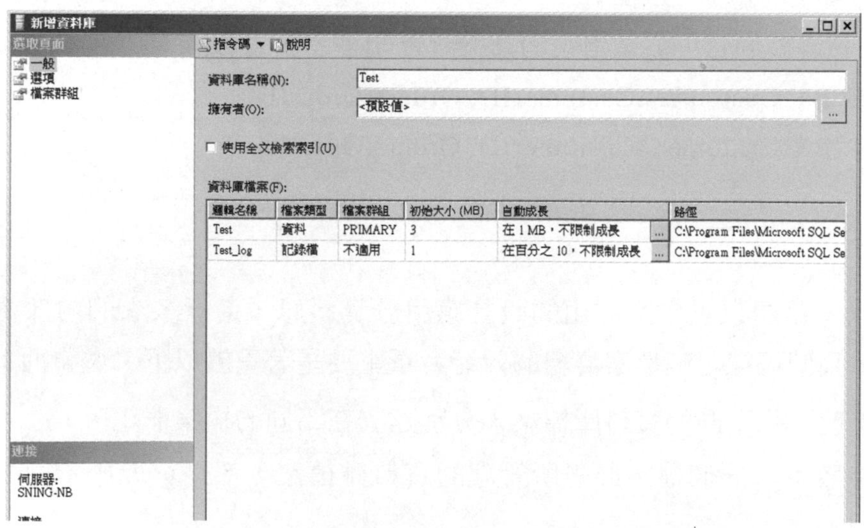

步驟3 設定擁有者名稱，請按[…]來選取其他擁有者。

步驟4 啓用資料庫的全文檢索搜尋，選取[全文檢索索引]核取方塊。

步驟5 設定主要資料與交易紀錄檔，可在[資料庫檔案]部分進行：

1. 邏輯名稱：邏輯名稱是於[資料庫名稱]方塊輸入資料庫名稱時，預設自動分別產生主要資料檔與交易紀錄檔的名稱，如Test與Test_Log。
2. 初始大小
3. 自動成長
4. 路徑

步驟6 選取[選項]頁面，可進行以下的設定：

1. 定序：從定序下拉清單中選取適合的定序。
2. 復原模式，請選取[選項]頁面，並從清單中選取復原模式。從復原模式下拉清單中選取適合的復原模式，請參考第3章備份與還原「資料庫的備份」之【實例演練】SQL Server的復原模式。
3. 相容性層級

   是爲相容於舊版的資料庫而用，預設爲 SQL Server 2005。
4. 其他選項（略）。

步驟7 選取[檔案群組]頁面，可加入新的檔案群組。

步驟8 設定完成之後，按[確定]便可建立資料庫。

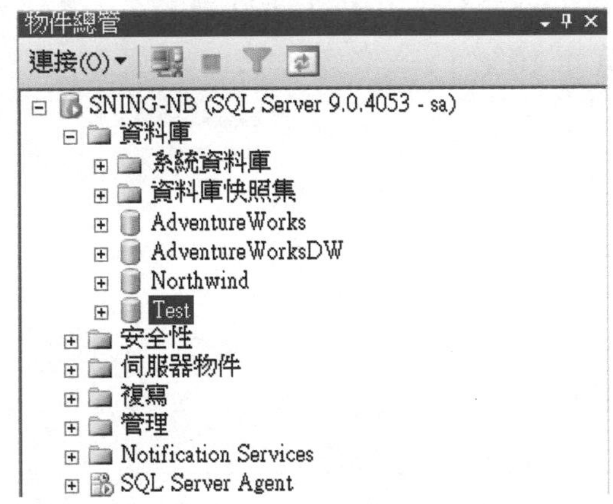

以 T-SQL 建立資料庫

簡易語法：

```
CREATE DATABASE { 資料庫名稱 }
[ ON
[ PRIMARY ]
{
(
NAME = N'主要資料檔的邏輯名稱',
FILENAME = N'主要資料檔在作業系統中的名稱'
[, SIZE = 檔案的初使大小 | 3MB ]
[, MAXSIZE = 檔案所能成長的大小上限 | UNLIMITED ]
[, FILEGROWTH = 檔案的成長值 | 1MB ]
)
}
[ LOG ON
{
(
NAME = N'交易記錄檔的邏輯名稱',
FILENAME = N'交易記錄檔在作業系統中的名稱'
[, SIZE = 檔案的初使大小 | 1MB ]
[, MAXSIZE = 檔案所能成長的大小上限 | UNLIMITED ]
[, FILEGROWTH = 檔案的成長值 | 10% ]
)
}
]
]
```

CREATE DATABASE { 資料庫名稱 }

1. CREATE DATABASE爲關鍵字，所以不可省略。
2. { 資料庫名稱 }是爲欲新建立的一個資料庫名稱，它必須以符合SQL Server的識別字（identifier）之規則所命名。有關識別字之規則，請參考9-2-2識別字的介紹。

🗎 ON ～ [LOG ON ～]]

1. 以明確的方式指定儲存資料庫的主要資料檔與交易記錄檔的磁碟檔案。
2. 若是指定主要檔案群組內含的主要資料檔，ON是不可省略的。
3. 若是指定主要檔案群組內含的交易記錄檔，LOG ON是不可省略的。

🗎 [PRIMARY]表示其後是用以指定主要資料檔，是可省略的。

🗎 NAME ～,FILENAME ～[,SIZE ～] [,MAXSIZE ～] [,FILEGROWTH ～])

1. NAME = N'資料檔的邏輯名稱'：以遵循全球統一碼（Unicode）的規則與格式來指定主要資料檔的邏輯名稱。
2. FILENAME = N'主要資料檔在作業系統中的名稱'：以遵循全球統一碼（Unicode）的規則與格式來指定主要資料檔的邏輯名稱。
3. SIZE：指定檔案的初始大小，預設大小爲3MB。
4. MAXSIZE：指定檔案所能成長的大小上限，預設爲UNLIMITED，亦即無上限的意思。
5. FILEGROWTH：指定檔案的成長值，預設大小爲1MB。

不論是主要資料檔的邏輯名稱，與交易紀錄檔的邏輯名稱，都是於SQL Server所使用的名稱；而作業系統中的名稱是代表於作業系統（如Windows Vista、Windows 7，Windows Server 2003，及Windows Server 2008等）所使用的名稱，其格式必定是由邏輯磁碟所開頭的路徑之一個檔案名稱，而作業系統中的名稱之路徑則預設爲：'C:\Program Files\Microsoft SQL Server\MSSQL.1\MSSQL\DATA\'，如圖所示。

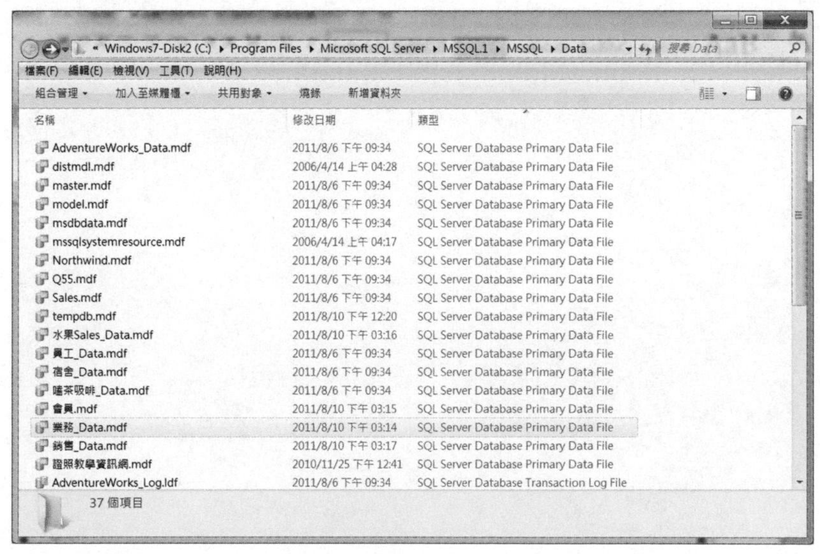

範例程式

完全以預設方式所新增的資料庫Test之T-SQL

```
/* 完全以預設方式所新增的資料庫 Test */
USE [master]
CREATE DATABASE [Test] ON PRIMARY (
NAME = N'Test',
FILENAME =N'C:\Program Files\Microsoft SQL Server\MSSQL.1\MSSQL\
    DATA\Test.mdf',
SIZE = 3072KB,
FILEGROWTH = 1024KB
)
LOG ON (
NAME = N'Test_log',
FILENAME =N'C:\Program Files\Microsoft SQLServer\MSSQL.1\MSSQL\
    DATA\Test_log.ldf',
SIZE = 1024KB,
FILEGROWTH = 10%
)
```

範例程式

不以預設方式所新增的資料庫DemoDB之T-SQL

```
/* 不以預設方式所新增的資料庫 DemoDB */
Use master
-- 如果 DemoDB存在，則刪除 DemoDB
IF EXISTS (SELECT name FROM sys.databases WHERE name = N'DemoDB')
DROP DATABASE [DemoDB]

-- 資料檔邏輯名稱=DemoDB，交易紀錄檔邏輯名稱=DemoDB_Log
CREATE DATABASE DemoDB
ON (
NAME = 'DemoDB', FILENAME = 'C:\Temp\DemoDB.mdf', SIZE = 20 MB
)
LOG ON (
NAME = 'DemoDB_Log', FILENAME = 'C:\Temp\DemoDB_Log.ldf', SIZE =
    5 MB
)
```

10-2 管理資料庫

完成實體資料庫的設計與實作後，資料庫管理員可以經由資料庫管理系統所提供的功能，去設定資料庫的運作規範與方式，以隨時確保資料庫的正常運作與最佳效能。本單元將擇取部分功能的介紹與示範，期能成功開啓SQL Server中管理資料庫之門。

10-2-1 設定資料庫選項

在SQL Server中，有關於資料庫的運作規範與方式，首推資料庫選項的設定，主要包括：

統計資料的建立

統計資料（Statistics）是SQL Server在進行「最佳化時查詢」所需的參考資料。其設定爲：

- 自動更新統計資料（AUTO_UPDATE_STATISTICS）
- 自動建立統計資料（AUTO_CREATE_STATISTICS）

兩者皆可用來決定SQL Server是否自動對資料庫建立統計資料，預設值都爲True（如圖）。

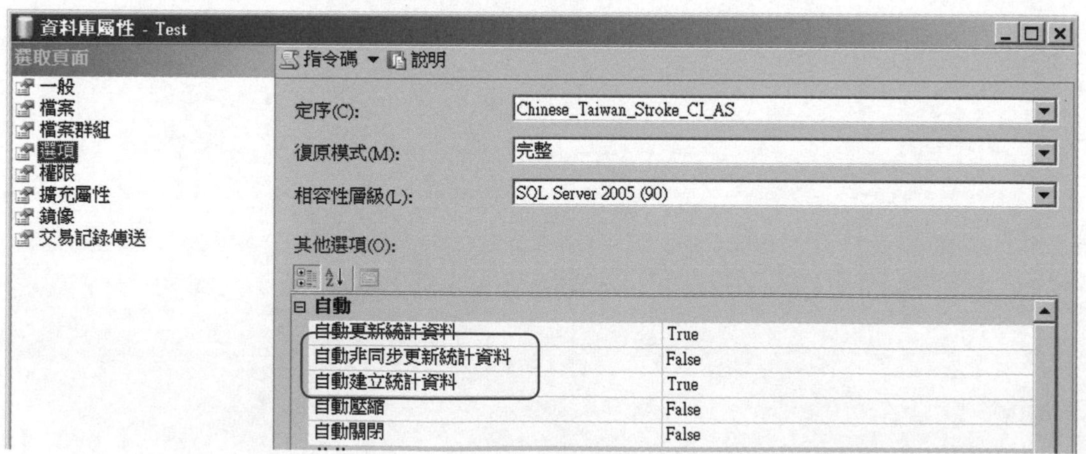

手動以T-SQL對資料表建立統計資訊的方法：

1. CREATE STATISTICS：直接建立統計資訊。
2. UPDATE STATISTICS：以更新方式建立統計資訊。
3. EXEC SP_CREATESTATS：於目前資料庫中全部的使用者資料表和內部資料表，對所有適合的資料行建立統計資料。

手動以T-SQL操作統計資訊的方法：

1. 檢視資料表的統計資訊：DBCC SHOW_STATISTICS
2. 卸除資料表的統計資訊：DROP STATISTICS

頁面確認

控制資料庫資料的正確性所設計的不同機制，分爲三種：

1. CHECKSUM：SQL Server會對每一個8 KB的資料頁內容計算CHECKSUM（總和檢查碼），將其儲存於資料頁的頁首中。當每次從磁碟讀取資料頁時，都會重新計算總和檢查碼，並將其與儲存在資料頁的頁首中的總和檢查碼值進行比較。

   優點：資料的正確性最高。

   缺點：耗費時間，尤其是大量資料匯出資料庫時。

2. TORN_PAGE_DETECTION：將8 KB的資料頁中的每512位元組磁區之特定位元，作爲TORN_PAGE_DETECTION（資料頁損毀檢查位元），儲存至資料頁的頁首中。當每次從磁碟讀取資料頁時，會將儲存在資料頁的頁首中的資料頁損毀檢查位元與實際資料頁所對應的特定位元內容進行比較。

   優點：節省時間，尤其是大量資料匯出資料庫時。

   缺點：資料的正確性低。

3. NONE：資料頁不會用以產生總和檢查碼值，或資料頁損毀檢查位元值。也就是說，SQL Server不會在每次讀取資料頁時，進行任何的檢驗。

10-2-2 資料庫的卸離與附加（Detach and Attach）

當你在一台電腦上建立好一個資料庫；或者，建立到一半，卻要離開到別的地方；又或者要換台電腦繼續作業的時候，就可以利用資料庫卸離的功能。它便於攜帶、分享及備份等，對於有需要複製資料庫的需求，這方法是最快、最簡單的。

🗎 資料庫卸離的方法：

1. 於SSMS左方的物件總管，找到你所要卸離的伺服器，並且展開。

   PC-023 (SQL Server 9.0.4053 - PC-023\CUTe MIS)

2. 左鍵點選欲卸離的資料庫，再按右鍵，可產生資料庫的[快捷工作選單]。

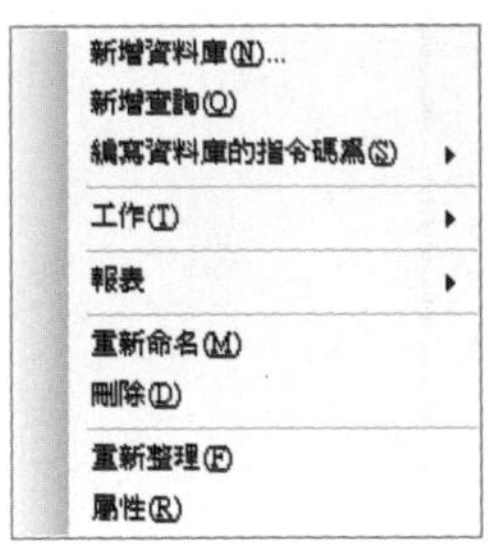

3. 把滑鼠移到[工作]的地方，會再度跑出[工作]的[快捷工作選單]，點選[卸離]即可。

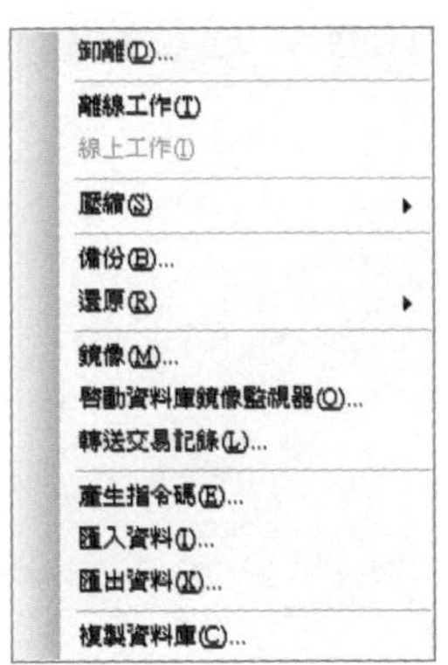

當然卸離完之後，欲移植到別台電腦繼續作業，就須利用資料庫附加的功能。

🗎 資料庫附加的方法：

1. 點選資料庫，按滑鼠右鍵選擇[附加]。

2. 按下[加入]的按鈕。

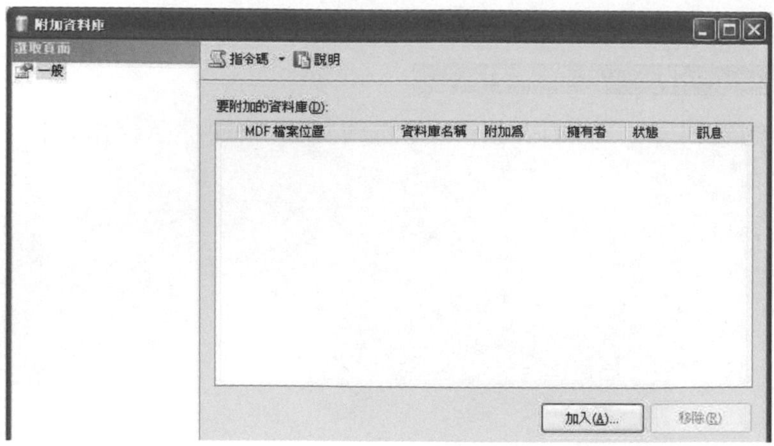

3. 找到想要加入的資料庫。

一般都會於SQL Server預設的路徑C:\Program Files\Microsoft SQL Server\MSSQL.1\MSSQL\Data。當然，我們也可指定不同的路徑，進行資料庫的加入。

4. 找到後選取加入，選擇[確定]。

選取的路徑(P): C:\Program Files\Microsoft SQL Server\MSSQL.1\MSSQ
檔案類型(T): 資料庫檔案(*.mdf)
檔案名稱(N): 業務_Data.mdf
確定 取消

5. 可以再繼續加入其他的資料庫。假如都加好了，就按下[確定]，就成功附加了。如圖：

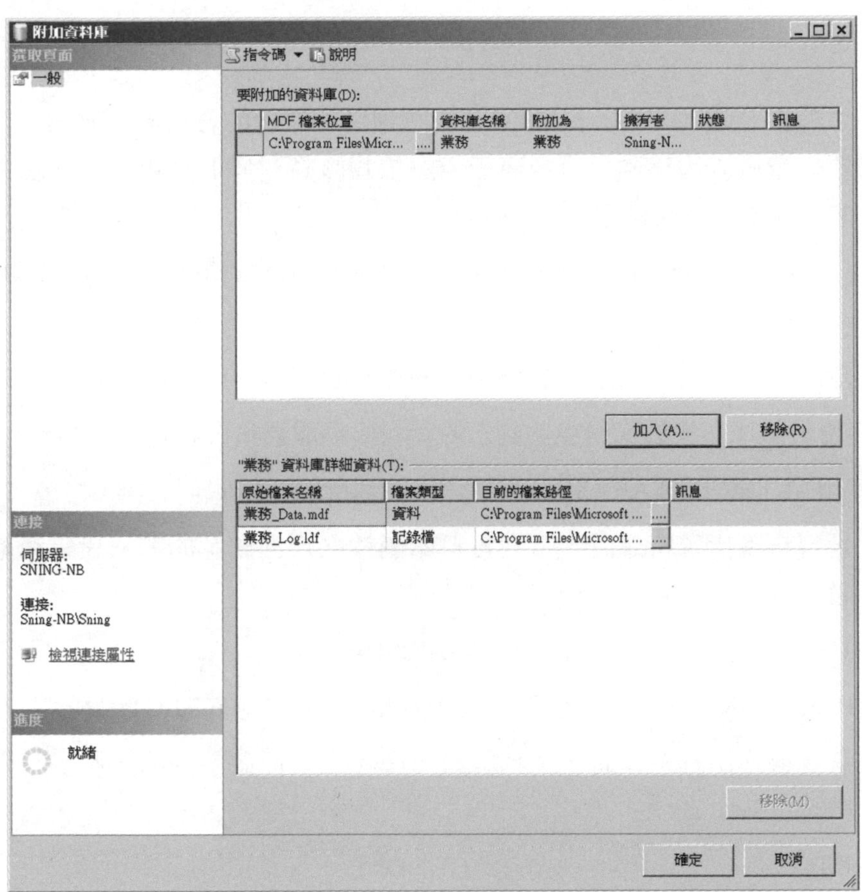

6. 左鍵點選[資料庫]，然後上方有個[重新整理]，點下去就可以更新到最新的資料庫狀態了。如果還是沒有，就要檢查是不是附加的步驟出了問題。

本章習題

一、選擇題

1. (　) 你必須移動一個SQL Server 2005資料庫到另一個新的資料庫伺服器，然而你需要盡量減少因移動此資料庫而導致依賴該資料庫的應用程式無法運作的時間，你應該怎麼做？

   (A)使用SQL Server Management Studio的複製資料庫精靈（Copy Database Wizard）

   (B)先卸離此資料庫，複製資料庫到新的資料庫伺服器後，再附加該資料庫

   (C)備份資料庫，複製備份檔案到新的資料庫伺服器後，再還原資料庫

   (D)使用ALTER DATABASE以移動資料庫到新的資料庫伺服器

2. (　) 當大量資料匯出資料庫時，下列資料庫屬性之頁面確認的哪一設定可較節省時間？

   (A)AUTO　　(B)NONE

   (C)CHECKSUM　　(D)TORN_PAGE_DETECTION

3. (　) 當大量資料匯出資料庫時，下列資料庫屬性之頁面確認的哪一設定可較確保資料的正確性？

   (A)AUTO　　(B)NONE

   (C)CHECKSUM　　(D)TORN_PAGE_DETECTION

二、簡答題

1. 請簡單比較主要資料檔與交易記錄檔的差異。
2. 檔案群組的效能考量主要是著重於哪二個方面？

本章習題

三、實作題

1. 請就新增資料庫[Sales]於空白部分（初始大小及路徑）填入正確的答案。新的資料庫[Sales]必須滿足以下條件：

   - 主要資料檔必須是20GB的大小。交易記錄檔必須是10GB的大小。這兩個檔設定為自動成長和最大的檔案大小。
   - 交易記錄檔必須儲存在容錯的（fault-tolerance）磁碟。
   - 主要資料檔、交易記錄檔及Windows安裝的系統都必須位於不同的磁碟。
   - 資料庫的檔案必須存放於每個磁碟的根目錄中一個名為SQL的文件夾。
   - 可用的磁碟：C（100GB）、D（RAID 1，100GB）、E（RAID 0，100 GB）。

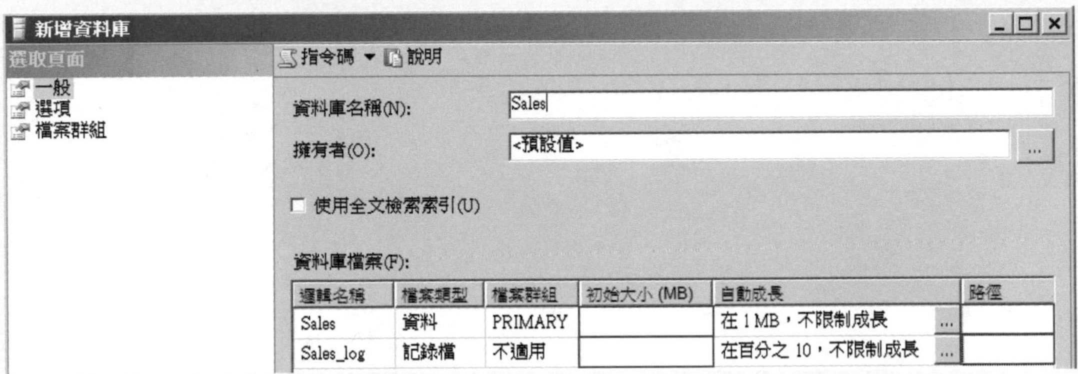

NOTE

CHAPTER 11

資料表的維護

學習目標 閱讀完後，你應該能夠：

- 使用SSMS建立資料表
- 使用T-SQL建立資料表
- 使用SSMS維護資料表的條件約束
- 使用T-SQL維護資料表的條件約束

在SQL Server中針對資料表的管理，無論是建立、修改與刪除，皆可使用圖形化介面的SQL Server Management Studio，或利用T-SQL陳述式予以達成，本章特別就這二個不同的方式，以一系列的實務演練為大家做介紹。

11-1 建立資料表

11-1-1 使用SQL Server Management Studio建立資料表

在SQL Server Management Studio中，是利用一個稱爲「資料表設計師」的視覺化工具，於資料庫中完成資料表的建立。資料表設計師的操作介面（參考圖11.1），主要是分爲上下二個不同區域的窗格：

- 資料行窗格：「資料行窗格」位於上方區域，以二維方格中的每列各代表資料表的一個資料行。而每列皆以三行分別進行資料行的基本屬性的定義：資料行名稱、資料型別，和允許null。
- 資料行屬性窗格：「資料行屬性窗格」位於下方區域，是用於定義在上方「資料行窗格」中反白顯示之資料行的基本屬性之外的其他屬性。

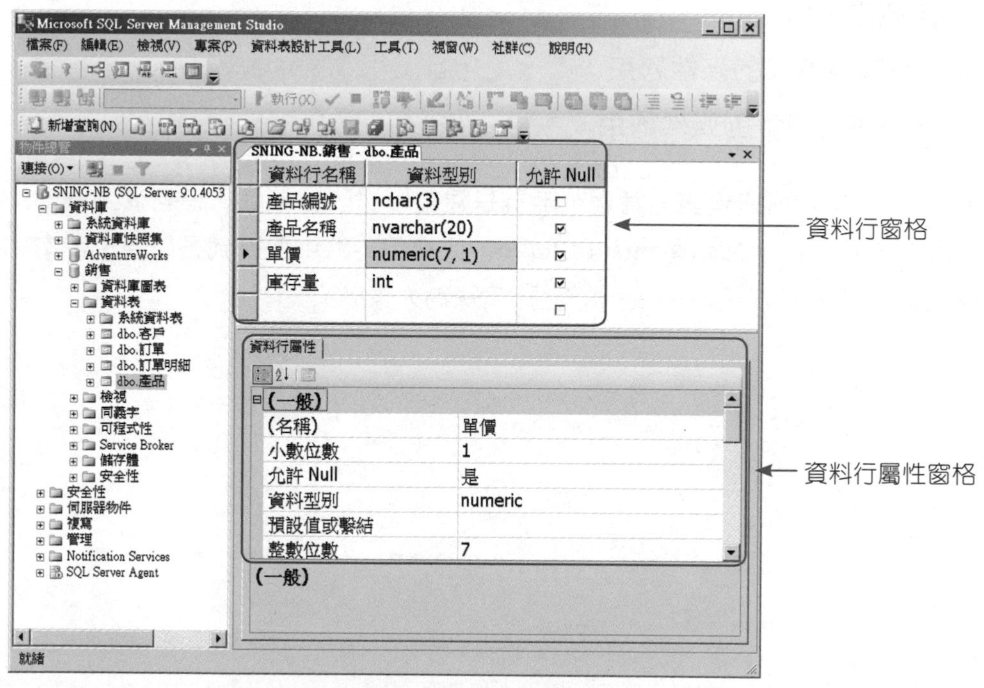

●圖11.1　資料表設計師的操作介面

「資料行屬性窗格」中，主要用來定義的資料行屬性爲：

1. 一般

(1) 小數位數及整數位數：分別設定資料型態爲decimal或numeric的資料行之小數點位數及整數位數。

(2) 預設值或繫結

設定資料行的預設值之用，若新增資料時資料行沒有值，就以此預設值爲其值。如果資料行的資料類型爲uniqueidentifier，則此屬性的預設值爲newid()。

2. 資料表設計工具

(1) RowGuide：設定是否由SQL Server自動產生全域唯一的欄位值，如果設定爲[是]，則屬性[預設值或繫結]的值爲newid()。只有uniqueidentifier資料類型的欄位才可以設定此屬性。

3. 定序：設定資料行要使用的資料定序名稱，以決定資料類型爲char、varchar、text、nchar、nvarchar或ntext的資料行值，於SQL Server中排序的規則。

4. [計算資料行]規格：設定[計算資料行]的計算公式。

5. 描述：作爲資料行輸入時的補充說明。

6. 識別規格：以三個屬性來設定資料行值的自動編號：

(1) (Is Identity)：

[否]：表示資料行值不會進行自動編號。

[是]：表示資料行值是以[識別值種子]及[識別值增量]進行自動編號。

使用此屬性的規則爲：

A. 資料表只能有一個資料行具有Identity（識別屬性）。

B. 資料類型必須爲bigint、decimal、int、numeric、smallint或tinyint。

C. 資料行不可允許Null。

D. 資料行不可指定預設值。

(2) 識別值種子：設定自動編號的起始值，預設的起始值爲1。

(3) 識別值增量：設定自動編號的增加值，預設的增加值爲每次自動增加1。

以SSMS的資料表設計師建立資料表[產品]

步驟1 開啓SSMS：請確認已有準備建立資料表[產品]的使用者資料庫（如本例的[銷售訂單]）。

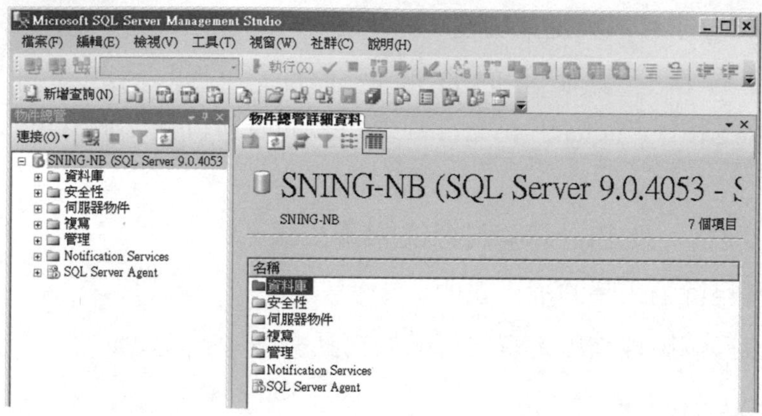

步驟2 開啓資料表設計師：在[物件總管]中，以右鍵按下資料庫[銷售訂單]的[資料表]，再於快捷工作單中以左鍵點擊[新增資料表]。

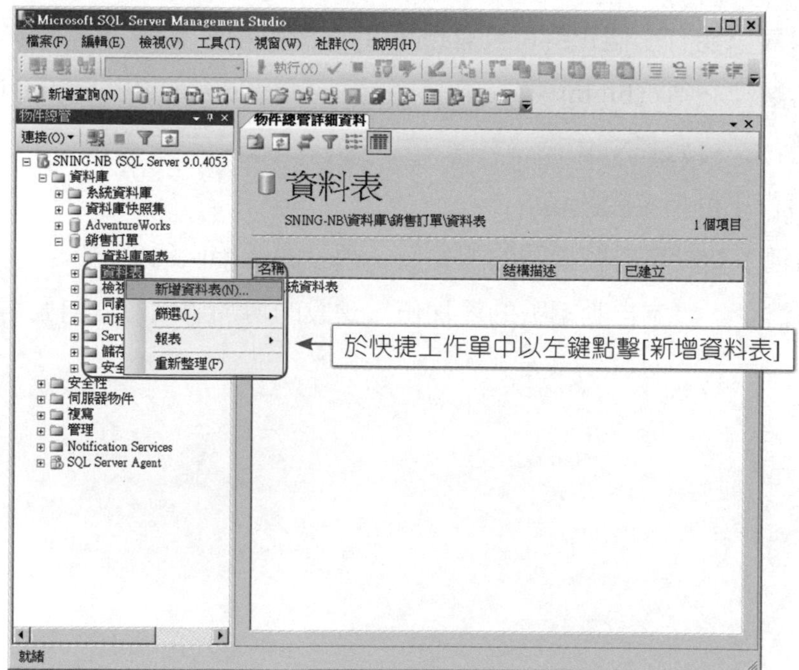

步驟3 資料表設計師的啓始圖形化使用者介面：[資料行窗格]及[資料行屬性窗格]於啓始時都還是空的，因爲尚未輸入任何資料行。

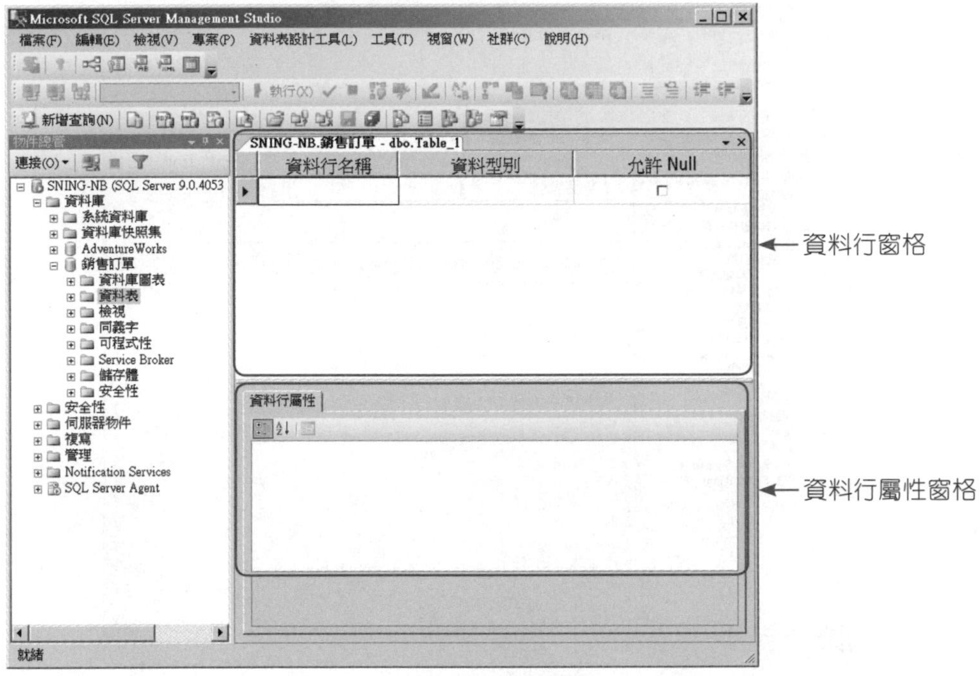

步驟4 準備欲完成建立的資料表[產品]的定義範例：

請參考圖中的定義範例，以便能按照其定義，順利於資料表設計師中進行資料表[產品]的建立。

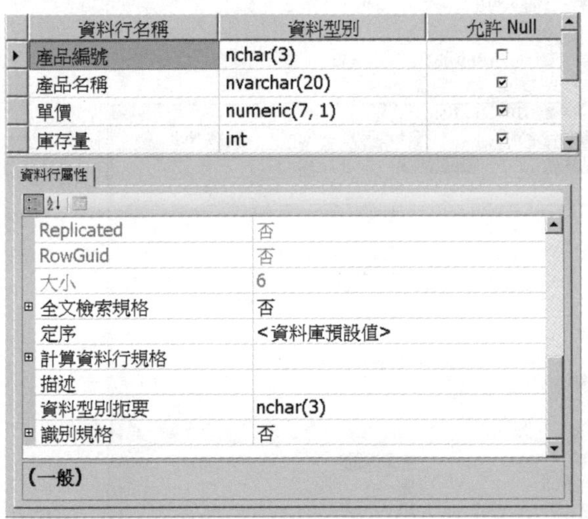

步驟5 資料表設計師—定義 [產品編號]：於[資料行名稱]欄輸入[產品編號]，再於[資料型別]欄按下左鍵。

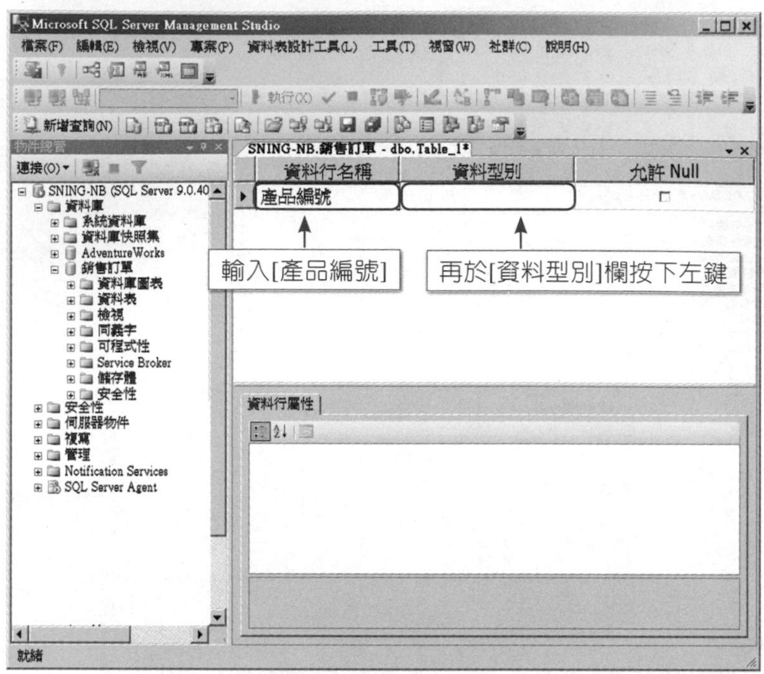

步驟6 資料表設計師—定義[產品編號]：[資料行窗格]及[資料行屬性窗格]立即自動產生預設的定義，但與資料表[產品]的定義範例不同，所以必須再於[資料行窗格]中變更[資料型別]欄，及[允許null]欄。

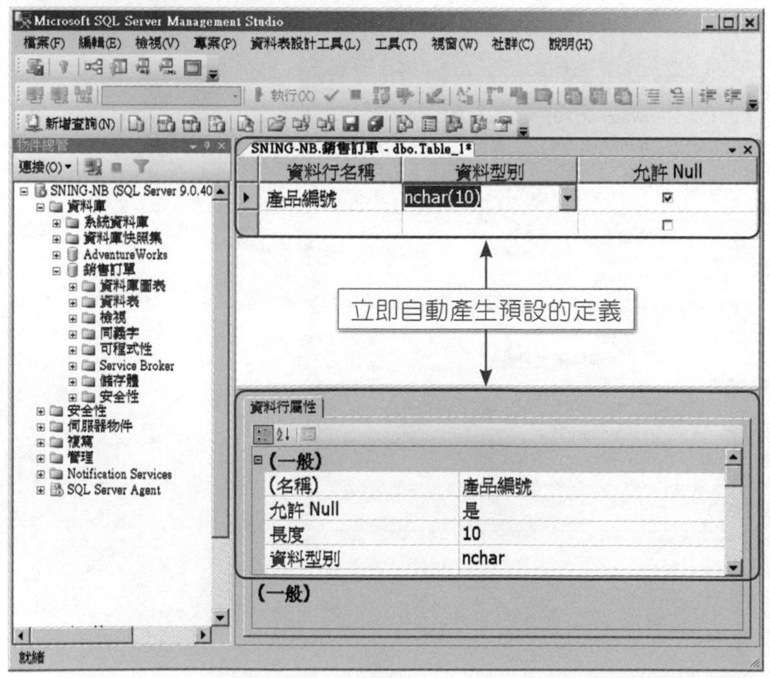

步驟7 資料表設計師—定義[產品編號]：於[資料型別]欄改爲char(3)，並將[允許null]欄取消勾取。

步驟8 資料表設計師—定義[產品名稱]：於[資料行名稱]欄輸入[產品名稱]，再於[資料型別]欄展開下拉選單，以利於選擇適當的資料類型nvarchar。

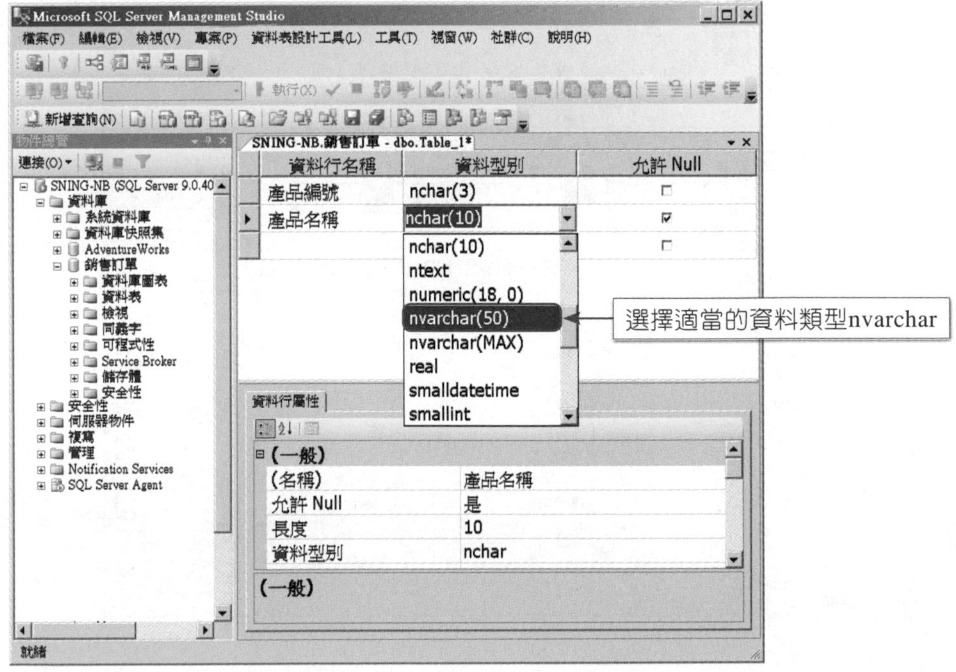

步驟9 資料表設計師—定義[單價]：於[資料行名稱]欄輸入[單價]，再於[資料型別]欄展開下拉選單，以利於選擇適當的資料類型numeric。

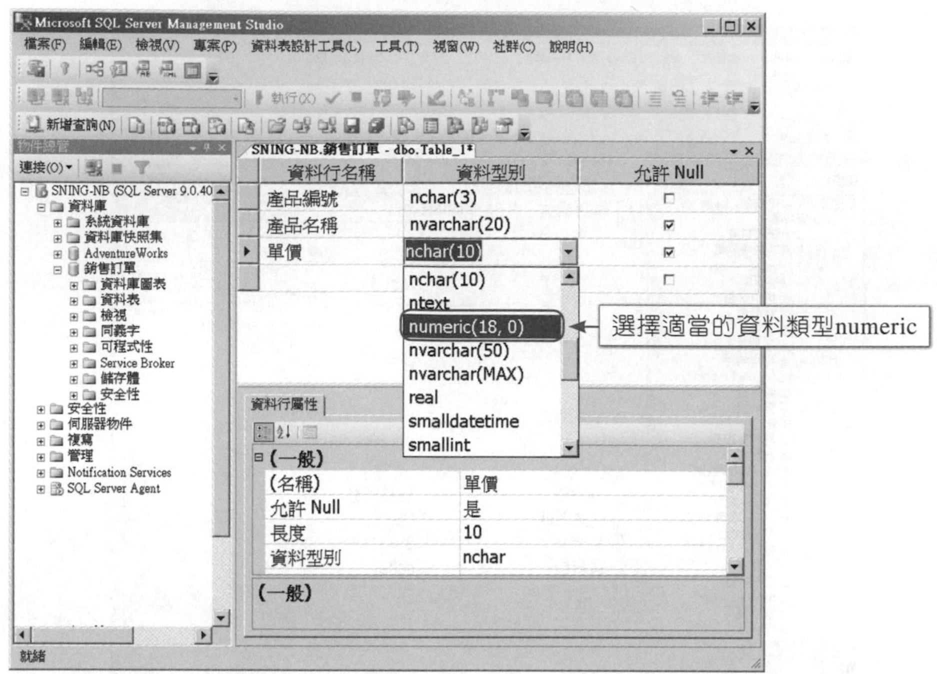

步驟10 資料表設計師—定義[庫存量]：於[資料型別]欄改為numeric(7, 1)。

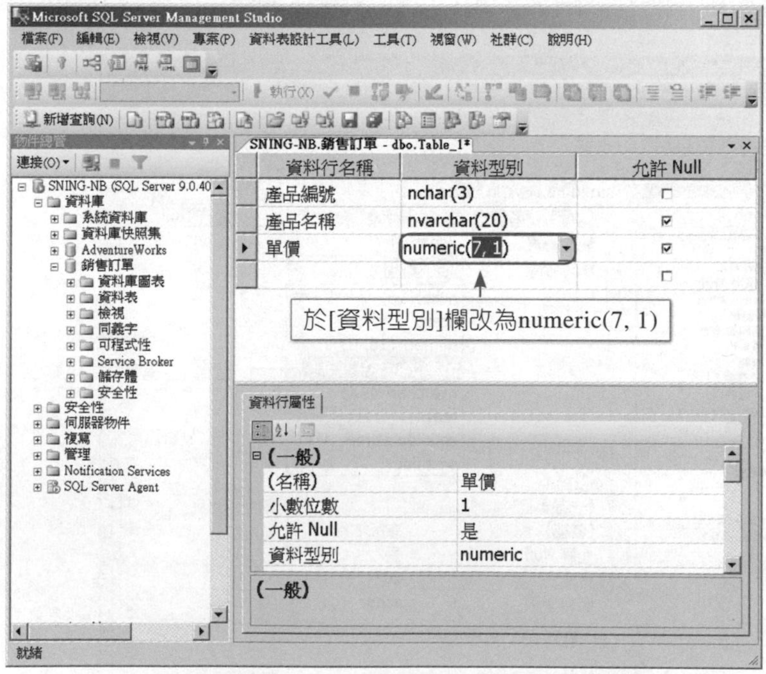

步驟11 資料表設計師—定義[庫存量]：於[資料行名稱]欄輸入[庫存量]；再於[資料型別]欄展開下拉選單，以利於選擇適當的資料類型int。

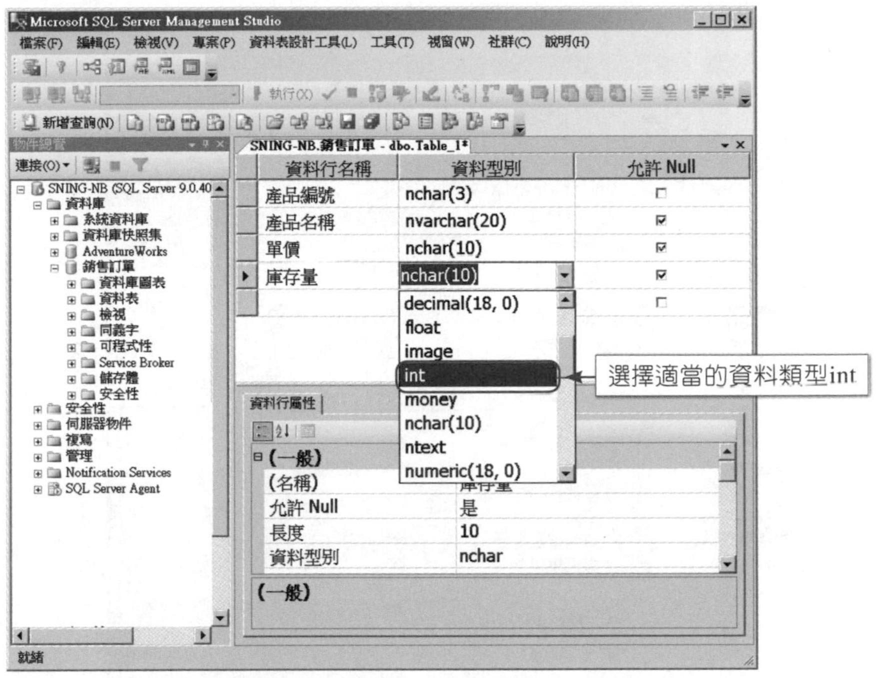

步驟12 資料表設計師：完成資料表[產品]的建立。

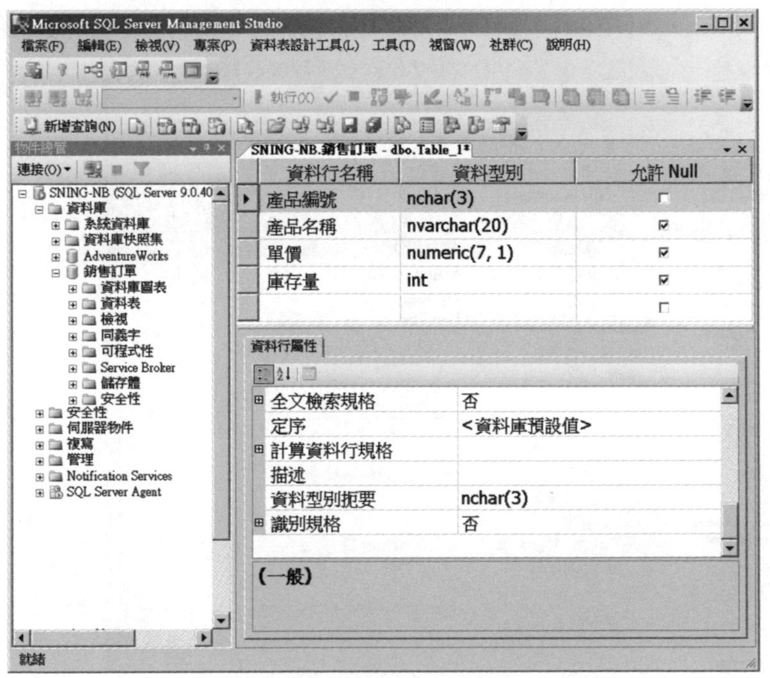

步驟13 儲存資料表設計師所建立完成的資料表[產品]：按下工具列的儲存按鈕[🖫]，便可將建立完成的資料表[產品]存起來。若是第一次儲存，則會出現如下的對話方塊，讓我們輸入資料表的名稱。

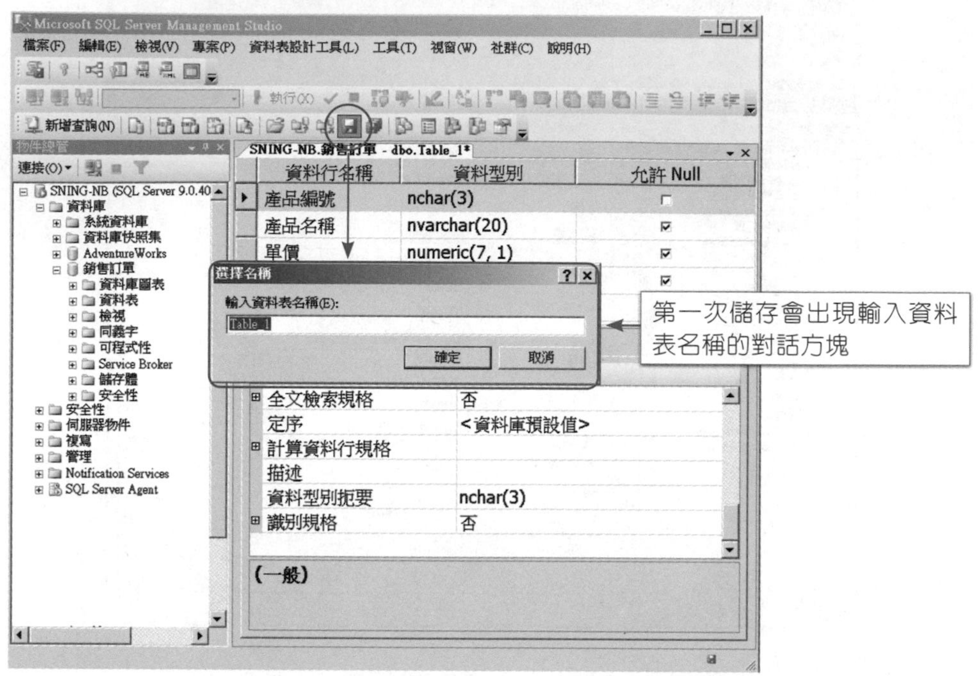

步驟14 儲存資料表設計師所建立完成的資料表[產品]：當然是於[輸入資料表名稱]文字方塊輸入[產品]，再按下[確定]，就完成資料表[產品]的儲存。

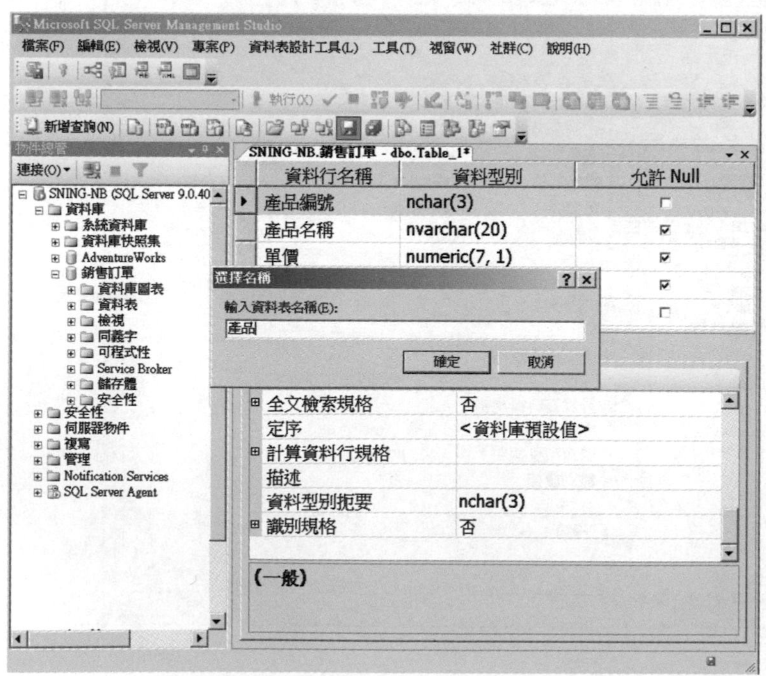

步驟15 資料表設計師：完成資料表[產品]的儲存。

儲存後並不會關閉資料表設計師，可以按下資料表設計師視窗的關閉鈕[☒]結束資料表設計師。我們可以經由展開資料庫的資料夾[資料表]，以確認資料表[產品]已確實建立於資料庫中。

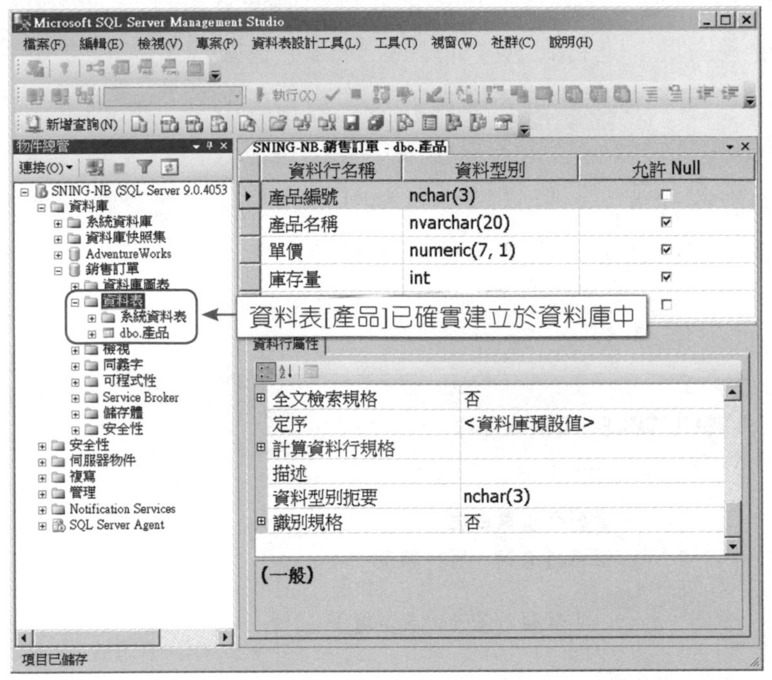

11-1-2 使用T-SQL建立資料表

在SQL Server中使用T-SQL建立資料表的方式，就是執行CREATE TABLE陳述式。但是參考圖11.2我們可發現，單單一個CREATE TABLE陳述式結構，從CREATE TABLE開始，每個資料行都是先以一個從資料行名稱及資料類型開頭的「資料行定義區塊」進行定義；而「資料行定義區塊」又包含有可選擇使用的（optional）「資料行屬性定義區塊」及「資料行的條件約束」（因爲二者皆以[]包夾）。緊接著「資料行定義區塊」之後，每個資料行又是含有可選擇使用的「資料表的條件約束」，以針對資料表中的一個或多個資料行進行條件約束的設定，於是，到此爲止才算是「資料行定義區塊」的結束，也表示完成一個資料行的定義。

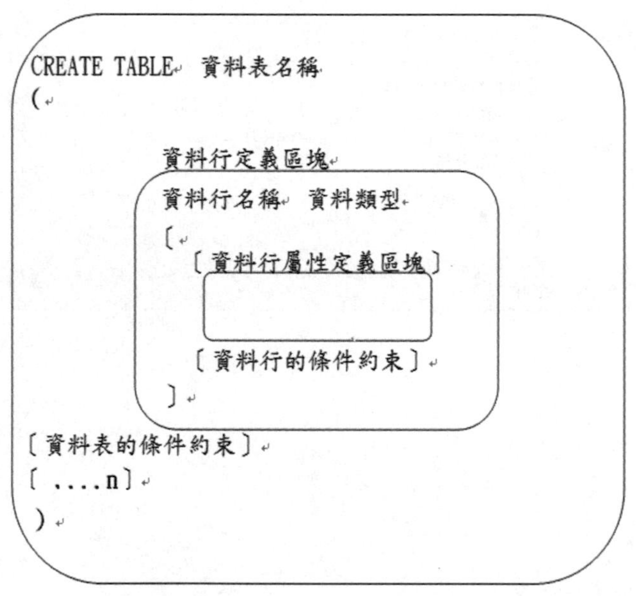

●圖11.2　CREATE TABLE陳述式的語法結構

由於CREATE TABLE陳述式的語法可謂是T-SQL中最爲冗長且複雜的陳述式結構，是以本單元特別以其簡易語法來介紹與說明，讓各位讀者都能輕輕鬆鬆就可學習以CREATE TABLE陳述式建立資料表。

CREATE TABLE 陳述式

簡易語法：

```
CREATE TABLE [ database_name . [ schema_name ] . | schema_
name . ] table_name
(
{
column_name <data_type>
      [ COLLATE collation_name ]
      [ NULL | NOT NULL ]
      [ [ CONSTRAINT constraint_name ] DEFAULT constant_
expression ]
    |
[ IDENTITY [ ( seed ,increment ) ] ]
}
[ ,...n ]
)
```

- CREATE TABLE：CREATE TABLE陳述式開始的關鍵字。
- [database_name . [schema_name] . | schema_name .] table_name：此為([資料庫名稱.[結構描述名稱].| 結構描述名稱.] 資料表名稱)之意，須緊接於CREATE TABL後使用，用來指定欲建立的資料表之方式有以下三種格式：
  1. 資料庫名稱.結構描述名稱.資料表名稱
  2. 結構描述名稱.資料表名稱
  3. 資料表名稱
- column_name：指定資料行名稱。
- <data_type>：指定資料行的資料類型，須緊接於資料行名稱後使用。
- COLLATE collation_name：指定資料行要使用的資料定序名稱，以便決定資料類型為char、varchar、text、nchar、nvarchar或ntext的資料行值於SQL Server中排序的規則。

SQL Server中文繁體版預設的資料定序名稱為Chinese_Taiwan_Stroke_CI_AS，如需有關SQL Server資料定序名稱的詳細資訊，請參閱線上叢書中的＜SQL定序名稱＞。

- NULL | NOT NULL：指定資料行值是否允許爲NULL（也就是無值，不具有值的意思）。

  [[CONSTRAINT constraint_name] DEFAULT constant_expression]

  |

  [IDENTITY [(seed ,increment)]]

1. [[CONSTRAINT constraint_name] DEFAULT constant_expression]

   (1) DEFAULT constant_expression：指定資料行的預設值，若新增資料時資料行沒有值，就以此預設值爲其值。

   constant_expression：指定爲資料行預設值的運算式，包含有NULL、常數，或系統函數。

   (2) [CONSTRAINT constraint_name]：針對資料行的預設值設定，可以選擇是否指定其條件約束名稱。

2. IDENTITY [(seed ,increment)]：是指定資料行具有Identity（識別屬性），亦即資料行值爲自動編號的值。其自動編號的值是以seed（識別值種子），搭配increment（識別值增量）而產生：

   (1) Seed：設定自動編號的起始值，預設的起始值爲1。

   (2) Increment：設定自動編號的增加值，預設的增加值爲每次自動增加1。

   必須同時指定seed及increment，或同時不指定這兩者。如果同時不指定這兩者，資料行值的預設值便是(1,1)。

   Identity資料行可以使用的資料類型爲bigint、decimal、int、numeric、smallint或tinyint。

   Identity資料行和DEFAULT預設值是無法搭配使用的，從語法中即可看出二者之間是以(|)區隔，表示二者不可同時使用，僅能至多擇一指定。

   每份資料表都只能建立一個Identity資料行，通常是用來搭配PRIMARY KEY條件約束使用，以便Identity資料行能成爲資料表的所有資料列的唯一識別碼，如[客戶編號]，[訂單編號]，及[產品編號]等皆常設計爲Identity資料行。

3. 定義IDENTITY屬性的資料行，與定義DEFAULT預設值的資料行，二者僅可擇一使用，不允許資料行同時定義IDENTITY屬性，又定義DEFAULT預設值。

介紹完CREATE TABLE敘述的語法後，我們終於可以示範以CREATE TABLE敘述來建立資料表的範例。以下的範例程式是對照我們在上一單元所建立的資料表[產品]定義（如圖）所設計出來的，請各位讀者參考。

範例程式

以CREATE TABLE陳述式建立資料表[產品]

```
USE [銷售訂單]
GO
CREATE TABLE [產品]
(
    [產品編號] [nchar](3) NOT NULL,
    [產品名稱] [nvarchar](20) NULL,
    [單價] [numeric](7, 1) NULL,
    [庫存量] [int] NULL
)
```

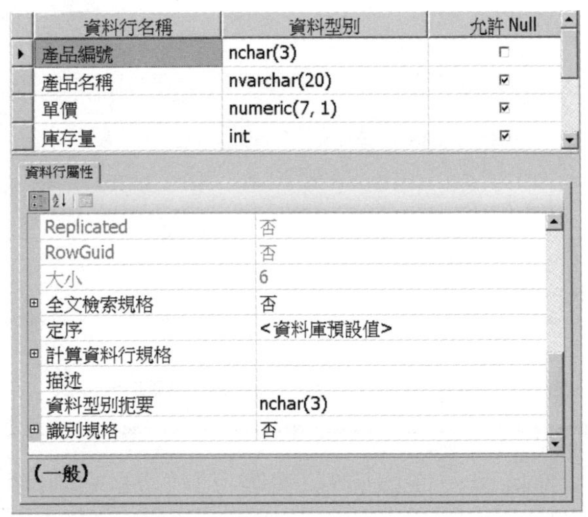

11-2 修改資料表

11-2-1 使用SQL Server Management Studio修改資料表

在SQL Server Management Studio中，對於已建立的資料表如想進行任何以下的修改或調整，都可以利用「資料表設計師」輕鬆完成：

- 資料行的基本操作
  1. 將資料行插入至資料表
  2. 在資料表中搬移資料行
  3. 從資料表中刪除資料行
- 調整資料表中屬性資料行的大小
- 建立互相符合的主索引鍵與外部索引鍵之關聯性
- 修改資料行
  1. 修改資料行資料類型
  2. 修改資料行長度
  3. 修改資料行精確度
  4. 修改資料行小數位數
  5. 修改資料行識別屬性
  6. 修改資料行的Null選項

本單元將就以上的修改或調整，選擇出一些常用或重要的工作，製作成範例或實務演練提供予各位讀者參考與練習。

實務演練

使用資料表設計師進行資料行的插入、搬移及刪除

步驟1 開啓SSMS：連接至已完成資料表[產品]建立的使用者資料庫（如本例的[銷售訂單]）。

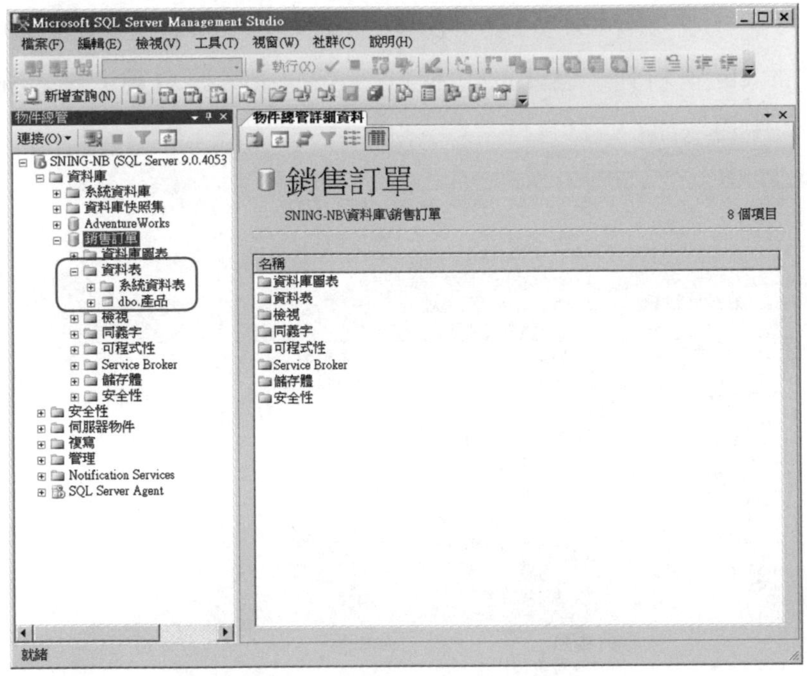

步驟2 開啟資料表設計師：在[物件總管]中，在要加入資料行的資料表[dbo.產品]上按一下滑鼠右鍵，然後選擇[設計]。

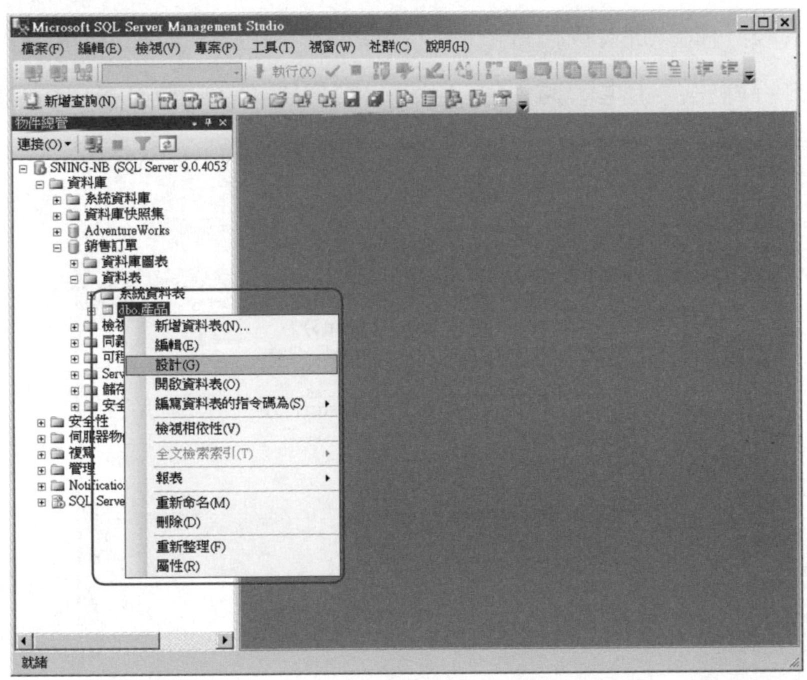

步驟3 資料表設計師：插入資料行─將[成本]插入至[產品名稱]與[單價]中。

在欲插入的資料列（也就是[單價]）上按一下滑鼠右鍵，然後從快速鍵功能表中選取[插入資料行]。

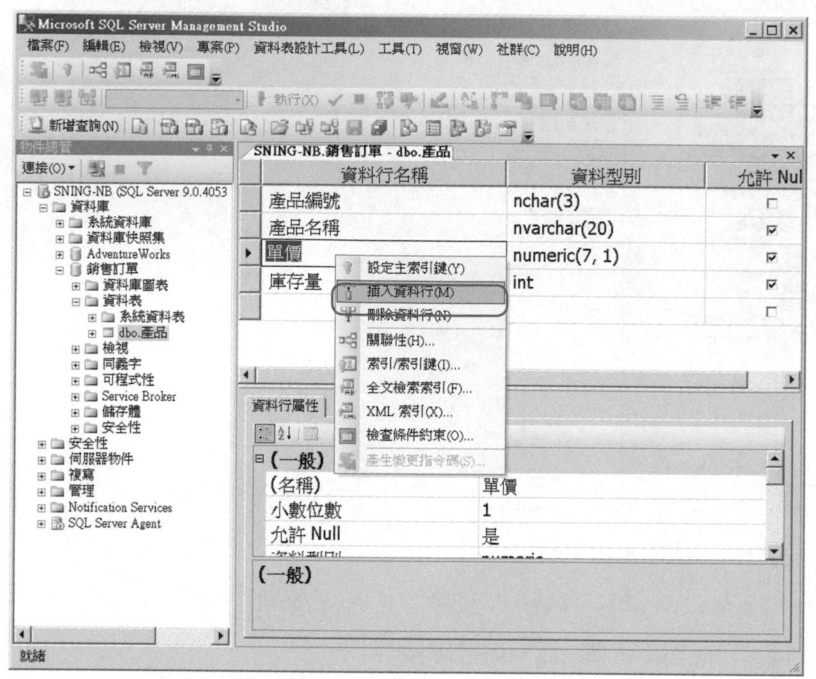

步驟4 資料表設計師：插入資料行─將[成本]插入至[產品名稱]與[單價]中。

「資料行窗格」產生了插入於[產品名稱]與[單價]中的一空白資料列。

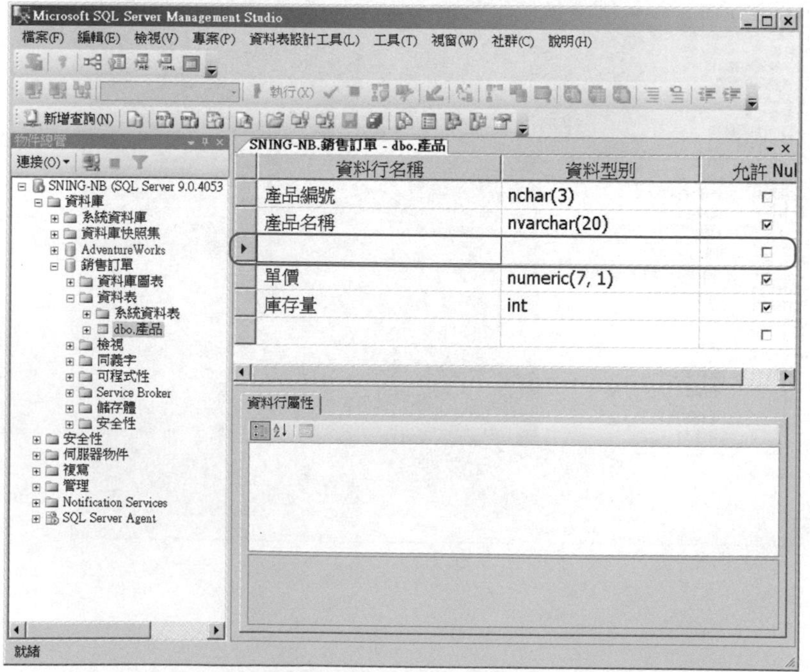

步驟5 資料表設計師：插入資料行—將[成本]插入至[產品名稱]與[單價]中。

在空白列的[資料行名稱]中，將資料行名稱輸入[成本]。再按下TAB鍵，或直接以滑鼠左鍵點擊空白列的[資料型別]欄，皆可以移至[資料型別]欄。

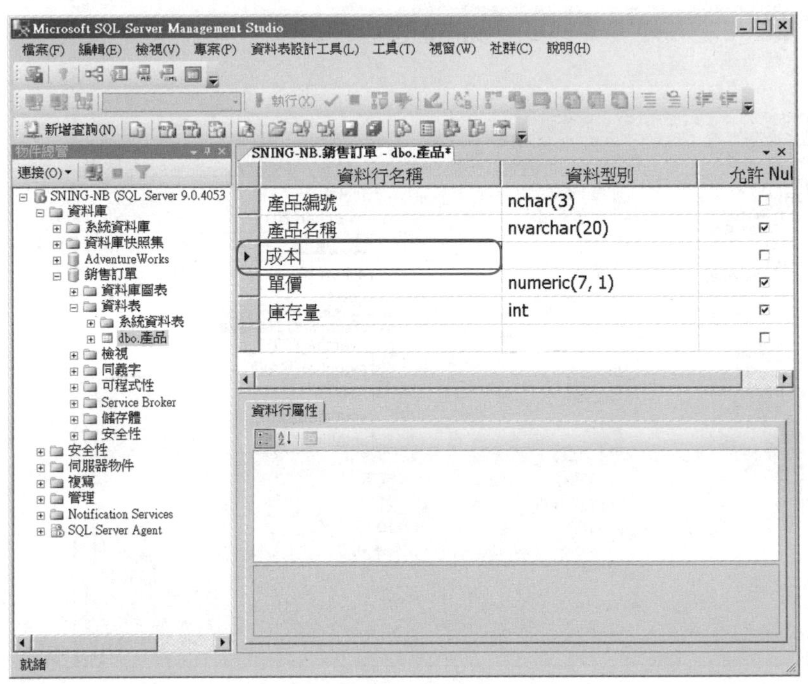

步驟6 資料表設計師：插入資料行—將[成本]插入至[產品名稱]與[單價]中。

立即從[資料行名稱]欄轉移至[資料型別]欄，出現下拉式清單，同時，「資料行屬性窗格」也自動出現預設的其他屬性之設定內容。

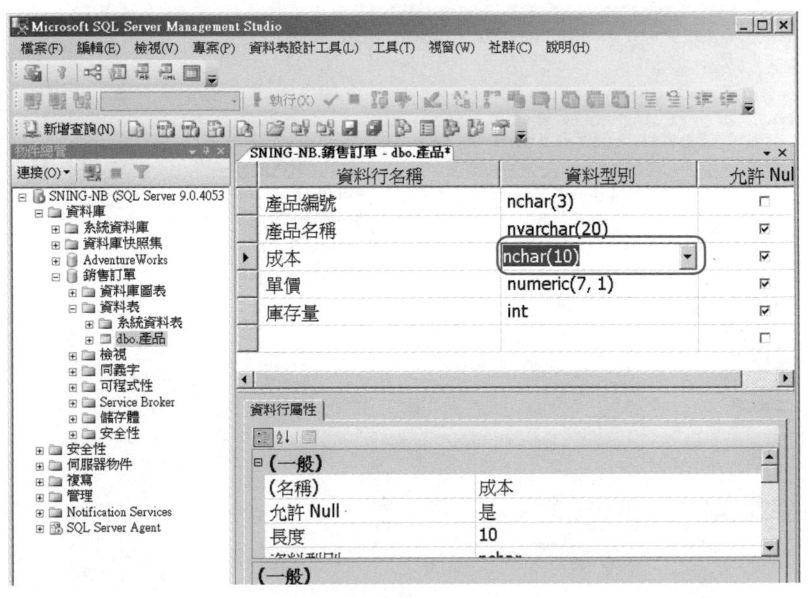

步驟7 資料表設計師：插入資料行—將[成本]插入至[產品名稱]與[單價]中。

於[資料型別]欄展開下拉選單，選取適合資料行[成本]的資料類型，如numeric。

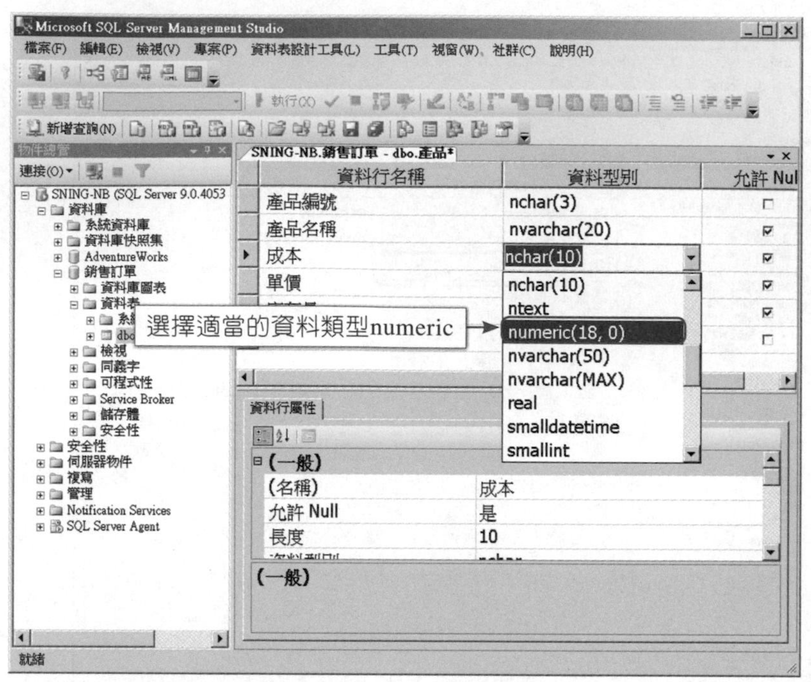

步驟8 資料表設計師：插入資料行—將[成本]插入至[產品名稱]與[單價]中。

再更改其正確的整數位數目，及小數位數目的值，便大致完成將資料行[成本]插入至資料表的操作。

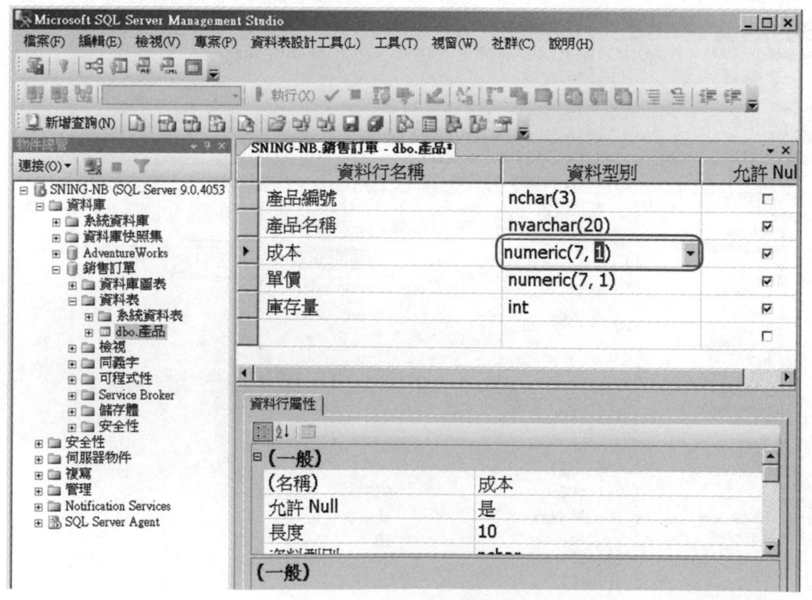

步驟9 資料表設計師：插入資料行—將[成本]插入至[產品名稱]與[單價]中。

儲存資料行[成本]插入至資料表的操作，按下[確定]即可。

步驟10 資料表設計師：搬移資料行的操作—將[成本]搬到[單價]與[庫存量]間。

首先以左鍵選取欲搬移的資料行[成本]，此時資料行[成本]會出現箭頭按鈕[▶]。

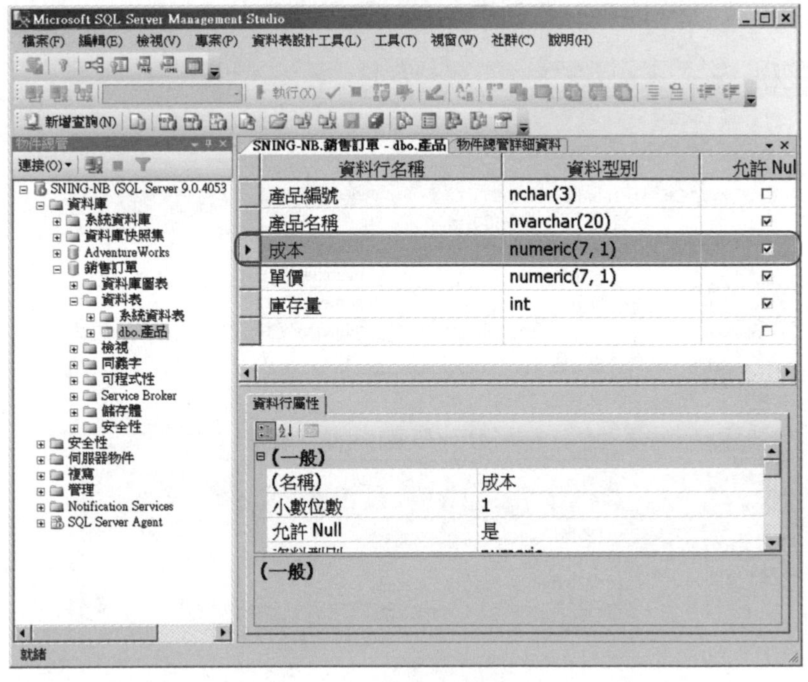

步驟11 資料表設計師：搬移資料行的操作—將[成本]搬到[單價]與[庫存量]。

將滑鼠指標指在選取資料行[成本]左邊的箭頭按鈕[▶]上，按住左鍵（指標呈 狀）拖曳到[單價]與[庫存量]間（由拖曳時所形成的黑色水平線決定）…

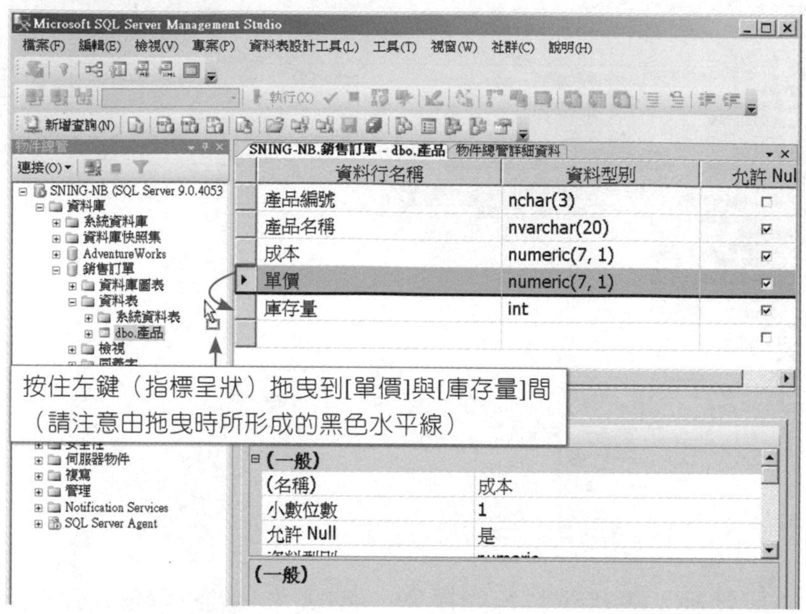

步驟12 資料表設計師：搬移資料行的操作—將[成本]搬到[單價]與[庫存量]間。

當上個步驟的箭頭按鈕[▶]拖曳到[單價]與[庫存量]間時（由拖曳時所形成的黑色水平線決定），放開左鍵即可完成搬移。

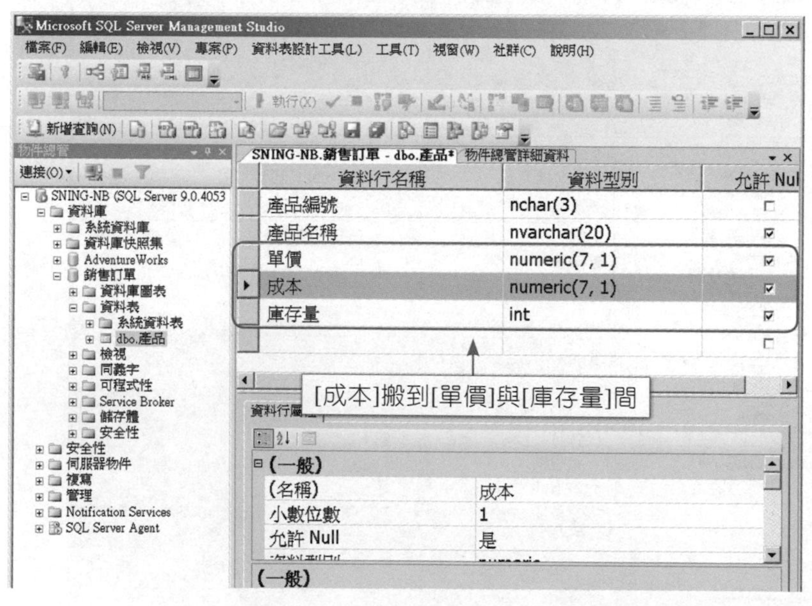

步驟13 資料表設計師：刪除資料行的操作—將資料行[成本]刪除。

在欲刪除的資料列（也就是[成本]）上按一下滑鼠右鍵，然後從快速鍵功能表中選取[刪除資料行]。

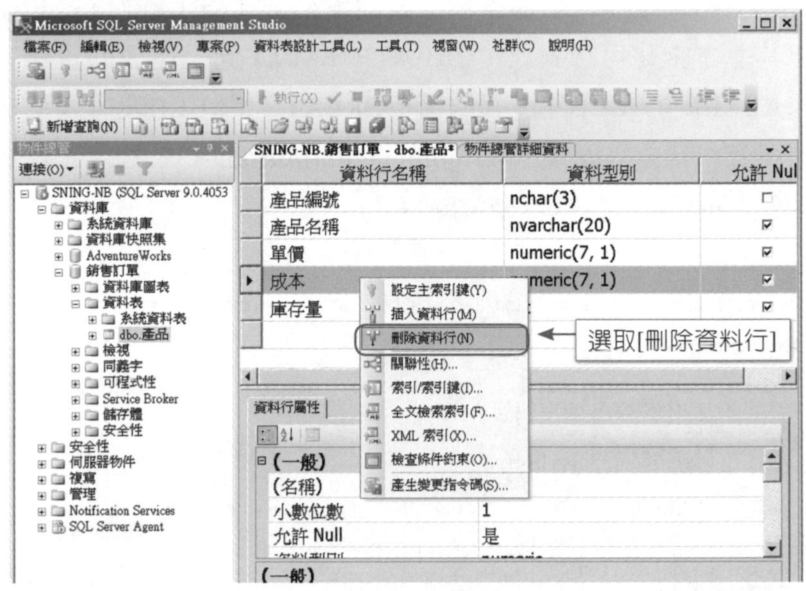

步驟14 資料表設計師：刪除資料行的操作—將資料行[成本]刪除。

完成從資料表[產品]中刪除資料行[成本]。

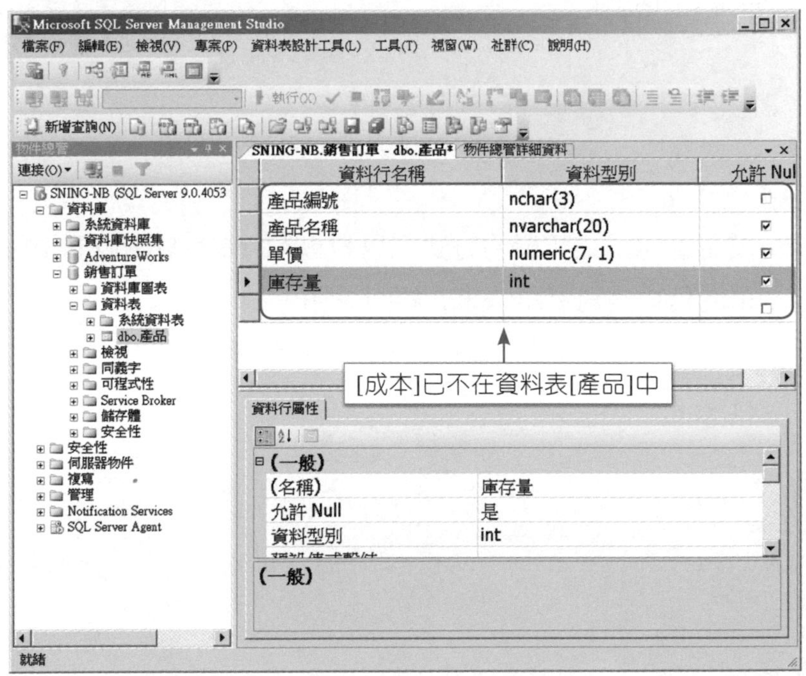

11-2-2 使用T-SQL修改資料表

在SQL Server中使用T-SQL修改資料表的方式，就是執行ALTER TABLE陳述式。ALTER TABLE陳述式結構雖然不如CREATE TABLE陳述式結構般的冗長且複雜，但其基本上是可針對已由CREATE TABLE建立完成的資料表再進行修改，所以，ALTER TABLE陳述式結構與CREATE TABLE陳述式結構有許多相同之處，如「資料行定義區塊」（<column_definition>），及「資料表的條件約束」（<table_constraint>）等（參考圖11.3）。 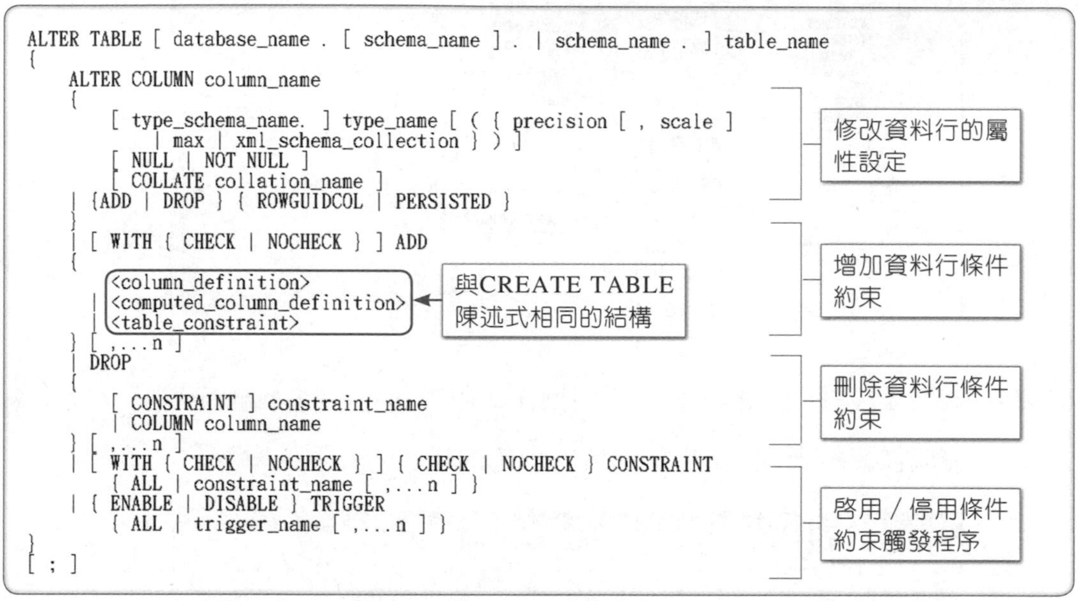

```
ALTER TABLE [ database_name . [ schema_name ] . | schema_name . ] table_name
{
    ALTER COLUMN column_name
    {
        [ type_schema_name. ] type_name [ ( { precision [ , scale ]
            | max | xml_schema_collection } ) ]
        [ NULL | NOT NULL ]
        [ COLLATE collation_name ]
    | {ADD | DROP } { ROWGUIDCOL | PERSISTED }
    }
    | [ WITH { CHECK | NOCHECK } ] ADD
    {
        <column_definition>
      | <computed_column_definition>
      | <table_constraint>
    } [ ,...n ]
    | DROP
    {
        [ CONSTRAINT ] constraint_name
        | COLUMN column_name
    } [ ,...n ]
    | [ WITH { CHECK | NOCHECK } ] { CHECK | NOCHECK } CONSTRAINT
        { ALL | constraint_name [ ,...n ] }
    | { ENABLE | DISABLE } TRIGGER
        { ALL | trigger_name [ ,...n ] }
}
[ ; ]
```


● 圖11.3　ALTER TABLE陳述式的部分語法結構

爲了讓各位讀者都能以最輕鬆的方式來學習以ALTER TABLE陳述式完成資料表的修改，本單元仍以其簡易語法來介紹與說明。

ALTER TABLE 陳述式

簡易語法：

```
ALTER TABLE [ database_name . [ schema_name ] . | schema_name
. ] table_name
{
```

```
    COLUMN column_name
    {
        type_name [ ( { precision [ , scale ] | max | xml_
schema_collection } ) ]
        [ NULL | NOT NULL ]
        [ COLLATE collation_name ]
    }
    | ADD
    {
        <column_definition> | <computed_column_definition>
      | <table_constraint>
    } [ ,...n ]
    | DROP
    {
        [ CONSTRAINT ] constraint_name  | COLUMN column_name
    } [ ,...n ]
}
```

- ALTER TABLE：ALTER TABLE陳述式開始的關鍵字。
- [database_name . [schema_name] . | schema_name .] table_name：此爲([資料庫名稱.[結構描述名稱].| 結構描述名稱.] 資料表名稱)之意，須緊接於CREATE TABL後使用，用來指定欲建立的資料表之方式有以下三種格式：

  1. 資料庫名稱.結構描述名稱.資料表名稱
  2. 結構描述名稱.資料表名稱
  3. 資料表名稱

- ALTER COLUMN column_name

  column_name：指定欲修改的資料行名稱。

  從此行開始是要進行修改資料行的屬性設定，包括有：

  1. 資料類型
  2. NULL
  3. 資料定序名稱

  由於NULL及資料定序名稱都已於CREATE TABLE介紹過，所以接下來我們只須針對資料類型的修改做進一步說明。

- type_name [({ precision [, scale] | max | xml_schema_collection })]

  type_name：指定欲修改的資料行的資料類型名稱

  1. precision [, scale]：只適用於numeric及decimal資料類型之分別指定整數位數目（precision），及小數位數目的值（scale）。
  2. max：只適用於varchar、nvarchar及varbinary資料類型的大型長度的資料。
  3. xml_schema_collection：指定一個關聯於xml資料類型的XML結構描述關聯，所以此設定是只適用於xml資料類型。

- ADD

  {

  <column_definition>

  | <computed_column_definition>

  | <table_constraint>

  } [,...n]

  此段是利用以下與CREATE TABLE陳述式相同之語法結構，完成資料行的新增、「計算資料行」的新增，或是資料表的條件約束的新增：

  1. <column_definition>（「資料行定義區塊」）：以ADD <column_definition>完成資料行的新增。
  2. <computed_column_definition>（「計算資料行的定義區塊」）

     (1)「計算資料行」有別於一般資料行，是由一個特定運算式所計算出來的資料行。

     (2) 以ADD <computed_column_definition>完成「計算資料行」的新增。
  3. <table_constraint>（「資料表的條件約束」）：以ADD <table_constraint>完成資料表條件約束的新增。

- DROP

  {

  [CONSTRAINT] constraint_name

  | COLUMN column_name

  } [,...n]

  指定欲自資料表刪除之資料行的條件約束或資料行。其方式分別如下所列：

  1. 刪除資料行的條件約束

     DROP [CONSTRAINT] 資料行的條件約束名稱

2. 刪除資料行

DROP COLUMN資料行名稱

介紹完ALTER TABLE陳述式之語法後，我們終於能示範以ALTER TABLE陳述式來分別進行修改資料表的範例，包括有：插入新資料行[成本]，及刪除已完成插入的新資料行[成本]。以下的範例程式是對照我們上一單元針對資料表[產品]以SSMS所進行的【實務演練】—使用資料表設計師進行資料行的插入、搬移及刪除而設計出來的，請各位讀者參考。

範例程式

以ALTER TABLE陳述式修改資料表[產品]

```
/* 以 ALTER TABLE 修改資料表 [產品] */
-- 開啓資料庫 [銷售訂單]
USE [銷售訂單]
GO
-- 插入新資料行 [成本]
ALTER TABLE [產品]
    ADD [成本] [numeric](7, 1) NULL
;
-- 檢視新資料行 [成本] 是否已完成插入
SELECT * FROM [產品]
GO
```

結果 | 訊息

	產品編號	產品名稱	單價	庫存量	成本

```
-- 刪除已完成插入的新資料行[成本]
ALTER TABLE [產品]
    DROP COLUMN [成本]
;
-- 檢視新資料行 [成本] 是否已完成刪除
SELECT * FROM [產品]
GO
```

結果 | 訊息

	產品編號	產品名稱	單價	庫存量

11-3 資料表的應用

11-3-1 資料表的主要應用—資料完整性

資料表的建立除了是作爲資料的儲存，及可供使用者與應用程式的存取以滿足使用者需求外，其主要的應用就是保障關聯式資料庫的資料完整性（Integrity）。共分爲以下四種：

- 實體完整性（Entity Integrity）：確保主鍵不能是NULL，主鍵的部分也不能爲NULL，主鍵值必須是不可重複的唯一值。
- 值域完整性（Domain Integrity）：確保資料行的正確性。
- 參考完整性（Referential Integrity）：確保資料表之間關聯的資料行的一致性。
- 使用者自訂的完整性（User-Defined Integrity）：確保使用者以商業法則（Business Rules）所規範之資料的完整性。

因此，爲確保四種不可或缺的資料完整性，SQL Server提供一個資料完整性的標準機制—條件約束（Constraint），可讓我們在資料表中針對資料行定義各類用途的條件約束：

- UNIQUE：強制資料行值的唯一性，確保不論資料表中有多少資料列，指定的資料行值絕對不會有重複的情況發生。所以，UNIQUE條件約束是設計用來達成所謂的「實體完整性」（Entity Integrity）。

  每一資料表可以指定多個UNIQUE條件約束。

  範例：

  資料行[身分證字號]就是一個應使用UNIQUE條件約束的最佳範例，以避免[身分證字號]重複出現的不合理現象。

  如需詳細資訊，請參閱線上叢書中的＜UNIQUE條件約束＞。
- PRIMARY KEY：指定單一資料行的值，或多個資料行集合的值，成爲資料表的主鍵，而能以唯一的方式來識別資料表中的資料列。

  如同UNIQUE條件約束，資料表中的資料列都不允許擁有相同的主鍵值。所以，PRIMARY KEY條件約束也是設計用來達成所謂的「實體完整性」。

  每一資料表僅可以指定一個PRIMARY KEY條件約束。

範例1：資料表[訂單]中的資料行[訂單編號]就是一個應使用PRIMARY KEY條件約束的參考範例，以避免[訂單編號]重複出現的不合理現象。

範例2：資料表[訂單明細]中的資料行[訂單編號]，及資料行[產品編號]就是一個應使用PRIMARY KEY條件約束，指定二者必須以組成爲組合鍵（Composite Key）的型式成爲資料表[訂單明細]中的主鍵，以確保[訂單編號]＋[產品編號]的值爲絕不重複的唯一值，而能以唯一的方式來識別資料表[訂單明細]中的資料列。

如需詳細資訊，請參閱線上叢書中的＜PRIMARY KEY條件約束＞。

- FOREIGN KEY：建立資料表之間的1對1關係，或1對多關係。

  無論是1對1關係或1對多關係，皆是一個資料表中的外來鍵指向另一個資料表中的主鍵，要求其資料行（外來鍵）的值皆須存在於所參考的資料表的資料行（主鍵）中。所以，PRIMARY KEY條件約束是設計用來達成所謂的「參考完整性」。

  每一資料表可以指定不止一個FOREIGN KEY條件約束。

  範例1：資料表[訂單]中的資料行[客戶編號]就是應使用FOREIGN KEY條件約束，表示其爲資料表[訂單]中的外來鍵，並指出其值是參考自資料表[客戶]中作爲主鍵的資料行[客戶編號]的值。

  範例2：資料表[訂單明細]中的資料行[訂單編號]就是應使用FOREIGN KEY條件約束，表示其爲資料表[訂單明細]中的外來鍵，並指出其值是參考自資料表[訂單]中作爲主鍵的資料行[訂單編號]的值。同理而言，資料表[訂單明細]中的資料行[產品編號]也是應使用FOREIGN KEY條件約束，表示其爲資料表[訂單明細]中的外來鍵，並指出其值是參考自資料表[產品]中作爲主鍵的資料行[產品編號]的值。

  如需詳細資訊，請參閱線上叢書中的＜FOREIGN KEY條件約束＞。

- DEFAULT

  指定資料行的預設值。所以，DEFAULT條件約束可視爲是設計用來達成所謂的「值域完整性」。

  任何資料行都可以套用DEFAULT定義。但以下兩類資料行除外：

1. 定義為資料類型timestamp（時間戳記）的資料行：每個資料庫都有一個代表是資料庫時間戳記的計數器，會針對在資料庫內包含timestamp資料行的資料表所執行的每個插入或更新作業而累加。每次修改或插入含timestamp資料行的資料列時，都會在timestamp資料行中自動插入累加的資料庫時間戳記。

   所以，資料類型為timestamp的資料行當然是不可能允許以DEFAULT指定預設值。

   如需詳細資訊，請參閱線上叢書中的＜timestamp (Transact-SQL)＞。

2. 定義為IDENTITY屬性的資料行

   IDENTITY屬性的資料行值是由SQL Server自動產生，當然是不可能允許以DEFAULT指定預設值。

   如需詳細資訊，請參閱線上叢書中的＜IDENTITY(屬性) (Transact-SQL)＞。

   可指定為資料行的預設值，包括有：常數、NULL或系統函數。

   範例：資料表[訂單]中的資料行[訂單日期]就是可運用DEFAULT條件約束，以SQL Server系統函數getdate()於每筆訂單資料列新增時自動產生當時的日期時間值，如下所示：

   [訂單日期] [datetime] DEFAULT (getdate())

   如需詳細資訊，請參閱線上叢書中的＜DEFAULT定義＞。

- NOT NULL：指定資料行不允許NULL值。所以，NOT NULL條件約束是設計用來達成所謂的「值域完整性」。每一資料表可以指定多個NOT NULL條件約束。

  範例：資料表[訂單明細]中的資料行[數量]就是一個應使用NOT NULL條件約束的參考範例，以避免出現所訂購的商品沒有[數量]的不合理現象。

  如需詳細資訊，請參閱線上叢書中的＜允許Null值＞。

- CHECK

  1. 限制資料行中可接受的值。
  2. CHECK條件約束是以指定布林（Boolean）的邏輯運算式，套用至輸入資料行所有值的方式，以評估輸入值是否符合邏輯運算式。因此，所有評估為FALSE的值都會遭拒絕，而確保資料行的值是在邏輯運算式所設定的範圍內。所以，CHECK條件約束是設計用來達成所謂的「值域完整性」。

3. 布林的邏輯運算式不能含有別名資料類型。

CHECK條件約束的規則會在執行INSERT陳述式和UPDATE陳述式時，以指定的布林邏輯運算式進行資料驗證功能。

每一資料表可以指定多個CHECK條件約束，且同時，每個資料行也可以指定多個CHECK條件約束。

範例：資料表[客戶]中與出生日期有關的資料行[月份]的值，應以CHECK條件約束限定於1～12之間。其定義方式可參考如下所示：

[月份] [int] CHECK (月份 BETWEEN 1 and 12)

或

[月份] [int] CHECK (月份 >= 1 and月份 <= 12)

如需CHECK條件約束的詳細資訊，請參閱線上叢書中的＜CHECK條件約束＞。

接下來，我們將為各位讀者介紹如何使用SQL Server Management Studio來建立SQL Server所支援的條件約束。

11-3-2 使用SQL Server Management Studio維護條件約束

在SQL Server Management Studio中，「資料表設計師」可搭配工具列中不同按鈕（參考圖11.4），分別完成下列條件約束的建立、修改及刪除：

- [設定主索引鍵]按鈕

  建立及刪除PRIMARY KEY條件約束。

- [關聯性]按鈕

  建立及刪除FOREIGN KEY條件約束。

- [管理索引和索引鍵]按鈕

  建立及刪除UNIQUE條件約束。

- [管理檢查條件約束]按鈕

  建立及刪除CHECK條件約束。

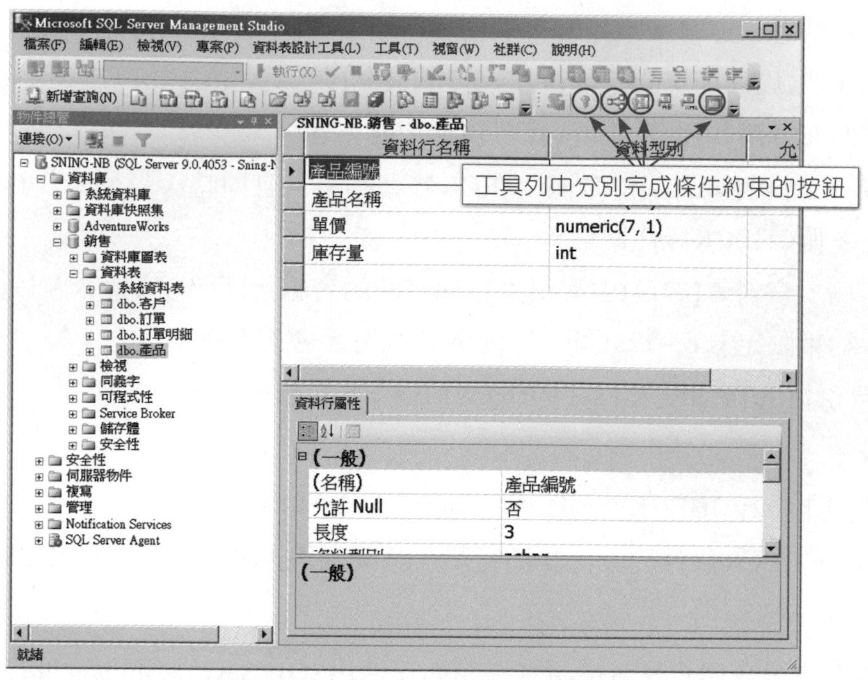

●圖11.4　工具列中完成各類條件約束的按鈕

針對本單元欲進行的各類條件約束，我們特別安排一個簡易關聯式模型範例—銷售訂單資訊系統（參考圖11.5）予各位讀者參考，以便輕鬆完成之後各類條件約束的實務演練。

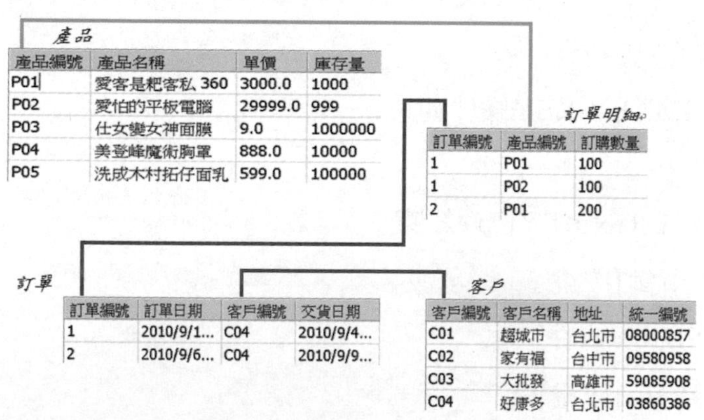

產品

產品編號	產品名稱	單價	庫存量
P01	愛客是耙客私 360	3000.0	1000
P02	愛怕的平板電腦	29999.0	999
P03	仕女變女神面膜	9.0	1000000
P04	美登峰魔術胸罩	888.0	10000
P05	洗成木村拓仔面乳	599.0	100000

訂單明細

訂單編號	產品編號	訂購數量
1	P01	100
1	P02	100
2	P01	200

訂單

訂單編號	訂單日期	客戶編號	交貨日期
1	2010/9/1...	C04	2010/9/4...
2	2010/9/6...	C04	2010/9/9...

客戶

客戶編號	客戶名稱	地址	統一編號
C01	趨城市	台北市	08000857
C02	家有福	台中市	09580958
C03	大批發	高雄市	59085908
C04	好康多	台北市	03860386

●圖11.5　關聯式模型範例—銷售訂單資訊系統

由以上關聯式模型的例子中，我們可以觀察出以下使用者需求的現象及其解決方案：

- 現象：資料表[客戶]中必須具有能識別所有[客戶]的資料列之主鍵，以保障資料表[客戶]的實體完整性。

  解決方案：建立PRIMARY KEY條件約束—指定[客戶]中的[客戶編號]為PRIMARY KEY。

  現象：資料表[訂單]是來自於客戶之下訂單的商業活動而產生，所以，[客戶]與[訂單]二者必須依靠建立1對多關係（一位客戶可累計訂購多筆訂單）的方式，才能取得訂單與客戶間的相關資訊，滿足使用者需求，同時也保障資料表[訂單]與資料表[客戶]間的參考完整性。

  解決方案：建立FOREIGN KEY條件約束—

  1. 指定[訂單]中的[客戶編號]為FOREIGN KEY。
  2. 指定[訂單]中的資料行[客戶編號]值是參考自資料表[客戶]中的資料行[客戶編號]值。

- 現象：資料表[訂單]中必須具有能識別所有[訂單]的資料列之主鍵，以保障資料表[訂單]的實體完整性。

  解決方案：建立PRIMARY KEY條件約束—指定[訂單]中的[訂單編號]為PRIMARY KEY。

- 現象：資料表[訂單]，與資料表[訂單明細]是經過資料正規化的過程，而成為各自獨立的資料表，二者必須依靠建立1對多關係（一筆訂單可包含多筆訂單明細）的方式，才能取得訂單與訂單明細間的相關資訊，滿足使用者需求，同時也保障資料表[訂單明細]與資料表[訂單]間的參考完整性。

  解決方案：建立FOREIGN KEY條件約束—

  1. 指定[訂單明細]中的[訂單編號]為FOREIGN KEY。
  2. 指定[訂單明細]中的資料行[訂單編號]值是參考自資料表[訂單]中的資料行[訂單編號]值

- 現象：資料表[產品]中必須具有能識別所有[產品]的資料列之主鍵，以保障資料表[產品]的實體完整性。

  解決方案：建立PRIMARY KEY條件約束—指定[產品]中的[產品編號]為PRIMARY KEY。

- 現象：資料表[訂單明細]中的[產品編號]是來自於產品，所以[產品]與[訂單明細]二者必須依靠建立1對多關係（一項產品可包含於多筆訂單明細）的方式，才能取得產品與訂單明細間的相關資訊，滿足使用者需求，同時也保障資料表[訂單明細]與資料表[產品]間的參考完整性。

  解決方案：建立FOREIGN KEY條件約束—

  指定[訂單明細]中的[產品編號]爲FOREIGN KEY。

  指定[訂單明細]中的資料行[產品編號]值是參考自資料表[產品]中的資料行[產品編號]值。

- 現象：資料表[訂單明細]中必須具有能識別所有[訂單明細]的資料列之主鍵，以保障資料表[訂單明細]的實體完整性。

  解決方案：建立PRIMARY KEY條件約束—指定[訂單明細]中的[訂單編號]及[產品編號]，以組合鍵方式成爲PRIMARY KEY。

實務演練

使用資料表設計師對資料表[產品]的[產品編號]進行PRIMARY KEY條件約束的建立及移除

步驟1 開啓SSMS：連接至使用者資料庫[銷售]。

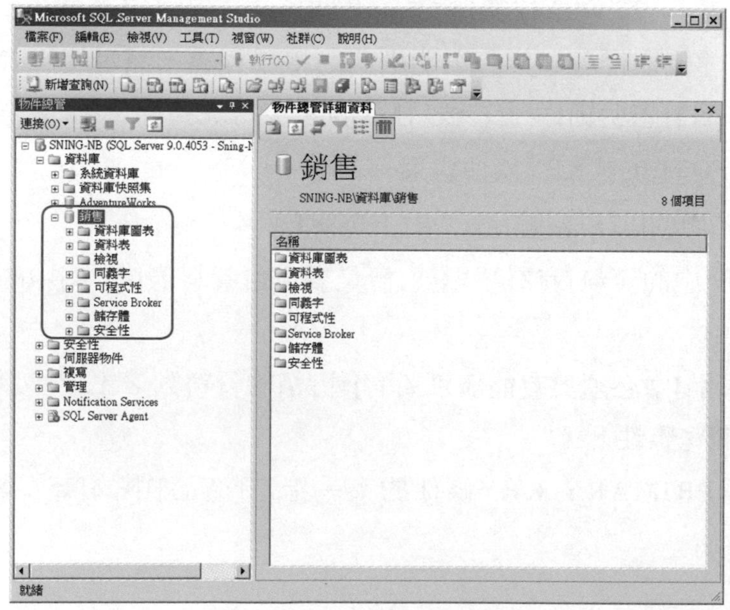

步驟2　開啓資料表設計師：在[物件總管]中，在要加入資料行的資料表[產品]上按一下滑鼠右鍵，然後選擇[設計]。

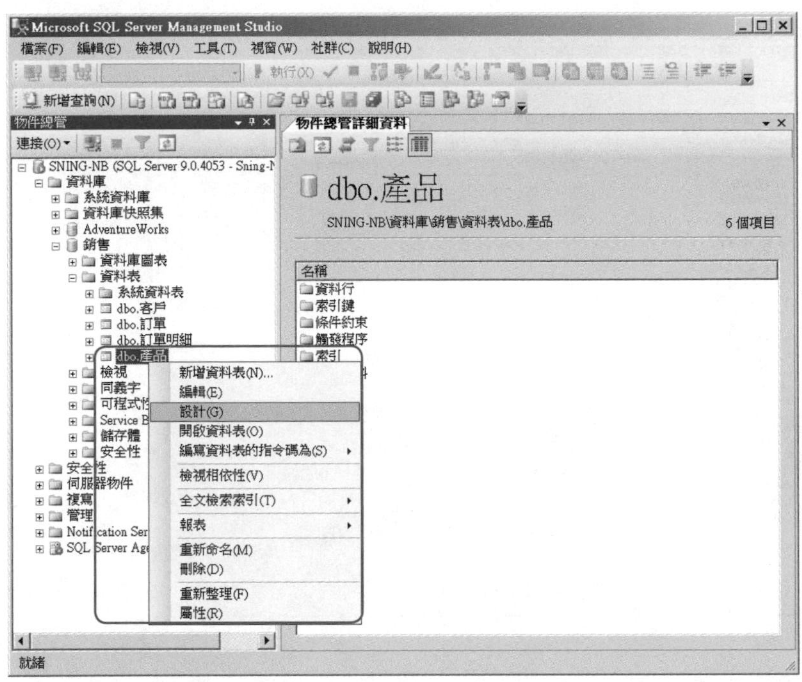

步驟3　資料表設計師：建立PRIMARY KEY條件約束。

首先以左鍵選取欲建立PRIMARY KEY條件約束的資料行[產品編號]，此時資料行[產品編號]會出現箭頭按鈕[▶]，接著依步驟4或步驟5繼續操作。

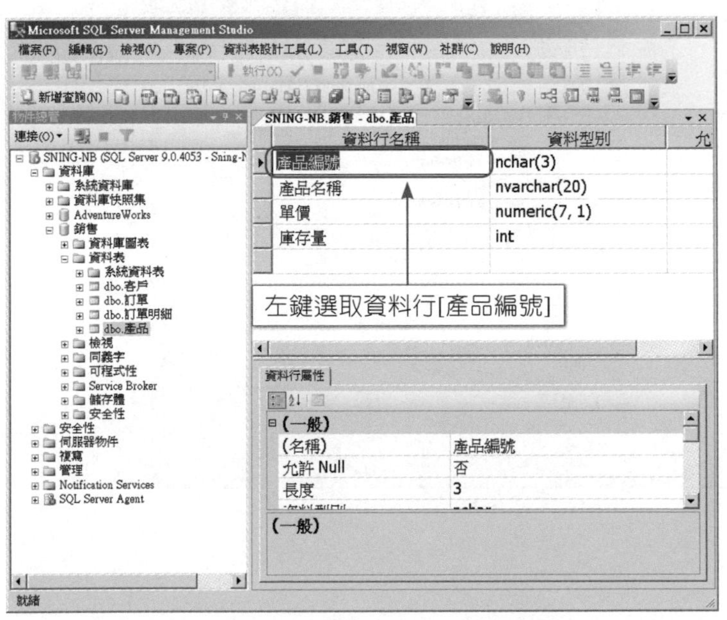

步驟4 開啟資料表設計師：建立PRIMARY KEY條件約束。

按下[設定主索引鍵]按鈕。

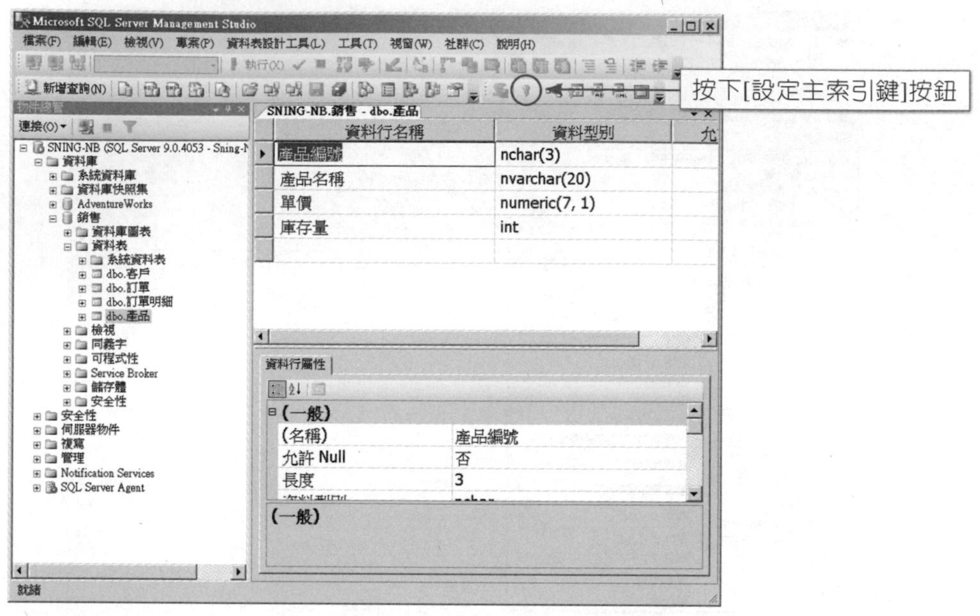

步驟5 資料表設計師：建立PRIMARY KEY條件約束。

於資料表設計師[快捷工作選單]，點選[設定主索引鍵]。

步驟6 開啓資料表設計師：建立PRIMARY KEY條件約束。

資料行[產品編號]完成PRIMARY KEY條件約束的設定，此時資料行[產品編號]會出現 。若欲移除已建立的PRIMARY KEY條件約束，可接著依步驟7或步驟8繼續操作。

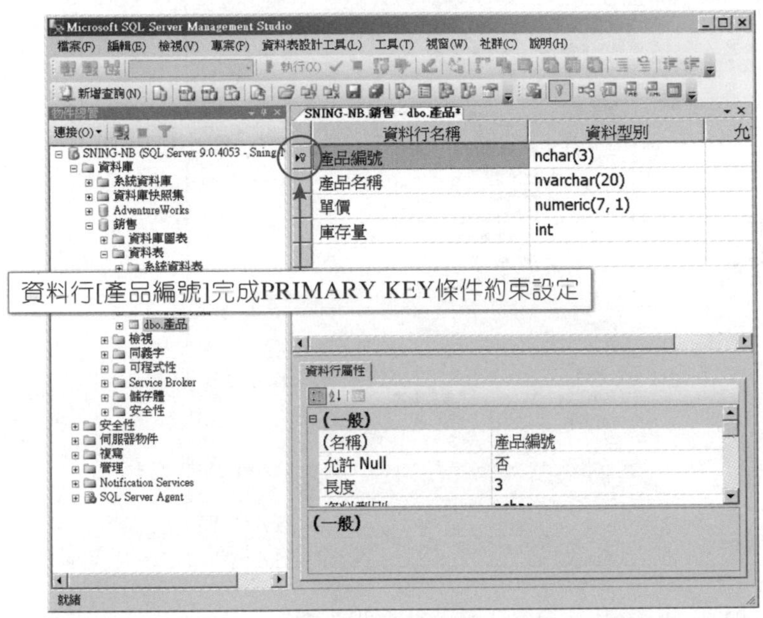

步驟7 資料表設計師：移除PRIMARY KEY條件約束。

於[設定主索引鍵]按鈕的操作指示爲[移除主索引鍵]，再次按下[設定主索引鍵]按鈕，可立即移除資料行[產品編號]PRIMARY KEY條件約束的設定。

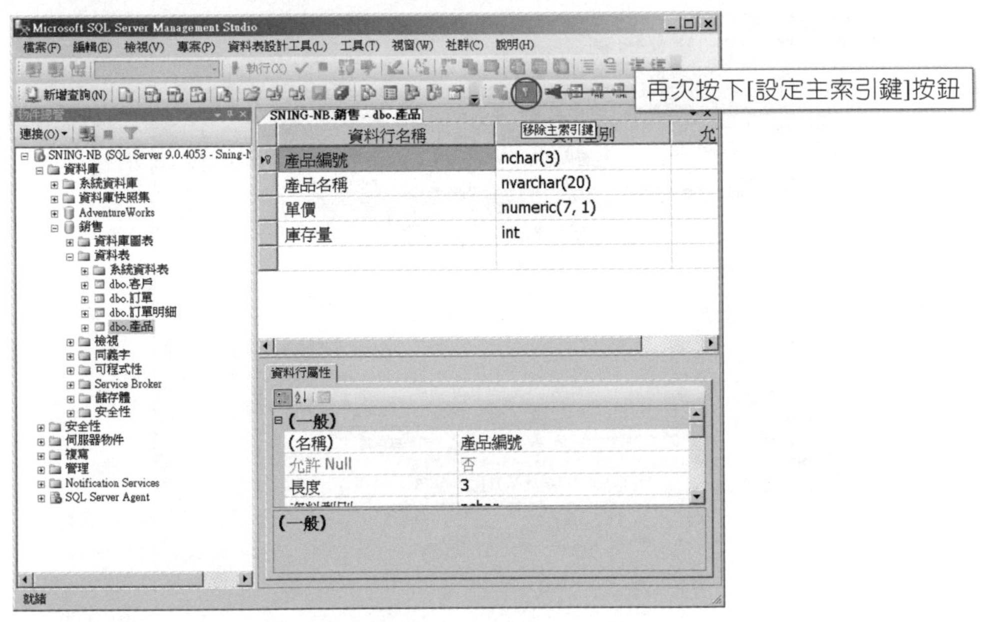

步驟8 開啓資料表設計師：移除PRIMARY KEY條件約束。

按下右鍵，於產生的資料表設計師[快捷工作選單]，點選[移除主索引鍵]，可立即移除資料行[產品編號]PRIMARY KEY條件約束的設定。

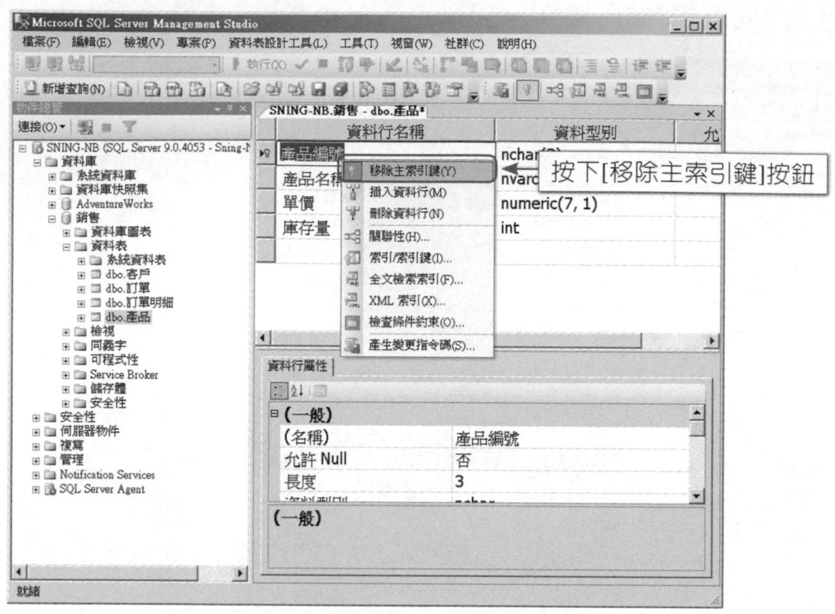

步驟9 資料表設計師：建立PRIMARY KEY條件約束。

先點擊☒之後，再於產生的[Microsoft SQL Server Management Studio]儲存變更的對話方塊，按下[是(Y)]按鈕，即可儲存PRIMARY KEY條件約束的建立。

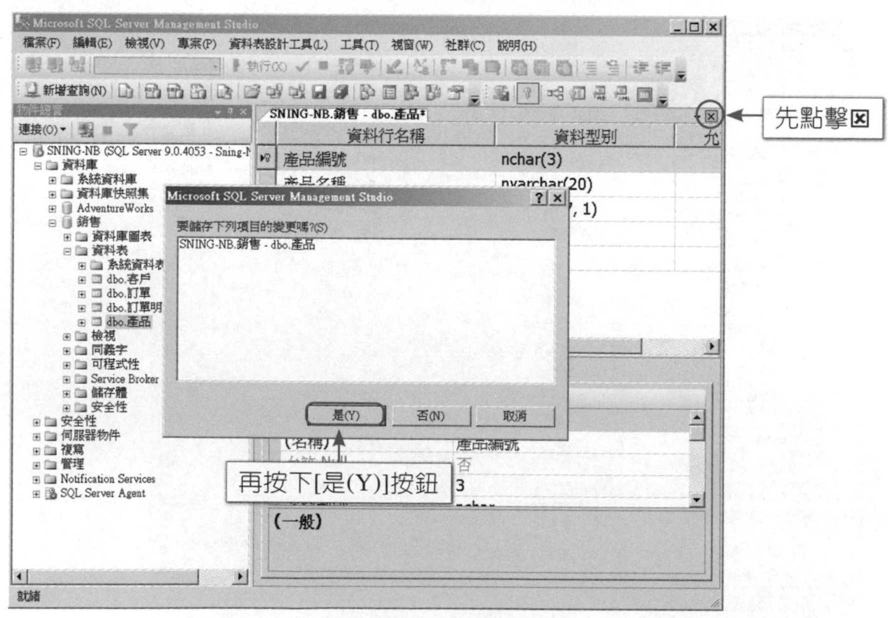

演練完成後，請讀者自行參考本例，分別完成以下PRIMARY KEY條件約束的建立：

- 指定[客戶]中的[客戶編號]爲PRIMARY KEY。
- 指定[訂單]中的[訂單編號]爲PRIMARY KEY。
- 指定[產品]中的[產品編號]爲PRIMARY KEY。

以便能繼續完成之後的【實務演練】－建立FOREIGN KEY條件約束：

- 指定[訂單明細]中的[訂單編號]及[產品編號]，以組合鍵方式成爲PRIMARY KEY。
- 指定[訂單明細]中的[訂單編號]爲FOREIGN KEY，使得[訂單明細]中的資料行[訂單編號]值是參考自資料表[訂單]中的資料行[訂單編號]值。
- 指定[訂單明細]中的[產品編號]爲FOREIGN KEY，使得[訂單明細]中的資料行[產品編號]值是參考自資料表[產品]中的資料行[產品編號]值。

實務演練

使用資料表設計師指定[訂單明細]中的[訂單編號]及[產品編號]以組合鍵方式成為PRIMARY KEY

步驟1 開啓SSMS：連接至使用者資料庫[銷售]。

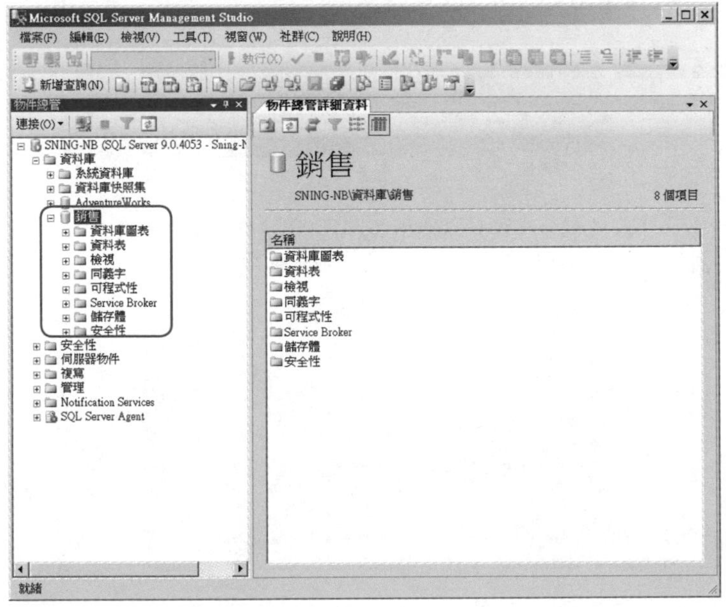

步驟2 開啓資料表設計師：在[物件總管]中，在要加入資料行的資料表[訂單明細]上按一下滑鼠右鍵，然後選擇[設計]。

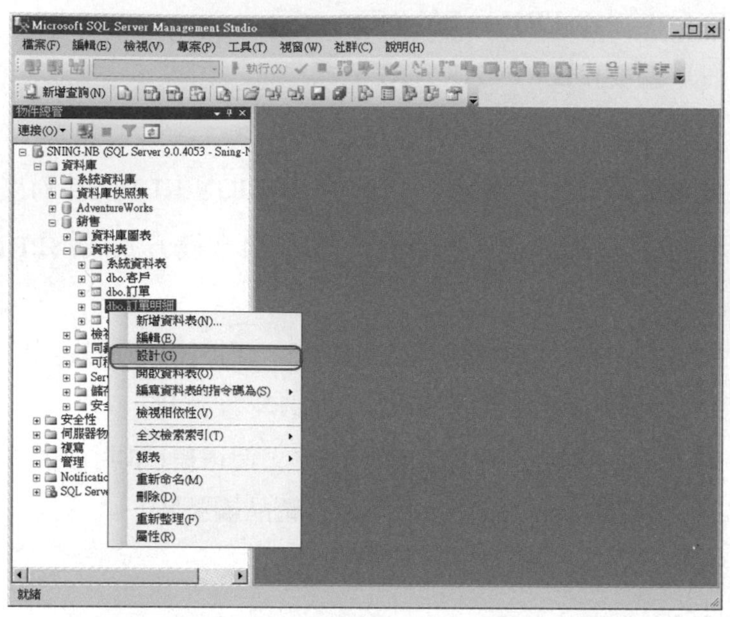

步驟3 資料表設計師：建立PRIMARY KEY條件約束。

以[Ctrl]+左鍵分別選取欲建立PRIMARY KEY條件約束的資料行[訂單編號]，及資料行[產品編號]，此時資料行[訂單編號]，及資料行[產品編號]二者背景顏色會出現藍色，接著依步驟4或步驟5繼續操作。

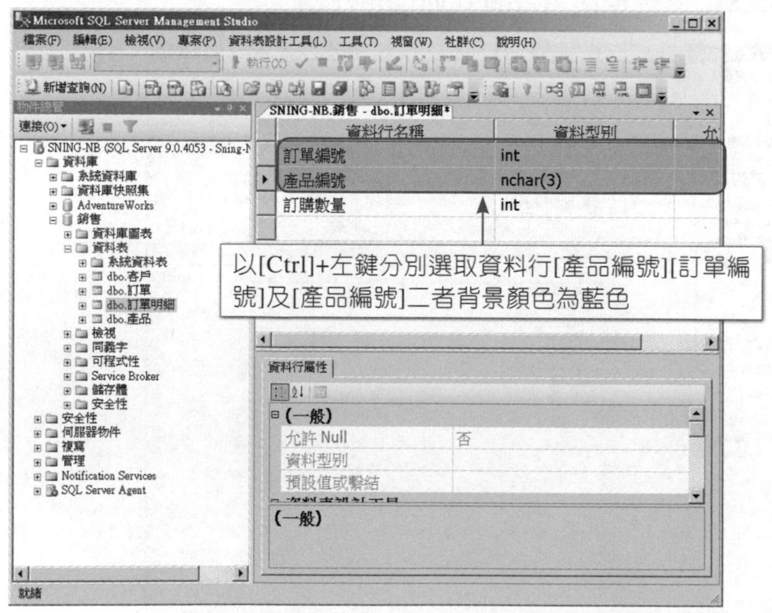

步驟4 開啓資料表設計師：建立PRIMARY KEY條件約束。

按下[設定主索引鍵]按鈕。

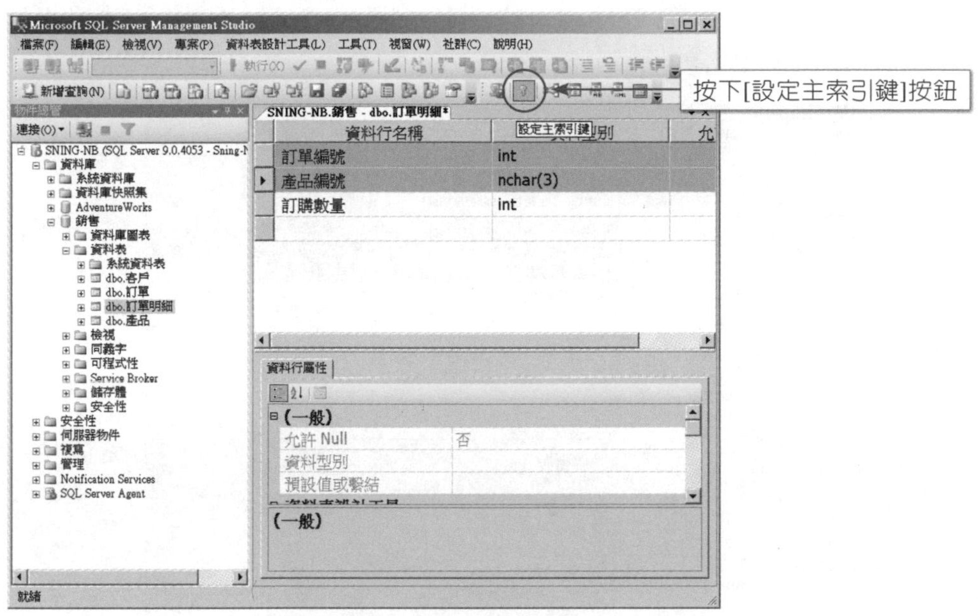

步驟5 資料表設計師：建立PRIMARY KEY條件約束。

於資料表設計師[快捷工作選單]，點選[設定主索引鍵]。

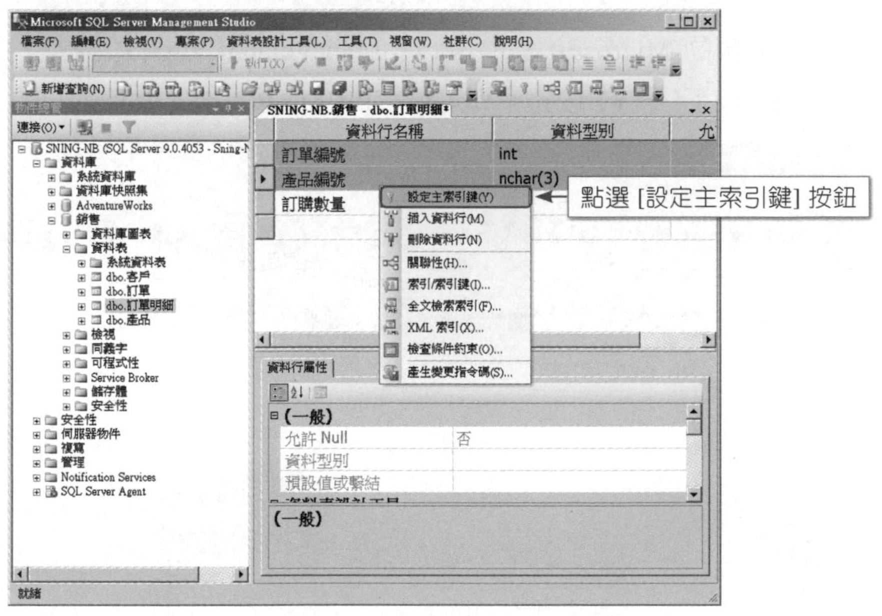

步驟6 開啓資料表設計師：建立PRIMARY KEY條件約束。

資料行[訂單編號]，及資料行[產品編號]二者以組合鍵方式完成PRIMARY KEY條件約束的設定，此時，[訂單編號]及[產品編號]會分別出現 及 。

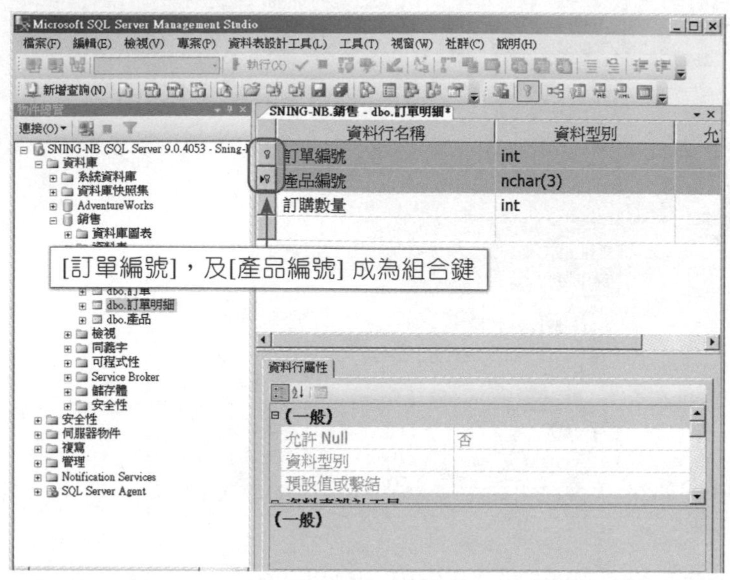

步驟7 資料表設計師：建立PRIMARY KEY條件約束。

1. 先點擊☒。
2. 再於產生的[Microsoft SQL Server Management Studio]儲存變更的對話方塊，按下[是(Y)]按鈕，即可儲存PRIMARY KEY條件約束的建立。

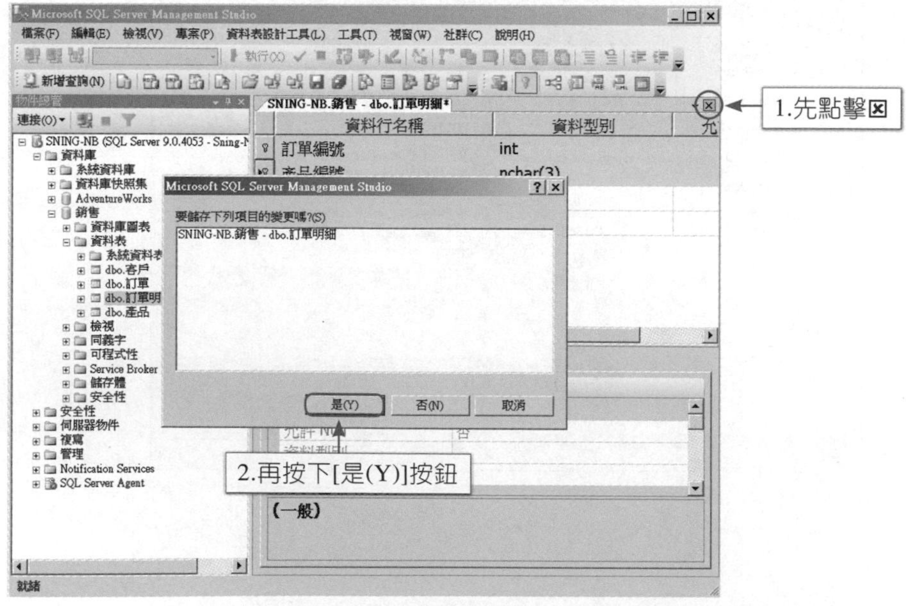

接下來請讀者務必確認已完成以下PRIMARY KEY條件約束的建立：

- 指定[訂單]中的[訂單編號]爲PRIMARY KEY。
- 指定[產品]中的[產品編號]爲PRIMARY KEY。
- 指定[訂單明細]中的[訂單編號]及[產品編號]以組合鍵方式成爲PRIMARY KEY。

否則【實務演練】—建立FOREIGN KEY條件約束，是無法正常完成建立的。

實務演練

使用資料表設計師指定[訂單明細]中的[訂單編號]及[產品編號]皆為FOREIGN KEY

步驟1 開啓SSMS：連接至使用者資料庫[銷售]。

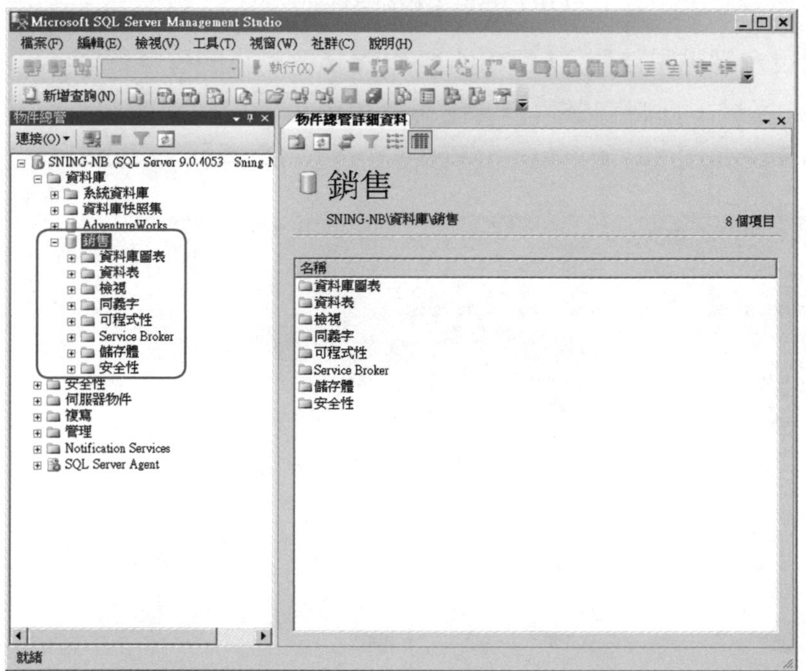

步驟2 開啓資料表設計師：在[物件總管]中，在要加入資料行的資料表[訂單明細]上按一下滑鼠右鍵，然後選擇[設計]。

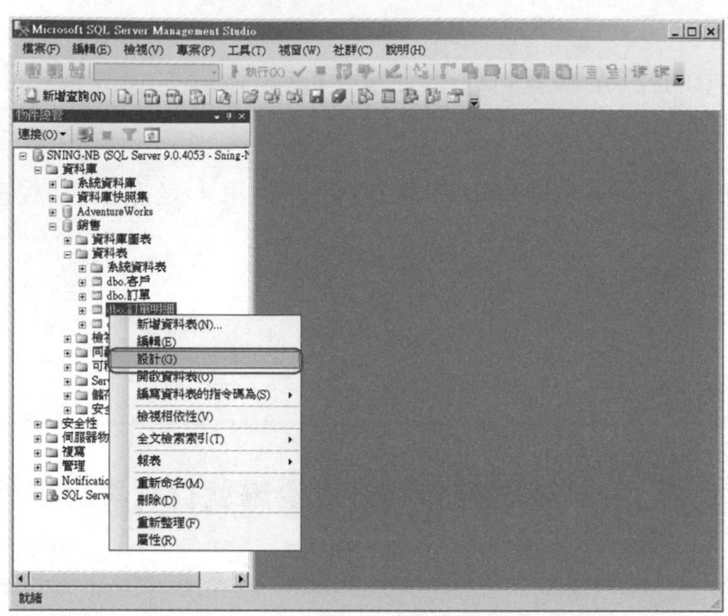

步驟3 資料表設計師：建立FOREIGN KEY條件約束。

以滑鼠左鍵點擊欲建立FOREIGN KEY條件約束的資料行[訂單編號]前面的 區域，此時背景顏色會出現藍色，表示已成功選取資料行[訂單編號]，接著依步驟4或步驟5繼續操作。

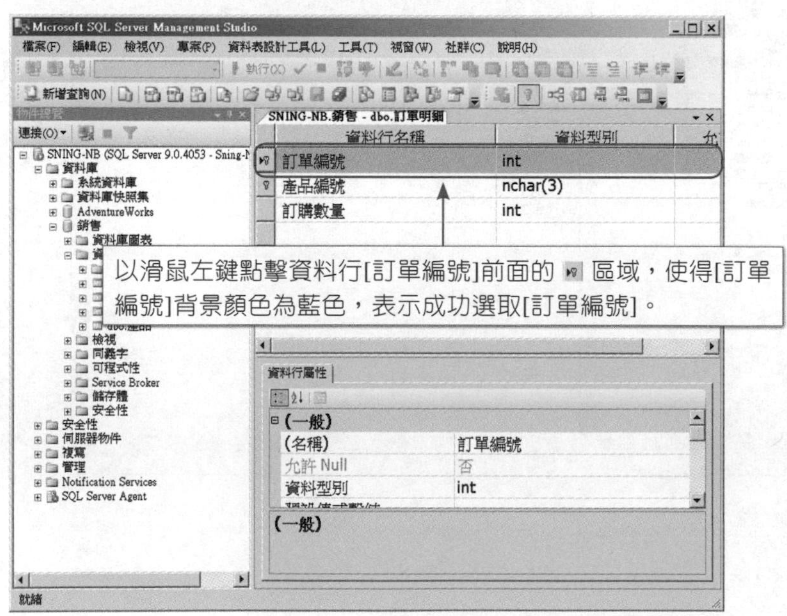

步驟4 資料表設計師：建立FOREIGN KEY條件約束。

按下[關聯性]按鈕。

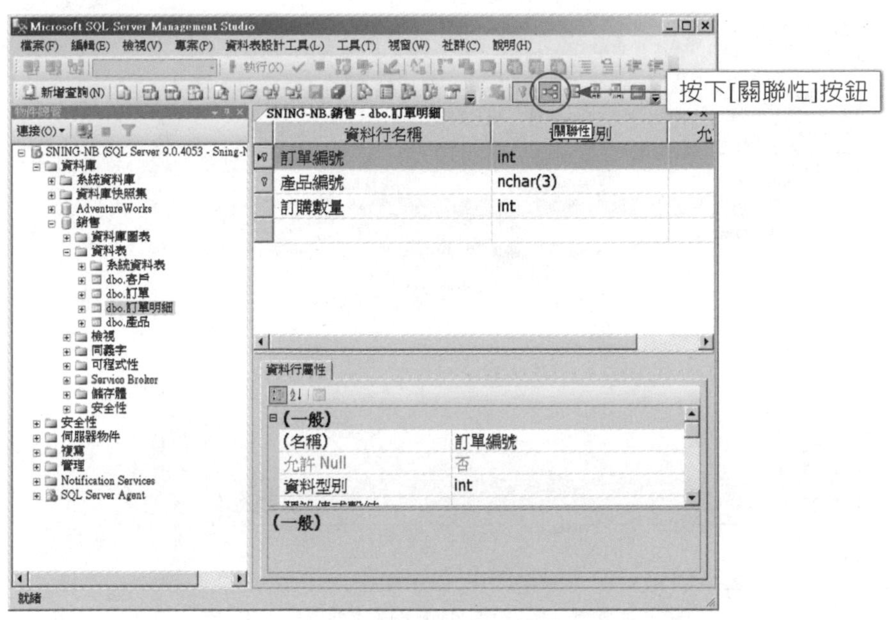

步驟5 資料表設計師：建立FOREIGN KEY條件約束。

於資料表設計師[快捷工作選單]，點選[關聯性]。

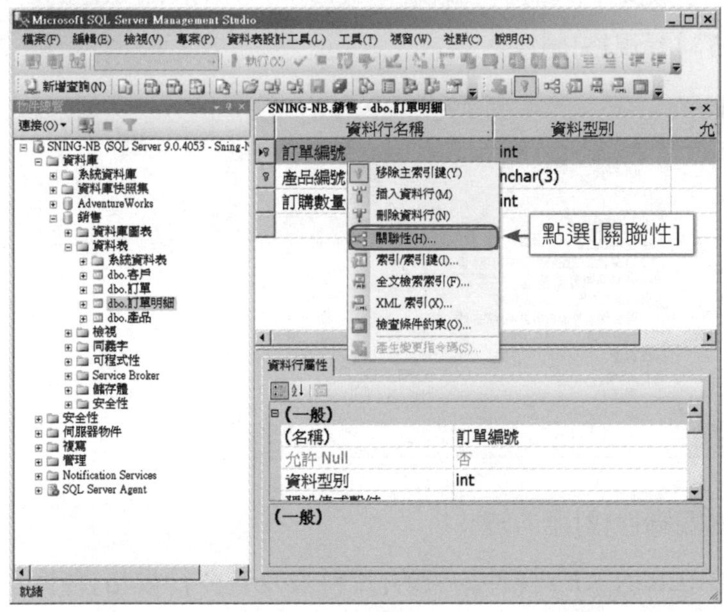

步驟6 資料表設計師：建立FOREIGN KEY條件約束。

產生[外部索引鍵關聯性]對話方塊，按下[加入]按鈕。

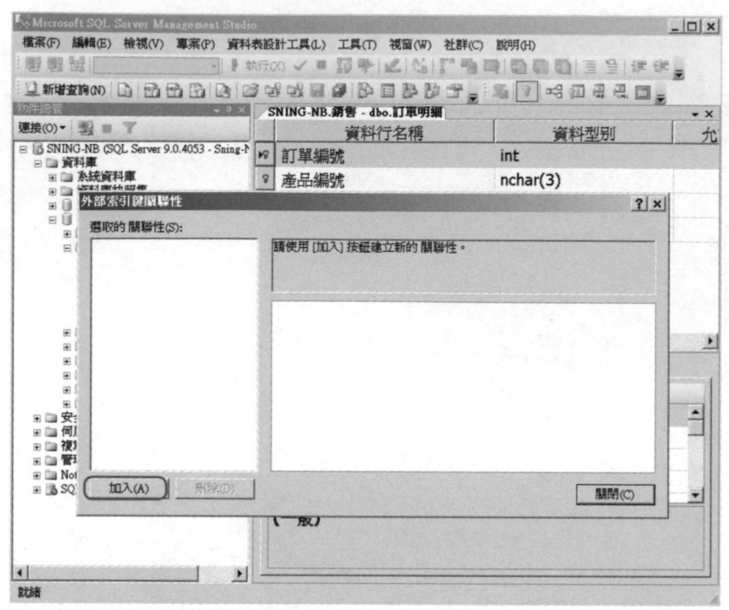

步驟7 [外部索引鍵關聯性]對話方塊：展開[資料表及資料行規格]屬性。

於[外部索引鍵關聯]中點選符號 ⊞，以展開FOREIGN KEY條件約束的[資料表及資料行規格]屬性。

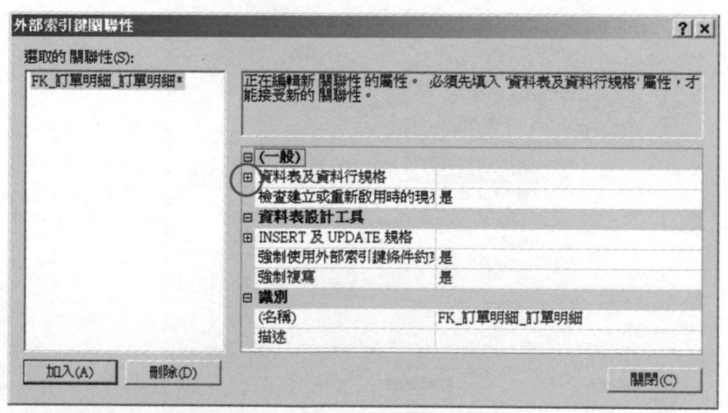

步驟8 [外部索引鍵關聯性]對話方塊：

1. 先檢查FOREIGN KEY條件約束的[資料表及資料行規格]屬性：

   主/唯一索引鍵基底資料表：訂單明細

   主/唯一索引鍵資料行　　：訂單編號，產品編號

外部索引鍵基底資料表　：訂單明細

外部索引鍵資料行　：訂單編號，產品編號

因爲欲建立FOREIGN KEY條件約束的資料行[訂單編號]值，必須是參考自資料表[訂單]中的資料行[訂單編號]值，所以[主/唯一索引鍵基底資料表]屬性值很明顯的應爲訂單，而非訂單明細。

2. 再按下[…]按鈕，以進行正確的[資料表及資料行規格]屬性之設定。

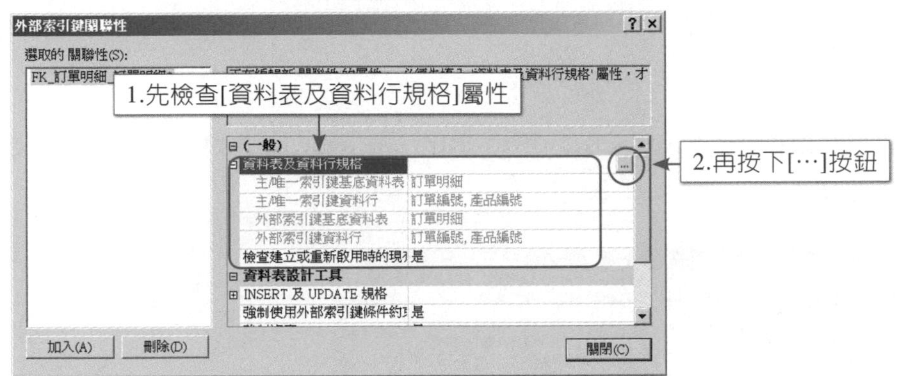

步驟9 [資料表和資料行]對話方塊：

1. 檢查[主索引鍵資料表]部分之屬性設定：

(1) 資料表名稱：訂單明細

(2) 資料行名稱：訂單編號，產品編號

[資料表名稱]屬性值很明顯的應爲訂單，而非訂單明細。

2. 檢查[關聯性名稱]部分之屬性設定：

[關聯性名稱]代表FOREIGN KEY條件約束的名稱，其格式爲[FK_…_～]：

[FK]爲FOREIGN KEY條件約束的簡寫。

[…]爲包含有FOREIGN KEY所在的資料表名稱。

[～]爲包含有PRIMARY KEY（主索引鍵）所在的資料表名稱。

由於[～]屬性值應爲訂單，而非訂單明細，所以[關聯性名稱]爲錯誤的。

3. 點選[▼]展開[主索引鍵資料表]的下拉選單，以進行資料表名稱的設定。

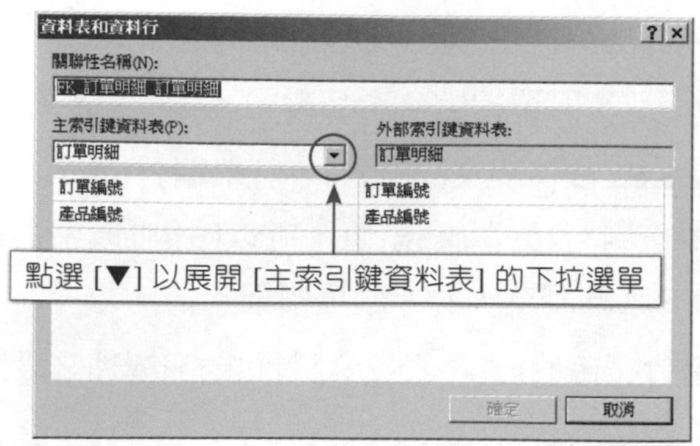

步驟10 [資料表和資料行]對話方塊：

展開[主索引鍵資料表]的下拉選單，以選取其中的[訂單]爲主索引鍵的資料表名稱。

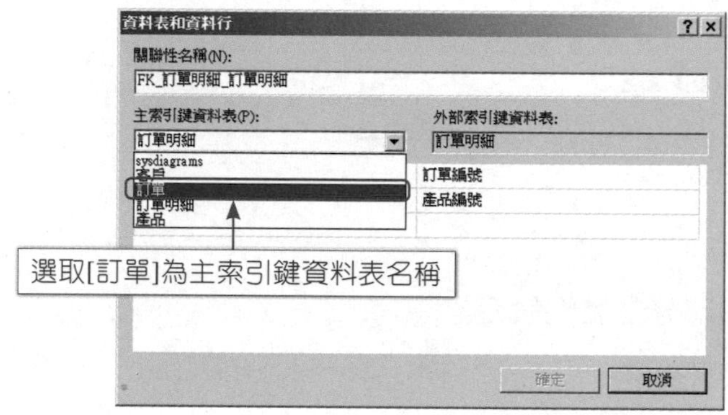

步驟11 [資料表和資料行]對話方塊：

1. 檢查[主索引鍵資料表]部分之屬性設定：

   (1) 資料表名稱：訂單

   (2) 資料行名稱：

   [主索引鍵資料表]屬性值很明顯的應爲訂單，而非訂單明細。

2. 點選以下所框示的區域，以展開[主索引鍵資料表]的[資料行名稱]下拉選單。

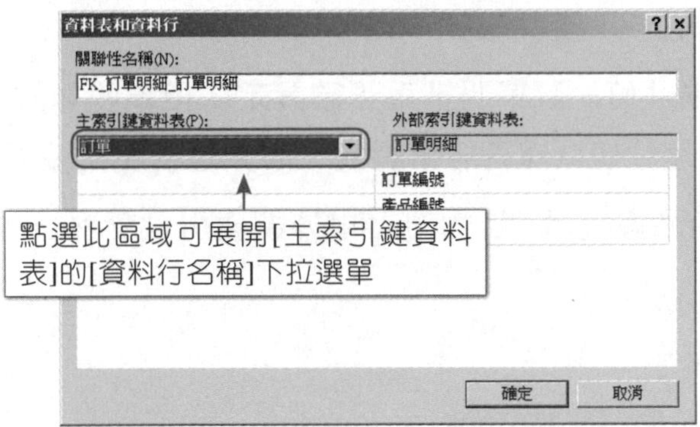

步驟12 [資料表和資料行]對話方塊：

1. 於展開之[主索引鍵資料表]的[資料行名稱]下拉選單，選取其中的[訂單編號]爲主索引鍵資料行的名稱。
2. [關聯性名稱]部分之屬性設定—FK_訂單明細_訂單，已成爲FOREIGN KEY條件約束正確的名稱，代表[訂單明細]中的FOREIGN KEY—[訂單編號]，是參考自資料表[訂單]中的PRIMARY KEY—[訂單編號]。

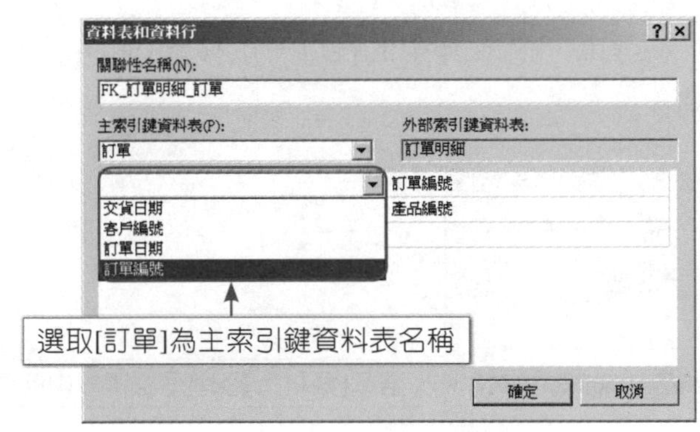

步驟13 [資料表和資料行]對話方塊：完成[主索引鍵資料表]部分之屬性設定。

1. 完成[主索引鍵資料表]部分之屬性設定：
   (1) 資料表名稱：訂單
   (2) 資料行名稱：訂單編號
2. 檢查[外部索引鍵資料表]部分之屬性設定：
   (1) 資料表名稱：訂單明細

(2) 資料行名稱：訂單編號，產品編號

[外部索引鍵資料表]屬性值—訂單明細爲正確設定，但很明顯的，[外部索引鍵資料行名稱]屬性值應僅爲訂單編號，而非包括產品編號。

3. 點選以下所框示的[產品編號]區域，以展開[外部索引鍵資料表]的[資料行名稱]下拉選單。

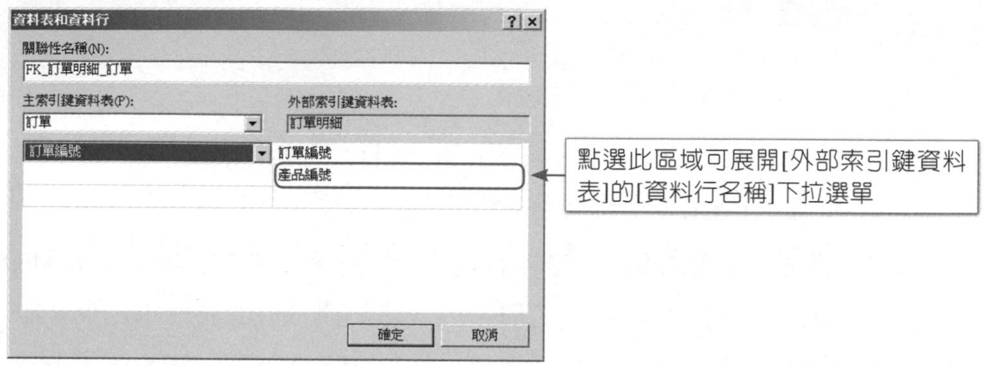

步驟14 [資料表和資料行]對話方塊：

於展開的[資料行名稱]下拉選單，選取其中的[無]，以移除[產品編號]爲外部索引鍵資料行的名稱。

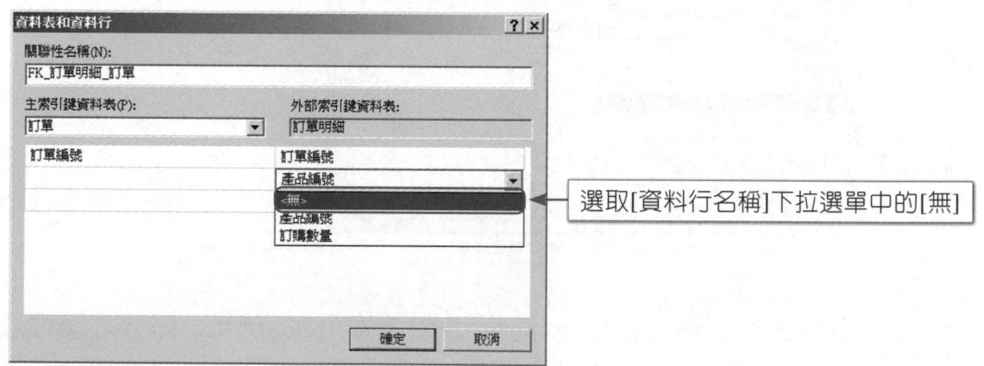

步驟15 [資料表和資料行]對話方塊：完成[外部索引鍵資料表]部分之屬性設定。

1. 完成[外部索引鍵資料表]部分之屬性設定：

(1) 資料表名稱：訂單明細

(2) 資料行名稱：訂單編號

2. 按下[確定]。

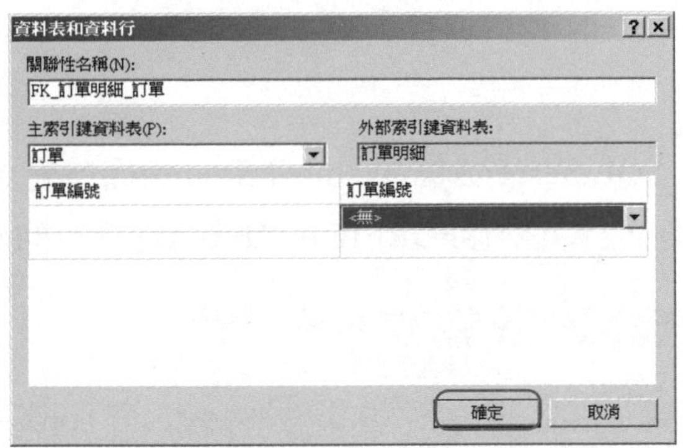

步驟16 [外部索引鍵關聯性]對話方塊：完成FOREIGN KEY條件約束

1. 完成FOREIGN KEY條件約束的[資料表及資料行規格]屬性：

   主/唯一索引鍵基底資料表：訂單

   主/唯一索引鍵資料行　：訂單編號

   外部索引鍵基底資料表　：訂單明細

   外部索引鍵資料行　　　：訂單編號

2. 完成FOREIGN KEY條件約束的[關聯性]屬性：FK_訂單明細_訂單。

3. 再按下[關閉]按鈕，即可儲存FOREIGN KEY條件約束的設定。

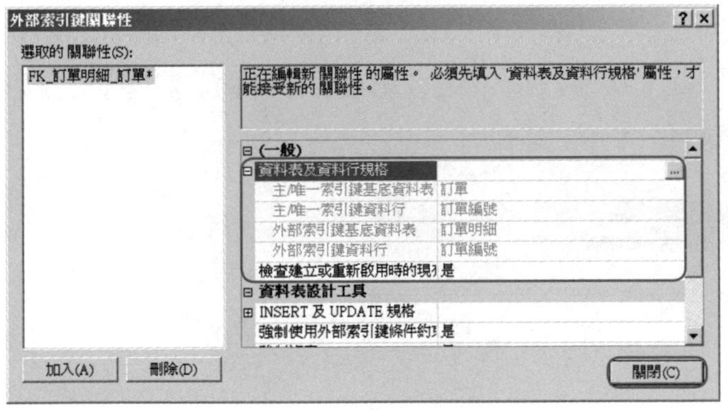

步驟17 資料表設計師：儲存FOREIGN KEY條件約束。

1. 先點擊☒。
2. 再於產生的[Microsoft SQL Server Management Studio]儲存變更的對話方塊，按下[是(Y)]按鈕，即可儲存FOREIGN KEY條件約束的建立。

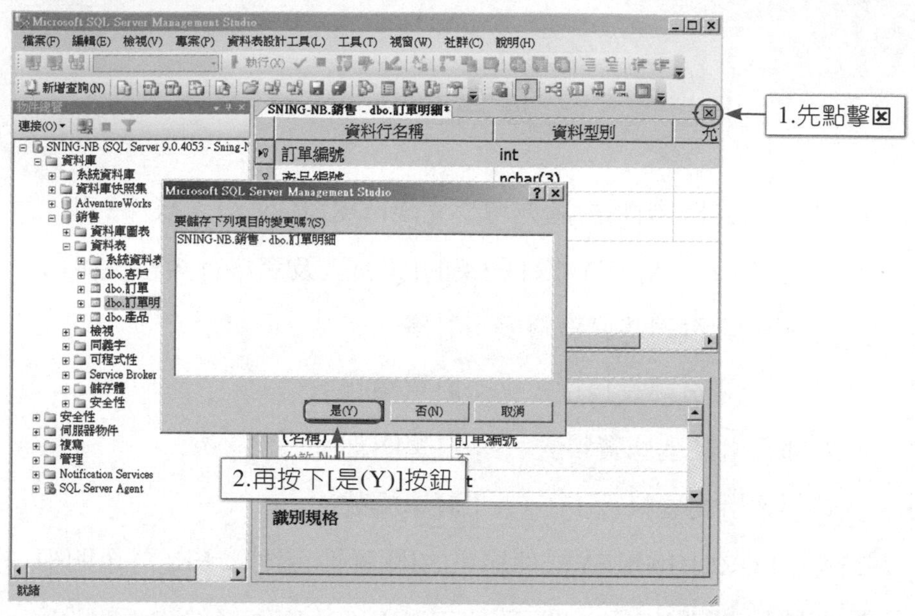

步驟18 [儲存]對話方塊：

儲存FOREIGN KEY條件約束，是會影響到資料表[訂單]及資料表[訂單明細]，只要按下[是(Y)]按鈕即可。

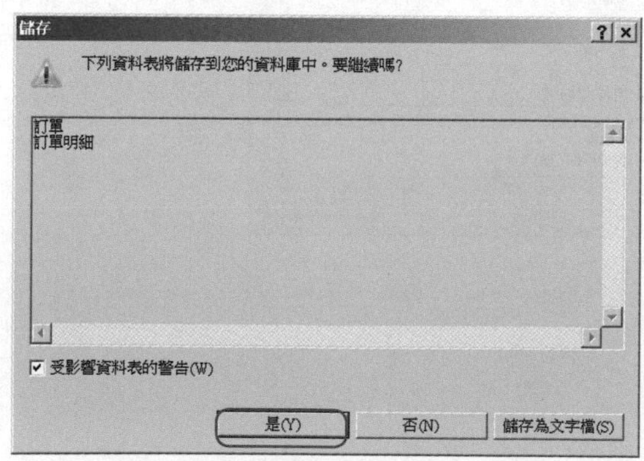

步驟19 接著繼續依步驟1～步驟17的操作過程，並搭配教學光碟路徑為[CH 11-資料表的維護\11-3.2\建立FOREIGN KEY條件約束\產品編號]的資料夾中的參考畫面，即可使用資料表設計師指定[訂單明細]中的[產品編號]為FOREIGN KEY，而完成[訂單明細]中整個FOREIGN KEY條件約束的建立：

1. 指定[訂單明細]中的[訂單編號]為FOREIGN KEY，使得[訂單明細]中的資料行[訂單編號]值是參考自資料表[訂單]中的資料行[訂單編號]值。
2. 指定[訂單明細]中的[產品編號]為FOREIGN KEY，使得[訂單明細]中的資料行[產品編號]值是參考自資料表[產品]中的資料行[產品編號]值。

步驟20 SSMS：檢視FOREIGN KEY條件約束的索引鍵。

展開資料表[訂單明細]，以檢視FOREIGN KEY條件約束所產生的索引鍵：

FK_訂單明細_訂單

FK_訂單明細_產品

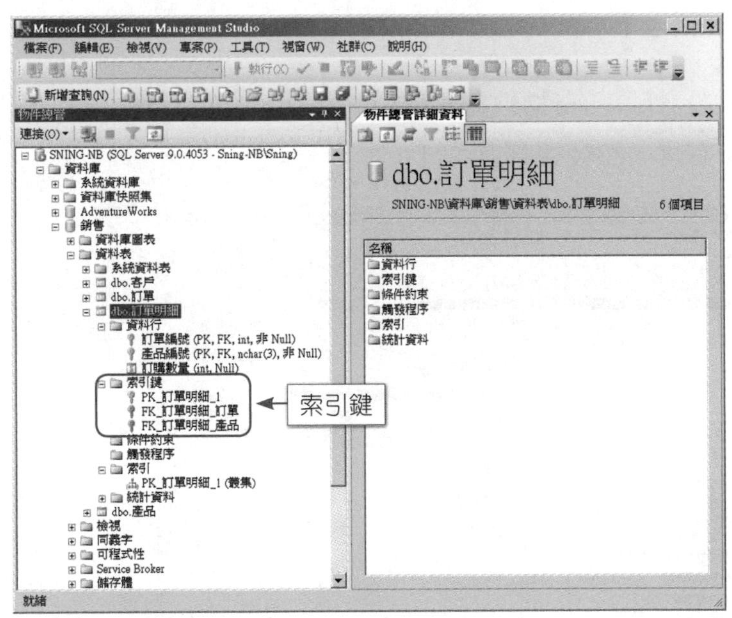

實務演練

使用資料表設計師對資料表[客戶]的[統一編號]進行UNIQUE條件約束的建立及移除

步驟1 開啓SSMS：連接至使用者資料庫[銷售]。

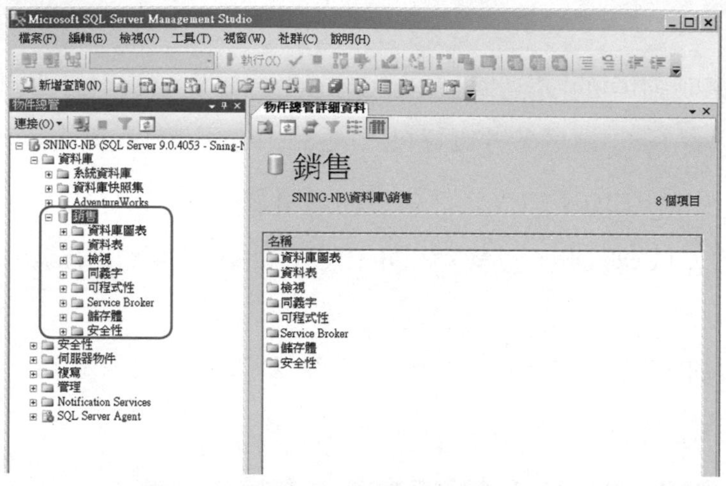

步驟2 開啓資料表設計師：在[物件總管]中，在要加入資料行的資料表[客戶]上按一下滑鼠右鍵，然後選擇[設計]。

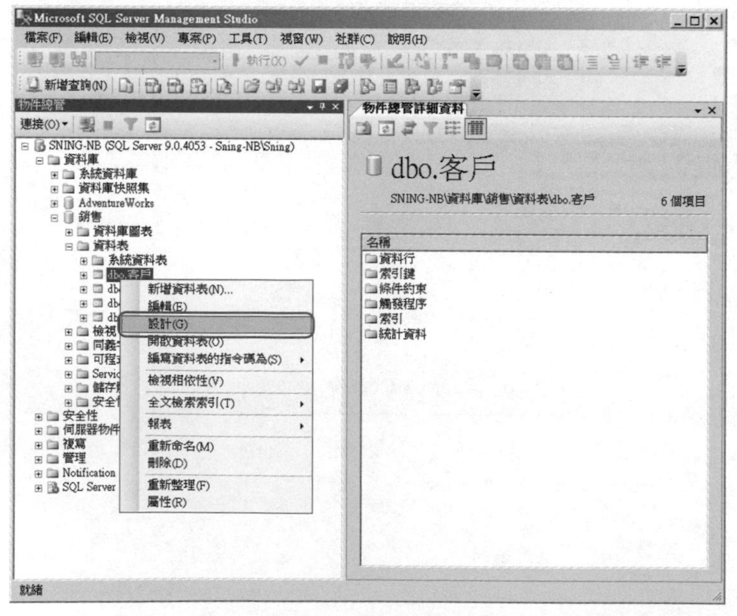

步驟3 資料表設計師：建立UNIQUE條件約束。

以滑鼠左鍵點擊欲建立UNIQUE條件約束的資料行[統一編號]前面的 ▶ 區域，此時背景顏色會出現藍色，表示已成功選取資料行[統一編號]，接著依步驟4或步驟5繼續操作。

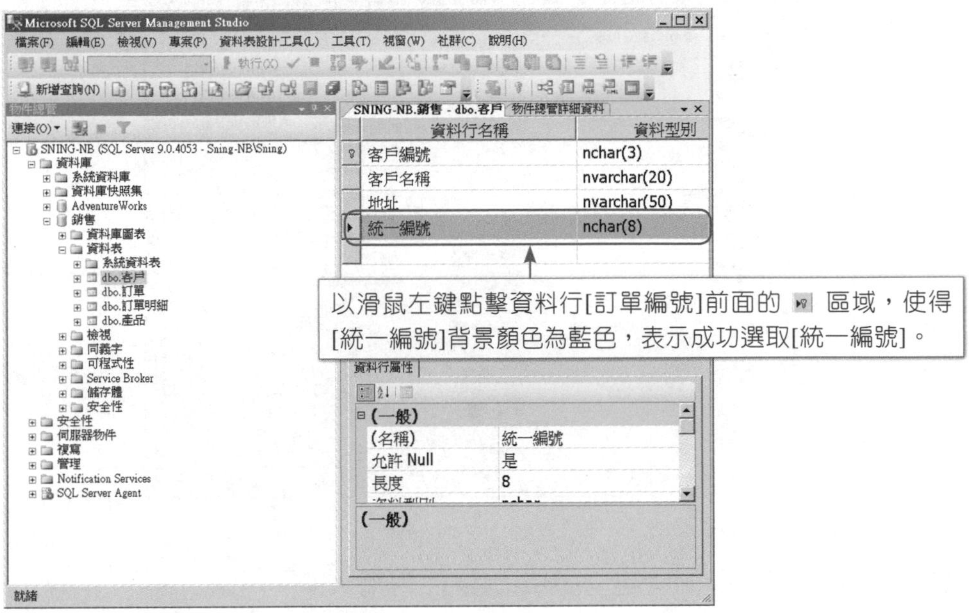

步驟4 資料表設計師：建立UNIQUE條件約束。

按下工具列中的[管理索引和索引鍵]按鈕。

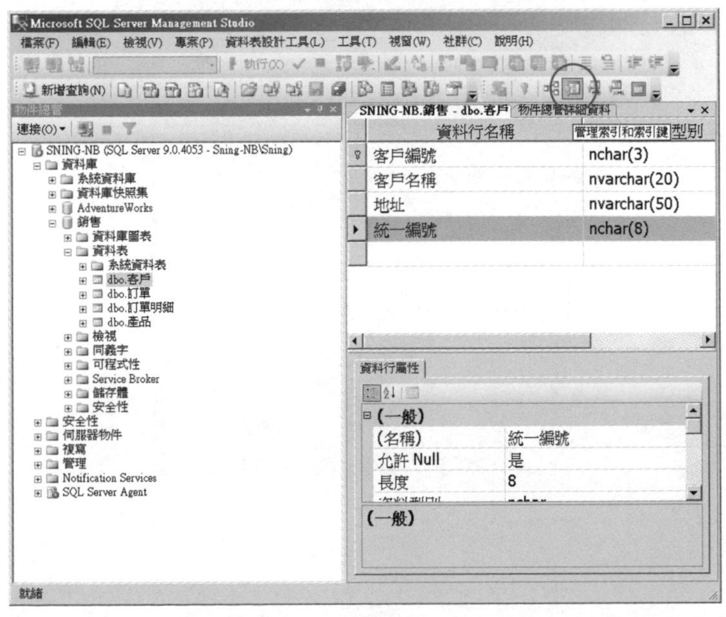

步驟5 資料表設計師：建立UNIQUE條件約束。

於資料表設計師[快捷工作選單]，點選[索引/索引鍵]。

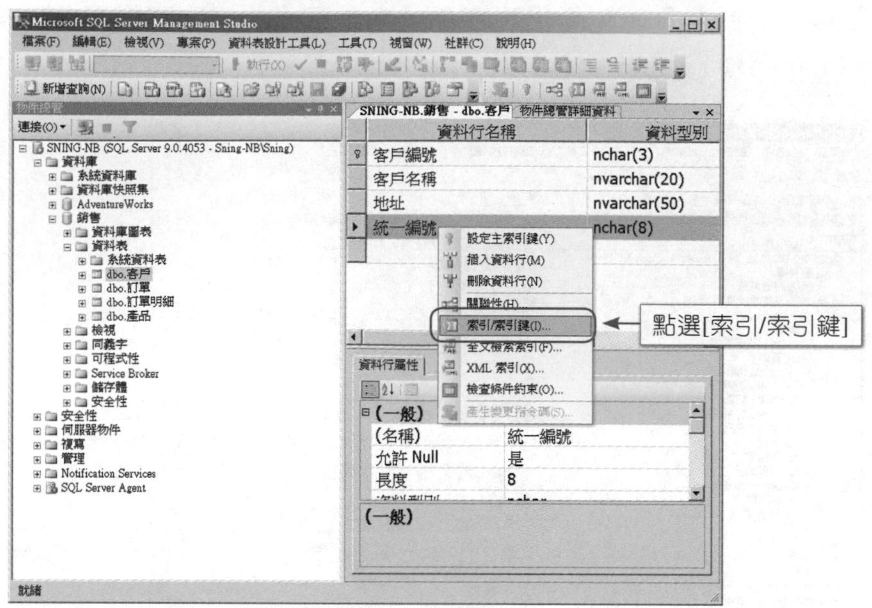

步驟6 資料表設計師：建立CHECK條件約束。

產生[檢查條件約束]對話方塊，按下[加入]按鈕。

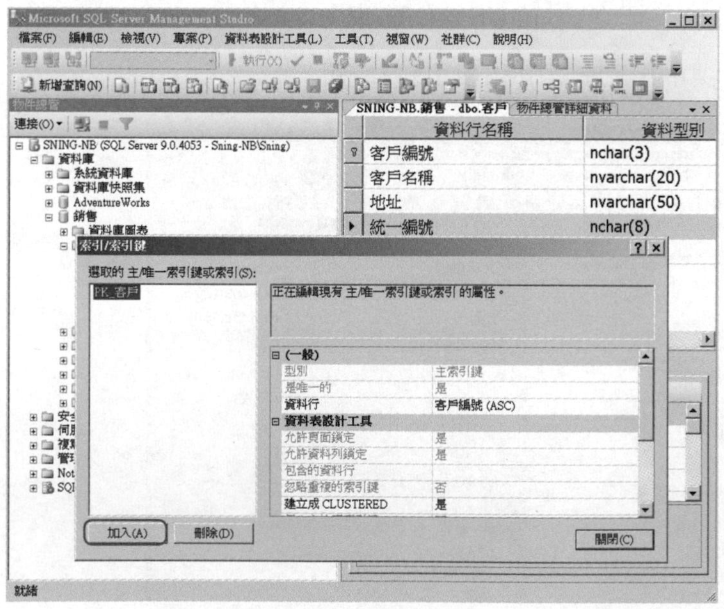

步驟7 [索引/索引鍵]對話方塊：

1. 檢視[主/唯一索引鍵或索引]名稱之設定：此名稱代表UNIQUE條件約束的名稱，其格式為[IX_…]：

   (1) [IX]為UNIQUE條件約束的簡寫。

   (2) […]為包含有唯一索引鍵所在的資料表名稱。

2. 點選[型別]所在區域可選取[型別]，以進行檢視與設定。

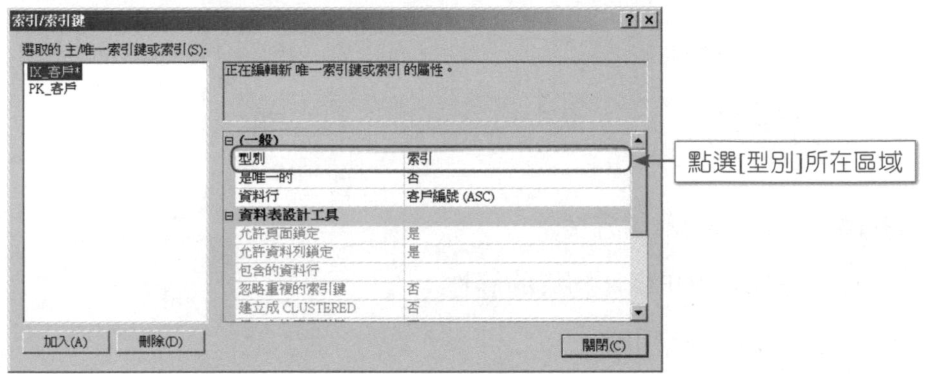

步驟8 [索引/索引鍵]對話方塊：

1. 先檢查UNIQUE條件約束的屬性：

   型別：索引

   是唯一的：否

因為欲建立UNIQUE條件約束的資料行[統一編號]值必須是唯一的，所以[型別]屬性應更正為[唯一索引鍵]。

2. 再按下[▼]按鈕，以進行正確的[型別]屬性之設定。

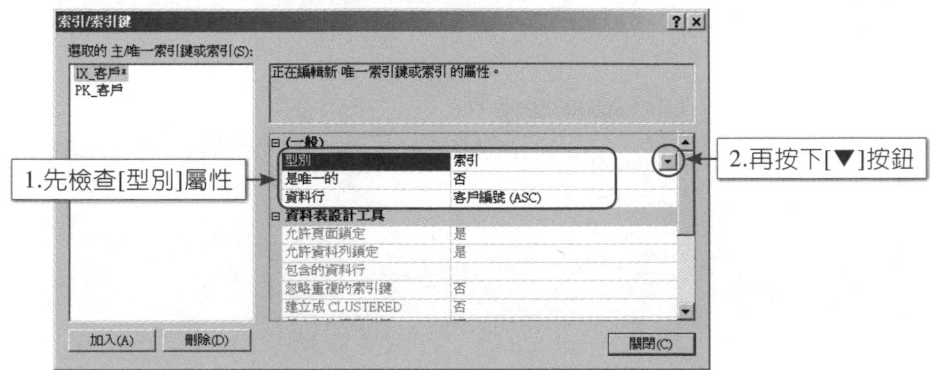

步驟9 [索引/索引鍵]對話方塊：

在[型別]屬性的下拉選單中選取[唯一索引鍵]。

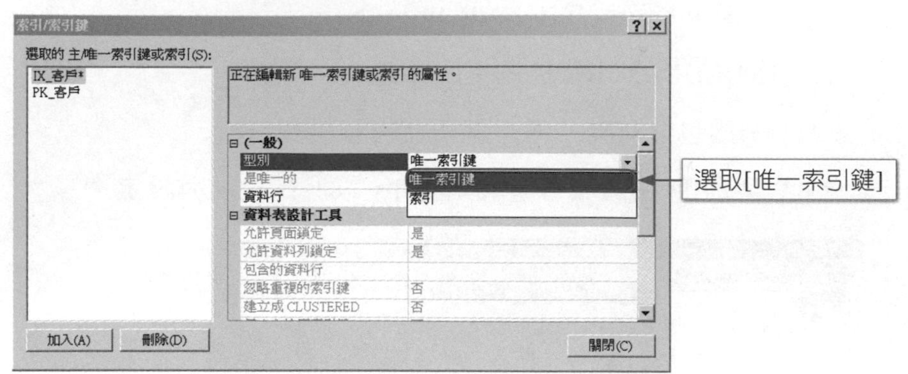

步驟10 [索引/索引鍵]對話方塊：

1. 確認UNIQUE條件約束的屬性：

   型別：唯一索引鍵

   是唯一的：是

   資料行：客戶編號（ASC）

[資料行]屬性值為[客戶編號（ASC）]，表示是以為欲建立UNIQUE條件約束的資料行是[統一編號]，所以[資料行]屬性應更正為[統一編號（ASC）]，而非[客戶編號（ASC）]。

2. 點選[資料行]所在區域可選取[資料行]屬性，以準備進行[資料行]屬性之設定。

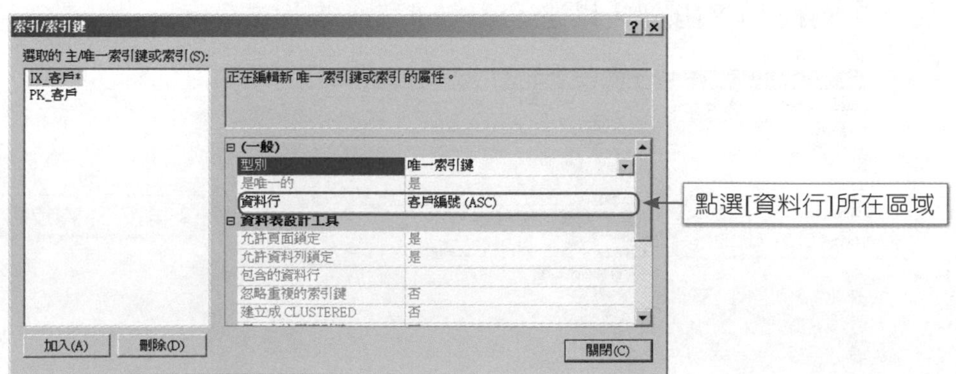

步驟11 [索引/索引鍵]對話方塊：

在[資料行]屬性的所在區域點選[…]。

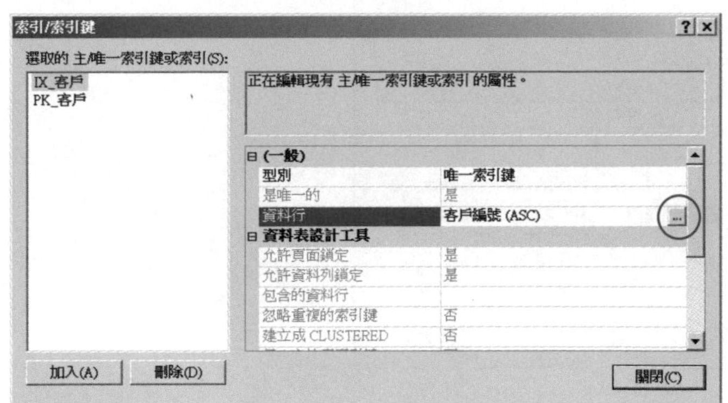

步驟12 [索引資料行]對話方塊：

1. 先檢查[索引資料行]對話方塊中的屬性：

   資料行名稱：客戶編號

   排序次序：遞增

   [資料行名稱]屬性值爲[客戶編號]，應更正爲[統一編號]。

2. 再按下[資料行名稱]的[▼]按鈕，以進行正確的[資料行名稱]屬性之設定。

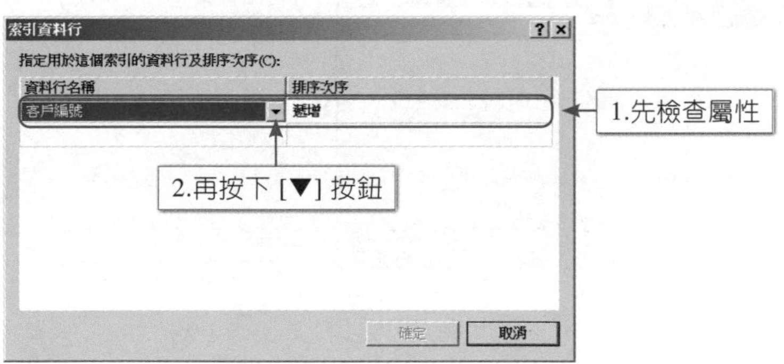

步驟13 [索引資料行]對話方塊：

在[資料行名稱]屬性的下拉選單中選取[統一編號]。

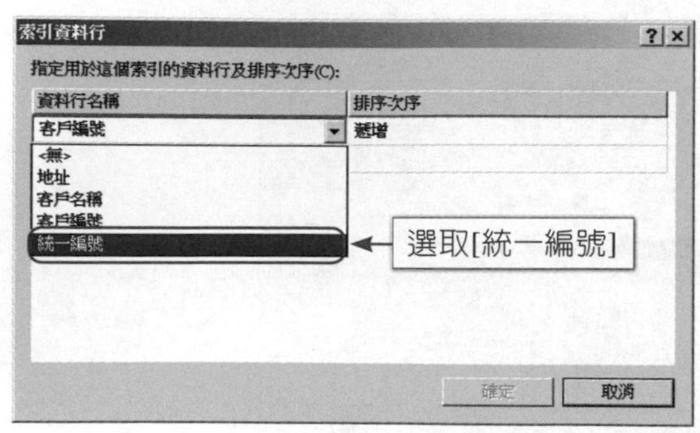

步驟14 [索引資料行]對話方塊：

1. 確認[索引資料行]對話方塊中的屬性：

   資料行名稱：統一編號

   排序次序：遞增

   [資料行名稱]屬性值—[統一編號]爲正確的設定。

2. 再按下[確定]按鈕，即可以完成[索引資料行]對話方塊之設定。

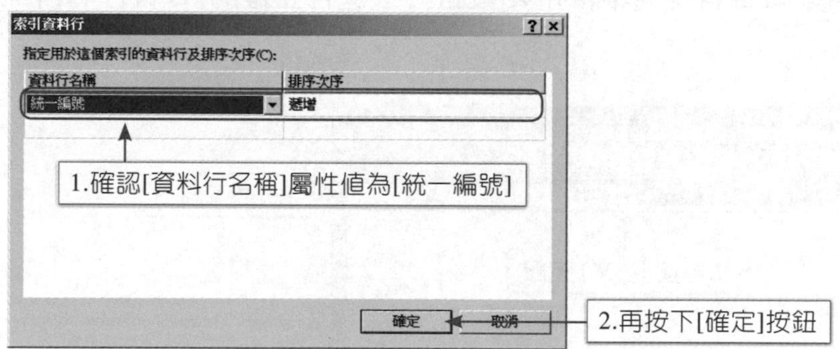

步驟15 [索引/索引鍵]對話方塊：

完成[資料行]屬性之設定。

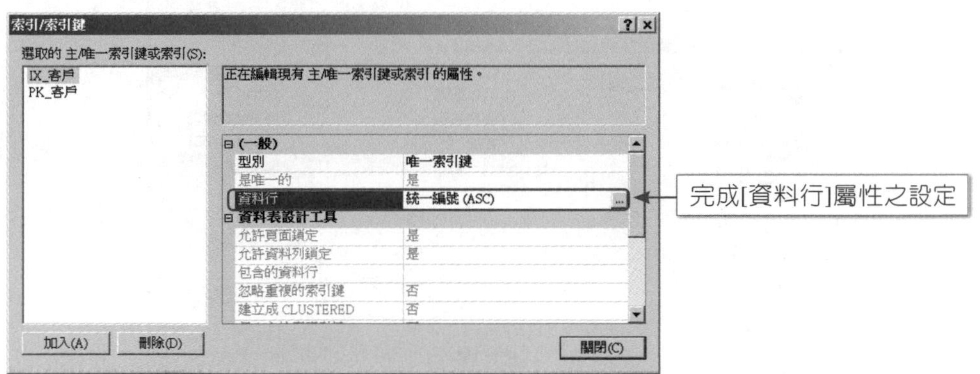

步驟16 [索引/索引鍵]對話方塊：

1. 確認UNIQUE條件約束的屬性皆符合以下的設定值：

   型別：唯一索引鍵

   是唯一的：是

   資料行：統一編號（ASC）

2. 再按下[關閉]，即可以完成[索引/索引鍵]對話方塊之設定。

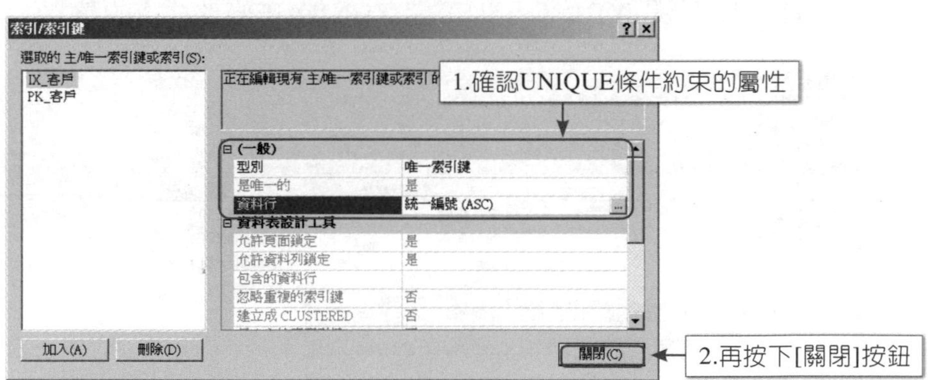

步驟17 資料表設計師：完成UNIQUE條件約束的設定。

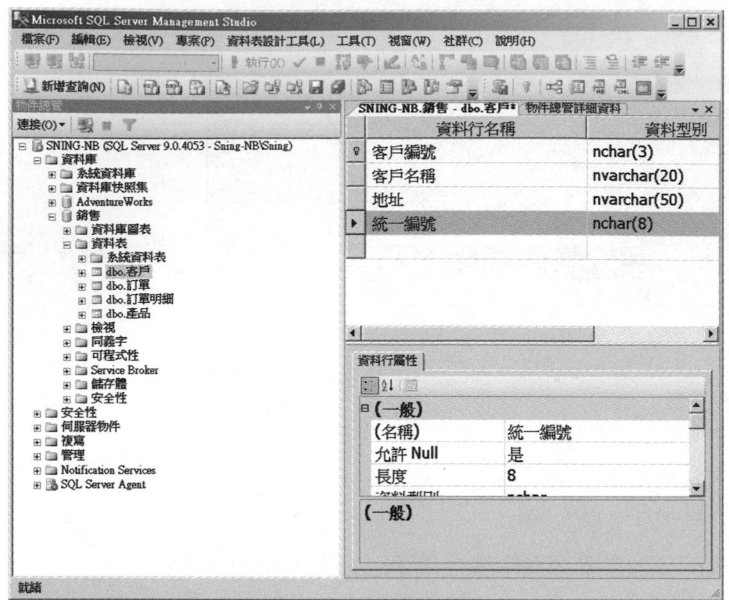

步驟18 資料表設計師：完成UNIQUE條件約束的設定。

1. 先點擊☒。
2. 再於產生的[Microsoft SQL Server Management Studio]儲存變更的對話方塊，按下[是(Y)]按鈕，即可儲存UNIQUE條件約束的建立。

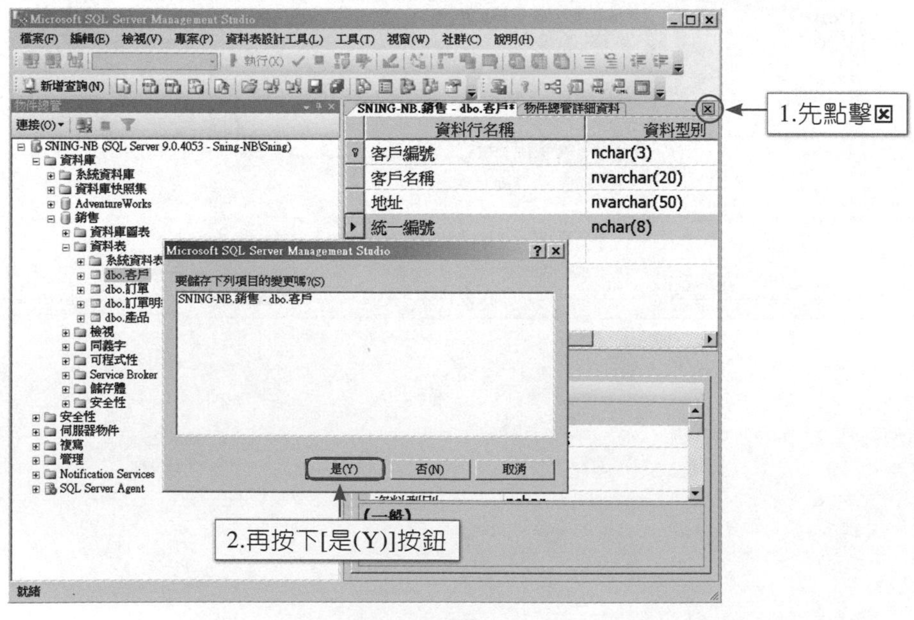

步驟19 [儲存]對話方塊：

儲存UNIQUE條件約束，是會影響到資料表[客戶]，及資料表[訂單]，只要按下[是(Y)]按鈕即可。

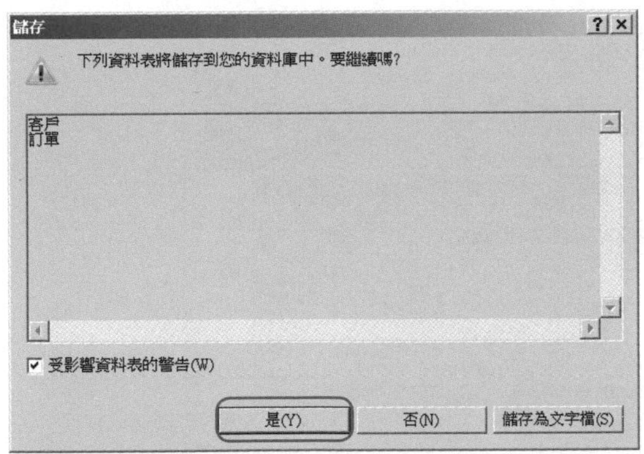

步驟20 SSMS：檢視UNIQUE條件約束所產生的唯一索引鍵及其索引。

在SSMS的物件總管中展開資料表[客戶]，以檢視UNIQUE條件約束所產生的唯一索引鍵及其索引：

1. 唯一索引鍵：IX_客戶。

2. 唯一索引鍵的索引：IX_客戶（唯一、非叢集）。

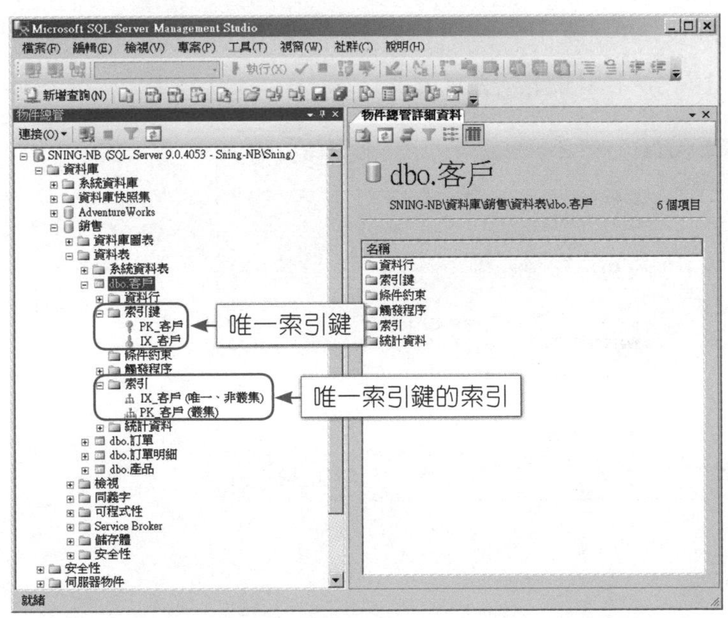

步驟21 資料表設計師的[索引/索引鍵]對話方塊：刪除UNIQUE條件約束。

欲刪除UNIQUE條件約束可依照步驟1～步驟5的操作，於產生的[索引/索引鍵]對話方塊按下[刪除(D)]按鈕即可。

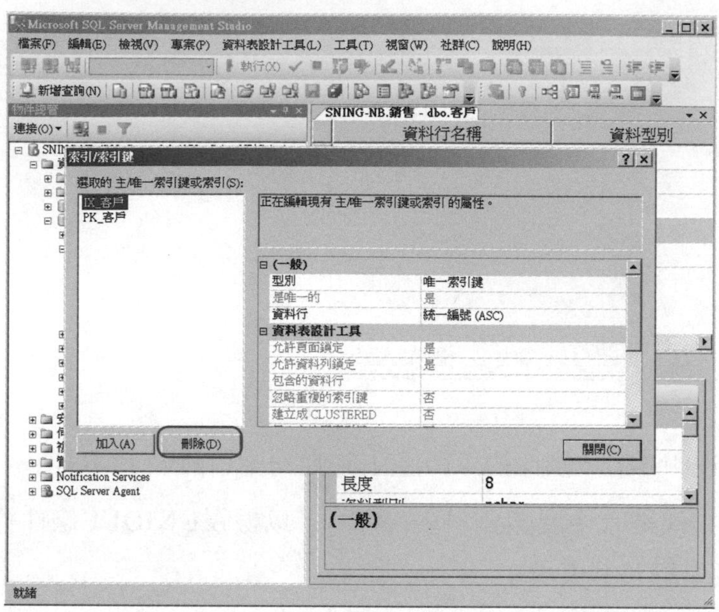

步驟22 資料表設計師的[索引/索引鍵]對話方塊：刪除UNIQUE條件約束。

[索引/索引鍵]對話方塊中的檢查條件約束已無[IX_客戶]，按下[關閉]按鈕，以結束[索引/索引鍵]對話方塊。

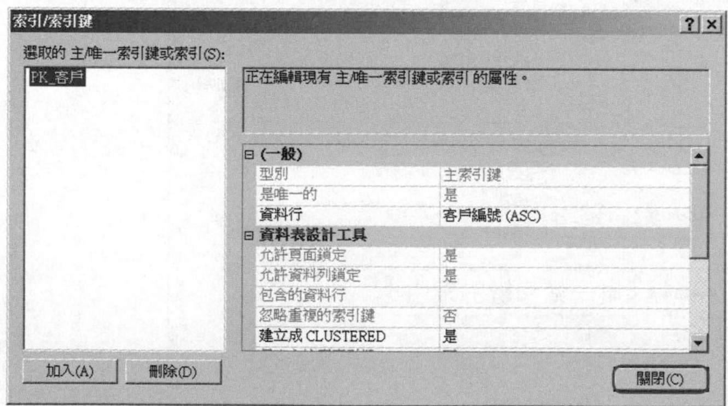

步驟23 資料表設計師：完成UNIQUE條件約束的刪除。

欲刪除UNIQUE條件約束可依照步驟1～步驟5的操作，於產生的[檢查條件約束]對話方塊按下[刪除(D)]按鈕即可。

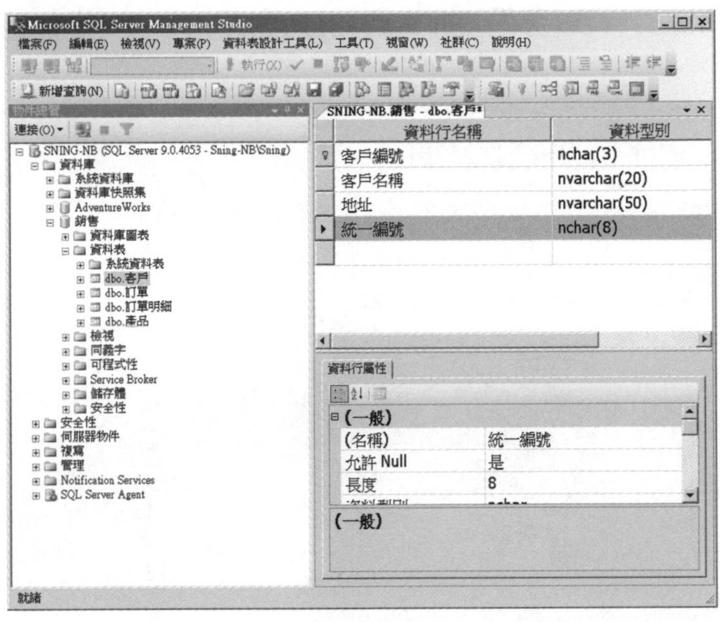

步驟24 資料表設計師：完成UNIQUE條件約束的刪除。

1. 先點擊⊠。
2. 再於產生的[Microsoft SQL Server Management Studio]儲存變更的對話方塊，按下[是(Y)]按鈕，即可儲存UNIQUE條件約束的刪除。

使用資料表設計師對資料表[客戶]的[交貨日期]進行CHECK條件約束的建立及移除

步驟1 開啟SSMS：連接至使用者資料庫[銷售]。

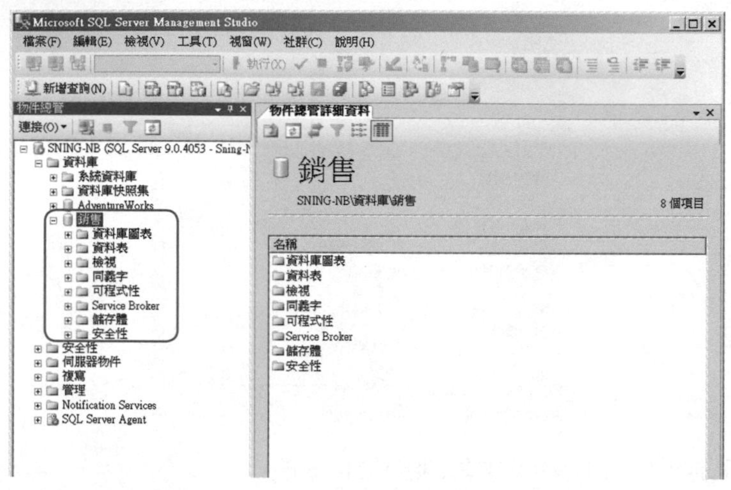

步驟2 開啟資料表設計師：在[物件總管]中，在要加入資料行的資料表[訂單]上按一下滑鼠右鍵，然後選擇[設計]。

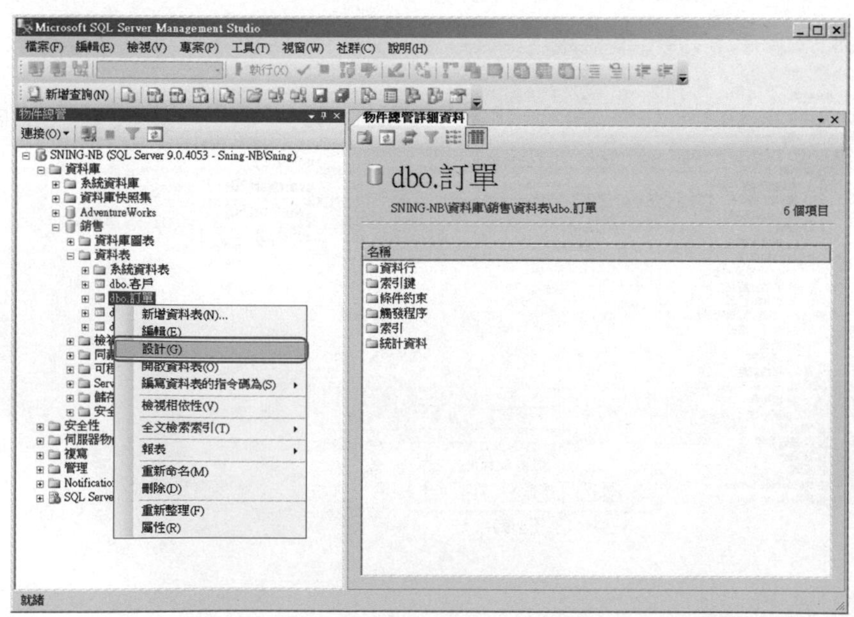

步驟3 資料表設計師：建立CHECK條件約束。

以滑鼠左鍵點擊欲建立CHECK條件約束的資料行[交貨日期]前面的區域，此時背景顏色會出現藍色，表示已成功選取資料行[交貨日期]，接著依步驟4或步驟5繼續操作。

步驟4 資料表設計師：建立CHECK條件約束。

按下工具列中的[檢查條件約束]按鈕。

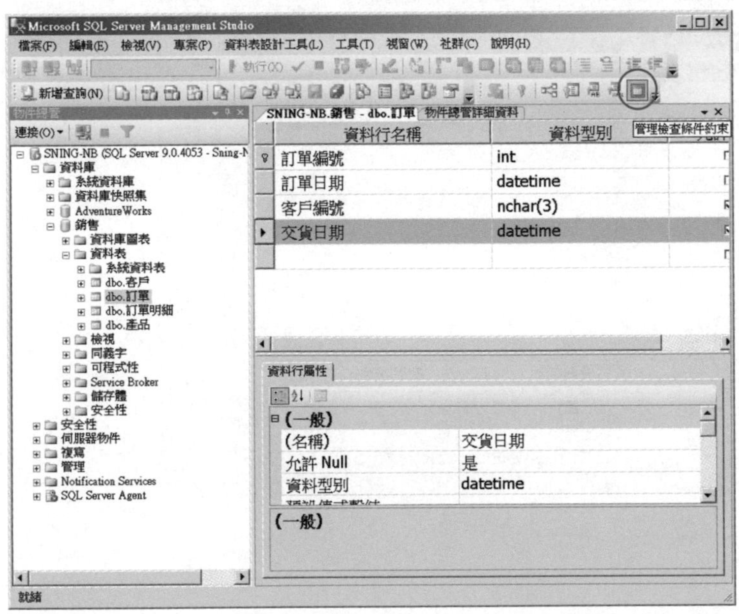

步驟5 資料表設計師：建立CHECK條件約束。

於資料表設計師[快捷工作選單]，點選[檢查條件約束]。

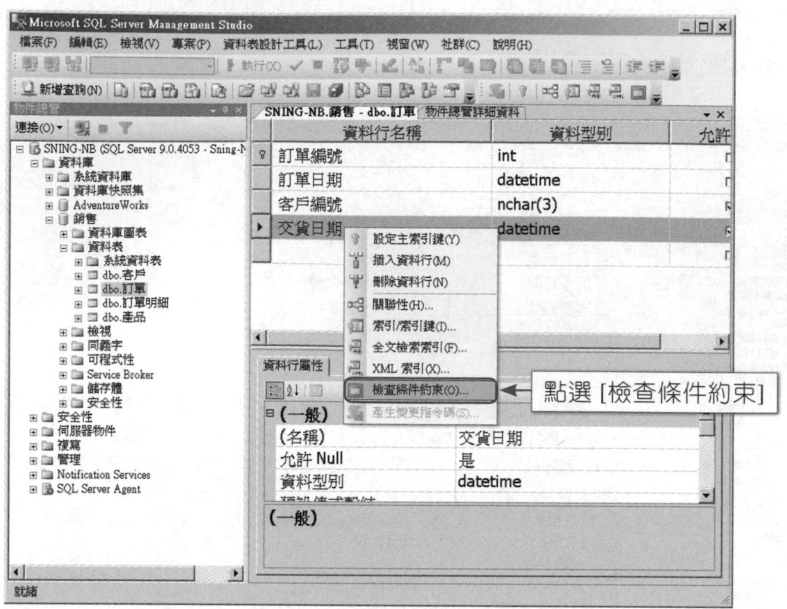

步驟6 資料表設計師：建立CHECK條件約束。

按下工具列中的[檢查條件約束]按鈕。

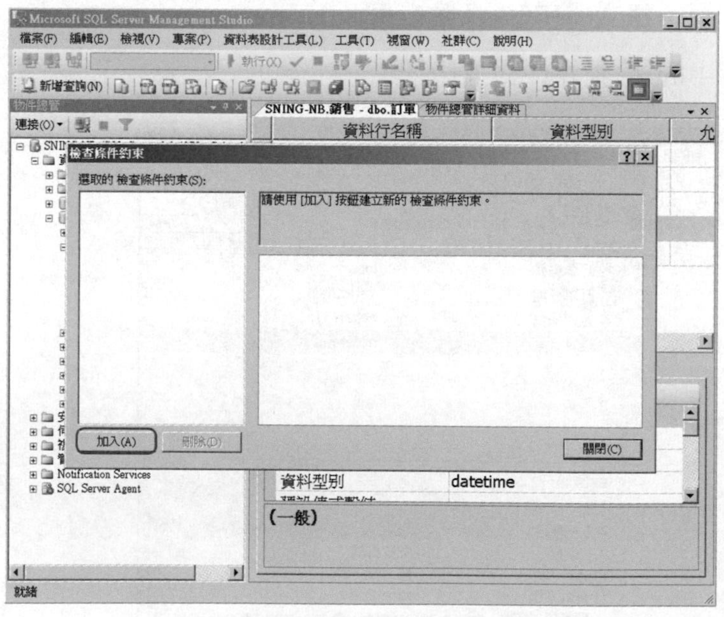

步驟7　[檢查條件約束]對話方塊：

1. 檢視[檢查條件約束]名稱之設定：

此名稱代表CHECK條件約束的名稱，其格式為[CK_…]：

(1) [CK]為CHECK條件約束的簡寫。

(2) […]為包含有唯一索引鍵所在的資料表名稱。

2. 點選[運算式]所在區域可選取[運算式]，以進行檢視與設定。

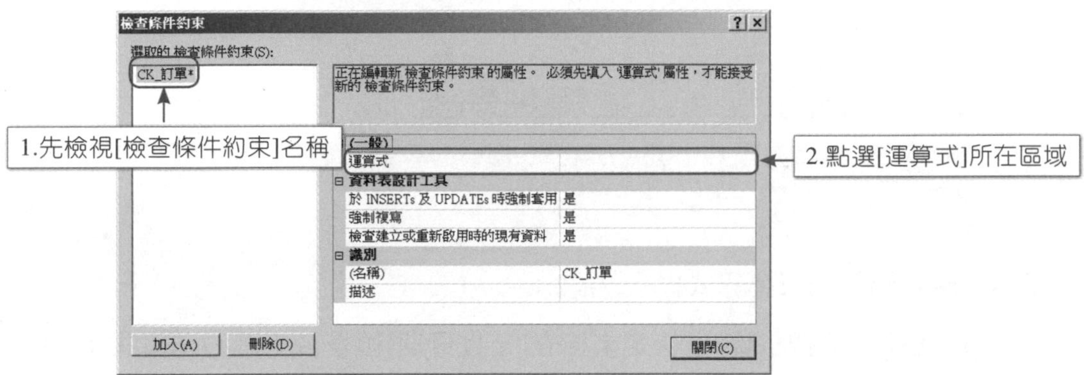

步驟8　[檢查條件約束]對話方塊：

1. 先檢查CHECK條件約束的屬性：

運算式：無

因為資料行[交貨日期]值必須設定一個運算式，才能建立CHECK條件約束，所以我們便依據以下的運算式來檢查[交貨日期]值是否正確：

交貨日期>=訂單日期

2. 再按下[…]按鈕，以進行正確的[運算式]屬性之設定。

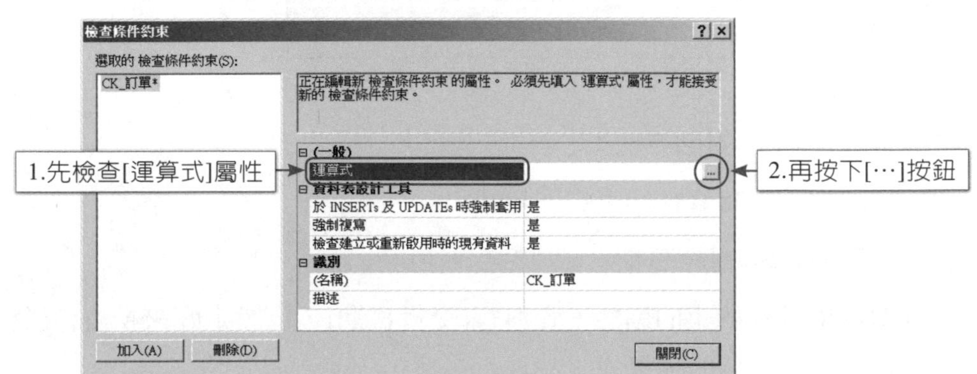

步驟9 [檢查條件約束運算式]對話方塊：

產生如圖之無任何運算式的[檢查條件約束運算式]對話方塊，我們可於下一步驟繼續操作。

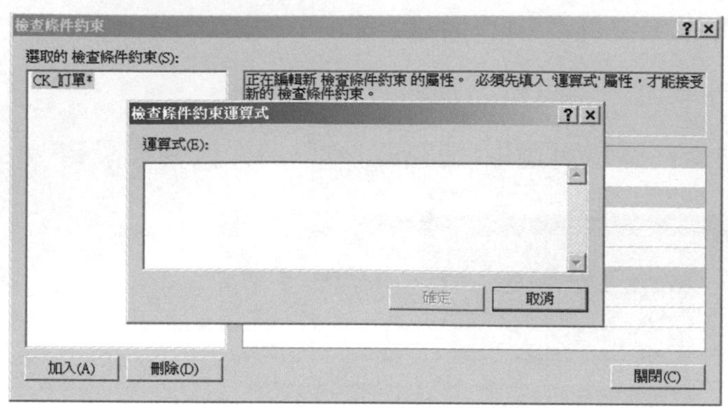

步驟10 [檢查條件約束運算式]對話方塊：

1. 先輸入依據步驟8所決定來檢查[交貨日期]值是否正確的運算式：

   交貨日期>=訂單日期

2. 再按下[確定]按鈕。

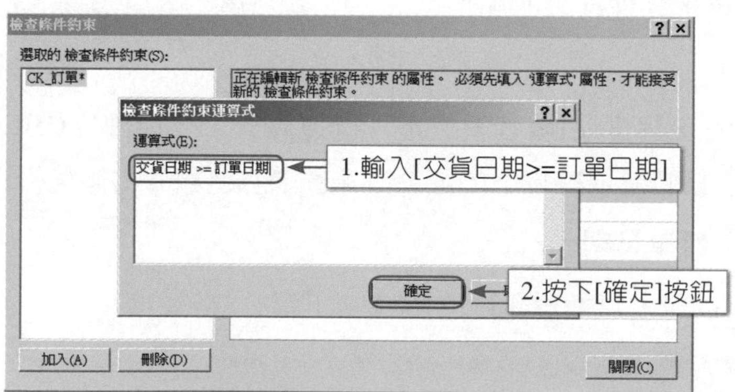

步驟11 [檢查條件約束]對話方塊：

1. 先檢查CHECK條件約束的運算式：

   交貨日期 >= 訂單日期

   CHECK條件約束的屬性—資料行[交貨日期]，已設定好來檢查[交貨日期]值是否正確的運算式。

2. 再按下[關閉]按鈕，以結束[檢查條件約束]對話方塊。

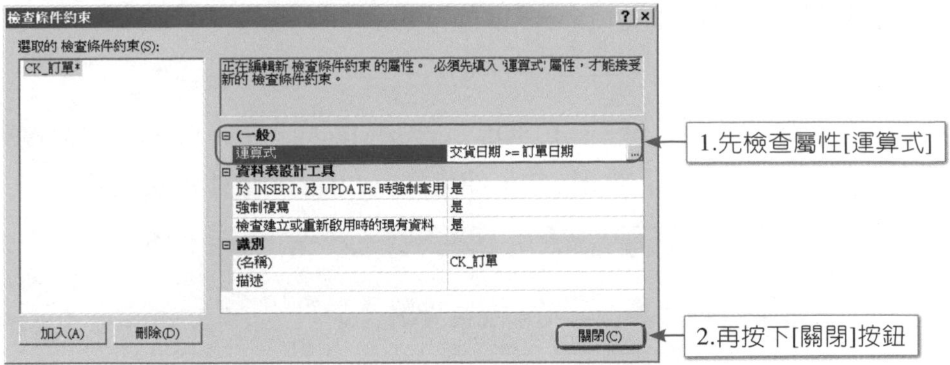

步驟12 資料表設計師：建立CHECK條件約束。

完成CHECK條件約束的設定。

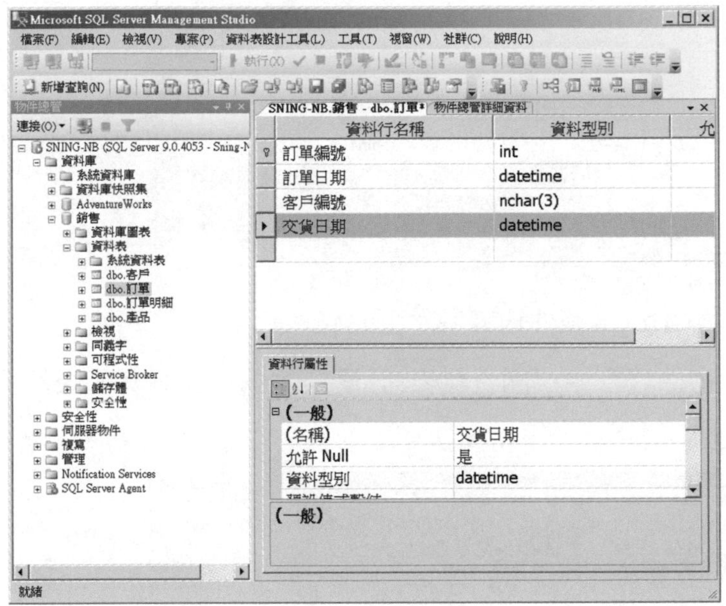

步驟13 資料表設計師：完成CHECK條件約束的設定。

1 先點擊☒。

2 再於產生的[Microsoft SQL Server Management Studio]儲存變更的對話方塊，按下[是(Y)]按鈕，即可儲存CHECK條件約束的建立。

步驟14 SSMS：檢視CHECK條件約束所產生的條件約束。

在SSMS的物件總管中展開資料表[訂單]，以檢視CHECK條件約束所產生的條件約束：CK_訂單。

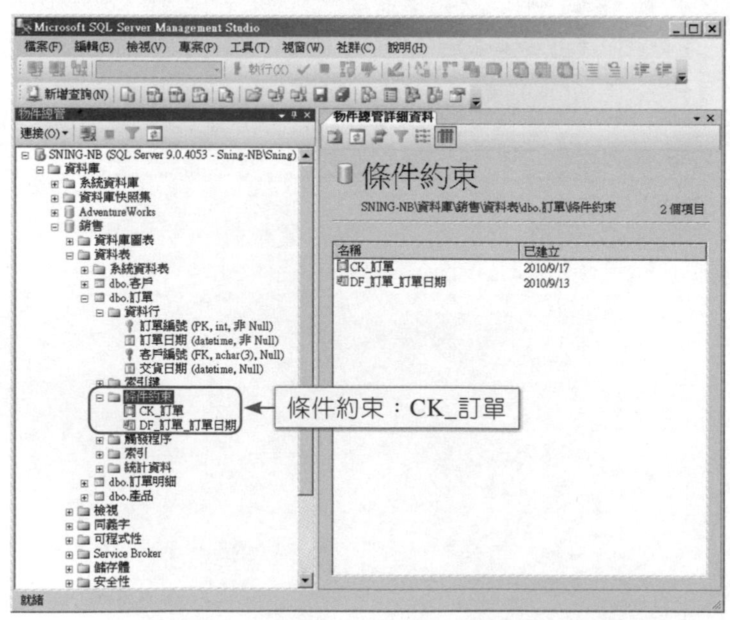

步驟15 資料表設計師的 [檢查條件約束] 對話方塊：刪除 CHECK 條件約束。

欲刪除 CHECK 條件約束可依照步驟1～步驟5的操作，於產生的 [檢查條件約束] 對話方塊按下 [刪除(D)] 按鈕即可。

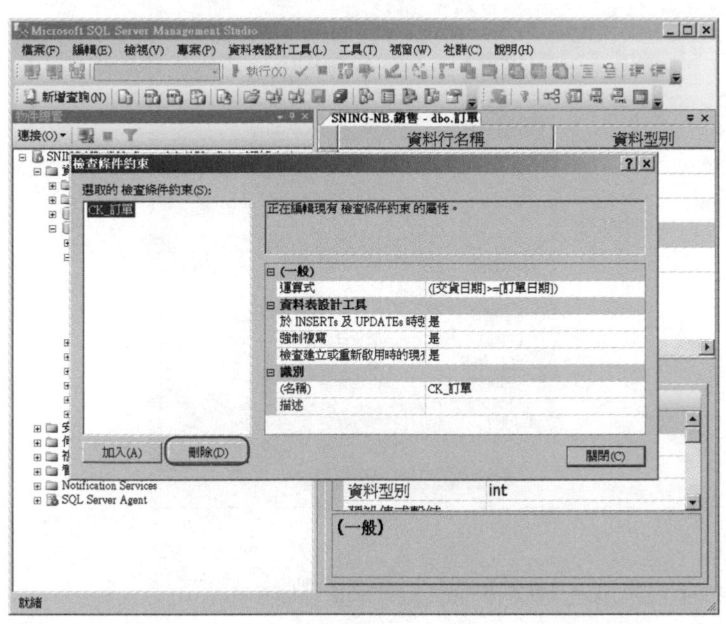

步驟16 資料表設計師的 [檢查條件約束] 對話方塊：刪除 CHECK 條件約束。

[檢查條件約束] 對話方塊中的檢查條件約束已全然空白，按下 [關閉] 按鈕，以結束 [檢查條件約束] 對話方塊。

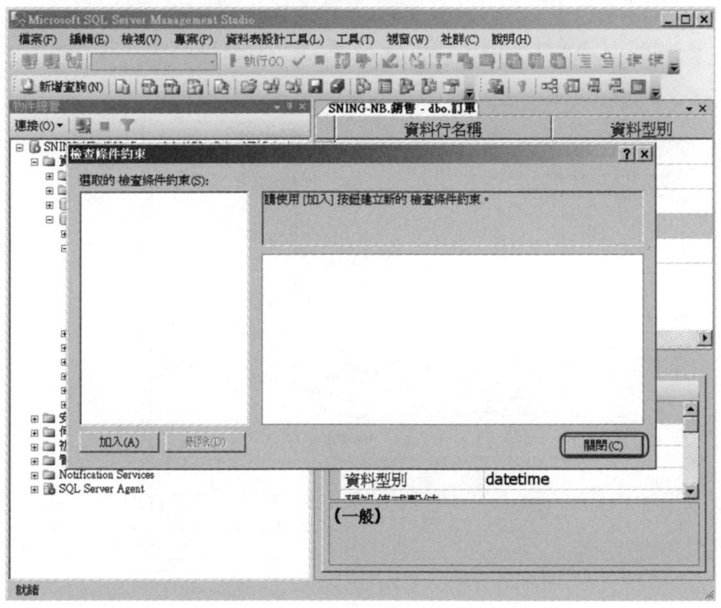

步驟17 資料表設計師：完成 CHECK 條件約束的刪除。

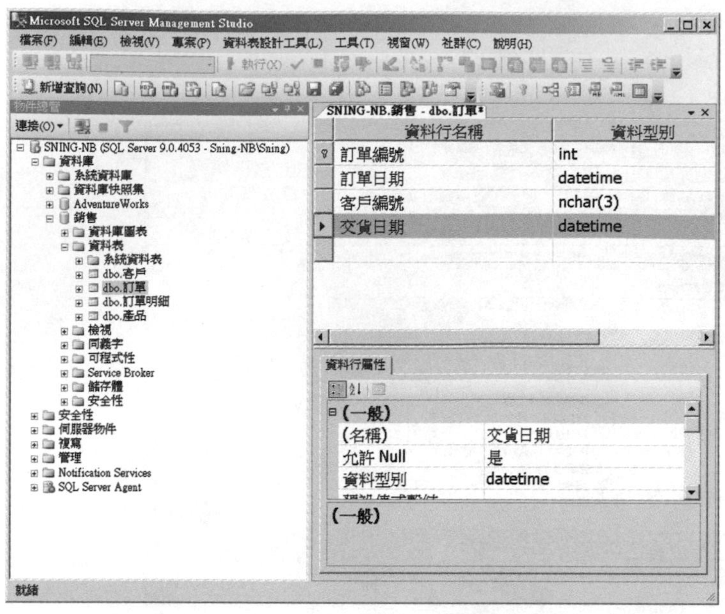

步驟18 資料表設計師：完成 CHECK 條件約束的刪除。

1 先點擊☒。

2 再於產生的 [Microsoft SQL Server Management Studio] 儲存變更的對話方塊，按下 [是(Y)] 按鈕，即可儲存 CHECK 條件約束的刪除。

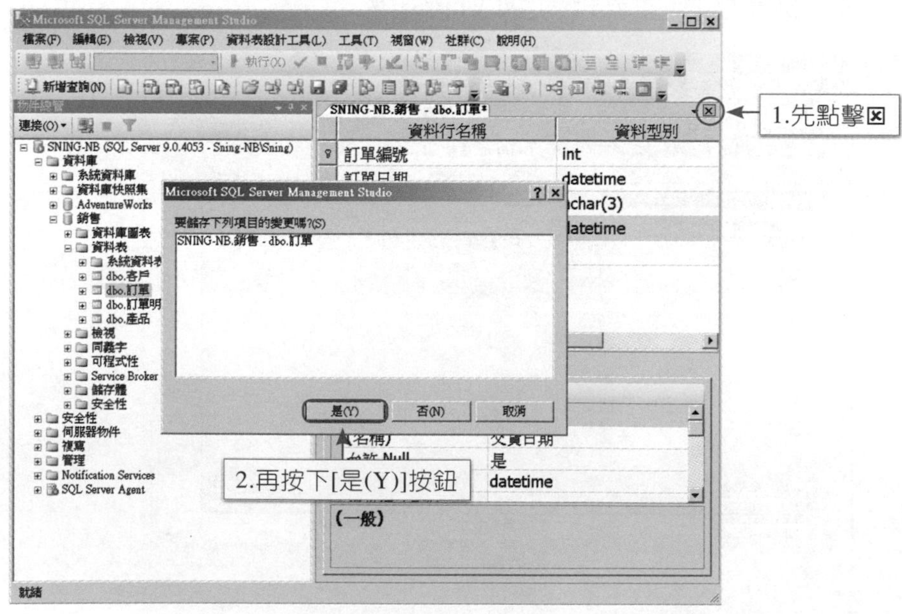

11-3-3 使用 T-SQL 維護條件約束

使用 T-SQL 維護條件約束，其 ALTER TABLE 陳述式的複雜情況就如同使用 T-SQL 修改資料表的 ALTER TABLE 陳述式的情況如出一轍。所以，我們必須再次就維護條件約束的語法結構（參考如圖11.6），為各位讀者先行介紹以便能順利運用 ALTER TABLE 陳述式進行條件約束的實作。

```
ALTER TABLE [ database_name . [ schema_name ] . | schema_name . ]
table_name
{
  [ ALTER column_name <data_type> [ NULL | NOT NULL ] ]
| [ WITH { CHECK | NOCHECK } ] ADD
  {
    [ column_name <data_type> ] [ NULL | NOT NULL ]
  [
    [ CONSTRAINT constraint_name ]
  DEFAULT constant_expression
  [ FOR column_name ]
    |
      [ IDENTITY [ ( seed ,increment ) ] ]
  ]
    [ CONSTRAINT constraint_name ]
    [
      { PRIMARY KEY | UNIQUE }
      [ CLUSTERED | NONCLUSTERED ]
    |
      [ FOREIGN KEY ]
      REFERENCES [ schema_name . ]
      referenced_table_name [ ( ref_column ) ]
    |
      CHECK ( logical_expression )
    ]
  } [ ,...n ]
| DROP
  {
    [ CONSTRAINT ] constraint_name
  } [ ,...n ]
| [ WITH { CHECK | NOCHECK } ] { CHECK | NOCHECK } CONSTRAINT
  { ALL | constraint_name [ ,...n ] }
}
```

指定現有的資料行之NOT NULL 條件約束

(ADD～)建立條件約束
指定以下列方式針對資料行來建立條件約束：
◆現有的資料行
不使用：
column_name<data_type>
◆新增一或多個資料行
使用：
column_name<data_type>
可建立的條件約束包括：
◆NOT NULL
◆DEFAULT
◆PRIMARY KEY
◆UNIQUE
◆FOREIGN
◆CHECK

(DROP～)移除條件約束指定欲移除的條件約束名稱：constraint_name

啟用/停用：條件約束

●圖11.6　ALTER TABLE 陳述式與維護條件約束有關的語法結構

ALTER TABLE 陳述式（維護條件約束）

簡易語法：

```
ALTER TABLE [ database_name . [ schema_name ] . | schema_name
. ] table_name
{
  [ ALTER COLUMN column_name type_name [ NULL | NOT NULL ] ]
| [ WITH { CHECK | NOCHECK } ] ADD
  {
    [ column_name <data_type> ]
    [ NULL | NOT NULL ]
  [
    [ CONSTRAINT constraint_name ]
  DEFAULT constant_expression [ FOR column_name ]
    |
      [ IDENTITY [ ( seed ,increment ) ] ]
  ]
    [ CONSTRAINT constraint_name ]
    [
      { PRIMARY KEY | UNIQUE }
      [ CLUSTERED | NONCLUSTERED ]
    |
      [ FOREIGN KEY ]
      REFERENCES [ schema_name . ]
      referenced_table_name [ ( ref_column ) ]
    |
      CHECK ( logical_expression )
    ]
  } [ ,...n ]
| DROP
  {
    [ CONSTRAINT ] constraint_name
  } [ ,...n ]
| [ WITH { CHECK | NOCHECK } ] { CHECK | NOCHECK } CONSTRAINT
  { ALL | constraint_name [ ,...n ] }
}
```

- ALTER TABLE [database_name . [schema_name] . | schema_name .] table_name

  略。

- [ALTER COLUMN column_name type_name [NULL | NOT NULL]]

  指定資料行名稱（column_name），及緊接之資料行的資料類型（type_name），以修改現有資料行的 NULL 屬性方式，完成 NOT NULL 條件約束的建立或刪除。

- [WITH { CHECK | NOCHECK }] ADD

```
{
 [ column_name <data_type> ]
 [ NULL | NOT NULL ]
 [
  [ CONSTRAINT constraint_name ]
  DEFAULT constant_expression [ FOR column_name ]
 |
  [ IDENTITY [ ( seed ,increment ) ] ]
 ]
 …
} [ ,...n ]
```

  指定以下列方式針對資料行來建立一或多個條件約束：

  - 現有的資料行

    關鍵字 ADD 之後不使用column_name <data_type>。

  - 新增一或多個資料行

    關鍵字 ADD 之後使用column_name <data_type>。

    [NULL | NOT NULL] 為指定新增的資料行是否使用 NOT NULL 條件約束。

- DEFAULT constant_expression [FOR column_name]

  指定以下列方式針對資料行的預設值來建立一或多個 DEFAULT 條件約束：

- 現有的資料行

  由於關鍵字 ADD 之後不使用column_name <data_type>，所以必須搭配[FOR column_name] 以指定是對那一個現有的資料行建立 DEFAULT 條件約束。

- 新增一或多個資料行

  由於關鍵字 ADD 之後已使用column_name <data_type> 來指定新增的資料行及其資料型態，所以無須再使用 [FOR column_name] 。

  有關 DEFAULT constant_expression 的詳細說明，請參考11-1.2中 CREATE TABLE 陳述式的簡易語法之說明。

- [IDENTITY [(seed ,increment)]]

  請參考11-1.2中 CREATE TABLE 陳述式的簡易語法之說明。

```
[ WITH { CHECK | NOCHECK } ] ADD
{
 …
 [ CONSTRAINT constraint_name ]
 [
  { PRIMARY KEY | UNIQUE }
  [ CLUSTERED | NONCLUSTERED ]
 |
  [ FOREIGN KEY ]
  REFERENCES [ schema_name . ]
  referenced_table_name [ ( ref_column ) ]
 |
  CHECK ( logical_expression )
 ]
} [ ,...n ]
```

- [～ ADD { ～ }] 是可對現有的資料行，或新增資料行，進行各種條件約束的建立。

- [WITH { CHECK | NOCHECK }]

  指定是否要依照新增，或重新啓用的 FOREIGN KEY 條件約束，或 CHECK 條件約束來驗證資料表中的資料：

- WITH CHECK

  依照新的 CHECK ，或 FOREIGN KEY 條件約束來確認現有的資料之正確與否。

- WITH NOCHECK

  不要依照新的 CHECK ，或 FOREIGN KEY 條件約束來確認現有的資料之正確與否。

  如果未指定，則 SQL Server 對資料進行驗證與否的預設值爲：

- WITH CHECK

  針對新建立的 FOREIGN KEY 條件約束，或 CHECK 條件約束，一律對資料表中的資料進行驗證的工作。

- WITH NOCHECK

  針對重新啓用的 FOREIGN KEY 條件約束，或 CHECK 條件約束，一律對資料表中的資料進行驗證的工作。

- [,...n]

  若是對資料表新增多個條件約束，則每個新增的條件約束之間都是使用逗點符號（ , ）加以區隔。

[CONSTRAINT constraint_name]

指定資料行的條件約束（Constraint），這是 SQL Server 爲了遵循關聯式資料庫的完整性（Integrity），所擁有的完整性之控制機制，可確保使用條件約束的資料行都能符合完整性之規範。其中各個意義如下：

- CONSTRAINT

  代表條件約束的關鍵字。如果使用 constraint_name ，是不可以省略使用的。

- constraint_name

  爲條件約束的名稱。在資料表所屬的結構描述內，此條件約束名稱必須是唯一的。

關鍵字 [CONSTRAINT] 是用來代表 SQL Server 所支援的如以下所列之條件約束：

UNIQUE 條件約束

設計用來達成「實體完整性」（Entity Integrity）

強制資料行值的唯一性，確保不論資料表中有多少資料列，指定的資料行值絕對不會有重複的情況發生。

每一資料表可以指定多個 UNIQUE 條件約束。

範例：

資料行 [身分證字號] 就是一個應使用UNIQUE 條件約束的最佳範例，以避免 [身分證字號] 重複出現的不合理現象。

如需詳細資訊，請參閱＜UNIQUE 條件約束＞。

PRIMARY KEY 條件約束

- 指定單一資料行的值，或多個資料行集合的值，成為資料表的主鍵，而能以唯一的方式來識別資料表中的資料列。
- 設計用來達成所謂的「實體完整性」（Entity Integrity）
- 如同 UNIQUE 條件約束，資料表中的資料列都不允許擁有相同的主鍵值。
- 每一資料表僅可以指定一個PRIMARY KEY 條件約束。
- 範例：

  資料表 [訂單] 中的資料行 [訂單編號] 就是一個應使用 PRIMARY KEY 條件約束的參考範例，以避免 [訂單編號] 重複出現的不合理現象。
- 如需詳細資訊，請參閱線上叢書中的＜PRIMARY KEY 條件約束＞。

FOREIGN KEY 條件約束

- 建立資料表之間的1對1關係，或1對多關係。
- 設計用來達成所謂的「參考完整性」（Referential Integrity）
- 無論是1對1關係，或1對多關係，皆是一個資料表中的外來鍵指向另一個資料表中的主鍵，要求其資料行（外來鍵）的值皆須存在於所參考的資料表的資料行（主鍵）中。
- 每一資料表僅可以指定不止一個PRIMARY KEY 條件約束。

- 範例1：

  資料表 [訂單] 中的資料行 [客戶編號] 就是應使用 FOREIGN KEY 條件約束，表示其為資料表 [訂單] 中的外來鍵，並指出其值是參考自資料表 [客戶] 中的做為主鍵的資料行 [客戶編號] 的值。

- 範例2：

  資料表 [訂單明細] 中的資料行 [產品編號] 就是應使用 FOREIGN KEY 條件約束，表示其為資料表 [訂單明細] 中的外來鍵，並指出其值是參考自資料表 [產品] 中的做為主鍵的資料行 [產品編號] 的值。

- 如需詳細資訊，請參閱線上叢書中的＜FOREIGN KEY 條件約束＞。

CHECK條件約束

- 限制資料行中可接受的值。
- 設計用來達成所謂的「值域完整性」（Domain Integrity）
- CHECK條件約束是以指定布林（Boolean）的邏輯運算式，套用至輸入資料行的所有值的方式，以評估資料行的輸入值，或修改值是否符合邏輯運算式。如此，所有評估為 FALSE 的值都會遭拒絕，而確保資料行的值是在邏輯運算式所設定的範圍內。
- 我們可以為每個資料行指定多個 CHECK 條件約束。
- 範例：

  資料表 [客戶] 中與出生日期有關的資料行 [月份] 的值，應以CHECK 條件約束限定於1～12之間：

  CONSTRAINT check_birthmonth CHECK(月份 BETWEEN 1 and 12)

- 如需詳細資訊，請參閱線上叢書中的＜CHECK 條件約束＞。

{ PRIMARY KEY | UNIQUE } [CLUSTERED | NONCLUSTERED]

針對指定 UNIQUE ，或 PRIMARY KEY 條件約束的資料行， SQL Server 是將資料行利用以下二類的索引所設計成不同的索引鍵，來完成 UNIQUE ，或 PRIMARY KEY 條件約束所要達成的「實體完整性」：

- CLUSTERED

  以叢集索引（Clustered Index）所建立的索引鍵，來確保 UNIQUE ，或 PRIMARY KEY 條件約束的資料行之值為始終不會重複的唯一值。

[CLUSTERED] 爲 SQL Server 使用 PRIMARY KEY 條件約束時所預設的索引種類。

- NONCLUSTERED

  以非叢集索引（Non-Clustered Index）所建立的索引鍵，來確保 UNIQUE，或 PRIMARY KEY 條件約束的資料行之値爲始終不會重複的唯一値。

  [NONCLUSTERED] 爲 SQL Server 使用 UNIQUE 條件約束時所預設的索引種類。

- 範例：

  SQL Server 是以叢集索引爲 [訂單] 中使用 PRIMARY KEY 條件約束的資料行 [訂單編號] 建立索引鍵 [PK_訂單]（參考如圖11.7）。

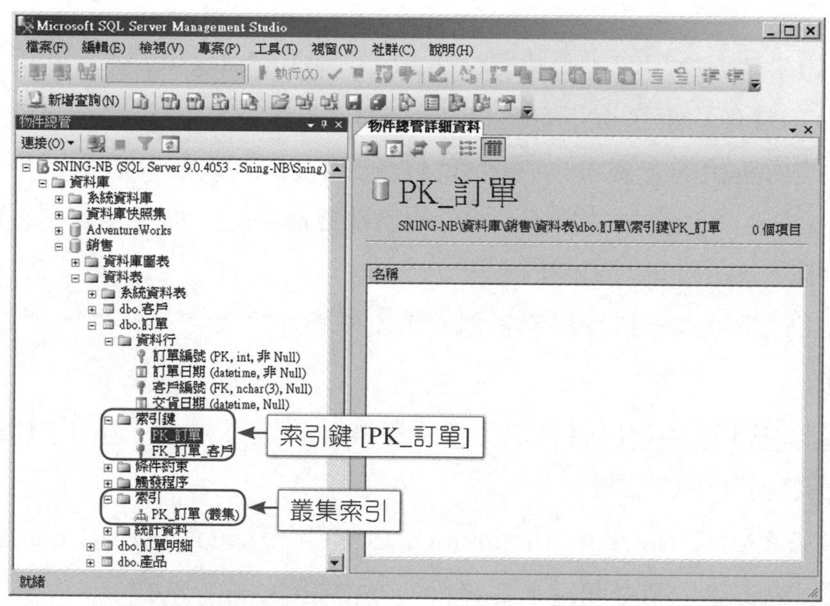

●圖11.7　SQL Server 以叢集索引為 [訂單] 中的 [訂單編號] 建立索引鍵

- 如需索引的詳細資訊，請參閱線上叢書之＜叢集索引＞，及＜非叢集索引＞。

[FOREIGN KEY]

REFERENCES [schema_name.] referenced_table_name [(ref_column)]

以指定 FOREIGN KEY 條件約束的資料行，是參考自那一個資料表中的資料行之方式，建立完成資料表之間的參考完整性所代表之具體的對應關係。其中各個意義如下：

- REFERENCES

  是「參考」之意。

- [schema_name.]

  是所參考的資料表之結構描述名稱，也是可以省略使用的。

- referenced_table_name

  是所參考的資料表之名稱。

- [(ref_column)]

  是所參考的資料表之中的資料行名稱，也是可以省略使用的。

FOREIGN KEY 條件約束所參考的資料行，必須是所參考的資料表中指定爲一個 PRIMARY KEY ，或 UNIQUE 條件約束的資料行，或是所參考的資料表中指定爲一個 UNIQUE INDEX （唯一索引鍵）所參考的資料行。

- 範例：

  資料表 [訂單] 中的資料行 [客戶編號] 就是使用 FOREIGN KEY 條件約束所產生的索引鍵 [FK_訂單_客戶]，以參考自資料表 [客戶] 中的做爲主鍵的資料行 [客戶編號] 的值，參考如下所列的 ALTER TABLE 陳述式範例。

```
ALTER TABLE [訂單]
WITH CHECK ADD
CONSTRAINT [FK_訂單_客戶]
FOREIGN KEY([客戶編號])
REFERENCES [客戶] ([客戶編號])
GO
```

- CHECK (logical_expression)

  指定 CHECK 條件約束。其中各個意義如下：

- CHECK

  代表 CHECK 條件約束的關鍵字。

- logical_expression

  一個傳回 TRUE 或 FALSE值的布林（Boolean）邏輯運算式，其中必須指定欲進行 CHECK 條件約束的資料行名稱。

DROP

{

[CONSTRAINT] constraint_name

} [,...n]

- [DROP { ～ }] 是自資料表中移除一或多個條件約束。
- [CONSTRAINT] constraint_name

  指定欲從資料表中移除的條件約束名稱。其中各項目意義如下：
- constraint_name

  代表條件約束的名稱。
- [CONSTRAINT]

  代表條件約束的關鍵字，我們可以省略這個關鍵字的使用，而僅需指定 constraint_name 即可。
- [,...n]

  若是自資料表中移除多個條件約束，則每個移除的條件約束之間都是使用逗點符號（，）加以區隔。

[WITH { CHECK | NOCHECK }] { CHECK | NOCHECK } CONSTRAINT

{ ALL | constraint_name [,...n] }

- 啓用，或停用條件約束。
- [WITH { CHECK | NOCHECK }]

  請參考前幾頁之 [～ ADD { ～ }] 的說明。
- { CHECK | NOCHECK } CONSTRAINT

  { ALL | constraint_name [,...n] }
- ALL
- 指定啓用，或停用全部的條件約束。
- 啓用全部的條件約束

  指定利用 CHECK 選項（驗證資料）啓用所有條件約束。
- 停用全部的條件約束

  指定利用 NOCHECK 選項（不驗證資料）停用所有條件約束
- constraint_name。

  指定為欲啓用，或停用的條件約束之名稱

這個選項只能搭配 FOREIGN KEY 條件約束，及 CHECK 條件約束使用。

當指定 NOCHECK 時，會停用條件約束，且不會依照條件約束條件來驗證未來資料行的插入或更新作業。

不能停用 DEFAULT 條件約束， PRIMARY KEY 條件約束，及 UNIQUE 條件約束。

- [,...n]

  每個啟用，或停用的條件約束之間都是使用逗點符號（，）加以區隔。

介紹完維護條件約束的 ALTER TABLE 陳述式之語法後，我們就可看看如何使用 ALTER TABLE 陳述式在資料表中針對資料行進行各類條件約束的操作。以下的範例程式，皆是對照我們在上單元11-3.2中以 SSMS 所進行的各種維護條件約束之【實務演練】而設計出來的，請各位讀者參考。

範例程式

使用 ALTER TABLE 陳述式對資料表 [產品] 的 [產品編號] 進行 PRIMARY KEY 條件約束的建立，及移除

```
/* 使用 ALTER TABLE 對 [產品] 的 [產品編號] */
/* 進行 PRIMARY KEY 條件約束的建立，及移除 */
USE [銷售]
GO

-- 建立 PRIMARY KEY 條件約束
-- [PK_產品_1] 代表：
-- [產品編號] 的 PRIMARY KEY 條件約束名稱
-- [產品編號] 以叢集索引（CLUSTERED）依升冪方式所建立的索引鍵
ALTER TABLE [dbo].[產品]
ADD  CONSTRAINT [PK_產品_1]
PRIMARY KEY CLUSTERED ( [產品編號] ASC )
GO
```

```
-- 移除 PRIMARY KEY 條件約束
DROP CONSTRAINT [PK_產品_1]
GO
```

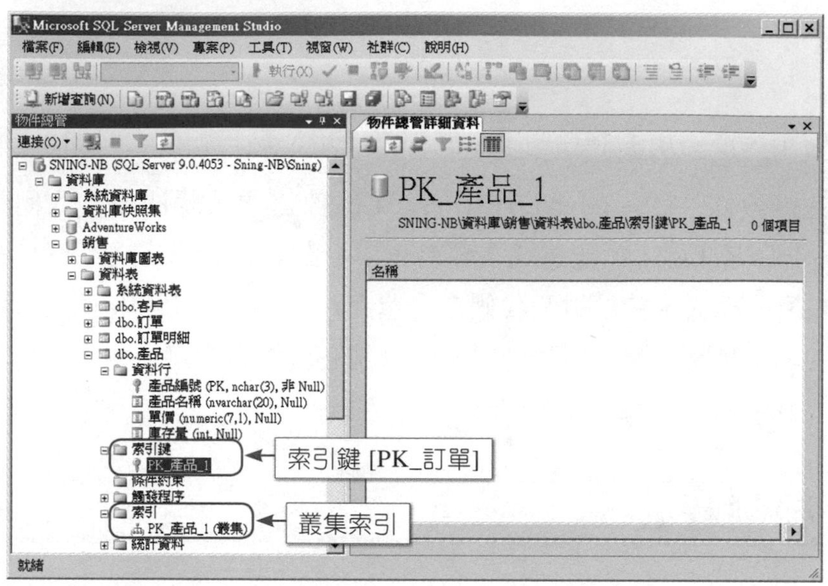

範例程式

使用 ALTER TABLE 陳述式對資料表 [訂單明細] 的 [訂單編號] 及 [產品編號] 進行 PRIMARY KEY 條件約束的建立，及移除

```
/* 使用 ALTER TABLE 對 [訂單明細] 的 [訂單編號] 及 [產品編號] */
/* 進行 PRIMARY KEY 條件約束的建立，及移除 */
USE [銷售]
GO


-- 建立 PRIMARY KEY 條件約束
-- [PK_訂單明細_1] 代表：
-- [訂單編號] 及 [產品編號] 的 PRIMARY KEY 條件約束名稱
```

```
-- [訂單編號] 及 [產品編號] 以叢集索引（CLUSTERED）依升冪方式所建立
   的索引鍵
ALTER TABLE [dbo].[訂單明細]
ADD  CONSTRAINT [PK_訂單明細_1]

-- 以組合鍵方式進行 PRIMARY KEY 條件約束的建立
-- 將 [訂單編號] + [產品編號] 以叢集索引
-- 依升冪方式（ ASC = ASCENDING ）建立 PRIMARY KEY 條件約束的索
   引鍵
PRIMARY KEY CLUSTERED
( [訂單編號] ASC, [產品編號] ASC )
GO

-- 移除 PRIMARY KEY 條件約束
DROP CONSTRAINT [PK_訂單明細_1]
GO
```

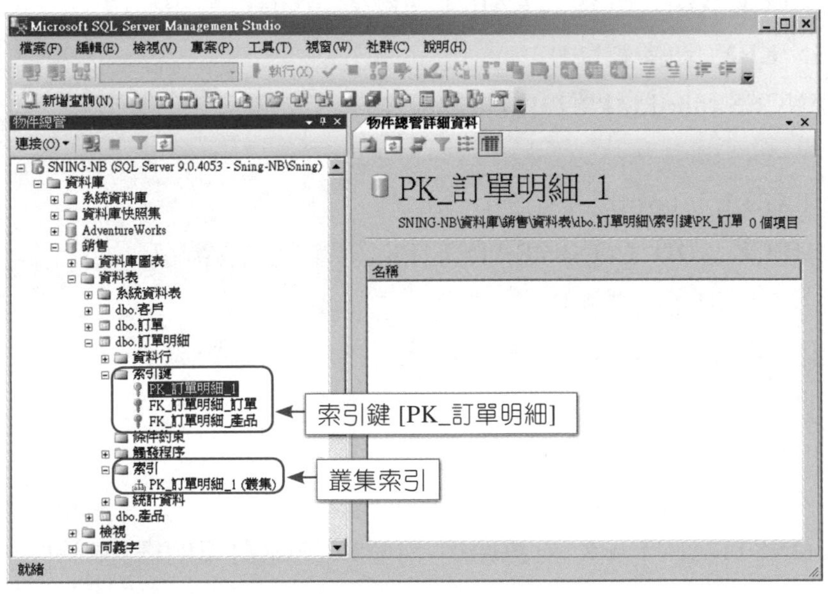

範例程式

使用 ALTER TABLE 陳述式對資料表 [訂單明細] 的 [訂單編號] 及 [產品編號] 分別進行 FOREIGN KEY條件約束的建立，及移除

```
/* 使用 ALTER TABLE 對 [訂單明細] 的 [訂單編號] 及 [產品編號] */
/* 分別進行 FOREIGN KEY 條件約束的建立，及移除 */
USE [銷售]
GO

-- 建立 FOREIGN KEY 條件約束
-- [FK_訂單明細_訂單] ，及 [FK_訂單明細_產品] 分別代表：
-- [訂單編號] ，及 [產品編號] 的 FOREIGN KEY 條件約束名稱
-- [訂單編號] ，及 [產品編號] 的索引鍵
ALTER TABLE [dbo].[訂單明細]
WITH CHECK ADD  CONSTRAINT [FK_訂單明細_訂單]
FOREIGN KEY([訂單編號])
REFERENCES [dbo].[訂單] ([訂單編號])
--
ALTER TABLE [dbo].[訂單明細]
WITH CHECK ADD  CONSTRAINT [FK_訂單明細_產品]
FOREIGN KEY([產品編號])
REFERENCES [dbo].[產品] ([產品編號])
GO

-- 移除 FOREIGN KEY 條件約束
DROP CONSTRAINT [FK_訂單明細_訂單] , [FK_訂單明細_產品]
GO
```

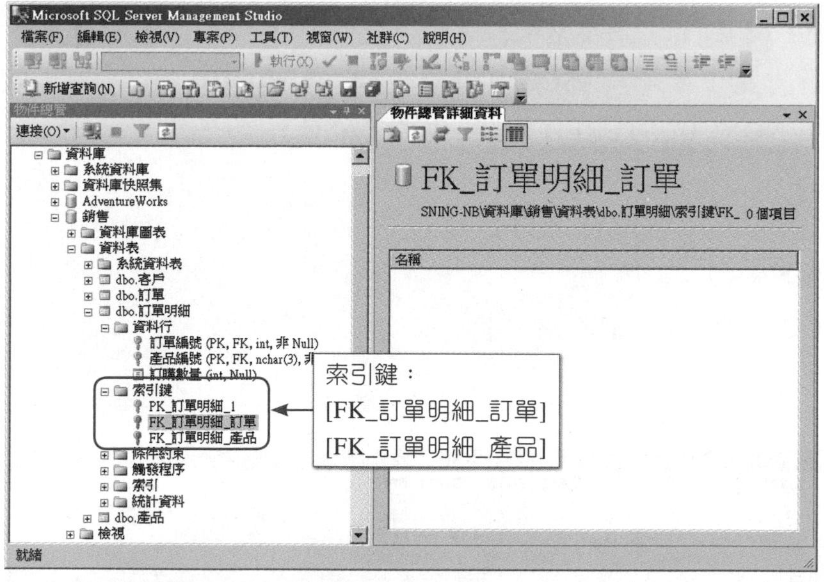

範例程式

使用 ALTER TABLE 陳述式對資料表 [客戶] 的 [統一編號] 進行 UNIQUE 條件約束的建立，及移除

```
/* 使用 ALTER TABLE 對 [客戶] 的 [統一編號] */
/* 進行 UNIQUE 條件約束的建立，及移除 */
USE [銷售]
GO


-- 建立 UNIQUE 條件約束
-- [IX_客戶] 代表：
-- [統一編號] 的 UNIQUE 條件約束名稱
-- [統一編號] 以非叢集索引（NONCLUSTERED）依升冪方式所建立的索引
   鍵
ALTER TABLE [dbo].[客戶]
ADD  CONSTRAINT [IX_客戶]
```

```
-- 將 [統一編號] 以非叢集索引
-- 依升冪方式（ ASC = ASCENDING ）建立 UNIQUE 條件約束的索引鍵
UNIQUE NONCLUSTERED ( [統一編號] ASC )
GO

-- 移除 UNIQUE 條件約束
DROP CONSTRAINT [IX_客戶]
GO
```

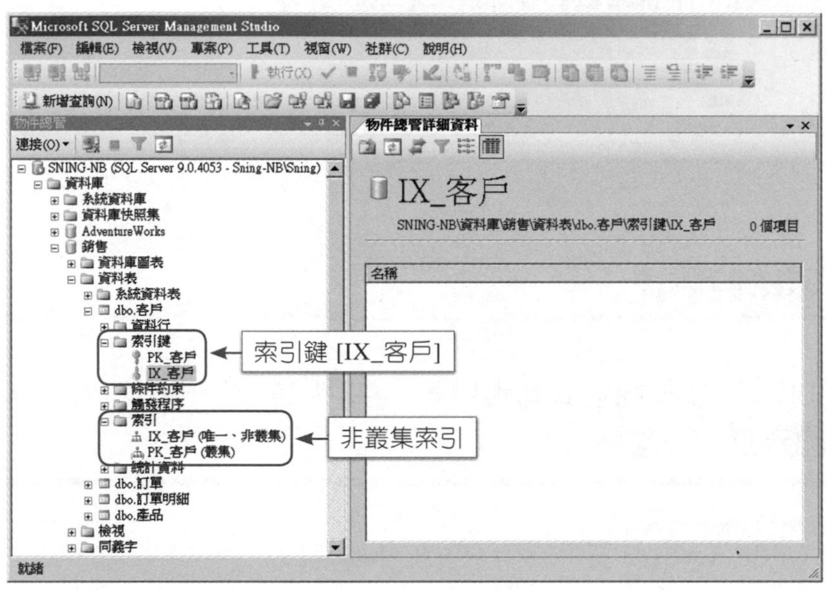

範例程式

使用 ALTER TABLE 陳述式對資料表 [訂單] 的 [交貨日期] 進行 CHECK 條件約束的建立，及移除

```
/* 使用 ALTER TABLE 對 [訂單] 的 [交貨日期] */
/* 進行 CHECK 條件約束的建立，及移除 */
USE [銷售]
GO
```

```
-- 建立 CHECK 條件約束
-- [CK_訂單] 代表：
-- [交貨日期] 的 CHECK 條件約束名稱
-- [交貨日期] 以 CHECK（布林邏輯運算式）建立的條件約束
ALTER TABLE [dbo].[訂單]
WITH CHECK ADD CONSTRAINT [CK_訂單]

--將 [交貨日期] 以 CHECK（([交貨日期]>=[訂單日期])）建立 CHECK 條件
  約束
CHECK (([交貨日期]>=[訂單日期]))
GO

-- 移除 CHECK 條件約束
DROP CONSTRAINT [CK_訂單]
GO
```

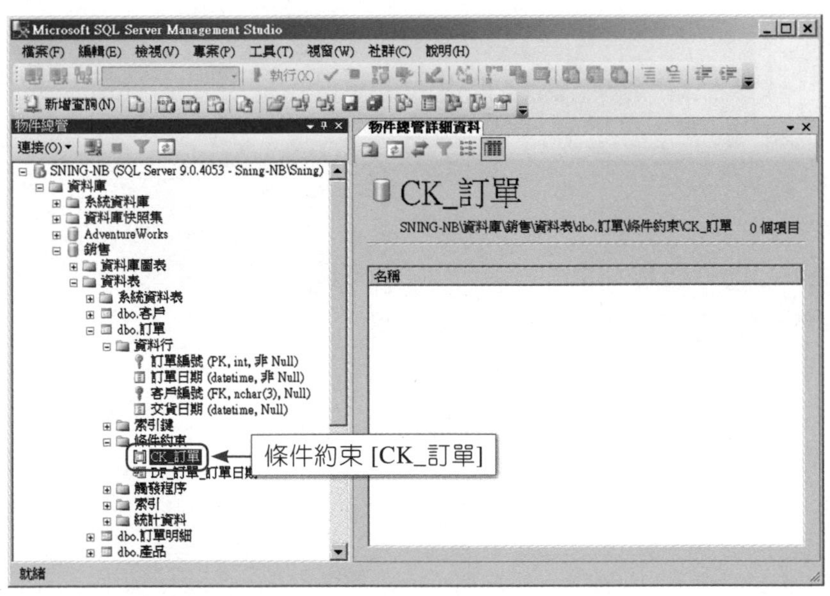

範例程式

使用 ALTER TABLE 陳述式對資料表 [訂單] 的 [訂單日期] 進行 DEFAULT 條件約束的建立，及移除

```
/* 使用 ALTER TABLE 對 [訂單] 的 [訂單日期] */
/* 進行 DEFAULT 條件約束的建立，及移除 */
USE [銷售]
GO

-- 建立 DEFAULT 條件約束
-- [DF_訂單_訂單日期] 代表：
-- [訂單日期] 的 CHECK 條件約束名稱
-- [訂單日期] 以 DEFAULT（運算式）所建立的條件約束
ALTER TABLE [dbo].[訂單]
ADD  CONSTRAINT [DF_訂單_訂單日期]

--將 [訂單日期] 以 DEFAULT（getdate()）建立 DEFAULT 條件約束
DEFAULT (getdate()) FOR [訂單日期]
GO

-- 移除 DEFAULT 條件約束
DROP CONSTRAINT [ DF_訂單_訂單日期]
GO
```

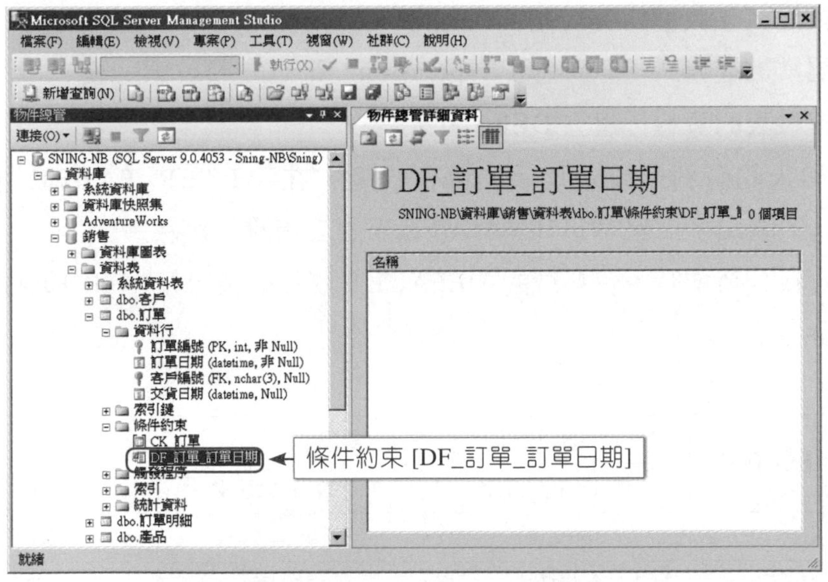

11-3-4 資料行的DEFAULT條件約束，及Null屬性

SQL Server 資料表中非 PRIMARY KEY 資料行的 Null 屬性的值之指定是分爲以下二種：

- NULL

  代表資料欄無值，或是未知的值。

- NOT NULL

  表示資料欄必須有值。

  指定 Null 值，通常是指於新增資料列時資料尚未知，暫不適用的資料，或之後才會指定正確值的資料，所以於該資料可允許爲 Null 值。例如，客人的餐廳訂位，其分配予客人的餐桌時常是未知的。指定 NOT Null 值，通常是爲於新增資料列時，確保關鍵及不可或缺的資料，發生無值的窘境甚至錯誤，所以該資料不允許爲 Null 值。例如，申請加入e網站會員時，會員的 e-mail ，及聯絡電話等，當然是不能允許爲 Null 值的。

DEFAULT 條件約束的用途是當新增資料列時，如果未指定資料欄的輸入值，該資料欄的值將自動設定爲 DEFAULT 所定義的值。建立 DEFAULT 條件約束的方式大致如下：

- 於建立資料表時，在資料行建立 DEFAULT 條件約束。

針對欲設定有預設值的資料欄，在 CREATE TABLE 中，使用 DEFAULT 關鍵字搭配常數運算式（Constant Expression）來建立預設值定義。

- 於現有資料表的資料行建立 DEFAULT

針對新加入的資料欄或新加入的條件約束，在 ALTER TABLE 中，使用 DEFAULT 關鍵字搭配 WITH VALUES 來建立預設值定義。

而進行資料列新增時，資料行的 DEFAULT 條件約束，及 Null 屬性的組合結果，可參考下表：

資料行的 Null 屬性	INSERT時，無指定資料行值		INSERT時，指定資料行值為 Null
	無 DEFAULT	有 DEFAULT	
Null	NULL	預設值	NULL
NOT Null	錯誤	預設值	錯誤

範例程式

資料行的 DEFAULT 條件約束，及 Null 屬性的組合結果-1

```
/* 資料行的 DEFAULT 條件約束，及 Null 屬性的組合結果 */
-- 使用 SQL Server 系統資料庫的暫存資料庫 [TEMPDB] 中進行操作
USE TEMPDB
GO

-- 建立資料表 [PRODUCT]
-- 新增二筆資料列
CREATE TABLE product (name nvarchar(50))
INSERT PRODUCT VALUES('a')
INSERT PRODUCT VALUES('b')

-- 以 [ALTER TABLE ～ADD ～] 建立新資料行 [FriendlyName] ：
-- 資料不允許為 Null 值
-- 預設值為 'Undefined'
```

```
ALTER TABLE PRODUCT
ADD FriendlyName nvarchar(50)
NOT NULL DEFAULT('Undefined')

-- 查詢新資料行 [FriendlyName] 建立完成之後的資料列有何變化？
SELECT * FROM PRODUCT
```

結果 | 訊息

	name	FriendlyName
1	a	Undefined
2	b	Undefined

```
-- Error
-- 無法新增 NULL 值到不允許為 Null 值的資料行 [FriendlyName]
INSERT PRODUCT VALUES('c',NULL)
```

訊息

```
訊息 515，層級 16，狀態 2，行 1
無法插入 NULL 值到資料行 'FriendlyName'，資料表 'tempdb.dbo.product'; 資料行不得有 Null。INSERT 失敗。
陳述式已經結束。
```

範例程式

資料行的 DEFAULT 條件約束，及 Null 屬性的組合結果-2

```
/* 測驗－資料行的 DEFAULT 條件約束，及 Null 屬性的組合結果 */
-- 使用 SQL Server 系統資料庫的暫存資料庫 [TEMPDB] 中進行操作
USE TEMPDB
GO

-- 建立資料表 [PRODUCT]
CREATE TABLE PRODUCT(Name nvarchar(50))
GO
-- 以 [ALTER TABLE ～ADD ～] 建立新資料行 [Sex] ：
```

```
-- 資料允許爲 Null 值
-- 預設值爲 'F'
ALTER TABLE PRODUCT
ADD Sex nvarchar(50)
NULL DEFAULT('F')
GO

-- 以 [ALTER TABLE ～ADD ～] 建立新資料行 [FamilyName] ：
-- 資料允許爲 NOT Null 值
-- 無預設值
ALTER TABLE PRODUCT
ADD FamilyName nvarchar(50)
NOT NULL
GO

-- 新增第一筆資料列
INSERT PRODUCT (Name,Sex,FamilyName) VALUES('a',NULL,NULL)
GO

-- 新增第二筆資料列
INSERT PRODUCT (Name,Sex) VALUES('b',NULL)
GO

-- 新增第三筆資料列
INSERT PRODUCT (Name,FamilyName) VALUES('c',NULL)
GO

-- 查詢資料列有何變化？
SELECT * FROM PRODUCT
```

本章習題

一、選擇題

1. (　) 下列哪些資料行可以套用DEFAULT定義？

   (A)值為NULL的資料行

   (B)值為NOT NULL的資料行

   (C)IDENTITY屬性的資料行

   (D)資料類型為timestamp（時間戳記）的資料行

2. (　) 下列哪些條件約束可設計用來達成所謂的「值域完整性」？

   (A)CHECK　(B)UNIQUE

   (C)PDEFAULT　(D)NOT NULL

3. (　) 下列哪些條件約束可設計用來達成所謂的「實體完整性」？

   (A)CHECK　(B)UNIQUE

   (C)FOREIGN KEY　(D)PRIMARY KEY

4. (　) 在SQL Server Management Studio中，「資料表設計師」可搭配工具列中的哪一按鈕，而完成UNIQUE條件約束的建立、修改及刪除？

   (A)　(B)

   (C)　(D)

5. (　) 在SQL Server Management Studio中，「資料表設計師」可搭配工具列中的哪一按鈕，而完成FOREIGN KEY條件約束的建立、修改及刪除？

   (A)　(B)

   (C)　(D)

6. (　) 在SQL Server Management Studio中，「資料表設計師」可搭配工具列中的哪一按鈕，而完成CHECK條件約束的建立、修改及刪除？

   (A)　(B)

   (C)　(D)

7. (　) 下列哪些資料行應使用UNIQUE條件約束？

   (A)[學號]　(B)[課程編號]

   (C)[統一編號]　(D)[身分證字號]

本章習題

8. ( ) 下列哪些資料行應使用FOREIGN KEY條件約束？

    (A)資料表[訂單明細]中的[產品編號]

    (B)資料表[訂單明細]中的[訂單編號]

    (C)資料表[客戶]中的[訂單編號]

    (D)資料表[供應商]中的[採購單編號]

9. ( ) 下列何者是可以允許INSERT時，無指定資料行值？

    (A)有DEFAULT條件約束，資料行的Null屬性值爲Null

    (B)有DEFAULT條件約束，資料行的Null屬性值爲NOT Null

    (C)無DEFAULT條件約束，資料行的Null屬性的值爲Null

    (D)無DEFAULT條件約束，資料行的Null屬性的值爲NOT Null

10. ( ) 下列何者是不允許INSERT時，指定資料行值爲Null？

    (A)有DEFAULT條件約束，資料行的Null屬性值爲Null

    (B)有DEFAULT條件約束，資料行的Null屬性的值爲NOT Null

    (C)無DEFAULT條件約束，資料行的Null屬性值爲Null

    (D)無DEFAULT條件約束，資料行的Null屬性值爲NOT Null

二、簡答題

1. 請就如下所列之「關聯式模型範例—銷售訂單資訊系統」作答。

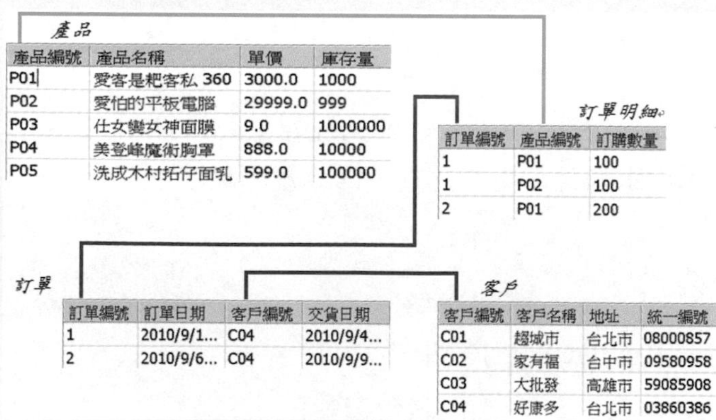

產品

產品編號	產品名稱	單價	庫存量
P01	愛客是粑客私 360	3000.0	1000
P02	愛怕的平板電腦	29999.0	999
P03	仕女變女神面膜	9.0	1000000
P04	美登峰魔術胸罩	888.0	10000
P05	洗成木村拓仔面乳	599.0	100000

訂單明細

訂單編號	產品編號	訂購數量
1	P01	100
1	P02	100
2	P01	200

訂單

訂單編號	訂單日期	客戶編號	交貨日期
1	2010/9/1...	C04	2010/9/4...
2	2010/9/6...	C04	2010/9/9...

客戶

客戶編號	客戶名稱	地址	統一編號
C01	趨城市	台北市	08000857
C02	家有福	台中市	09580958
C03	大批發	高雄市	59085908
C04	好康多	台北市	03860386

本章習題

A. 現象：

資料表[訂單]，與資料表[訂單明細]是經過資料正規化的過程，而成爲各自獨立的資料表，二者必須依靠建立1對多關聯（一筆訂單可包含多筆訂單明細）的方式，才能取得訂單與訂單明細間的相關資訊，以滿足使用者需求，同時也保障資料表[訂單明細]與資料表[訂單]間的參考完整性。

解決方案：

建立____：

●指定[訂單明細] 中____。

●指定[訂單明細] 中____。

B. 現象：

資料表[產品]中必須具有能識別所有[產品]的資料列之主鍵，以保障資料表[產品]的實體完整性。

解決方案：

建立PRIMARY KEY條件約束：指定[產品]中的[產品編號]爲PRIMARY KEY。

C. 現象：

資料表[訂單明細]中的[產品編號]是來自於產品，所以[產品]與[訂單明細]二者必須依靠建立1對多關聯（一項產品可包含於多筆訂單明細）的方式，才能取得產品與訂單明細間的相關資訊，以滿足使用者需求，同時也保障資料表[訂單明細]與資料表[產品]間的參考完整性。

解決方案：

建立____：

●指定[訂單明細] 中____。

●指定[訂單明細] 中____。

D. 現象：

資料表[訂單明細]中必須具有能識別所有[訂單明細]的資料列之主鍵，以保障資料表[訂單明細]的實體完整性。

本章習題

解決方案：

建立＿＿＿＿＿＿＿＿＿＿＿＿＿＿＿＿＿＿＿＿＿＿＿＿＿。

2. 請分別列出以下二種運作的UPDATE陳述式的語法格式？

●運用衍生資料表修改資料行值。

●運用合併資料表修改資料行值。

三、實作題

1. 請使用ALTER TABLE陳述式完成以下運作：

A.對資料庫[銷售]中資料表[訂單明細]的[折扣]建立CHECK條件約束。

B.對資料庫[會員]中資料表[會員]的[性別]建立CHECK條件約束。

2. 請使用ALTER TABLE陳述式完成以下運作：

A.對資料庫[銷售]中資料表[訂單]的[客戶編號]建立FOREIGN KEY條件約束。

B.對資料庫[會員]中資料表[會員]的[身分證字號]建立UNIQUE條件約束。

CHAPTER 12

資料的查詢

學習目標 閱讀完後，你應該能夠：

- 瞭解SELECT陳述式之語法結構
- 瞭解SELECT陳述式之格式化結果集
  - 使用DISTINCT排除重複的資料列
  - 使用TOP指定的最前面部分之資料列
  - 運用SELECT-LIST（查詢清單）指定資料行與運算式
  - 使用FROM子句指定資料的來源
  - 使用ORDER BY子句指定資料行的排序
- 瞭解SELECT陳述式之執行邏輯
  - 掌握SELECT陳述式進行資料查詢之邏輯順序
  - 使用WHERE子句—SELECT陳述式之來源資料的篩選
  - 使用GROUP BY子句—SELECT陳述式之資料的分組
  - 使用HAVING子句—SELECT陳述式之分組資料的篩選

在SQL Server中針對資料查詢所提供的SELECT陳述式，可謂是所有T-SQL陳述式中最基本的指令，初學者只要能按照本章安排與設計的單元與內容循序漸進地閱讀與練習，不但能掌握資料的查詢，更將可為未來資料庫的各類管理、維護及實作，奠定扎實的基礎。

12-1 SELECT陳述式的語法結構

12-1-1 SELECT陳述式的基本原理

SELECT陳述式是專門用來自SQL Server的資料庫中擷取資料，並可對資料進行各類運算，並將資料處理的結果以如同SQL Server的資料表一樣之表格化排列型式，透過應用程式或管理工具（如SSMS）傳回給使用者。參考圖12.1，在SSMS中所執行的SELECT陳述式的結果集為一個由資料行與資料列所組成的二維表格化型式資料，顯示於文件視窗下方的瀏覽器視窗的[結果]頁面。而這些由執行SELECT陳述式而產生之資料行與資料列所組成的表格化型式資料結果，在SQL Server中稱為「SELECT陳述式的結果集」，簡稱「結果集」。為了產生滿足使用者需求的各式各樣之結果集，SELECT陳述式當然就需要設計出多變且複雜的語法結構。但也就因為其具有多變且複雜的語法結構，我們僅由SELECT陳述式的簡易語法開始介紹，以便各位讀者皆能輕鬆開始DML入門—資料的查詢。

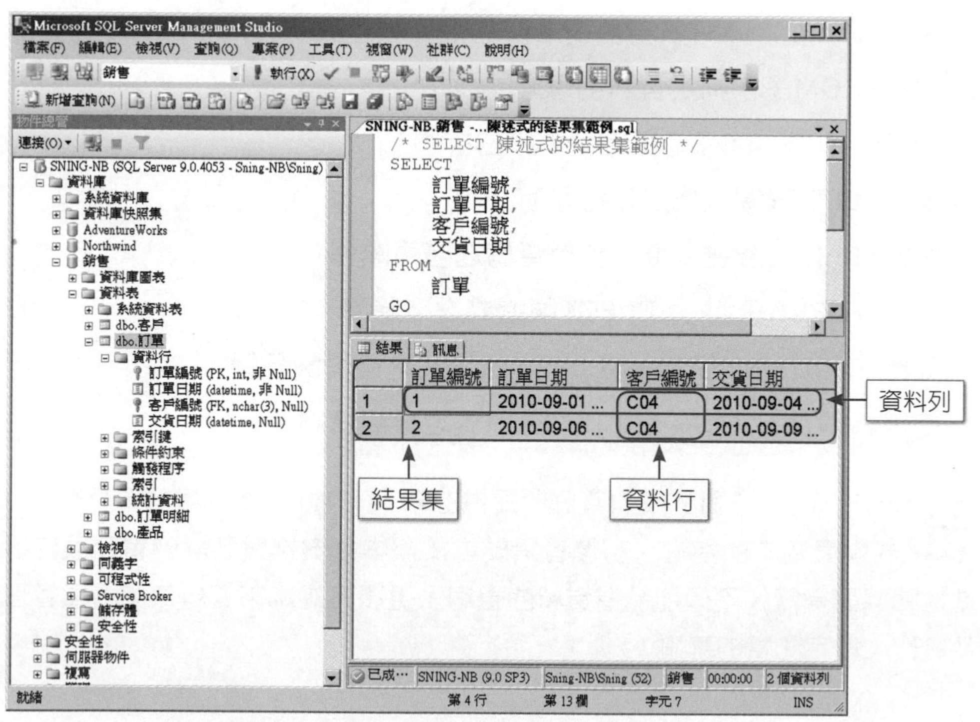

● 圖12.1　SELECT陳述式的結果集範例

12-1-2 SELECT陳述式之簡易語法

我們經由觀察圖12.1的SELECT陳述式範例可以發現，為了能產生查詢SQL Server中資料庫資料最基本的結果集，SELECT陳述式必須至少以如下之簡易語法，指定資料行名稱—包含於資料表中的資料行及資料行的來源—資料表名稱，其詳細的說明，請各位讀者繼續參考SELECT陳述式之簡易語法的介紹。

SELECT陳述式之簡易語法：

```
SELECT
{
  column_name
} [ ,...n ]
FROM
{
table_name
}
```

- SELECT
- column_name：指定欲查詢的資料行名稱（column_name）。
- [,...n]：若是結果集包含一個以上的資料行，則每個資料行名稱之間都是使用逗點符號（，）加以區隔。
- FROM
- table_name：指定資料表名稱（table_name），其格式可參考9-2-2節所介紹的資料庫物件識別字：

  [[伺服器名稱.] [資料庫名稱.] [結構描述名稱.]] [資料表名稱]

  - 資料庫物件識別字共由四個部分之名稱所組成，每個部分之名稱間都是使用小數點符號（.）加以區隔。
  - 前二部分之[伺服器名稱]及[資料庫名稱]皆可以省略。
  - 若[結構描述名稱]為dbo，則也是可以省略的。

範例程式

SELECT陳述式的結果集範例

```
/* SELECT 陳述式的結果集範例 */
USE 銷售
SELECT
    訂單編號,
    訂單日期,
    客戶編號,
    交貨日期
FROM
    訂單
```

- 陳述式所指定的資料行順序如同結果集的每筆資料列中的資料行順序

  在SELECT與FROM之間所前後指定的資料行：訂單編號、訂單日期、客戶編號及交貨日期，將會由左至右依序顯示於SELECT陳述式結果集的每筆資料列中。

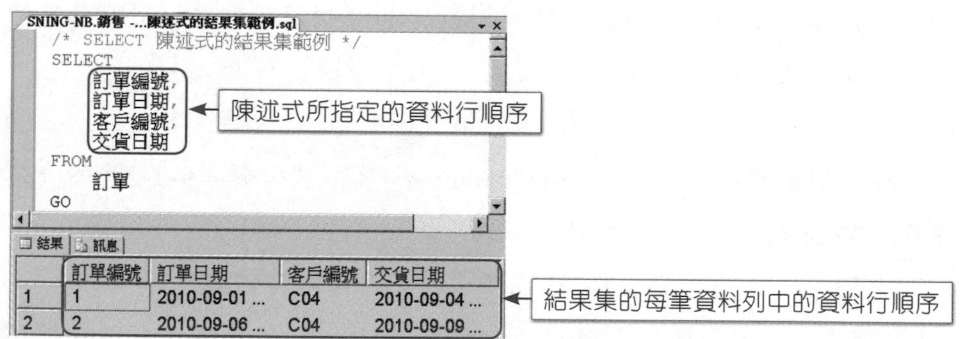

- 結果集為有限數目的資料列之集合

  由本例可以看到，SELECT陳述式之簡易語法是取決於來源資料表[訂單]中資料列的數目，所以結果集的資料列筆數可為：

  - 0筆

    若來源資料表[訂單]是空的，則查詢到之資料列的數目結果集為空集合，也就是說，SELECT陳述式的結果集不會有任何一筆資料列。

	訂單編號	訂單日期	客戶編號	交貨日期

■ 1～N筆

若來源資料表[訂單]中，資料列的數目是1～N筆，則SELECT陳述式的結果集就是1～N筆資料列。

如下所示，來源資料表[訂單]中，資料列的數目是2筆：

	訂單編號	訂單日期	客戶編號	交貨日期
	1	2010/9/1 ...	C04	2010/9/4 ...
	2	2010/9/6 ...	C04	2010/9/9 ...

所以此SELECT陳述式範例的結果集也會有2筆資料列。

	訂單編號	訂單日期	客戶編號	交貨日期
1	1	2010-09-01 ...	C04	2010-09-04 ...
2	2	2010-09-06 ...	C04	2010-09-09 ...

經由觀察本單元之SELECT陳述式範例，可發現以SELECT陳述式簡易語法查詢資料庫[銷售]的資料表[訂單]所產生的結果集，其內容皆爲最基本的顯示方式一直接列出來源資料表[訂單]中從頭到尾的資料列中的資料行值，完全未針對結果集的資料採取進一步的處理，如使用運算式及排序等，這樣子的結果集對於資訊系統的使用者而言，實在是過於單調及簡化了，根本無法符合使用者在進行資料查詢時各類廣泛又多樣之需求。爲了能滿足使用者的多元化資料查詢之需求，我們將於下一單元爲讀者介紹SELECT陳述式的格式化結果集。

12-2 SELECT陳述式的格式化結果集

爲了能產生滿足使用者的多元化需求的資料查詢結果，SELECT陳述式必須利用其語法結構中的四個部分：

- SELECT陳述式的選項（Options）
- SELECT陳述式的查詢清單（Select_List）
- FROM子句
- ORDER BY子句

搭配使用而完成。而經由此類SELECT陳述式語法所產生的表格化型式資料查詢的結果，則稱爲「SELECT陳述式的格式化結果集」，它意謂原先自SQL Server的資料庫中擷取資料的結果，將可以多種格式的方式呈現給使用者。SELECT陳述式的格式化結果集之產生，各位讀者可參考如下所列的SELECT陳述式的格式化結果集語法。

SELECT陳述式的格式化結果集語法：

選取：

查詢清單：

```
SELECT
{
    [ ALL | DISTINCT ]
    [ TOP expression [ PERCENT ] [ WITH TIES ] ]
    *
    | { table_name | view_name | table_alias }.*
    | { column_name | expression } [ [ AS ] column_alias ]
} [ ,...n ]
FROM
{
table_name [ [ AS ] table_alias ]
}
[
ORDER BY
{
  order_by_expression [ COLLATE collation_name ] [ ASC | DESC
]
} [ ,...n ]
]
```

我們將於後續的單元一一介紹如何運用SELECT陳述式的格式化結果集語法，以產生滿足使用者多元化需求的資料查詢之結果。

12-2-1 SELECT陳述式的選項

在SELECT陳述式的關鍵字SELECT之後，就是SELECT陳述式的選項區域，它可以運用以下所列的選項，指定SELECT陳述式之結果集中的資料列：

- DISTINCT：排除SELECT陳述式的結果集中重複的資料列

  [ALL | DISTINCT]

  - ALL：指定結果集中可以有重複的資料列。ALL是預設值。
  - DISTINCT：指定結果集中皆只能是唯一資料列（有不重複的資料列）。

範例程式

使用DISTINCT排除重複的資料列

來源資料表[訂單]中的資料列內容：

Table - 銷售.訂單

訂單編號	訂單日期	客戶編號	交貨日期
1	2002/12/1...	C01	2002/12/1...
2	2002/12/1...	C02	2002/12/1...
3	2002/12/3...	C03	2002/12/1...
4	2002/12/6...	C01	2002/12/1...
5	2002/12/7...	C03	2002/12/1...
6	2010/1/8 ...	*NULL*	2010/1/15...

- SELECT 客戶編號 FROM 銷售.訂單

  可找出資料表[訂單]中重複的客戶編號值（有下過不只一筆訂單的客戶）。

	客戶編號
1	C01
2	C02
3	C03
4	C01
5	C03
6	NULL

- SELECT DISTINCT 客戶編號 FROM 銷售.訂單

  可找出資料表[訂單]中不重複的客戶編號值（有下過訂單的客戶）。

	客戶編號
1	NULL
2	C01
3	C02
4	C03

- TOP：就已完成排序的SELECT陳述式的結果集，找出所指定的最前面部分之資料列。

  選項TOP的語法[TOP expression [PERCENT] [WITH TIES]]使用規則如下：

  - 選項TOP是用於指定從已排序完畢的SELECT陳述式結果集中，傳回指定的最前面之資料列，或最前面百分比之資料列。由於要針對SELECT陳述式的結果集進行排序的處理，所以選項TOP必須與[ORDER BY]子句搭配使用。有關[ORDER BY]子句的詳細說明與使用範例，請參閱12-2-4 SELECT陳述式的ORDER BY子句。
  - expression：是以運算式值指定最前面多少個資料列，或最前面多少百分比的資料列。
  - [PERCENT]：百分比值。
  - [WITH TIES]：SELECT陳述式的結果集中排名相同的資料列，皆全數傳回。

範例程式

使用Top找出所指定的最前面部分之資料列

來源資料表[產品]中的資料列內容：

Table - 銷售.產品

	產品編號	產品名稱	單價	庫存量	成本價
▸	P01	DVD Player	399	2000	299
	P02	數位電視	39999	1000	30000
	P03	無線電話	399	1000	199
	P04	BR 光碟	199	200	99
	P05	電漿電視	88888	100	80000

SELECT Top 2 產品名稱, 單價 FROM 銷售.產品 ORDER BY 單價

找出資料表[產品]中單價最小的前二筆之資料列如下：

	產品名稱	單價
1	BR 光碟	199
2	DVD Player	399

然而，經由仔細的觀察來源資料表[產品]中的資料列內容，我們可發現[單價]最小的前二筆之資料列，實際上並不是只有二筆：

- [產品名稱] BR光碟，與其[單價]199
- [產品名稱] DVD Player，與其[單價]399
- [產品名稱] 無線電話，與其[單價]399

因為編號P03之[產品名稱]無線電話，其[單價]與編號P01之[產品名稱]DVD player的[單價]是排名相同的（皆為399），所以[產品名稱]無線電話，與其[單價]399應成為本範例的第三筆資料列。

然而，顯而易見的，SELECT陳述式的格式化結果集中卻遺漏了此資料列，如此一來，自然將導致本範例程式碼的執行結果出現失真的現象。

所以，使用選項Top時必須解決使用[ORDER BY]子句進行排名的結果中有相同排名之問題，否則會遺漏排名相同的資料列。因此，我們必須利用隨後的範例解決此一問題。

SELECT Top 2 WITH TIES 產品名稱, 單價 FROM 銷售.產品 ORDER BY 單價

爲避免上例之錯誤設計而形成的失眞結果，選項TOP必須搭配使用[WITH TIES]。本例使用[WITH TIES]，可於進行ORDER BY單價之排序的過程中，使得[單價]排名相同的資料列將不致遺漏。

此一設計除了找出資料表[產品]中[單價]最小的前二筆資料列，並可找出與[單價]次小相同（皆爲399）之第三筆資料列—[產品名稱]無線電話，與其[單價]399。

我們發現，經由本範例程式碼的執行，可產生如下所示之正確的SELECT陳述式的格式化結果集：

	產品名稱	單價
1	BR 光碟	199
2	DVD Player	399
3	無線電話	399

SELECT Top 2 產品名稱, 單價 FROM 銷售.產品

由於未搭配[ORDER BY]子句，資料表[產品]的資料列並未按[單價]之値由小至大進行排序處理；即使指定了選項Top 2仍無法正確找出資料表[產品]中單價最小的資料列，而只是依序列出如下所示之資料表[產品]其前二筆資料：

	產品名稱	單價
1	DVD Player	399
2	數位電視	39999

就此範例因錯誤的設計而導致之不正確結果，相信讀者可以清楚瞭解選項TOP務必與[ORDER BY]子句搭配使用，才能產生正確的SELECT陳述式的格式化結果集。

有關[ORDER BY]子句的詳細介紹及使用範例，請參考12-2-4 SELECT陳述式的ORDER BY子句。

12-2-2 SELECT陳述式的查詢清單

在SELECT陳述式的選項之後與FROM子句之前，是查詢清單（Select_List）的區域，它可以運用以下所列的多種方式，指定SELECT陳述式之結果集的資料行：

- *：指定傳回FROM子句中所使用的資料表之全部資料行。
  - 運用代表全部資料行的運算子[*]可指定應該傳回FROM子句中所指定的資料表之全部資料行，可以利用最簡便的方式，在查詢清單中指定資料表之全部資料行，避免一一指定資料表之資料行的麻煩。
  - 結果集中的資料行所呈現的順序會如同它們在資料表中所排列的順序。

範例程式

使用*指定資料表之全部資料行

來源資料表[產品]中的資料列內容：

Table - 銷售.產品

產品編號	產品名稱	單價	庫存量	成本價
P01	DVD Player	399	2000	299
P02	數位電視	39999	1000	30000
P03	無線電話	399	1000	199
P04	BR 光碟	199	200	99
P05	電漿電視	88888	0	80000
P06	BR 燒錄機	5999	500	4000
P07	DVD 燒錄機	1199	1000	999

- SELECT * FROM 銷售.產品
- SELECT產品編號, 產品名稱, 單價, 庫存量, 成本價 FROM 銷售.產品

前一運用運算子[*]的範例程式較後一範例程式更能輕易指定SELECT陳述式的格式化結果集，包括來源資料表[產品]中的全部資料行，而同樣產生如下所示的結果：

	產品編號	產品名稱	單價	庫存量	成本價
1	P01	DVD Player	399	2000	299
2	P02	數位電視	39999	1000	30000
3	P03	無線電話	399	1000	199
4	P04	BR 光碟	199	200	99
5	P05	電漿電視	88888	0	80000
6	P06	BR 燒錄機	5999	500	4000
7	P07	DVD 燒錄機	1199	1000	999

- { table_name | view_name | table_alias }.*：指定傳回的資料行範圍為來源資料表的全部資料行，或來源檢視的全部資料行。
  - 資料表可以資料表名稱的別名（table_alias）的方式指定，其目的是以較簡易的名稱，或是更具有實際意義的名稱，取代可能極為冗長的資料表名稱：

    （[[伺服器名稱.] [資料庫名稱.] [結構描述名稱.]] [資料表名稱]）

    如此的設計是為了在資訊系統的開發過程中便於管理，及維護我們所設計的T-SQL程式碼。程式設計師均應於SELECT陳述式的查詢清單中善加利用別名的便利性。例如：

    SELECT Orders.* FROM [SNING-NB].業務.銷售.訂單AS Orders

    由於以識別字Orders取代了冗長的資料表物件[訂單]的名稱—[SNING-NB].業務.銷售.訂單，我們可以輕鬆的運用識別字Orders作為資料表物件[訂單]的別名，於SELECT陳述式的查詢清單中，以Orders.*方式指定結果集的資料行為資料表[訂單]的全部資料行。
  - T-SQL之[～.*]是運用以下所列的方式，指定SELECT陳述式之結果集的資料行的範圍：

    指定 view_name：指定結果集的資料行是檢視的全部資料行，它是利用檢視名稱（view_name）加以指定。

指定table_name或table_alias：指定結果集的資料行爲資料表的全部資料行，它是利用資料表名稱（table_name），或資料表名稱的別名（table_alias）加以指定。

本章12-2-2之SELECT陳述式的查詢清單中所使用的table_alias之設計，是爲了搭配使用12-2-3之FROM子句中的table_alias（參考圖12.2）。請讀者務必要自行詳閱及對照此二單元的內容，方能全然領悟如何在SELECT陳述式中運用資料表名稱的別名。

```
SELECT
{

| { table_name | view_name | table_alias }.*


} [ ,...n ]
FROM
{
table_name [ [ AS ] table_alias ]
}
```

查詢清單

查詢清單，與FROM子句互相搭配使用 table_alias

FROM 子句

●圖12.2　SELECT陳述式的查詢清單與FROM子句互相搭配使用table_alias

範例程式

指定結果集的資料行為資料表的全部資料行

來源資料表[訂單]中的資料列內容：

Table - 銷售.訂單

訂單編號	訂單日期	客戶編號	交貨日期
1	2002/12/1...	C01	2002/12/1...
2	2002/12/1...	C02	2002/12/1...
3	2002/12/3...	C03	2002/12/1...
4	2002/12/6...	C01	2002/12/1...
5	2002/12/7...	C03	2002/12/1...
6	2010/1/8 ...	*NULL*	2010/1/15...

- SELECT 業務.銷售.訂單.* FROM [SNING-NB].業務.銷售.訂單
- SELECT Orders.* FROM [SNING-NB].業務.銷售.訂單AS Orders
- USE業務
  SELECT 銷售.訂單.* FROM 銷售.訂單
- USE業務
  SELECT Orders.* FROM 銷售.訂單AS Orders

以上四項於SELECT陳述式的查詢清單中運用了以下二種[～.*]，

1. table_name.*
   [業務.銷售.訂單.*]，及 [銷售.訂單.*]。
2. table_alias.*
   代表[SNING-NB].業務.銷售.訂單 的 [Orders.*]，及代表[銷售.訂單]的[Orders.*]。

來指定結果集資料行之不同設計的範例程式，其執行結果（如下所示）都是完全一致的。

	訂單編號	訂單日期	客戶編號	交貨日期
1	1	2002-12-01 10:00:00.000	C01	2002-12-10 10:00:00.000
2	2	2002-12-01 15:00:00.000	C02	2002-12-10 13:00:00.000
3	3	2002-12-03 00:00:00.000	C03	2002-12-13 00:00:00.000
4	4	2002-12-06 00:00:00.000	C01	2002-12-13 11:00:00.000
5	5	2002-12-07 00:00:00.000	C03	2002-12-17 17:00:00.000
6	6	2010-01-08 00:00:00.000	NULL	2010-01-15 00:00:00.000

範例程式中的[SNING-NB]乃SQL Server所預設的伺服器名稱，也就是主機的電腦名稱。請讀者於利用SQL Server Management Studio練習時，務必選擇使用自身所操作之主機的電腦名稱，方可產生正確的執行結果。

- AS子句：使用資料行別名

  { column_ name | expression } [[AS] column_alias]

  - 在查詢清單中，我們可指定結果集的資料行爲單純的來源資料表中之資料行，或一個運算式的執行結果。同時，以AS子句—[AS] column_alias，也就是指定資料行的別名（column_alias）的方式來指定結果集中之資料行，或運算式的別名：

資料行：（[[伺服器.] [資料庫.] [結構描述.]] [資料表.] [資料行名稱.]）

資料行的指定可以省略完整的資料表物件名稱—伺服器.資料庫.結構描述.資料表，單純採用資料行名稱即可。

運算式（expression）：有關運算式的詳細介紹與使用範例，請參閱本單元接下來所探討，於查詢清單中指定SELECT陳述式之結果集的資料行可運用的方式—運算式。

- 使用資料行別名或運算式的別名，其目的是以較簡易的名稱，或是更具有實際意義的名稱取代可能極為冗長的資料行名稱，或一長串的運算式。如此的設計是為了便於管理及維護我們所設計的T-SQL程式碼。

  例如：

```
SELECT
  銷售.訂單明細.產品編號,
  SUM(數量) AS 產品訂購總數量
FROM 銷售.訂單明細
GROUP BY 銷售.訂單明細.產品編號
```

由於以實際意義的識別字名稱[產品訂購總數量]取代了運算式—SUM(數量)，我們可以在執行結果中確實明白訂單中各產品的訂購總數量。

	產品編號	產品訂購總數量
1	P01	260
2	P02	15
3	P03	300
4	P04	1
5	P05	1

- T-SQL是運用以下所列的方式，於SELECT陳述式的查詢清單中，以AS子句指定資料行或運算式的別名：

  column_ name [AS] column_alias

  用於變更資料行名稱的方式，指定結果集中之資料行名稱的別名。

  expression [AS] column_alias

  用於變更運算式名稱的方式，指定結果集中的運算式的別名。

  column_alias可用在ORDER BY子句，但不能用在WHERE、GROUP BY或HAVING子句中。

範例程式

來源資料表[產品]中的資料列內容：

Table - 銷售.產品

	產品編號	產品名稱	單價	庫存量	成本價
▸	P01	DVD Player	399	2000	299
	P02	數位電視	39999	1000	30000
	P03	無線電話	399	1000	199
	P04	BR 光碟	199	200	99
	P05	電漿電視	88888	100	80000

```
--無使用任何名稱作爲運算式[單價-成本價]的別名，
--所以結果集中之資料行名稱爲(No column name)
USE 業務
SELECT
產品名稱,
單價-成本價
FROM 銷售.產品
GO
```

	產品名稱	(No column name)
1	DVD Player	100
2	數位電視	9999
3	無線電話	200
4	BR 光碟	100
5	電漿電視	8888

```
--以[產品毛利潤]作爲運算式[單價-成本價]的別名
--所以結果集中之資料行名稱爲[產品毛利潤]
USE 業務
SELECT
產品名稱,
```

```
單價-成本價AS [產品毛利潤]
FROM 銷售.產品
GO
```

	產品名稱	產品毛利潤
1	DVD Player	100
2	數位電視	9999
3	無線電話	200
4	BR 光碟	100
5	電漿電視	8888

- 運算式：產生能符合使用者多元化需求的SELECT陳述式的格式化結果集。

  在查詢清單中，來源資料表中之資料行過於單純，常常無法滿足結果集的多元化需求。所以，SQL Server提供我們針對資料行的Data Type是整數或數字型態時，可以運用SQL Server提供的算術運算子：加（+）、減（-）、乘（*）及除（/），進而搭配特定用途的系統函數等來執行各式各樣的運算，以適當地改變SELECT陳述式的結果集，進而產生符合資訊系統中各個使用者多元化需求的SELECT陳述式的格式化結果集。

  如需運算式的詳細資訊，請參閱SQL Server線上叢書中的＜Expressions (Transact-SQL)＞。

範例程式

使用運算式搭配AS子句

來源資料表[產品]中的資料列內容：

Table - 銷售.產品

	產品編號	產品名稱	單價	庫存量	成本價
▸	P01	DVD Player	399	2000	299
	P02	數位電視	39999	1000	30000
	P03	無線電話	399	1000	199
	P04	BR 光碟	199	200	99
	P05	電漿電視	88888	100	80000

使用[產品庫存成本]運算式但未搭配AS子句

```
/* SELECT 陳述式的查詢清單 - 使用 [產品庫存成本] 運算式但未搭配 AS 子句*/
--設計產品庫存成本的運算式 [成本價 * 庫存量]
--無使用任何名稱作爲運算式 [成本價 * 庫存量] 的別名，
--所以結果集中之資料行名稱爲(No column name)
SELECT
產品名稱,
成本價 * 庫存量
FROM 銷售.產品
GO
```

	產品名稱	(No column name)
1	DVD Player	598000
2	數位電視	30000000
3	無線電話	199000
4	BR 光碟	19800
5	電漿電視	8000000

使用[產品庫存成本]運算式搭配AS子句

```
/* SELECT 陳述式的查詢清單 - 使用 [產品庫存成本] 運算式搭配 AS 子句*/
--設計產品庫存成本的運算式 [成本價 * 庫存量]
--以 [產品庫存成本] 作爲運算式 [成本價 * 庫存量] 的別名
--所以結果集中之資料行名稱爲 [產品庫存成本]
SELECT
產品名稱,
成本價 * 庫存量 AS [產品庫存成本]
FROM 銷售.產品
GO
```

	產品名稱	產品庫存成本
1	DVD Player	598000
2	數位電視	30000000
3	無線電話	199000
4	BR 光碟	19800
5	電漿電視	8000000

使用[產品毛利率]運算式但未搭配AS子句

```
/* SELECT 陳述式的查詢清單 - 使用運算式但未搭配 AS 子句*/
--設計產品毛利率的運算式 [CAST(～)+'%']
--無使用任何名稱作爲運算式 [CAST(～)+'%'] 的別名，
--所以結果集中之資料行名稱爲(No column name)
SELECT
產品名稱,
CAST(((單價-成本價)* 100/成本價) AS varchar)+'%'
FROM 銷售.產品
GO
```

	產品名稱	(No column name)
1	DVD Player	33%
2	數位電視	33%
3	無線電話	100%
4	BR 光碟	101%
5	電漿電視	11%

使用產品毛利率運算式搭配AS子句

```
/* SELECT 陳述式的查詢清單 - 使用運算式搭配 AS 子句 */
--設計產品毛利率的運算式 [CAST(～)+'%']
--以 [產品毛利率] 作爲運算式 [CAST(～)+'%'] 的別名
--所以結果集中之資料行名稱爲 [產品毛利率]
SELECT
產品名稱,
CAST(((單價-成本價)* 100/成本價) AS varchar)+'%' AS [產品毛利率]
FROM 銷售.產品
GO
```

	產品名稱	產品毛利率
1	DVD Player	33%
2	數位電視	33%
3	無線電話	100%
4	BR 光碟	101%
5	電漿電視	11%

12-2-3 SELECT陳述式的FROM子句

緊接著在SELECT陳述式的查詢清單之後，是FROM子句的區域，它是用於搭配12-2-2 SELECT陳述式的查詢清單，運用以下所列之基礎FROM子句語法，以便完成指定SELECT陳述式之結果集的資料行之來源。

基礎的FROM子句語法

```
FROM
{
    table_name [ [ AS ] table_alias ]
}
```

FROM { table_name [[AS] table_alias] }

- 關鍵字FROM不可省略
- table_name：以table_name指定爲來源資料表。
- table_name [AS] table_alias：在FROM子句中可以AS子句—

  [AS] table_alias

  指定資料表的別名，以便能以較簡易的名稱取代可能極爲冗長的資料表名稱：

  （[[伺服器名稱.] [資料庫名稱.] [結構描述名稱.]] [資料表名稱]）

  例如：

  SELECT Orders.* FROM [SNING-NB].業務.銷售.訂單AS Orders

  由於以識別字Orders取代了冗長的資料表物件[訂單]的名稱—[SNING-NB].業務.銷售.訂單，我們可以輕鬆運用識別字Orders作爲資料表物件[訂單]的別名於SELECT陳述式的查詢清單中，以Orders.*方式指定結果集的資料行爲資料表[訂單]的全部資料行。

  參考12-2-2節SELECT陳述式的查詢清單所介紹之圖12.2「SELECT陳述式的查詢清單與FROM子句互相搭配使用table_alias」，我們可以瞭解FROM子句中[AS] table_alias的設計是爲了搭配SELECT陳述式的查詢清單中所使用之資料表名稱的別名（table_alias），至於有關資料表名稱的別名之使用與否的差異，請繼續閱讀本單元隨後所安排的範例。

範例程式

查詢客戶的訂單資訊—FROM子句中使用資料表名稱的別名與否的差異

來源資料表[客戶]中的資料列內容：

Table - 銷售.客戶

客戶編號	客戶名稱	客戶地址	業務員編號
C01	燦坤	台北市	S001
C02	家樂福	台中市	S002
C03	大潤發	高雄市	S002
C04	好事多	台北市	*NULL*

來源資料表[訂單]中的資料列內容：

Table - 銷售.訂單

訂單編號	訂單日期	客戶編號	交貨日期
1	2002/12/1...	C01	2002/12/1...
2	2002/12/1...	C02	2002/12/1...
3	2002/12/3...	C03	2002/12/1...
4	2002/12/6...	C01	2002/12/1...
5	2002/12/7...	C03	2002/12/1...
6	2010/1/8 ...	*NULL*	2010/1/15...

於FROM子句中未使用資料表名稱的別名

```
--資料表[客戶]及資料表[訂單]均未指定資料表的別名
SELECT
   銷售.客戶.客戶名稱,
   銷售.訂單.訂單編號,
   銷售.訂單.訂單日期,
   銷售.訂單.交貨日期
FROM
   銷售.客戶 INNER JOIN 銷售.訂單
ON
   銷售.客戶.客戶編號= 銷售.訂單.客戶編號
GO
```

	客戶名稱	訂單編號	訂單日期	交貨日期
1	燦坤	1	2002-12-01 00:00:00.000	2002-12-10 00:00:00.000
2	燦坤	4	2002-12-06 00:00:00.000	2002-12-16 00:00:00.000
3	家樂福	2	2002-12-01 00:00:00.000	2002-12-10 00:00:00.000
4	大潤發	3	2002-12-03 00:00:00.000	2002-12-13 00:00:00.000
5	大潤發	5	2002-12-07 00:00:00.000	2002-12-17 00:00:00.000

- 於FROM子句中使用資料表名稱的別名

```
--資料表[客戶]及資料表[訂單]分別指定資料表的別名
--資料表[客戶]：Customers
--資料表[訂單]：Orders
SELECT
    Customers.客戶名稱,
    Orders.訂單編號,
    Orders.訂單日期,
    Orders.交貨日期
FROM
    銷售.客戶 Customers INNER JOIN 銷售.訂單 Orders
ON
    Customers.客戶編號 = Orders.客戶編號
GO
```

	客戶名稱	訂單編號	訂單日期	交貨日期
1	燦坤	1	2002-12-01 00:00:00.000	2002-12-10 00:00:00.000
2	燦坤	4	2002-12-06 00:00:00.000	2002-12-16 00:00:00.000
3	家樂福	2	2002-12-01 00:00:00.000	2002-12-10 00:00:00.000
4	大潤發	3	2002-12-03 00:00:00.000	2002-12-13 00:00:00.000
5	大潤發	5	2002-12-07 00:00:00.000	2002-12-17 00:00:00.000

以上二個不同設計的範例程式碼，其執行結果都是完全一致的。但是只要經過簡單的比較後，我們可以發覺，第一例由於FROM子句中未使用資料表名稱的別名，不論是在以下所列之任何SELECT陳述式的語法中：

- 查詢清單
- FROM子句進行內部合併所依據的合併條件（ON ～ = ～）

都不得不於程式碼編輯時一一輸入指定資料表的名稱，這常常是對程式設計師而言頗爲不便且麻煩的。

所以，第二例由於FROM子句中分別指定資料表[客戶]，及資料表[訂單]的別名：

- 資料表[客戶]：Customers
- 資料表[訂單]： Orders

不論是在SELECT陳述式的語法之查詢清單，或FROM子句進行內部合併所依據的合併條件（ON ～ = ～）中，皆只是使用別名Customers，與Orders便可分別取代其所代表的資料表名稱[客戶]，與[訂單]，而能以輕鬆、簡化，且有效率的方式完成此查詢客戶的訂單資訊之範例程式碼。

基礎的FROM子句僅能針對單一資料表進行操作；然而在實務上，許多應用程式所需進行之資料的查詢、新增、刪除或修改，欲處理的資料行都是存在於二個以上相關的資料表，也就是資料表兩兩之間必須要進行特定的合併，方可順利完成資料行之來源的指定。因此，T-SQL必須形成以下所列之進階的FROM子句語法。

進階的FROM子句語法

```
FROM
{
  <table_source>
} [ ,...n ]

<table_source> ::=
{
table_name [ [ AS ] table_alias ]
| view_name  [ [ AS ] table_alias ]
| <derived_table> [ AS ] table_alias [ ( column_alias [ ,...n
] ) ]
| <joined_table>
}

<joined_table> ::=
{
```

```
      <table_source> <join_type> <table_source> ON <search_
condition>
  | <table_source> CROSS JOIN <table_source>
}

<join_type> ::=
{
[ { INNER | { { LEFT | RIGHT | FULL } [ OUTER ] } } ] JOIN
}
```

- FROM { <table_source> } [,...n]

  關鍵字FROM之後的<table_source>是代表SELECT陳述式的查詢清單中所使用的資料行之來源，這些不同的資料行來源可以是資料庫中各類不同型式，及特定用途的資料庫物件。本單元所規劃之進階FROM子句語法中，最常用的爲以下四種類型：

  1. 資料表（Table）
  2. 檢視表（View）
  3. 衍生資料表（Derived Table）
  4. 合併資料表（Joined Table）

  有關此四種類型之意義與使用方式，將在下一語法項目<table_source>再做說明。

- <table_source>：可以下列簡略的不同方式，指定資料行之四種類型的來源資料庫物件：

  1. 資料表－table_name [[AS] table_alias]
     (1) 如同基礎的FROM子句語法，以table_name指定爲來源資料表。
     (2) 在FROM子句中可以AS子句指定資料表的別名，以便能以較簡易的名稱取代可能極爲冗長的資料表名稱；也才能易於在陳述式中以別名即可參考來源資料表的資料行。
  2. 檢視表－view_name [[AS] table_alias]
     (1) view_name代表檢視表。

(2) 爲了易於在陳述式中以別名作爲參考檢視表之資料行，也可如同資料表一般指定檢視表的別名。

3. 衍生資料表－<derived_table> [AS] table_alias [(column_alias [,...n])]

(1) <derived_table>：代表衍生資料表。

(2) 從字面分析來看，可以發現它並非已存在的資料表或檢視表，而是以SELECT陳述式的結果集所形成的資料表。所以，衍生資料表是FROM子句中運用「子查詢」的方式，以SELECT陳述式的結果集所建立的資料表。

(3) FROM子句中的SELECT陳述式的結果集必須指定別名予以參考，才能將此位於FROM子句之內部SELECT陳述式的結果集所建立的衍生資料表，成爲FROM子句之外部SELECT陳述式所能參考使用的資料表。

有關FROM子句之內部SELECT陳述式，與外部SELECT陳述式的相對關係，可參考圖12.3之介紹。

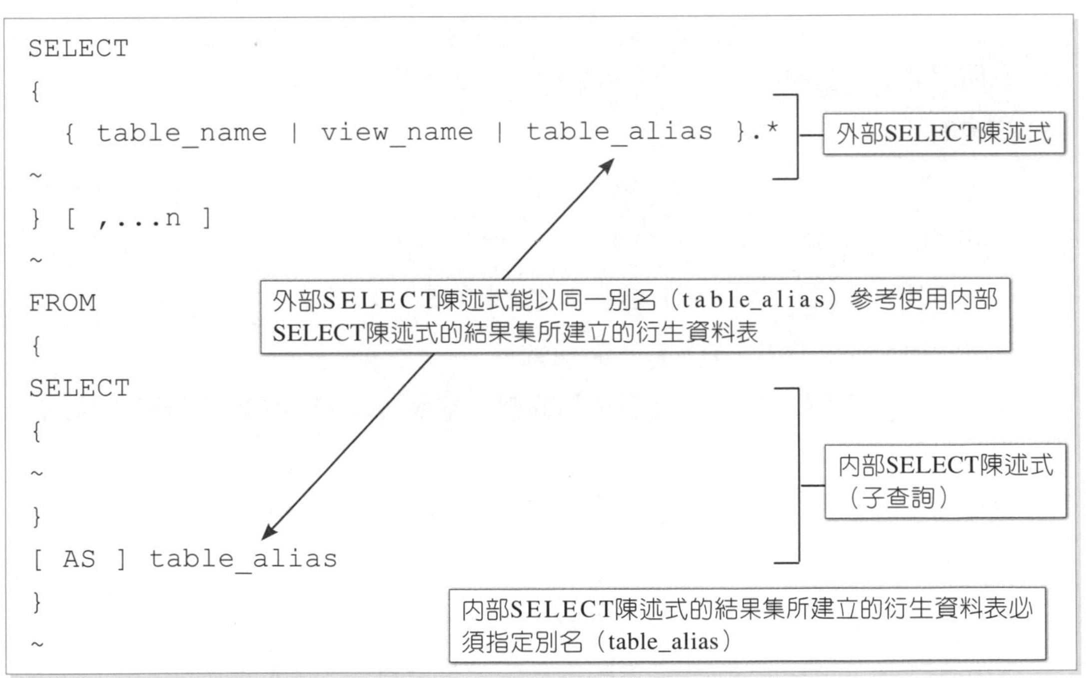
SELECT
{
{ table_name | view_name | table_alias }.*
~
} [,...n]
~
FROM
{
SELECT
{
~
}
[AS] table_alias
}
~
外部SELECT陳述式
外部SELECT陳述式能以同一別名（table_alias）參考使用內部SELECT陳述式的結果集所建立的衍生資料表
內部SELECT陳述式（子查詢）
內部SELECT陳述式的結果集所建立的衍生資料表必須指定別名（table_alias）

●圖12.3　FROM子句之內部SELECT陳述式與外部SELECT陳述式的相對關係

範例程式

查詢最暢銷產品—FROM子句中使用衍生資料表

來源資料表[產品]及[訂單明細]中的資料列內容：

產品編號	產品名稱	單價	庫存量	成本價
P01	DVD Player	399	2000	299
P02	數位電視	39999	1000	30000
P03	無線電話	399	1000	199
P04	BR 光碟	199	200	99
P05	電漿電視	88888	0	80000
P06	BR 燒錄機	5999	500	4000
P07	DVD 燒錄機	1199	1000	999

訂單編號	產品編號	數量	折扣
1	P01	20	0.2
1	P02	5	0.2
2	P01	30	0.8
2	P03	100	0.8
3	P01	200	0.0
3	P02	10	0.0
3	P03	200	0.0
4	P01	10	0.0
4	P04	1	1.0
5	P05	1	0.3

```
/* 查明最暢銷產品-FROM 子句中使用衍生資料表 */
SELECT
*
-- 在 FROM 子句中
-- 以 SELECT 陳述式，自來源資料表 [訂單明細]
-- 運用資料分組：GROUP BY 產品編號
-- 進行依產品編號而計算之每個產品的總訂購數量：SUM(數量) AS 總訂購
   數量
-- 以由多到少的方式排序每個產品的總訂購數量：ORDER BY 總訂購數量
   DESC
-- 於查詢清單中指定排名為最暢銷的產品：Top 1
-- 產生 SELECT 陳述式的結果集即為一個衍生資料表-[最暢銷產品]
FROM
(
```

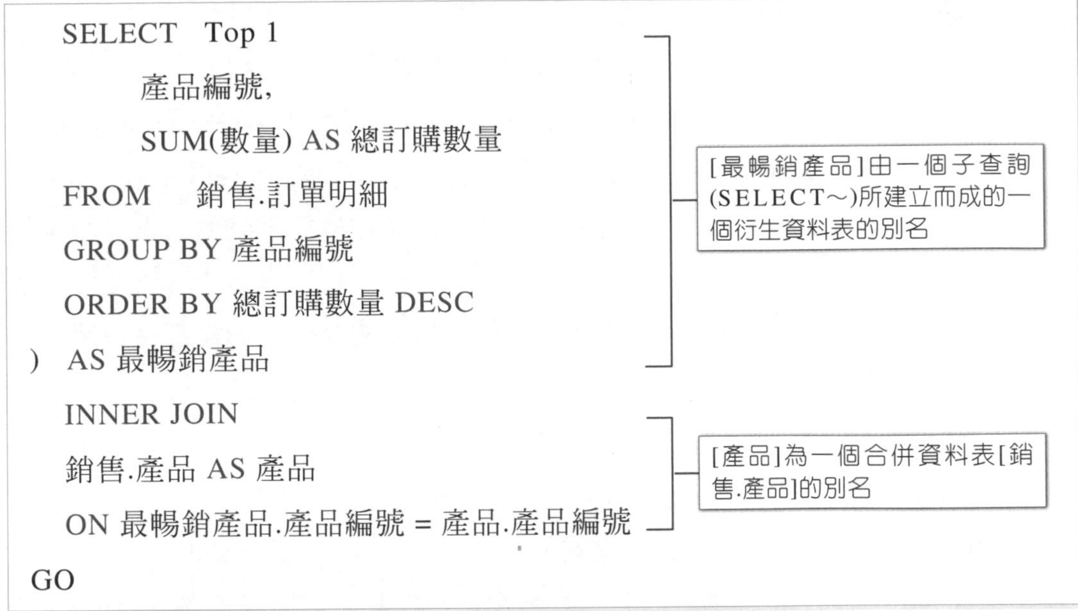

```
   SELECT   Top 1
            產品編號,
            SUM(數量) AS 總訂購數量
   FROM     銷售.訂單明細
   GROUP BY 產品編號
   ORDER BY 總訂購數量 DESC
) AS 最暢銷產品
   INNER JOIN
   銷售.產品 AS 產品
   ON 最暢銷產品.產品編號 = 產品.產品編號
GO
```


4. 合併資料表－<joined_table>

(1) <joined_table> 代表二個以上之相關的合併資料表。

(2) 合併資料表都是以遞迴的型式定義於進階的FROM子句語法中，這是因爲在進階的FROM子句語法中，每一個合併資料表所指定的資料行之來源資料庫物件，又皆是定義爲FROM子句中依照不同合併語法的方式完成之<table_source>，參考圖12.4。

```
<joined_table> ::=
{
    <table_source> <join_type> <table_source> ON <search_
condition>
  | <table_source> CROSS JOIN <table_source>
}
```

●圖12.4　遞迴的型式定義於進階的FROM子句語法中的合併資料表

也就是說，每一個以遞迴的型式定義之合併資料表都可以指定爲資料行之四種主要的來源資料庫物件—資料表、檢視表、衍生資料表、甚至另一個合併資料表，以便與另一來源資料庫物件—資料表、檢視表、衍生資料表、甚至另一個合併資料表進行合併。

(3) <joined_table>

可依照以下不同合併語法的方式產生合併資料表：

A. <table_source> <join_type> <table_source> ON <search_condition>

a. 由左／前與右／後二個<table_source>之間以指定的<join_type>，按照ON <search_condition>所設定的搜尋條件作為合併條件，進行特定的資料表合併。

b. ON <search_condition>：指定合併所依據的條件，通常都是運用資料行及比較運算子的搭配而完成。例如：

```
SELECT C.客戶編號, OD.訂單編號
FROM 銷售.客戶AS C INNER JOIN 銷售.訂單 AS OD
ON C.客戶編號 = OD.客戶編號
```

如需搜尋條件的詳細資訊，請參閱線上叢書之＜搜尋條件 (Transact-SQL)＞。

B. <table_source> CROSS JOIN <table_source>

a. 左／前與右／後二個<table_source>之間進行資料表的交叉合併（CROSS JOIN）。

交叉合併乃意謂將左／前與右／後二個<table_source>的資料列進行卡迪生乘積（Cartesian Product），所以交叉合併的結果集將傳回左／前與右／後二個<table_source>資料列全部的配對結果。

- <join_type>：代表資料表不同合併方式的語法，如下所列：

1. INNER JOIN

(1) 左／前與右／後二個<table_source>之間進行內部合併，傳回所有符合合併條件的左／前與右／後二個<table_source>的資料列配對，亦即圖12.5的斜線部分。

(2) 如果未指定<join_type>，預設值就是INNER JOIN。

2. LEFT [OUTER] JOIN：左／前與右／後二個<table_source>之間進行左邊外部合併，合併資料表的結果集包括二個部分：

(1) 內部合併所傳回的所有資料列，亦即圖12.5的斜線部分。

(2) 左／前資料表中不符合合併條件的所有資料列，同時必須將這些資料列中所對應於右／後資料表中的輸出資料行設為NULL。

3. RIGHT [OUTER] JOIN：左 / 前與右 / 後二個<table_source>之間進行右邊外部合併，合併資料表的結果集包括二個部分：
   (1) 內部合併所傳回的所有資料列，亦即圖12.5的斜線部分。
   (2) 右 / 後資料表中不符合合併條件的所有資料列，同時必須將這些資料列中所對應於左 / 前資料表中的輸出資料行設爲NULL。
4. FULL [OUTER] JOIN：左 / 前與右 / 後二個<table_source>之間進行完全合併，合併資料表的結果集包括三個部分：
   (1) 內部合併所傳回的所有資料列，亦即圖12.5的藍色的部分。
   (2) 左 / 前資料表中不符合合併條件的所有資料列，同時必須將這些資料列中所對應於右 / 後資料表中的輸出資料行設爲NULL。
   (3) 右 / 後資料表中不符合合併條件的所有資料列，同時必須將這些資料列中所對應於左 / 前資料表中的輸出資料行設爲NULL。

參考圖12.5的資料表合併集合圖，將有助於瞭解各類合併的結果集。除此之外，稍後各類不同合併的實例也能幫助讀者進一步掌握資料表合併的實際應用。

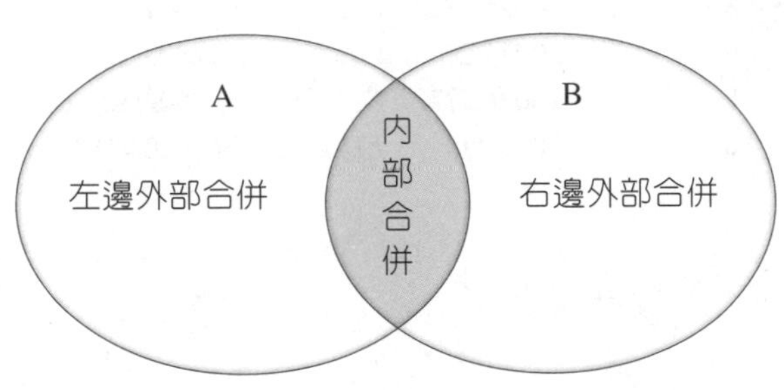

● 圖12.5　資料表合併之集合圖

範例程式

查詢客戶的訂單資訊

來源資料表[客戶]中的資料列內容：

Table - 銷售.客戶

	客戶編號	客戶名稱	客戶地址	業務員編號
▸	C01	燦坤	台北市	S001
	C02	家樂福	台中市	S002
	C03	大潤發	高雄市	S002
	C04	好事多	台北市	*NULL*

來源資料表[訂單]中的資料列內容：

Table - 銷售.訂單

	訂單編號	訂單日期	客戶編號	交貨日期
▸	1	2002/12/1...	C01	2002/12/1...
	2	2002/12/1...	C02	2002/12/1...
	3	2002/12/3...	C03	2002/12/1...
	4	2002/12/6...	C01	2002/12/1...
	5	2002/12/7...	C03	2002/12/1...
	6	2010/1/8 ...	*NULL*	2010/1/15...

建立客戶與訂單的內部合併查詢

```
USE [業務]
GO
SELECT
   銷售.客戶.客戶編號,
   銷售.客戶.客戶名稱,
   訂單編號,
   訂單日期,
   交貨日期,
   銷售.訂單.客戶編號
FROM
```

```
-- 將客戶與訂單依客戶.客戶編號 = 訂單.客戶編號的方式
-- 進行 INNER JOIN (內部合併)
 銷售.客戶 INNER JOIN 銷售.訂單 ON 銷售.客戶.客戶編號 = 銷售.訂單.客戶編號
GO
```

	客戶編號	客戶名稱	訂單編號	訂單日期	交貨日期	客戶編號
1	C01	燦坤	1	2002-12-01 10:00:00.000	2002-12-10 10:00:00.000	C01
2	C01	燦坤	4	2002-12-06 00:00:00.000	2002-12-13 11:00:00.000	C01
3	C02	家樂福	2	2002-12-01 15:00:00.000	2002-12-10 13:00:00.000	C02
4	C03	大潤發	3	2002-12-03 00:00:00.000	2002-12-13 00:00:00.000	C03
5	C03	大潤發	5	2002-12-07 00:00:00.000	2002-12-17 17:00:00.000	C03

以上執行結果爲符合客戶.客戶編號 = 訂單.客戶編號之合併條件的資料列。

建立客戶與訂單的左邊外部合併合併查詢

```
USE [業務]
GO
SELECT
  銷售.客戶.客戶編號,
  銷售.客戶.客戶名稱,
  訂單編號,
  訂單日期,
  交貨日期,
  銷售.訂單.客戶編號
FROM
  -- 將客戶與訂單依客戶.客戶編號 = 訂單.客戶編號的方式
  -- 進行 LEFT OUTER JOIN(左邊外部合併)
  銷售.客戶 LEFT OUTER JOIN 銷售.訂單
  ON 銷售.客戶.客戶編號 = 銷售.訂單.客戶編號
GO
```

	客戶編號	客戶名稱	訂單編號	訂單日期	交貨日期	客戶編號
1	C01	燦坤	1	2002-12-01 10:00:00.000	2002-12-10 10:00:00.000	C01
2	C01	燦坤	4	2002-12-06 00:00:00.000	2002-12-13 11:00:00.000	C01
3	C02	家樂福	2	2002-12-01 15:00:00.000	2002-12-10 13:00:00.000	C02
4	C03	大潤發	3	2002-12-03 00:00:00.000	2002-12-13 00:00:00.000	C03
5	C03	大潤發	5	2002-12-07 00:00:00.000	2002-12-17 17:00:00.000	C03
6	C04	好事多	NULL	NULL	NULL	NULL

以上執行結果之結果集是如同進階的FROM子句語法中所介紹的<join_type>之LEFT [OUTER] JOIN一樣，包括以下二個部分：

1. 資料列1～資料列5：內部合併所傳回的所有資料列。
2. 資料列 6：左／前資料表[客戶]中不符合合併條件（客戶.客戶編號 = 訂單.客戶編號）的所有資料列，同時必須將這些資料列中所對應於右／後資料表[訂單]中的輸出資料行[訂單日期]、[交貨日期]及[客戶編號]均設定爲NULL值。

建立客戶與訂單的右邊外部合併合併查詢

```
USE [業務]
GO
SELECT
   銷售.客戶.客戶編號,
   銷售.客戶.客戶名稱,
   訂單編號,
   訂單日期,
   交貨日期,
   銷售.訂單.客戶編號
FROM
   -- 將客戶與訂單依客戶.客戶編號 = 訂單.客戶編號的方式
   -- 進行 RIGHT OUTER JOIN(右邊外部合併)
   銷售.客戶 RIGHT OUTER JOIN 銷售.訂單
   ON 銷售.客戶.客戶編號 = 銷售.訂單.客戶編號
GO
```

	客戶編號	客戶名稱	訂單編號	訂單日期	交貨日期	客戶編號
1	C01	燦坤	1	2002-12-01 10:00:00.000	2002-12-10 10:00:00.000	C01
2	C02	家樂福	2	2002-12-01 15:00:00.000	2002-12-10 13:00:00.000	C02
3	C03	大潤發	3	2002-12-03 00:00:00.000	2002-12-13 00:00:00.000	C03
4	C01	燦坤	4	2002-12-06 00:00:00.000	2002-12-13 11:00:00.000	C01
5	C03	大潤發	5	2002-12-07 00:00:00.000	2002-12-17 17:00:00.000	C03
6	NULL	NULL	6	2010-01-08 00:00:00.000	2010-01-15 00:00:00.000	NULL

以上執行結果之結果集是如同進階FROM子句語法中所介紹的<join_type>之RIGHT [OUTER] JOIN一樣，包括以下二個部分：

1. 資料列1～資料列5：內部合併所傳回的所有資料列。
2. 資料列6：右／後資料表[訂單]中不符合合併條件（客戶.客戶編號 = 訂單.客戶編號）的所有資料列，同時必須將這些資料列中所對應於左／前資料表[客戶]中的輸出資料行[客戶編號]及[客戶名稱]均設定為NULL值。

建立客戶與訂單的完全合併查詢

```
USE [業務]
GO
SELECT
銷售.客戶.客戶編號,
銷售.客戶.客戶名稱,
訂單編號,
訂單日期,
交貨日期,
銷售.訂單.客戶編號
FROM
    -- 將客戶與訂單依客戶.客戶編號 = 訂單.客戶編號的方式
    -- 進行 FULL JOIN(完全合併)
    銷售.客戶 FULL JOIN 銷售.訂單
    ON 銷售.客戶.客戶編號 = 銷售.訂單.客戶編號
GO
```

	客戶編號	客戶名稱	訂單編號	訂單日期	交貨日期	客戶編號
1	C01	燦坤	1	2002-12-01 10:00:00.000	2002-12-10 10:00:00.000	C01
2	C01	燦坤	4	2002-12-06 00:00:00.000	2002-12-13 11:00:00.000	C01
3	C02	家樂福	2	2002-12-01 15:00:00.000	2002-12-10 13:00:00.000	C02
4	C03	大潤發	3	2002-12-03 00:00:00.000	2002-12-13 00:00:00.000	C03
5	C03	大潤發	5	2002-12-07 00:00:00.000	2002-12-17 17:00:00.000	C03
6	C04	好事多	NULL	NULL	NULL	NULL
7	NULL	NULL	6	2010-01-08 00:00:00.000	2010-01-15 00:00:00.000	NULL

以上執行結果之結果集是如同進階FROM子句語法中所介紹的<join_type>之FULL [OUTER] JOIN一樣，包括以下三個部分：

1. 資料列1～資料列5：內部合併所傳回的所有資料列。
2. 資料列6：左／前資料表[客戶]中不符合併條件（客戶.客戶編號 = 訂單.客戶編號）的所有資料列，同時必須將這些資料列中所對應於右／後資料表[訂單]中的輸出資料行[訂單日期]、[交貨日期]及[客戶編號]均設定爲NULL值。
3. 資料列7：右／後資料表[訂單]中不符合併條件（客戶.客戶編號 = 訂單.客戶編號）的所有資料列，同時必須將這些資料列中所對應於左／前資料表[客戶]中的輸出資料行[客戶編號]，及[客戶名稱]均設定爲NULL值。

建立客戶與訂單的交叉合併查詢

```
USE [業務]
GO
SELECT
銷售.客戶.客戶編號,
銷售.客戶.客戶名稱,
訂單編號,
訂單日期,
交貨日期,
銷售.訂單.客戶編號
FROM
   -- 進行 CROSS JOIN(交叉合併)
   銷售.客戶 CROSS JOIN 銷售.訂單
```

GO

	客戶編號	客戶名稱	訂單編號	訂單日期	交貨日期	客戶編號
1	C01	燦坤	1	2002-12-01 10:00:00.000	2002-12-10 10:00:00.000	C01
2	C01	燦坤	2	2002-12-01 15:00:00.000	2002-12-10 13:00:00.000	C02
3	C01	燦坤	3	2002-12-03 00:00:00.000	2002-12-13 00:00:00.000	C03
4	C01	燦坤	4	2002-12-06 00:00:00.000	2002-12-13 11:00:00.000	C01
5	C01	燦坤	5	2002-12-07 00:00:00.000	2002-12-17 17:00:00.000	C03
6	C01	燦坤	6	2010-01-08 00:00:00.000	2010-01-15 00:00:00.000	NULL
19	C04	好事多	1	2002-12-01 10:00:00.000	2002-12-10 10:00:00.000	C01
20	C04	好事多	2	2002-12-01 15:00:00.000	2002-12-10 13:00:00.000	C02
21	C04	好事多	3	2002-12-03 00:00:00.000	2002-12-13 00:00:00.000	C03
22	C04	好事多	4	2002-12-06 00:00:00.000	2002-12-13 11:00:00.000	C01
23	C04	好事多	5	2002-12-07 00:00:00.000	2002-12-17 17:00:00.000	C03
24	C04	好事多	6	2010-01-08 00:00:00.000	2010-01-15 00:00:00.000	NULL

以上執行結果之結果集是如同進階FROM子句語法中所介紹的<join_table>之CROSS JOIN一樣，乃意謂將左／前資料表[客戶]，與右／後資料表[訂單]二個資料表進行交叉合併—卡迪生乘積，所以結果集將傳回資料表[客戶]四筆資料列，與資料表[訂單]六筆資料列之全部的配對結果，也就是說，4 × 6 ＝ 24筆資料列。

12-2-4 SELECT陳述式的ORDER BY子句

在SELECT陳述式的格式化結果集語法的最終部分，是利用可針對資料行及運算式進行排序處理的ORDER BY子句，以配合在本章12-2-1節SELECT陳述式的選項中所介紹之選項Top：

- ORDER BY子句：針對結果集中所指定的資料行及運算式進行排序處理

  基本的ORDER BY子句語法

```
ORDER BY
{
  order_by_expression [ COLLATE collation_name ] [ ASC | DESC ]
} [ ,...n ]
```

1. order_by_expression

SELECT陳述式可運用以下所列的三種方式，指定用來排序的資料行：

(1) 資料行名稱

(2) 資料行別名

(3) 代表資料行名稱或資料行別名在SELECT查詢清單中之位置的正整數。排序資料行可以指定多個，而排序的順序是依ORDER BY關鍵字後的排序資料行順序，以從左至右的方式進行排序。

如果沒有指定SELECT DISTINCT，或SELECT陳述式沒有使用UNION運算子，排序資料行可以指定未出現在SELECT查詢清單中的項目；否則，排序資料行就必須出現在SELECT查詢清單中。

2. COLLATE collation_name：依照collation_name中所指定的定序來執行排序，而不是根據資料表或檢視中所定義的資料行定序來執行排序。collation_name可為Windows定序名稱，或SQL定序名稱。如需詳細資訊，請參閱SQL Server線上叢書中之＜安裝程式中的定序設定＞及＜使用SQL定序＞。

3. [ASC | DESC]

(1) ASC：指定結果集中用來排序的資料行值是依照遞增順序（從最小值到最大值）來執行排序及儲存排序的結果。

(2) DESC：指定結果集中用來排序的資料行值是依照遞減順序（從最大值到最小值）來執行排序及儲存排序的結果。

範例程式

Order By子句的三種排序方式

來源資料表[產品]中的資料列內容：

Table - 銷售.產品

產品編號	產品名稱	單價	庫存量	成本價
P01	DVD Player	399	2000	299
P02	數位電視	39999	1000	30000
P03	無線電話	399	1000	199
P04	BR 光碟	199	200	99
P05	電漿電視	88888	100	80000

- 以資料行名稱進行排序

```
--方法一：以資料行名稱進行排序
SELECT
    產品名稱,
    庫存量 AS 現有庫存
FROM 銷售.產品
ORDER BY [庫存量] ASC
GO
```

- 以資料行的別名進行排序

```
--方法二：以資料行的別名進行排序
SELECT
    產品名稱,
    庫存量 AS 現有庫存
FROM 銷售.產品
ORDER BY [現有庫存] ASC
GO
```

- 以指定代表資料行或資料行的別名，在查詢清單中之位置的正整數進行排序

```
--方法三：以指定代表資料行別名現有庫存在查詢清單中之位置的正整數進行排序
SELECT
    產品名稱,
    庫存量 AS 現有庫存
FROM 銷售.產品
ORDER BY 2 ASC
GO
```

12-3 SELECT陳述式的執行邏輯

12-3-1 SELECT陳述式進行資料查詢之邏輯順序

一般SELECT陳述式所進行的資料查詢，大多是會在資料表的資料列中，針對資料行進行篩選，然後視需要對資料列進行後續的資料分組、分組資料的運算、分組資料的彙總、分組資料的篩選、及資料列的排序之後，才能形成資料查詢清單的輸出結果。所以，在12-1-2節的SELECT陳述式之簡易語法已不敷所需，我們必須將SELECT陳述式之簡易語法擴展為如下所列之較複雜的基本語法。

SELECT陳述式的基本語法：

```
SELECT
{
  *
  | { column_name | expression } [ [ AS ] column_alias ]      ← SELECT查詢清單
} [ ,...n ]
FROM
{
<table_source>                                                ← FROM子句
} [ ,...n ]
[
WHERE <search condition>                                      ← WHERE子句
]
[
GROUP BY
{
[ ALL ] group_by_expression                                   ← GROUP BY子句
} [ ,...n ]
]
[ HAVING <search condition> ]                                 ← HAVING子句
[
ORDER BY
{
  order_by_expression [ COLLATE collation_name ] [ ASC | DESC]  ← ORDER BY子句
} [ ,...n ]
]
```

參考圖12.5之SELECT陳述式的基本語法之六個階段的剖析，將可有助於我們瞭解SELECT陳述式的基本語法之執行邏輯，依序如下所列：

- FROM子句：自資料庫中讀取指定為資料來源的資料表。有關FROM子句的詳細說明，請參閱12-2-3節SELECT陳述式的FROM子句。
- [WHERE 子句]：依據WHERE子句中之搜尋條件（<search condition>）的設定，可對資料表中的資料列進行過濾，以篩選出符合搜尋條件之資料列。

  有關WHERE子句的詳細說明，請參閱12-3-2節SELECT陳述式之資料的篩選—WHERE子句。
- [GROUP BY 子句]：依據GROUP BY子句中之資料分組運算式串列（group_by_expression）的設定，可對資料表中的資料列進行分組。

  有關group_by_expression的詳細說明，請參閱12-3-3節SELECT陳述式之資料的分組—GROUP BY子句。
- [HAVING 子句]：依據HAVING子句中之過濾條件（<search condition>）的設定，可對已完成分組的資料進行篩選。

  有關HAVING子句的詳細說明，請參閱12-3-4節SELECT陳述式之SELECT陳述式之分組資料的篩選—HAVING子句。
- SELECT查詢清單：依據SELECT查詢清單（select list）中所指定的資料行及運算式等，作為SELECT陳述式之執行結果。
- [ORDER BY 子句]：依據ORDER BY子句之資料排序運算式（order_by_expression）的設定，可將SELECT查詢清單所產生的SELECT陳述式之執行結果，進行資料的排序，排序之後的執行結果便成為一般SELECT的基本語法所進行的資料查詢之結果。

  有關ORDER BY子句的詳細說明，請參閱12-2-4節SELECT陳述式的ORDER BY子句。

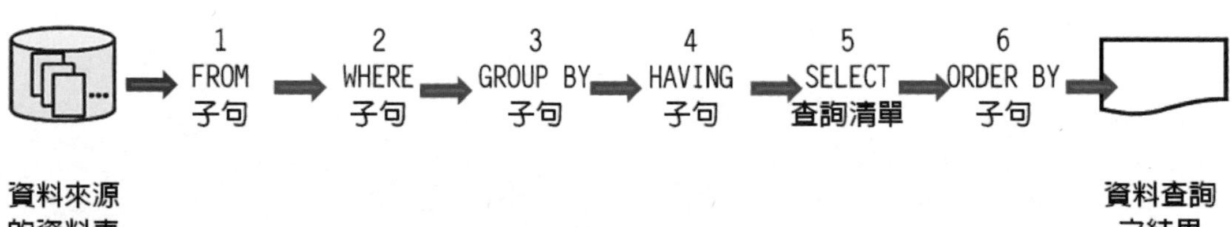

● 圖12.6 SELECT陳述式的基本語法之六個階段

12-3-2 SELECT陳述式之資料的篩選—WHERE子句

爲了能產生符合特定條件的結果集，SELECT陳述式必須按照如下之基本語法，以進行資料篩選的方式，將來源資料表中的資料列以符合SELECT陳述式中的WHERE子句之設定條件而完成。

SELECT陳述式基本語法

```
SELECT
{
  | { column_name | expression } [ [ AS ] column_alias ]
} [ ,...n ]
FROM
{
<table_source>
} [ ,...n ]
[
WHERE
{
    expression { = | <> | != | > | >= | !> | < | <= | !< }
expression
  | expression [ NOT ] BETWEEN expression AND expression
  | expression IS [ NOT ] NULL
  | expression [ NOT ] IN ( expression [ ,...n ] )
  | string_expression [ NOT ] LIKE string_expression
} [ ,...n ]
]
[
GROUP BY
{
[ ALL ] group_by_expression
} [ ,...n ]
]
[ HAVING <search condition> ]
[
ORDER BY
{
  order_by_expression [ COLLATE collation_name ] [ ASC | DESC
]
} [ ,...n ]
]
```

WHERE子句

▤ [WHERE ～]：指定以下各種所列的設定條件，進行資料的篩選：

1. expression { = | < > | ! = | > | > = | ! > | < | < = | ! < } expression—指定前後兩個運算式間如下所列的邏輯運算：

   (1) =：判斷前後兩個運算式是否相等的運算子。

   (2) <>：判斷前後兩個運算式不相等之狀況的運算子。

   (3) !=：判斷前後兩個運算式不相等之狀況的運算子。

   (4) >：判斷前一個運算式大於後一個運算式之狀況的運算子。

   (5) >=：判斷前一個運算式大於或等於後一個運算式之狀況的運算子。

   (6) !>：判斷前一個運算式不大於後一個運算式之狀況的運算子。

   (7) <：判斷前一個運算式小於後一個運算式之狀況的運算子。

   (8) <=：判斷前一個運算式小於或等於後一個運算式之狀況的運算子。

   (9) !<：判斷前一個運算式不小於後一個運算式之狀況的運算子。

2. expression [NOT] BETWEEN expression AND expression—指定前一個運算式值的範圍，此範圍的起始值和結尾值，是以關鍵字AND前後區隔。

如需詳細資訊，請參閱線上叢書中的＜BETWEEN (Transact-SQL)＞。

3. expression IS [NOT] NULL—指定搜尋NULL值或非NULL值，這會隨著所用的關鍵字而不同。如果有任何運算元是NULL，含位元或算術運算子的運算式便會得出NULL。

4. expression [NOT] IN (subquery | expression [,...n])—運用關鍵字IN可判斷（expression～IN～）中，前一個指定的運算式值是否符合在括號內所指定的任一運算式值，而篩選出符合的資料列。

   在清單中，括號內可以指定為以下二種方式所組成：

   (1) 一個子查詢

   (2) 一組由常數、資料行名稱及運算符號等所組成的運算式清單（list of expressions）

   如需詳細資訊，請參閱線上叢書中的＜IN (Transact-SQL)＞。

5. string_expression [NOT] LIKE string_expression—判斷前一個字元字串的運算式是否符合後一個指定的運算式；而後一個指定的運算式是以組合一般字元及以下所列之萬用字元所建立的：

(1) %：代表任何含有零或多個字元的字串。

範例：

符號	意義
LIKE '10[%]'	10%
LIKE '[_]n'	_n
LIKE '%12%'	~12~
LIKE '%電視'	~電視
LIKE '台北市忠孝東路4段%'	台北市忠孝東路4段~

(2) _：代表任何單一字元。

範例：

符號	意義
LIKE '_[%]'	_%
LIKE '_im'	_im
LIKE '_北市'	_北市

(3) []：在指定範圍（[起始字元-結尾字元]）或字元集合（[～]）中的任何單一字元。

範例：

符號	意義
LIKE '[0-9]'	0、1、2、3、～、或 9
LIKE '[a-cdf]'	a、b、c、d、或 f
LIKE '[-acdf]'	-、a、c、d、或 f
LIKE 'abc[def]'	abcd、abce、或abcf
LIKE '[[ ]'	[
LIKE '[[ ]]'	[、或]

(4) [^]：不在指定範圍（[起始字母-結尾字母]）或字元集合（[～]）中的任何單一字元。

如需詳細資訊，請參閱線上叢書中的＜LIKE (Transact-SQL)＞。

範例程式

以邏輯運算進行資料的篩選

來源資料表[訂單]中的資料列內容：

Table - 銷售.訂單

	訂單編號	訂單日期	客戶編號	交貨日期
▸	1	2002/12/1...	C01	2002/12/1...
	2	2002/12/1...	C02	2002/12/1...
	3	2002/12/3...	C03	2002/12/1...
	4	2002/12/6...	C01	2002/12/1...
	5	2002/12/7...	C03	2002/12/1...
	6	2010/1/8 ...	*NULL*	2010/1/15...

```
SELECT * FROM 銷售.訂單
WHERE 訂單日期 >= '20100101'
GO
```

可找出2010年起的所有訂單（資料行訂購日期值為自2010年1月1日起）如下：

	訂單編號	訂單日期	客戶編號	交貨日期
1	6	2010-01-08 00:00:00.000	NULL	2010-01-15 00:00:00.000

```
SELECT * FROM 銷售.訂單
WHERE 訂單日期 BETWEEN '20000101' AND '20091231'
GO
```

可找出2000年～2009年的所有訂單如下：

	訂單編號	訂單日期	客戶編號	交貨日期
1	1	2002-12-01 10:00:00.000	C01	2002-12-10 00:00:00.000
2	2	2002-12-01 15:00:00.000	C02	2002-12-10 00:00:00.000
3	3	2002-12-03 00:00:00.000	C03	2002-12-13 00:00:00.000
4	4	2002-12-06 00:00:00.000	C01	2002-12-16 00:00:00.000
5	5	2002-12-07 00:00:00.000	C03	2002-12-17 00:00:00.000

```
SELECT * FROM 銷售.訂單
WHERE 客戶編號 IS NULL
GO
```

可找出新客戶(因無客戶編號)的訂單：

	訂單編號	訂單日期	客戶編號	交貨日期
1	6	2010-01-08 00:00:00.000	NULL	2010-01-15 00:00:00.000

範例程式

運用LIKE選項搭配萬用字元進行datetime資料的篩選

無法找出2010年的訂單

```
/* 無法找出 2010 年的訂單-使用 LIKE 在 WHERE 子句中篩選 datetime 資料行 */
-- 使用關鍵字 LIKE '2010%'
SELECT
   訂單日期 AS [訂單日期(系統)]
FROM 銷售.訂單
WHERE 訂單日期 LIKE '2010%'
GO
```

無法找出2010年的訂單（因訂單日期的資料型態爲datetime，非字元字串)：

訂單日期(系統)

可以找出2010年的訂單

```
/* 找出2010年的訂單-使用CAST,及CONVERT轉換datetime資料行 */
-- 使用函數 CAST
-- 預設的輸出字元格式爲長度爲11的字元字串'Mon dd yyyy'
SELECT
```

```
    訂單日期 AS [訂單日期(系統)],
    CAST(訂單日期 AS nvarchar(11)) AS [訂單日期(預設)]
FROM 銷售.訂單
WHERE CAST(訂單日期 AS nvarchar(11)) LIKE '%2010%'
GO
-- 使用函數CONVERT
-- 指定的輸出字元格式爲包含世紀之長度爲10的字元字串'yyyy/mm/dd'
SELECT
    訂單日期 AS [訂單日期(系統)],
    CONVERT(nvarchar(10), 訂單日期, 111) AS [訂單日期(台灣地區)]
FROM 銷售.訂單
WHERE CONVERT(nvarchar(10), 訂單日期, 111) LIKE '2010%'
GO
```

可以找出2010年的訂單（因WHERE子句中，訂單日期的資料型態已轉換爲字元字串）：

	訂單日期(系統)	訂單日期(預設)
1	2010-01-08 00:00:00.000	Jan 8 2010

	訂單日期(系統)	訂單日期(台灣地區)
1	2010-01-08 00:00:00.000	2010/01/08

範例程式

運用LIKE選項搭配萬用字元進行字串資料的篩選

來源資料表[店家]中的部分資料列內容：

店家編號	店名	住址	電話	營業時間	固定休假日	席次	最低消費	服務費	消費方式
sh001	西雅圖極品咖啡	台北市忠...	(02)2781...	07:10~23:30...	無	59席	無	無	可刷卡
sh002	珈琲館	台北市忠...	(02)2763...	09:00~22:00	隔週休二日	54席	NT$100	無	現金
sh003	艾德華咖啡館	台北市基...	(02)2738...	10:00~23:30	無	約50席	無	10%	現金
sh004	茉莉的家	台北市復...	(02)2717...	12:00~24:00	無	35席	NT$150	無	現金
sh005	A-ONE	台北市西...	(02)2388...	09:00~22:00	無	60席	NT$70	無	現金
sh006	上田咖啡	台北市中...	(02)2592...	10:00~24:00	全年無休	40席	NT$130	10%	現金

```
USE 嗑茶吸啡
找出服務費爲10%的店家
SELECT * FROM 店家 WHERE 服務費 LIKE '10[%]'
找出所有位於台北市忠孝東路的店家
SELECT * FROM 店家 WHERE 住址 LIKE '台北市忠孝東路% '
找出所有營業時間可至夜晚12:00的店家
SELECT * FROM 店家 WHERE 營業時間 LIKE '%[~]24:00%'
```

來源資料表[會員]中的部分資料列內容：

會員編號	性別	姓名	英文暱名	身分證字號	行動電話	公司電話	家居電話	居住城市
1	M	段一鳴	Tim	A000000001	0959000001	(02)2781-3808	(02)1111-1111	台北市
2	M	布二過	Jim	F123456789	0959222666	(02)2781-3808	(02)2222-2222	新北市
3	F	郝珊芭	Angelina	A244443838	0909413838	(02)2717-3000	(07)9438-9438	高雄市
4	F	甄仕美	Estella	E231529661	0959695969	(02)2781-3808	(02)9452-1314	台北市

```
USE 會員
找出英文暱名結尾是im，開頭是A和Z之間的任何單一字元的會員，如Jim、Kim，及Tim等
SELECT * FROM 會員WHERE 英文暱名 LIKE '[A-Z]im'
找出身分證字號開頭不是A的會員
SELECT * FROM 會員WHERE 身分證字號 LIKE '[^A]%'
找出居住城市是位於大台北地區（台北市及新北市）的會員
SELECT * FROM 會員WHERE 居住城市 LIKE '_北市'
```

範例程式

運用IN選項進行資料的篩選

來源資料表[產品]及[訂單明細]中的資料列內容：

產品編號	產品名稱	單價	庫存量	成本價
P01	DVD Player	399	2000	299
P02	數位電視	39999	1000	30000
P03	無線電話	399	1000	199
P04	BR 光碟	199	200	99
P05	電漿電視	88888	0	80000
P06	BR 燒錄機	5999	500	4000
P07	DVD 燒錄機	1199	1000	999

訂單編號	產品編號	數量	折扣
1	P01	20	0.2
1	P02	5	0.2
2	P01	30	0.8
2	P03	100	0.8
3	P01	200	0.0
3	P02	10	0.0
3	P03	200	0.0
4	P01	10	0.0
4	P04	1	1.0
5	P05	1	0.3

訂單明細中的資料行「折扣」與一般交易之「打折」的關係

折扣	打折	意義
0.0	十折：（1.0 = 1-0.0 = 1-折扣）	原價不打折（原價扣除 0%=0.0）= 原價出售
0.1	九折：（0.9 = 1-0.1 = 1-折扣）	原價打九折（原價扣除 10%=0.1）
0.2	八折：（0.8 = 1-0.2 = 1-折扣）	原價打八折（原價扣除 20%=0.2）
～	～	～
0.9	一折：（0.1 = 1-0.9 = 1-折扣）	原價打一折（原價扣除 90%=0.9）
1.0	零折：（0.0 = 1-1.0 = 1-折扣）	原價打零折（原價扣除100%=1.0）= 免費奉送

找出訂單中七折～九折的產品

```
SELECT * FROM 銷售.訂單明細 WHERE 折扣 IN (0.1, 0.2, 0.3)
GO
```

	訂單編號	產品編號	數量	折扣
1	1	P01	20	0.2
2	1	P02	5	0.2
3	5	P05	1	0.3

找出訂單中七折以下的產品

```
-- 七折以下：六折，五折，…，一折，及零折
SELECT * FROM 銷售.訂單明細 WHERE 折扣 IN (0.4, 0.5, 0.6, 0.7, 0.8, 0.9, 1.0)
GO
```

	訂單編號	產品編號	數量	折扣
1	2	P01	30	0.8
2	2	P03	100	0.8
3	4	P04	1	1.0

範例程式

運用IN選項搭配子查詢進行資料的篩選

來源資料表[客戶]中的資料列內容：

Table - 銷售.客戶

客戶編號	客戶名稱	客戶地址	業務員編號
C01	燦坤	台北市	S001
C02	家樂福	台中市	S002
C03	大潤發	高雄市	S002
C04	好事多	台北市	*NULL*

來源資料表[訂單]中的資料列內容：

Table - 銷售.訂單

訂單編號	訂單日期	客戶編號	交貨日期
1	2002/12/1...	C01	2002/12/1...
2	2002/12/1...	C02	2002/12/1...
3	2002/12/3...	C03	2002/12/1...
4	2002/12/6...	C01	2002/12/1...
5	2002/12/7...	C03	2002/12/1...
6	2010/1/8 ...	*NULL*	2010/1/15...

來源資料表[客戶]及[訂單]中的資料列內容：

查詢有下訂單之客戶—子查詢中運用IN

```
USE 業務
GO
SELECT
   客戶編號,客戶名稱
FROM 銷售.客戶
WHERE
   -- WHERE 子句中：
   -- 運用子查詢(SELECT DISTINCT ～)產生有下訂單之客戶的資料清單
   -- 運用搜尋條件以IN篩選出客戶資料列：
   客戶編號 IN
   (
      SELECT DISTINCT 客戶編號 FROM 銷售.訂單
   )
GO
```

12-3-3 SELECT陳述式之資料的分組—GROUP BY子句

運用SELECT的基本語法進行資料查詢時，常常有必要將資料表的資料列進行於12-3-1節中所提及的資料分組、分組資料的運算、分組資料的彙總、及分組資料的篩選等一系列的運作，以便產生的資料查詢清單結果是可以滿足資訊系統中各個使用者的資訊需求的。

例如：在銷售訂單資訊系統（Sales Ordering Information System）中所常見的使用者的資訊需求—每一筆訂單的總金額，就是必須將如下之資料表[產品]，及資料表[訂單明細]的資料列，依序進行以下的處理：

產品編號	產品名稱	單價	庫存量	成本價
P01	DVD Player	399	2000	299
P02	數位電視	39999	1000	30000
P03	無線電話	399	1000	199
P04	BR 光碟	199	200	99
P05	電漿電視	88888	0	80000
P06	BR 燒錄機	5999	500	4000
P07	DVD 燒錄機	1199	1000	999

訂單編號	產品編號	數量	折扣
1	P01	20	0.2
1	P02	5	0.2
2	P01	30	0.8
2	P03	100	0.8
3	P01	200	0.0
3	P02	10	0.0
3	P03	200	0.0
4	P01	10	0.0
4	P04	1	1.0
5	P05	1	0.3

- 依照資料行[訂單編號]之值，將資料表[訂單明細]的資料列分類如下：

分類#1	1	P01	20	0.2
	1	P02	5	0.2
分類#2	2	P01	30	0.8
	2	P02	100	0.8
	⋮	⋮	⋮	⋮
分類#5	5	P05	1	0.3

- 對各分類中的每一筆資料列，進行訂單明細小計之運算—訂單明細.數量 × 產品.單價 × （1－訂單明細.折扣），如下：

分類#1	20 * 399 * (1-0.2)
	5 * 39999 * (1-0.2)
分類#2	30 * 399 * (1-0.8)
	100 * 399 * (1-0.8)
⋮	⋮
分類#5	1 * 1199 * (1-0.3)

- 對各分類中每一筆資料列的訂單明細小計，進行如下的彙總運算，而產生每一筆訂單的金額：

分類#1	20 * 399 * (1-0.2) + 5 * 39999 * (1-0.2)
分類#2	30 * 399 * (1-0.8) + 100 * 399 * (1-0.8)
⋮	⋮
分類#5	1 * 1199 * (1-0.3)

因此，T-SQL在SELECT的基本語法中安排了資料查詢清單，及GROUP BY子句的搭配，而如前所述之資料表[產品]及資料表[訂單明細]的資料列依序的處理，我們可輕易的以如下所列之程式碼範例完成：

```
/* 每一筆訂單的總金額 */
USE 業務
GO
SELECT
   -- 查詢清單中必須指定搭配 GROUP BY 子句的資料行－訂單編號
   訂單編號,
   -- 每筆訂單明細金額小計：單價 * 數量 * (1-折扣)
   -- 每筆訂單總金額       ：SUM(每筆訂單明細金額小計)
   -- 每筆訂單總金額(整數)：CONVERT(int, SUM(每筆訂單明細金額小計))
   CONVERT(int, SUM(PROD.單價 * O_D.數量 * (1-O_D.折扣))) AS 訂單金額
FROM
   -- 必須將資料表: 訂單明細與產品，依據相同的 [產品編號] 進行內部合併
   銷售.訂單明細 O_D INNER JOIN 銷售.產品 PROD ON O_D.產品編號 =
   PROD.產品編號
```

GROUP BY

-- 指定作爲資料列分類所依據的資料行－訂單編號

訂單編號

GO

	訂單編號	訂單金額
1	1	166380
2	2	10374
3	3	559590
4	4	3990
5	5	62221

所以，我們可在此將SELECT陳述式之資料分組的基本語法簡化如下所示：

```
SELECT
{
  column_name | expression  [ [ AS ] column_alias ]
} [ ,...n ]
~
GROUP BY
{
  group_by_expression
} [ ,...n ]
[
HAVING <search condition>
]
```

- SELECT { column_name | expression [[AS] column_alias] } [,...n]：在查詢清單中主要是以指定column_name（資料行名稱）及expression（運算式）的方式，進行資料的分組、分組資料的運算，及分組資料的彙總。

  不論是資料行名稱，或非彙總函數運算式，都是代表資料的分組項目，二者依T-SQL規定，必須搭配使用於GROUP BY子句中的group_by_expression（資料列分組的運算式串列，參考圖12.6所示之查詢清單，與GROUP BY子句互相搭配使用column_name，及expression），才能順利完成SELECT陳述式之資料的分組。

  請讀者務必要自行詳閱及對照此二部分的內容，並練習本單元稍後的範例，相信必能全然熟練如何在SELECT陳述式中進行資料的分組之設計與應用。

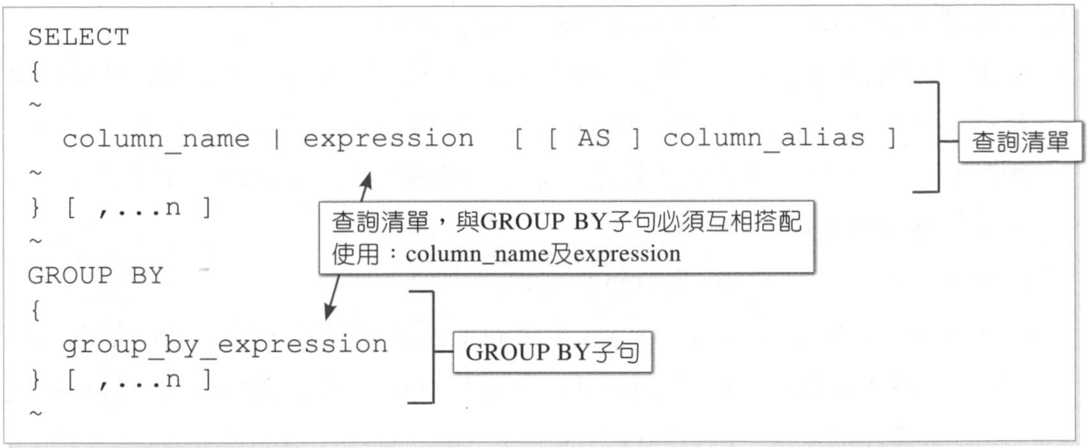

```
SELECT
{
~
  column_name | expression  [ [ AS ] column_alias ]
~
} [ ,...n ]
~
GROUP BY
{
  group_by_expression
} [ ,...n ]
~
```

查詢清單

查詢清單，與GROUP BY子句必須互相搭配使用：column_name及expression

GROUP BY子句

● 圖12.7 查詢清單與GROUP BY子句互相搭配使用column_name及expression

expression乃指定查詢清單中經分組後，每一筆資料列欲進行的運算式，主要分為二類：

1. 彙總函數（Aggregation expression）

   SQL Server所支援的彙總函數（Aggregation function）繁多，在此僅以下表列出實務上較常使用的函數：

表12.1 SQL Server常用的彙總函數

彙總函數	意義
AVG	計算指定之資料行，或運算式之算術平均值
COUNT	計算指定之資料行出現的數目
COUNT(*)	計算資料列的數目
MAX	取得指定之資料行，或運算式的最大值
MIN	取得指定之資料行，或運算式的最小值
SUM	計算指定之資料行，或運算式之平均值

查詢清單中採用任何彙總函數進行資料的彙總處理，都是稱為彙總函數運算式，依T-SQL規定是不用搭配使用於GROUP BY子句中的group_by_expression。

2. 非彙總函數的運算式（Non-aggregation expression）

非彙總函數的運算式，一般都是使用SQL Server所支援的各式特定功能的系統函數所建立，於查詢清單中除了可進行資料的分組運算，也是作為資料分組的項目。所以，依T-SQL規定，是必須搭配使用於GROUP BY子句中的group_by_expression。

- GROUP BY group_by_expression [,...n]

GROUP BY子句是以group_by_expression [,...n]指定資料列進行分組所依據的運算式串列：GROUP BY運算式#1，運算式#2，運算式#3，...，其中指定的每個運算式可以是一個資料行名稱，或一個非彙總函數的運算式。

SELECT陳述式之資料分組的順序是按照運算式串列所指定之運算式的先後順序，例如：

GROUP BY客戶編號, DATEPART(yyyy,訂單日期)

則SELECT陳述式結果集之資料列是先由資料行[客戶編號]值以升冪（由小至大）方式分組，再將非彙總函數運算式[DATEPART(yyyy,訂單日期)]值以升冪（由遠至近）方式分組，才進行查詢清單中所指定之分組資料的運算及彙總。

不論是資料行名稱，或非彙總函數的運算式，皆必須分別在查詢清單中按照資料分組的順序所指定。而不論任何彙總函數，皆無須在GROUP BY子句中指定。請讀者務必明瞭這樣截然不同的運用方式，以順利掌握SELECT陳述式之資料分組的設計與應用。

- HAVING <search condition>：指定資料經分組、運算及彙總之後，每一個分組資料列進行篩選所依據的過濾條件。有關分組資料列進行篩選的內容，將於12-3-4節再詳細介紹。

如需詳細資訊，請參閱線上叢書中的＜GROUP BY (Transact-SQL)＞。

範例程式

查詢清單中使用非彙總函數及彙總函數進行每一筆資料列的運算

來源資料表[訂單]中的資料列內容：

Table - 銷售.訂單

訂單編號	訂單日期	客戶編號	交貨日期
1	2002/12/1...	C01	2002/12/1...
2	2002/12/1...	C02	2002/12/1...
3	2002/12/3...	C03	2002/12/1...
4	2002/12/6...	C01	2002/12/1...
5	2002/12/7...	C03	2002/12/1...
6	2010/1/8 ...	*NULL*	2010/1/15...

客戶每年下訂單的次數

```
USE 業務
GO
SELECT
-- 查詢清單中必須搭配GROUP BY子句中所指定之資料列分類的[客戶編號]
客戶編號,

-- 以函數DATEPART在資料行[訂單日期]取出其中4碼之西元年代
   DATEPART(yyyy,訂單日期) AS Year,

-- 以彙總函數COUNT(*)計算查詢清單中每個分類組別所包含的資料列數目
-- 就是客戶每年下訂單的次數
     COUNT(*) AS 下訂次數
FROM 銷售.訂單
GROUP BY
-- 指定資料列進行分類所依據的是[客戶編號]的順序，及非彙總函數DATEPART
-- 彙總函數COUNT是無須指定的
```

```
    客戶編號,
    DATEPART(yyyy,訂單日期)
GO
```

	客戶編號	Year	下訂次數
1	C01	2002	2
2	C02	2002	1
3	C03	2002	2
4	NULL	2010	1

範例程式

查詢清單中使用彙總函數進行每一筆資料列的運算

來源資料表[產品]，及資料表[訂單明細]中的資料列內容：

產品編號	產品名稱	單價	庫存量	成本價
P01	DVD Player	399	2000	299
P02	數位電視	39999	1000	30000
P03	無線電話	399	1000	199
P04	BR 光碟	199	200	99
P05	電漿電視	88888	0	80000
P06	BR 燒錄機	5999	500	4000
P07	DVD 燒錄機	1199	1000	999

訂單編號	產品編號	數量	折扣
1	P01	20	0.2
1	P02	5	0.2
2	P01	30	0.8
2	P03	100	0.8
3	P01	200	0.0
3	P02	10	0.0
3	P03	200	0.0
4	P01	10	0.0
4	P04	1	1.0
5	P05	1	0.3

```
資料表[訂單明細]中的產品訂購之統計資訊
USE 業務
GO
SELECT
-- 查詢清單中必須搭配GROUP BY子句中所指定之資料列分類的[產品編號]
 產品編號,
-- 以彙總函數COUNT，～，及MAX計算產品訂購之統計資訊
COUNT(數量)      AS N'訂購筆數',
```

```
SUM(數量)          AS N'訂購總數量',
AVG(數量)          AS N'平均訂購數量',
MIN(數量)          AS N'單筆訂購最小數量',
MAX(數量)          AS N'單筆訂購最大數量'
FROM 銷售.訂單明細
GROUP BY
-- 指定資料列進行分類所依據的是資料行[產品編號]
-- 彙總函數COUNT、SUM、AVG、MIN，及MAX是無須指定的
產品編號
GO
```

	產品編號	訂購筆數	訂購總數量	平均訂購數量	單筆訂購最小數量	單筆訂購最大數量
1	P01	4	260	65	10	200
2	P02	2	15	7	5	10
3	P03	2	300	150	100	200
4	P04	1	1	1	1	1
5	P05	1	1	1	1	1

12-3-4 SELECT陳述式之分組資料的篩選—HAVING子句

在12-3-3節中所探討的是簡化的SELECT陳述式之資料分組基本語法。我們已知道，Having子句是資料經分組、運算及彙總之後，再指定每一個分組資料列進行篩選所依據的條件串列。此條件串列中的每個過濾條件皆是針對資料列進行篩選的動作。程式設計師可彈性的視使用者或應用程式的需求，選擇適合的HAVING子句，以產生正確的資料查詢清單之結果。

因此，T-SQL在SELECT陳述式的基本語法中的GROUP BY子句，及HAVING子句的搭配，對於如上單元所述之在銷售訂單資訊系統中的使用者資訊需求—每一筆訂單的總金額、想要達成進一步的資訊需求—總金額達到100000的訂單的篩選方法，讀者可參考如下所列之程式碼範例：

範例程式

總金額達到100000的訂單

```
USE 業務
GO
SELECT
   -- 查詢清單中必須指定搭配GROUP BY子句的資料行－訂單編號
 訂單編號,
   -- 每筆訂單明細金額小計：單價 * 數量 * (1-折扣)
   -- 每筆訂單總金額      ：SUM(每筆訂單明細金額小計)
   -- 每筆訂單總金額(整數)：CONVERT(int, SUM(每筆訂單明細金額小計))
CONVERT(int, SUM(PROD.單價 * O_D.數量 * (1-O_D.折扣))) AS 訂單金額
FROM
-- 必須將資料表:訂單明細與產品，依據相同的[產品編號]進行內部合併
銷售.訂單明細 O_D INNER JOIN 銷售.產品 PROD ON O_D.產品編號 =
PROD.產品編號
GROUP BY
-- 指定作為資料列分類所依據的資料行－訂單編號
訂單編號
HAVING
-- 指定每一個分組資料列進行篩選所依據的條件
CONVERT(int, SUM(PROD.單價* O_D.數量* (1-O_D.折扣))) >= 100000
GO
```

	訂單編號	訂單金額
1	1	166380
2	3	559590

範例程式

來源資料未篩選的分組運算（SELECT～GROUP BY～）

來源資料表[訂單]中的資料列內容：

Table - 銷售.訂單

	訂單編號	訂單日期	客戶編號	交貨日期
▸	1	2002/12/1...	C01	2002/12/1...
	2	2002/12/1...	C02	2002/12/1...
	3	2002/12/3...	C03	2002/12/1...
	4	2002/12/6...	C01	2002/12/1...
	5	2002/12/7...	C03	2002/12/1...
	6	2010/1/8 ...	*NULL*	2010/1/15...

客戶2002年下訂單的次數—僅運用 GROUP BY

```
USE 業務
GO
SELECT
  客戶編號,
  -- 運用過濾條件DATEPART(yyyy,訂單日期)篩選出西元年代4碼
  DATEPART(yyyy,訂單日期) AS Year,
  -- 運用彙總函數COUNT(*)取得下訂單的次數
  COUNT(*) AS 下訂次數
FROM 銷售.訂單
-- 指定資料列進行分類所依據的依序是[客戶編號]，及非彙總函數DATEPART
-- 彙總函數COUNT是無須指定的
GROUP BY
  客戶編號,
  DATEPART(yyyy,訂單日期)
GO
```

	客戶編號	Year	下訂次數
1	C01	2002	2
2	C02	2002	1
3	C03	2002	2
4	NULL	2010	1

客戶2002年下訂單的次數—運用GROUP BY的程式碼範例所產生的資料查詢清單結果—資料列，由於已事先未運用任何過濾條件篩選來源資料表[銷售.訂單]的資料列，所以包括全部訂單日期的所屬之西元年代。

範例程式

來源資料有篩選的分組運算（SELECT～WHERE～GROUP BY～）

來源資料表[訂單]中的資料列內容：

Table - 銷售.訂單

訂單編號	訂單日期	客戶編號	交貨日期
1	2002/12/1...	C01	2002/12/1...
2	2002/12/1...	C02	2002/12/1...
3	2002/12/3...	C03	2002/12/1...
4	2002/12/6...	C01	2002/12/1...
5	2002/12/7...	C03	2002/12/1...
6	2010/1/8 ...	*NULL*	2010/1/15...

客戶2002年下訂單的次數—運用WHERE及GROUP BY

```
USE 業務
GO
SELECT
  客戶編號,
  -- 運用過濾條件DATEPART(yyyy,訂單日期)篩選出西元年代4碼
    DATEPART(yyyy,訂單日期) AS Year,
  -- 運用彙總函數COUNT(*)取得下訂單的次數
 COUNT(*) AS 下訂次數
FROM 銷售.訂單
WHERE
  -- 指定針對來源資料表[訂單]中資料列進行篩選所依據的過濾條件：
  -- 非彙總函數DATEPART取出其中4碼之西元年代 = '2002'
  DATEPART(yyyy,訂單日期) = '2002'
GROUP BY
```

```
    客戶編號,
        DATEPART(yyyy,訂單日期)
GO
```

	客戶編號	Year	下訂次數
1	C01	2002	2
2	C02	2002	1
3	C03	2002	2

客戶2002年下訂單的次數—運用WHERE及GROUP BY的程式碼範例所產生的資料查詢清單結果—資料列，由於已事先運用過濾條件DATEPART(yyyy,訂單日期) = '2002' 篩選掉西元2010年代的訂單資料，所以僅包括訂單日期所屬之年代爲西元2002年的訂單資料。

以上二程式碼範例比較起來，當然是以運用WHERE及GROUP BY的程式碼範例是較爲正確的設計，因其事先運用適當的過濾條件WHERE子句篩除掉無關於使用者需求的資料列，所以明顯的於處理效能上占有優勢。尤其是當必須處理的來源資料表中包含有大量的資料列之情況時，二者在執行效能上的差異將更爲顯著！

T-SQL在SELECT陳述式的基本語法中的GROUP BY子句，及Having子句二者的搭配，就如同SELECT查詢清單，及WHERE子句二者的配合，都是以指定之搜尋條件（<search condition>）來針對資料列進行篩選的處理。

然而，以上二種針對資料列進行篩選的不同處理方式究竟有何差別？參考12-3-1節SELECT陳述式進行資料查詢之邏輯順序中的介紹，我們可以藉由如下所列Having子句與WHERE子句的比較，了解二者實際上運用時的差異：

表12.2　WHERE子句與Having子句的比較

～	過濾順序	過濾方式	過濾條件
WHERE 子句	先	針對來源資料表中的資料列進行篩選	不可使用彙總函數
HAVING 子句	後	針對已完成分組運作的資料列進行篩選	可使用彙總函數

本單元繼續準備了二個更完整的程式碼範例讓讀者能明白HAVING子句與WHERE子句實際應用於T-SQL程式設計時的差異，以便能眞正掌握SELECT陳述式的基本語法在資訊系統的開發實務上，應具有的正確觀念與設計精髓。

範例程式

來源資料未篩選的分組運算（SELECT～GROUP BY～HAVING～）

來源資料表[訂單]中的資料列內容：

Table - 銷售.訂單

	訂單編號	訂單日期	客戶編號	交貨日期
▸	1	2002/12/1...	C01	2002/12/1...
	2	2002/12/1...	C02	2002/12/1...
	3	2002/12/3...	C03	2002/12/1...
	4	2002/12/6...	C01	2002/12/1...
	5	2002/12/7...	C03	2002/12/1...
	6	2010/1/8 ...	*NULL*	2010/1/15...

2002年下訂單超過一次的客戶—運用GROUP BY及HAVING

```
SELECT
-- 查詢清單中必須搭配GROUP BY子句中所指定之資料列分類的[客戶編號]
客戶編號,
-- 以函數DATEPART將資料行[訂單日期]取出其中4碼之西元年代
DATEPART(yyyy,訂單日期) AS Year,
-- 以彙總函數COUNT(*)計算查詢清單中每個分類組別所包含的資料列數目
-- 就是客戶每年下訂單的次數
COUNT(*) AS 下訂次數
FROM 銷售.訂單
GROUP BY
   -- 指定資料列進行分類所依據是[客戶編號]，非彙總函數DATEPART
   -- 彙總函數COUNT是無須指定的
   客戶編號,
   DATEPART(yyyy,訂單日期)
HAVING
   -- 指定完成分類處理的資料列進行篩選所依據的第一個過濾條件：
```

```
        -- 客戶每年下訂單的次數 > 1
        COUNT(*) > 1 AND
        -- 指定完成分類處理的資料列進行篩選所依據的第二個過濾條件：
        -- 非彙總函數DATEPART取出其中4碼之西元年代 = '2002'
        DATEPART(yyyy,訂單日期) = '2002'
GO
```

	客戶編號	Year	下訂次數
1	C01	2002	2
2	C03	2002	2

範例程式

來源資料有篩選的分組運算（SELECT～WHERE～GROUP BY～HAVING～）

來源資料表[訂單]中的資料列內容：

Table - 銷售.訂單

	訂單編號	訂單日期	客戶編號	交貨日期
▸	1	2002/12/1...	C01	2002/12/1...
	2	2002/12/1...	C02	2002/12/1...
	3	2002/12/3...	C03	2002/12/1...
	4	2002/12/6...	C01	2002/12/1...
	5	2002/12/7...	C03	2002/12/1...
	6	2010/1/8 ...	*NULL*	2010/1/15...

2002年下訂單超過一次的客戶—運用WHERE、GROUP BY及HAVING

```
SELECT
-- 查詢清單中必須搭配GROUP BY子句中所指定之資料列分類的[客戶編號]
    客戶編號,
      -- 以函數DATEPART將資料行[訂單日期]取出其中4碼之西元年代
    DATEPART(yyyy,訂單日期) AS Year,
```

```
 -- 以彙總函數COUNT(*)計算查詢清單中每個分類組別所包含的資料列數目
 -- 就是客戶每年下訂單的次數
     COUNT(*) AS 下訂次數
FROM 銷售.訂單
WHERE
 -- 指定針對來源資料表[訂單]中資料列進行篩選所依據的第一個過濾條件：
 -- 非彙總函數DATEPART取出其中4碼之西元年代 = '2002'
   DATEPART(yyyy,訂單日期) = '2002'
GROUP BY
 -- 指定資料列進行分類所依據的是[客戶編號]，非彙總函數DATEPART
 -- 彙總函數COUNT是無須指定的
   客戶編號,
   DATEPART(yyyy,訂單日期)
HAVING
 -- 指定針對已完成分類處理後的資料列,進行篩選所依據的第二個過濾條件:
 -- 客戶每年下訂單的次數 > 1
     COUNT(*) > 1
GO
```

	客戶編號	Year	下訂次數
1	C01	2002	2
2	C03	2002	2

本章習題

一、選擇題

1. (　) 哪一個SELECT陳述式中的選項，可排除SELECT陳述式的結果集中重複的資料列？
   (A)ONLY　(B)NOT SAME
   (C)NOT ALL　(D)DISTINCT
2. (　) SELECT陳述式的查詢清單中可運用哪些方式，指定傳回的資料行範圍為來源資料表的全部資料行，或來源檢視表的全部資料行？
   (A)*　(B)table_name.*
   (C)view_name.*　(D)table_alias.*
3. (　) SELECT陳述式的查詢清單中可針對哪二項使用資料行別名（column_alias）？
   (A)column_name　(B)expression
   (C)table_name　(D)view_name
4. (　) SELECT陳述式的查詢清單，與FROM子句二者之間互相搭配使用的是？
   (A)column_name　(B)column_alias
   (C)table_name　(D)table_alias
5. (　) 下列有關於SELECT陳述式的語法規則，何者正確？
   (A)選項ALL必須與[GROUP BY]子句搭配使用
   (B)選項ALL必須與[ORDER BY]子句搭配使用
   (C)選項TOP必須與[GROUP BY]子句搭配使用
   (D)選項TOP必須與[ORDER BY]子句搭配使用
6. (　) 下列有關於使用資料行別名column_alias的規則，何者不正確？
   (A)column_alias可用在ORDER BY子句中
   (B)column_alias可用在WHERE 子句中
   (C)column_alias可用在GROUP BY子句中
   (D)column_alias可用在HAVING子句中

本章習題

7. (　　) 外部SELECT陳述式如何能參考使用內部SELECT陳述式的結果集所建立的衍生資料表？

   (A)外部SELECT陳述式能以同一個資料表別名（table_alias），參考使用內部SELECT陳述式的結果集所建立的衍生資料表

   (B)外部SELECT陳述式能以同一個資料行別名（column_alias），參考使用內部SELECT陳述式的結果集所建立的衍生資料表

   (C)外部SELECT陳述式能以同一個資料表名稱（table_name），參考使用內部SELECT陳述式的結果集所建立的衍生資料表

   (D)外部SELECT陳述式能以同一個資料行名稱（column_name），參考使用內部SELECT陳述式的結果集所建立的衍生資料表

8. (　　) 每一個以遞迴的型式定義之合併資料表都可以指定為哪些資料庫物件？

   (A)資料表　　(B)檢視表

   (C)衍生資料表　　(D)另一個合併資料表

9. (　　) SELECT陳述式的基本語法中：1.查詢清單 2.FROM子句 3.WHERE子句 4.GROUP BY子句 5.HAVING子句 6.ORDER BY子句 之執行邏輯，由前至後依序為？

   (A)123456　　(B)132456

   (C)213456　　(D)234516

10. (　　) SELECT陳述式的WHERE子句運用IN選項在清單中括號內的可以指定哪些，以進行資料的篩選？

    (A)資料表別名（table_alias）

    (B)資料行別名（column_alias）

    (C)一個子查詢

    (D)一組運算式清單（list of expressions）

本章習題

二、簡答題

1. 何謂SELECT陳述式的結果集？
2. SELECT陳述式的ORDER BY子句可運用哪三種方式，指定用來排序的資料行？
3. 為了能產生滿足使用者多元化需求的資料查詢之結果，SELECT陳述式必須利用其語法結構中的哪四個部分？
4. 何謂衍生資料表？
5. 何謂合併資料表？
6. 何謂交叉合併？
7. LEFT [OUTER] JOIN與RIGHT [OUTER] JOIN之差異？
8. 請列出Having子句與WHERE子句二者實際上運用時的差異？

三、實作題

1. 請就來源資料表[訂單]中的資料列內容（上圖），設計四個不同的SELECT陳述式之範例程式，但皆可產生同樣的執行結果（下圖）。

Table - 銷售.訂單

	訂單編號	訂單日期	客戶編號	交貨日期
▸	1	2002/12/1...	C01	2002/12/1...
	2	2002/12/1...	C02	2002/12/1...
	3	2002/12/3...	C03	2002/12/1...
	4	2002/12/6...	C01	2002/12/1...
	5	2002/12/7...	C03	2002/12/1...
	6	2010/1/8 ...	*NULL*	2010/1/15...

	訂單編號	訂單日期	客戶編號	交貨日期
1	1	2002-12-01 10:00:00.000	C01	2002-12-10 10:00:00.000
2	2	2002-12-01 15:00:00.000	C02	2002-12-10 13:00:00.000
3	3	2002-12-03 00:00:00.000	C03	2002-12-13 00:00:00.000
4	4	2002-12-06 00:00:00.000	C01	2002-12-13 11:00:00.000
5	5	2002-12-07 00:00:00.000	C03	2002-12-17 17:00:00.000
6	6	2010-01-08 00:00:00.000	NULL	2010-01-15 00:00:00.000

本章習題

2. 來源資料表[產品]（左圖）及資料表[訂單明細]（右圖）中的資料列內容：

產品編號	產品名稱	單價	庫存量	成本價
P01	DVD Player	399	2000	299
P02	數位電視	39999	1000	30000
P03	無線電話	399	1000	199
P04	BR 光碟	199	200	99
P05	電漿電視	88888	0	80000
P06	BR 燒錄機	5999	500	4000
P07	DVD 燒錄機	1199	1000	999

訂單編號	產品編號	數量	折扣
1	P01	20	0.2
1	P02	5	0.2
2	P01	30	0.8
2	P03	100	0.8
3	P01	200	0.0
3	P02	10	0.0
3	P03	200	0.0
4	P01	10	0.0
4	P04	1	1.0
5	P05	1	0.3

請運用IN選項搭配子查詢完成：

A. 找出未蒙客戶下訂單之產品資料。

B. 找出訂購產品之庫存量不足的訂單明細資料。

CHAPTER 13

資料的新增、刪除與修改

學習目標 閱讀完後，你應該能夠：

- 瞭解INSERT陳述式之語法結構
  - 以INSERT陳述式新增一筆資料列的全部資料行
  - 以INSERT陳述式新增一筆資料列的部分資料
  - 以INSERT～SELECT～陳述式新增多筆資料列
  - 以SELECT～INTO～陳述式建立新資料表及新增多筆資料列
- 瞭解DELETE陳述式與TRUNCATE TABLE敘述之語法結構
  - 使用DELETE陳述式刪除資料列
  - 使用TRUNCATE TABLE陳述式刪除資料列
  - 瞭解UPDATE陳述式之語法結構
  - 運用UPDATE陳述式的基本語法更新資料表的資料行值
  - 運用UPDATE陳述式搭配WHERE子句更新資料表的資料行值
  - 運用UPDATE陳述式搭配FROM子句及WHERE子句更新資料表的資料行值

繼第12章所探討的T-SQL中最基本的指令—SELECT陳述式，本章是介紹SQL Server中針對資料的更新處理—新增、刪除與修改所提供的INSERT陳述式、DELETE與TRUNCATE TABLE陳述式，及UPDATE陳述式。初學者只要能按照本章所安排與設計的單元與內容，循序漸進的學習與實作，一定能針對SQL Server掌握資料的更新處理，不僅有利於進行資料庫的各類管理、維護及實作，更將可成為資料庫軟體開發的基礎。

13-1 資料的新增—INSERT陳述式

INSERT陳述式是用於對SQL Server的資料庫物件—資料表或檢視表，進行資料的新增。其新增資料的方式相當多元及彈性，請讀者參考本節各單元的一一介紹。

13-1-1 INSERT陳述式的基本語法

如同令人頭痛的SELECT陳述式語法之複雜結構，對於初學者而言，完整的INSERT陳述式也具有許多難以瞭解之處。為了讓讀者能輕鬆明瞭INSERT陳述式的運作，本單元主要介紹INSERT陳述式的基本語法。

INSERT陳述式之基本語法

```
INSERT [INTO]
{
    table_name | view_name
}
{
    [
            ( column_list )
    ]
    VALUES ( { DEFAULT | NULL | expression } [ ,...n ] )
}
```

- INSERT [INTO]：INSERT為關鍵字，不可省略。
- { table_name | view_name }：指定欲新增的物件，可以是資料表名稱（table_name），或檢視名稱（view_name）。其格式可參考9-2-2節所介紹的資料庫物件識別字：

  [[伺服器名稱.] [資料庫名稱.] [結構描述名稱.]] [資料庫物件名稱]

  1. 資料庫物件識別字由四個部分之名稱所組成，每個部分之名稱間都是使用小數點符號（.）加以區隔。
  2. 前二部分之[伺服器名稱]，及[資料庫名稱]皆是可以省略的。

3. 在T-SQL中若[結構描述名稱]為dbo，則可以省略dbo而僅使用資料表名稱或檢視名稱。否則，資料庫物件識別字必須使用[結構描述名稱.資料庫物件名稱]的格式。

- [(column_list)]：column_list（資料行清單）乃按照特定的順序，在資料表名稱，或檢視表名稱之後，於前後小括號（parentheses）中指定資料表，或檢視表中將要新增的資料行。

1. 資料行清單是由一個或多個將用於插入資料的資料行名稱（column_name）所組成，其中每一個資料行名稱之間皆是以逗點符號（，）加以區隔。所以資料行清單的語法可以再表示為如下所示之格式：

   (column_name [,...n])

2. INSERT陳述式中的(column_list)是可以選擇使用或省略不用的：

   (1) 使用(column_list)：以對應於VALUES子句中資料行值的順序，指定欲新增的資料行名稱。

   (2) 省略(column_list)：代表指定欲新增的資料行為資料表，或檢視表之全部的資料行。

- VALUES ({ DEFAULT | NULL | expression } [,...n])：VALUES子句是以下列二種方式完成新增的資料行值之指定：

1. 指定新增的資料行清單：以對應於資料行清單中資料行的順序，指定新增的資料行值。

2. 未指定新增的資料行清單：以對應於資料表，或檢視表中每個資料行原本的順序，指定其新增的資料行值。

VALUES子句必須於前後小括號中指定欲新增的資料行值，而資料行值可以使用如下三種形式：

1. DEFAULT：以資料表或檢視中資料行的預設值，指定為欲新增的資料行值。若該資料行的預設值不存在，也就是未曾設定，則是以NULL指定為欲新增的資料行值。

2. NULL：直接指定欲新增的資料行值為NULL。

3. expression

   (1) 以運算式（expression）的運算結果，指定新增的資料行值。

(2) 運算式不能使用EXECUTE陳述式或SELECT陳述式，也就是說，INSERT陳述式的VALUES子句中，無法運用子查詢的方式進行資料的新增。

4. [,...n]

若是VALUES子句於前後小括號中包含一個以上的資料行值，則每個值之間都是使用逗點符號（，）加以區隔。

有關INSERT陳述式中的（column_list），與VALUES子句的使用範例，請繼續參閱下單元的詳細介紹。

13-1-2 新增單筆資料列

藉由觀察INSERT陳述式的基本語法，除了指定資料表名稱或檢視表名稱之外，無論是否指定新增的資料行清單（column_list），不可或缺的是一定要以VALUES子句指定新增的資料行值，才能完成一筆資料列的新增。所以，每次運用INSERT陳述式的基本語法，我們是理所當然的可以利用INSERT～VALUES～陳述式的格式，一筆一筆進行資料列的新增。

範例程式

新增單筆資料列（INSERT～VALUES～）

```
-- 建立一個資料表[通訊錄]，以用於新增單筆資料列
CREATE TABLE 通訊錄
(
    序號        int,
    性別        nchar(1)      DEFAULT 'M',
    姓名        nvarchar(50) NOT NULL,
    行動電話    nchar(10)     NULL
)
GO
```

```
-- 指定新增的資料行名稱之清單
INSERT 通訊錄 ( 序號, 性別, 姓名, 行動電話)
    VALUES ( 1, DEFAULT, '小A', '0900000001' )
INSERT 通訊錄 ( 序號, 姓名, 性別, 行動電話)
    VALUES ( 2, '小B', 'F', '0912345678' )
GO
-- 未指定新增的資料行名稱之清單
INSERT 通訊錄 VALUES ( 3, DEFAULT, '小C', NULL )
INSERT 通訊錄 VALUES ( 4, 'F', '小D', '0988094094' )
GO

-- 查詢資料表[通訊錄]
SELECT * FROM 通訊錄
GO
```

	序號	性別	姓名	行動電話
1	1	M	小A	0900000001
2	2	F	小B	0912345678
3	3	M	小C	NULL
4	4	F	小D	0988094094

經由觀察前面新增單筆資料列（INSERT～VALUES～陳述式）範例中所使用的程式碼部分—指定新增的資料行清單：

```
INSERT 通訊錄( 序號, 性別, 姓名, 行動電話)
    VALUES ( 1, DEFAULT, '小A', '0900000001' )
INSERT 通訊錄( 序號, 姓名, 性別, 行動電話)
    VALUES ( 2, '小B', 'F', '0912345678' )
```

不同的資料行名稱清單，只要搭配正確的VALUES子句來指定新增的資料行值，都可以完成資料表[通訊錄]中單筆資料列的新增。

然而，觀察新增單筆資料列（INSERT～VALUES～陳述式）範例中所使用的程式碼部分—未指定新增的資料行清單：

INSERT 通訊錄 VALUES (3, DEFAULT, '小C', NULL)

INSERT 通訊錄 VALUES (4, 'F', '小D', '0988094094')

由於未指定資料行清單，VALUES子句中所用來指定新增的資料行值，都必須是如同資料表[通訊錄]中的資料行原本之順序，才可以完成資料表[通訊錄]中單筆資料列的新增。

所以，將以上二個新增單筆資料列的不同方式的程式碼設計做一比較，應能獲得如下的結果：

～ 清單	清單中資料行的順序	VALUES 子句中資料行值的順序
指定	自由設定	對應清單中資料行順序
未指定	無	必須如同資料表，或檢視表中資料行原本的順序

而依據此番簡明的差異比較，我們可清楚瞭解最方便且最彈性的新增單筆資料列（INSERT～VALUES～陳述式）之方式乃運用指定新增的資料行清單，並搭配含有正確順序的資料行值之VALUES子句。

接下來，我們將爲讀者介紹不同之INSERT陳述式的基本語法，以進行多筆資料列的新增。

13-1-3 新增多筆資料列

由於一筆一筆方式進行單筆資料列的新增，在面對資訊系統中常常需要新增多筆資料列時，實在是太麻煩又沒效率，根本可謂是捉襟見肘啊！因此，SQL Server提供了以SELECT陳述式的結果集作爲新增資料列時所需的資料來源。由於SELECT陳述式的結果集當然是不限於單單一筆資料列，如此便意謂了特定的T-SQL陳述式是可以利用搭配SELECT陳述式的方式進行多筆資料列的新增。SQL Server中提供了以下二種不同語法的SELECT陳述式之運用的T-SQL陳述式，以便完成多筆資料列的新增：

- INSERT～SELECT～陳述式

  在陳述式中設計SELECT子查詢，將SELECT陳述式結果集中的多筆資料列，以整批的方式新增於資料表或檢視中。

- SELECT～INTO～陳述式

  將SELECT陳述式結果集中的多筆資料列，以整批的方式建立一個新的資料表。

本單元將一一為讀者介紹此二者的基本語法及其使用的實例。

INSERT～SELECT～陳述式之基本語法

```
INSERT [INTO]
{
    table_name | view_name
}
{
    [ ( column_list ) ]
    SELECT ~
}
```

- [(column_list)]

  1. 指定新增的資料行清單（column_list）：SELECT陳述式的結果集中的查詢清單按對應於column_list中資料行的順序，以整批的方式新增於資料表中。
  2. 未指定新增的資料行清單（column_list）

     SELECT陳述式的結果集中的查詢清單必須符合於資料表或檢視中資料行原本的順序，以整批的方式新增於資料表中。

- SELECT～

  指定SELECT陳述式結果集作為INSERT陳述式新增資料列時所需的資料來源。

範例程式

新增多筆資料列（INSERT～SELECT～）

來源資料表[會員]中的部分資料列內容：

會員編號	性別	姓名	英文暱名	身分證字號	行動電話	公司電話	家居電話	居住城市
1	M	段一鳴	Tim	A000000001	0959000001	(02)2781-3808	(02)1111-1111	台北市
2	M	布二過	Jim	F123456789	0959222666	(02)2781-3808	(02)2222-2222	新北市
3	F	郝珊芭	Angelina	A244443838	0909413838	(02)2717-3000	(07)9438-9438	高雄市
4	F	甄仕美	Estella	E231529661	0959695969	(02)2781-3808	(02)9452-1314	台北市

```
-- 建立一個資料表[通訊錄]，以用於新增多筆資料列
CREATE TABLE 通訊錄
(
    序號        int,
    性別        nchar(1)       DEFAULT 'M',
    姓名        nvarchar(50) NOT NULL,
    行動電話    nchar(10)      NULL
)
GO

-- 將SELECT陳述式的結果集中的多筆資料列
-- 以符合資料表[通訊錄]中資料行原本的順序－(序號, 性別, 姓名, 行動電話)
-- 以整批的方式新增於資料表[通訊錄]中
INSERT 通訊錄
SELECT 會員編號,性別,姓名,行動電話 FROM 會員
GO

-- 將SELECT陳述式的結果集中的多筆資料列
-- 以對應於column_list 中資料行的順序－(序號, 姓名, 性別, 行動電話)
```

陳述式中未指定資料行清單

結果集的每筆資料列中的資料行順序

```
-- 以整批的方式新增於資料表[通訊錄] 中
INSERT 通訊錄 (序號, 姓名, 性別, 行動電話)
SELECT 會員編號, 姓名, 性別, 行動電話 FROM 會員
GO


-- 查詢資料表 [通訊錄]
SELECT * FROM 通訊錄
GO
```

	序號	性別	姓名	行動電話
1	1	M	段一鳴	0959000001
2	2	M	布二過	0959222666
3	3	F	郝珊芭	0909413838
4	4	F	甄仕美	0959695969

SELECT～INTO～陳述式之基本語法

```
SELECT { ( column_list ) }
INTO
{
    table_name
}
FROM
{
    table_name | view_name
}
[
WHERE ~
]
```

SELECT { (column_list) }

1. 以column_list指定新建立的資料表中的資料行清單。

2. 新建立的資料表中的資料行之屬性，如名稱、資料型態，及是否爲NULL值等，將會繼承自SELECT陳述式結果集。
3. SELECT陳述式結果集之資料來源的物件，如主鍵、外來鍵、條件約束（Constraints）、觸發程序（Triggers）及索引（Indexes）等，是不會由新建立資料表的資料行所繼承。

- INTO { table_name }：指定新建立的資料表名稱。
- FROM { table_name | view_name }：指定SELECT陳述式結果集之資料來源的資料表名稱或檢視表名稱。
- [WHERE ～]：可選擇使用SELECT陳述式中其他可運作的部分（如WHERE子句），以產生適當的結果集作爲新增資料列時所需的資料來源。利用WHERE子句的設計，可以用來控制新建立的資料表中是否包含資料列：
  1. 不使用WHERE子句：確保新建立的資料表中會包含資料列。
  2. 使用篩選條件不符合的WHERE子句：使用如WHERE 'a'='b'的特殊範例，由於其篩選條件不可能符合，導致SELECT～INTO～陳述式將純粹僅建立一個新的資料表之結構，但是其中並未包含有任何由SELECT陳述式結果集所新增的資料列。

範例程式

新增多筆資料列（SELECT～INTO～）

來源資料表[會員]中的部分資料列內容：

會員編號	性別	姓名	英文暱名	身分證字號	行動電話	公司電話	家居電話	居住城市
1	M	段一鳴	Tim	A000000001	0959000001	(02)2781-3808	(02)1111-1111	台北市
2	M	布二過	Jim	F123456789	0959222666	(02)2781-3808	(02)2222-2222	新北市
3	F	郝珊芭	Angelina	A244443838	0909413838	(02)2717-3000	(07)9438-9438	高雄市
4	F	甄仕美	Estella	E231529661	0959695969	(02)2781-3808	(02)9452-1314	台北市

```
-- 新建立資料表[通訊錄]，同時會包含資料列
USE 會員
GO
```

```
SELECT 會員編號, 性別, 姓名, 行動電話
INTO 通訊錄
FROM 會員
GO
-- 查詢資料表[通訊錄]
SELECT * FROM 通訊錄
GO
```

	會員編號	性別	姓名	行動電話
1	1	M	段一鳴	0959000001
2	2	M	布二過	0959222666
3	3	F	郝珊芭	0909413838
4	4	F	甄仕美	0959695969

```
-- 新建立資料表[通訊錄]，但不包含任何資料列
SELECT 會員編號, 性別, 姓名, 行動電話
INTO 通訊錄
FROM 會員
WHERE 'a'='b'
GO
-- 查詢資料表[通訊錄]
SELECT * FROM 通訊錄
GO
```

	會員編號	性別	姓名	行動電話

13-2 資料的刪除—DELETE陳述式與TRUNCATE TABLE陳述式

針對SQL Server的資料庫物件—資料表或檢視表，進行資料的刪除，T-SQL提供了DELETE陳述式與TRUNCATE TABLE陳述式，將分別介紹於本章節以下的單元。

13-2-1 DELETE陳述式的基本語法

相較於資料新增之SELECT陳述式的語法之複雜及多種使用方式，不論是DELETE陳述式與TRUNCATE TABLE陳述式二者，可眞是單純與簡單好用多了！在此單元也主要是爲讀者先來介紹DELETE陳述式的基本語法。

DELETE陳述式之基本語法

```
DELETE [ FROM ]
{
    table_name | view_name
}
[
WHERE <search condition>
]
```

- DELETE：DELETE爲關鍵字，不可省略。
- [FROM] { table_name | view_name }：以FROM子句指定DELETE陳述式之資料來源的資料表名稱或檢視名稱。
- [WHERE <search condition>]
  1. 依據WHERE子句中之搜尋條件（<search condition>）的設定，可對資料表中欲進行資料刪除的資料列進行過濾，以確實篩選出符合過濾條件之應刪除的資料列。
  2. 若未搭配WHERE子句，代表資料表的資料列無需進行任何過濾，也就是說，資料列皆爲應刪除的資料列，DELETE陳述式將會刪除資料表中全部的資料列。

有關WHERE子句的介紹，請參考12-3-2節SELECT陳述式之資料的篩選—WHERE子句。

如需DELETE陳述式的詳細資訊，請參閱線上叢書中的＜DELETE (Transact-SQL)＞。接下來我們便介紹如何運用DELETE陳述式以針對資料表的資料進行刪除的處理。

13-2-2 使用DELETE陳述式刪除資料列

依據DELETE陳述式的基本語法所探討的重點，DELETE陳述式針對資料表的資料進行刪除的處理可以簡化爲二：

- 刪除資料表中部分的資料列—DELETE陳述式使用WHERE子句
- 刪除資料表中全部的資料列—DELETE陳述式不使用WHERE子句

我們就分別以實例介紹此二種使用不同DELETE陳述式進行資料列的刪除。

範例程式

刪除部分資料列（DELETE～WHERE～）

來源資料表[會員]中的部分資料列內容：

會員編號	性別	姓名	英文暱名	身分證字號	行動電話	公司電話	家居電話	居住城市
1	M	段一鳴	Tim	A000000001	0959000001	(02)2781-3808	(02)1111-1111	台北市
2	M	布二過	Jim	F123456789	0959222666	(02)2781-3808	(02)2222-2222	新北市
3	F	郝珊芭	Angelina	A244443838	0909413838	(02)2717-3000	(07)9438-9438	高雄市
4	F	甄仕美	Estella	E231529661	0959695969	(02)2781-3808	(02)9452-1314	台北市

- 例一：where子句針對[會員編號]的搜尋條件，可刪除會員編號2之資料列

```
USE 會員
GO
DELETE 會員
WHERE 會員編號 = 2
GO
```

例二：where子句針對[姓名]的搜尋條件，也可刪除會員編號2之資料列

```
USE 會員
GO
DELETE 會員
WHERE 姓名= '布二過'
GO
```

欲刪除資料表中部分的資料列應採用如例一的方式─指定針對關鍵資料行的搜尋條件，而不應是使用例二的方式─指定針對非關鍵資料行的搜尋條件。這是每一位程式設計師均需具備的基本觀念，請讀者務必確實領略與妥善運用。

範例程式

刪除全部資料列（DELETE～）

來源資料表[會員]中的部分資料列內容：

會員編號	性別	姓名	英文暱名	身分證字號	行動電話	公司電話	家居電話	居住城市
1	M	段一鳴	Tim	A000000001	0959000001	(02)2781-3808	(02)1111-1111	台北市
2	M	布二過	Jim	F123456789	0959222666	(02)2781-3808	(02)2222-2222	新北市
3	F	郝珊芭	Angelina	A244443838	0909413838	(02)2717-3000	(07)9438-9438	高雄市
4	F	甄仕美	Estella	E231529661	0959695969	(02)2781-3808	(02)9452-1314	台北市

```
-- DELETE～陳述式沒有加上where子句的搜尋條件，將會刪除全部資料列
USE 會員
GO
DELETE 會員
GO
```

13-2-3 TRUNCATE TABLE陳述式的基本語法

TRUNCATE TABLE陳述式與DELETE陳述式是以完全截然不同的方式進行資料列的刪除，我們從TRUNCATE TABLE陳述式的基本語法就可以看得出來：

TRUNCATE TABLE陳述式之基本語法

```
TRUNCATE TABLE
{
    table_name
}
```

- TRUNCATE TABLE：TRUNCATE TABLE爲關鍵字，不可省略。
- { table_name }：指定TRUNCATE TABLE陳述式要刪除之資料來源的資料表名稱。

TRUNCATE TABLE陳述式，與DELETE陳述式二者在資料列刪除上之差別，可以簡單的分類如下：

	刪除資料的方式	交易記錄檔	效能
DELETE	部分，或全部的資料列	記錄刪除的資料列	低
TRUNCATE TABLE	全部的資料列	未記錄刪除的資料列	高

TRUNCATE TABLE陳述式基本上就如同與不使用WHERE子句的DELETE陳述式一般，都是用於刪除資料表中全部的資料列。由於TRUNCATE TABLE陳述式是以占用少許SQL Server的系統，及交易紀錄檔（Transaction Log）資源的方式，專門進行刪除資料表中全部的資料列，當然，其執行效能是高於DELETE陳述式的。所以，若是想要以較快速及節省SQL Server資源的方式刪除整個資料表，最佳解決方法就是應採用TRUNCATE TABLE陳述式；反過來說，在資訊系統中，絕大部分是僅需要刪除資料表中部分甚至僅一筆資料列的情況下，想當然爾，就是只有使用搭配WHERE子句的DELETE陳述式一途了。

各位讀者如需TRUNCATE TABLE陳述式的詳細資訊，請參閱SQL Server的線上叢書中的＜TRUNCATE TABLE(Transact-SQL)＞。接下來我們便介紹如何運用TRUNCATE TABLE陳述式來刪除資料表中全部的資料列。

13-2-4 使用TRUNCATE TABLE陳述式刪除資料列

就13-2-3節對TRUNCATE TABLE陳述式的基本語法之介紹可見，TRUNCATE TABLE陳述式以直接指定資料表名稱的方式，便可刪除資料表的全部資料列。我們就以簡單的實例來介紹TRUNCATE TABLE陳述式的運作。

範例程式

清除全部資料列（TRUNCATE TABLE～）

來源資料表[會員]中的部分資料列內容：

會員編號	性別	姓名	英文暱名	身分證字號	行動電話	公司電話	家居電話	居住城市
1	M	段一鳴	Tim	A000000001	0959000001	(02)2781-3808	(02)1111-1111	台北市
2	M	布二過	Jim	F123456789	0959222666	(02)2781-3808	(02)2222-2222	新北市
3	F	郝珊芭	Angelina	A244443838	0909413838	(02)2717-3000	(07)9438-9438	高雄市
4	F	甄仕美	Estella	E231529661	0959695969	(02)2781-3808	(02)9452-1314	台北市

直接清除會員的全部資料

```
-- TRUNCATE TABLE後指定資料表名稱可刪除全部資料
USE 會員
GO
TRUNCATE TABLE 會員
GO
```

13-3 資料的修改—UPDATE陳述式

針對SQL Server的資料庫物件—資料表或檢視表，進行資料的修改，T-SQL所提供的唯一選擇就是UPDATE陳述式。其基本語法、運作方式及實例，將分別介紹於本章節以下的單元。

13-3-1 UPDATE陳述式的基本語法

如同SELECT陳述式的運作方式，一般UPDATE陳述式所進行的資料修改，也大多是會先對資料表的資料列針對資料行所指定的搜尋條件進行篩選，以便找出符合過濾條件之資料列，然後一一以指定資料行新值的方式完成資料的修改。如此進行資料修改的運作方式，我們只要參考如下所介紹的UPDATE陳述式之基本語法即可。

UPDATE陳述式的基本語法

```
UPDATE
{
  table_name | view_name
}
SET
{
  column_name = { DEFAULT | NULL | expression } [ ,...n ]
}
[
WHERE <search condition>
]
```

- UPDATE：UPDATE爲關鍵字，不可省略。
- { table_name | view_name }

  指定UPDATE陳述式欲進行修改的資料行之資料來源，可分爲二類：

  1. 資料表名稱（table_name）
  2. 檢視名稱（view_name）

- SET { column_name = { DEFAULT | NULL | expression } [,...n] }：利用關鍵字SET子句，以如下格式指定每一個將進行修改的資料行名稱（column_name），及其欲修改的資料行值：

  SET 資料行名稱 = 資料行值

  SET 子句中的資料行值可以三種形式加以指定：

  1. DEFAULT：以資料表或檢視中資料行的預設值，指定爲修改的資料行值。若該資料行的預設值不存在，也就是未設定，則是以NULL指定爲修改的資料行值。
  2. NULL：直接指定修改的資料行值爲NULL。
  3. expression：以運算式（expression）的運算結果，指定修改的資料行值。此運算式可以使用SELECT陳述式，也就是說，UPDATE陳述式的SET子句中，是允許運用子查詢進行資料行值的修改的。

  有關UPDATE陳述式如何運用子查詢進行資料行值的修改，可以參考下一單元所介紹的範例。

- [,...n]

  若是SET子句中包含一個以上欲修改的資料行，則每個要修改的資料行之間都是使用逗點符號（，）加以區隔。

- [WHERE <search condition>]

  1. 依據WHERE子句中之搜尋條件（<search condition>）的設定，可對資料表中欲進行資料行修改的資料列進行過濾，才能確實篩選出符合搜尋條件之欲進行修改的資料列。
  2. 若未搭配WHERE子句，代表資料表的資料列無需進行任何過濾，也就是說，資料列皆爲應修改的資料列，因此，UPDATE陳述式將會修改資料表全部的資料列中以SET子句所指定的資料行。

  有關UPDATE陳述式如何修改資料表全部的資料列，可以參考本單元稍後的範例。

  3. WHERE子句中之搜尋條件也是允許運用子查詢，針對資料行值進行資料列的過濾，以便使得欲進行修改的資料列的篩選方式能更加的多樣與彈性。

  有關UPDATE陳述式如何運用子查詢進行資料列的篩選，可以參考下一單元所介紹的範例。

有關WHERE子句的介紹，請參考12-3-2節SELECT陳述式之資料的篩選—WHERE子句。

如需UPDATE陳述式的詳細資訊，請參閱線上叢書中的＜UPDATE (Transact-SQL)＞。接下來，我們便介紹如何運用UPDATE陳述式，以針對資料表的資料行進行修改。

13-3-2 使用UPDATE陳述式修改資料表的資料行值

依據13-3-1節對UPDATE陳述式的基本語法所介紹的重點，UPDATE陳述式針對資料表的資料進行修改的處理可以簡化爲二：

- 修改資料表中部分的資料列之資料行值—UPDATE陳述式搭配使用WHERE子句
- 修改資料表中全部的資料列之資料行值—UPDATE陳述式不搭配使用WHERE子句

我們就分別以實例介紹此二種使用不同UPDATE陳述式進行資料列的修改。

範例程式

修改全部資料列之資料行值（UPDATE～SET～）

來源資料表[產品]中的資料列內容：

產品編號	產品名稱	單價	庫存量	成本價
P01	DVD Player	399	2000	299
P02	數位電視	39999	1000	30000
P03	無線電話	399	1000	199
P04	BR 光碟	199	200	99
P05	電漿電視	88888	0	80000
P06	BR 燒錄機	5999	500	4000
P07	DVD 燒錄機	1199	1000	999

直接將資料表[產品]中全部產品之資料行[單價]均調漲一成

```
-- 以運算式 單價*(1+0.1) 修改單價爲調漲一成之值
USE 業務
GO
UPDATE 銷售.產品
SET 單價= 單價*(1+0.1)
GO
-- 檢查全部產品之資料行 [單價]
SELECT * FROM 銷售.產品
GO
```

	產品編號	產品名稱	單價	庫存量	成本價
1	P01	DVD Player	481	2000	299
2	P02	數位電視	48397	1000	30000
3	P03	無線電話	481	1000	199
4	P04	BR 光碟	239	200	99
5	P05	電漿電視	107553	0	80000
6	P06	BR 燒錄機	7257	500	4000
7	P07	DVD 燒錄機	1449	1000	999

範例程式

修改部分資料列之資料行值（UPDATE～SET～WHERE～）

來源資料表[客戶]，及資料表[業務員]中的資料列內容：

Table - 銷售.客戶

客戶編號	客戶名稱	客戶地址	業務員編號
C01	燦坤	台北市	S001
C02	家樂福	台中市	S002
C03	大潤發	高雄市	S002
C04	好事多	台北市	*NULL*

Table - 銷售.業務員

業務員編號	業務員
S001	林昌慶
S002	廖原彬
S003	李宗龍

指定客戶之業務員爲尚無客戶之業務員—SET子句直接指定業務員編號

```
USE 業務
GO
UPDATE 銷售.客戶
-- 將[客戶]中之資料行[業務員編號]值：
-- 以SET子句直接指定爲尚無客戶之業務員編號'S003'
SET 業務員編號 = 'S003'
-- 以WHERE子句中之搜尋條件—客戶編號= 'C04'，
-- 指定欲修改之資料列爲客戶好事多(客戶編號= 'C04')
WHERE 客戶編號 = 'C04'
GO

--查詢[客戶]中好事多之業務員是否爲'S003'
SELECT * FROM 銷售.客戶
GO
```

	客戶編號	客戶名稱	客戶地址	業務員編號
1	C01	燦坤	台北市	S001
2	C02	家樂福	台中市	S002
3	C03	大潤發	高雄市	S002
4	C04	好事多	台北市	S003

範例程式

運用子查詢修改部分資料列之資料行值（UPDATE～SET～WHERE～）

來源資料表[客戶]，及資料表[業務員]中的資料列內容：

Table - 銷售.客戶

客戶編號	客戶名稱	客戶地址	業務員編號
C01	燦坤	台北市	S001
C02	家樂福	台中市	S002
C03	大潤發	高雄市	S002
C04	好事多	台北市	*NULL*

Table - 銷售.業務員

業務員編號	業務員
S001	林昌慶
S002	廖原彬
S003	李宗龍

指定客戶之業務員爲尙無客戶之業務員—運用子查詢

```
USE 業務
GO
-- 將[客戶]中之資料行[業務員編號]值指定爲：
-- 以SET子句之子查詢所篩選而得之尙無客戶之業務員編號'S003'
UPDATE 銷售.客戶
-- SET子句之子查詢中是以搜尋條件
-- C.客戶編號 IS NULL AND C.業務員編號 IS NULL
-- 進行LEFT JOIN可篩選而得尙無指定客戶之業務員編號'S003'
SET 業務員編號 =
(
    SELECT S.業務員編號
    FROM 銷售.業務員 AS S LEFT JOIN 銷售.客戶 AS C
        ON  S.業務員編號 = C.業務員編號
    WHERE C.客戶編號 IS NULL AND C.業務員編號 IS NULL
)
-- WHERE 子句運用子查詢取得未指定業務員之客戶編號 'C04'
WHERE 客戶編號 =
(
    SELECT 客戶編號 FROM 銷售.客戶 WHERE 業務員編號 IS NULL
)
GO


-- 查詢[客戶]中好事多之之業務員是否爲'S003'
SELECT * FROM 銷售.客戶
GO
```

子查詢

子查詢

	客戶編號	客戶名稱	客戶地址	業務員編號
1	C01	燦坤	台北市	S001
2	C02	家樂福	台中市	S002
3	C03	大潤發	高雄市	S002
4	C04	好事多	台北市	S003

本例若參考SET子句所運用的子查詢（SELECT～）之原程式碼及其執行結果，將有助於瞭解此子查詢是如何取得尚無客戶之業務員編號'S003'：

原程式碼

```
SELECT
    *
FROM
    銷售.業務員S LEFT JOIN 銷售.客戶C  ON S.業務員編號 = C.業務員編號
GO
```

執行結果

資料表 [業務員] 部分 ／ 資料表 [客戶] 部分

	業務員編號	業務員	客戶編號	客戶名稱	客戶地址	業務員編號
1	S001	林昌慶	C01	燦坤	台北市	S001
2	S002	廖原彬	C02	家樂福	台中市	S002
3	S002	廖原彬	C03	大潤發	高雄市	S002
4	S003	李宗龍	NULL	NULL	NULL	NULL

由於以合併條件，ON S.業務員編號 = C.業務員編號的方式進行LEFT JOIN，而建立一個如上所示之合併資料表，可以清楚發現，僅業務員編號'S003'的李宗龍有別於其他業務員，是尚無客戶之業務員；而客戶好事多又是尚無業務員之客戶，當然可順理成章的將業務員李宗龍指定予客戶好事多。

所以，我們必須根據子查詢之原程式碼的執行結果—進行LEFT JOIN的合併資料表，搭配適當的WHERE子句：

WHERE C.客戶編號 IS NULL AND C.業務員編號 IS NULL

才能自合併資料表中篩選出尚無客戶之業務員爲業務員編號'S003'的李宗龍。

因此，爲了能取得尚無客戶之業務員，子查詢就需要加入能對合併資料表進行篩選的WHERE子句，而成爲如下所列的範例程式碼：

```
SELECT
    *
FROM
    銷售.業務員S LEFT JOIN 銷售.客戶C ON S.業務員編號 = C.業務員編號
WHERE
    C.客戶編號 IS NULL AND C.業務員編號 IS NULL
GO
```

13-3-3 UPDATE陳述式的進階語法

UPDATE陳述式如同在12-2-3節SELECT陳述式FROM子句所介紹的進階FROM子句語法一般，不可能是僅能針對單一資料表進行操作。在許多實務的應用都是必須參考許多不同的來源資料表（Table-Source），方能在資訊系統中順利完成使用者各類既複雜又多元的資料修改的需求。因而，T-SQL必須形成以運用進階FROM子句語法的UPDATE陳述式的進階語法。

UPDATE陳述式的進階語法

```
UPDATE
{
  table_name | view_name
}
SET
{
  column_name = { DEFAULT | NULL | expression } [ ,...n ]
}
FROM { <table_source> } [ ,...n ]
WHERE <search condition>

<table_source> ::=
{
  table_name [ [ AS ] table_alias ]
| view_name  [ [ AS ] table_alias ]
| <derived_table> [ AS ] table_alias [ ( column_alias [ ,...n
] ) ]
| <joined_table>
}

<joined_table> ::=
{
     <table_source> <join_type> <table_source> ON <search_
condition>
  | <table_source> CROSS JOIN <table_source>
}

<join_type> ::=
{
[ { INNER | { { LEFT | RIGHT | FULL } [ OUTER ] } } ] JOIN
}
```

- UPDATE～：請參閱13-3-1節UPDATE陳述式的基本語法。
- SET～：請參閱13-3-1節UPDATE陳述式的基本語法。
- [FROM { <table_source> } [,...n]]：為瞭解FROM子句於UPDATE陳述式的進階語法中使用的原理，我們可以參考如下圖的程式碼及資料表範例：

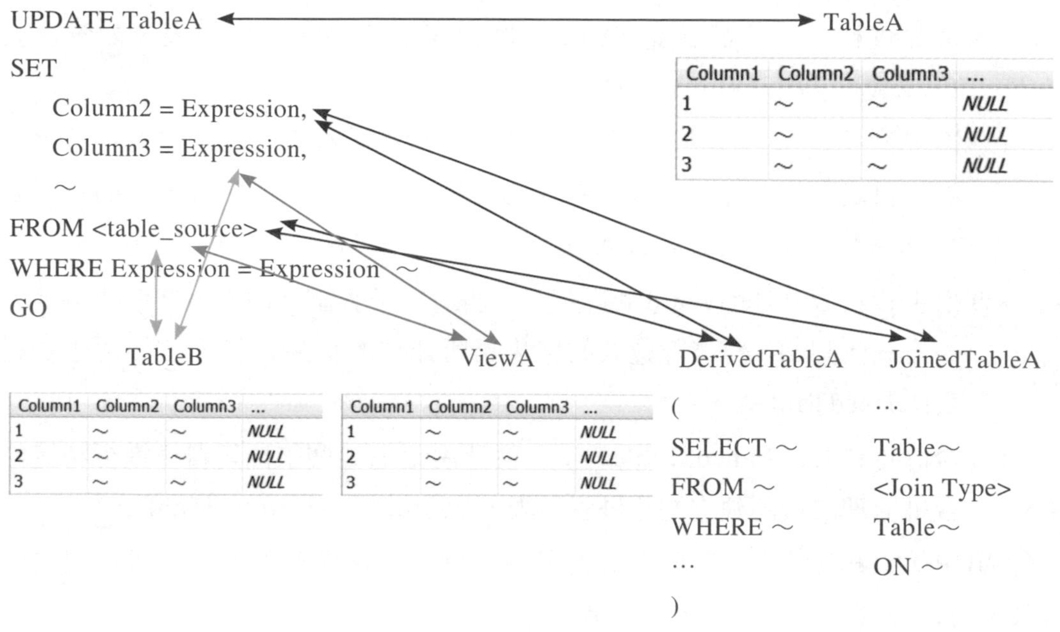

●圖13.1　FROM子句於UPDATE陳述式中使用的原理

SET子句中使用運算式（Expression）的運算結果來指定修改的資料行值；而運算式中包含了參考自不同於UPDATE陳述式欲進行修改的資料行之來源資料表TableA的資料表（如TableB、ViewA、DerivedTableA，及JoinedTableA等）之資料行。

同樣的情況也會發生於WHERE子句中用來篩選出符合搜尋條件之欲進行修改的資料列之搜尋條件的Expression。其中，亦可包含參考自不同於UPDATE陳述式欲進行修改的資料行之來源資料表TableA的資料表（如TableB、ViewA、DerivedTableA，及JoinedTableA等）的資料行。

於是，如同12-2-3SELECT陳述式的FROM子句，UPDATE陳述式之進階的FROM子句語法也提供了以遞迴方式定義的<table_source>來形成多種不同的來源資料表，並以搭配的方式使用於SET子句及WHERE子句中，使得UPDATE陳述式在進行資料修改的處理方式上能更加的多樣與靈活。

1. <table_source>

關鍵字FROM之後的<table_source>是代表SELECT陳述式的查詢清單中所使用的資料行之來源，如同12-2-3節SELECT陳述式的FROM子句所介紹之進階的FROM子句語法，其最常用的以下四種類型：

(1) 資料表（Table）：一個不同於UPDATE陳述式欲進行修改的資料行之來源資料表（就是關鍵字UPDATE之後的資料表或檢視表，如資料表TableA），如資料表TableB。

(2) 檢視表（View）：一個不同於UPDATE陳述式欲進行修改的資料行之來源資料表（就是關鍵字UPDATE之後指定的資料表或檢視表，如資料表TableA），如檢視表ViewA 。

(3) 衍生資料表（Derived Table）：一個運用子查詢（SELECT～陳述式）的方式，以SELECT陳述式的結果集所建立的衍生資料表，如衍生資料表DerivedTableA。

(4) 合併資料表（Joined Table）：一個運用至上二個來源資料表進行特定的合併處理之後所建立的合併資料表，如合併資料表JoinedTableA。

有關UPDATE陳述式如何運用衍生資料表及合併資料表來進行資料行值的修改，可以參考下一節所介紹的範例。

有關進階的FROM子句語法的詳細介紹，請參閱12-2-3節SELECT陳述式的FROM子句。

- WHERE～：WHERE子句之搜尋條件中所參考之來源資料表，是分別指定於二個不同的語法項目：

1. UPDATE陳述式中所指定欲進行修改的資料行之來源資料表：關鍵字UPDATE之後所指定的資料表或檢視表，如圖13.1的TableA。
2. FROM子句中以運用不同的<table_source>語法之方式所產生之來源資料表：如圖13.1的TableB、ViewA、DerivedTableA，及JoinedTableA等。

如此一來，UPDATE陳述式便能於WHERE子句中以更加多樣與靈活之方式篩選出符合搜尋條件之欲修改的資料列，進而針對資料列中的資料行之值順利以SET子句進行修改。

其他有關WHERE子句的詳細介紹，請參閱本書12-3-2SELECT陳述式之資料的篩選—WHERE子句，及13-3-1節UPDATE陳述式的基本語法等二個單元。

13-3-4　使用搭配各種來源資料表的UPDATE陳述式修改資料

依據13-3-3節對UPDATE陳述式的進階語法所介紹的重點，針對UPDATE陳述式在進階FROM子句語法中運用以遞迴方式定義的<table_source>所形成多種不同的來源資料表，分別使用於SET子句，及WHERE子句中，而進行資料修改的多樣與靈活之處理方式，我們從中整理出實用且值得為讀者詳細介紹的方式：

- 運用衍生資料表修改資料行值：UPDATE陳述式是以UPDATE～SET～FROM～WHERE～的格式—

```
UPDATE ～
SET ～
FROM
（
SELECT ～
）
WHERE ～
GO
```

  藉由於FROM子句中使用SELECT陳述式的方式所建立的衍生資料表，將其分別運用於SET子句與WHERE子句中，進而完成資料行值的修改。

- 運用合併資料表修改資料行值：UPDATE陳述式也是以UPDATE～SET～FROM～WHERE～的格式—

```
UPDATE ～
SET ～
FROM
   ～
   <Table_Source> <Join_Type> <Table_Source>
   ～
WHERE ～
GO
```

藉由於FROM子句中使用來源資料表與來源資料表進行指定的合併方式（<Join_Type>）之語法所建立的合併資料表，將其分別運用於SET子句與WHERE子句中，進而完成資料行值的修改。

本單元主要就是分別以實例介紹如何運用衍生資料表，與合併資料表此二種不同來源資料表的UPDATE陳述式，完成資料行值的修改。

範例程式

運用衍生資料表修改資料行值（UPDATE~ FROM (SELECT~) WHERE~）

來源資料表[產品]及[訂單明細]中的資料列內容：

產品編號	產品名稱	單價	庫存量	成本價
P01	DVD Player	399	2000	299
P02	數位電視	39999	1000	30000
P03	無線電話	399	1000	199
P04	BR 光碟	199	200	99
P05	電漿電視	88888	0	80000
P06	BR 燒錄機	5999	500	4000
P07	DVD 燒錄機	1199	1000	999

訂單編號	產品編號	數量	折扣
1	P01	20	0.2
1	P02	5	0.2
2	P01	30	0.8
2	P03	100	0.8
3	P01	200	0.0
3	P02	10	0.0
3	P03	200	0.0
4	P01	10	0.0
4	P04	1	1.0
5	P05	1	0.3

將前三名最暢銷產品之單價均調漲一成—FROM子句中運用衍生資料表

```
USE 業務
GO
UPDATE 銷售.產品
SET 單價 = 單價 * (1+0.1)
FROM
-- FROM子句中：
-- 運用子查詢(SELECT～)產生衍生資料表
(
```

```
    SELECT Top 3
      產品編號,
      SUM(數量) AS 總訂購數量
    FROM 銷售.訂單明細
    GROUP BY 產品編號
    ORDER BY 總訂購數量 DESC
) AS 前三名最暢銷產品
WHERE
-- WHERE 子句中：
-- 運用搜尋條件以篩選出單價均調漲一成的產品：
-- 衍生資料表(前三名最暢銷產品)的三筆產品
-- 以作爲UPDATE陳述式所欲修改單價之三筆產品資料列
   銷售.產品.產品編號 = 前三名最暢銷產品.產品編號
GO
```

[前三名最暢銷產品]是由一個子查詢(SELECT～)所建立的一個衍生資料表的別名

本例若參考FROM子句所運用的子查詢(SELECT～)之原程式碼的執行結果，將有助於瞭解此子查詢是如何所建立一個衍生資料表：

```
SELECT Top 3
  產品編號,
  -- 根據[產品編號]，進行資料分組的運算：
  -- 以彙總函數SUM(數量)計算每一產品的總訂購數量
  SUM(數量) AS 總訂購數量
FROM 銷售.訂單明細
-- 運用GROUP BY產品編號，以[產品編號]進行資料分組
GROUP BY 產品編號
ORDER BY 總訂購數量 DESC
GO
```

	產品編號	總訂購數量
1	P03	300
2	P01	260
3	P02	15

子查詢(SELECT～)是運用以下的執行邏輯建立此衍生資料表：

1. FROM子句：自資料表[銷售.訂單明細]中讀取指定爲資料來源的資料表。
2. [GROUP BY 子句]：運用GROUP BY產品編號，以[產品編號]進行資料分組。
3. SELECT查詢清單：根據[產品編號]，進行資料分組的運算—以彙總函數SUM(數量)計算每一產品的總訂購數量。

   [ORDER BY 子句]：依據ORDER BY總訂購數量DESC的設定，可將SELECT查詢清單所產生的執行結果，進行由大至小的排序，排序之後的執行結果便爲前三名最暢銷產品。

   再將此衍生資料表以AS子句：(SELECT～) AS出貨彙總，指定衍生資料表的別名爲[前三名最暢銷產品]。

所以，我們必須根據合併資料表的結果，搭配適當的WHERE子句：

WHERE 銷售.產品.產品編號 = 前三名最暢銷產品.產品編號

才能篩選出作爲UPDATE陳述式所欲修改單價之三筆產品資料列，因而順利的將這些產品資料列之單價均調漲一成。

範例程式

運用合併資料表修改資料行值 (UPDATE～FROM (JOIN～) ～WHERE～)

來源資料表[產品]及[出貨明細]中的資料列內容：

產品編號	產品名稱	單價	庫存量	成本價
P01	DVD Player	399	2000	299
P02	數位電視	39999	1000	30000
P03	無線電話	399	1000	199
P04	BR 光碟	199	200	99
P05	電漿電視	88888	0	80000
P06	BR 燒錄機	5999	500	4000
P07	DVD 燒錄機	1199	1000	999

出貨編號	產品編號	出貨量
1	P01	20
1	P02	5
2	P01	30
2	P03	100
3	P01	10
3	P04	1
4	P01	200
4	P02	10
4	P03	200

將每個產品之總出貨量自庫存量扣減—FROM子句中運用合併資料表

```
USE 業務
GO
UPDATE 銷售.產品
SET 庫存量= 庫存量- 出貨彙總.總出貨數量
FROM
   -- FROM 子句中：
   -- 運用子查詢 (SELECT～) 產生衍生資料表
   -- 運用衍生資料表 INNER JOIN 產品，產生合併資料表
(
 SELECT
      產品編號,
      SUM(出貨量) AS 總出貨數量
 FROM 銷售.出貨明細
 GROUP BY 產品編號
) AS 出貨彙總
 INNER JOIN 銷售.產品
ON 出貨彙總.產品編號 = 銷售.產品.產品編號
WHERE
   -- WHERE 子句中：
   -- 運用搜尋條件以篩選出將總出貨量自庫存量扣減的產品：
   -- 做為 UPDATE 所欲修改庫存量之產品資料列
   出貨彙總.產品編號 = 銷售.產品.產品編號
GO
```

[出貨彙總]是由一個子查詢(SELECT～)所建立的一個衍生資料表的別名

[出貨彙總]與[產品]以INNER JOIN方式，建立一個合併資料表

本例若參考FROM子句所運用的子查詢(SELECT～)之原程式碼的執行結果，將有助於瞭解此子查詢是如何所建立一個衍生資料表：

```
SELECT
   產品編號,
   SUM(出貨量) AS 總出貨數量
FROM 銷售.出貨明細
GROUP BY 產品編號
GO
```

	產品編號	總出貨數量
1	P01	260
2	P02	15
3	P03	300
4	P04	1

再將此衍生資料表以AS子句：(SELECT～) AS 出貨彙總，指定衍生資料表的別名爲[出貨彙總]，再將代表衍生資料表的[出貨彙總]，與[產品]按照合併條件：ON 出貨彙總.產品編號 = 銷售.產品.產品編號的方式進行內部合併，而建立如下所示之合併資料表：

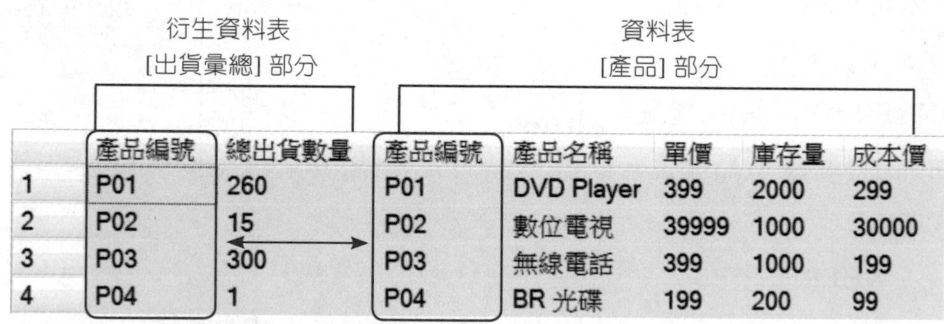

	產品編號	總出貨數量	產品編號	產品名稱	單價	庫存量	成本價
1	P01	260	P01	DVD Player	399	2000	299
2	P02	15	P02	數位電視	39999	1000	30000
3	P03	300	P03	無線電話	399	1000	199
4	P04	1	P04	BR 光碟	199	200	99

由於合併資料表是遵循合併條件所進行之內部合併的結果，所以必可確保合併資料表中衍生資料表[出貨彙總]的每一產品資料列皆正確對應於資料表[產品]的一個產品資料列；也就是說，二者的資料列都是以資料行[產品編號]的相同值合併於合併資料表中的同一資料列。所以，我們必須根據合併資料表的結果，搭配適當的WHERE子句：

WHERE 出貨彙總.產品編號 = 銷售.產品.產品編號

才能篩選出作爲UPDATE陳述式所欲修改庫存量之產品資料列，因而順利的將這些產品資料列之庫存量各自扣減其總出貨數量。

本章習題

一、選擇題

1. (　) 下列有關於INSERT陳述式中的語法規則，何者正確？

    (A) 資料行清單(column_list)是可以選擇使用，或省略不用的

    (B) VALUES子句必須是以對應於資料行清單中資料行的順序，指定新增的資料行值

    (C) VALUES子句中可以使用如NULL或NOT NULL指定欲新增的資料行值

    (D) VALUES子句中可以運用子查詢的方式進行資料的新增。

2. (　) 下列有關於UPDATE陳述式中的語法規則，何者正確？

    (A) SET子句中的資料行名稱（column_name）是可以選擇使用，或省略不用的

    (B) SET子句中可以使用資料行清單(column_list)的方式進行資料行值的修改

    (C) SET子句中可以使用如NULL或NOT NULL指定欲新增的資料行值

    (D) SET子句中可以運用允許運用子查詢的方式進行資料行值的修改。

二、簡答題

1. 請列出INSERT～SELECT～陳述式與SELECT～INTO～陳述式的差異？
2. 請列出TRUNCATE TABLE陳述式與DELETE陳述式二者實際上運用時的差異？
3. 請分別列出以下二種運作的UPDATE陳述式的語法格式？
    - 運用衍生資料表修改資料行值。
    - 運用合併資料表修改資料行值。

本章習題

三、實作題

1. 請運用UPDATE陳述式搭配子查詢，將庫存量最多的前三名產品之單價均調降一成。

2. 請運用UPDATE 陳述式搭配衍生資料表將乏人問津（無訂購記錄）的產品之單價均調降一成。

   來源資料表[產品]（左圖）及資料表[訂單明細]（右圖）中的資料列內容：

產品編號	產品名稱	單價	庫存量	成本價
P01	DVD Player	399	2000	299
P02	數位電視	39999	1000	30000
P03	無線電話	399	1000	199
P04	BR 光碟	199	200	99
P05	電漿電視	88888	0	80000
P06	BR 燒錄機	5999	500	4000
P07	DVD 燒錄機	1199	1000	999

訂單編號	產品編號	數量	折扣
1	P01	20	0.2
1	P02	5	0.2
2	P01	30	0.8
2	P03	100	0.8
3	P01	200	0.0
3	P02	10	0.0
3	P03	200	0.0
4	P01	10	0.0
4	P04	1	1.0
5	P05	1	0.3

3. 請運用UPDATE 陳述式搭配合併資料表將每個產品之總進貨量增加入庫存量。

   來源資料表[產品]（左圖）及[進貨明細]（右圖）中的資料列內容：

產品編號	產品名稱	單價	庫存量	成本價
P01	DVD Player	399	2000	299
P02	數位電視	39999	1000	30000
P03	無線電話	399	1000	199
P04	BR 光碟	199	200	99
P05	電漿電視	88888	0	80000
P06	BR 燒錄機	5999	500	4000
P07	DVD 燒錄機	1199	1000	999

進貨編號	產品編號	進貨量
1	P01	100
1	P07	100
2	P03	500
3	P01	200
4	P04	1000
4	P06	100

NOTE

NOTE

讀者回函卡

填寫日期：　/　/

姓名：＿＿＿＿ 生日：西元＿＿年＿＿月＿＿日 性別：□男 □女

電話：(　)＿＿＿＿ 傳真：(　)＿＿＿＿ 手機：＿＿＿＿

e-mail：(必填)＿＿＿＿

註：數字零，請用 Φ 表示，數字 1 與英文 L 請另註明並書寫端正，謝謝。

通訊處：□□□□□

學歷：□博士 □碩士 □大學 □專科 □高中・職

職業：□工程師 □教師 □學生 □軍・公 □其他

學校／公司：＿＿＿＿ 科系／部門：＿＿＿＿

・需求書類：

□ A. 電子 □ B. 電機 □ C. 計算機工程 □ D. 資訊 □ E. 機械 □ F. 汽車 □ I. 工管 □ J. 土木

□ K. 化工 □ L. 設計 □ M. 商管 □ N. 日文 □ O. 美容 □ P. 休閒 □ Q. 餐飲 □ B. 其他

・本次購買圖書為：＿＿＿＿ 書號：＿＿＿＿

・您對本書的評價：

封面設計：□非常滿意 □滿意 □尚可 □需改善，請說明＿＿＿＿

內容表達：□非常滿意 □滿意 □尚可 □需改善，請說明＿＿＿＿

版面編排：□非常滿意 □滿意 □尚可 □需改善，請說明＿＿＿＿

印刷品質：□非常滿意 □滿意 □尚可 □需改善，請說明＿＿＿＿

書籍定價：□非常滿意 □滿意 □尚可 □需改善，請說明＿＿＿＿

整體評價：請說明＿＿＿＿

・您在何處購買本書？

□書局 □網路書店 □書展 □團購 □其他＿＿＿＿

・您購買本書的原因？(可複選)

□個人需要 □幫公司採購 □親友推薦 □老師指定之課本 □其他＿＿＿＿

・您希望全華以何種方式提供出版訊息及特惠活動？

□電子報 □ DM □廣告(媒體名稱＿＿＿＿)

・您是否上過全華網路書店？(www.opentech.com.tw)

□是 □否 您的建議＿＿＿＿

・您希望全華出版那方面書籍？＿＿＿＿

・您希望全華加強那些服務？＿＿＿＿

～感謝您提供寶貴意見，全華將秉持服務的熱忱，出版更多好書，以饗讀者。

全華網路書店 http://www.opentech.com.tw　　客服信箱 service@chwa.com.tw

2011.03 修訂

親愛的讀者：

感謝您對全華圖書的支持與愛護，雖然我們很慎重的處理每一本書，但恐仍有疏漏之處，若您發現本書有任何錯誤，請填寫於勘誤表內寄回，我們將於再版時修正，您的批評與指教是我們進步的原動力，謝謝！

全華圖書　敬上

勘誤表

書號		書名		作者	
頁數	行數	錯誤或不當之詞句		建議修改之詞句	

我有話要說：(其它之批評與建議，如封面、編排、內容、印刷品質等・・・)

廣　告　回　信
板橋郵局登記證
板橋廣字第540號

行銷企劃部　收

23671 新北市土城區忠義路21號
全華圖書股份有限公司

國家圖書館出版品預行編目資料

資料庫管理系統；使用 MS SQL Server 實作 / 段文平,羅勇夫　編著.-- 二版.--新北市：全華圖書, 2014.08

面；公分

ISBN 978-957-21-9589-5(平裝附光碟片)

1.資料庫管理系統 2.SQL(電腦程式語言)

312.7565　　103014899

資料庫管理系統
-使用 MS SQL Server 實作

作者 / 段文平、羅勇夫

執行編輯 / 李慧茹、周映君

發行人 / 陳本源

出版者 / 全華圖書股份有限公司

郵政帳號 / 0100836-1 號

印刷者 / 宏懋打字印刷股份有限公司

圖書編號 / 06169017

二版一刷 / 2014 年 8 月

定價 / 新台幣 650 元

ISBN / 978-957-21-9589-5(平裝附光碟片)

全華圖書 / www.chwa.com.tw

全華網路書店 Open Tech / www.opentech.com.tw

若您對書籍內容、排版印刷有任何問題，歡迎來信指導 book@chwa.com.tw

臺北總公司(北區營業處)
地址：23671 新北市土城區忠義路 21 號
電話：(02) 2262-5666
傳真：(02) 6637-3695、6637-3696

南區營業處
地址：80769 高雄市三民區應安街 12 號
電話：(07) 381-1377
傳真：(07) 862-5562

中區營業處
地址：40256 臺中市南區樹義一巷 26 號
電話：(04) 2261-8485
傳真：(04) 3600-9806